四 川 建 筑 职 业 技 术 学 院

国家示范性高职院校建设项目成果

装饰装修工程量计算

（工程造价专业）

刘　静　主编

袁建新　主审

中国建筑工业出版社

图书在版编目（CIP）数据

装饰装修工程量计量/刘静主编．—北京：中国建筑工业出版社，2010
（四川建筑职业技术学院．国家示范性高职院校建设项目成果．工程造价专业）
ISBN 978-7-112-11859-5

Ⅰ．装…　Ⅱ．刘…　Ⅲ．建筑装饰-工程造价-计算方法-高等学校：技术学校-教材　Ⅳ．TU723.3

中国版本图书馆CIP数据核字（2010）第031897号

本教材围绕装饰装修工程量计算工作的步骤，详细介绍了装饰装修工程量计算的基本理论知识，计算方法等。

本教材内容分为9部分，第一部分介绍装饰装修工程量计算的基础理论知识；第二部分介绍楼地面装饰装修工程量计算；第三部分介绍墙柱面装饰装修工程量计算；第四部分介绍天棚装饰装修工程量计算；第五部分介绍门窗装饰装修工程量计算；第六部分介绍油漆涂料装饰装修工程量计算；第七部分介绍零星装饰装修工程量计算；第八部分综合运用前面几部分的知识，计算居住建筑装饰装修工程量；第九部分综合运用前面几部分的知识，计算公共建筑装饰装修工程量。这些内容理论结合实际，能满足高等职业教育工学结合的需要。

*　*　*

责任编辑：朱首明　张　晶
责任设计：董建平
责任校对：刘　钰　赵　颖

四川建筑职业技术学院
国家示范性高职院校建设项目成果
装饰装修工程量计算
（工程造价专业）
刘　静　主编
袁建新　主审
*
中国建筑工业出版社出版、发行（北京西郊百万庄）
各地新华书店、建筑书店经销
北京红光制版公司制版
北京建筑工业印刷厂印刷
*
开本：787×1092毫米　1/16　印张：24½　字数：612千字
2010年8月第一版　2018年11月第五次印刷
定价：**49.00**元
ISBN 978-7-112-11859-5
(19107)

序

2006年以来，高职教育随着“国家示范性高职院校建设计划”的启动进入了一个新的历史发展时期。在示范性高职建设中，教材建设是一个重要的环节。教材是体现教学内容和教学方法的知识载体，既是进行教学的具体工具，也是深化教育教学改革、全面推进素质教育、培养创新人才的重要保证。

四川建筑职业技术学院2007年被教育部、财政部列为国家示范性高等职业院校立项建设单位，经过两年的建设与发展，根据建筑技术领域和职业岗位（群）的任职要求，参照建筑行业职业资格标准，重构基于施工（工作）过程的课程体系和教学内容，推行“行动导向”教学模式，实现课程体系、教学内容和教学方法的革命性变革，实现课程体系与教学内容改革和人才培养模式的高度匹配。组编了建筑工程技术、工程造价、道路与桥梁工程、建筑装饰工程技术、建筑设备工程技术五个国家示范院校立项建设重点专业系列教材。该系列教材有以下几个特点：

——专业教学中有机融入《四川省建筑工程施工工艺标准》，实现教学内容与行业核心技术标准的同步。

——完善“双证书”制度，实现教学内容与职业标准的一致性。

——吸纳企业专家参与教材编写，将企业培训理念、企业文化、职业情境和“四新”知识直接融入教材，实现教材内容与生产实际的“无缝对接”，形成校企合作、工学结合的教材开发模式。

——按照国家精品课程的标准，采用校企合作、工学结合的课程建设模式，建成一批工学结合紧密，教学内容、教学模式、教学手段先进，教学资源丰富的专业核心课程。

本系列教材凝聚了四川建筑职业技术学院广大教师和许多企业专家的心血，体现了现代高职教育的内涵，是四川建筑职业技术学院国家示范院校建设的重要成果，必将对推进我国建筑类高等职业教育产生深远影响。但加强专业内涵建设、提高教学质量是一个永恒的主题，教学建设和改革是一个与时俱进的过程，教材建设也是一个吐故纳新的过程。衷心希望各用书学校及时反馈教材使用信息，提出宝贵意见，以帮助我们为本套教材的长远建设、修订完善做好充分准备。

衷心祝愿我国的高职教育事业欣欣向荣，蒸蒸日上。

四川建筑职业技术学院院长：李辉

2009年1月4日

前　　言

装饰装修工程量计算工作是工程造价工作岗位的基本专业技能之一。

本书以"工学结合"为指导思想，基于工作过程进行课程内容的开发，教材内容力求结合工程实际，反映工程实际。因此，本教材的编写以现行《建设工程工程量清单计价规范》、四川省现行的《建设工程工程量清单计价定额》等为依据，使学生在学校接触的是最新、最实际的方法，达到真正的"工学结合"。

本书由四川建筑职业技术学院刘静主编，四川建筑职业技术学院袁建新主审，本教材案例由西南交大房产开发公司高冬梅工程师编写，教材第9部分主要由四川建筑职业技术学院高红艳老师编写，第6部分主要由四川建筑职业技术学院迟晓梅老师编写，第4部分主要由四川建筑职业技术学院的李雪梅老师编写，其余内容由刘静编写。

本教材于2008年被列为四川建筑职业技术学院精品课程，目前正在申报国家级精品课程。

时间有限，水平有限，书中不足之处请同行、同学指正。

装饰装修工程量计算

ZHUANGSHI ZHUANGXIU GONGCHENGLIANG JISUAN

目录
CONTENTS

1

装饰装修工程量计算准备

(1) 关键知识点：

1）装饰装修工程量计算的作用；

2）装饰装修工程量计算的特点；

3）装饰装修工程量计算的内容；

4）装饰装修工程量计算的依据；

5）装饰装修工程量计算的程序；

6）装饰装修工程量计算的顺序；

7）装饰装修工程量计算应注意的问题。

(2) 教学建议：

1）案例分析；

2）资料展示：

《建设工程工程量清单计价规范》；

《工程量清单计价定额》。

1.1 工程量

工程量是指以物理计量单位或自然计量单位表示的工程的实物数量。所谓物理计量单位是指需经量度的单位，如立方米（m^3）、平方米（m^2）、米（m）、公斤（kg）等；所谓自然计量单位是指不需量度的自然单位，如“个”、“台”、“组”、“套”等。在装饰工程量的计算中多采用物理计量单位。如楼地面、墙面等饰面以及天棚工程量的工程量计算采用的是物理计量单位平方米（m^2）；而灯具及洁具的工程量计算则采用的是自然计量单位“组”。具体什么工程量采用什么计量单位，要根据预算定额的规定而定。

1.2 装饰装修工程量计算的作用

（1）组织装饰装修工程施工的依据。

（2）确定资源需用量计划的依据。

（3）编制施工进度计划的依据。

（4）进行工程结算的依据。

1.3 装饰装修工程量计算的特点

（1）装饰装修工程量一般按实计算。

（2）装饰装修工程量计算应根据不同的装饰装修部位、材料品种规格分别计算。

（3）装饰装修工程量计算简单但琐碎。

1.4 装饰装修工程量计算的内容

1.4.1 按装饰装修工程量的含义划分

（1）清单工程量计算。

在招标、投标阶段，招标人根据《建设工程工程量清单计价规范》和装饰装修施工图纸计算出来的工程量即清单工程量。

（2）计价工程量计算。

投标人根据计价定额或企业定额及装饰装修工程施工图纸在投标报价阶段或工程结算阶段计算的工程量为计价工程量。

1.4.2 按装饰装修工程的类型划分

装饰装修工程可分为居住建筑装饰装修、公共建筑装饰装修。因此，装饰装修工程量计算相应可分为居住建筑装饰装修工程量计算、公共建筑装饰装修工程量计算。

各装修工程根据装饰装修的部位可分为：

（1）楼地面装饰装修工程量计算；

（2）墙柱面装饰装修工程量计算；

（3）天棚装饰装修工程量计算；

（4）门窗装饰装修工程量计算；

（5）油漆涂料装饰装修工程量计算；

（6）零星装饰工程量计算；

（7）装饰脚手架工程量计算。

1.5 装饰装修工程量计算依据

（1）装饰装修工程施工图纸及施工说明。

包括建筑装饰工程施工图、装饰效果图、标准图、图纸会审记录、原土建工程施工图等。

（2）装饰工程施工组织设计和施工现场具体条件。

施工组织设计，是指施工方为该工程施工的顺利进行而编写的施工组织方案。该内容主要涉及施工措施所增加的费用。

（3）工程量清单计价规范。

（4）拟采用的装饰工程计价定额。

（5）招标文件及图纸会审纪要。

1.6 装饰装修工程量计算程序

工程量计算步骤是：列项→列计算式→计算工程量。

列项是工程量计算的重要环节。列项应根据施工图纸所表示的内容及采用的定额所包括的内容来列制。要正确列项，必须是在熟悉施工图纸及相关资料和充分掌握定额项目基本组成内容的基础上进行。

如某工程设计地面采用 20mm 厚 1∶3 水泥砂浆贴花岗石面层，该项目是列一个项目还是列两个项目？这就得根据采用定额的规定来确定。若定额中包括了砂浆结合层的工料，则在列项时列为一项，若定额中未包括结合层工料，则列项时应列为两个项目，否则就会重算或漏算。

在项目名称列制好后，根据施工图纸及相关资料列出工程量的计算式计算出工程量结果。

装饰工程量计算是用工程量计算表完成的，工程量计算表包括序号、定额编号、项目名称、计算式等内容。

（1）序号。一个工程量项目编写一个序号，一个工程量项目有多行，切忌一行编一个序号，这是初学者应注意的。编写序号便于对应查找。

（2）定额编号。系在计算工程量时查套的当地现行预算定额的编号，有助于检查计算的该项目的内容是否与定额包括的内容相符，当然有经验的预算人员也可不在此表中查套定额编号。

（3）项目名称。应根据所采用的预算定额中的名称，结合图纸中的具体情况来写。

（4）计算式。即工程量的计算式，应遵循现行工程量计算规则，根据图纸及相关资料列制。列工程量计算式时最好在计算式的上方标注所算部位，以便于校核查对，同时也可以防止重计或漏计，提高计算的正确性。

1.7 装饰装修工程量计算顺序

工程量计算顺序是指工程量计算的先后顺序。工程量计算的先后顺序涉及工程量计算的速度，工程量计算的顺序得当，能达到事半功倍的效果。

单位装饰工程量计算的顺序一般有两种：

一是按定额顺序：楼地面工程→墙柱面工程→天棚工程→门窗工程→油漆、涂料工程→零星装饰工程。按定额顺序的优点是不易漏项，工程量计算汇总、整理起来简单。

二是按房间顺序计算，将某个房间从楼地面到墙柱面、天棚、门窗、油漆等全部算完后再计算下一个房间的工程量计算。这种计算顺序的优点是不易漏算，但项目多，计算量大。

同一个分项工程工程量计算顺序主要有：

（1）按房间编号顺序。如居住建筑：客厅→餐厅→主卧室→次卧室→书房→工人房等。

（2）按楼层顺序。一般按楼层从下到上计算，因为装饰装修往往不同楼层、不同功能的房间装饰不一样，逐层计算不容易漏项。

（3）按立面编号顺序计算。这主要用于墙柱立面装饰工程量的计算，一般是A立面→B立面→C立面→D立面的计算顺序。

其他还有像建筑工程量计算中讲到的顺时针顺序、从上到下、从左到右等计算顺序，具体采用什么样的计算顺序，因工程而异、因人而异。

1.8 装饰装修工程量计算应注意的问题

在计算工程量时，工程量项目应与预算定额项目一一对应，否则工程量计算后无法套用单价。在计算工程量时，工程量项目必须保持三个一致的原则，即：工程量的计算与定额的内容、规则及单位必须保持一致。

（1）内容一致的原则。内容一致是指工程量计算的内容应与预算定额的内容一致。预算定额对于每一个项目的内容组成都有自身的规定，如果预算人员不了解预算定额的内容组成，就无法正确计算出工程造价。例如，贴花岗石地面项目，一般应包括水泥砂浆找平层，水泥砂浆粘结层以及花岗石面层共三层。若某预算定额的贴花岗石地面项目仅包括了水泥砂浆粘结层和花岗石面层，则水泥砂浆找平层应另列项目计算，否则就会漏计水泥砂浆找平层。

（2）规则一致原则。规则一致是指工程量计算所遵循的计算规则必须与所采用的预算定额或《建设工程工程量清单计价规范》中规定的工程量计算规则一致。每一预算定额都有其相应的工程量计算规则，离开了工程量计算规则，计算出来的工程量就无法正确套用单价。例如，花岗石贴台阶面，预算定额中工程量计算规则规定按水平投影面积以平方米计算，而不是按其展开面积计算，若按展开面积计算就是错误的。

（3）单位一致的原则。工程量的计算单位必须与所采用的定额项目中的计量单位一致，只能这样才能正确执行定额单价。例如，钢管扶手型钢栏杆四川省2004定额规定计量单位为“米（m）”，则不能按面积计算，否则，无法套用定额。

2

楼地面装饰装修工程量计算

(1) 关键知识点:

1) 楼地面装饰平面图识读;

2) 楼地面装饰工程项目;

3) 楼地面装饰计价工程量的计算;

4) 楼地面装饰清单工程量的计算。

(2) 教学建议:

1) 案例分析;

2) 资料展示:

《建设工程工程量清单计价规范》;

《工程量清单计价定额》;

楼地面装饰材料展示;

楼地面装饰构造及施工认识实习。

2.1 楼地面装饰平面图识读

2.1.1 装饰平面图的形成、内容与作用

装饰平面图的形成与建筑平面图的形成方法相同，即假设一个水平剖切平面沿着略高于窗台的位置对建筑进行剖切，将上面部分挪走，按剖面图画法作剩余部分的水平投影图：用粗实线绘制被剖切的墙体、柱等建筑结构的轮廓，用细实线绘制各房间内的家具、设备的平面形状，并用尺寸标注和文字说明的形式表达家具、设备的位置关系和各表面的饰面材料及工艺要求等内容。

根据装饰平面图可进行家具、设备购置单的编制工作，结合尺寸标注和文字

说明，可制作材料计划和施工安排计划等。

2.1.2 识图前应注意的问题

(1) 装饰施工图仍然采用正投影原理绘制。

(2) 熟悉常用建筑构造及配件图例。

(3) 常用装饰平面图图例。

在装饰平面图中，通常要将室内家具、美化配置情况表达出来，因此应对这些常用平面图例非常熟悉。表 2-1 为常用装饰平面图图例。

2.1.3 装饰平面图的识读

以某家庭室内装饰工程为例。由于室内家具、设备数量较多，地面装饰也较为复杂，因此用室内平面布置图和地面装饰图来表达底层装饰的内容，这样可使各部分内容表达得更清晰，如图 2-1、图 2-2 所示。当然，如果室内装饰内容简

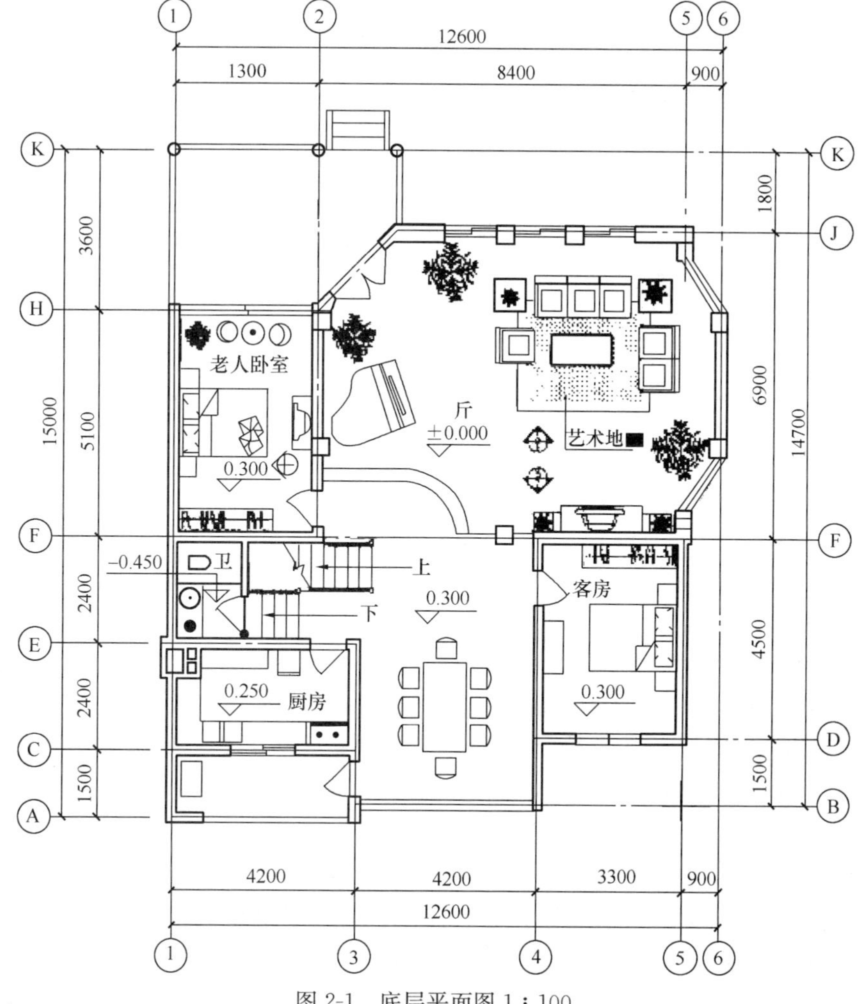

图 2-1 底层平面图 1∶100

单，可将室内平面布置图和地面装饰图合并。

（1）室内平面布置图的识读（图 2-1）。

1）识读图名、比例　首先应明确看的是什么图，绘图的比例是多少。一般装饰平面图的绘制比例为 1∶100、1∶50 等。本例为 1∶100。

常用装饰平面图图例　　表 2-1

名称	图例	备注	名称	图例	备注
双人床		室内家具平面轮廓可按实际情况绘制	地毯		满铺地毯在地面用文字说明
单人床			餐桌		
沙发			燃气灶		
凳椅			洗槽		
桌			调理台		
衣柜			盆栽		

2）了解各房间的名称和功能　底层有客厅、餐厅、老人卧室、客房、厨房、卫生间等几个房间。

3）识读标注在图样外部的尺寸　一般分为两道标注。

第一道尺寸：房间的开间、进深尺寸；

第二道尺寸：轴线总尺寸。

通过尺寸的识读，可了解各房间大小，作为编制材料用量计划的依据。

4）了解各房间内的设备、家具安放位置、数量、规格和要求。例如客厅内除设有沙发、茶几、电视组合柜、钢琴等家具外，还在室内设有植物盆景，以丰富室内空间环境。

5）识读各种符号。

在装饰平面图中通常要绘制以下符号：

标高符号：通过该符号可了解室内各地面间的高度关系。本例中，客厅地面比餐厅地面低 0.300m，卫生间地面比餐厅地面低 0.750m，厨房地面比餐厅地面低 0.05m。

内视符号：识读立面图时应与该符号对照。内视符号通常按照图 2-2 所示画法进行绘制，通常采用大写拉丁字母编号，编号方法与建筑施工图中的索引符号类似。

若有剖切符号、索引符号，应注意与其他图纸对照。

该工程二层平面布置图见图 2-2。

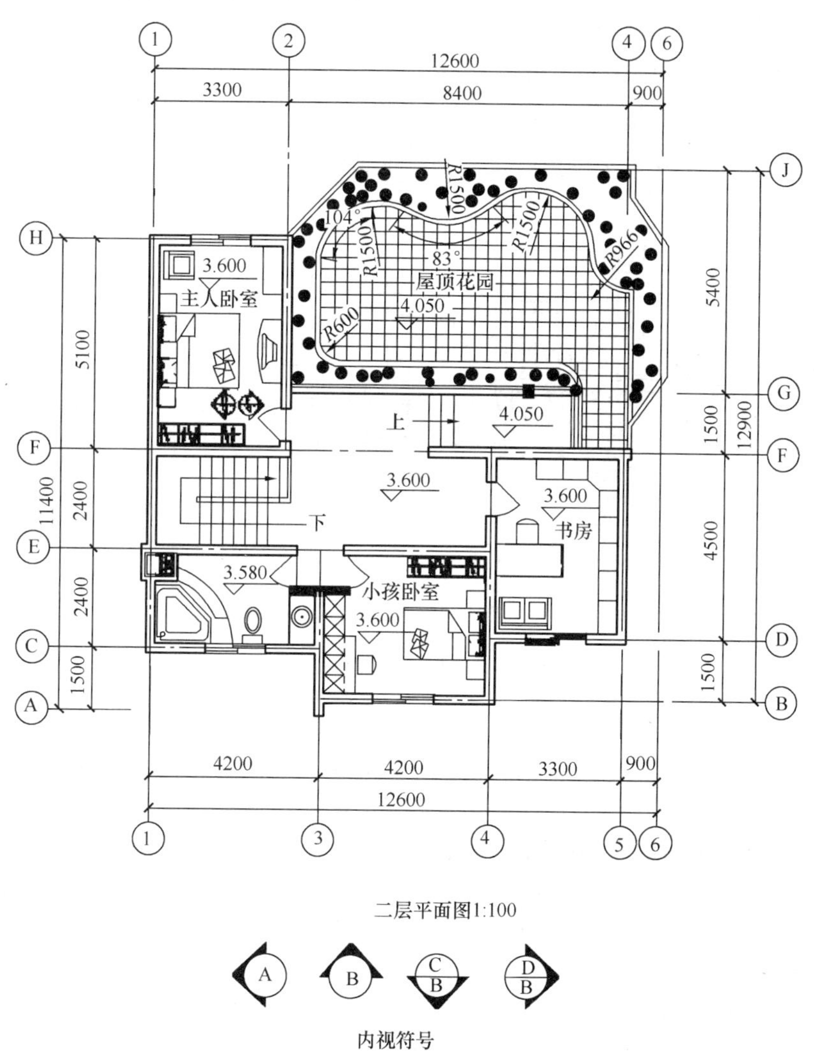

图 2-2　二层平面图及内视符号

（2）室内地面装饰图的识读（图 2-3）。

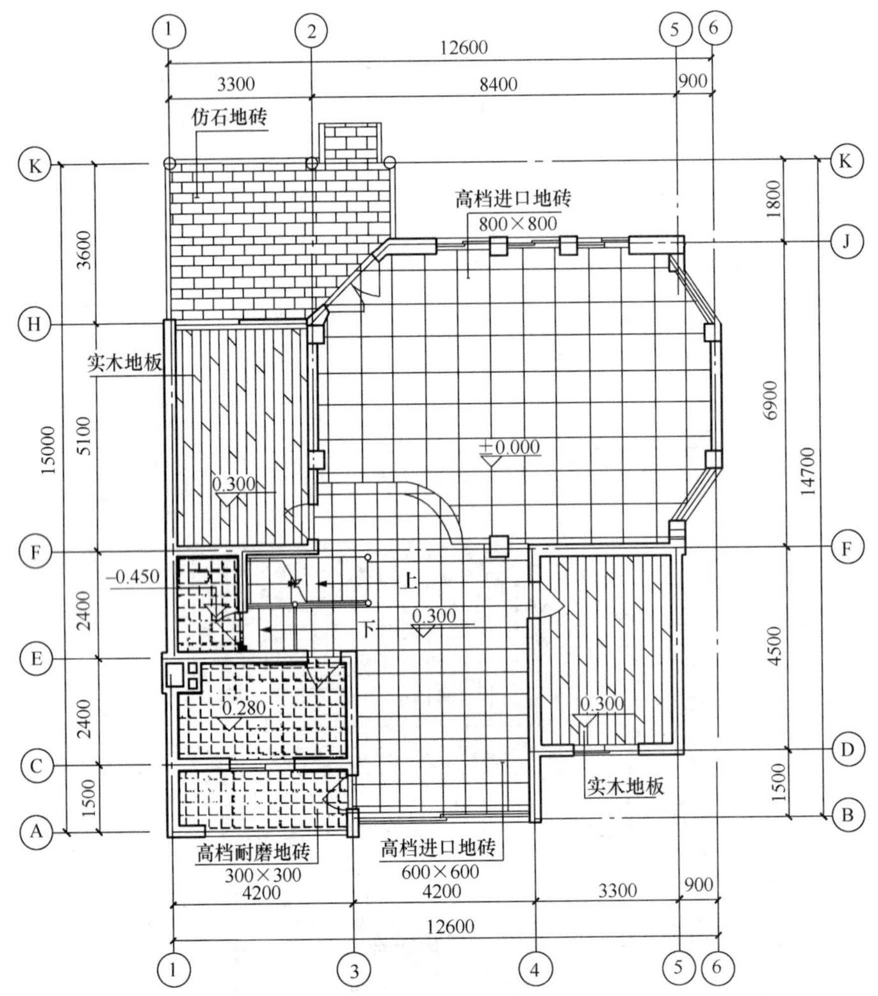

图 2-3　底层地面装饰平面图

1）与室内平面布置图的识读方法一样，首先了解图名、比例、房间名称及大小。本例已经在图 2-1 中表达过房间名称，所以在图 2-3 中没有标注房间名称。

2）了解各房间地面的材料。客厅为 800mm×800mm 高级进口地砖地面；餐厅为 600mm×600mm 高级进口地砖地面；卧室为实木地板；厨房、卫生间和阳台为 300mm×300mm 高档耐磨地砖地面。根据这些内容，可进行地面材料的准备及地面施工等工作。

3）了解各房间地面标高。与室内平面布置图中的内容相同。

该工程二层地面装饰平面图见图 2-4。

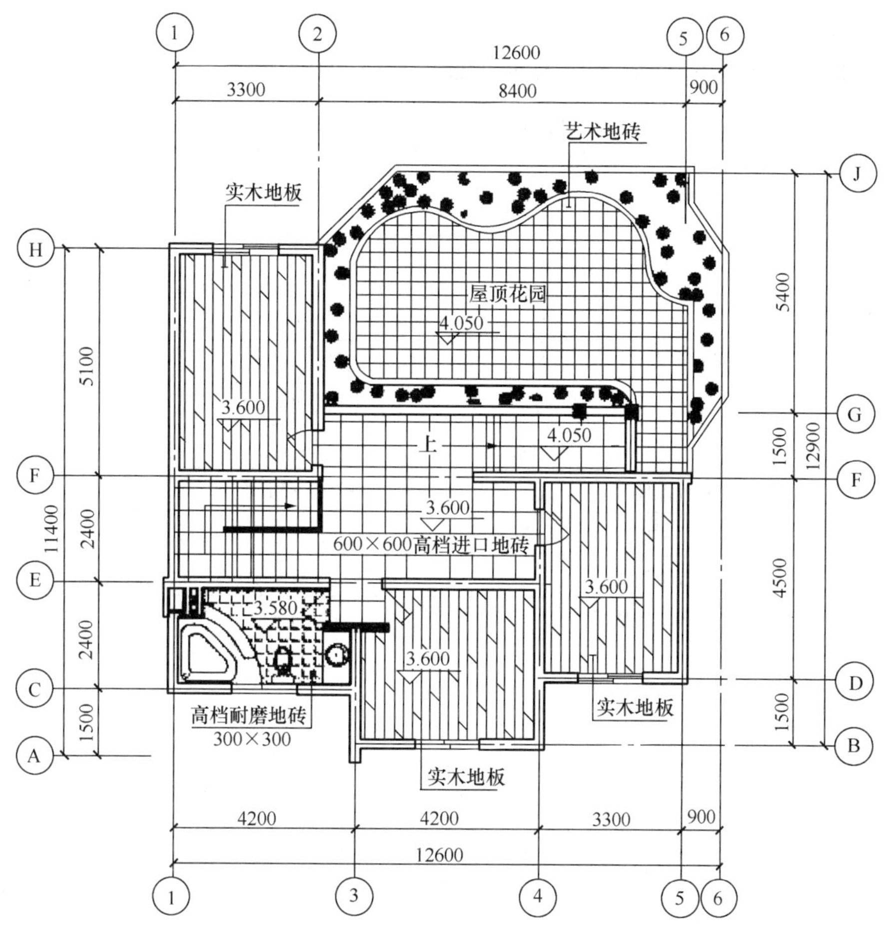

图 2-4　二层地面装饰平面图

2.2　楼地面装饰工程项目

根据《建设工程工程量清单计价规范》（以下简称《规范》）及 2004《四川省建设工程工程量清单计价定额——装饰装修工程》（以下简称 04 装修定额）规定，楼地面装饰工程项目主要包括：整体面层、块料面层、橡塑面层、其他材料面层、踢脚线、楼梯装饰、扶手、栏杆、栏板装饰、台阶装饰、零星装饰项目、防滑条、嵌条、打蜡等，表 2-2 所示系除整体面层以外的楼地面装饰工程项目表。整体面层楼地面因在建筑工程量计算中已经介绍过了，这里不再重复。

列项时除考虑装修部位、材料种类外，还应考虑材料的规格、型号、颜色、品牌，如相同规格的地砖颜色不同应分别列项；另外，在计算计价工程量时，某些项目还应根据其详细构造列项，如竹木地板，除其面层项目外，还应分别计算其龙骨、基层、油漆、涂料工程量。

2.2.1 四川省04装饰定额楼地面装饰工程项目

楼地面装饰工程项目列表 表2-2

<table>
<tr><td rowspan="5">块料面层</td><td>石材楼地面</td><td>大理石、花岗石</td><td colspan="2">800mm×800mm以下、800mm×800mm以上、拼贴碎块、拼花、点缀</td></tr>
<tr><td rowspan="4">块料楼地面</td><td>彩釉砖</td><td colspan="2">300mm×300mm以内、600mm×600mm以内、800mm×800mm以内、800mm×800mm以上、拼贴碎块</td></tr>
<tr><td>缸砖</td><td colspan="2">勾缝、不勾缝</td></tr>
<tr><td>广场砖</td><td colspan="2">普通、图案</td></tr>
<tr><td colspan="3">镭射玻璃</td></tr>
<tr><td rowspan="4">橡塑面层</td><td colspan="2">橡胶板楼地面</td><td colspan="2">中砂、特细砂</td></tr>
<tr><td colspan="4">橡胶卷材楼地面</td></tr>
<tr><td colspan="4">塑料板楼地面</td></tr>
<tr><td colspan="2">塑料卷材楼地面</td><td colspan="2">片材、卷材</td></tr>
<tr><td rowspan="6">其他材料面层</td><td colspan="4">地毯</td></tr>
<tr><td rowspan="4">竹木地板</td><td>龙骨</td><td colspan="2">地龙骨、地台龙骨</td></tr>
<tr><td>地板基层</td><td colspan="2">木工板、胶合板</td></tr>
<tr><td rowspan="2">面层</td><td>硬铺</td><td>平口制安、企口制安、成品安装</td></tr>
<tr><td>软铺</td><td>实木地板、强化木地板</td></tr>
<tr><td>防静电地板</td><td colspan="3">木质、铝质、PVC板</td></tr>
<tr><td rowspan="7">踢脚线</td><td>石材踢脚线</td><td colspan="3">大理石、花岗石</td></tr>
<tr><td>块料踢脚线</td><td colspan="3">彩釉砖</td></tr>
<tr><td colspan="4">塑料板踢脚线</td></tr>
<tr><td rowspan="4">木质踢脚线</td><td colspan="3">龙骨</td></tr>
<tr><td>基层</td><td colspan="2">胶合板、木工板</td></tr>
<tr><td>面层</td><td colspan="2">榉木、木板</td></tr>
<tr><td colspan="3">实木成品踢脚板安装</td></tr>
<tr><td rowspan="4">楼梯装饰</td><td>石材楼梯面层</td><td colspan="3">大理石、花岗石、大理石弧形、花岗石弧形</td></tr>
<tr><td>块料楼梯面层</td><td colspan="3">彩釉砖、缸砖</td></tr>
<tr><td>地毯楼梯面层</td><td colspan="3">满铺、不满铺、压辊、压板</td></tr>
<tr><td>木板楼梯面层</td><td colspan="3">木楼梯、螺旋式木楼梯</td></tr>
<tr><td rowspan="4">扶手、栏杆、栏板装饰</td><td>金属扶手、栏杆、栏板</td><td colspan="3">钢管扶手、型钢栏杆、铝合金栏板、铝合金栏杆、不锈钢管栏杆、不锈钢管栏杆、栏板、铁花栏杆、栏板、铝合金管、不锈钢管</td></tr>
<tr><td colspan="4">硬木扶手带栏杆，栏板、木扶手，型钢栏杆、成品木扶手，型钢栏杆、木栏杆、硬木扶手</td></tr>
<tr><td colspan="4">塑料扶手带栏杆，栏板、塑料扶手，型钢栏杆</td></tr>
<tr><td colspan="4">金属靠墙扶手、硬木靠墙扶手、塑料靠墙扶手</td></tr>
</table>

台阶装饰	石材台阶	大理石、花岗石
	块料台阶面	彩釉砖、缸砖、广场砖
零星装饰项目	石材零星项目	大理石、花岗石
	拼碎石材零星项目	大理石、花岗石
	块料零星项目	彩釉砖、缸砖、拼碎彩釉砖
防滑条、嵌条、打蜡	防滑条、嵌条、金刚砂、金属、缸砖、封口条、面层打蜡	

2.2.2 楼地面装饰项目的特点

（1）块料装饰类按块料规格划分项目。

从上述的装饰定额中可以看到，大理石、花岗石、地砖等地面块料装饰按其每块规格的不同划分项目。通过分析，还可以发现，同一种材料因块料规格不同划分的项目，其材料消耗量基本相同，只是定额中的综合人工有不同的变化。

（2）应注意项目的工程量计量单位。

在楼地面装饰定额中，一般项目以平方米（m^2）为计量单位。但是，也有一些项目的计量单位不能想当然地确定，应查阅装饰定额后再确定。

2.3 楼地面装饰计价工程量计算

2.3.1 楼地面装饰面层

2.3.1.1 块料面层

块料楼地面面层根据装饰材料的不同主要分为石材楼地面和块料楼地面两大类。

（1）石材楼地面。

1）石材楼地面装饰材料。

① 天然石材。

建筑装饰用天然石材主要有天然大理石和花岗石。

A. 大理石装饰板材。

天然大理石具有致密的隐晶结构，纯大理石为白色，称为汉白玉。如在变质过程中混入了其他杂质，就会出现各种不同的色彩和花纹、斑点，如含碳则呈黑色，含氧化铁则呈玫瑰色、橘红色，含氧化亚铁、铜、镍呈则绿色等，这些斑斓的色彩和石材本身的质地使其成为古今中外的高级建筑装饰材料。

由于大理石天然生成的致密结构和色彩、斑纹、斑块，经过锯切、磨光后的板材光洁细腻，大理石装饰板材主要用于宾馆、展厅、博物馆、办公楼、会议大厦等高级建筑物的墙面、地面、柱面及服务台面、窗台、踢脚线、楼梯、踏步等处，也可加工成工艺品和壁画。

大理石的化学稳定性不如花岗石，不耐酸，空气和雨水中所含的酸性物质和盐类对大理石有腐蚀作用，故大理石不宜用于建筑物外墙和其他露天部位。

B. 花岗石装饰板材。

天然花岗岩属酸性岩石，极耐酸性腐蚀，对碱类侵蚀也有较强的抵抗力。花岗岩结构致密、质地坚硬，抗压强度大，硬度大，耐磨性好，吸水率小，耐冻性也强，使用寿命长。

花岗岩的化学成分随产地不同也有所区别。某些花岗岩含有微量放射性元素，对这类花岗岩应避免使用于室内。

花岗岩的缺点是自重大，用于房屋建筑会增加建筑物自重。

花岗石装饰板材主要用作建筑室内外饰面材料，以及重要的大型建筑物基础、踏步、栏杆、堤坝、桥梁、路面、街边石、城市雕塑等。

磨光花岗石板材的装饰特点是华丽而庄重，粗面花岗石装饰板材的特点是凝重而粗犷。应根据不同的使用场合选择不同物理性能及表面装饰效果的花岗石。

② 人造石材。

人造石材也是一种应用比较广泛的室内装饰材料。常见的有水磨石板材、人造大理石板材、人造花岗石板材、微晶玻璃板材等。

A. 水磨石板材。

水磨石板具有美观、适用、强度高、施工方便等特点，颜色根据需要可任意配制，花色品种多，并可在使用施工时拼铺成各种不同的图案。适用于建筑物的地面、墙面、柱面、窗台、踢脚、台面、楼梯踏步等处，还可制成桌面、水池、假山盘、花盘、茶几等。

B. 合成石板材。

聚酯型人造大理石是以不饱和聚酯树脂为胶粘剂，配以天然大理石或方解石、白云石、硅砂、玻璃粉等无机矿物粉料，以及适量的阻燃剂、稳定剂、颜料等，经配料混合、浇注、振动压缩、挤压等方法固化制成的一种人造石材。由于其颜色、花纹和光泽等均可以仿制成天然大理石、花岗石或玛瑙等的装饰效果，故称之为人造大理石、人造花岗石、人造玛瑙等。人造大理石由于重量轻，强度高，耐腐蚀，耐污染，施工方便等优点，是室内装饰装修应用比较广泛的材料。更方便的是，其装饰图案、花纹、色彩可根据需要人为地控制，厂商可根据市场要求生产出各式各样的图案组合，这是天然石材所不及的。人造大理石具有良好的可加工性，可用加工天然大理石的办法对其进行切割、钻孔等。

人造大理石可用作室内墙面、柱面、壁面、匾额、建筑浮雕等外装饰，也可用于卫生间卫生洁具的装饰及化验、医疗、通信等方面。

C. 其他类型的人造大理石。

聚酯类人造大理石产品的质量目前还不稳定，再加上成本较高，产品的收缩性大，容易翘曲变形，因而在一定程度上限制了自身的发展。为了降低成本，改善人造大理石的某些性能，近年来我国各地相继研发了其他类型的人造大理石。

a. 水泥——树脂复合型人造大理石。

这种人造大理石的制作工艺是以普通水泥砂浆作基层，然后在表面敷树脂以罩光和添加图案色彩，这一方面降低厂商生产成本，另一方面也避免了产品在使用过程中的翘曲变形问题。

b. 硅酸盐类人造大理石。

硅酸盐类人造大理石是水泥花阶砖工艺的一种新形式，即用白水泥或几种有色水泥浆料混合，自然形成的一种大理石纹理的材料作为面层，再制成板材；或在板材表面进行艺术处理，模拟天然大理石的特征。表面光洁度通过树脂罩光或磨光、抛光获得。这类人造大理石的物理化学性能比天然大理石稍差，但其价格极为经济，仅为天然大理石产品的 1/10。

在这类大理石中，硅酸盐石英类人造大理石的研制和应用是比较成功的。它以普通硅酸盐水泥或白水泥为主要原料、掺入耐磨砂和石英粉作填料，加入颜料后入模成型。面层经特殊工艺处理，在色泽花纹、物理、化学性能等方面都优于其他类型的人造大理石。装饰效果能达到以假乱真的程度，而产品生产成本仅为天然大理石的 4%～5%。

c. 高强度人造石膏大理石板。

建筑石膏制品用于建筑装饰与装修非常普遍，但是采用加压成型方法制造高强度的人造大理石制品，可用于室内外装饰装修。这种人造大理石板材成本比聚酯型人造大理石板材低 30%～50%。

d. 浮印型人造饰面板。

浮印型人造饰面板是由密度小于水、且不溶于水的调合剂配以颜料在各种不同的基材（如胶合板、纤维板、塑料板、石膏板、硬纸板、金属板、陶瓷板、玻璃板等）面上，经基材加工、喷涂、浮印、压膜等工序制成。花色图案可人为控制，产品与天然大理石、花岗石极为相似，装饰效果能达到以假乱真的程度。产品重量轻，安装方便，加工成本低，更可在异形或曲面上浮印。如在陶瓷基材上浮印后经过焙烧，能与釉面融合，其耐久性优于天然大理石。如在玻璃基材上浮印后则称为玻璃大理石，其表面平整，光洁如镜。如经过特殊加工，可制成不同色彩的金属闪光玻璃大理石，装饰效果更加富丽堂皇，熠熠生辉。

e. 玉石合成饰面板。

玉石合成饰面板亦称人造琥珀石饰面板，以透明不饱和聚酯树脂将天然石粒（如卵石）、各色石块（如均匀的玉石、大理石）以及天然的植物、昆虫等浇注成板材。产品具有光洁度高，质感强，强度高，耐酸碱腐蚀的优点，是一种高雅美观的室内墙面地面装饰材料。

f. 幻彩石。

幻彩石是一种新型的人造石材，主要是由各种不同色彩的精选云石，加入其他装饰物料（如玻璃或贝壳等），压成砖块，体积较小可用作墙地砖或洗手盆台面板等。幻彩石最引人入胜之处在于其款式繁多，从绚丽夺目的浅色到典雅高贵的深色，产品图案色彩可任意变化，为现代室内设计提供了广阔的遐想空间。

g. 微晶玻璃装饰板。

微晶玻璃不是传统意义上用来采光的玻璃品种，也不是用于玻璃幕墙的那一类玻璃，而是全部用天然材料制成的一种人造高级建筑装饰材料，较天然花岗石具有更灵活的装饰设计和更佳的装饰效果。

微晶玻璃装饰板是应用受控晶化高技术而得到的多晶体，其特点是结构致密、高强、耐磨、耐蚀，在外观上纹理清晰、色泽鲜艳、无色差、不褪色。

微晶玻璃装饰板的成分与天然花岗石相同，均属硅酸盐质，除比天然石材具有更高的强度、耐蚀性、耐磨性外，还具有吸水率小（0～0.1%）、无放射性污染、颜色可调整、规格大小可控制的优点，还能生产弧形板。

2）石材地面铺设施工工艺。

① 施工准备。

A. 材料准备。

a. 石材准备。材料应按要求的品种、规格、颜色到场。凡有翘曲、歪斜、厚薄偏差太大以及缺边、掉角、裂纹、隐伤和局部污染变色的石材应予剔除，完好的石材板块应套方检查，规格尺寸如有偏差，应磨边修正。用草绳等易褪色材料包装石板时，拆包前应防止受潮和污染。材料进场后应堆放于施工现场附近，下方垫木，板块叠合之间应用软质材料垫塞。

b. 粘结材料准备。水泥的强度等级不低于 32.5。结合层用砂采用过筛的中砂、粗砂，灌缝选用中、细砂，砂的含泥量不超过3%。颜料选用矿物颜料，一次备足。同一楼地面工程应采用同一厂家、同一批次的产品，不得混用。

B. 现场作业条件准备。

墙面粉刷完成后，以室内墙面＋500mm 标高线定出地面标高线。暗管线已敷设完毕且验收合格。准备好加工棚，安装好台钻和砂轮锯，接通水源、电源。

C. 施工机具准备。

石材切割机、钢卷尺、水平尺、方尺、墨斗线、尼龙线靠尺、木刮尺、橡皮锤或木锤、抹子、喷水壶、灰铲、合金扁錾、钢丝刷、台钻、砂轮、磨石机等。

② 大理石、花岗石、预制水磨石板块施工。

基层清理→弹线→试拼、试铺→板块浸水→扫浆→铺水泥砂浆结合层→铺板→灌缝、擦缝→上蜡。

③ 大理石、花岗石、预制水磨石板块施工操作要点。

A. 基层清理。

板块地面在铺贴前应先挂线检查基层平整情况，偏差较大处应事先凿平和修补，若为光滑的混凝土楼地面，应凿毛。基层应清洁，不能有油污、落地灰，特别不要有白灰、砂浆灰，不能有渣土。清理干净后，在抹底灰前应洒水润湿。

B. 弹线。

根据设计要求，确定平面标高位置，并弹在四周墙上。再在四周墙上取中，在地上弹出十字中心线，按板块的尺寸加预留缝放样分块。大理石板地面缝宽 1mm，花岗石石板地面缝宽小于 1mm，预制水磨石地面缝宽 2mm。与走廊直接相通的门口应与走道地面拉通线，板块布置要以十字线对称，若室内地面与走廊地面颜色不同，其分界线应安排在门口或门窗中间。在十字线交点处对角安放两块标准块，并用水平尺和角尺校正。铺板时依标准块和分块位置，每行依次挂线，此挂线起到面层标筋的作用。

C. 试拼、试铺。

在正式铺设前，对每一房间的石材板块应按图案、颜色、纹理进行试拼。试拼后按两个方向编号排列，然后按编号码放整齐，以便对号入座，使铺设出来的楼地面色泽美观、一致。在房间内相互垂直的两个方向，铺两条宽度略大于板块板宽、厚不小于 30mm 的干砂带，根据试拼石板的编号及施工图，将石材板块排好，检查板块之间的缝隙，核对板块与墙、柱、洞口等部位的相对位置，根据试铺结果，在房间主要部位弹相互垂直的控制线，并引至墙上，用以检查和控制板块位置。

D. 浸水润湿。

大理石、花岗石、预制水磨石板块在铺贴前应先浸水润湿，阴干后擦干净板背的浮尘方可使用。铺板时，板块的底面以内潮外干为宜。

E. 铺水泥砂浆结合层。

铺水泥砂浆结合层是铺贴工艺中重要的环节，必须注意以下几点：

a. 水泥砂浆结合层，宜采用干硬性水泥砂浆。干硬性水泥砂浆的配合比常用 1∶1～1∶3（水泥∶砂，体积比），一般采用强度等级不低于 32.5 的水泥配制，铺设时稠度（以标准圆锥体沉入度）以 20～40mm 为宜。现场如无测试仪器，可用手捏成团，在手中颠后即散开为度。

b. 为保证干硬性水泥砂浆与基层或找平层的粘结效果，在铺设前，应在基层或找平层上刷一道水灰比为 0.4～0.5 的水泥浆（可掺 10%801 胶），以保证整个上下层之间粘结牢固。

c. 铺结合层时，摊铺砂浆长度应在 1m 以上，宽度应超出板块宽度 20～30mm，铺浆厚度为 10～15mm，虚铺砂浆厚度应比标高线高出 3～5mm，砂浆由里向外铺抹，然后用木刮尺刮平、拍实。

F. 铺板。

铺贴时，要将板块四角同时平稳落下，对准纵横缝后，用橡皮锤（木锤）轻敲振实，并用水平尺找平，锤击板块时注意不要敲砸边角，也不要敲打已铺贴完毕的板块，以免造成空鼓。

铺贴顺序，一般从房间中部向四周退步铺贴。凡有柱子的大厅，宜先铺柱子与柱子中间部分，然后再向两边展开。

G. 灌缝。

铺板完成 2d 后，经检查板块无断裂及空鼓现象后，方可进行灌缝。根据板块颜色，用浆壶将调好的稀水泥素浆或 1∶1 稀水泥砂浆（水泥∶细砂）灌入缝内 2/3高，并及时清理板块表面上溢出的浆液，再用与板面颜色相同的水泥浆将缝灌满、擦缝。待缝内水泥色浆凝结后，应将板面清洗干净，在拭净的石材楼地面上覆盖锯末保护，24h 后洒水养护，3d 内禁止上人走动或在面层上进行其他作业。

H. 上蜡。

板块铺贴完工后，待其结合层砂浆强度达到60%～70%即可打蜡抛光，方法是在石材面层薄涂一层蜡；稍干后用磨光机研磨，或用钉有细帆布（麻布）的木方块代替油石，装在磨石机上研磨出光，再涂蜡研磨一遍，直到光滑洁亮为止。上蜡后须铺锯末养护。

（2）块料楼地面。

1）块料楼地面材料。

① 墙地砖。

墙地砖包括建筑外墙装饰贴面用砖和室内外地面用砖。由于目前这类砖的发展趋势向产品墙地两用，故称为墙地砖。

墙地砖按其表面是否施釉分为无釉墙地砖和彩色釉面陶瓷墙地砖（简称彩釉砖）。

墙地砖的表面质感多种多样。通过配料和改变制作工艺，可获得平面、麻面、磨光面、抛光面、纹点面、仿大理石（或花岗石）表面、压花浮雕表面、无光釉面、金属光泽釉面、防滑面、玻化瓷质面、耐磨面等多种表面性状，也可获得丝网印刷、套花图案、单色、多色等装饰效果。

② 新型墙地砖。

A. 劈离砖。

劈离砖又称劈裂砖，是将一定配比的原料，经粉碎、炼泥、真空挤压成型、干燥、高温煅烧制成。由于成型时为双砖背连坯体，烧成后再劈裂成两块砖，故称劈离砖。

劈离砖适用于各类建筑物外墙装饰，也适合用作楼堂馆所、车站、候车室、餐厅等处室内地面铺设。较厚的砖适合于广场、公园、停车场、走廊、人行道等露天地面铺设，也可作游泳池、浴池池底和池岩的贴面材料。

B. 彩胎砖。

彩胎砖是一种本色无釉瓷质饰面砖，它采用彩色颗粒土原料混合配料，压制成多彩坯体后，经一次烧成呈多彩细花纹的表面，富有天然花岗石的纹点，有红、绿、黄、蓝、灰、棕等多种基色，多为浅色调，纹点细腻，质朴高雅。

彩胎砖表面有平面和浮雕型两种，又有无光与磨光、抛光之分，这种砖的耐磨性极好，特别适用于人流密度大的商场、剧院、宾馆、酒楼等公共场所铺地装饰，也可用于住宅厅堂墙地面装饰。

C. 玻化砖。

玻化砖是一种具有玻璃般亮丽质感的新型高级铺地砖，也称为瓷质玻化砖。

D. 麻面砖

麻面砖是采用仿天然岩石色彩的配料，压制成表面凹凸不平的麻面坯体后，经一次烧成的炻质面砖。砖的表面酷似经人工修凿过的天然岩石面，纹理自然，粗犷雅朴，有白、黄、红、灰、黑等多种色调。薄型砖适用于建筑物外墙装饰，厚型砖适用于广场、停车场、码头、人行道等地面铺设。

E. 大规格墙地砖。

大规格砖酷似天然石材而优于石材，它的硬度大于石材而密度小于石材，耐酸、耐碱、耐风化，没有天然石材边缝水渍现象，也不含对人体有危害的放射性物质，颜色丰富多彩，应用前景十分广阔。

F. 陶瓷艺术砖。

陶瓷艺术砖采用优质黏土、瘠性原料及无机矿化剂为原料，经成型、干燥、高温焙烧而成，砖表面具有各种图案浮雕，艺术夸张性强，组合空间自由度大，可运用点、线、面等几何组合原理，配以适量同规格彩釉砖或釉面砖，可组合成抽象的或具体的图案壁画。

G. 金属釉面砖。

金属釉面砖运用进口和国产金属釉料等特种原料烧制而成，是当今国内市场的领先产品。这种面砖抗风化、耐腐蚀，历久长新，适用于商店柱面和门面的装饰。

H. 大型陶瓷艺术饰面板。

大型陶瓷艺术饰面板具有单块面积大、厚度薄、平整度好、吸水率低、抗冻、抗化学侵蚀、耐急冷急热、施工方便等优点，并有绘制艺术、书法、条幅、陶瓷壁画等多种功能。产品表面可做成平滑或各种浮雕花纹图案，并施以各种彩色釉，用其作为建筑物外墙、内墙、墙裙、廊厅、立柱等的饰面材料，尤其适合用在大厦、宾馆、酒楼、机场、车站、码头等公共设施的装饰。

2）块料楼地面装饰施工工艺。

① 块料楼地面装饰施工准备。

A. 材料准备。

a. 地砖应符合有关要求，对有裂缝、掉角、翘曲、色差明显、尺寸误差大等缺陷的块材应剔除。

b. 水泥宜采用强度等级 32.5 以上的普通硅酸盐水泥、矿渣硅酸盐水泥或白水泥。

c. 找平层水泥砂浆用粗砂，嵌缝宜用中、细砂。

B. 作业条件准备。

同大理石地面。

C. 施工机具准备。

小水桶、方尺、钢卷尺、木抹子、铁抹子、木拍板、手锹、筛子、喷壶、墨斗、长短刮杠、扫帚、橡皮锤、合金錾、开刀、手提式切割机等。

② 块料楼地面装饰施工工艺流程。

A. 有地漏或排水的房间。

基层处理→作灰饼、冲筋→做找平（坡）层→（做防水层）→板块浸水阴干→弹线→铺板块→压平拨缝→嵌缝→养护。

B. 走廊、大厅等室内地坪。

基层处理→作灰饼、冲筋→铺结合层砂浆→板块浸水阴干→弹线→铺板块→压平拨缝→嵌缝→养护。

③ 块料楼地面装饰施工操作要点。

A. 基层清理。表面砂浆、油污和垃圾清除干净，用水冲洗、晾干。若混凝土楼面光滑则应凿毛或拉毛。

B. 标筋。根据墙面水平基准线，弹出地面标高线。在房间四周做灰饼，灰饼表面标高与铺贴材料厚度之和应符合地面标高要求。依据灰饼标筋，在有地漏和排水孔的部位，做 50～55mm 厚 1∶2∶4 细石混凝土从门口处向地漏找泛水，应双向放坡 0.5%～1%，但最低处不小于 30mm 厚。

C. 铺结合层砂浆。铺砂浆前，基层应浇水润湿，刷一道水泥素浆，随刷随铺 1∶3（体积比）干硬性水泥砂浆。砂浆稠度必须控制在 35mm 以下。根据标筋标高，用木拍子拍实，短刮杠刮平，再用长刮杠通刮一遍。检测平整度误差不大于 4mm。拉线测定标高和泛水，符合要求后用木抹子搓成毛面。踢脚线应抹好底层水泥砂浆。

有防水要求时，找平层砂浆或水泥混凝土要掺防水剂，也可按设计要求加铺防水卷材，如用水乳型橡胶沥青防水涂料布（无纺布）做防水层，四周卷起 150mm 高，外粘粗砂，门口处铺出 30mm 宽。

D. 板块浸水。同石材板块地面。

E. 弹线。在已有一定强度的找平层上用墨斗线弹线。弹线应考虑板块间隙。找平、找方同石材板块施工。

F. 铺板块。铺贴操作时，先用方尺找好规矩，拉好控制线，按线由门口向进深方向依次铺贴，再向两边铺贴。铺贴中用 1∶2 水泥砂浆铺摊在板块背面，再粘贴到地面上，并用橡皮锤敲压实，使标高、板缝均符合要求。如有板缝误差可用开刀拨缝，对高的部分用橡皮锤敲平，低的部分应起出瓷砖用水泥砂浆垫高找平。

瓷砖的铺贴形式，对于小房间（面积小于 40m^2）通常是做 T 字形（直角定位法）标准高度面；对于大面积房间，通常在房间中心按十字形（有直角定位法和对角定位法）做出标准高度面，可便于多人同时施工。铺贴形式如图 2-5 所示。房间内外地砖品种不同，其交接线应在门扇下中间位置，且门口不应出现非整砖，非整砖应放在房间不起眼的位置。

G. 压平拨缝。每铺完一段落或 8～10 块后，用喷壶略洒水，15min 左右用橡皮锤（木锤）按铺砖顺序捶铺一遍，不得遗漏，边压实边用水平尺找平。压实后

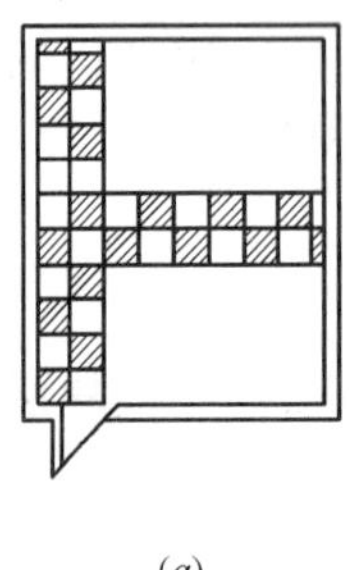

(*a*)

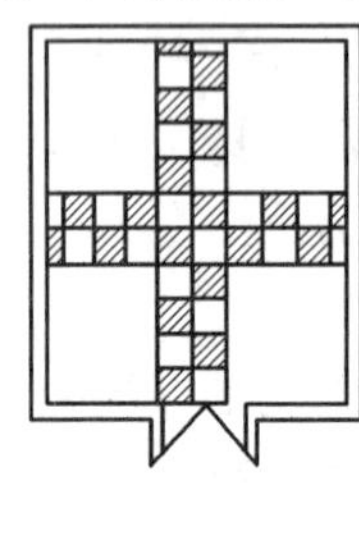

(*b*)

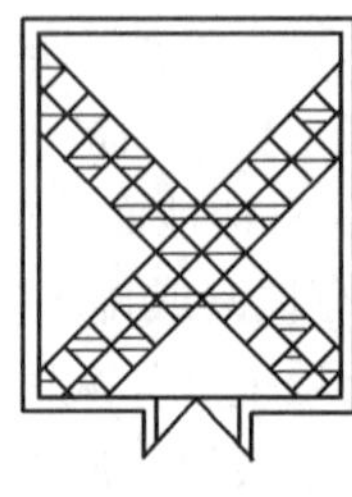

(*c*)

图 2-5 地砖块板铺贴形式

(*a*) 面积较小的房间做 T 字形；(*b*) 大面积房间做法；(*c*) 大面积房间做法

拉通线先竖缝后横缝调拨缝隙，使缝口平直、贯通。从铺砂浆到压平拨缝应在5～6h完成。

H. 嵌缝养护。水泥砂浆结合层终凝后，用白水泥或普通水泥浆擦缝，擦实后铺撒锯末养护，4～5d后方可上人。

（3）橡塑面层。

1）橡塑面层材料。

塑料地板的种类很多，按形状可分为块状和卷状；按塑料地板的材性可分为硬质、半硬质和软质三种。

目前各国生产的塑料地板绝大部分为聚氯乙烯地板，即PVC地板。

从结构上，可分为单层、双层和三层地板。双层地板又包括双层同质复合地板、双层异质复合地板；三层塑料地板又包括三层同质复合地板，一、三层同质、二层异质复合地板，三层异质复合地板，多层塑料地板等。

从花色来区分，可分为单色、单底色大理石花纹、单底色印花、木纹等品种。

塑料地板特点是品种、图案多样，如仿木纹、仿天然石材的纹理，其质感可以达到以假乱真，能满足人们崇尚大自然的装饰要求；二是材性好，如耐磨性、耐水性、耐腐蚀性等能满足使用要求；三是脚感舒适，特别是弹性卷材塑料地板，具有一定的柔软性，步行其上脚感舒适，不易疲劳，解决了某些传统建筑材料冷、硬、灰的缺陷，与木质地板相比，隔声且易清洁。与陶瓷地面砖相比，不打滑，且冬季无冰冷感觉；四是可实现规模自动化生产，生产效率高，产品质量稳定，成本低，维修更新方便；五是价格比较低廉，施工方便。

橡胶地板是以合成橡胶为主要原料，添加各种辅助材料，经特殊加工而成的一种铺地材料。具有耐磨、抗振、耐油、抗静电、耐老化、阻燃、易清洗、施工方便、使用寿命长等特点，适用于宾馆、饭店、商场、机场、地铁、车站、通信中心、邮电大楼、展览大厅、体育场馆、实验室、图书馆、写字间、会议厅的地面和游艇、轮船内部板面以及客房、卫生间、盥洗室、阳台等场所。

2）橡塑面层施工工艺。

① 橡塑面层施工准备。

A. 材料准备。

a. 塑料地板。塑料地板饰面采用的板块（片）应平整、光洁，无裂纹，色泽均匀，厚薄一致，边缘平直；板内不应有杂物和气泡，并应符合产品的各项技术指标。塑料地板使用前，应贮存于干燥、洁净的库房，距热源3m以外，环境温度不宜大于32℃。

b. 胶粘剂。塑料地板粘合铺贴施工所用的胶粘剂，应根据基层材料和面层材料的使用要求，通过试验确定。可采用乙烯类（聚酯酸乙烯乳液）、氯丁橡胶型、聚氨酯、环氧树脂、合成橡胶溶液型、沥青类和多功能建筑胶等。胶粘剂应存放在阴凉通风、干燥的室内；超过生产日期3个月的产品，应取样检验，合格后方可使用；超过保质期的产品，不得使用。

B. 现场准备。

施工前要做好样板间，有拼花要求的地面应预先绘制大样图。其他如顶面、墙面的装饰施工可能造成建筑地面潮湿的施工工序应全部完成。在铺设施工前，应使房间干燥，避免在潮湿的环境中进行铺装施工。塑料地板施工时，室内的相对湿度不应大于80%。施工作业温度不得低于10℃。

C. 施工机具准备。

梳形刮板、划线器、橡胶滚筒、橡胶压边滚筒、大压辊、裁切刀、墨斗、8～10kg 砂袋、棉纱、橡胶锤、油漆刷、钢尺等常用工具，如图 2-6 所示。

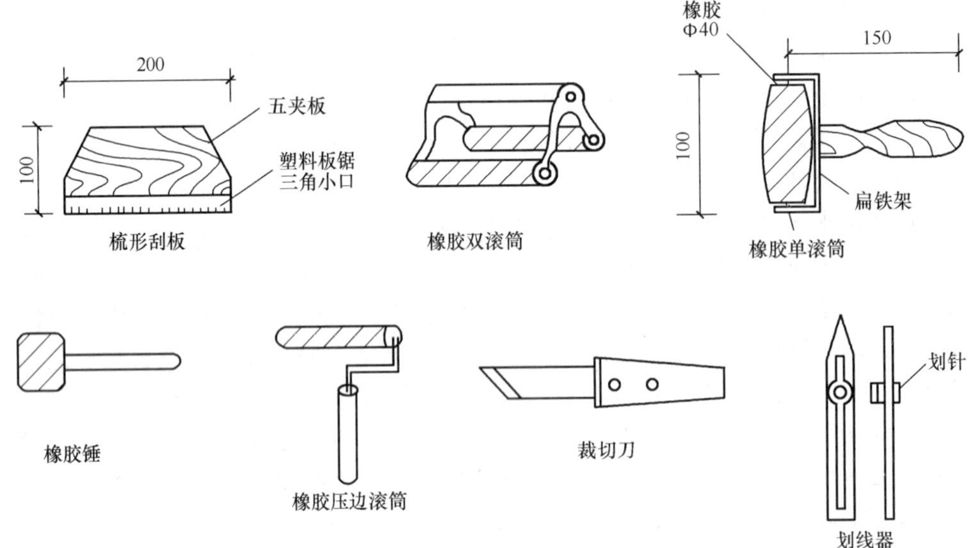

图 2-6　塑料地板铺贴常用工具（mm）

② 橡塑面层施工工艺流程。

硬质、半硬质塑料地板与软质塑料地板的施工工艺有所不同。

A. 硬质、半硬质塑料地板施工工艺流程。

基层处理→弹线分格→试铺→刮胶→铺贴地板→铺贴踢脚板→清理养护。

B. 软质塑料地板施工工艺流程。

基层处理→弹线→试铺→刮胶→铺贴→接缝焊接→铺贴踢脚板。

C. 橡塑面层施工操作要点。

a. 基层处理。

水泥类楼地面基层的表面应平整、坚硬、干燥，无油脂及其他杂质。

基层如有麻面起砂及裂缝等缺陷，可用石膏乳液腻子嵌补找平一到两遍，处理时每遍批刮的厚度不应大于 0.8mm；每遍腻子干燥后，要用 0 号铁砂布打磨，然后再批刮第二遍腻子，直至表面平整后再用水稀释的乳液涂刷一遍。最后再刷一道水泥胶浆。

基层处理腻子的选择，可采用与具体地材产品配套的基层处理材料，与塑料地材及其胶粘剂性质相容的商品腻子，或是现场自配的石膏乳液腻子和滑石粉乳液腻子。

石膏乳液腻子适用于楼地面基层表面第一道嵌补找平。其配合比为石膏：土粉：聚酯酸乙烯乳液＝2：2：1（GB 0209，体积比）。石膏乳液腻子拌合时，加水量应根据现场具体情况确定。

滑石粉乳液腻子适用于基层表面的第二道修补找平。其配合比为滑石粉：聚酯酸乙烯乳液：羧甲基纤维素溶液＝1：（0.2～0.25）：0.1（GB 50209，体积比）。滑石粉乳液腻子拌合时，加水量应根据现场具体情况确定。

b. 弹线分格。

对于塑料板块或切割后作方格拼花铺贴的地面，在基层处理后应按设计要求进行弹线、分格和定位。以房间中心为中心，弹出相互垂直的两条定位线。定位线有十字形、对角线形和T形，然后按板块尺寸，每隔2～3块弹一道分格线，以控制贴块位置和接缝顺直（如图2-7所示），并在地面周边距墙面200～300mm处作为镶边。其他形式的拼花与图案，也应弹线或画线定位，确定其分色拼接和造型变化的准确位置。对相邻房间颜色不同的地板，其分格线应在门扇中，分色线在门框的踩口线外，使门口的地板对称。

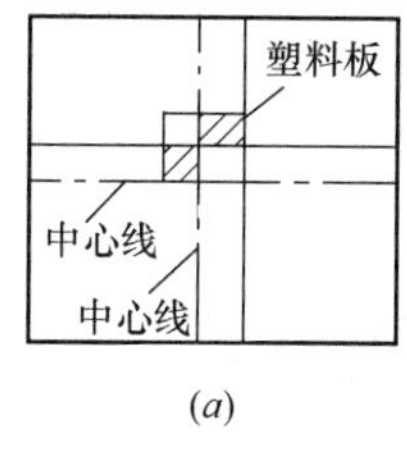

(a)

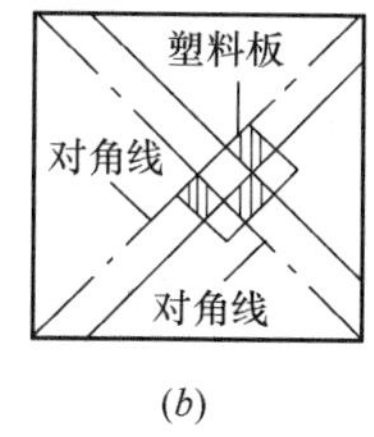

(b)

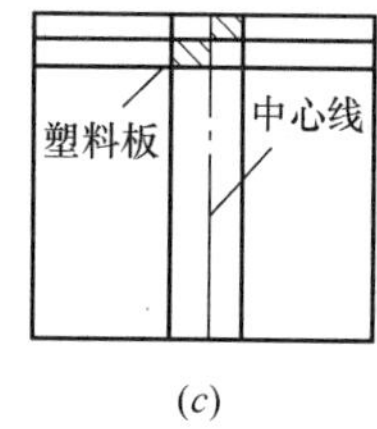

(c)

图2-7 弹线分格

(a) 十字形；(b) 对角线；(c) T形

c. 试铺。

塑料地板试铺前，对于软质塑料地板块，应作预热处理。宜放入75℃的热水中浸泡10～20min，待板面全部松软伸平后，取出晾干备用，称为软板预热，注意不得用炉火或电热炉预热；对于半硬质块状聚氯乙烯地板，应先用棉丝蘸丙酮与汽油混合溶液（丙酮：汽油＝1：8）对板材进行脱脂除蜡处理，称为硬板脱脂。再按设计图案要求及地面画线尺寸选择相应颜色的塑料地板块，或对卷材进行局部切割后到位试拼预铺，合格后按顺序编号，为正式铺装施工做好准备。对于不是整块的地板裁切可采取图2-8所示的方法进行。

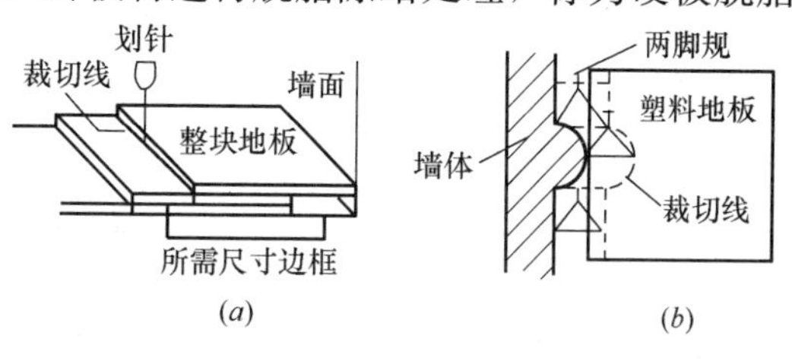

(a) (b)

图2-8 塑料地板的裁切

(a) 直线裁切示意图；(b) 曲线裁切示意图

对于卷材型塑料地板，在裁剪时要注意留足拼花、图案对接余量，同时应搭接20～50mm，用刀从搭接中部割开，然后涂胶粘贴。

d. 涂刷底胶。

对于粘贴施工的塑料地板铺设，应先在清扫干净的基层表面均匀涂刮一层薄而均匀的底胶，以增强基层与面层的粘结强度。待其干燥后，即可进行铺贴操作。

底胶的现场配制，当采用非水溶性胶粘剂时，按同类胶粘剂（非水溶性）加入其质量10%的汽油（65号）和10%的醋酸乙酯（或乙酸乙酯）搅拌均匀；当采用水溶性胶粘剂时，按同类胶加水稀释并搅拌均匀。

e. 涂刮胶粘层。

涂刮胶粘层宜用锯齿形刮板，刮胶方式有直线刮胶和八字形刮胶两种。在基层表面及塑料地板背面涂刷胶粘剂，以及地板到位铺贴的操作，应按塑料地板产品使用要求和所用胶粘剂的品种，采用相应的方法。当采用乳液型胶粘剂铺贴塑料地板，应在塑料板背面和基层上都均匀涂刷胶粘剂，由于基层材料吸水性强，所以涂刮时，一般应先涂刮塑料板块的背面，后涂刮基层表面，涂刮越薄越好，无需晾干，随铺随刮；当采用溶剂型胶粘剂时，只在基层上均匀涂胶一道，待胶层干燥至不粘手时（一般在室温10～35℃时，静停5～15min），即可进行铺贴。

胶粘剂涂贴的板背面积应大于80%；在基层上涂胶时，涂胶部位尺寸应超出分格线10mm，涂胶厚度应不大于1mm，一次涂刷面积不宜过大。

f. 铺贴。

半硬质塑料地板铺贴从十字中心或对角线中心开始，逐排进行，T形可从一端向另一端铺贴。铺贴时，双手斜拉塑料板从十字交点开始对齐，再将左端与分格线或已贴好的板边比齐，顺势把整块板慢慢贴在地上，用手掌压按，随后用橡皮锤（或滚筒）从板中向四周锤击（或滚压），赶出气泡，确保严实。按弹线位置沿轴线由中央向四周铺贴，排缝可控制在0.3～0.5mm，每粘一块随即用棉纱（可蘸少量松节油或汽油）将挤出的余胶擦净。板块如遇不顺直或不平整，应揭起重铺，铺贴示意见图2-9。

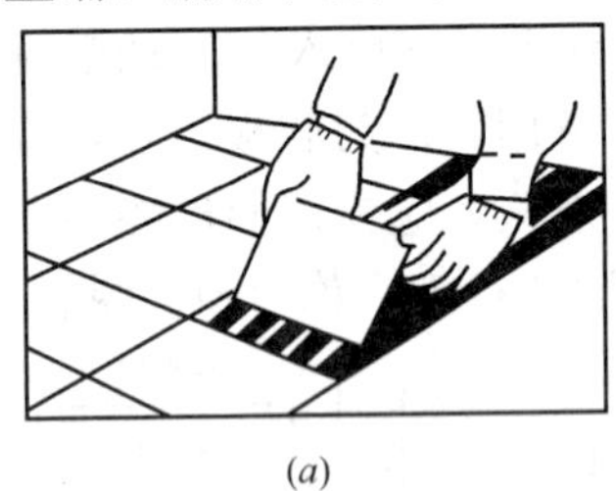

(a)

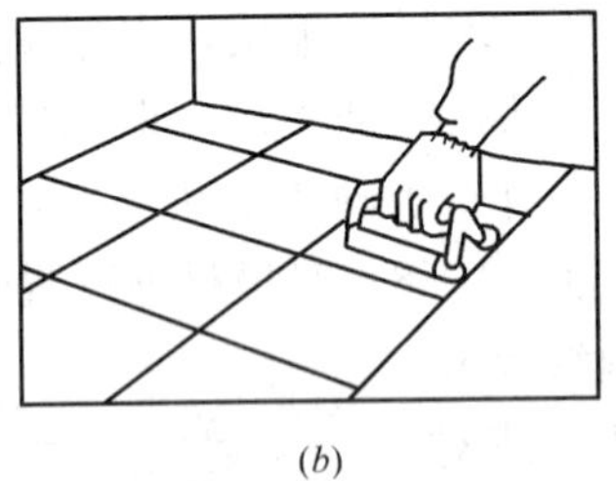

(b)

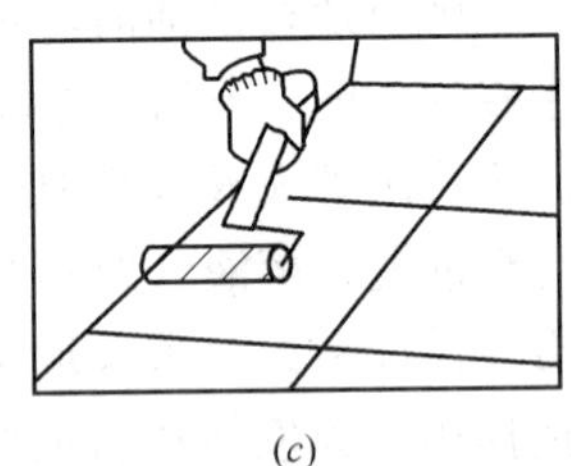

(c)

图2-9 塑料地板的铺贴

(a) 地板一端对齐粘合；(b) 贴平赶实；(c) 压平边角

软质塑料地板的粘贴铺装与半硬质塑料地板粘贴做法基本相同。铺贴时，按预先弹好的线，四人各提起卷材一边，先放好一端，再顺线逐段铺贴。若离线偏位，立即掀起调整正位放平。放平后用手和滚筒从中间向两边赶平，并排尽气泡。如有气泡赶压不出，可用针头插入气泡，用针管抽空，再压实粘牢。卷材边缝搭接不少于20mm，沿定位线用钢板直尺压线并用裁刀裁割。一次割透两层搭接部分，撕上下层边条，并将接缝处掀起部分铺平压实、粘牢。

当板块或卷材缝隙需要焊接时，宜在铺贴48h之后再行施焊；亦可采用先焊后铺贴的做法，焊条用等边三角形或圆形焊条，其成分和性能应与被焊塑料地板相同。接缝焊接时，两相邻边要切成V形槽，以增加焊接牢固性，如图2-10。

焊缝冷却至常温，将突出面层的焊包用刨刀切削平整，切勿损伤两边的塑料板面。

铺贴操作中应注意三个问题；一是塑料板要贴牢，不得脱胶空鼓；二是缝格要顺直，避免错缝；三是表面要平整、干净，不得有凹凸不平和污染、破损。

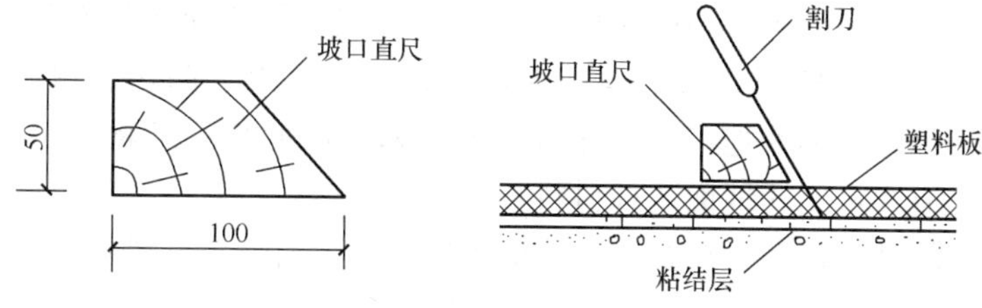

图2-10 坡口切割（mm）

g. 清理养护。

铺贴完毕用清洁剂全面擦拭干净，三天内不得上人行走。平时应避免60℃以上的物品与地板砖、地板革接触。并应避免一些溶剂洒落在地面上，以防地板砖、地板革起化学反应。

2.3.1.2 其他材料面层

（1）地毯楼地面。

1）地毯楼地面材料。

地毯是地面装饰中的高中档材料，地毯不仅具有隔热、保温、吸声、吸尘、挡风及弹性好等特点，还具有典雅、高贵、华丽、美观、悦目的装饰效果，所以经久不衰，广泛用于宾馆、会议大厅、会议室、会客室家庭地面装饰。

① 地毯的品种及分类。

A. 按图案类型分类 可分为“京式”地毯、美术式地毯、仿古式地毯、彩花式地毯、素凸式地毯。

B. 按材质分类 可分为羊毛地毯、混纺地毯、化纤地毯、塑料地毯、剑麻地毯。

C. 按编织工艺分类 可分为手工编织地毯、簇绒地毯、无纺地毯。

D. 按规格尺寸分类 可分为块状地毯、卷材地毯。

此外，还可根据使用场所不同将地毯分为轻度家用级、中度家用级或轻度专业使用、一般家用或中度专业使用级、重度家用、重度专业使用级、豪华级六类。

② 纯毛地毯。

纯毛地毯也称羊毛地毯，分为手工编织、机织和无纺织三种方式，机织和无纺织为近代发展起来的编织方式。

手工编织地毯具有图案优美、色泽鲜艳、质地厚实、富有弹性、柔软舒适、经久耐用的优点，自古以来一直是一种高档铺地材料。

机织纯毛地毯最适用于宾馆、饭店的客房、楼梯、楼道、宴会厅、酒吧间、会客室及家庭地面装饰。

③ 化纤地毯。

化纤地毯又名合成纤维地毯，是采用化学合成纤维做面料，再以背衬材料复合加工制作而成。按所用的化学纤维不同，分为丙纶地毯、腈纶地毯及印染地毯等。

化纤地毯是从传统的羊毛地毯发展而来的，虽然羊毛堪称纤维之王，但它的价格高，资源也有限，还有易受虫蛀、霉变的缺点。化纤地毯虽有易燃、易老化等缺点，但经适当处理可以得到与羊毛地毯接近的耐燃、防污、耐老化等性能。加上它的价格远低于羊毛地毯，且化纤资源丰富，因此化纤地毯在工业发达国家发展很快，已成为重要的地面装饰材料。

化纤地毯的品种很多，按其加工方法不同，主要有以下几种：

A. 簇绒地毯。

簇绒地毯是由毯面纤维、初级背衬、防松涂层和次级背衬四部分组成的一种有麻布背衬的圈绒地毯。它的成本较高，每平方米的纤维用量较高，因而有较好的弹性，脚感舒适。目前，簇绒地毯是国内外化纤地毯中产量最多的。

B. 针刺地毯。

针刺地毯缺少弹性，脚感较硬，造价低廉，是一种低档的化纤地毯。

C. 机织地毯。

机织地毯具有非常美丽和复杂的花纹图案，采用不同的织造工艺还能生产出不同表面质感的地毯。此外，它的毯面纤维密度较大，毯面平整性好，但机织速度不如簇绒法快，工序较多，成本较高。

D. 印染地毯。

印染地毯一般是在簇绒地毯上印染各种花纹图案，使地毯表面的图案绚丽多姿，它的价格要比机织或手工编织地毯低得多，但其印花图案的耐久性不及机织或手工编织地毯。

化纤地毯按其外形尺寸，可分为卷材地毯和块状地毯两种。与卷材塑料地板和块状塑料地板的情况相似。块状的好处是局部损坏容易更换，不利之处是接缝多，地面铺设整体性不强，易翘角踢坏，卷材地板则相反。

④ 其他类地毯。

A. 橡胶绒地毯。

橡胶绒地毯是以天然橡胶与合成橡胶配以各种补强剂、促进剂、软化剂、防老剂、着色剂，经混炼、压片、复合、硫化成型加工制成。产品具有色泽鲜艳、柔软舒适、弹性好、耐磨、耐老化、防滑性能好、使用寿命长、防水、防潮、耐腐蚀、清洁方便等特点，适用于卫生间、浴室、防空洞、地下室、游泳池、餐厅、客房、会议室、火车走道、轮船、汽车等。用各种绝缘材料做成的橡胶绒地毯，特别适用于计算机中心、电化教学场所、电视台、配电房等。以绿色材料制成的橡胶绒地毯，被誉为绿色的“橡胶草坪”，适用于照相馆、摄影棚、体育场、排演厅及室内需装饰草坪之处。

B. 橡胶海绵地毯衬垫。

橡胶海绵地毯衬垫是以橡胶为主要原料，添加一些化工原料，经特殊加工制成的一种地毯衬垫材料，具有防潮、绝缘、防霉、防虫蛀、耐腐蚀和富有弹性等特点，适用于地毯的衬垫材料，以提高弹性和脚感舒适度以及隔声保温效果，也起防潮和保护地毯的作用。

C. 组合地毯。

组合地毯也称块状地毯，通常是以高性能化学纤维为面层材料，底层是柔软且富有弹性、不吸水、防滑的EVA材料复合而成，具有尺寸稳定，利用自重，不需任何固定方式，可以平铺在室内外地面，运输方便，易洗涤除尘等优点。

2）地毯施工工艺。

① 地毯施工准备。

A. 材料准备。

a. 地毯。按设计要求的品种和现场实测铺设面积一次备足，放置于干燥房间，不得受潮或水浸。

b. 辅助材料。垫层、胶粘剂（有聚酯酸乙烯胶粘剂和合成橡胶粘结剂两类，选用时要与地毯背衬材料相配套确定胶粘剂品种）、接缝带、倒刺钉板条（图2-11）、金属收口条、门口压条（图2-12、图2-13）、尼龙胀管、木螺钉、金属防滑条、金属压杆等。

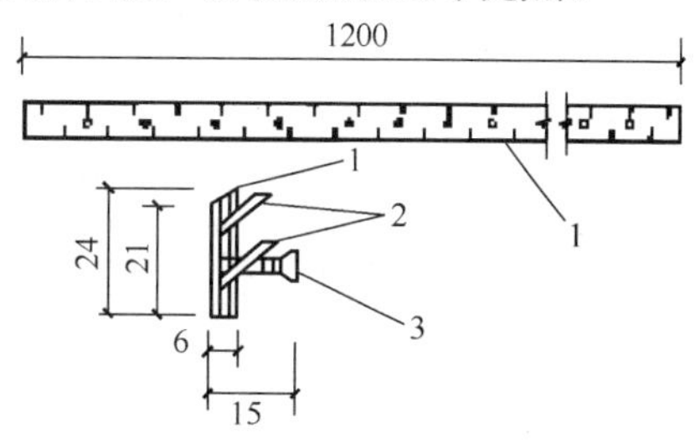

图2-11 倒刺钉板条（mm）

1—胶合板条；2—挂毯朝天钉；3—水泥钉

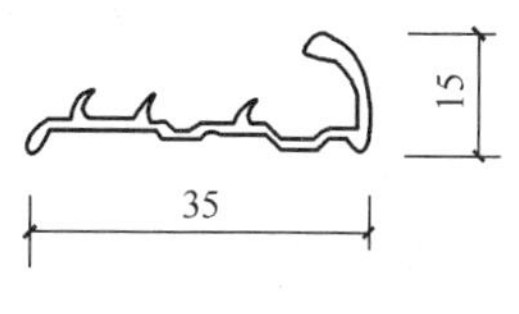

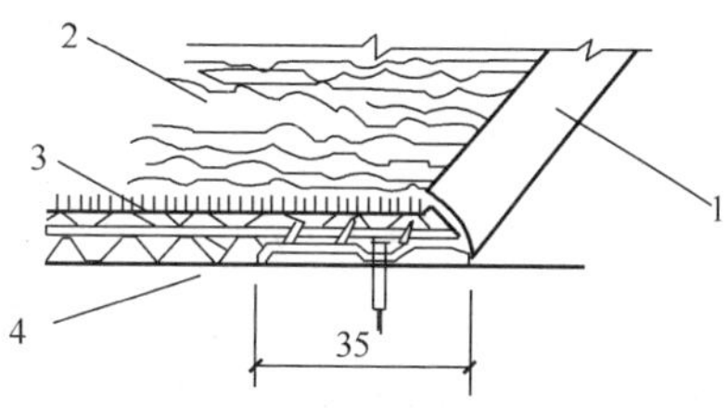

图2-12 铝合金收口条（mm）

1—收口条；2—地毯；3—地毯垫层；4—混凝土楼板

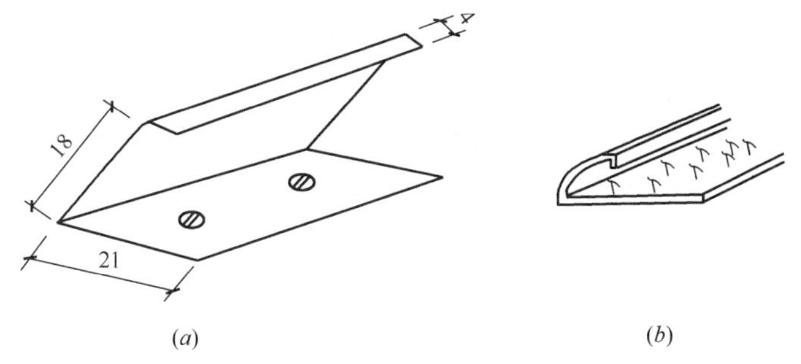

(*a*) (*b*)

图2-13 铝合金压条与锑条（mm）

（*a*）铝合金压条；（*b*）锑条

B. 现场施工条件准备。

a. 地毯施工前，室内装饰已完成并经验收合格。

b. 铺设地毯前，应做好房间、走道等四周的踢脚板。踢脚板下口均应离开地面 8mm，以便将地毯毛边掩入踢脚板下。

c. 大面积施工前，应先放样并做样板，经验收合格后方可施工。

C. 施工机具准备。

常用施工机具有截边机、地毯撑子、扁铲、墩拐、裁毯刀、电熨斗、裁剪刀、尖嘴钳、角尺、冲击钻、吸尘器等，部分机具如图 2-14 所示。

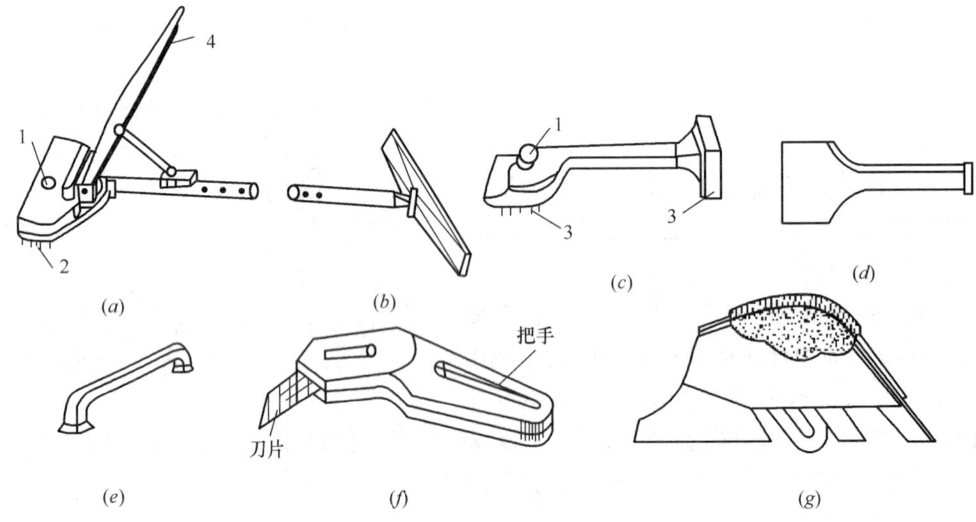

图 2-14 部分施工工具

(a) 大撑子撑头；(b) 大撑子承脚；(c) 小撑子；(d) 扁铲；(e) 墩拐；(f) 手握裁刀；(g) 手推裁刀
1—扒齿调节钮；2—扒齿；3—空心橡胶垫；4—杠杆压柄

② 固定式地毯施工工艺流程。

基层处理→弹线定位→裁割地毯→固定踢脚板→固定倒刺钉板条→铺设垫层→拼接固定地毯→收口、清理。

③ 固定式地毯施工操作要点。

A. 基层处理。

地毯面层采用方块，卷材地毯在水泥类面层（或基层）上铺设，要求水泥类面层（或基层）表面坚硬、平整、光洁、干燥，基层表面水平偏差应小于 4mm，含水率不大于 8%，且无空鼓或宽度大于 1mm 的裂缝；如有油污、蜡质等，需用丙酮或松节油擦净，并应用砂轮机打磨清除钉头和其他突出物。

B. 弹线定位。

应严格按图纸要求对不同部位进行弹线、分格。若图纸无明确要求，应对称找中弹线，以便定位铺设。

C. 裁割地毯。

精确测量房间地面尺寸、铺设地毯的细部尺寸，确定铺设方向。化纤地毯的裁割备料长度应比实需尺寸长出 20～50mm，宽度以裁去地毯边缘后的尺寸计算。剪裁时，按计算尺寸在地毯背面弹线后，用手推剪刀进行裁割，然后卷成卷并编号运入相应房间。如是圈绒地毯，裁割时应从环卷毛绒的中间剪断；如是平绒地毯，应注意切口处要保持其绒毛的整齐。

D. 固定踢脚板。

铺设地毯房间的踢脚板多采用木踢脚板，或采用带有装饰层的成品踢脚线。可按设计要求的方式固定踢脚板。踢脚板离开楼地面 8mm 左右，以便于地毯在此处掩边封口（采用其他材质的踢脚板时亦按此位置安装）。

E. 固定倒刺钉板条。

采用成卷地毯并设垫层的地毯铺设工程，以倒刺板固定地毯的做法居多。倒刺板（卡条）沿踢脚板边缘用水泥钢钉（或采用塑料胀管与螺钉）钉固于楼地面，间距 400mm 左右，并离开踢脚板 8～10mm，以方便敲钉，如图 2-15 所示。

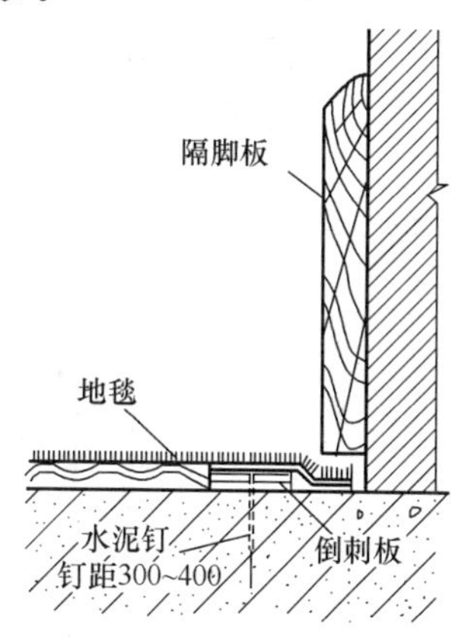

图 2-15 倒刺板条固定示意（mm）

F. 铺垫层。

对于加设垫层的地毯，垫层应按倒刺板间净距下料，避免铺设后垫层过长或不能完全覆盖。裁割完毕应对位虚铺于底垫上，注意垫层拼缝应与地毯拼缝错开 150mm。

G. 铺设地毯。

a. 地毯拼缝。拼缝前要判断好地毯编织方向并用箭头在背面标明经线方向，以避免两边地毯绒毛排列方向不一致。纯毛地毯多用缝接：先用直针在地毯背面隔一定距离缝几针作临时固定，然后再用大针满缝。背面缝合拼接后，于接缝处涂刷 50～60mm 宽的一道胶粘剂，粘贴玻璃纤维网带或牛皮纸。将地毯再次平放铺好，用弯针在接缝处做正面绒毛的缝合，以使之不显拼缝痕迹为标准。麻布衬底化纤地毯多用粘结：即在麻布衬底上刮胶，再将地毯对缝粘平。

胶带接缝法以简便、快速、高效的优点得到了广泛的应用。具体操作是在地毯接缝位置弹线，依线将宽 150mm 的胶带铺好，两侧地毯对缝压在胶带上，然后用电熨斗（加热至 130～180℃）使胶质熔化，自然冷却后便把地毯粘在胶带上，完成地毯的拼缝连接。

b. 接缝后用剪刀将接口处不齐的绒毛修剪整齐。

c. 地毯的张紧与固定。首先将地毯的一条长边用撑子撑平后，固定在倒刺板条上，用扁铲将其毛边掩入踢脚板下的缝隙。即用地毯张紧器（撑子）对地毯进行拉伸，可由数人从不同方向同时操作，用力适度均匀，直至拉平张紧，地毯张拉步骤如图 2-16 所示。若小范围不平整可用小撑子通过膝盖配合将地毯撑平。将其余三个边牢固稳妥地勾挂于周边倒刺板朝天钉钩上并压实，以免引起地毯松弛，地毯张紧后将多余的部分裁去，再用扁铲把地毯边缘塞入踢脚板和倒刺板之间（参见图 2-15）。

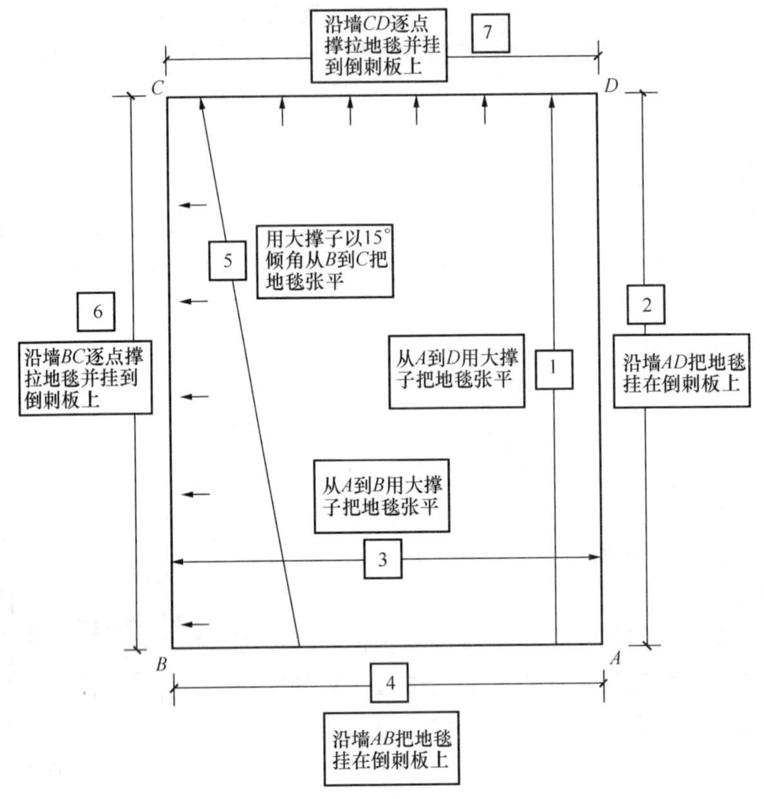

图 2-16　平绒地毯张平步骤示意图

对于走廊等处较长的地毯铺设，应充分利用地毯撑子使地毯在纵横方向呈“V”形张紧，然后再固定。

H. 地毯收口、清理。

在门口和其他地面分界处，应按设计要求分别采用铝合金 L 形倒刺收口条、带刺圆角锑条或不带刺的铝合金压条（或其他金属装饰压条）进行地毯收口。方法是弹出线后用水泥钢钉（或采用塑料胀管与螺钉）固定铝压条，再将地毯边缘塞入铝压条口内轻敲压实，如图 2-17 所示。

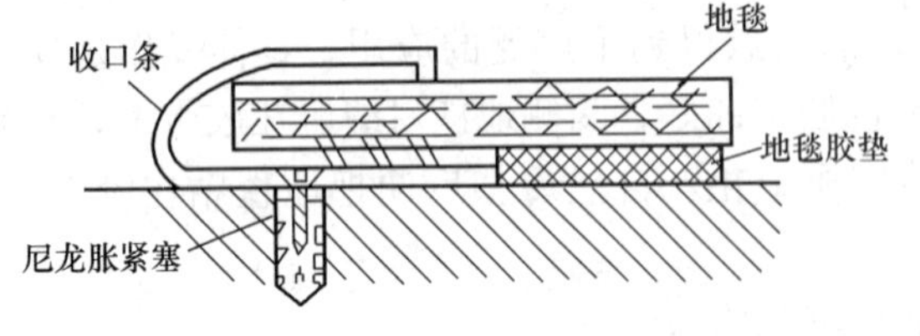

图 2-17　门口等铝合金收口条做法

固定后检查完毕，用吸尘器将地毯全部清理一遍。

④ 地毯的活动式铺设简介。

地毯的活动式铺设是指将地毯明摆浮搁地铺于楼地面上，不需与基层固定。此类铺设方式一般有三种情况：一是采用装饰性工艺地毯，铺置于较为醒目部位，形成烘托气氛的某种虚拟空间；二是小型方块地毯，此类产品一般基底较厚，且在麻底下面带有 2～3mm 厚的胶层并贴有一层薄毡片，故其重量较大，人行其上时不易卷起，同时也能加大地毯与基层接触面的滞性，承受外力后会使方块与方块之间更为密实，能够满足使用要求；三是指大幅地毯预先缝制连接成整块，浮铺于地面后自然敷平并依靠家具或设备的重量予以压紧，周边塞紧在踢脚板下或其他装饰造型体下部。

铺设施工工艺流程：基层处理→裁割地毯→（接缝缝合）→铺贴→收口、清理。

施工操作要点如下：地毯作活动式铺贴时，要求基层平整光洁，不能有突出表面的堆积物，其平整度要求用2m直尺检查时偏差不大于2mm。先按地毯方块在基层弹出分格控制线，然后从房间中央向四周展开铺排，逐块就位放稳服帖并相互靠紧，收口部位应按设计要求选择适宜的收口条。与其他材质地面交接处，如标高一致，可选用铜条或不锈钢条；标高不一致时，一般应采用铝合金收口条，将地毯的毛边伸入收口条内，再将收口条端部砸扁，即起到收口和边缘固定的双重作用。重要部位也可配合采用粘贴双面粘胶带等稳固措施。

（2）竹木地板。

1）竹木地板材料。

① 竹地板。

竹地板是采用中上等材料，经严格选材、制材、漂白、硫化、脱水、防虫、防腐等工序加工处理，又经高温、高压下热固胶合制成，产品具有耐磨、防潮、防燃，铺设后不开裂、不扭曲、不发胀、不变形等特点，外观呈现自然竹纹，色泽高雅美观。

我国竹材料资源丰富。竹材是节木、代木的理想材料。此外，毛竹的生长周期短，硬度、抗水性都优于杉木。发展竹质地板有利于节约木材，也有利于地方经济的振兴。

竹地板除具有上述功能及特点外，还具有保温隔热，富有弹性，表面漆膜耐磨性好，经久耐用的特点。竹地板还能弥补木地板易损变形的缺陷，是高级宾馆、写字楼、现代家庭装饰的新型材料。

竹地板分：竹材层压板、竹材贴面板、竹材碎料板。

② 条木地板。

条木地板是使用最普遍的木质地面，分空铺和实铺两种。空铺条木地板是由龙骨、水平支撑和地板三部分构成。地板有单层和双层两种，双层者下层为毛板，面层为硬木板。普通条木地板（单层）的板材常选用松、杉等软木树材，硬木条板多选用水曲柳、柞木、枫木、柚木、榆木等硬质木材。条木地板材质要求耐磨、不易腐蚀、不易变形开裂。

条木地板宽度一般不大于120mm，板厚为20～40mm。条木拼缝处加工成企口或错口，直接钉在木龙骨上，端头接头要相互错开。条木地板铺设完工后，应经过一段时间，待木材变形稳定后再刨光、清扫及涂刷油漆。油漆采用调合漆或透明清漆均可。如地板的木色和纹理较好时，可用透明清漆涂刷，使木材的天然纹理清晰可见，增加地面装饰性。

条木地板自重轻，弹性好，脚感舒适，其导热性小，冬暖夏凉，且易于清洁，是一种良好的地面装饰材料。

条木地板有上漆和不上漆之分。不上漆的地板待用户安装完毕后再上油漆，而上漆地板是指生产商在木地板生产过程中就涂上了漆。目前，市场上比较流行无需上漆的一次成型实木地板（简称实木漆板），它以明显高于安装后手工油漆质量及相对简便于工作的安装过程，迅速引起了消费者的注意，但价格大大高于同类未上油漆的实木地板。

实木漆板的油漆工艺简称“UV漆淋涂工艺”，是一种利用紫外线光照射含有感光原料的特种油漆，并使油漆分子结构发生变化重组，从而完成油漆固化的工艺过程。由于采用了特种油漆和特殊工艺处理，使得实木漆板的漆面较手工油漆的木地板具有较高的丰满度和自然的光泽度；漆膜均匀完整，反光度分布均匀；漆膜具有耐火性（阴燃）；漆板的使用寿命可高达几十年。

③ 拼木地板。

拼木地板是一种高级的室内地面装修材料，分单层和双层两种，二者面层均为拼花硬木板层，双层者下层为毛板层。面层拼花板材多选用水曲柳、柞木、核桃木、栎木、榆木、槐木、柳桉等质地优良、不易腐朽开裂的硬质木材。拼花板材的尺寸一般为250～300mm，宽40～60mm，厚20～25mm，木条均带有企口。双层拼木地板的固定方法是将面层小板条用暗钉钉在毛板上，单层拼木地板是采用适宜的粘结材料，将硬木面板条直接粘贴在混凝土地面上。

拼木地板款式多样，可根据设计要求铺成多种图案，经抛光、油漆、打蜡后木纹清晰美观，漆膜丰满光亮，与家具色调、质感容易协调，给人以自然、高雅的感受。

④ 软木地板。

软木，作为一种天然材料，具有保温性与柔软性；在功能方面，具有弹性、隔热性。此外，软木还是一种吸声性和耐久性均佳的材料，吸水率接近于零，厨房、卫生间的地板均可使用软木装饰。这是由于软木的细胞结构呈蜂窝状，中间密封空气占70%，因而具有上述特性。软木地板是将软木颗粒用现代工艺技术压制成规格片块，表面有透明的树脂耐磨层，下面有PVC防潮层，这是一种优良的天然复合地板。这种地板具有软木的优良特性，自然、美观、防滑、耐磨、抗污、防潮，有弹性、脚感舒适。此外，软木地板还具有抗静电、耐压、保温、吸声、阻燃功能，是一种理想的地面装饰材料。

软木地板有长条形和方块形两种，长条形规格为900mm×150mm，方块形规格为300mm×300mm，能相互拼花，亦可切割出任何几何图案。软木除用来制造地板外，还可用来制造墙面装饰材料，即软木贴墙板。软木贴墙板完全是天然软木的纹理，有不同的自然图案，切割容易、弯曲不裂。冷、暖兼顾的色调给人以亲切、宁静的感受。表面磨绒处理，手感十分舒适。软木贴墙板有块材，规格为600mm×300mm；也有宽48cm，长8～10m的卷材。

软木地板铺贴方法简便易行，需要注意的是铺贴用的胶水一般是软木地板配套的胶水。铺贴完后，用布和酒精抹去被挤压出来的已干的胶水，尽量不要在铺贴后的 24h 内使用地板或 48h 内清洁地板。

软木地板在使用时应注意清洁和保养。实现清洁与保养所需的只是吸尘及使用温和清洁剂。此外，软木地板生产商更有一系列的产品，帮助用户保持地板清洁，历久如新。

清洁时一定要使用软木地板生产商推荐的光亮剂、清洁剂和去渍剂，切勿使用含有氨和 pH 值大于 8 的清洁剂。在房间门口铺设地垫或地毯，防止砂石带入弄损地板。所有家具脚应包裹保护绒或棉花、软布、橡胶等，以防损坏地板。在清洁门口时，要及时清除地垫或地毡上的砂、石，以防被带入损坏地板。

⑤ 复合地板。

复合地板是近年来在国内市场上流行起来的一种新型、高档铺地材料。复合地板有实木复合地板和强化复合地板之分。实木复合地板的直接原材料为木材，保留了天然实木地板的优点，如表面纹理自然朴实，富有弹性等。实木复合地板有两层、三层或五层结构。三层复合地板分表层、中间层和底层。表层采用珍贵树种，如柞木、山毛榉、青冈、桦木、枫木等，其纹理清晰、美观，木质坚硬耐磨。表层为厚 2～4mm 的薄板，剔除缺陷后加工成规格薄板条，再拼接成大张板材。中间层采用价格低廉的软杂木，如杨木、松木、杉木以及边角料，制成厚度为 7～12mm 的木条。底层采用旋切的各种木材的单板，厚度 2～4 mm。三层薄板涂胶组坯后热压成板材，然后加工成长条或方块，拼花地板，开槽洗榫后，精细砂光及油漆制成。这种地板的规格可大于前述的实木条形地板或实木拼花地板。

强化复合地板也称叠压地板。叠压地板是由防潮底层、高密度板中间层、装饰层和保护层经高温压合而成，故称叠压地板。叠压地板的底层为防潮层，起隔潮和形状稳定的作用，这一层的材料主要是具有防水防潮性能的合成树脂，故也称为树脂层。中间层也称为基层，由高密度纤维板（HDF）组成。进口的叠压地板要求 HDF 板的放射性标准符合 EI 的标准。装饰层也称为饰面层，可设计成各种花纹图案，如仿各种高级名贵树木、仿大理石、印花等，图案色彩精美绚丽，使复合地板具有极强的装饰效果和可选择性。保护层又叫表层，也称为耐磨层，是保护装饰图案花色不受磨损以及地板经久耐用的一层特殊材料，如三聚氰胺等。强化复合地板既有原木地板的天然质感，又有大理石、地砖坚硬耐磨的特点，是两者优点的结合，且安装方便，容易清洁，无需上漆打蜡，弄脏后可用湿抹布擦洗干净，且有良好的阻燃性能。

在选用强化复合地板时，需要注意的是复合地板中所用的胶粘剂以脲醛脂为主，胶粘剂中残留的甲醛，会向周围环境逐渐释放。甲醛是一种地人体有害的物质，人处于甲醛浓度较高的环境中，会引起眼睛、鼻腔以及呼吸道的不适，长期处于这种环境有致癌的危险。因此，消费者在选用复合地板时，建议选择甲醛含量较少的品种，并且在铺装地板后的一段时间内，保持室内通风。新居应在装修后一个月左右再搬进去。室内还可放置一些花、草等绿色植物，有助于减少室内的有害气体。有条件时，最好选购经国家质检部门和卫生防疫部门检验合格的复合地板。

复合地板尽管有防潮底层，也不宜用于浴室、卫生间等潮湿场所。

2）施工工艺。

木地板的施工方法可分为实铺式、空铺式和浮铺式（也称悬浮式）。实铺式是指木地板通过木格栅与基层相连或用胶粘剂直接粘贴于基层上，实铺式一般用于两层以上的干燥楼面；空铺式是指木地板通过地垄墙或砖墩等架空再安装，一般用于平房、底层房屋或较潮湿地面以及地面敷设管道需要将木地板架空等情况；浮铺式是新型木地板的铺设方式，由于产品本身具有较精密的槽榫企口边及配套的胶粘剂、卡子和缓冲底垫等，铺设时仅在板块企口咬接处施以胶粘或采用配件卡接即可连接牢固，整体地铺覆于建筑地面基层。

① 材料准备。

A. 龙骨材料。

龙骨通常采用 50mm×(30～50)mm 的松木、杉木等材料。龙骨必须顺直、干燥，含水率小于 16%。

B. 毛板材料。

铺贴毛板是为面板找平和过渡，因此无须企口。可选用实木板、厚木夹板或刨花板，板厚 12～20mm。

C. 面板材料。

a. 采用普通实木地板面层材料。

面板和踢脚板材料大多是工厂成品，条状和块状的普通（非拼花制品）实木地板，应采用具有商品检验合格证的产品。按设计要求，选择面板、踢脚板应平直，无断裂、翘曲，尺寸准确，板正面无明显疤痕、孔洞，板条之间质地、色差不宜过大，企口完好。板材的含水率应在 8%～12%之间。

b. 采用新型（复合）木地板的地板面层材料。新型（复合）木地板施工材料比较简单，主要是厂家提供的复合木地板、薄型泡沫塑料底垫以及粘结胶带和地板胶水。

D. 地面防潮防水剂。

主要用于地面基础的防潮处理。常用的防水剂有再生橡胶-沥青防水涂料、JM-811 防水涂料及其他防水涂料。

E. 粘结材料。

木地板与地面直接粘结常用环氧树脂胶和石油沥青。木基层板与木地板粘贴常用 8123 胶、立时得胶等万能胶。

F. 油漆。

有虫胶漆和聚氨酯清漆。虫胶漆用于打底，清漆用于罩面。高级地板常用进口水晶漆、聚酯漆罩面。

② 施工条件准备。

地板施工前应完成顶棚、墙面的各种湿作业工程且干燥程度在 80%以上。铺地板前地面基层应做好防潮、防腐处理，而且在铺设前要使房间干燥，须避免在气候潮湿的情况下施工。水暖管道、电气设备及其他室内固定设施应安装油漆完毕，并进行试水、试压检查，对电源、通信、电视等管线进行必要的测试。复合木地板施工前应检查室内门扇与地面间的缝隙能否满足复合木地板的施工。通常空隙为 12～15mm，否则应刨削门扇下边以适应地板安装。

③ 施工机具准备。

电动圆锯、冲击钻、手电钻、磨光机、刨平机、锯、斧、锤、凿、螺丝刀、直角尺、量尺、墨斗、铅笔、撬杆及扒钉等。

④ 构造做法。

A. 双层铺设。

是指木地板铺设时在长条形或块形面层木板下采用毛地板的构造做法，毛地板铺钉于木格栅（木龙骨）上，面层木地板铺钉于毛地板上，如图 2-18。

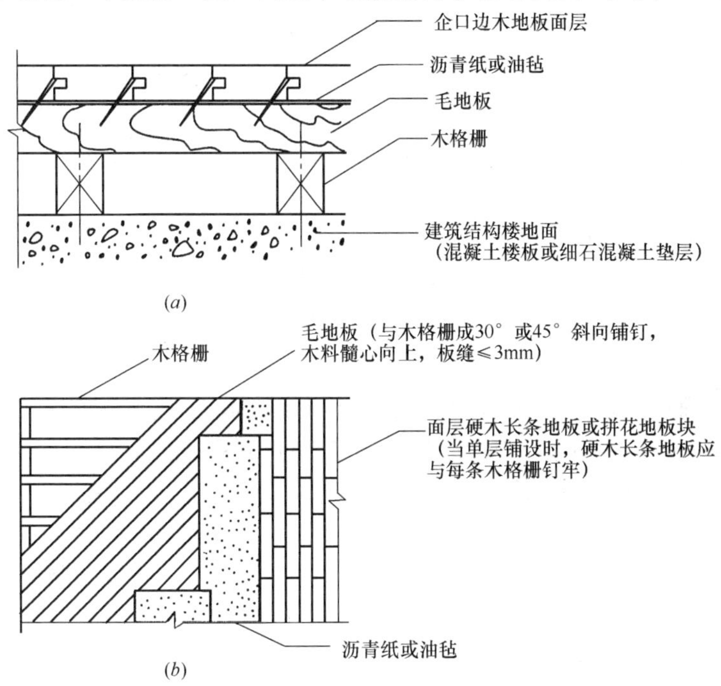

图 2-18 格栅式木地板的铺设做法（面层为双层或单层木地板）

（*a*）剖面构造示意；（*b*）平面层次示意

B. 单层铺设。

普通实木地板面层的单层铺设做法，是指采用长条木板直接铺钉于地面木格栅上，而不设毛地板。

C. 高架铺设。

根据工程需要及设计要求，一般是在建筑底层室内四周基础墙上敷设通长的沿缘木（即边缘垫木），再架设木格栅，当格栅跨度较大时即在其中间设置地垄墙或砖墩，上面铺油毡或涂防潮油等防潮措施后再搁置垫木（减振并使木格栅架设稳定），固定木格栅；必要时再加设剪刀撑，以保证支撑稳定且不影响整体结构的弹性效果；最后，将单层或双层木地板铺钉于木格栅上，如图 2-19。

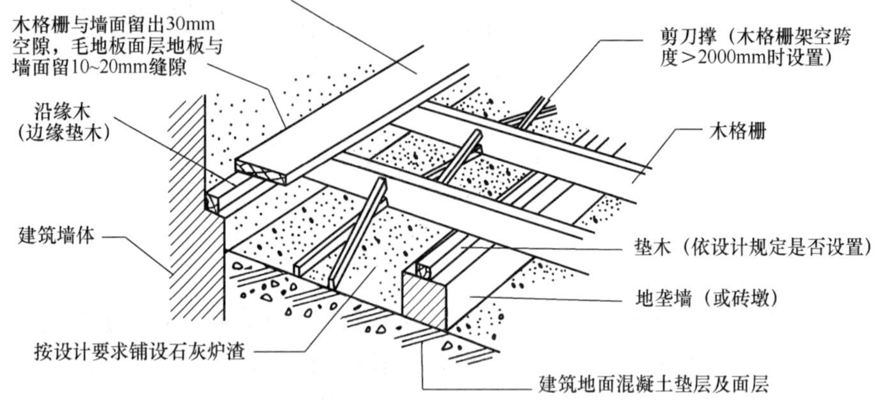

图 2-19　建筑底层房间的架空木地板构造示意

⑤ 施工工艺流程。

A. 实铺式。

a. 格栅式

基层处理（修理预埋铁件或钻孔打木塞）→安装木格栅、撑木→钉毛地板→（找平、刨平）→弹线、钉硬木地板→钉踢脚板→刨光、打磨→油漆。

b. 粘贴式。基层清理→弹线定位→涂胶→粘贴地板→刨光、打磨→油漆。

B. 空铺式。

基层处理→砌地垄墙→铺油毡→铺垫木（沿缘木）、找平→弹线、安装木格栅→钉剪刀撑→钉硬木地板→钉踢脚板→刨光、打磨→油漆。

⑥ 普通木地板和硬木地板施工操作要点。

A. 基层处理。

a. 架空式地板的基层处理。地面找平后，采用 M2.5 水泥砂浆砌筑地垄墙或砖墩，地垄墙的间距不宜太大。其顶面应采取涂刷沥青胶两道或铺设油毡等防潮措施。对于大面积木地板铺装工程的通风构造，应按设计要求。每条地垄墙、暖气沟墙，应按设计要求预留尺寸为 120mm×120mm 到 180mm×180mm 的通风洞口（一般要求洞口不少于两个且要在一条直线上）。并在建筑外墙上每隔 3～5m 设置不小于 180mm×180mm 的洞口及其通风窗设施，洞口下皮距室外地坪标高不小于 200mm，孔洞应安设栅子。为检修木地板，地垄墙上应预留 750mm×750mm 的过人洞口。

先将垫木等材料按设计要求作防腐处理。操作前检查地垄墙、墩内预埋木方、地脚螺栓或其他铁件及其位置。依据+500mm 水平线在四周墙上弹出地面设计标高线。在地垄墙上用钉、骑马铁件箍定或镀锌钢丝绑扎等方法对垫木进行固定。然后在压檐木表面画出木格栅搁置中线，并在格栅端头也画出中线，之后把木格栅对准中线摆好，再依次摆正中间的木格栅，木格栅离墙面应留出不小于 30mm 的缝隙，以利于隔潮通风。木格栅的表面应平直，安装时要随时注意从纵横两个方向找平。用 2m 长的直尺检查时，尺与木格栅间的空隙不应超过 3mm。木格栅上皮不平时，应用合适厚度的垫板（不准用木楔）找平或刨平，也可对底部稍加砍削找平，但砍削深度不应超过 10mm，砍削处应另作防腐处理。木格栅安装后，必须用长 100mm 圆钉从木格栅两侧向中部斜向成 45°角与垫木（或压檐木）钉牢。

木格栅的搭设架空跨度过大时需按设计要求增设剪刀撑，为了防止木格栅与剪刀撑在钉结时移动，应在木格栅上面临时钉些木拉条，使木格栅互相拉结。将剪刀撑两端用两根长 70mm 圆钉与木格栅钉牢。若不采用剪刀撑而采用普通的横撑时，也按此法装钉。

b. 实铺地板（格栅式）基层处理。格栅常用 30mm×40mm 或 40mm×50mm 木方，使用前应作防腐处理。木格栅与在楼板或混凝土垫层内预埋铁件（地脚螺栓、U 形铁、钢筋段等）或防腐木砖进行连接，也可现场钻孔打入木楔后进行连接。

木格栅表面应平直，用 2m 直尺检查其允许偏差为 3mm。木格栅与墙之间宜留出 30mm 的缝隙。木格栅间如需填干炉渣时，应加以夯实拍平。

B. 毛地板的铺钉。

双层木板面层下层的毛地板，表面应刨平，其宽度不宜大于 120mm。在铺设前，应清除已安装的木格栅内的刨花等杂物；铺设时，毛地板应与木格栅成 30°或 45°并应使其髓心朝上，用钉斜向钉牢，其板间缝隙不应大于 3mm。毛地板与墙之间，应留有 10～15mm 缝隙，接头应错开。每块毛地板应在每根木格栅上各钉两枚钉子固定，钉子的长度应为毛地板厚度尺寸的 2.5 倍。

毛地板铺钉后，可铺设一层沥青纸或油毡，以利于隔声和防潮。

C. 铺设面板。

铺设面板有两种方法，即钉结法和粘结法。

a. 钉结法。钉结法可用于空铺式和实铺式。先将钉帽砸扁，从板边企口凸榫侧边的凹角处斜向钉入，如图 2-20（*a*）所示。铺钉时，钉与表面成 45°或 60°斜角，钉长为板厚的 2～3 倍。

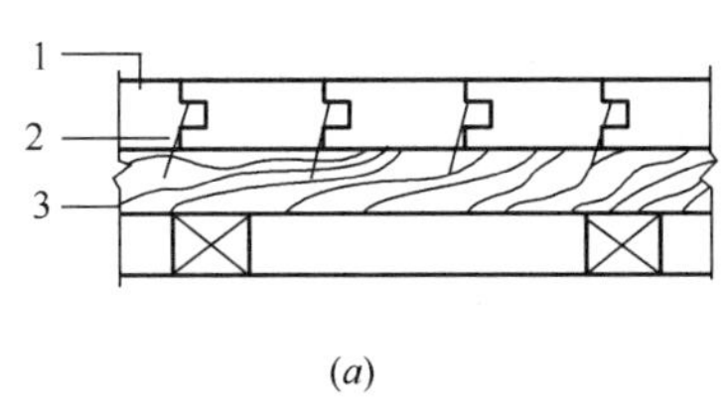

(*a*)

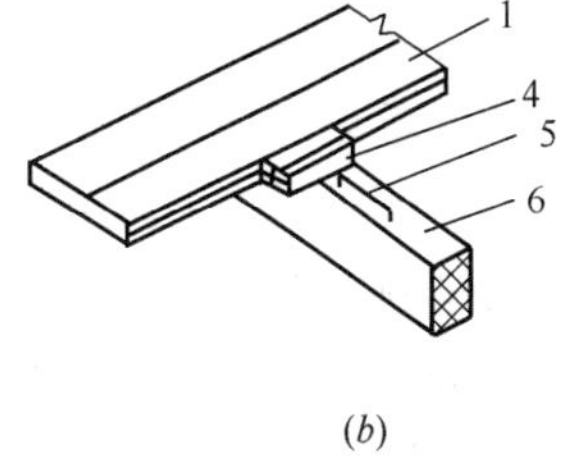

(*b*)

图 2-20 面板的铺设

（*a*）木地板的钉结方式；（*b*）企口木地板抓紧方法示意

1—企口地板；2—地板钉；3—木龙骨；4—木楔；5—扒钉；6—木格栅

对于不设毛地板的单层条形木板，铺设应与木格栅垂直，并要使板缝顺进门方向。地板块铺钉时通常从房间较长的一面墙边开始，第一行板槽口对墙，从左至右，两板端头企口插接，直到第一排最后一块板，截去长出的部分。接缝必须在格栅中间，且应间隔错开。板与板间应紧密，仅允许个别地方有空隙，其缝宽不得大于1mm（如为硬木长条板，缝宽不得大于0.5mm）。板面层与墙之间应留10～15mm的缝隙，该缝隙用木踢脚板封盖。铺钉一段要拉通线检查，确保地板始终通直。板的排紧方法见图2-20（*b*）所示。

拼花木地板的拼花平面图案形式有方格式、席纹式、人字纹式、阶梯错落长条铺装式等，如图2-21所示。对于较复杂的拼花图案，宜先弹方格网线，试拼试铺。铺钉时，先拼缝铺钉标准条，铺出几个方块或几档作为标准。再向四周按顺序拼缝铺钉。中间钉好后，最后按设计要求做镶边处理。拼花木板面层的板块间缝隙，不应大于0.3mm。

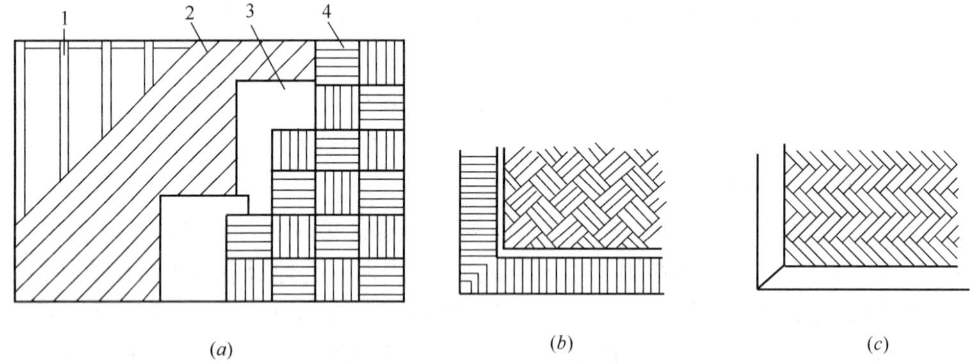

图2-21　拼花木地板的拼花平面图案形式

（*a*）正方格纹及其构造层次；（*b*）斜方格纹；（*c*）人字纹

1—格栅；2—毛地板；3—油纸；4—拼花硬木地板面层

对于长条面板或拼花木板的铺钉，其板块长度不大于300mm时，侧面应钉两枚钉子；长度大于300mm时，每300mm应增加一枚钉子，板块的顶端部位均应钉一枚钉子。当硬木地板不易直接施钉时，可事先用手电钻在板块施钉位置斜向预钻钉孔（预钻孔的孔径略小于钉杆直径），以防钉裂地板。

b. 粘结法。粘结铺贴拼花木地板前，应根据设计图案和板块尺寸试拼试铺，调整至符合要求后进行编号，铺贴时按编号从房间中央向四周渐次展开。所采用的粘结材料，可以是沥青胶结料，也可以是各种胶粘剂。

沥青胶结料铺贴法。如图2-22所示，采用沥青胶结料粘贴铺设木地板的建筑楼地面水泥类基层，其表面应平整、洁净、干燥。先涂刷一遍冷底子油，然后随涂刷沥青胶结料随铺贴木地板，沥青胶在基层上的涂刷厚度宜为2mm，同时在地板块背面亦应涂刷一层薄而均匀的沥青胶结料。

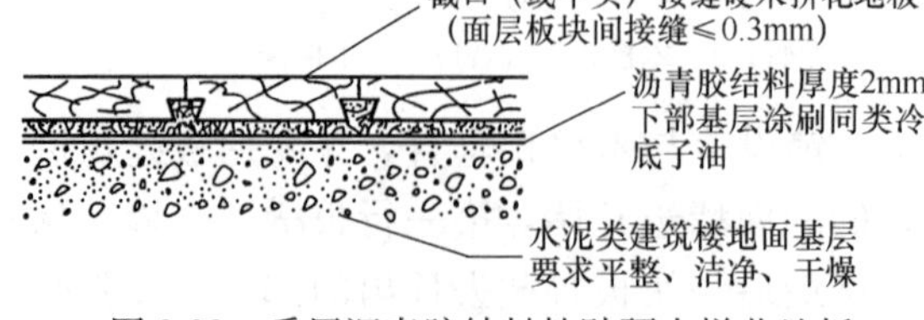

图2-22　采用沥青胶结料粘贴硬木拼花地板

将硬木地板块呈水平状态就位，与相邻板块挤严铺平；相邻两块地板的高差不得高于铺贴面1.5mm或低于铺贴面0.5mm，不符合要求的应予重铺。铺贴操作时应尽可能防止沥青胶结料溢出表面，如有溢出时要及时刮除，并随之擦拭干净。

胶粘剂铺贴法，如图 2-23 所示。采用胶粘剂铺贴的木地板，其板块厚度不应小于 10mm。粘贴木地板的胶粘剂，与粘贴塑料地板的胶粘剂基本相同，选用时要根据基层情况、地板块的材质、楼地面面层的使用要求确定。

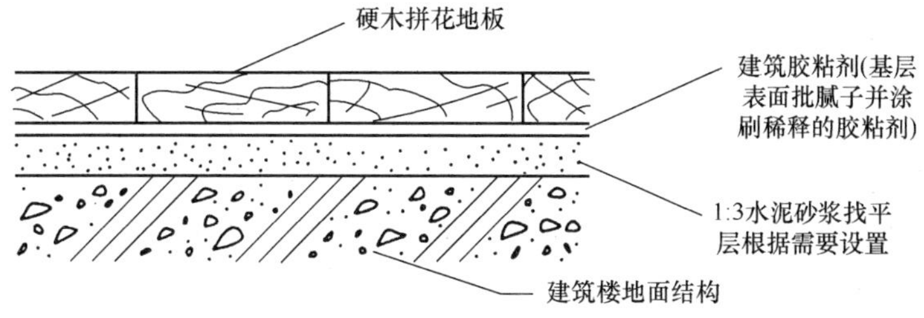

图 2-23　采用胶粘剂铺贴硬木拼花地板

水泥类基层的表面应平整、坚硬、干燥、无油脂及其他杂质，含水率不应大于 9%。当基层表面有麻面起砂、裂缝现象时，应涂刷（批刮）乳液腻子进行处理，每遍涂刷腻子的厚度不应大于 0.8mm。干燥后用 0 号铁砂布打磨，再涂刷第二遍腻子，直至表面平整后，再用水稀释的乳液涂刷一遍。基层表面的平整度，采用 2m 直尺检查的允许偏差为 2mm。

为使粘贴质量有保证，基层表面可事先涂刷一层薄而匀的底子胶。底子胶可按同类胶加入其质量为 10%的汽油（65 号）和 10%的醋酸乙酯（或乙酸乙酯）搅拌均匀进行配制。

当采用乳液型胶粘剂时，应在基层表面和地板块背面分别涂刷胶粘剂；当采用溶剂型胶粘剂时，可只在基层表面上均匀涂胶。基层表面及板块背面的涂胶厚度均应不大于 1mm；涂胶后应静停 10～15min，待胶层不粘手时再进行铺贴；并应到位准确，粘贴密实。

D. 刨平、磨光。

原木地板面层的表面应刨平、磨光。使用电刨刨削地板时，滚刨方向应与木纹成 45°角斜刨，推刨不宜太快，也不能太慢或停滞，防止啃咬板面。边角部位采用手工刨，须顺木纹方向。避免戗槎或撕裂木纹，刨削应分层次多次刨平，注意刨去的厚度不应大于 1.5mm。刨平后应用地板磨光机打磨两遍，磨光时也应顺木纹方向打磨，第一遍用粗砂，第二遍用细砂。

采用粘贴的拼花木板面层，应待沥青胶结料或胶粘剂凝固后方可进行地板表面刨磨处理。

目前，木地板生产厂家已经对木地板进行了表面处理。施工时只需将木地板安装好即可投入使用，而不再进行刨平磨光和油漆等工作。

⑦ 新型木地板的浮铺式施工工艺。

A. 浮铺式施工工艺流程。

基层清理→弹线、找平→（安装木格栅→钉毛地板）→铺垫层→试铺预排→铺地板→安装踢脚板→清洁表面。

B. 浮铺式施工操作要点。

新型木地板可以铺设于经找平的水泥类建筑地面面层上，也可以铺设于陶瓷地砖、墙地砖、陶瓷锦砖等旧地面的表面。复合木地板铺贴与普通企口缝木地板铺贴基本相同，横端头也用企口缝拼接，只是其精度更高。

a. 基层处理。

基本同前述。由于采用浮铺式施工，复合地板基层平整度要求很高，平整度要求 3m 内偏差不得大于 2mm。基层必须保持洁净、干燥，可刷一层掺防水剂的水泥浆进行防潮。

采用浮铺式做法，按地板产品特点、用户使用要求和设计规定，可以按以下三种施工方式之一进行：

a）将木地板直接浮铺于建筑楼地面。

b）按木格栅架铺式做法，先装设木格栅及铺钉毛地板，要求毛地板下木龙骨间距要密，一般小于 300mm。以毛地板表面为施工基面，在其上装设新型木地板。毛地板可采用取材较方便的厚胶合板（宜选用耐潮及耐水胶合板，厚度 9～12mm）。木格栅可采用截面尺寸较大的木方，也可用厚胶合板条所取代，做法同实木地板。

目前，已出现了用成型好的塑料龙骨，直接拼装于平整的地面上，再在其上铺设垫层及新型木地板的做法。

c）在地面上纵横布置（注意分格尺寸不要过大）厚胶合板条作木格栅，采用木楔圆钉法或钻孔打入塑料胀管再用沉头螺钉拧入，或是直接用水泥钢钉进行木格栅固定。然后按木格栅方格尺寸锯裁厚夹板，逐块将其铺钉在木格栅表面，作为毛地板构造层。

b. 弹线、找平。

基本同前述，主要是依据+50cm 水平线在四周墙上弹出地面设计标高线。

c. 铺垫层。

直接在建筑地面或是在已铺设好的毛地板表面浮铺与地板配套的防潮底垫、缓冲底垫，垫层为聚乙烯泡沫塑料薄膜宽 1000mm 的卷材，铺时按房间长度净尺寸加长 120mm 以上裁切，横向搭接 150mm。底垫在四周边缘墙面与地相接的阴角处上折 60～100mm（或按具体产品要求）；较厚的发泡底垫相互之间的铺设连接边不采用搭接，应采用自粘型胶带进行粘结，如图 2-24 所示。垫层可增加隔潮作用，增加地板的弹性并增加地板稳定性和减少行走时产生的噪声。

d. 预排复合木地板。

地板块铺设时通常从房间较长的一面墙边开始，也可长缝顺入射光线方向沿墙铺放。地板面层铺贴应与垫层垂直。应先进行测量和尺寸计算，确定地板的布置块数，尽可能不出现过窄的地板条；同时，长条地板块的端头接缝，在行与行之间要相互错开。

第一行板槽口对墙，从左至右，两板端头企口插接，直到第一排最后一块板，切下的部分若大于 300mm 可以作为第二排的第一块板铺放，第一排最后一块的长度不应小于500mm，否则可将第一排第一块板切去一部分，以保证最后的长度要求。若遇建筑墙边不直，可用画线器将墙壁轮廓画在第一行地板上，依线锯裁后铺装。地板与墙（柱）面相接处不可紧靠，要留出8～15mm宽度的缝隙（最后用踢脚板封盖此缝隙），地板铺装时此缝隙用木楔（或随地板产品配备的“空隙块”）临时调直塞紧，暂不涂胶，见图2-25。拼铺三排进行修整、检查平直度，符合要求后，按排拆下放好。

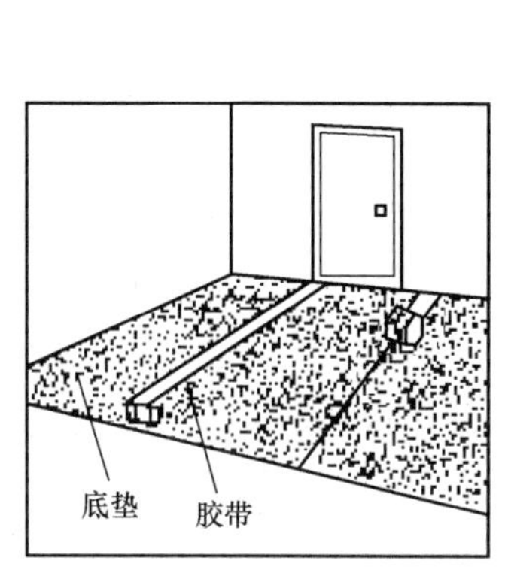

图2-24　铺设底垫

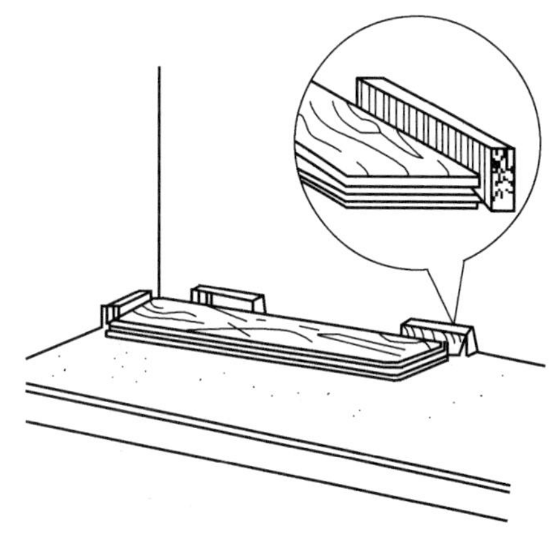

图2-25　第一块板铺贴方法

e. 铺贴。

依据产品使用要求，按预排板块顺序，在地板块边部企口的槽（沟）榫（舌）部位涂胶（有的产品不采用涂胶而备有固定相邻地板块的卡子），顺序对接，用木锤敲击挤紧，精确平铺到位。一般要求将专用胶粘剂涂于槽与榫的朝上一面，并将挤出的胶水及时擦拭干净，如图2-26所示。有的产品要求先完成数行即采取回力钩和固定夹及拉杆等稳固已粘铺的地板，静停1h左右，待粘结胶基本凝结后再继续铺装。

横向用紧固卡带将三排地板卡紧，每1500mm左右设一道卡带，卡带两端有挂钩，卡带可调节长短和松紧度。从第四排起，每拼铺一排卡带就移位一次，直

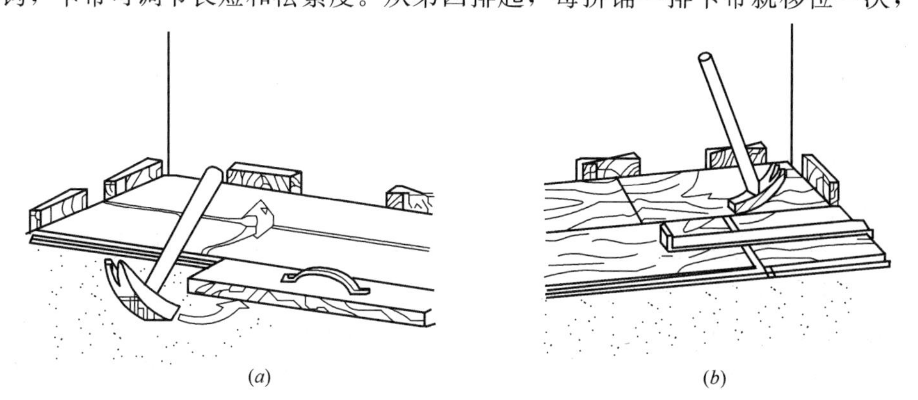

图2-26　挤紧木地板方法
(a) 板槽拼缝挤紧；(b) 靠墙处挤紧

至最后一排。每排最后一块地板端都与墙仍留 8～15mm 左右的缝隙。逐块拼铺至最后，到墙面时，注意同样留出缝隙用木楔卡紧，并采取回力钩等将最后几行地板予以稳固。在门洞口，地板铺至洞口外墙皮与走廊地板平接。如为不同材料时，留 5mm 缝隙，用卡口盖缝条盖缝。

f. 清扫、擦洗。

每铺完一间待胶干后扫净杂物，用湿布擦净。

g. 施工注意事项。

a）新型木地板浮铺施工时，施工环境的最佳相对湿度为 40%～60%。铺设前，宜将未开箱的地板置于施工现场不少于 48h，使之适应施工环境的温度和湿度。

b）在地板块企口施胶逐块铺设过程中，为使槽榫精确吻合并粘结严密，可以采用锤击的方法，但不得直接打击地板，可用木方垫块（或随地板产品配备的"凹槽块"）顶住地板边再用锤轻轻敲击。

c）地板的施工过程及成品保护，必须按产品使用说明的要求，注意其专用胶的凝结固化时间，铲除溢出板缝外的胶、拔除墙边木塞（或空隙块）以及最后做表面清洁等工作，均应待胶粘剂完全固化后方可进行，此前不得碰动已铺装好的木地板。

d）新型木地板与四周墙必须留缝，以备地板伸缩变形，地板面积超过 $30m^2$ 中间要留缝。

e）如果地板底面基层有微小不平，可用橡胶垫垫平。

f）预排时要先计算最后一排板的宽度，如小于 50mm，应削减第一排板块宽度，以使二者均等。

g）铺装前将需用木地板混放一起，搭配出最有整体感的色彩变化。

h）铺装时用 3m 直尺随时找平找直，发现问题及时修正。

i）多数新型木地板产品的表面均已做好表面处理，铺设完毕可采用吸尘器吸尘、湿布擦拭或采用中性清洁剂清除个别污渍，但不得使用强力清洁剂、钢丝球或刷具进行清洗；表面不得再进行磨光及涂刷油漆；有的产品不得在使用中进行打蜡。

j）此类浮铺式施工的地板工程，不得在地板上加钉固定，以确保整体地板面层在使用中的稳定伸缩。

（3）活动地板。

1）材料。

活动地板又称装配式地板。它是由各种规格型号和材质的面板块、桁条、可调支架拼装而成。

按抗静电功能分：有不防静电板（普通活动地板）、普通抗静电板和物电板。

按面板块材质分：有木质地板、复合地板、铝合金地板、全钢地板、铝合金塑料贴面地板、铝合金复合聚酯树脂抗静电贴面地板、平压刨花板复合三聚氰胺面地板（叠压复合地板）、镀锌钢板复合抗静电贴面地板等。

活动地板下面形成的空间可敷设电缆、各种管道、电气、空调系统等。

活动地板具有重量轻、强度高、表面平整、尺寸稳定、面层质感良好、装饰性好、抗电、耐老化、耐污染、防火阻燃等多种优良性能，适用于各类计算机房、通信中心、控制中心、电化教室、电视发射塔、实验室等场所。

2）活动地板施工工艺。

① 施工准备。

A. 材料准备。

准备合格的面板、横梁（龙骨）、可调支架等材料，一般均由供货商将所有合格产品运至施工现场。

B. 施工条件准备。

a. 铺设地板前应完成所有室内墙面天棚装饰施工，且室内所有固定设备应安装完毕并通过验收，方可进行地板施工。

b. 做好地面基层找平，找平层施工符合干、净、平、实的要求，四周墙面应弹好面层标高水平控制线。

c. 大面积施工前，应先放样并做样板间，经相关部门检验合格后，以此为样板进行操作。

C. 施工机具准备。

水平尺、方尺、靠尺、墨斗、盒尺、吸盘、开刀、盘锯、手锯、手刨、电锤、螺丝刀、榔头、扳手、钢丝钳、合金錾等。

② 工艺流程。

基层处理→确定铺设方向和顺序→弹线定位→固定支架→安装横梁→安装面板→表面清理养护。

③ 操作要点。

A. 基层清理。活动地板的金属支架应支承在现浇混凝土基层（或面层上），基层表面应平整、光洁、不起灰，含水率小于8%。安装前认真清扫干净，或在表层表面上涂刷清漆。

B. 确定铺设方向和顺序。根据房间平面尺寸及设备等情况，应按活动地板模数选择板块的铺设方向。当现场的平面尺寸符合活动地板板块模数，而室内无控制柜设备时，宜由里向外铺设；当平面尺寸不符合活动地板板块模数时，宜自外向里铺设。当室内有控制柜设备且需要预留洞口时，铺设方向和先后顺序应综合考虑确定。

C. 弹线定位。铺设活动地板前，在室内四周墙面应画出标高控制位置，并按选定的铺设方向和顺序设基准点。在基层表面上应按板块尺寸弹线并形成方格网，标出地板块的安装位置和高度，并标明设备预留部位。

D. 固定支架。按标出的地板块的位置，在方格网交点处打孔埋入膨胀螺栓并固定，埋入深度不得小于50mm。安装并调整支架高度，并转动支座螺杆，用水平尺调整每个支座的高度至全室等高。地板支座与基层表面的空隙，应灌注环氧树脂并连接牢固，亦可用射钉连接固定。

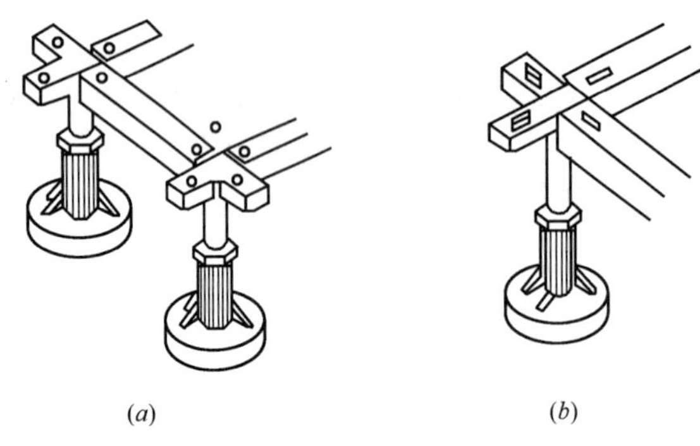

图 2-27　横梁与支架的连接
(a) 螺钉固定；(b) 定位销卡结

E. 安装横梁。安装横梁常见的方法有沉头螺钉连接法和定位销连接法，如图 2-27 所示。可按产品说明书安装。待所有支架（支座柱）和横梁构成框架一体后，要用水平仪找平。

F. 安装面板。应在检查活动地板下部铺设的管线、导线、支座与横梁的安装合格后，方可进行地板块的铺装。

安装面板前应检查面板尺寸误差，尺寸准确的板块宜安装于较明显的部位，尺寸有误差的板块宜安装于较隐蔽的部位。铺板前在横梁上先铺设缓冲胶条，用乳胶与横梁粘结。铺设活动地板块时，应调整水平度并保证板块四角接触严密、平整，不得采用加垫的方法。当铺设的活动地板不符合模数时，其不足部分可根据实际尺寸将板块切割后镶补，并配装相应的可调支座和横梁。被切割过的板块边部，应采用清漆或环氧树脂胶加滑石粉按 1∶3 比例调成的腻子封边，或用防潮腻子封边，也可采用铝型材镶边，经过对切割边的处理后方可到位安装，并不得有局部膨胀变形情况。板块的安装要求周边顺直，粘、钉严密，接缝均匀一致且不显高差。

活动地板在门口处或预留洞口处应符合设置构造要求，四周侧边应用耐磨硬质板材封闭或用镀锌钢板包裹，胶条封边应符合耐磨要求。

G. 清理养护。面板安装完毕可用棉布浸清洁剂擦洗晾干，再用棉丝抹蜡，满擦一遍。

2.3.2　楼地面装饰计价工程量计算

2.3.2.1　楼地面装饰面层计价工程量计算规则

楼地面装饰面积按实铺面积计算，不扣除 0.3m^2 以内的孔洞所占面积。

说明：

(1) 在计算实铺面积时，理论上一是要扣除墙厚（结构尺寸）所占的面积及柱子所占面积；二是要扣除墙面抹灰层厚度所占的面积，但由于抹灰层厚度所占的面积很小可以忽略不计，因此在实际计算过程中大多没扣除抹灰层厚度所占的面积，在后面的实例中也没扣除。

(2) “不扣除 0.3m^2 以内的孔洞所占面积”。楼地面装饰过程中，如果遇到穿过楼地面的上、下水管道，就会出现孔洞。当该类孔洞面积大于 0.3m^2 时，计算楼地面工程量时应予扣除。

(3) 块料面层的材料规格不同时，定额用量不得调整。

(4) 块料面层项目内只包括结合层砂浆，如需做找平层时，找平层应另列项计算；结合层厚度为 15mm，如与设计不同时，按找平层相应项目调整。

2.3.2.2　楼地面装饰面层工程量计算公式

楼地面面层装饰面积＝（房间长的轴线尺寸－墙厚－抹灰厚）×（房间宽的轴线尺寸－墙厚－抹灰厚）＋门开口部分面积－柱、垛及大于 0.3m² 孔洞面积

说明：此公式只适用于矩形平面，只代表一种计算思路，不可生搬硬套。

2.3.2.3　楼地面装饰面层工程量计算实例

【例】 如图 2-4，计算书房实木地板工程量，墙厚 240mm，门洞宽 900mm。

【解】

书房实木地板工程量＝(3.3－0.24)（墙厚）×(4.5-0.24)＋0.9×0.24（门洞开口部分面积）＝13.26m²

2.3.3　踢脚线计价工程量计算

2.3.3.1　踢脚线施工工艺

预制水磨石、大理石和花岗石踢脚板一般高度为 100～200mm，厚度为 15～20mm。可采用粘贴法和灌浆法施工。踢脚板施工前应认真清理墙面，提前一天浇水润湿。阳角处踢脚板的一端，用无齿锯切成 45°。踢脚板应用水刷净，阴干备用。镶贴时由阳角开始向两侧试贴，检查是否平直，缝隙是否严密，有无缺边掉角等缺陷，合格后方可实贴。不论采取什么方式安装，均先在墙面两端各镶贴一块踢脚板，其上沿高度在同一水平线上，出墙厚度要一致，然后沿两块踢脚板上沿拉通线，逐块依顺序安装。

（1）粘贴法。根据墙面标筋和标准水平线，用 1∶2～2.5 水泥砂浆抹底并刮平划毛，待底层砂浆干硬后，将已润湿阴干的踢脚板抹上 2～3mm 素水泥浆进行粘贴，同时用橡皮锤敲击平整，并注意随时用水平尺、靠尺板找平、找直。次日，用与地面同色的水泥浆擦缝。

（2）灌浆法。将踢脚板临时固定在安装位置，用石膏糊将相邻的两块踢脚板粘牢，然后用稠度 10～15cm 的 1∶2 水泥砂浆（体积比）灌缝，并随时把溢出的砂浆擦干净。待灌入的水泥砂浆凝固后，把石膏铲掉擦净，用与板面同色水泥浆擦缝。

塑料踢脚板的铺贴要求同地板。在踢脚线上口挂线粘贴，做到上口平直；铺贴顺序先阴、阳角，后大面，做到粘贴牢固；踢脚板对缝与地板缝做到协调一致。若踢脚板是卷材，应先将塑料条钉在墙内预留木砖上，然后用焊枪喷烧塑料条，如图 2-28。

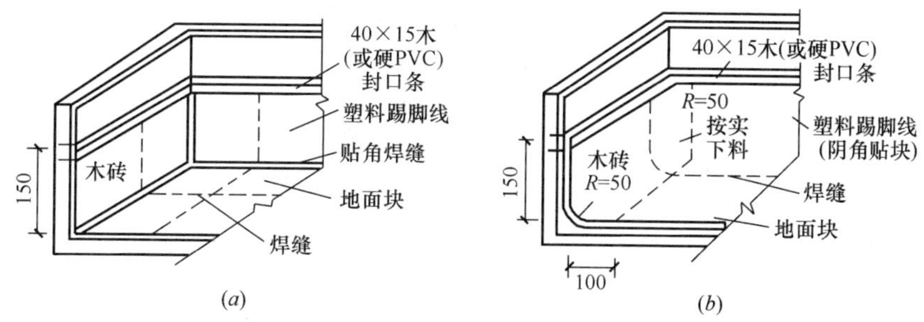

图 2-28　塑料踢脚板铺贴（mm）

（a）90°角；（b）小圆角

木质踢脚线按设置方式的不同有现场自制木踢脚和成品木踢脚两种。

自制木踢脚是指在现场用原材料制作的木踢脚，其做法是先做龙骨、再做踢脚层板或木工板基层、再用榉木板或胡桃木板等饰板贴面层，最后用线条封顶，如图 2-29 所示。

成品木质踢脚板分成品实木踢脚板、仿木和复合踢脚板，成品实木踢脚板安装时应提前刨光，内侧开凹槽，每隔 1m 钻 6mm 通风孔，墙身每隔 750mm 设防腐固结木砖，木砖上钉防腐木块，用于固定踢脚板，如图 2-30 所示。

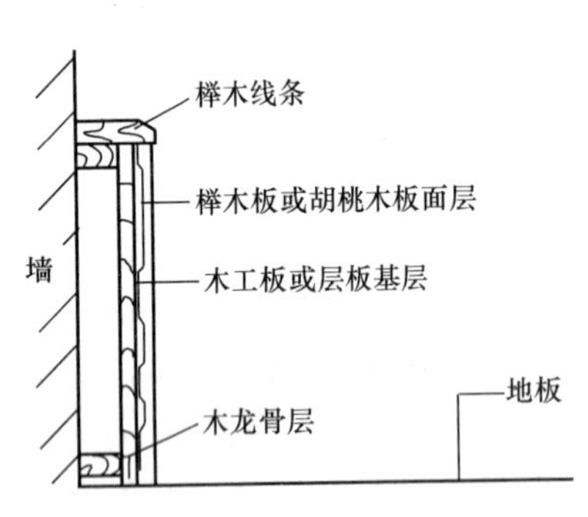

图 2-29　现场自制木踢脚

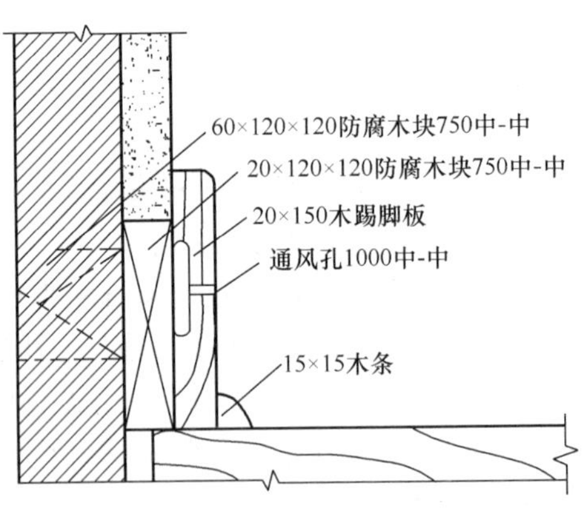

图 2-30　木踢脚板安装示意图（mm）

复合木地板可选用仿木塑料踢脚板、普通木踢脚板和复合踢脚板（市场配套销售）。安装时，先按踢脚板高度弹水平线，清理地板与墙缝隙中杂物。复合木地板配套踢脚板安装，是在墙面弹线钻孔并钉入木楔或塑料膨胀头（有预埋木砖则直接标出其位置），再在踢脚板卡块（条）上钻孔（孔径比木螺钉直径小 1～1.2mm），并按弹线位置用木螺钉固定，最后将踢脚板卡在卡块（条）上，接头尽量设在拐角处。图 2-31 为仿木塑料踢脚板安装示意。

图 2-31　安装踢脚板

2.3.3.2　踢脚线计价工程量计算

（1）踢脚线计价工程量计算规则。

踢脚线（板）以延长米乘以高度按实贴面积计算。

说明：

1）在计算实贴面积时应扣除门洞、空圈开口部分面积，门洞、空圈开口侧面及附墙柱侧面如做踢脚线时应增加。

2）木质踢脚线龙骨、基层工程量计算方法同其面层，即：

木质踢脚线龙骨、基层工程量＝木质踢脚线面层工程量＝实贴长度×高度

（2）踢脚线计价工程量计算实例。

【例】 如图 2-4，计算书房成品实木踢脚线安装工程量，踢脚线高 120mm，所有内门均包门框。

说明：包门框则门洞侧壁不再做踢脚线。

【解】

墙厚　　　　　　门洞宽

书房成品实木踢脚线安装工程量＝[(3.3－0.24＋4.5－0.24)×2－0.9]×0.12＝1.65m²

2.3.4 楼梯装饰计价工程量计算

2.3.4.1 楼梯地毯的铺设

楼梯地毯由于人行其上，因此必须铺设牢固妥帖。基层处理、裁剪地毯方法同房间地毯的铺设。铺贴施工其他要点如下：

（1）测量楼梯所用地毯的长度，在测得长度的基础上，再加上 450mm 的余量，以便挪动地毯，转移调换常受磨损的位置。如所选用的地毯是背后不加衬的无底垫地毯，则应在地毯下面使用楼梯垫料增加耐用性，并可吸收噪声。衬垫的深度必须能触及阶梯竖板，并可延伸至每阶踏步板外 50mm，以便包覆。

（2）将衬垫材料用地板木条分别钉在楼梯阴角两边，两木条之间应留 1.5mm 的间隙。用预先切好的地毯角钢（倒刺板）钉在每级踢板与踏板所形成转角的衬垫上。由于整条角钢都有突起的抓钉，故能不露痕迹地将整条地毯抓住。

（3）地毯首先要从楼梯的最高一级铺起，将始端翻起在顶级的踢板上钉住，然后用扁铲将地毯压在第一套角钢的抓钉上。把地毯拉紧包住梯阶，循踢板而下，在楼梯阴角处用扁铲将地毯压进阴角，并使地板木条上的抓钉紧紧抓住地毯，然后铺第二套固定角钢。这样连续下来直到最下一级，将多余的地毯朝内折转，钉于底级的踢板上。

（4）所用地毯如果已有海绵衬底，那么可用地毯胶粘剂代替固定角钢。将胶粘剂涂抹在踢板与踏板面上粘贴地毯，铺设前将地毯的绒毛理顺，找出绒毛最为光滑的方向，铺设时以绒毛的走向朝下为准。在梯级阴角处用扁铲敲打，地板木条上都有突起的抓钉，能将地毯紧紧抓住。在每阶踢、踏板转角处用不锈钢螺钉拧紧铝角防滑条。

（5）楼梯地毯的最高一级是在楼梯面或楼层地面上，应固定牢固并用金属收口条严密收口封边。如楼层面也铺设地毯，固定式铺贴的楼梯地毯应与楼层地毯拼缝对接。若楼层面无地毯铺设，楼梯地毯的上部始端应固定在踢面竖板的金属收口条内，收口条要牢固安装在楼梯踢面结构上。楼梯地毯的最下端，应将多余的地毯朝内翻转钉固于底级的竖板上。

楼梯地毯铺设，如图 2-32 所示。

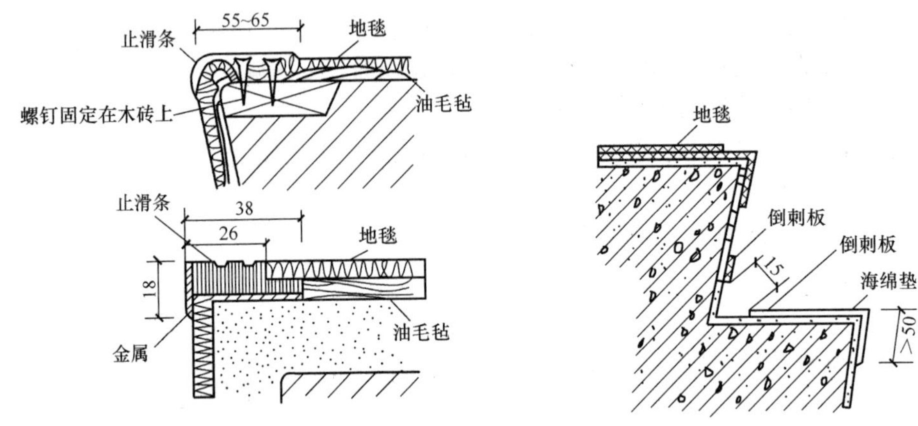

图 2-32　楼梯地毯固定方法（mm）

2.3.4.2　楼梯装饰计价工程量计算

（1）楼梯装饰计价工程量计算规则。

楼梯以实铺的水平投影面积计算；楼梯面积包括踏步和休息平台；楼梯、台阶与楼地面分界以最后一个踏步外沿加 300mm 计算。

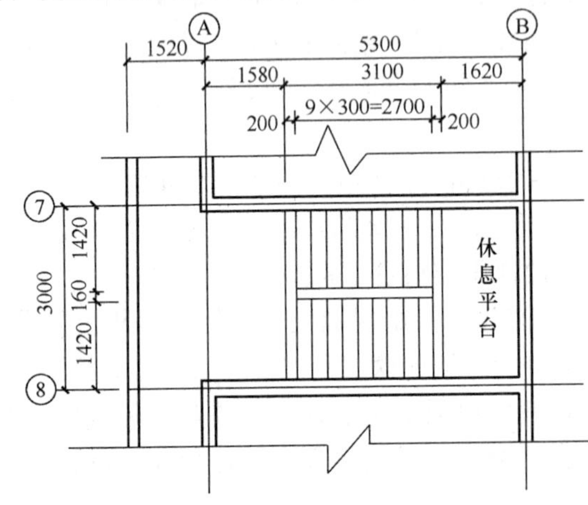

图 2-33　楼层楼梯平面图（mm）

说明：

1）“休息平台”，是指每层楼之间两跑或三跑楼梯连接的平台，不是指楼层上的平台，如图 2-33 所示。

2）根据规则：楼梯水平投影不包括楼梯井，即楼梯井应扣除。

（2）楼梯装饰计价工程量计算公式。

楼梯水平投影面积＝（楼梯间宽的轴线尺寸－墙厚－抹灰厚）×（楼梯间长的轴线尺寸－墙厚－抹灰厚）－楼梯井面积

（3）楼梯装饰计价工程量计算实例。

【例】 如图 2-33 所示尺寸，计算花岗石楼梯工程量，墙厚为 240mm。

【解】

墙厚　楼梯井　　　墙厚　　分界线

楼梯花岗石面层工程量＝(3.0－0.24－0.16)×(1.62－0.12＋3.1＋0.3)＝12.74m^2

2.3.5　扶手、栏杆、栏板装饰计价工程量计算

2.3.5.1　木扶手玻璃栏板安装

扶手是玻璃栏板的收口，其材料的质量不仅对使用功能影响较大，同时对整

个玻璃栏板的立面效果产生较大影响。因此，对木扶手的要求是其材质要好，纹理较美观，如采用柚木、水曲柳等。

扶手两端的固定：扶手两端锚固点应该是不发生变形的牢固部位，如墙、柱或金属附加柱等。对于墙体或柱，可以预先在主体结构上预埋铁件，然后将扶手与预埋件连接，如图 2-34 所示。

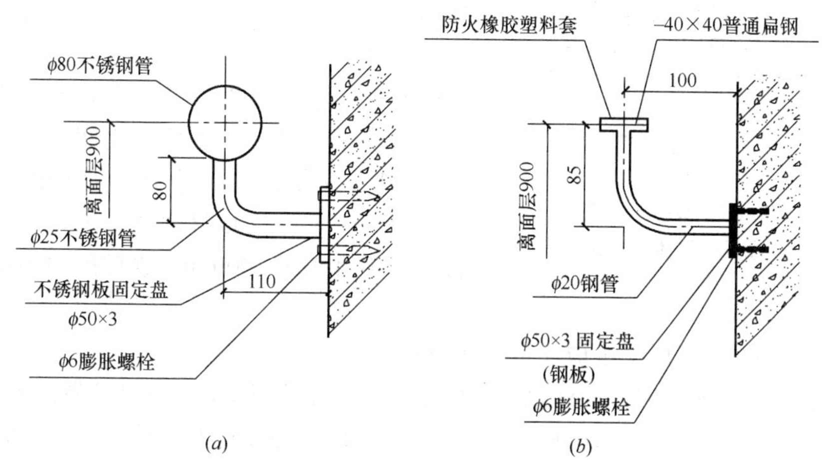

图 2-34　在墙体或柱上安装扶手（mm）

（a）ϕ80 不锈钢楼梯扶手在墙上安装；（b）防火橡胶塑料扶手在墙上安装

玻璃块与块之间，宜留出 8mm 的间隙。玻璃与其他材料相交部位，不宜贴得很紧，而应留出 8mm 的间隙，然后注入硅酮系列密封胶。

玻璃栏板底座，主要是解决玻璃固定和踢脚部位的饰面处理。

固定玻璃的固定铁件如图 2-35 所示。一侧用角钢，另一侧用一块同角钢长度相等的 6mm 钢板，然后在钢板上钻两个孔，再套丝。安装时，玻璃与钢板之间填上氯丁橡胶板，拧紧螺钉将玻璃挤紧。玻璃的下面，不能直接落在金属板上，而

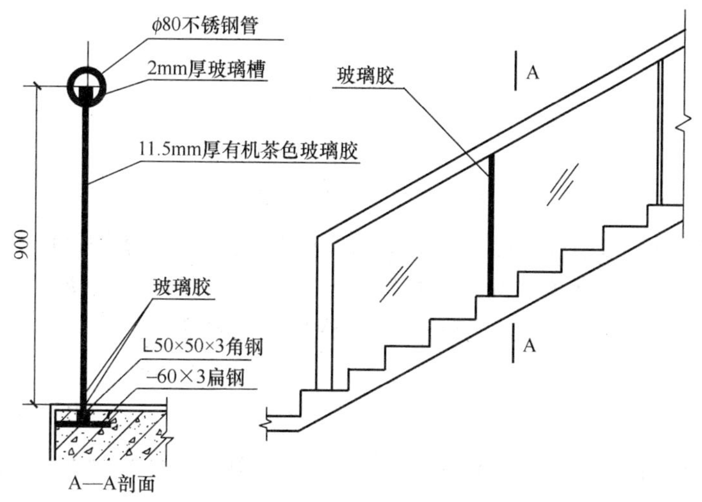

图 2-35　ϕ80 不锈钢管全玻璃扶手（mm）

是用氯丁橡胶块将其垫起。

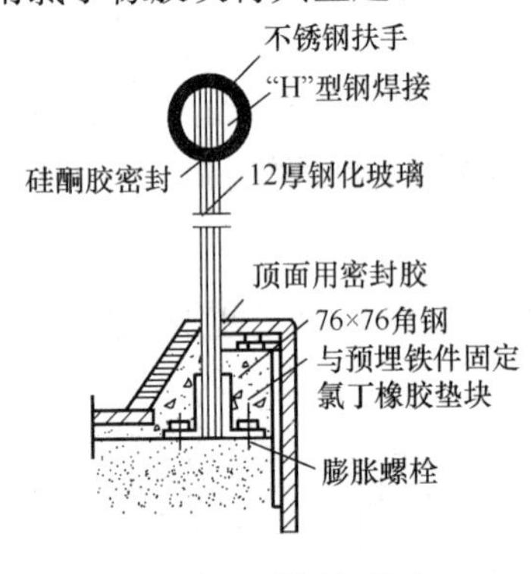

图 2-36　型钢与外表圆管焊成整体（mm）

2.3.5.2　金属圆管扶手玻璃栏板安装

金属圆管扶手一般是通长的，接长要焊接，焊口部位打磨修平后，再进行抛光。为了提高扶手刚度及安装玻璃栏板需要，常在圆管内部加设型钢，型钢与外表圆管焊成整体，如图 2-36 所示。

玻璃固定也如图 2-35 所示，多采用角钢焊成的连结铁件。两条角钢之间，应留出适当的间隙。间隙宽度一般为玻璃的厚度再加上每侧 3～5mm 的填缝间距。固定玻璃的铁件高度不宜小于 100mm，铁件的中距不宜大于 450mm。

2.3.5.3　栏板施工中应注意的几个问题

（1）墙、柱施工时，应注意锚固扶手的预埋件的埋设，并保证位置准确。

（2）玻璃栏板底座土建施工时，注意固定件的埋设应符合设计要求。需加立柱时，应确定立柱的位置。

（3）扶手与铁件连结，可用焊接或螺栓，也可用膨胀螺栓锚固铁件。

（4）扶手安装以后，要对扶手表面予以保护。当扶手较长时，要考虑扶手的侧向弯曲，在适当的部位加临时立柱，缩短其长度，减少变形。若变形较大，一般较难调直。

（5）多层走廊部位的玻璃栏板，人靠近时，由于居高临下，常常有一种不安全的感觉。所以，该部位的扶手高度应比楼梯扶手要高些，合适的高度在 1.1m 左右。

（6）不锈钢扶手、铜管扶手表面往往粘有各种油污或杂物，其光泽受到一定的影响。在交工前除进行擦拭外，一般还要抛光。

2.3.5.4　栏杆、栏板装饰计价工程量计算

（1）栏杆、栏板计价工程量计算规则。

扶手、栏杆、栏板按设计图示尺寸以扶手中心线长度（包括弯头长度）计算。

（2）栏杆、栏板计算公式。

$$\text{楼梯栏杆、扶手长度}=\sum\left(\sqrt{\text{各跑楼梯段水平投影长}^2+\text{各跑楼梯段垂直投影高}^2}+\text{弯头长度}\right)+\text{水平长度}$$

（3）栏杆、栏板计算实例。

【例】　如图 2-37 所示，计算楼梯不锈钢栏杆工程量。

【解】

$$\text{楼梯不锈钢栏杆工程量}=(\sqrt{3.1^2+1.5^2}+\underbrace{0.16}_{\text{弯头}})\times 6+\underbrace{(1.42-0.12)}_{\text{水平长}}=22.92\text{m}$$

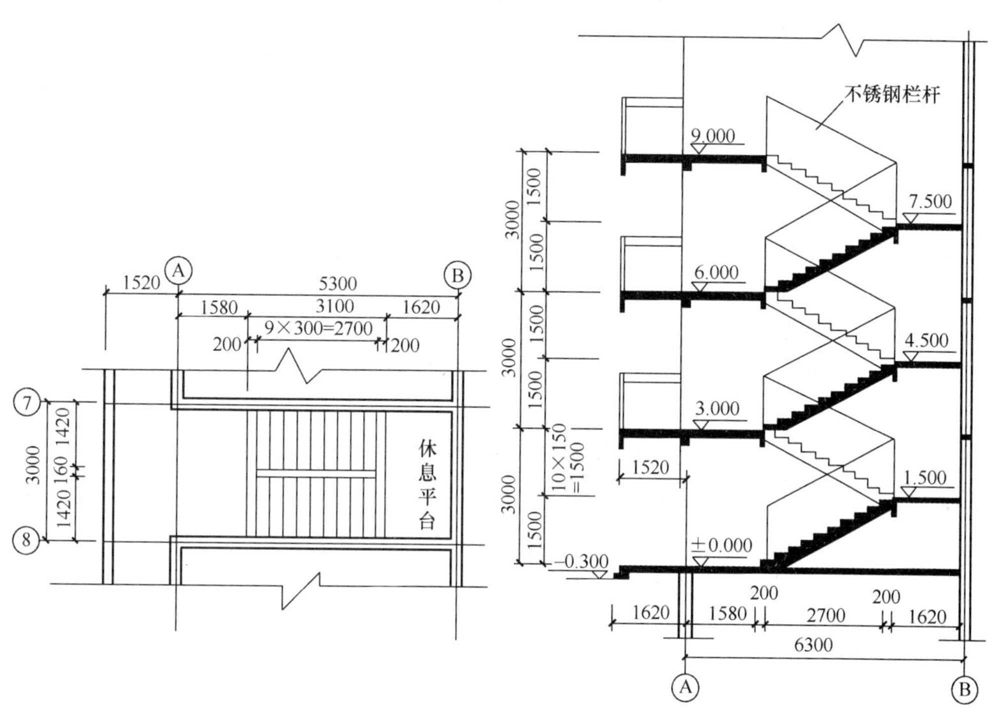

图 2-37　楼梯详图

2.3.6　台阶计价工程量计算

2.3.6.1　台阶工程量计算规则

台阶以实铺的水平投影面积计算；台阶与楼地面分界以最后一个踏步外沿加300mm计算。

说明：台阶与楼地面采用同种装饰材料时，其分界线以最后一个踏步外沿加300mm计算。

2.3.6.2　台阶工程量计算实例

【例】　如图2-38所示尺寸，计算彩釉砖台阶工程量。

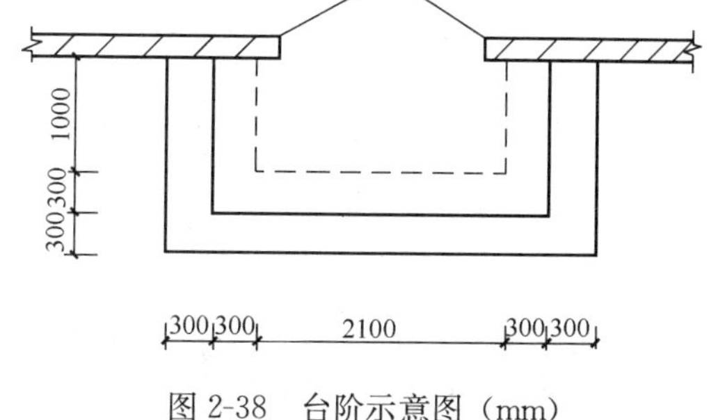

图 2-38　台阶示意图（mm）

【解】

彩釉砖台阶工程量＝(2.1＋0.3×4)×(1.0＋0.3×2)－2.1×1.0＝3.18m^2

2.3.7　楼地面零星装饰项目计价工程量计算

零星项目包括楼梯台阶牵边侧面及0.5m^2以内少量分散的楼地面装修。分石材零星项目、碎拼石材零星项目、块料零星项目等。

2.3.7.1 碎拼大理石地面铺贴施工工艺

（1）施工工艺流程。

基层清理→抹找平层灰→铺贴→浇石渣浆→磨光→上蜡。

（2）操作要点。

1）基层清理。同板块地面。

2）抹找平层。碎拼大理石地面应在基层上抹 30mm 厚 1∶3 水泥砂浆找平层，用木抹子搓平。

3）铺贴。在找平层上刷素水泥浆一遍，用 1∶2 水泥砂浆镶贴碎大理石标筋（或贴灰饼），间距 1.5m，然后铺碎大理石块，并用橡皮锤轻轻敲击，使其平整、牢固。随时用靠尺检查表面平整度。注意石块与石块间留足间隙，挤出的砂浆应从间隙中剔除，缝底成方形。

4）灌缝。将缝中积水、杂物清除干净，刷素水泥浆一遍，然后嵌入彩色水泥石渣浆，嵌抹应凸出大理石表面 2mm，再在其上撒一层石渣，用木抹子拍平压实，次日养护。也可用同色水泥砂浆嵌抹间隙做成平缝。

5）磨光。面层分四遍磨光。第一遍用 80～100 号金刚石，第二遍用 100～160 号金刚石，第三遍用 240～280 号金刚石，第四遍用 750 号或更细的金刚石进行打磨。

6）上蜡。

2.3.7.2 零星装饰项目计价工程量计算规则

04 定额中未明确规定楼地面零星装饰项目的计算规则，楼地面零星装饰项目面积一般按实铺面积计算。

2.3.8 防滑条、嵌条、打蜡计价工程量计算

2.3.8.1 防滑条、嵌条构造如图 2-39～图 2-46

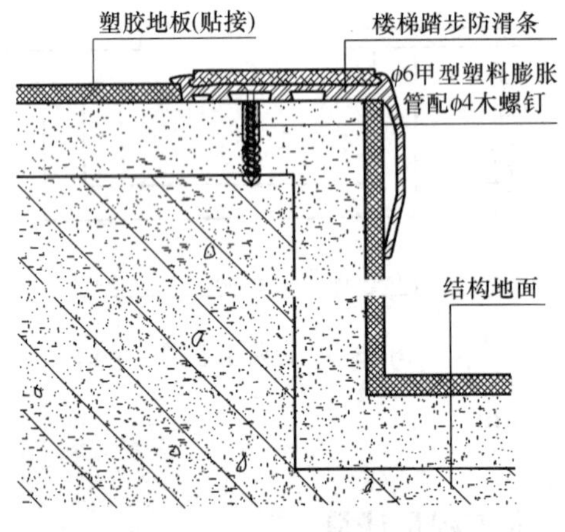

图 2-39 楼梯踏步防滑条

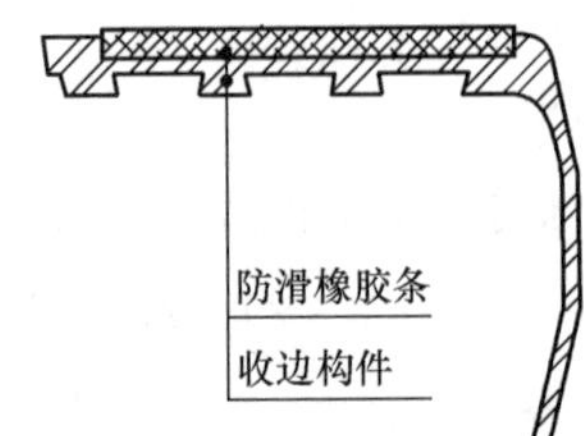

图 2-40 橡胶防滑条

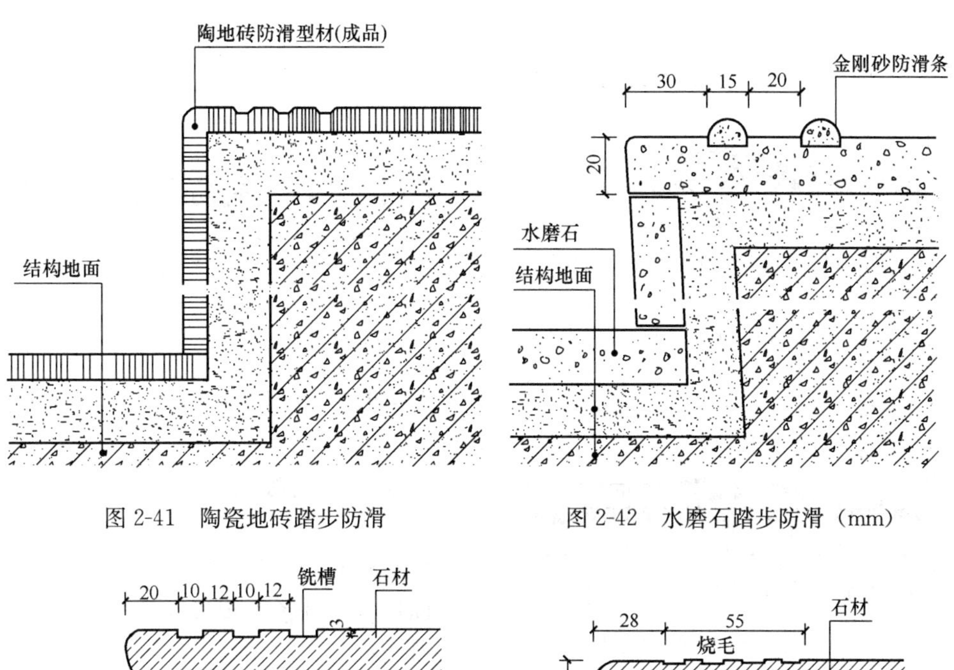

图 2-41　陶瓷地砖踏步防滑

图 2-42　水磨石踏步防滑（mm）

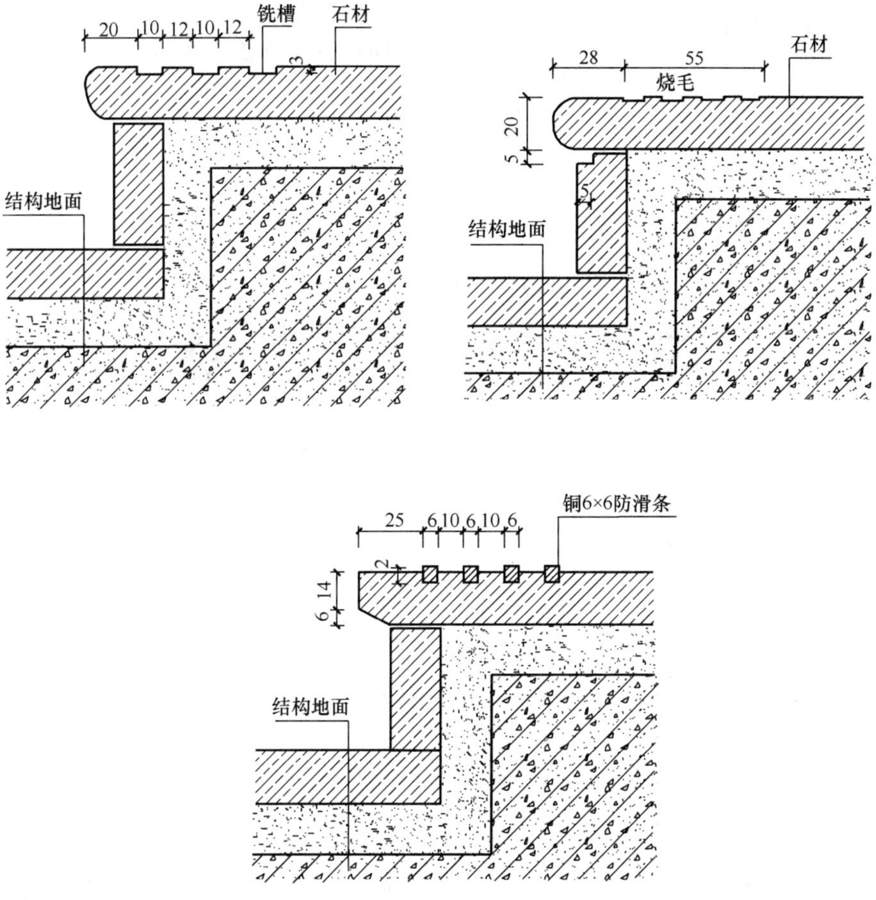

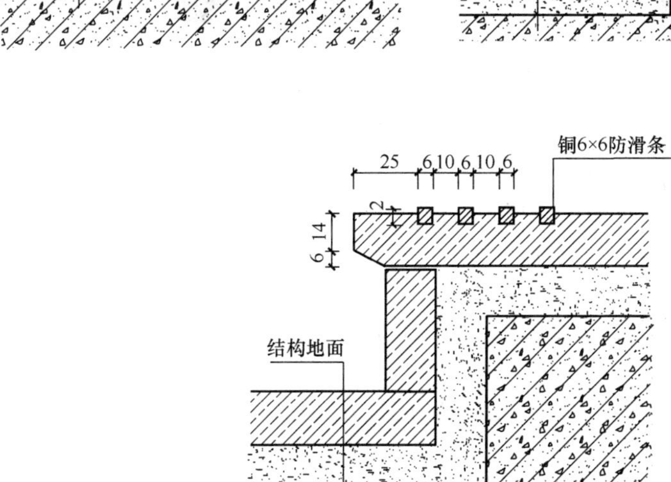

图 2-43　石材踏步防滑的三种做法（mm）

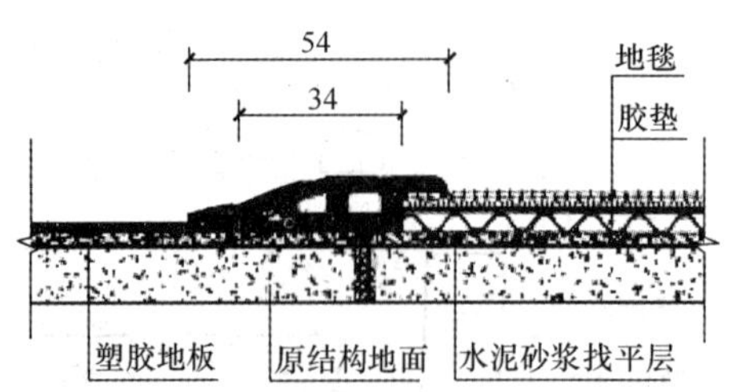

图 2-44 地毯与橡胶地板之间的收边条(mm)

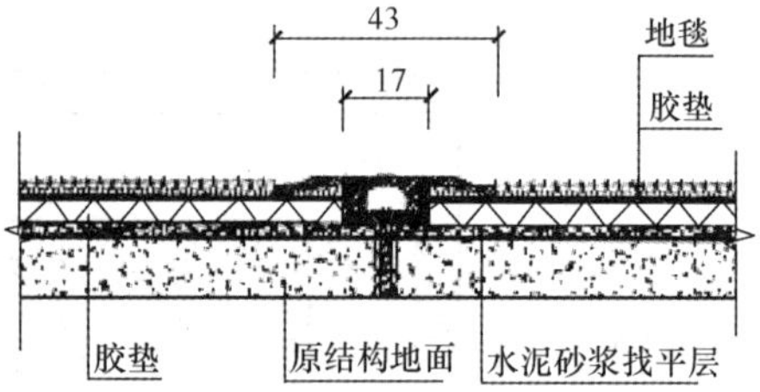

图 2-45 地毯与地毯之间的收边条(mm)

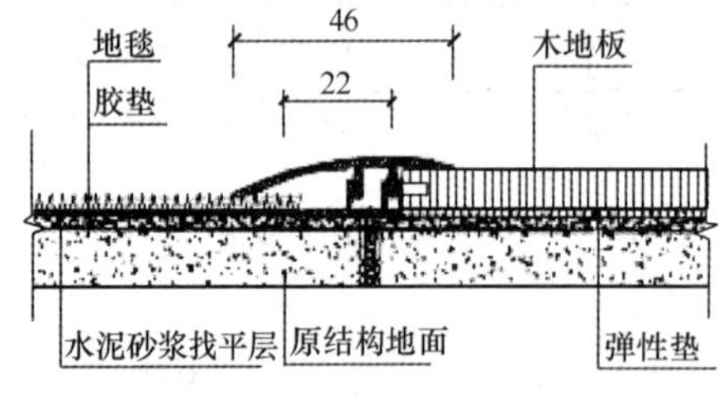

图 2-46 地毯与木地板之间的收边条(mm)

2.3.8.2 防滑条、嵌条工程量计算规则

楼地面金属板条、封口条按延长米计算。

2.3.8.3 面层打蜡

面层打蜡计价工程量＝相应面层计价工程量

2.3.9 楼地面点缀

楼地面点缀如图 2-47 所示。

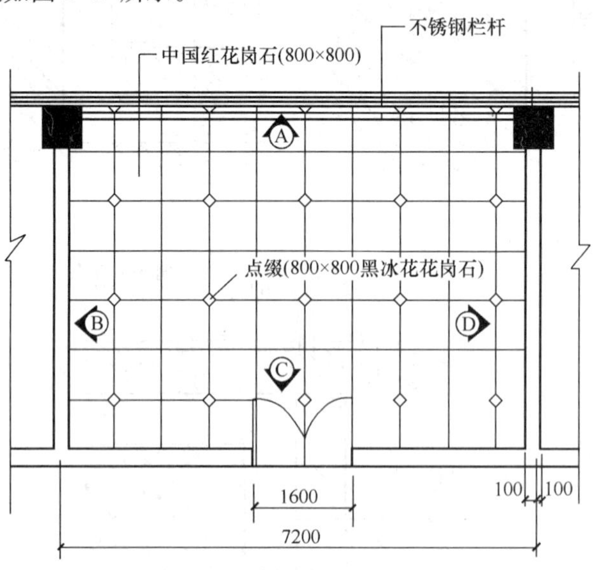

图 2-47 楼地面点缀示意图（mm）

点缀拼花按点缀实铺面积计算，在计算主体铺贴地面面积时，不扣除点缀拼花所占的面积。

【例】 如图 2-47，计算 80mm×80mm 黑冰花点缀工程量。

【解】 80mm×80mm 黑冰花点缀工程量＝0.08×0.08×17.5(个)＝0.112m²

2.4 楼地面装饰清单工程量计算

2.4.1 楼地面装饰清单工程量与计价工程量计算规则比较

楼地面装饰清单工程量与计价工程量计算规则比较表　　　　表 2-3

项目名称	清单工程量计算规则①	计价工程量计算规则②	①与②比较
块料面层	按设计图示尺寸以面积计算。扣除凸出地面构筑物、设备基础、室内铁道、地沟等所占面积，不扣除间壁墙和 0.3m^2 以内的柱、垛、附墙烟囱及孔洞所占面积。门洞、空圈、暖气包槽、壁龛的开口部分不增加面积	楼地面装饰面积按实铺面积计算，不扣除 0.3m^2 以内的孔洞所占面积	①=②−门洞、空圈、暖气包槽、壁龛的开口部分面积
橡塑面层	按设计图示尺寸以面积计算。门洞、空圈、暖气包槽、壁龛的开口部分并入相应的工程量内		①=②
其他材料面层			
踢脚线	按设计图示长度乘以高度以面积计算	踢脚线（板）以延长米乘以高度按实贴面积计算	①=②
楼梯装饰	按设计图示尺寸以楼梯（包括踏步、休息平台及 500mm 以内的楼梯井）水平投影面积计算。楼梯与楼地面相连时，算至梯口梁内侧边沿；无梯梁者，算至最上一层踏步边沿加 300mm	楼梯以实铺的水平投影面积计算；楼梯面积包括踏步和休息平台；楼梯与楼地面分界以最后一个踏步外沿加 300mm 计算	①=②+500mm 以内的楼梯井
扶手、栏杆、栏板	按设计图示尺寸以扶手中心线长度（包括弯头长度）计算	扶手、栏杆、栏板按设计图示尺寸以扶手中心线长度（包括弯头长度）计算	①=②
台阶装饰	按设计图示尺寸以台阶（包括最上层踏步边沿加 300mm）水平投影面积计算	台阶以实铺的水平投影面积计算，台阶与楼地面分界以最后一个踏步外沿加 300mm 计算	①=②
零星装饰项目	按设计图示尺寸以面积计算	楼地面装饰面积按实铺面积计算	

从上表可见，楼地面装饰清单工程量计算与计价工程量计算规则大同小异，只是清单项目的工程内容综合了一个以上的计价定额项目，在列制清单项目时，必须对项目特征进行详细的描述。

2.4.2 楼地面装饰清单工程量计算实例

【例】 计算图 2-33 所示花岗石楼梯清单工程量，墙厚为 240mm。

【解】

楼梯花岗石面层清单工程量＝(3.0－0.24)(墙厚)×(1.62－0.12(墙厚)＋3.1＋0.3(分界线))

＝13.52m²

3

墙柱面装饰工程量计算

(1) 关键知识点：

1) 墙柱面装饰立面图识读；

2) 墙柱面装饰工程项目；

3) 墙柱面装饰计价工程量的计算；

4) 墙柱面装饰清单工程量的计算。

(2) 教学建议：

1) 案例分析；

2) 资料展示：

《建设工程工程量清单计价规范》；

《工程量清单计价定额》；

墙柱面装饰材料展示；

墙柱面装饰构造及施工认识实习。

3.1 墙柱面装饰立面图识读

建筑装饰施工图中，表达墙面装饰的图样包括外墙立面图和内墙立面图。外墙立面图与建筑施工图中外墙立面的表示方法和识读方法相同，因此，在这一节里只介绍内墙立面图。

3.1.1 内墙立面图的图示内容与作用

内墙立面图应按照装饰平面图中的投影符号所规定的位置和投影方向来绘制。内墙立面图的图名通常也是按照装饰平面图中的内视符号的编号来命名，如A立面图、B立面图等。

在绘制时，通常用粗实线绘制该空间的周边一圈断面轮廓线，即内墙面、地面、天棚等的轮廓；用细实线绘制室内家具、陈设、壁挂等的立面轮廓；标注该空间相关轴线、尺寸、标高和文字说明。

根据内墙立面图，可进行墙面装饰施工和墙面装饰物的布置等工作。

3.1.2 识读内墙立面图

以某家庭室内装饰工程老人卧室C向立面图为例，见图3-1。

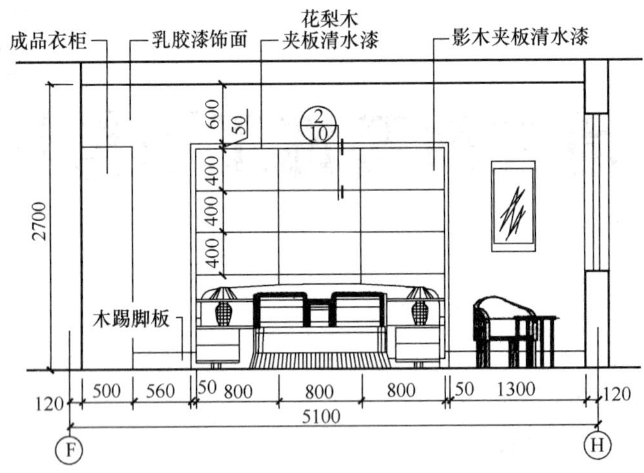

图3-1 老人卧室C向立面图（mm）

（1）识读图名、比例。根据内墙立面图的图名，与装饰平面图进行对照，明确视图投影关系和视图位置。内墙立面图的绘制比例通常与装饰平面图相同，但也可根据情况，将比例放大来绘制，以使所绘图样表达得更清楚。图3-1所示的立面图的绘制比例为1∶30。

（2）与装饰平面图进行对照识读，了解室内家具、陈设、壁挂等的立面造型。根据规定的投影方向，可看见卧室中的衣柜、床、床头柜、沙发、茶几等家具，床靠的墙面上的主题墙造型。

（3）根据图中尺寸、文字说明，了解室内家具、陈设、壁挂等规格尺寸、位置尺寸、装饰材料和工艺要求。

（4）了解内墙面的装饰造型的式样、饰面材料、色彩和工艺要求。卧室墙面为白色乳胶漆饰面，主题墙为影木夹板清水漆，以花梨木夹板清水漆收边。

（5）了解吊顶顶棚的断面形式和高度尺寸。

（6）注意详图索引符号。图3-1中，在主题墙处有一索引符号，表示详图应到装饰施工图的第10张上查阅。

3.1.3 内墙展开立面图

图3-1只表达了房间的一面墙的装饰内容，若要了解该卧室的所有墙面的装饰内容，就需要看其他几个立面图。因此，为了通过一个图样就能了解一个房间所有墙面的装饰内容，就绘制内墙展开立面图。图3-2为小孩卧室的内墙展开立面图，图3-3为小孩卧室的平面图，将卧室的四个墙面拉平在一个连续的立面上，

把各墙面的装饰内容连贯地表达出来，便于了解各墙面的相关装饰做法。

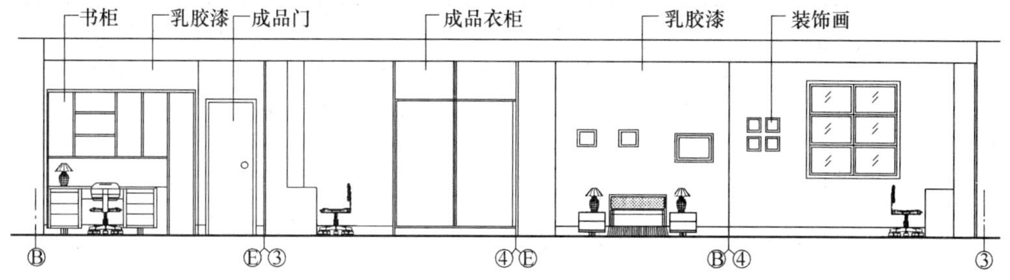

图 3-2　小孩卧室展开立面

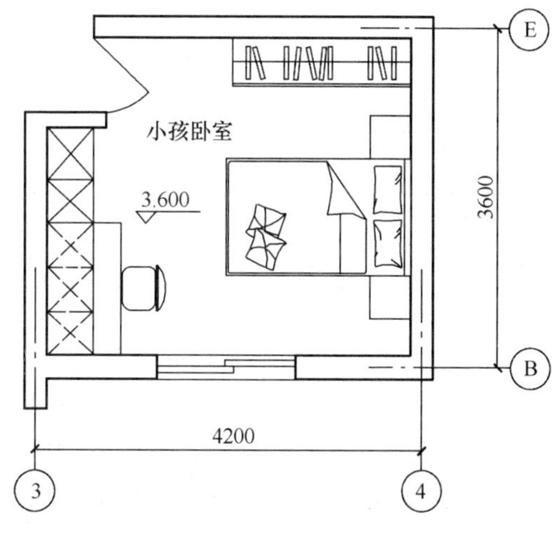

图 3-3　小孩卧室平面图

绘制内墙展开立面图时，用粗实线绘制连续的墙面外轮廓、面与面转折的阴角线、内墙面、地面、顶棚等的轮廓，然后用细实线绘制室内家具、陈设、壁挂等的立面轮廓；为了区别墙面位置，在图的两端和墙阴角处标注与平面图一致的轴线编号；另外还标注该相关的尺寸、标高和文字说明。

识读内墙展开立面图的方法与前述卧室 C 立面图相同，这里不再叙述。需要强调的一点是：在识读内墙展开立面图时，一定要根据立面图中标注的轴线编号与平面图对照，弄清楚是室内的哪一面墙的立面装饰内容。

3.2　墙柱面装饰工程项目

四川省 04 装饰定额墙柱面装饰工程项目　　　　**表 3-1**

<table>
<tr><td rowspan="7">墙面镶贴块料面层</td><td rowspan="3">石材墙面</td><td>大理石、花岗石</td><td colspan="2">挂贴、水泥砂浆粘贴、胶粘剂粘结</td></tr>
<tr><td>干挂大理石、花岗石</td><td colspan="2">密缝、勾缝</td></tr>
<tr><td colspan="3">钢骨架上干挂石材</td></tr>
<tr><td>拼碎石材墙面</td><td colspan="3">拼碎大理石、花岗石</td></tr>
<tr><td rowspan="3">块料墙面</td><td>内墙面砖</td><td colspan="2">水泥砂浆粘贴、胶粘剂粘结</td></tr>
<tr><td rowspan="2">外墙面砖</td><td>砂浆粘贴周长 500mm 以内</td><td>密缝、缝宽 10mm 以内、缝宽 20mm 以内</td></tr>
<tr><td>砂浆粘贴周长 500mm 以外</td><td>密缝、缝宽 10mm 以内、缝宽 20mm 以内</td></tr>
</table>

续表

<table>
<tr><td rowspan="8">墙面镶贴块料面层</td><td rowspan="7">块料墙面</td><td rowspan="2">外墙面砖</td><td>胶粘剂粘结周长 500mm 以内</td><td>密缝、缝宽 10mm 以内、缝宽 20mm 以内</td></tr>
<tr><td>胶粘剂粘结周长 500mm 以外</td><td>密缝、缝宽 10mm 以内、缝宽 20mm 以内</td></tr>
<tr><td>纸皮砖</td><td colspan="2">水泥膏粘贴、胶粘剂粘结</td></tr>
<tr><td rowspan="2">瓷砖贴面</td><td colspan="2">水泥砂浆、干粉型胶粘剂</td></tr>
<tr><td colspan="2">阴阳角压顶角</td></tr>
<tr><td>陶瓷锦砖贴面</td><td colspan="2">水泥砂浆、干粉型胶粘剂</td></tr>
<tr><td>砂浆粘贴劈离砖</td><td colspan="2">密缝、缝宽 1cm 以内、缝宽 2cm 以内</td></tr>
<tr><td colspan="4">干挂石材钢骨架</td></tr>
<tr><td rowspan="9">柱面镶贴块料</td><td>石材柱面</td><td>大理石、花岗石</td><td colspan="2">挂贴、干挂</td></tr>
<tr><td colspan="4">钢骨架上干挂石材</td></tr>
<tr><td colspan="4">挂贴柱墩、柱帽</td></tr>
<tr><td>拼碎石材柱面</td><td colspan="3">拼碎大理石、花岗石</td></tr>
<tr><td rowspan="5">块料柱面</td><td rowspan="2">面砖</td><td>砂浆粘贴</td><td>密缝、缝宽 10mm 以内、缝宽 20mm 以内</td></tr>
<tr><td>胶粘剂粘结</td><td>密缝、缝宽 10mm 以内、缝宽 20mm 以内</td></tr>
<tr><td>纸皮砖</td><td colspan="2">水泥膏粘贴、胶粘剂粘结</td></tr>
<tr><td>瓷砖</td><td colspan="2">水泥砂浆、干粉型胶粘剂</td></tr>
<tr><td>陶瓷锦砖</td><td colspan="2">水泥砂浆、干粉型胶粘剂</td></tr>
<tr><td rowspan="7">零星镶贴块料</td><td rowspan="2">石材零星项目</td><td>大理石、花岗石</td><td colspan="2">挂贴、水泥砂浆粘贴、胶粘剂粘结</td></tr>
<tr><td colspan="3">钢骨架上干挂石材</td></tr>
<tr><td>拼碎石材零星项目</td><td colspan="3">拼碎大理石、花岗石</td></tr>
<tr><td rowspan="4">块料零星项目</td><td rowspan="2">面砖</td><td>砂浆粘贴</td><td>密缝、缝宽 10mm 以内、缝宽 20mm 以内</td></tr>
<tr><td>胶粘剂粘结</td><td>密缝、缝宽 10mm 以内、缝宽 20mm 以内</td></tr>
<tr><td>纸皮砖</td><td colspan="2">水泥膏粘贴、胶粘剂粘结</td></tr>
<tr><td>瓷砖贴面</td><td colspan="2">水泥砂浆、干粉型胶粘剂</td></tr>
<tr><td rowspan="7">装饰板墙面</td><td rowspan="4">龙骨</td><td>墙面、墙裙龙骨</td><td colspan="2">木龙骨 30mm×30mm，间距 300mm×300mm</td></tr>
<tr><td rowspan="3">隔墙龙骨</td><td colspan="2">轻钢龙骨、铝合金龙骨、型钢龙骨</td></tr>
<tr><td>木龙骨 4cm×5cm 断面</td><td>纵横距 30cm、40cm</td></tr>
<tr><td>木龙骨 5cm×7cm 断面</td><td>纵横距 40cm、60cm</td></tr>
<tr><td rowspan="3">基层</td><td rowspan="2">木工板基层、胶合板基层</td><td colspan="2">粘在基层板上</td></tr>
<tr><td colspan="2">钉在木龙骨上</td></tr>
<tr><td>特种基层</td><td colspan="2">铝板、其他（钢板）</td></tr>
</table>

续表

装饰板墙面	面层	胶合板、不锈钢		
		其他	粘贴在基层板上	桦木、榉木等木制饰面板拼色、拼图案、一般形式
				切片皮、合成革、丝绒、棉麻、毛、化纤面料……
			粘贴在砂浆基层上	镜面玻璃、镭射玻璃
			木板面、石膏板面、竹片墙面、镀锌钢板……	
柱(梁)面装饰	龙骨	木龙骨	方形柱(梁)面、圆形柱(梁)面、方柱包圆柱面	
		型钢龙骨		
	基层	木工板、胶合板基层	粘在基层板上	
			钉在木龙骨上	
	面层	胶合板	方形柱(梁)、圆形柱(梁)、柱帽、柱脚及其他	
		不锈钢	粘在基层板上	方形柱(梁)、圆形柱(梁)、柱帽、柱脚及其他
		不锈钢卡口槽		
		镜面玻璃、镭射玻璃	粘贴在基层板上	
			粘贴在砂浆基层上	
隔断	木隔断	半玻、全玻		
	木格式镜面玻璃	全玻璃镜面、夹花式隔断		
	全玻隔断	不锈钢边框、白玻、钢化玻璃		
	铝合金玻璃隔断、铝合金板条隔断			
	花式木隔断			
	玻璃砖隔断	木格嵌砖、全砖		
	塑钢隔断	半玻、全玻		
	浴厕隔断	木龙骨胶合板面、磨砂玻璃		
幕墙	带骨架幕墙	隐框幕墙、半隐框幕墙、明框幕墙、铝塑板幕墙		
		与自然层连接的防火隔离层		
		幕墙与建筑物顶端侧边封边	不锈钢、镀锌钢板	
	全玻(无框玻璃)幕墙	座装式玻璃	高度3.5m以内	
			高度5m以内	
		吊挂式玻璃		
		点支式玻璃		

墙柱面装饰项目划分的特点：

(1) 墙柱面装饰项目根据墙、柱装修部位进行划分。

(2) 同一装饰部位项目根据材料种类、规格、施工方法、安装方式等的不同进行划分。

(3) 在列项时还应考虑装饰构造做法。如装饰板墙面根据构造层次按龙骨、基层、面层等分别列项。

说明:

(1) 圆弧形、锯齿形和其他不规则的墙柱面镶贴块料面层时，人工乘以系数1.15。因为定额是按照规则墙柱面镶贴块料面层考虑的。

(2) 砂浆粘贴块料面层不包括找平层，只包括结合层砂浆。如设计需做找平层时，应另列项计算。

(3) 瓷砖、面砖面层如带腰线者，在计算面层面积时不扣除腰线所占面积，但腰线材料费按实计算，其损耗率为2%。

(4) 干挂大理石（花岗石）项目中的不锈钢连接件与设计不同时，可以调整。

(5) 木龙骨包括刷防火涂料两遍，如与设计不同时，应按油漆、涂料工程分部相应定额项目调整。

(6) 饰面面层定额中均未包括墙裙压顶线、压条、踢脚线、阴（阳）角线、装饰线等，设计要求时，按其他分部相应定额计算。

3.3 墙柱面装饰计价工程量计算

3.3.1 墙面镶贴块料面层

3.3.1.1 石材墙面施工工艺

天然石材饰面板的安装施工方式，可概括为以下做法：

① 直接粘结固定。指采用水泥浆、聚合物水泥浆及新型粘结材料（建筑胶粘剂，如环氧系结构胶）等将天然石材饰面板直接镶贴粘固于建筑结构基体表面。薄质板材的直接粘贴施工工艺，与内、外墙面砖粘贴工艺相同。

② 锚固灌浆施工。在建筑结构墙面固定竖向钢筋，在竖向钢筋上绑扎横向钢筋而构成纵横交叉布置的钢筋网，在钢筋网上绑扎天然石材饰面板，或是采用金属锚固件勾挂板材并与建筑基体固定；然后，在板材饰面的背面与基层表面所形成的空腔内灌注水泥砂浆或水泥石屑浆，整体地固定天然石板，是一种传统的石材饰面施工方法。

③ 金属扣件挂板安装。其主要做法是在建筑墙体施工时预埋铁件，或是采用金属膨胀螺栓固定不锈钢连接扣件，再通过不锈钢连接扣件（挂件）以及扣件上的不锈钢销或钢板插舌固定板端已打孔或开槽的天然石材饰面板。

④ 背挂法。其典型做法是在建筑结构表面固定金属型材骨架，在厚度不小于20mm的石板块产品背面开出特殊形状的半孔，采用石板幕墙专用的柱锥式锚栓连接石板和金属骨架，形成整体稳定的天然石板幕墙饰面。

⑤ 薄型石板的简易安装法。最新型的天然石材装饰板产品，其厚度仅有8.0～8.5mm，安装时作为配套的系统装饰工程，可以有多种连接与固定的做法供选择，

如螺钉固定、粘结固定、卡槽或龙骨吊挂以及磁性条复合固定等，使天然石材饰面板施工十分简易，可参照其使用说明进行操作。

（1）金属件锚固灌浆法施工工艺流程及操作要点。

1）施工工艺流程。

基层处理→板块钻孔→弹线分块、预拼编号→基体钻斜孔→固定校正→灌浆→清理→嵌缝。

2）操作要点。

金属件锚固灌浆法也称U形钉锚固灌浆法。采用金属件锚固板材的做法可免除绑扎钢筋网的工序，根据工程实际以及板材的品种、规格等情况确定锚固件形式，如圆杆锚固件、扁条锚固件和线形锚固件等，按锚固件与板块的连接方法确定板材的钻孔、开槽及板端开口方式。

① 板块钻孔及剔槽。在距板两端1/4～1/3处的板厚中心钻直孔，孔径6mm，孔深40～50mm（与U形钉折弯部分的长度尺寸一致）。板宽不大于600mm时钻2个孔，板宽大于600mm但不大于800mm时钻3个孔，板宽大于800mm时钻4个孔。然后将板调转90°，在板块两侧边各钻直孔1个，孔位距板下端100mm，孔径6mm，孔深40～50mm。上、下直孔孔口至板背剔出深5mm的凹槽，以便于固定板块时卧入U形钉圆杆，而不影响板材饰面的严密接缝。

② 基体打孔。将钻孔剔槽后的石板按基体表面的放线分格位置临时就位，对应于板块上、下孔位，用冲击电钻在建筑基体上钻斜孔，斜孔与基体表面呈45°，孔径5mm，孔深40～50mm。

③ 固定板材。根据板材与基体之间的灌浆层厚度及U形件折弯部分的尺寸，制备好5mm直径的不锈钢U形钉。板材到位后将U形钉一端勾进石板直孔，另一端插入基体上的斜孔，拉线、吊铅锤或用靠尺板等校正板块上下口及板面平整度与水平度，并注意与相临板块接缝严密，即可将U形件插入部分用硬木小楔塞紧或注入环氧树脂胶固定，同时用大木楔在石板与基体之间的空隙中塞稳。

④ 灌浆操作。

金属件锚固灌浆法工艺流程见图3-4，图3-5所示为金属件锚固灌浆法节点。

（2）干挂施工法。

干挂工艺是利用高强度螺栓和耐腐蚀、强度高的金属挂件（扣件、连接件）或利用金属龙骨，将饰面石板固定于建筑物的外表面的做法，石材饰面与结构之间留有40～50mm的空腔。

此法免除了灌浆湿作业，可缩短施工周期，减轻建筑物自重，提高抗震性能，增强了石材饰面安装的灵活性和装饰质量。

1）施工准备。

① 材料准备。

与传统安装法相同。但如果采用大理石板，施工前，应对大理石作罩面涂层和背面涂刷合成树脂胶粘剂粘贴玻璃纤维网格布作补强层，进行增强处理。

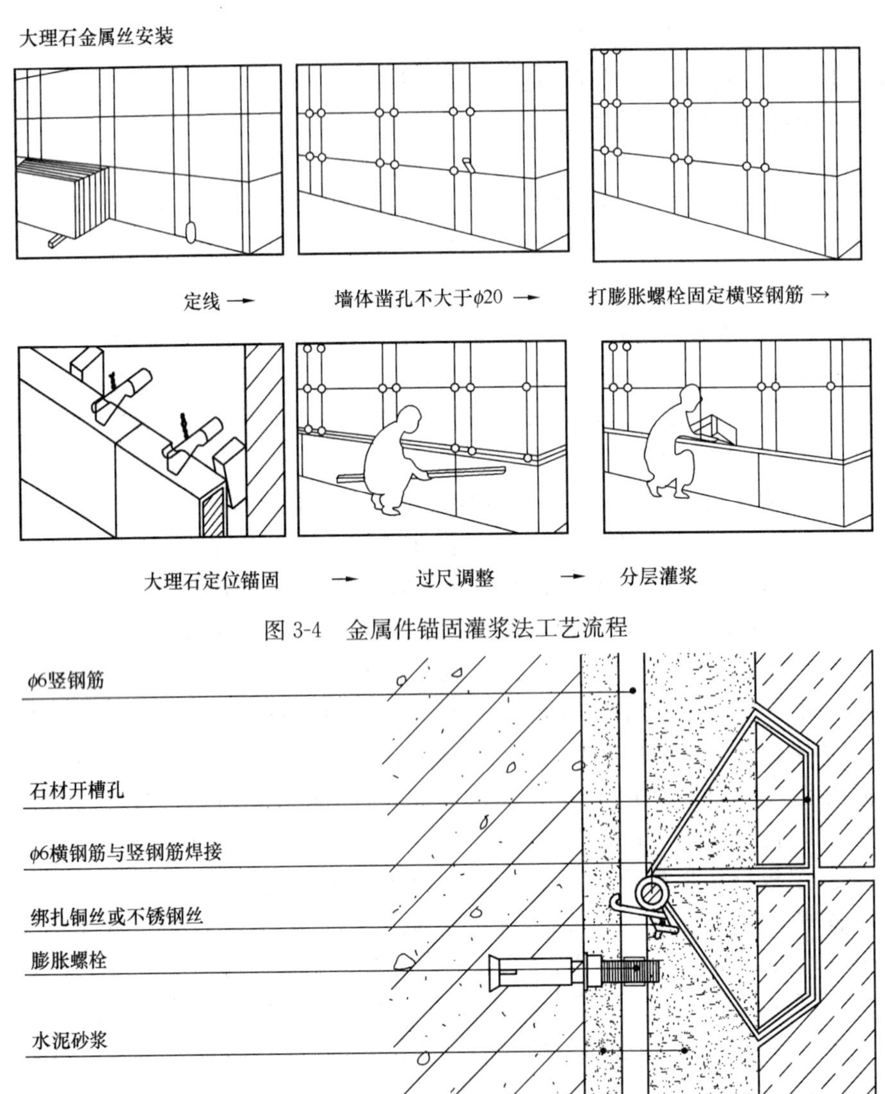

图 3-4　金属件锚固灌浆法工艺流程

图 3-5　金属件锚固灌浆法节点

② 常用机具准备。

备好台钻、切割锯、冲击钻、手磨机、手枪钻、电动扳手、嵌缝枪、长卷尺、靠尺、铝制水平尺、方尺、勾缝溜子、钢凿子、锤子、开刀等工具。

2）不锈钢连接件干挂法施工工艺流程和操作要点。

干挂法安装石板的方法有数种，主要区别在于所用连接件的形式不同，常用的有销针式和板销式两种。销针式也称钢销式。在板材上下端面打孔，插入 φ5mm 或 φ6mm（长度宜为 20～30mm）不锈钢销，同时连接不锈钢舌板连接件，并与建筑结构基体固定。其 L 形连接件可与舌板为同一构件，即所谓“一次连接”法；亦可将舌板与连接件分开并设置调节螺栓，而成为能够灵活调节进出尺寸的所谓“二次连接”法，如图 3-6 所示。

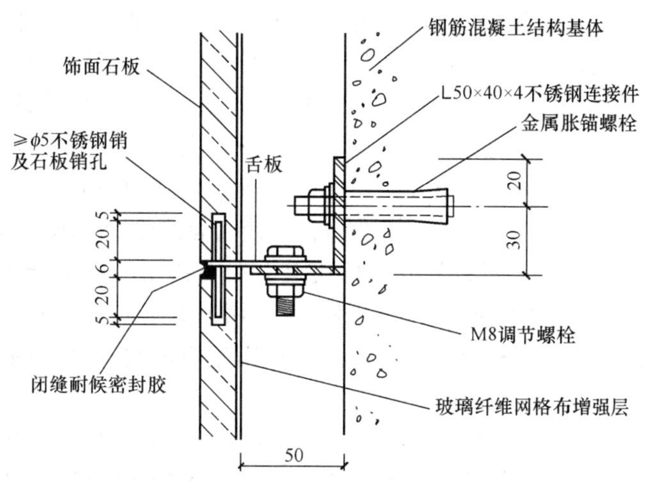

图 3-6　石板干挂销针式做法示意图（mm）

板销式是将上述销针式勾挂石板的不锈钢销改为不小于 3mm 厚（由设计经计算确定）的不锈钢板条式挂件（扣件），施工时插入石板的预开槽内，用不锈钢连接件（或本身即呈 L 形的成品不锈钢挂件）与建筑结构体固定，如图 3-7 所示。

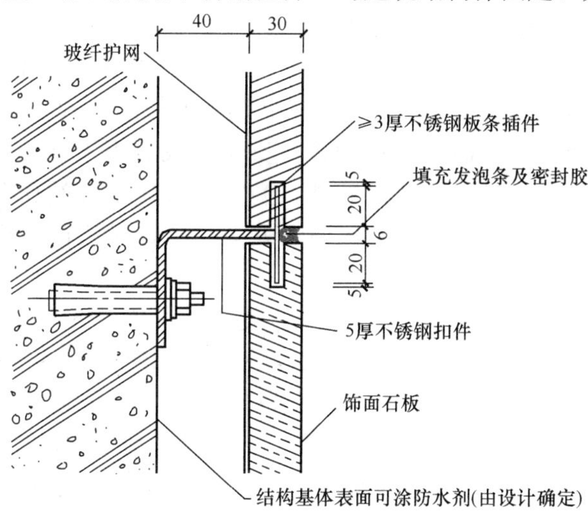

图 3-7　石板干挂板销式做法示意图（mm）

① 不锈钢连接件干挂法施工工艺流程。

基面处理→弹线→打孔或开槽→固定连接件→镶装板块→嵌缝→清理。

② 操作要点。

A. 基面处理。对于适于金属扣件干挂石板工程的混凝土墙体，当其表面有影响板材安装的凸出部位时，应予凿削修整，墙面平整度一般控制在 4mm/2m，墙面垂直偏差在 $H/1000$ 或 20mm 以内，必要时做出灰饼标志以控制板块安装的平整度。将基面清洁后进行放线。设计有要求时，在建筑基层表面涂刷一层防水剂，或采用其他方法增强外墙体的防渗漏性能。

B. 弹线。在墙面上吊垂线及拉水平线，控制饰面的垂直度、水平度，根据设计要求和施工放样图弹出安装板块的位置线和分块线，最好用经纬仪打出大角两个面的竖向控制线，确保安装顺利。放线时注意板与板之间应留缝隙，磨光板材的缝隙除镶嵌有金属条等装饰外一般留 1～2mm，火爆花岗石板与板间的缝隙要大些，粗磨面、麻面、条纹面留缝隙 5mm，天然面留缝隙 10mm。

放线必须准确，一般由墙中心向两边弹放使墙面误差均匀地分布在板缝中。

C. 打孔或开槽。根据设计尺寸在板块上下端面钻孔，孔径 7mm 或 8mm，孔深 22～33mm，与所用不锈钢销的尺寸相适应并加适当空隙余量，打孔的平面应与钻头垂直，钻孔位置要准确无误；采用板销固定石材时，可使用手磨机开出槽位。孔槽部位的石屑和尘埃应用气动枪清理干净。

D. 固定连接件。根据施工放样图及饰面石板的钻孔位置，用冲击钻在结构对应位置上打孔，要求成孔与结构表面垂直。然后打入膨胀螺栓，同时镶装 L 形不锈钢连接件，将扣件固定后，用扳手拧紧。连接板上的孔洞均呈椭圆形，以便于调节。

E. 镶装板块。利用托架、垫楔或其他方法将底层石板准确就位并用夹具作临时固定，用环氧树脂类结构胶粘剂（符合性能要求的石材干挂胶有多种选择，由设计确定）灌入下排板块上端的孔眼（或开槽），插入不小于 ϕ5mm 的不锈钢销或厚度不小于 3mm 的不锈钢挂件插舌，再于上排板材的下孔、槽内注入胶粘剂后对准不锈钢销或不锈钢舌板插入，然后调整面板水平和垂直度，校正板块，拧紧调节螺栓。如此自下而上逐排操作，直至完成石板干挂饰面。对于较大规格的重型板材安装，除采用此法安装外，尚需在板块中部端面开槽加设承托扣件，进一步支承板材的自重，以确保使用安全。干挂做法饰面构造，见图 3-6、图 3-7。

应拉水平通线控制板块上、下口的水平度。板材从最下一排的中间或一端开始，先安装好第一块石板作基准，平整度以灰饼标志块或垫块控制，垂直度应吊线锤或用仪器检测一排板安装完毕后，再进行上一块板的安装。

F. 嵌缝。完成全部安装后，清理饰面，每一施工段镶装后经检查无误，即按设计要求进行嵌缝处理。对于较深的缝隙，应先向缝底填入发泡聚乙烯圆棒条，外层注入石材专用的耐候硅酮密封胶。一般情况下，硅胶只封平接缝表面或比板面稍凹少许即可。雨天或板材受潮时，不宜涂硅胶。

（3）背挂式石板幕墙安装简介。

柱锥式锚栓产品及其背挂式（或称“后切式”）石板幕墙施工系统技术，是石板饰面的干挂法作业的一种新的形式。其方法是先在建筑结构基体立面安装金属龙骨，在石板背面开半孔，以特制的柱锥式锚栓托挂石板，并与龙骨骨架连接固定，完成石板幕墙施工。如图 3-8 所示。竖龙骨采用固定码（连接件）与建筑结构基体固定，其水平龙骨分为主、副龙骨构件，上面附有挂件（或称挂片）用以安装挂结石板的柱锥式锚栓，同时还配有调节水平度的调节螺栓，使安装及调平校正工作简便而精确。

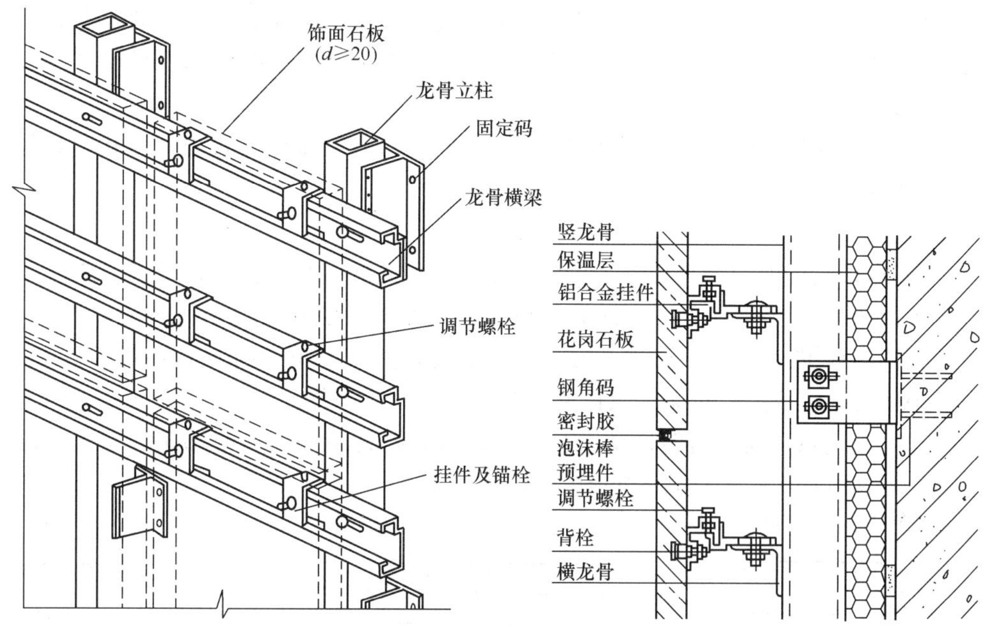

图 3-8　石板饰面的背挂式安装

石板的钻孔采用其特制的 FZPB 柱锥式钻头，并采用压力水冲洗冷却系统，配备有现场使用的移动式轻型钻具，也有大批量进行钻孔操作的钻机，可以实现规格化板材加工钻孔和现场装配施工的系统化生产。

FZP 柱锥式锚栓由锥形螺杆、扩压环、间隔套管及六角螺母组成，根据工程需要制成不同型号，见图 3-9。FZP 柱锥式锚栓的材质为铝合金及不锈钢，可按所用板材的规格选择锚栓。

天然石板的背面钻孔，要与其背挂式锚栓托挂石板的方式相适应，钻孔按如下方法进行（如图 3-10 所示）。

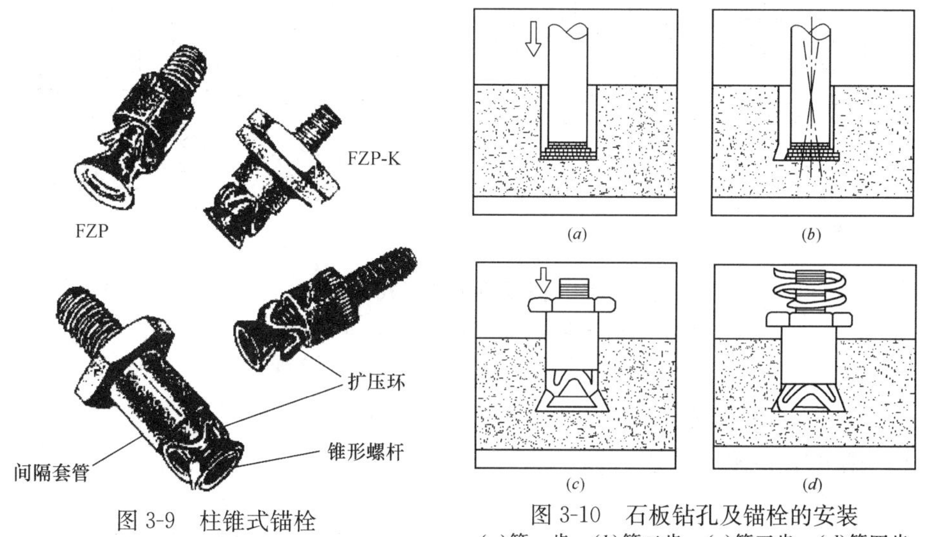

图 3-9　柱锥式锚栓

图 3-10　石板钻孔及锚栓的安装
(a)第一步；(b)第二步；(c)第三步；(d)第四步

1）在石材饰面板背面的上、下设定钻孔孔位，板背面上、下孔位要与龙骨横梁上的锚栓安装垂直位置一致，用 FZPB 特制钻头钻圆孔，孔深为石板厚度尺寸的 1/2～2/3。

2）在钻孔过程中，待达到既定深度后，将 FZPB 钻头略作倾斜，使孔底直径得到一定扩大。

3）退出钻头，向孔内置入 FZP 锚栓。

4）推进锚栓的间隔套管，锚栓的扩压环沉至孔底即行扩张与孔型密切结合。

采用这种柱锥式锚栓固定石板并与其金属龙骨系统相配套装配的石板幕墙，可做到饰面板准确就位，调节方便、固定简易，并可以消除饰面板的厚度误差。全部饰面安装完成后，可采用其配套的硅胶产品封闭板缝。

注：花岗石、大理石转角易崩边破损，因此石材墙柱面装修阳角收口是处理重点，处理方法有多种样式，如图 3-11（*a*）～（*g*）。

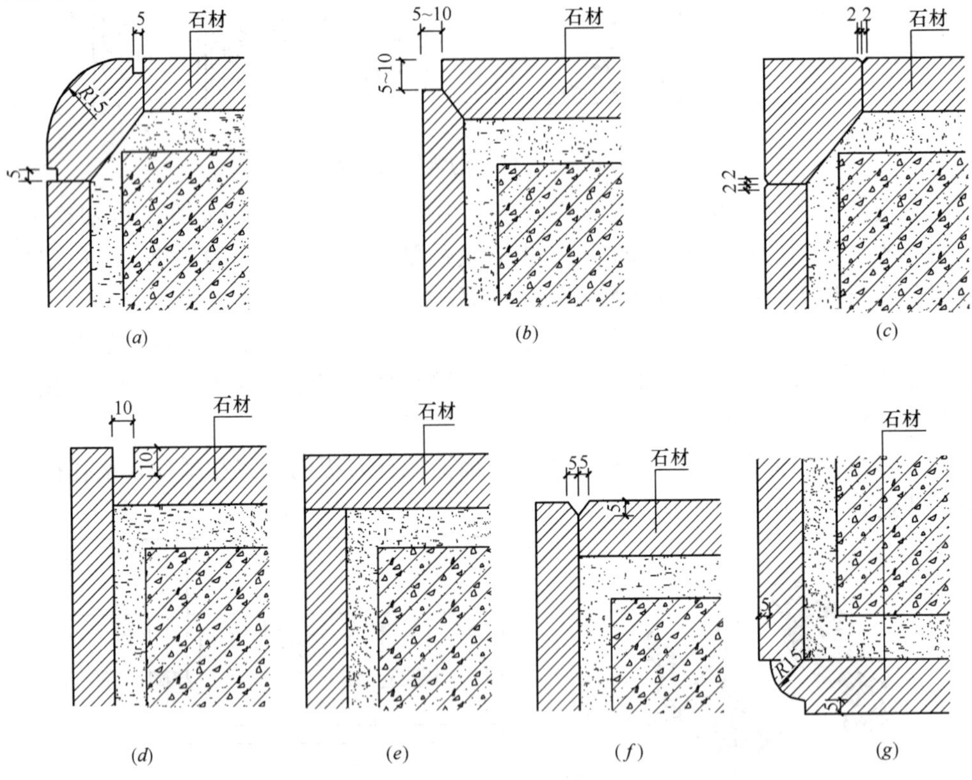

图 3-11　石材阳角收头样式（mm）

（*a*）圆角；（*b*）倒直角；（*c*）直角（一）；（*d*）缺角（一）；

（*e*）直角（二）；（*f*）缺角（二）；（*g*）海棠角

3.3.1.2　块料墙面

内墙镶贴瓷砖施工工艺。

（1）材料准备。

① 瓷砖。瓷砖也称瓷片、釉面砖，品种和规格很多，应根据设计要求选择瓷

砖，除了要求瓷砖的物理力学性能应符合标准外，外观要挑选规格一致、形状平整方正、颜色均匀、边缘整齐、棱角完好、不开裂、不脱釉露底、无凹凸扭曲的主件块和各种配件砖（也称异形体砖，包括腰线砖、压顶条、阴阳角等）。选择标准瓷砖时，对平面尺寸可用自制的简易套模或用尺进行检查，尽可能减少误差，以保证同房间或同一墙面的装饰贴面接缝均匀一致。

② 粘结材料。强度等级为 32.5 或 42.5 的矿渣水泥（或普通水泥）、白水泥、中砂，并应过筛。

③ 其他材料。如石灰膏等。

(2) 施工机具准备。

备好内墙砖铺贴常用机具：手提切割机、橡皮锤（木锤）、手锤、水平尺、靠尺、开刀、托线板、硬木拍板、刮杠、方尺、墨斗、铁铲、拌灰桶、尼龙线、薄钢片、手动切割器、细砂轮片、棉丝、擦布、胡桃钳等。

部分工具见图 3-12 所示。

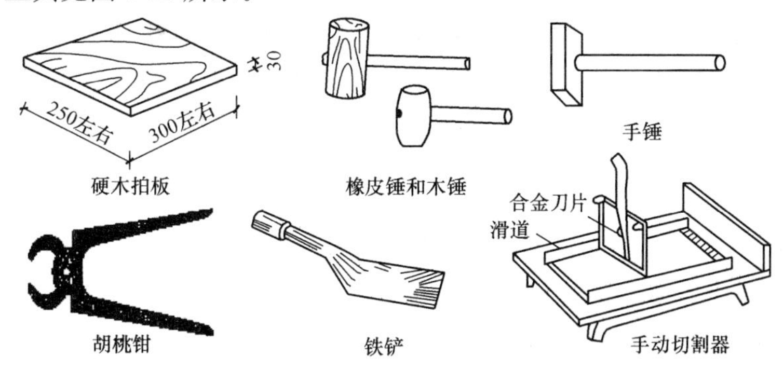

图 3-12　部分常用工具（mm）

(3) 施工工艺流程。

基层处理→抹底子灰→弹线、排砖→浸砖→贴标准点→镶贴→擦缝。

(4) 操作要点。

① 基层处理。镶贴瓷砖的基层表面必须平整和粗糙，如果是光滑基层应进行凿毛处理；基层表面砂浆、灰尘及油渍等，应用钢丝刷或清洗剂清洗干净；基层表面凹凸明显部位，要事先剔平或用水泥砂浆补平。

在抹底子灰前，应根据不同的基体进行不同的处理，以解决找平层与基层的粘结问题。如为墙面基体，应将基层清理干净后，洒水润湿；如为纸面石膏板或其他轻质墙体材料基体，应将板缝按具体产品及设计要求做好嵌填密实处理，并在表面用接缝带（穿孔纸带或玻璃纤维网格布等防裂带）粘覆补强，使之形成稳固的墙面整体；对于混凝土基体，可选用下述三种方法之一：一是将混凝土表面凿毛后用水润湿，刷一道聚合物水泥浆；二是将 1∶1 水泥细砂浆（内掺适量胶粘剂）喷或甩到混凝土基体表面作毛化处理；三是采用界面处理剂处理基体表面。加气混凝土基体要用水润湿基体表面，在缺棱掉角处刷聚合物水泥浆一道，用 1∶3∶9 水泥石膏混合砂浆分层找平，待干燥后，钉机制镀锌钢丝网一层并绷紧，使基层表面达到净、干、平、实的要求。

② 抹底子灰。基体基层处理好后，用1∶3水泥砂浆或1∶1∶4的混合砂浆打底。打底时要分层进行，每层厚度宜为5～7mm，并用木抹子搓出粗糙面或划出纹路，用刮杠和托线板检查其平整度和垂直度，隔日浇水养护。

③ 弹线排砖。待底层灰六七成干时，按图纸要求，结合瓷砖规格进行弹线、排砖。先量出镶贴瓷砖的尺寸，立好皮数杆，在墙面上从上到下弹出若干条水平线，控制水平皮数，再按整块瓷砖的尺寸弹出竖直方向的控制线。此时要考虑排砖形式和接缝宽度应符合设计要求，接缝宽度应注意水平方向和垂直方向的砖缝一致，排砖形式主要有直缝和错缝（俗称"骑马缝"）两种。在同一墙面上的横竖排列，不宜有一行以上的非整砖，且非整砖要排在次要位置或阴角处。当遇有墙面盥洗镜等装饰物时，应以装饰物中心线为准向两边对称排砖，排砖过程中在边角、洞口和突出物周围常常出现非整砖或半砖，应将整块瓷砖切割成合适小块进行预排，并注意对称和美观，如图3-13所示。

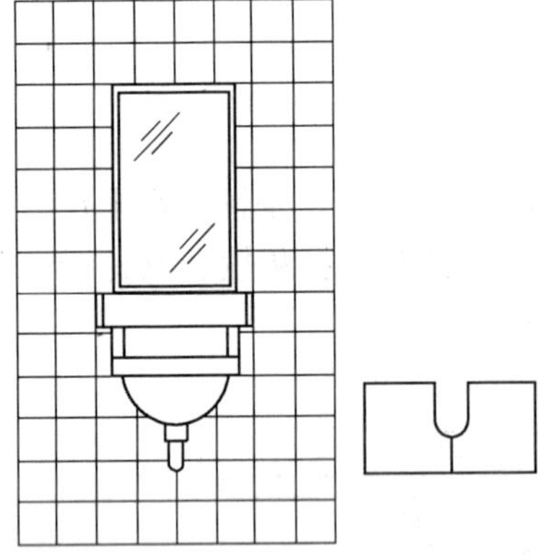
图3-13 墙面装饰物处铺贴示意

④ 浸砖。瓷砖在镶贴前应在水中充分浸泡，以保证镶贴后不会因吸灰浆中的水分而粘贴不牢或砖面浮滑。一般浸水时间少于2h，取出阴干备用，阴干时间通常为3～5h，以手摸无水感为宜。

⑤ 镶贴。瓷砖铺贴的方式有离缝式和无缝式两种。无缝式铺贴要求阳角转角铺贴时要倒角，即将瓷砖的阳角边厚度用瓷砖切割机打磨成30°～40°，以便对缝。依砖的位置，排砖有矩形长边水平排列和竖直排列两种。

正式镶贴前应贴标准点，即用混合砂浆将废瓷砖按粘贴厚度粘贴在基层上作标志块，用托线板上下挂直，横向拉通，用以控制整个镶贴瓷砖表面的平整度。在地面水平线嵌上一根八字尺或直靠尺，这样可防止瓷砖因自重或灰浆未硬结而向下滑移，以确保其横平竖直。

铺贴瓷砖宜从阳角开始，先大面，后阴阳角和凹槽部位，并自下向上粘贴。用铲刀在瓷砖背面刮满刀灰，贴于墙面用力按压，用铲刀木柄轻轻敲击，使瓷砖紧密粘于墙面，再用靠尺按标志块将其校正平直。取用瓷砖及贴砖要注意浅花色瓷砖的顺反方向，不要粘颠倒，以免影响整体效果。铺贴要求砂浆饱满，厚度为6～10mm，若亏灰时，要取下重贴，不得在砖口处塞灰，防止空鼓。一般每贴6～8块应用靠尺检查平整度，随贴随检查，有高出标志块者，可用铲刀木柄或木锤轻捶使之平整；如有低于标志块者，则应取下重贴，同时要保证缝隙宽窄一致。当贴到最上一行时，上口要成一直线，上口如没有压条，则应镶贴一面有圆弧的瓷砖。其他设计要求的收口、转角等部位，以及腰线、组合拼花等均应采用相应的砖块（条）适时就位镶贴。

铺贴时粘结料宜用1∶2的水泥砂浆，为改善和易性，可掺15%的石膏灰，亦可用聚合物水泥砂浆，当用聚合物水泥砂浆时，其配合比应由试验确定。

水管处应先铺周围的整块砖，后铺异形砖，如图3-14所示。此时，水管顶部镶贴的瓷砖应用胡桃钳钳掉多余的部分，一次钳得不要太多，以免瓷砖碎裂。对整块瓷砖打预留孔，可先用打孔器钻孔，再用胡桃钳加工至所需孔径。

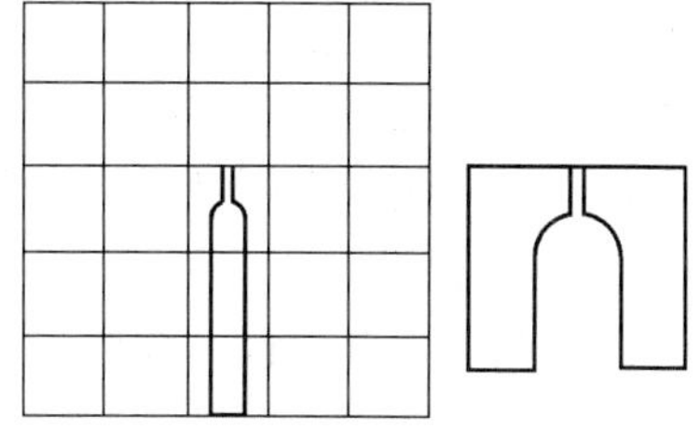

图3-14　水管处异形块铺贴示意

切割非整块砖时，应根据所需要的尺寸在瓷砖背面划痕，用专用瓷片刀沿木尺切割出较深的割痕，将瓷砖放在台面边沿处，用手将切割的部分掰下，再把断口不平和切割下的尺寸稍大的瓷砖放在磨石上磨平。

室内墙面采用釉面内墙砖镶贴的基本构造做法，参见图3-15。

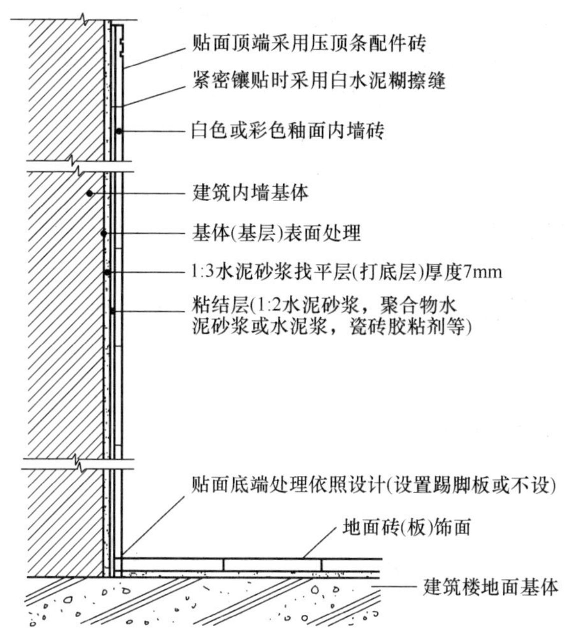

图3-15　釉面内墙砖镶贴装饰的基本构造做法

⑥ 擦缝。镶贴完毕，自检无空鼓、不平、不直后，用棉丝擦净。然后把白水泥加水调成糊状，用长毛刷蘸白水泥浆在墙砖缝上刷，待水泥浆变稠，用布将缝里的素浆擦匀，砖面擦净，不得漏擦或形成虚缝。对于离缝的饰面，宜用与釉面砖颜色相同的水泥浆嵌缝或按设计要求处理。

若砖面污染严重，可用稀盐酸刷洗后，再用清水刷洗干净。

(5) 强力胶直接粘贴法简介。

随着新材料技术的发展，现已出现许多新型胶粘剂——瓷砖胶和瓷砖胶粉，有水溶性胶、水乳型胶、改性橡胶类胶、双组分环氧系胶及建筑胶粉等。采用这种胶粘剂用量少、强度大、施工方便，瓷砖无需用水浸泡，采用瓷砖面色一致的彩色胶粘剂，无须填缝，施工效率大大提高。使用时应按设计规定选用，并按下述方法进行粘贴（也可参照其使用说明操作）。

① 施工机具。

调胶抹子、调胶板、线坠、水平尺、弦线、手提式石材切割机、角磨机、电钻等。

② 施工工艺流程。

墙面修整→弹线→石材背面清理→调胶→石板粘结点涂胶→镶装板块调整→嵌缝→清理。

③ 操作要点。

A. 基层处理。该施工方法简单，但对基层平整度要求较高，因基面的平整度直接影响面板的平整度。

B. 胶料选用。这种新型强力胶目前施工中一般都采用进口胶料，分快干型、慢干型两类。一般为 A、B 双组分，现场调制使用。由于胶的粘贴质量是施工质量的根本保证，因此要严格按产品说明书进行配制，均匀混合，调制一般在木板上进行，随调随用。通常胶的有效时间在常温下为 45min。

C. 粘贴方法。粘贴时，板块与墙面的间距不宜大于 8mm。将调好的胶料分点状（5 点）或条状（3 条）在石板背面涂抹均匀，厚度 10mm，根据已弹好的定位线将板材直接粘贴到墙面上，随后对粘结点、线检查是否粘贴可靠，必要时加胶补强。

当石板镶贴高度较高时，应根据说明书要求采用部分锚件，增强安全可靠性能。

3.3.2 柱面镶贴块料

3.3.2.1 圆形结构柱石材饰面施工要点

（1）施工准备。

1）材料准备。主要是圆弧形石块准备。一般成品圆柱直径在 800～1000mm。此时圆柱饰面石材可分为 8 等份，由专业厂加工生产内表粗糙、外表光洁的等弧长的圆弧板块，厚度为 30～60mm。材料进场后要认真检查验收。

2）工具准备。除常规镶贴石材板块的工具外，圆柱石材饰面施工还应有放线的样板圆和圆柱箍。

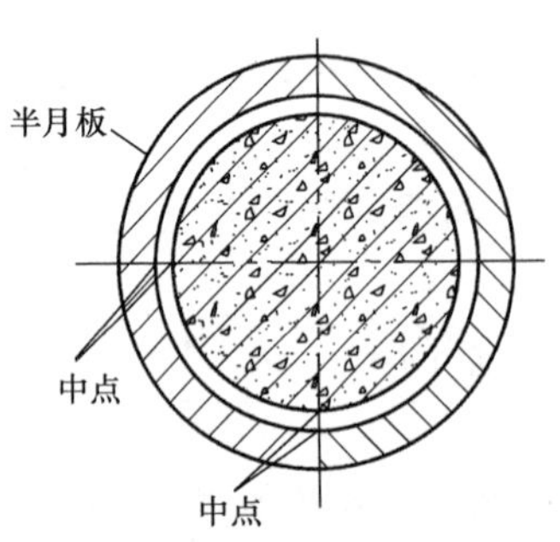

图 3-16　圆柱放样模板示意

样板圆可用加工好的圆弧石板预拼成圆，以此为依据在多层板上放出饰面圆柱的圆周线，然后挖去钢筋混凝土柱和灌浆厚度为直径的圆，做成两块“半月板”，这就是放线的样板，如图 3-16 所示。

圆柱箍由两个半月弧拼成，可依据“半月板”用扁铁、木衬加螺栓做成，如图 3-17 所示。样板和柱箍制作应精细，做到尺寸准确。

（2）施工要点。

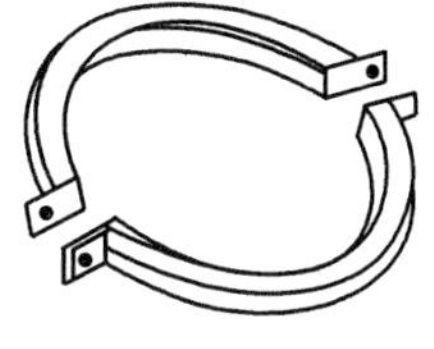

图 3-17　圆柱箍示意

1）基面处理。熟悉图纸及配料单，认真核实结构实际偏差，在已完成的圆形钢筋混凝土柱顶部吊垂线检查其垂直度，若有胀模应予剔除。若偏斜较大予以修理，使其尽可能符合设计要求尺寸。

2）放线。按图纸设计标高，沿样板外圆弧画线，定出石材饰面圆柱外轮廓线，如图 3-16 所示。多根柱子排列时，要统一拉线，以保证所有的柱子排列在一条中轴线上。

地面工程未完而先行柱子饰面施工，可在柱子根部用砖砌小平台，表面用水泥砂浆抹平，其高度与石材起步水平标高齐平。圆柱的外轮廓线就可以在其上放出。

3）弹线、焊钢筋网。根据圆弧石材板块的高度在混凝土柱上弹出环状水平线，在柱体上钻出螺栓孔，埋置膨胀螺栓，然后焊水平钢筋圈或 10 号铁丝网圆圈。

4）石板块的镶贴。由于石材板块较大，采用挂贴方式进行。其操作程序同墙面挂贴石材板块。不同的是墙面镶贴石材板块时，在其上口拉水平通线找齐，同时用水平靠尺找平整度、垂直度。而圆柱面镶贴时，在其上口应用圈柱箍来控制其圆度。即首层石板就位并与底面放的圆线吻合，经检查无误后，在其上口加柱箍，加大木楔，并逐渐上紧螺栓。同时应用线坠检查垂直度，用水平尺检查上口水平度。在都符合要求后可临时固定板块，然后开始灌浆，并依此方法进行上一层石板块的镶贴。

3.3.2.2　方形结构柱做空心石材圆柱施工要点

（1）制作骨架。

1）画线。一般由于结构施工的尺寸误差，方柱不一定是正方形，故应首先确定方柱底边的基准框，如图 3-18 所示。然后在一张纸板上或三夹板上，以装饰圆柱的半径画一个半圆，在这个半圆上，以基准方框边长的 1/2 长为宽度作与半圆直径相平行的直线，此直线与圆弧组成的圆弧，即是该柱的弦切弧样板，如图 3-19所示。

将圆弧样板的直边，靠住基准底框的四条边，且样板的直边中点应对准基准底框边的中点，然后沿圆弧画线，即得到装饰圆柱底圆，如图 3-20 所示。

2）竖向龙骨定位。以装饰圆柱底圆线为依据吊垂线，将装饰圆柱圆周线返到顶板上，定出顶面线，并以垂线为基准安装角钢竖龙骨，其间距按设计要求，与天棚和地面的连接采用铁件及膨胀螺栓或射钉，如图 3-21 所示。

3）横竖龙骨连接。横龙骨用扁铁依靠模加工弯曲成所需弧形，然后沿竖龙骨内表面焊接，并随时检查骨架的圆度和垂直度。横龙骨间距为石板块高减 80mm。

（2）焊敷钢丝网及帮子绑扎钢丝。

钢丝网是水泥砂浆基面的骨架，通常选用 16～18 号的，网眼为 20～25mm 的钢丝网或镀锌钢丝网。做法是：先在角钢骨架表面焊 8 号左右钢丝或 ϕ6mm 钢筋，间距 600～1000mm，然后在其上焊敷钢丝网。整个网与龙骨架焊敷平整贴切。

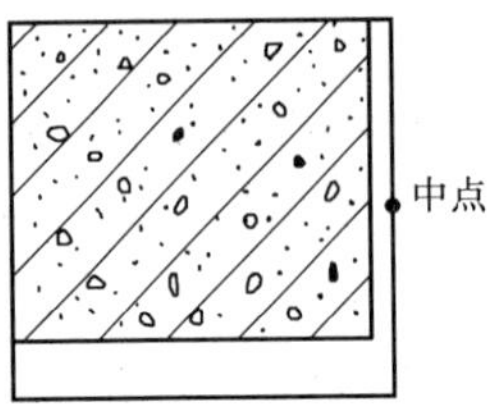

图 3-18　基准方框画法

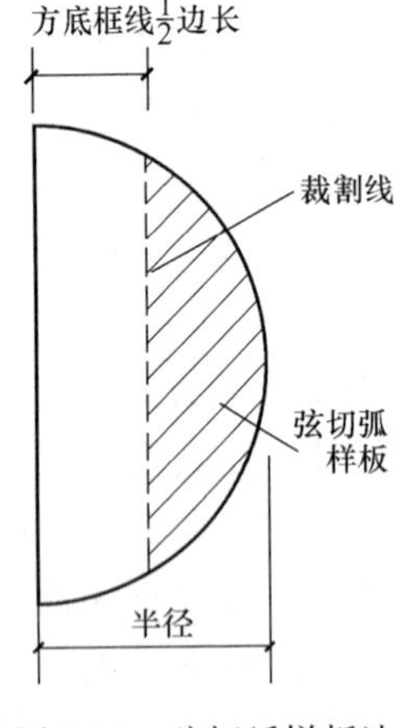

图 3-19　弦切弧样板法

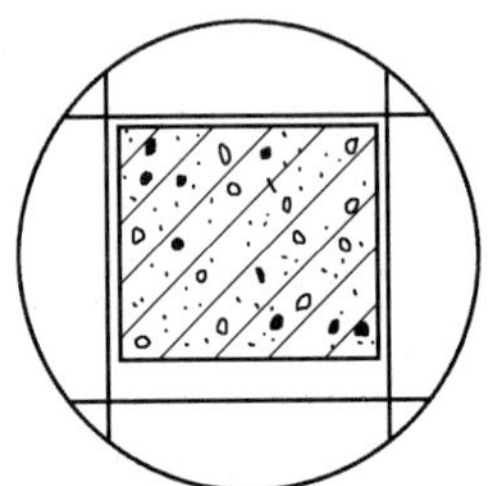

图 3-20　装饰圆柱底圆画线法

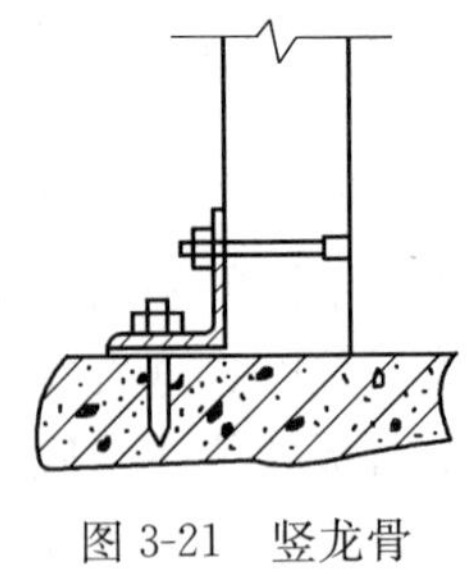

图 3-21　竖龙骨固定示意图

钢丝网焊敷好后，在各层横龙骨上绑铜丝，铜丝伸出钢丝网外。铜丝的水平间距应与石板块所打“牛轭孔”对应。如果一个圆柱面由多块石板小块组成，可一块板用一条铜丝固定。如果石板块尺寸小于 100mm×250mm，也可以采用粘贴法施工。

(3) 抹水泥砂浆基层。

采用 1∶2.5 水泥砂浆，其中掺少许纤维丝，拌合时控制用水量，使水泥砂浆具有一定稠度。抹水泥砂浆要从柱顶部开始，依次向下进行。抹灰时应用力将水泥砂浆嵌入钢丝网的网眼中，要求厚度均匀，大面平整，但不要求出光。同时，要将绑扎的铜丝留出来。

(4) 小型石材板块加工。

1) 选料。对所需的石材在厚度上保持一致，花色品种基本一致，大理石应纹理通顺。

2) 做模块，切石材。用厚木夹板制作一个内径等于柱体外径的靠模。然后依靠模将石板两侧切出一定角度，石板才能对缝，如图 3-22 所示。先在靠模边贴面方向摆放几块石板，量得石板对缝所需切割的角度，然后按此角度在石材切割机上切角。将切好角的石板再放置在靠模边，观察石板的对缝情况，若符合要求，便按此角切角加工。加工好的石板转入下道工序——打眼，然后编号，码放待用。

如果按设计要求饰面石材等分为六等份或八等份，则由厂家按图加工成所需的弧形板块。

（5）石材板块的镶贴。

空心石圆柱的镶贴操作同实心圆柱石材镶贴基本一样，见圆形结构柱石材饰面做法。如图 3-23 所示。

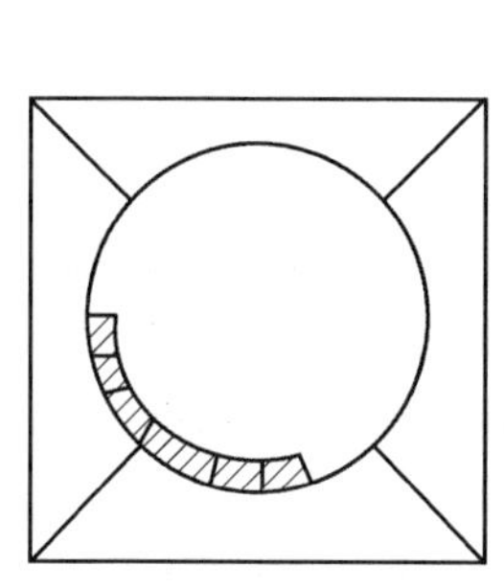

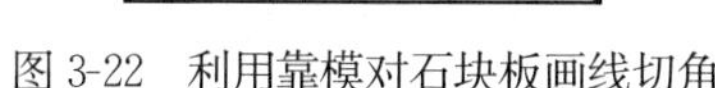

图 3-22　利用靠模对石块板画线切角

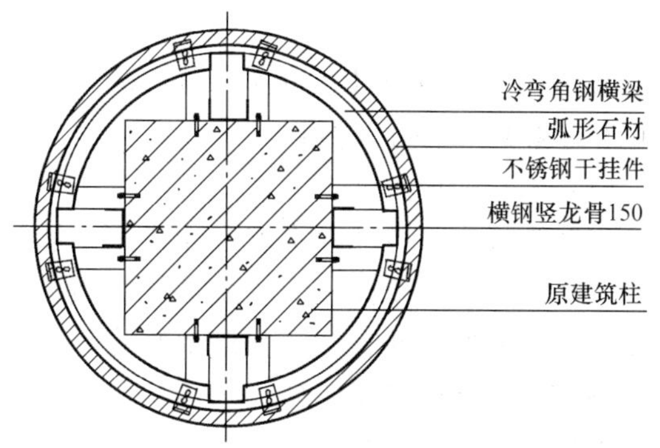

图 3-23　干挂石材圆柱横剖面（mm）

3.3.3　墙面镶贴块料面层计价工程量计算规则

墙柱面镶贴块料面层按设计图示尺寸以面积计算，不扣除 0.3m² 以内的孔洞所占面积。

说明：

（1）“不扣除 0.3m² 以内的孔洞所占面积”，那么 0.3m² 以上的门窗洞口等所占的面积要扣除。

（2）一般按结构尺寸计算，不考虑抹灰等装饰尺寸。

（3）柱镶贴块料面层由于使用的材料和施工工艺的不同，会引起外围尺寸产生较大的变化，所以柱镶贴块料面层一般按外围饰面周长乘以高度计算。

柱墩、柱帽以个计算。如图 3-24 所示。

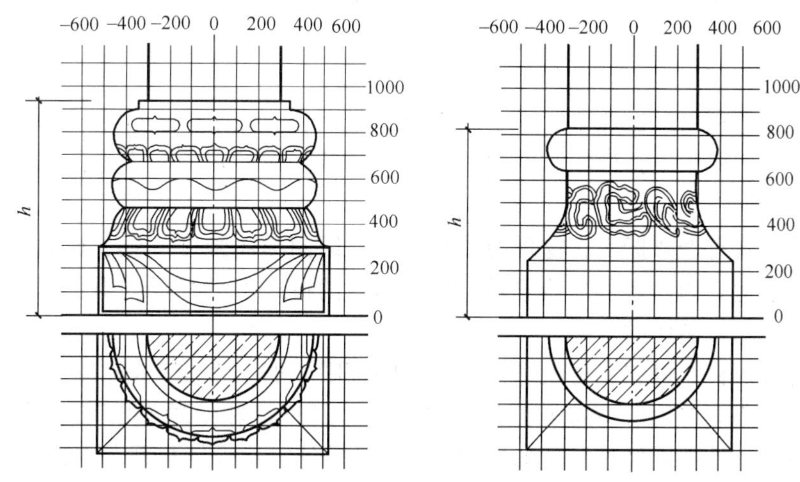

图 3-24　柱墩示意图

墙面镶贴块料面层计价工程量计算实例。

【例】 某居室长 3m，宽 2m 的厨房墙面镶贴面砖，墙厚 240mm，室内净高 2.2m，计算其工程量。

【解】 $(3-0.24+2-0.24)\times2\times2.2=19.89m^2$

3.3.4 墙饰面计价工程量计算

3.3.4.1 墙饰面材料

(1) 木装饰板。

木装饰板是由各种原木加工而成用于墙面的装饰材料。由于不同树种、不同纹理，其装饰效果差异很大。木装饰板具有质轻、富有弹性、绝缘、抗震、纹理美观、加工方便，并有一定强度等特点，在建筑上用于门窗、模板、屋顶板、壁板、壁柜、木结构房屋等处。

能用于制作木装饰板的树木品种很多，如柚木、枫木、水曲柳、白松、红松、鱼鳞松、樟子松、楠木等。用这些原木所加工的薄板厚度在 12～60mm，宽度在 50～300mm，长度根据原木长度而定。

(2) 方木。

方木的截面为方形，有长方形和正方形两种。方木多用来作地板龙骨、墙面龙骨、吊顶龙骨，也用作门窗及家具材料。

(3) 胶合板。

胶合板是用椴、桦、杨、松、水曲柳及进口原木等，经蒸煮，旋切或刨切成薄片单板，再经烘干、整理、涂胶后，将一定规格的单板配叠成规定的层数，每一层的木纹方向必须纵横交错，再经加热后制成的一种人造板材。胶合板都是由奇数层薄片组成，故称之为三合板（三夹板）、五合板（五夹板）、七合板（七夹板）、九合板（九夹板）等，十一层以上的胶合板称为多层板。

胶合板的特点是板材幅面大，易于加工；板材的纵向与横向抗拉强度和抗剪强度均匀，适应性强；板面平整，收缩性小，避免了木材的开裂、翘曲等缺陷；厚度可按需加工，木材利用率高。

(4) 刨花板。

刨花板是利用木材加工过程中的刨花、锯末和一定规格的碎木作原料，加入一定量的合成树脂或其他胶结料拌合，再经铺装，入模热压、干燥而成的一种人造板材。

刨花板具有严整挺实、物理力学强度高、纵向横向强度一致、板面幅度大等特点，特别适宜制作各种木器家具。目前国内的板式家具和板式组合家具绝大多数是利用刨花板制作的。

刨花板可钉、可锯、可上螺钉、可开榫打眼，加工性能良好。还可根据不同需要，生产不同厚度、密度和强度的刨花板。经过特殊处理的刨花板具有防火、防霉、隔声等性能，经过二次加工和表面处理后的刨花板具有更广泛的应用前景。

刨花板有长度 915～2400mm，宽 915～1220mm，厚 6～30mm 等不同规格。

(5) 纤维板。

纤维板是以植物纤维为主要原料，经过纤维分离、成型、干燥和热压等工序制成的一种人造板材。制造纤维板的原材料十分丰富，如木材采伐加工剩余物、稻草、麦秸、玉米秆、竹材、芦苇以及1～2年生的灌木、乔木等都可作为纤维板原料。

1) 纤维板的特点。

①各部分构造均匀，硬质和半硬质纤维板含水率都在20%以下，质地坚密，吸水性和吸湿率低，不易翘曲、开裂和变形。

②同一平面内各个方向的力学强度均匀。硬质纤维板强度高。

③纤维板无节疤、变色、腐朽、夹皮、虫眼等木材中通见的疾病，称为无疾病木材。

④纤维板幅面大，加工性能好，利用率高。$1m^3$ 纤维板的使用率相当于 $3m^3$ 木材。此外，纤维板表面处理方便，是进行二次加工的良好基材。

⑤原材料来源广，制造成本低。

2) 用途。

纤维板用途广泛，硬质纤维板可用于建筑物的室内装饰装修、车船装修和制作家具，还大量用于制作活动房屋和包装箱。半硬质的中密度纤维板厚度10～25mm，强度大，适合于建筑装饰装修、制作家具和缝纫机台板。软质纤维板密度低、保温、吸声、绝缘性能好，适用于建筑物的吸声、保温和装饰，并可用于电气绝缘板。各种纤维板经二次加工处理后，用途更为广泛。

(6) 中密度纤维板。

中密度纤维板是近年来国内外大力发展的一种新型的木质人造板，简称MDF。中密度纤维板是利用木材或其他植物的纤维为主要原料，加入脲醛树脂或其他合成树脂，经成型、热压和后处理工序加工制成的木质人造板材。

中密度纤维板具有组织结构均匀、密度适中，重量轻，抗拉强度大，板面平滑，易于装饰，握持螺钉牢固，开槽、钻孔、截断容易等特点。在生产过程中加入防火、防霉、防蚀等添加剂还可制成各种特殊性能的中密度纤维板，以满足各种特殊用途。通常厚度超过1.0mm，密度为 $450\sim880kg/m^3$。

中密度纤维板可代替天然木材，广泛应用于家具、建筑等领域。在建筑上主要用于内门、墙板、隔断、地板、窗台板、散热器罩、踢脚板、楼梯扶手和各种装饰线条。经过特殊处理的中密度纤维板还可当水泥混凝土模板用。

(7) 模压木饰面板。

模压木饰面板是以木材与合成树脂为主要原料，经高温高压成型而制成的一种人造板材。产品具有板面平滑光洁、防火、防虫、防毒、耐热、耐晒、耐寒、耐酸碱、色彩鲜艳等特点，装饰效果高雅，不变形、不褪色、可锯、可钻孔、可粘贴、安装施工方便。

模压木饰面板适用于公共建筑和民用住宅的室内装饰，用于护墙板、天棚、窗台板、家具饰面板，以及酒吧台、展台、造型面的饰面装饰等。

模压木饰面板分为平板类和型材类。

（8）定向木片层压板。

定向木片层压板（OBS）是用约100mm长、25mm宽、1mm厚的刨片，经干燥、表面施胶和蜡，定向排列、鱼鳞式分层垂直交叉铺装，再成型热压而成的新型高强度木质结构板。具有结构紧密、表面平整、不开裂、不易变形等优点，握钉力强，加工性能好，能锯切、刨削、砂光、打眼、开榫，也可用木螺钉直接连接。

产品分不饰面的OBS板和饰面的OBS板。不饰面的OBS板所用的胶粘剂为UF脲醛树脂（室外用的ORS板则用PF酚醛树脂）。可用作墙板、花隔板、地板、板式家具、楼梯、门窗框、踏步板、复式建筑、大空间建筑中的室内承重墙板、空心面板及内框材、电视机壳体、音箱箱体等。

饰面的OBS板作高级装饰用板，板式家具和拆装式家具以及通信部门胶合板木材的代用品。内墙、天棚、隔板、地板、花格装饰用板、承重受力板等。

（9）其他木质装饰板。

1）碎木板。

碎木板是用木材加工的边角余料，经切碎、干燥、抹胶、热压而成。碎木板一般外贴纤维板或胶合板，在建筑上应用也很广泛。如隔墙、其他贴面材料的基材、家具等。碎木板既有纤维板和胶合板的特性，又与纤维板、胶合板有所区别。比较厚的胶合板，内芯多采用碎木胶合，外贴胶合板，从而使板材变轻，各种边角余料也得到合理利用。

2）木丝板。

木丝板又称万利板，是将木材的下脚料用机器刨成木丝，经过化学溶液的浸透，然后拌合水泥，入模成型加压、热蒸、凝结、干燥而成。具有轻质（400～600kg/m^3）、防火、保温、隔声及吸声作用，用于建筑物的吸声及隔声处理。

3）薄木贴面装饰板。

薄木贴面装饰板是以珍贵树种（如水曲柳、楸木、黄菠萝、柞木、榉木、桦木、椴木、酸枣木、花梨木、槁木、梭罗、麻栎、绿楠、龙楠、柚木等），通过精密刨切，制得厚为0.2～0.8mm的薄木，以胶合板、纤维板、刨花板等为基材，采用先进的胶粘工艺，经热压制成的一种高级装饰板材。

薄木按厚度分类，可分为厚薄木和微薄木。

由于世界上珍贵树种越来越少，价格越来越高，因此，薄木的厚度向着超薄方向发展。装饰用的薄木厚度最薄的只有0.1mm。欧美多用0.7～0.8mm厚度，日本多用0.2～0.3mm厚度，我国多采用0.5mm的厚度。厚度越小，对施工要求越高，对基材的平整度要求越严格。

薄木作为一种表面装饰材料，不能单独使用，只有粘贴在一定厚度和具有一定强度的基材板上，才能得到合理地利用。基材板的质量要求如下：

①平面抗拉强度不得小于0.29～0.39MPa，否则会产生分层剥离现象。

②含水率应低于8%，含水率高会影响粘结强度。

③表面应平整，不能粗糙不平，否则不仅影响粘结，还会造成光泽不均匀，使装饰效果大大降低。

薄木贴面装饰板具有花纹美丽、真实感和立体感很强的特点，主要用于高级建筑的室内装饰以及家具贴面等。

3.3.4.2 墙饰面施工工艺

（1）软包工程施工。

软包墙面是现代室内墙面装修常用做法，它具有吸声、保温、防儿童碰伤、质感舒适、美观大方等特点。特别适用于有吸声要求的会议厅、会议室、多功能厅、娱乐厅、消声室、住宅起居室、儿童卧室等处。

1）材料和工具准备。

①材料准备。

主要有人造革或织锦缎、泡沫塑料或矿渣棉、木条、五夹板、电化铝帽头钉、油轮等。

②工具准备。

主要有锤子、木工锯、刨子、抹灰用工具。

2）基本构造。

软包墙面的构造基本上可分为底层、吸声层和面层三大部分。不论哪一部分，均必须采用防火材料。

①底层。

软包墙面的底层要求平整度好，有一定的强度和刚度，多用阻燃型胶合板。因胶合板质轻，易于加工，成形随意、施工方便。

②吸声层。

软包墙面的吸声层，必须采用轻质不燃多孔材料，如玻璃棉、超细玻璃棉、自熄型泡沫塑料等。

③面层。

软包墙面的面层，必须采用阻燃型高档豪华软包面料，如各种人造革及装饰布。

3）无吸声层软包墙面施工工艺。

①施工工艺。

无吸声层软包墙面的施工工艺流程为：墙内预留防腐木砖→抹灰斗涂防潮层→钉木龙骨→墙面软包。其基本构造如图 3-25、图 3-26 所示。

②施工要点。

A. 墙内预留防腐木砖。砖墙在砌筑时或混凝土墙、大模板混凝土墙在浇筑时在墙内预埋 60mm×60mm×120mm 防腐木砖，沿横、竖木龙骨中心线每中距 400～600mm 一块（或按具体设计）（横竖木龙骨间距均为 400～600mm，双向）。

B. 墙体抹灰。

C. 墙体表面涂防潮层。在找平层上满涂 3～4mm 厚防水建筑胶粉防潮层一道，须三遍成活，并须涂刷均匀，不得有厚薄不均及漏涂之处。

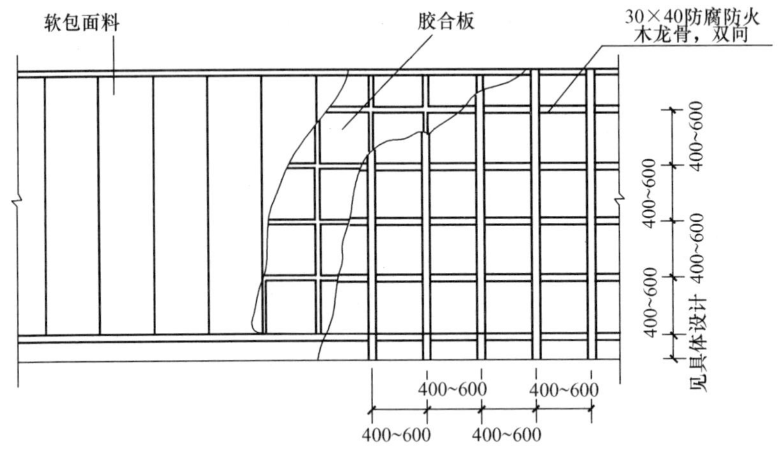

图 3-25 无吸声层软包墙面构造图（立面）（mm）

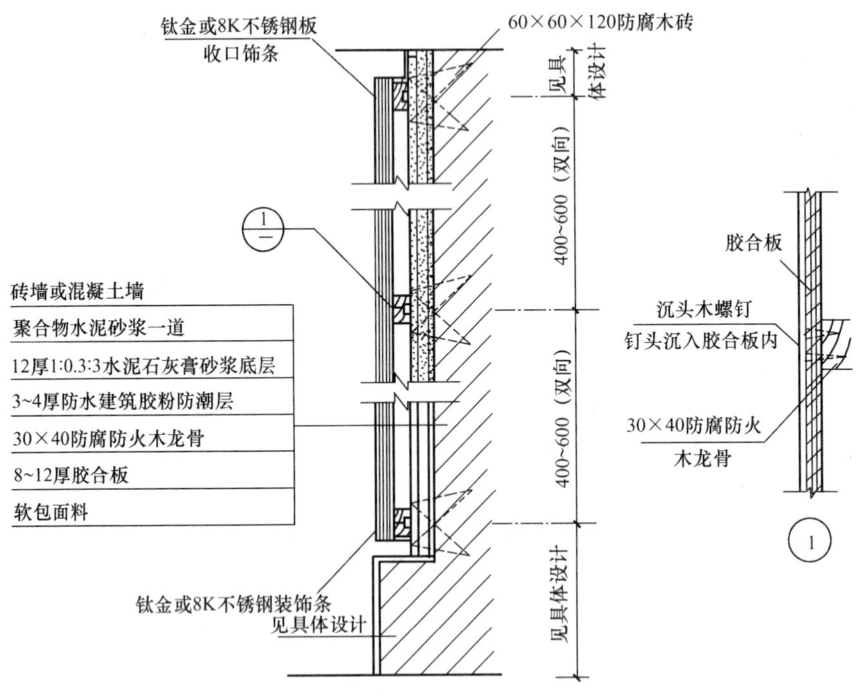

图 3-26 无吸声层软包墙面构造图（剖面）（mm）

D. 钉木龙骨。30～40mm 横、竖木龙骨，正面刨光，背面刨防翘凹槽一道。满涂氟化钠防腐剂一道，防火涂料三道，中距 400～600mm（双向或按设计要求），钉于墙体内预埋防腐木砖之上，龙骨与墙面之间如有缝隙之处，须以防腐木片（或木块）垫平垫实。全部木龙骨安装时必须边钉边找平，各龙骨表面必须在同一垂直平面上，不得有凸出、凹进、倾斜、不平之处。整个墙面的木龙骨安装完毕，应进行最后检查、找平。

E. 墙面软包。

软包墙面底层。将 8～12mm 厚阻燃型胶合板按墙面横、竖木龙骨中心间距（一般为 400～600mm 或按设计要求）锯成方块（或矩形块）；并将其平行于竖龙骨的两条侧边，整板满涂氟化钠防腐剂一道，涂后将板编号存放备用。

软包墙面面层裁剪。将面层按下列尺寸裁成长条：

横向尺寸＝竖龙骨中心间距＋50mm；

竖向尺寸＝软包墙面高度＋上、下端压口长度之和。

软包墙面施工。将胶合板底层就位，并将裁好的面料平铺于胶合板上，面料拉紧，用沉头木螺钉或圆钉将面料压钉于竖向木龙骨上，并将胶合板其余两条直边，直接钉于横向木龙骨上。所有钉须沉入胶合板表面以内，钉孔用油性腻子嵌平，钉距为 80～150mm。

胶合板底层及软包面料钉完一块，继续再钉下一块，直至全部钉完为止。

收口。软包墙面上下两端或四周，用高级金属饰条（如钛金饰条、8K 不锈钢饰条等）或其他饰条收口。

检查、修理。全部软包墙面施工完毕后，须详加检查。如有面料褶皱、不平、松动、压缝不紧或其他质量问题，应加以修理。

4）有吸声层软包墙面。

①胶合板压钉面料法。其构造如图 3-27、图 3-28 所示。

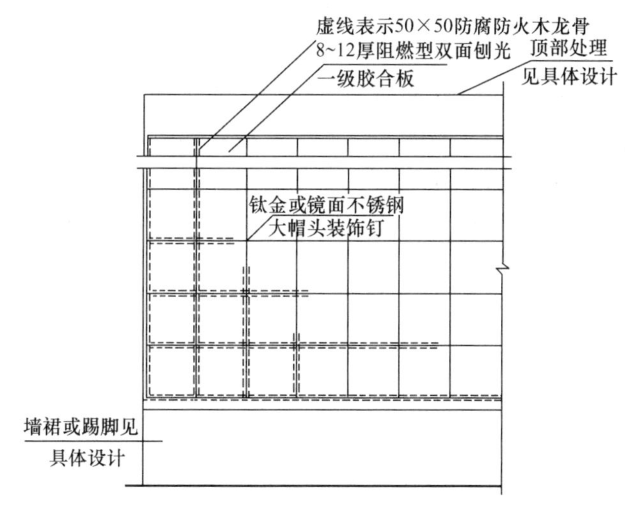

图 3-27　胶合板钉压面料做法（立面）（mm）

A. 软包墙面底层制作同无吸声层底层做法；

B. 软包墙面吸声层制作，根据设计要求，可采用玻璃棉、超细玻璃棉或自熄型泡沫塑料等，按设计要求尺寸，裁制成方形（或矩形）吸声块存放备用。

C. 软包墙面面层裁剪。将面层按下列尺寸裁剪：

横向尺寸＝竖龙骨中心间距＋吸声层厚度＋50mm；

竖向尺寸＝软包墙面高度＋吸声层厚度＋上、下端压口长度之和。

D. 软包墙面施工。将裁好的胶合板底层按编号就位，将制好的吸声块平铺于

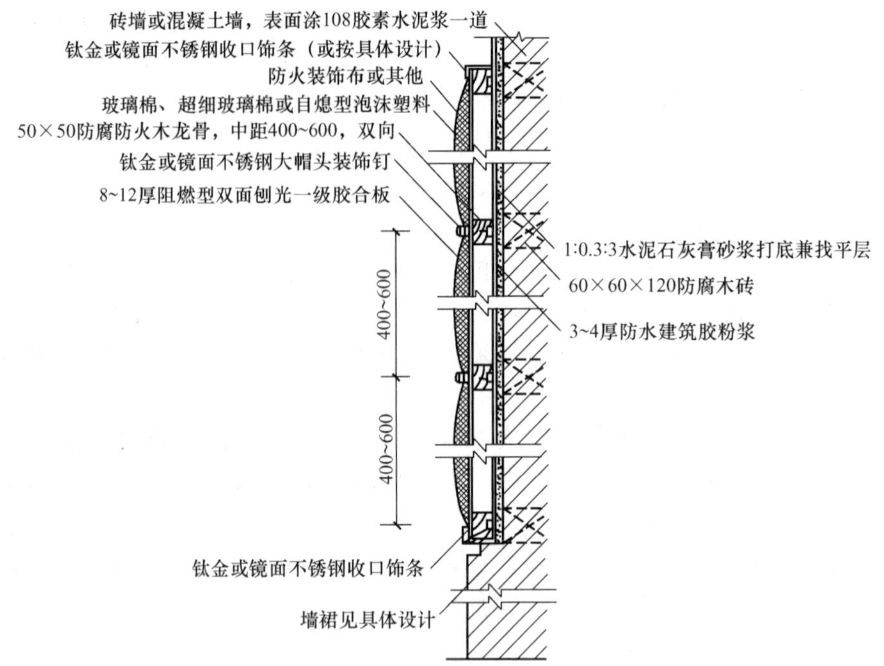

图 3-28 胶合板压钉面料做法（剖面）(mm)

胶合板底层之上，将裁好的面料铺于吸声块上，并将面料绷紧，用钉将面料压钉于竖向木龙骨上，并将胶合板其余两边直接钉于横向木龙骨上。所有钉头，须沉入胶合板表面以内，钉孔用油性腻子嵌平，钉距 80～150mm，所有吸声层须铺均匀，包裹严密，不得有漏铺之处。胶合板及面料压紧钉牢以后，再在四角处加钉镜面不锈钢大帽头装饰钉一个。胶合板底层、吸声层及软包面料钉完一块，继续再钉下一块，直至全部钉完为止。

E. 收口。同无吸声层做法。

②吸声层压钉面料法。

也可将裁好的面料直接铺于吸声块上进行压钉，其余做法同前。其构造见图 3-29。

（2）聚氯乙烯塑料板安装施工。

1）聚氯乙烯塑料板的特点和用途。

聚氯乙烯塑料板的特点是板面光滑、光亮，色泽鲜艳，可有多种花纹图案；质轻、耐磨、防燃、防水、吸水性小、硬度大；耐化学腐蚀，易于二次成型。可用于各种建筑物室内墙面、柱面、家具台面、吊面的装修铺设。

2）安装施工。

①基层处理。

A. 木质板基层处理。在木板或胶合板上粘贴时，应将木质板与基体连接牢固，基体为钢结构时，可用钻打孔，然后用自攻螺钉拧紧；木质板必须平整，如有翘卷、凸凹等，应进行表面处理。

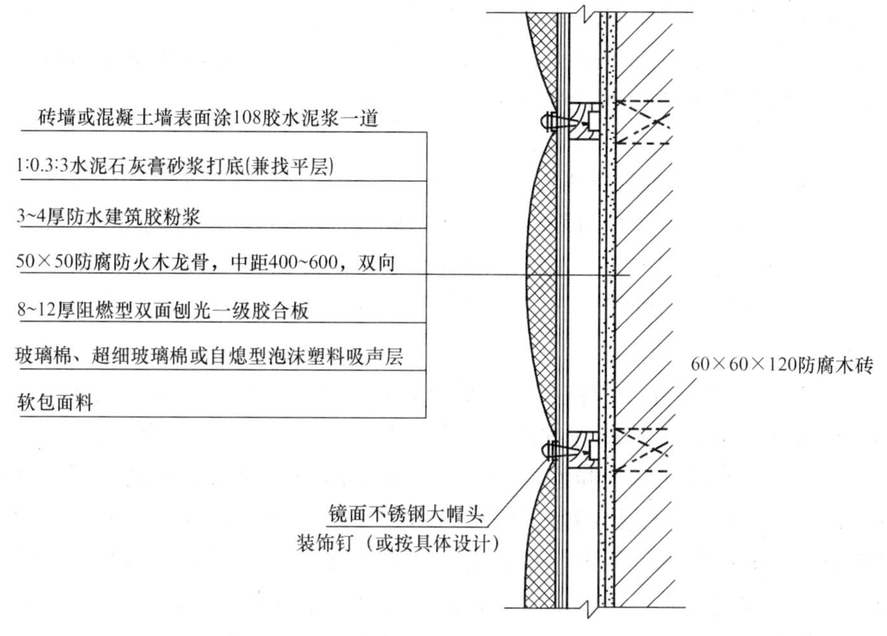

图 3-29 吸声层压钉面料做法（竖剖图）(mm)

B. 砂浆基层处理。基体必须垂直平整，如基体的平整度不符合要求，应进行二次抹灰找平；在水泥砂浆基层上粘贴时，基层表面不能有水泥浮浆，也不可过光，防止滑动；水泥砂浆基层应洁净、坚硬，有麻面时，先采用乳胶腻子修补平整，后用乳胶水溶液涂刷一遍，以增加粘结力。

②粘贴方法。

A. 基层表面应先按板材尺寸弹线，再粘贴。应同时在基层表面和罩面板背面涂刷胶，胶液不能太稠或太稀，涂刷要按方向均匀进行。

B. 胶粘剂用聚酯酸乙烯、脲醛、环氧树脂、氯丁胶粘剂等粘贴，确保粘结强度。用手触试胶液，感到黏性较大时，再去粘贴。

C. 粘贴完，应采取临时措施固定，将板缝中多余的胶液刮除，不能使胶完全干结，否则清除困难，清刮胶液时，应注意不要损伤塑料板面层。

D. 如果安装硬厚型的硬聚氯乙烯装饰板，由于体量重、厚度大，不宜采用胶粘法，宜用木螺钉加垫圈或金属压条固定，木螺钉的钉距应该比胶合板、纤维板大一些，固定金属压条时，先用钉在板的四角将装饰板临时固定，后加盖金属压条。

(3) 三聚氰胺塑料板安装施工。

1) 三聚氰胺塑料板的特点和用途。

三聚氰胺塑料板是一种硬质薄板，具有硬度高、耐磨、耐寒、耐热、耐腐蚀、耐污染、易清洗的特点。板面平整、洁净、光滑，色调丰富多彩，有各种花纹图案。

三聚氰胺塑料板适用于室内墙面、吊顶、柱面等部位。特别适用于商店灯箱、牌匾的展示，用作装饰面层板或粘贴在刨花板、胶合板、纤维板、细木工板等基层板上。板的背面需经机械加工、砂毛，以便于粘合。如需用在室外橱窗、广告栏等处，则应考虑尽量避免阳光直晒。

2）安装施工常用材料。

A. 镶贴用胶液。粘贴塑料板用的胶类，一般多用强力万能胶和环氧树脂。强力胶（脲醛、醋酸乙烯等）市场有售，如用环氧树脂可在现场配制。环氧树脂成分和质量配比：安装施工时，按以下配合比制成的环氧树脂胶的粘结强度应能达到 1.67MPa。6101 环氧树脂∶邻苯二甲酸二丁酯∶甲苯∶二乙烯三胺＝100∶5∶10∶10。

其中 6101 环氧树脂是胶液的主要成分，其硬化之后具有机械强度很高、收缩率小、耐溶剂、耐化学腐蚀等优点。邻苯二甲酸二丁酯是一种增塑剂，加入后，可以降低环氧树脂硬化后的脆性；注意加入量要适当，如果加入量过多会减慢胶液的凝固速度。由于环氧树脂黏性较大，可用甲苯溶液进行稀释，注意用量过多时会影响干固时间，降低强度，如没有甲苯，可用二甲苯稀释；但是，二甲苯挥发速度慢，使用时，应考虑施工周期和天气情况。作为常温固化剂的二乙烯三胺，加入后能促进环氧树脂在常温下固化，而且其放热作用较剧烈。

B. 镶嵌材料。塑料贴面板板缝间和塑料板周边压条（线）镶嵌材料要有一定的强度和耐化学腐蚀性，并且耐水冲洗，还应考虑与面板的整体效果。

C. 嵌缝材料。作嵌缝材料的环氧树脂腻子质量配合比如下：

6101 环氧树脂∶邻苯二甲酸二丁酯∶二乙烯三胺∶二甲苯∶滑石粉＝100∶10∶10∶20∶20（或用石膏粉）。

D. 罩面材料。环氧清漆罩面材料质量配合比如下：

6101 环氧树脂∶乙二胺∶二甲苯∶丁醇＝100∶5∶25∶25。嵌缝腻子和清漆可掺入适量的色浆，做成与塑料板接近的色彩。

3）施工方法。

①施工准备。

如果在墙面基层粘贴塑料板，抹灰基层的表面垂直度和平整度必须符合要求，否则对工程质量有直接影响。

先对基层表面进行清理，清除残灰、污垢，砖砌体不平处，需用水准仪、经纬仪定出水平和垂直基线，确定抹灰层厚度及水平和垂直位置。

采用 32.5 级以上水泥，用 1∶2～1∶3（厚 2.0～2.5cm）的水泥砂浆，分 3～4 遍抹成，在水泥砂浆基层初凝后，用砂轮磨去表面浮浆，特别是凸凹不平部分，凹面处应涂胶补平。应使室内通风良好，保持干燥，以利于墙面砂浆养护。

根据图纸要求尺寸，精确地在墙面上画出分格线，墙面尺寸确有误差，应调整到两侧。对墙面划分的尺寸和锯裁的贴面板进行编号，裁切的塑料板要用刨刀修边，达到四边平直，无掉皮、飞边。

不能直接在墙面粘贴塑料板时，应做木质结合层。其做法是：先在混凝土或砖墙上钉木筋（木龙骨）。木筋间距为 400～500mm，根据施工需要可以垂直钉，也可水平钉，还可水平垂直钉成木方格，然后封钉木胶合板。

使用环氧树脂时，如环氧树脂流动性慢，应将其装瓶放入热水进行热浴使其溶化，并注意在加入溶剂搅拌均匀后，再加入邻苯二甲酸二丁酯（增塑剂），处理完后放入密闭容器中备用。

根据需要，准备施工用的支架以及压板用的立柱、支撑、木楔等物。

②粘贴饰面板。

用短毛板刷或橡皮刮板在墙面和贴面板背面同时涂胶，涂胶时应检查墙面、塑料板的平整度及洁净情况，涂胶应厚薄适度、均匀，如有砂粒、碎屑等杂物应及时清除。涂好胶后让其挥发约 15min，用手触胶不粘手时，即可铺贴。

按墙面饰面板序号由一边向另一边粘贴，用木锤轻轻锤击板面，使其与墙面粘结牢固。如用粘结周期较长的胶，应用木压板压在贴面板上，然后用支架和横撑支紧。为保证压力均匀，用力必须均匀，木压板与墙面垂直压在饰面板上。最好每块板间隔进行粘贴，防止在压板或卸压过程中触伤损坏已贴好的板。粘贴时，须将板内空气排尽，最好在常温下（15℃左右）粘贴。

粘贴基本完成后应铲除贴面板上余留的胶液，污痕用甲苯擦洗掉，清理板面时一定不要影响面层的装饰效果，用钢刨刀除去板缝的多余胶液。中间缺胶空鼓部分，将稀释的环氧树脂胶灌入医用注射器，用大号注射针注满鼓泡，注射前在离鼓泡边缘处钻直径约 1mm 小孔两个，胶液从一孔注入，从另一孔排气，最后垫板加压。将板面小孔用环氧腻子堵上并在表面涂上与饰面板颜色相同的环氧清漆。压板应事先在相应位置钻两个小孔，加压时对准贴面板小孔，以便横撑顶紧时，空气和多余胶液从小孔排出。

塑料板粘贴完后，应及时检查，对有质量问题的地方应进行局部修整。边缘粗糙不直、板缝不正，可用边刨修刨。修整时，应注意不要碰损边角。

粘贴、修整全部完成后，应进行扫尾清理工作，用环氧树脂腻子嵌缝及不平处，再用砂纸打磨，不平处再补腻子，用排笔蘸环氧清漆涂刷罩面和嵌缝。

③施工要点。

基层墙面抹灰质量要严格控制，抹灰后应注意砂浆的初期养护，达到设计强度后，保证贴面板施工质量。消除一切可能导致基层裂缝、空鼓、起皮的因素。

设计时必须考虑和处理窗台、门窗四角、窗间墙、内隔墙与承重墙的连接处和结构上墙体的裂缝。

为减少误差确保高质量，墙面的分格画线应用经纬仪，如误差无法消除应放在两侧。分格尺寸应与贴面板实际尺寸相符，以减小尺寸的误差。

（4）塑料贴面板安装施工。

1）特点与适用范围。

塑料贴面装饰板具有强度高、硬度大、耐磨、耐烫、耐燃烧，耐一般酸、碱、油脂等特点，表面光滑或略带凹凸，极易清洗。颜色、花纹、图案品种丰富多彩，多数为高光泽。板材的表面较之木材耐久，装饰效果好，可仿制各种名贵树种的木纹、质感、色泽等，从而可以达到节约工程费用的目的，也可节约优质木材。常用作室内墙面、柱面、门面、台面、桌面等一般中档装饰工程，特别适用于餐厅、饭店及厨房等易被油污的场所，也可用于车辆、飞机、船舶及家具制作。

2）安装施工。

①粘贴施工准备。

A. 板材粘贴施工前，应对基层进行处理，其方法与三聚氰胺塑料板的处理一样。贴面板的加工也可用木工锯、刨、钻加工，但宜用较细的锯齿，防止出现花边、毛边。应正面向上锯裁，以避免板面磨损和板边劈裂，板的毛刺边应用刨子刨光或者用砂纸磨光。为确保质量，可留 3～5mm 余量，胶贴到其他基材上后，再用刨子加以修整。需在板面穿入螺钉或钉钉子时，应先钻孔，钻孔应从正面钻入，孔径应与钉子相吻合。在加工时，表面不能有砂子、铁屑等硬杂物，以免将表面划伤。

B. 如果塑料贴面板厚度小于 2mm，必须在墙面用胶合板、碎木屑板、细木工板、纤维板或刨花板等板材做结合层，以增大幅面强度。若用厚度为 9～16mm 细木工板、碎木屑板等厚度大的板材，可直接与墙面结合，不必再做木龙骨。对于厚度很薄的贴面板，除采用做木结合层这一方法外，也可进行板材再加工，即将超薄贴面板先直接镶贴在木质板上（如胶合板、刨花板、细木工板等）做成复合板，再将加工好的复合板板材直接安装在墙体上。加工板材应注意：被胶粘的板材要求具有一定厚度，胀缩性小，厚度不应小于 3mm；当胶粘后的板材直接使用时，最小厚度为 9mm。一般应用较多的厚度为 15～22mm。

C. 胶粘时，须将塑料装饰板背面预先砂毛，再进行涂胶，这是因为塑料贴面板质硬、渗透性小、不易吃胶。同时，为易于胶合，被贴面的板材表面也要加工砂毛。

胶一般为脲醛树脂或于脲醛树脂中加入适量的聚酯酸乙烯树脂制成，涂胶量一般应均匀适量。胶涂完后，应进行胶压，胶压方法主要为：在两面各加木垫板，用卡子夹紧。加压时室内温度需保持在 15℃以上，加压持续 12h 以后才能解除压力，并经放置 24h 后再行加工，以免影响胶粘强度。

②塑料贴面板用于室内墙面做壁板的安装方法。

A. 压条法：厚度较薄的贴面板的安装，应采用压条法，较薄的贴面板，其硬度较小，压条用特制的木条、铝条或塑料板条固定，板面牢，稳度较好。

B. 对缝法：只适用于底板厚度在 16mm 以上的塑料贴面板材，因为拼板没有明显的接缝，因此其适用于高级装修。由于采用钉子和木螺钉与木结构连接，也便于拆修改装。

塑料贴面板粘贴安装完毕后，为防止和避免边缘碰伤和开胶，要进行封边处理，封边一般有三种做法：

木镶边——将镶边木条封压贴面板的四边，在接合面涂胶，用扁帽钉将镶边钉于板框上。

贴边——用塑料装饰条或刨制的单板条在板框的周边胶贴，注意四角均需 45°

对角收口。

金属镶边——用铝质或薄钢片压制成槽形装饰压条，按尺寸裁好，并在对角处切成45°的斜角，用钉子或木螺钉安装在板边上。

③施工要点。

A. 基层表面粘贴前应画线分块预排。要同时在基层表面和罩面板背面涂胶，胶液稠稀应适宜，涂刷应均匀，如有砂粒应及时清除。

B. 粘贴要撑压一段时间，除尽板缝中多余的胶液，胶粘剂宜用脲醛、环氧树脂、聚酯酸乙烯酯等。

C. 为保证罩面板质量，基体须竖直平整，在水泥砂浆基层上粘贴时，基层表面不可有水泥浮浆，表面也不应太光亮，以防止胶液滑移。如果基层是木质板结合层，要求坚实、洁净、平整，麻面要用乳胶腻子修补平整，为增加粘结力再用乳胶水溶液涂刷一遍。

D. 木螺钉或金属压条固定较厚的塑料贴面复合板，贴面板的钉距应比胶合板、纤维板大一些（400～500mm）。先用钉将塑料贴面板临时固定，再用金属压条固定。

E. 搬动、施工、储存和运输时，要注意防止其碎裂、撞击，并防板材淋雨，严禁高温、暴晒。

（5）有机玻璃装饰板安装施工。

1）主要特点与用途。

有机玻璃装饰板具有极好的透光率，耐热性、抗寒性及耐候性较好，质地较脆，易溶于脂类、低级酮及苯、甲苯、四氯化碳、氯仿、二氯乙烷、二氯乙烯、丙酮等有机溶剂。耐腐蚀性及绝缘性能良好；容易成型加工，表面强度不大，稍有摩擦易起毛等。

有机玻璃具有广泛的用途，在建筑装饰中主要用作室内装饰，如灯箱吊顶、透明壁板、楼梯护板、隔断以及大型豪华吸顶灯具，另外有机玻璃用于室外时应避免阳光直射，以免老化变形。

2）安装施工。

①有机玻璃与人造板和塑料基层的普通粘贴，采用的胶粘剂为白胶（聚酯酸乙烯酯）和脲醛树脂胶。胶粘前，用砂纸找磨基层表面。

②中高级装修工程有机玻璃的粘贴施工，多采用高级万能胶、立得牢、立时得等胶粘剂。

这些胶粘剂适用于木基层、塑料基层、金属基层、石材和混凝土基层。基层要清洁干燥、无污物方可施工，粘贴时，基层和有机玻璃底板应同时刷胶，晾15～30min，手触无黏性后再粘贴。

③有机玻璃与有机玻璃的粘结通常采用氯仿、502胶进行粘贴，这类胶可使有机玻璃表面溶解，以达到粘合的目的，要求粘结面清洁、无灰尘。

④有机玻璃板可以采用钉固法，一般采用框架、镶嵌、压条及圆钉或螺钉固定，但必须用电钻打孔，因为有机玻璃质地较脆，易破裂。

(6) 防火装饰胶板安装施工。

1) 防火装饰胶板的特点和用途。

防火装饰胶板的常用品种主要有以下几种：

①平面彩色雅面和光面系列，是防火胶板最基本、最常用的一种，该系列朴素大方，光洁无华，适宜饭店、餐厅、舞厅吧台的饰面贴面，易于清洗，耐污耐磨。

②木板木纹颜色雅面和光面系列：适用于高级写字楼、客房、卧室内的饰面装饰和各式家具、家用电器的饰面及活动式装饰吊顶，具有朴实自然、华贵大方、经久耐用等特点。

③皮革颜色雅面和光面系列：适用于装饰厨具、壁板、栏杆扶手等表层装饰，易于清洁，又不会受虫蚁损坏。

④石材颜色雅面和光面系列：常用于铺贴室内墙面、活动地板、厅堂的柜台、墙裙、圆方柱等表面，具有天然石材的质感，裁切贴装灵活方便，不易磨损等特点。

⑤细格几何图案雅面和光面系列：常用于镶贴窗台板、踢脚板的表面以及防火门窗、壁板、计算机工作台等贴面。

2) 镶贴施工。

①基层要求。

A. 用杉木或樟木方条（20mm×40mm）做基层木龙骨（木筋），龙骨间距为400～500mm，龙骨贴板面应刨平，木龙骨含水率应小于15%，无腐朽、节疤、劈裂、扭曲等质量问题。

B. 封钉木龙骨的底板一般用胶合板、中密度板或细木工板。板的表面应光滑、平整，不能使用开胶、空鼓、变形的胶合板。

C. 胶合板表面不能有锯毛、啃头的痕迹。

D. 所用的硬木压条为30～50mm方条，但不能有腐朽、节疤、劈裂等质量问题。

②防火板贴面施工。

A. 裁切加工。根据粘贴面尺寸，在大张防火板的正面用铅笔画上裁线标痕。计算尺寸时，最好先逐块测量每个施工表面的尺寸，再根据其尺寸在防火板上裁切，这样可以合理地使用材料。裁切时是否留修边余量要根据不同的情况和设计要求而定。

如饰面周边需留有余量，可在粘贴完后，用刨子或锉刀加以修边。如果防火板粘贴后，没有进行修边加工的位置，或空位较小时，一般在裁切时不留余量。

由于防火板的边缘容易碎裂，所以在用木工手刨修边时，应在防火板正面画线处用力划切，使之在刀痕处割断。如果需要在防火板上钉钉子或穿螺钉，要预先在防火贴面板上钻孔，钻孔时，钻头应从正面钻入。

B. 粘贴。基层施工完成后即可进行粘贴。粘贴防火板可用309胶、立时得等快干型胶液。粘贴前，在木基面和防火板背面用塑料刮子将胶均匀地刮涂。晾置5

~10min 即可粘合。粘贴时，要先从一端开始，一边粘贴一边压抹已贴上的部分，防止产生鼓泡。在粘贴过程中不能出现偏歪和位移现象。一方面，因为一旦出现问题再将防火板取下重贴容易将防火板损坏；另一方面，即使能将防火板完整取下，也会因旧胶面的问题而使防火板难再贴平。所以粘贴防火板一定要一次完成，避免返工。

C. 修整。防火装饰板粘牢后，对周边不齐、断面粗糙的地方可用刨刀片或墙纸刀进行裁边，或用锋利的锉刀将边锉成 45°角。锉时要注意只能向下锉，不能来回锉，否则断面不平滑。最后用细砂纸把周边部分磨光。

出现鼓泡时，可用电吹风一边加热鼓泡处，一边用木块或木棍向边缘处赶压。

③防火板墙裙施工。

A. 施工方法。基层木筋与砖墙的结合应通过木砖连接，在砖墙施工时，木砖应按设计施工图规定的木墙裙位置埋入，木砖应经过防腐处理。

如墙体未预埋木砖，可在砖缝间钉入三角形木楔，再将木墙筋直接用钢钉钉在木楔上。木墙筋用 30mm×40mm 木方条，分格挡距以面板尺寸及两面板拼接处为准。

木墙筋直接与每一块木砖钉牢，每一块木砖需钉两枚钉子，钉子应上下斜角错开，以免出现松动现象。

B. 施工要点。墙裙钉木龙骨墙筋前，应横向设标筋拉通线找平，吊线坠竖向找直。根部和转角处用方尺找规矩，所用木垫块要与木栅格钉牢。施工时，需先按设计施工图在墙上弹线分档，木栅格墙筋用圆钉与木砖钉牢。

用 5 层厚胶合板作底层，好面向外，底板和木墙筋接触面均匀涂胶后，再将板钉在木墙筋上。钉帽要钉入板中 2mm。

木墙筋在阴阳角转角处的两墙面 300mm 范围内须加钉木楞。

装饰防火胶板，背面和底面层应均匀涂刷胶液，紧密粘贴，板子上口应平齐，并用小木条加钉小圆钉暂时固定，待胶液固化后，拔除。

木墙裙的顶部钉木压线时要拉通线找平，木压线要挑选不劈裂、颜色相似的木料加工，阴角接缝处应用上半部 45°角对缝。

④墙裙踢脚施工。

A. 施工方法。按设计尺寸要求，将底板和防火胶板分别裁成一定宽度的板条，底板常用胶合板、纤维板、刨花板和细木工板。涂胶粘贴时，应在底板面层和饰面板背面均匀涂刷薄薄一层胶液，如用快速立时得胶，等胶略干不粘手时，将涂胶的两面紧密粘贴。如果用木工乳胶粘贴，必须经冷压，待胶液固化后方能卸压，再用锣木机修边。

如果墙根和墙面不平，须用水泥砂浆补平，清理干净。拉通线找平后，再钉踢脚板。

镶压木线时，应将木线与踢脚板接触面刨平以后，在踢脚板上沿涂胶粘贴，如木线弯曲应修刨整边，如弯曲严重则不能使用。

油漆前，应调配与踢脚饰面同颜色的腻子，修补钉位、接缝及坑窝等凸凹不平处，油漆的颜色一定要与饰面防火胶板的颜色一致。

B. 施工要求。踢脚板应表面平直，不应发生翘曲或呈凹凸形等现象。要与墙面结合牢固，踢脚板胶面层不应出现鼓包、开胶等情况。木面不得有伤痕，板上口应平整，钉帽须钉入板中 2mm，接槎平整，误差不大于 1mm，拉通线检查偏差不大于 3mm。

墙面拐角处宜做 45°斜边平整粘结对缝，不能搭接。踢脚板缝处应作斜边压槎胶粘法，防火胶板厚度大于 0.8mm 的，在转角、拐角处也应做 45°斜边对缝。

(7) 木质饰面板施工。

木质墙面是室内墙面装饰的主要做法，也是最常见的装饰形式（图 3-30）。常用的木质材料有木方条、木板材、胶合板、细木工板、木装饰板、微薄木板和细木制品等。

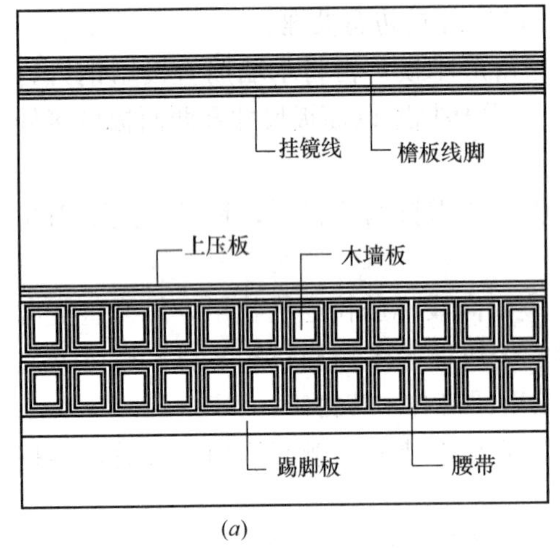

(*a*)

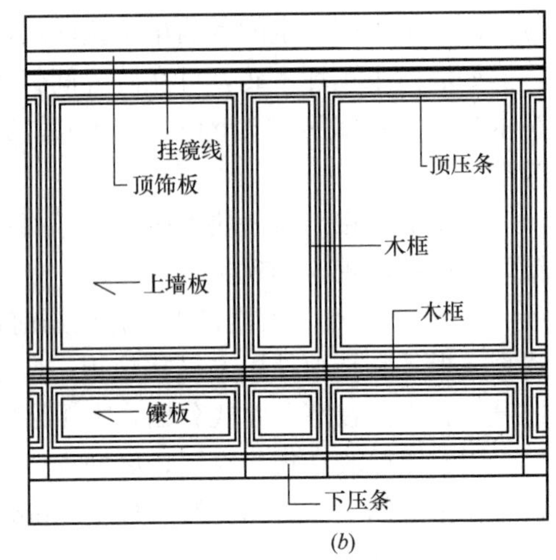

(*b*)

图 3-30 最常见的木质墙面装饰

(*a*) 局部木墙面；(*b*) 整体木墙面

1) 木质饰面常用装饰板的特点和使用要求。

①印刷木纹人造板。

印刷木纹人造板，又称表面装饰人造板，它是以人造板材（胶合板、纤维板和刨花板）直接将木纹皮（纸）通过设备压花，用 EV 胶真空贴于基层板上，或印刷各种木纹饰面，品种多，花色丰富。

印刷木纹人造板的特点是：花纹美观，效果逼真，色泽鲜艳协调，层次丰富清晰，表面具有一定耐水、耐冲击、耐磨、耐温度变化、耐化学侵蚀等特性，附着力高。其产品多用于较高级的室内装饰，如内墙壁板、墙面、柱面、家具贴面、住宅木门，也可用于火车及轮船内部装饰。印刷涂刷木纹人造板主要包括：印刷涂刷木纹胶合板、印刷涂刷木纹纤维板、印刷涂刷木纹刨花板三类。

印刷木纹人造板的施工方法一般有粘贴、压条固定、镶嵌三种。因木纹板的底层板多是木质胶合板和纤维板，因此可采用圆钉或螺钉固定，或用胶粘剂粘贴的方法。施工期间，要注意保护饰面，避免硬物碰撞或擦伤。为提高和改善饰面的物理力学性能，可用清漆涂刷表面。

②微薄木贴面板。

微薄木贴面板是一种高级木质饰面材料。它是利用珍贵树种，通过精密设备刨切成厚度为0.2～0.5mm的微薄木皮，以胶合板、纤维板和刨花板为基材，采用先进的胶粘工艺，将微薄木复合于基材上制成。常用的微薄木板按树种分有榉木、枫木、白橡、红橡、樱桃、花樟、柚木、花梨、泰柚、栓木、雀眼枫木、白影、黑桃及珍珠木等。

微薄木贴面板的特点是：木纹自然，华丽高雅，具有真实感，立体感强和自然美。产品主要用于高级建筑装修饰面，船舶、车辆的内部装饰和装修，以及高级家具、乐器等的制作。

其使用要求如下：

A. 在运输贮存中应避免风吹雨淋及磨损碰伤，堆放时应码放平整。

B. 微薄木贴面板的胶层具有一定的耐潮耐水性，如果长期在潮湿条件中使用，应加强表面的油饰处理。已经砂光的板材表面，使用时可根据油漆质量要求再做适当处理。

C. 油漆之前若需打抹腻子、补缝隙和钉眼等，应均匀涂刷，手工拼缝时，若局部地方有轻微凸起，用砂纸打磨即可砂平。

D. 装饰立面时，根据花纹的特点区别上下，一般情况下应按花纹区分树梢和树根。

E. 开坑槽的微薄木贴面板，沟槽形状有多种。为突出板面花纹与坑槽的对比，沟槽应涂深色油漆。

③大漆建筑装饰板。

大漆建筑装饰板是运用我国特有的民族传统技术和工艺结合现代工业生产，将中国大漆漆于各种木材基层上制成。

大漆建筑装饰板具有漆膜明亮、美观大方、花色繁多且不怕水烫、火烫等特点。如在油漆中掺以各种宝砂，制成的装饰板花色各异，辉煌别致。特别适用于具有中国传统风格的高级建筑装修，如柱面、墙面、门拉手底板及民用、公共建筑物的栏杆、花格子、柱面嵌饰及墙面嵌饰。

大漆建筑装饰板的使用要求如下：

A. 在运输中，要注意包装，最好在每张板正面放一层保护纸，妥善保护漆面，防止磨损划伤。装车一定要将板平放，不能立放、侧放。

B. 注意保护漆面。存放时注意防潮，堆放时码放平整，不要与其他板材混放。

C. 装饰施工、裁切大漆板时应特别注意，因为漆面较脆，不宜用大锯齿锯切，最好用施工刀划片划切，这样能保证边缘整齐。

④竹胶合板。

竹胶合板是利用竹加工余料——竹黄篾，经过中黄起篾、内黄帘吊、经纬编织、席帘交错、高温高压（130℃，3～4MPa）、热固胶合等工艺层压而成。

竹胶合板具有材质强度高、刚性好、坚韧、防腐防蛀、防水防渐、耐磨、耐腐蚀、耐温耐寒、耐酸耐碱等特点。竹胶合板还具有工艺简单、耗胶量小、质量小、成本低、力学性能好、用途广泛、易于工业化生产等优点，因此，竹胶合板有着广阔的发展前景。

竹胶合板用于建筑装饰会产生特殊的韵味。可用于室内隔墙板、天棚板、门装板、家具以及包装箱板等，还可用于基建模板、船舶装饰板等。

竹胶合板的使用要求如下：

A. 注意防潮变形，不能淋雨也不能日晒。仓库储放时，要堆码平整。

B. 使用时，应注意竹材的特性，裁切时须用锯完全锯下，不可强拆。应注意竹胶合板的规格特点，需合理选用。

C. 刷清漆时根据天气情况，须保持清洁、干燥、底灰抹平，达到平整光滑。

2）木质墙面基层施工。

①施工准备。

木质墙板分两种，一种是在墙的下半部做局部墙裙，另一种是在整个墙面做全护墙板（图 3-31）。其面板有微薄木板、胶合板、实木板等，木质墙面的施工操作程序为：清理基体→弹线→检查预埋件→制作安装木龙骨→装钉面板。

应根据设计施工图上的尺寸要求，先在墙上画出水平标高线，按木龙骨的分档尺寸弹出分格。根据分格线在墙上加木楔或在砌墙时预先砌入木砖。木砖（木楔）位置应符合龙骨分档的尺寸。木砖的间距横竖一般不大于 400mm，如木砖位置不适用可补设，墙体为砖墙时，可在需要加木砖的位置剔掉一块砖，用高强度等级砂浆卧入一块木块；当墙体为混凝土时，可用射钉固定、钻孔加木楔固定或用水泥钢钉直接将木龙骨钉在墙上。

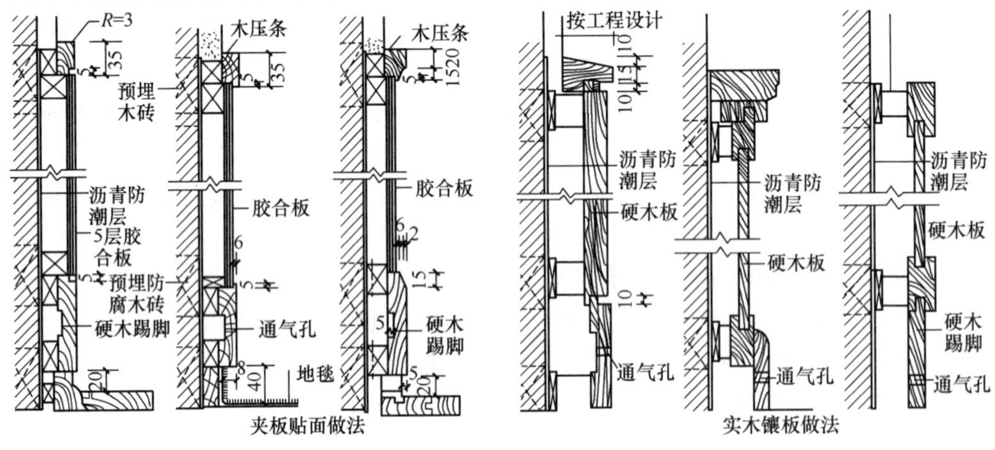

图 3-31　木质墙板做法（mm）

②基层木龙骨安装。

A. 木龙骨拼装。局部护墙板根据高度和房间大小，钉做成大龙骨架，整片或分片安装。

在龙骨与墙面之间应做防潮层，一般是铺一层油毡防潮。木墙板构造见图

3-32。

做全高护墙板时，先按房间四角和上下龙骨找平、找直，再按面板分块大小由上到下做好木标筋，然后在空档内根据设计要求钉横竖龙骨。

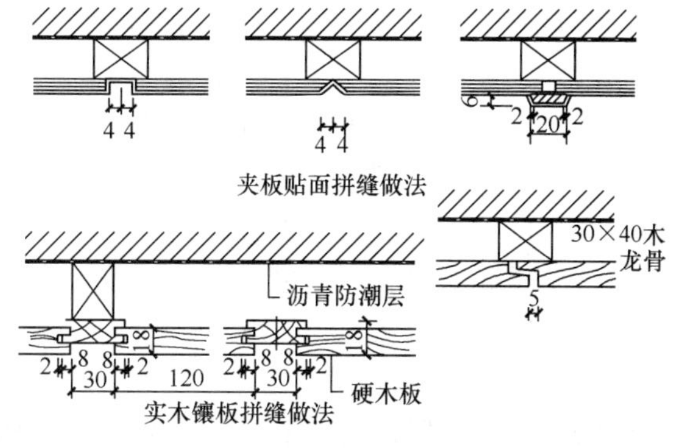

图 3-32　木墙板构造（mm）

龙骨间距通常根据面板幅面尺寸和面板厚度确定，横龙骨一般间距为 400～500mm，竖龙骨间距为 500～600mm。如面板厚度在 10mm 以上时，横龙骨间距可适当放大。

B. 质量要求。当龙骨钉完，要检查表面平整与立面垂直，阴阳角用方尺套方。调整龙骨表面偏差，所垫的木垫块必须与龙骨钉牢。龙骨必须与每一块木砖钉牢。每一块木砖上须钉两枚钉子，并上下斜角错开钉牢。

3）安装饰面板。

①饰面板钉装。

A. 挑选饰面板，分出不同色泽。把选好的饰面板正面四边刨边修整。边修整边按图纸尺寸裁切下料。

B. 封钉板可用 15mm 枪钉或 25mm 铁钉，把木饰面板固定在木龙骨上，封钉前应调整好每块板的拼缝，要求布钉均匀，钉距 100～150mm。通常 5mm 厚以下木夹板用 25mm 铁钉固定，9mm 左右厚木夹板用 30～35mm 铁钉固定。

C. 最好用钉枪钉，因为钉头可直接埋入木夹板内，不必再作防锈处理，注意在使用钉枪时，要注意在扣动扳机打钉前把钉枪嘴压在板面上，以保证钉头埋入夹板内。

D. 要对钉入木夹板的钉头进行处理，处理方法有两种：一种是先将钉头用锤敲扁，再将钉头钉入木夹板内；另一种是先将钉头钉入夹板，待木夹板全部固定后，再用尖头冲子，逐个将钉头冲入木夹板平面以内 1mm。这样处理，钉头的黄色锈斑就不会破坏饰面。

②施工要点。

A. 面板上如果涂刷清漆显露木纹时，应尽量挑选颜色和木纹近似的饰面板用在同一房间里。但刷混色油漆时可不限，木板的年轮凸面应向内放置。

B. 护墙板上边线最好设计在窗口上部或窗台以下，不要将护墙板上部封边线做在窗中间部位。钉面层时自下而上进行，达到接缝严密。

C. 护墙板面层一般设计成竖向分格拉缝，分格宽度根据高度确定，为了美观，也可镶钉装饰压条。

D. 钉木压条时，护墙板顶部要拉线找平，木压条规格尺寸要一致，挑选木纹、颜色近似的钉在一个面上。

③饰面处理。

木质结构全部完成后，面板为微薄木板饰面，通常直接采用聚酯清漆进行终饰处理，如采用木胶合板作饰面层，则需采用微薄木皮或木装饰纸胶贴，也可采用混色油漆饰面。饰面的收口压线通常用木线条。

常见的有明缝安装、阶梯缝安装和压条缝安装等。安装面板前应用 0 号木砂纸钉打磨面板四周，使其棱边光滑无毛刺和飞边。

3.3.4.3 墙饰面计价工程量计算规则

墙、柱、梁面木装饰龙骨、基层、面层工程量按设计图示面积计算，附墙垛、门窗侧壁、柱帽柱墩按展开面积并入相应的墙柱面面积内。扣除门窗洞口及单个 $0.3m^2$ 以上的孔洞所占的面积。

3.3.5 隔墙、隔断计价工程量计算

3.3.5.1 隔墙、隔断施工工艺

（1）轻钢龙骨纸面石膏板隔墙施工。

纸面石膏板具有轻质、高强、抗震、防火、防蛀、隔热保温和隔声等性能，并且具有良好的可加工性，可裁、钉、刨、钻、粘结等，其表面平整，施工方便，是常用的室内装饰材料。

纸面石膏板主要分为普通纸面石膏板、防火纸面石膏板和防水纸面石膏板。

普通纸面石膏板一般不宜用于厨房、卫生间以及相对湿度经常大于 70%的潮湿环境中，产品规格尺寸一般为(2400～4000)mm×(900～1200)mm×(9～25)mm。

1）构造。

纸面石膏板墙体构造取决于墙体高度和隔声防火要求，以及骨架和排列位置等因素。用于隔墙的龙骨主要有轻钢龙骨和石膏龙骨两种。

作隔墙的石膏板应竖向排列，龙骨两侧的石膏板应错缝；有防火和防潮要求的隔墙，面层分别以改性防火和防水石膏板代替。隔墙的下部构造有几种做法，石膏龙骨隔墙一般要做墙基，轻钢龙骨隔墙多数直接安装在楼地面上。

墙基有两种做法，一是先在地面上浇制或放置混凝土条块，亦可用砖砌，然后立龙骨，再粘或钉石膏板形成墙体；另一种做法是先将石膏复合板用胶粘剂与顶板粘结，下面用木楔垫起，墙板立完后 1～2d 用干硬性细石混凝土将空隙填满捣实。为防止安装时石膏板底部吸水，应做防潮处理。石膏龙骨隔墙和轻钢龙骨隔墙下部构造分别如图 3-33 和图 3-34 所示。

装配石膏板隔墙及其门框的固定有多种方法。常见的固定方法石膏龙骨隔墙如图 3-35 所示，轻钢龙骨隔墙如图 3-36 所示。

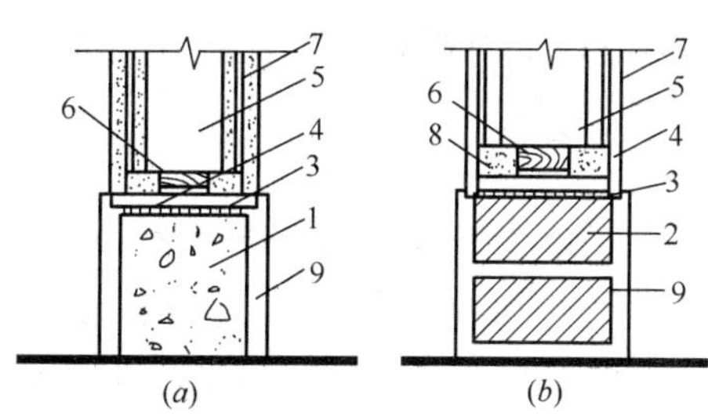

图 3-33　石膏龙骨隔墙下部构造

（a）现浇素混凝土带；（b）砖带

1—素混凝土带；2—砖带，3—胶粘剂；4—石膏板条；5—竖龙骨；6—木楔；7—石膏板；8—豆石混凝土；9—踢脚板

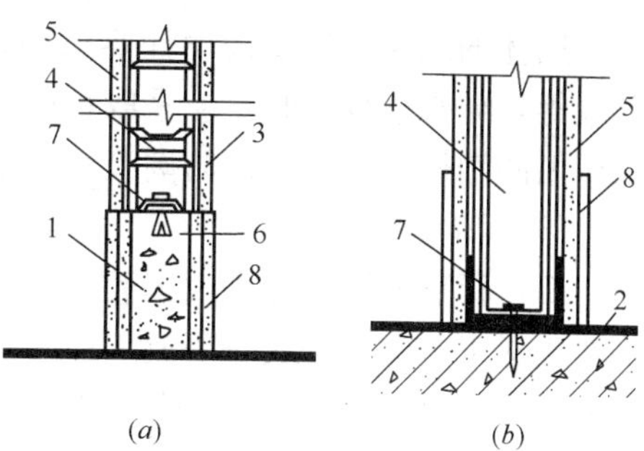

图 3-34　轻钢龙骨隔墙下部构造

（a）现浇素混凝土带；（b）直接在楼地面上

1—素混凝土带；2—楼地面，3—沿地龙骨；4—竖向龙骨；5—石膏板；6—橡胶条（或泡沫塑料条）；7—自攻螺钉或射钉；8—踢脚

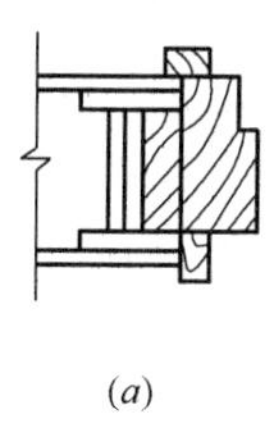

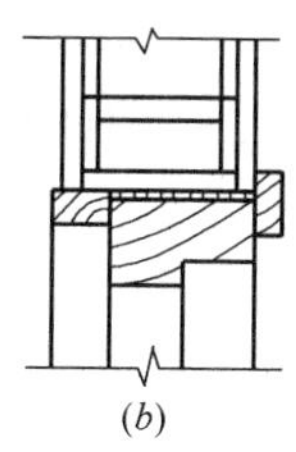

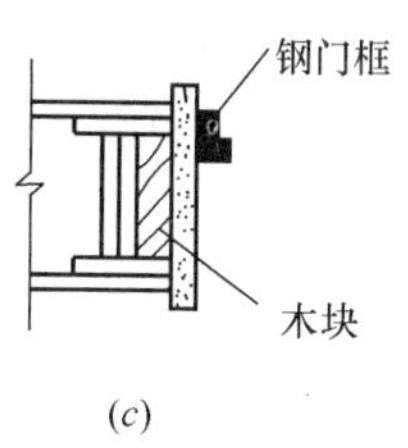

(a)　(b)　(c)

图 3-35　石膏龙骨隔墙与门框的固定

（a）木门框两边固定；（b）木门框上部固定；（c）钢门框的固定

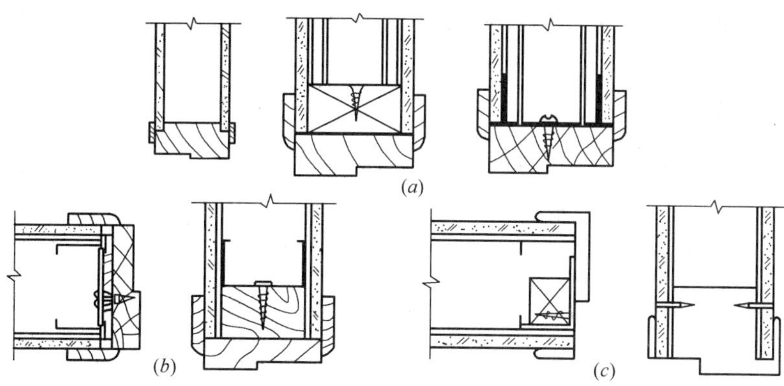

图 3-36　轻钢龙骨隔墙与门框固定

（a）木门框上部固定；（b）木门框两侧固定；（c）钢门框固定

墙面上固定轻量挂钩可用伞形螺栓或自攻螺钉，散热器、卫生器具要在隔墙内安置固定架。

石膏板内隔墙与其他墙体的主要区别之一是存在若干种板缝，主要有板与板之间的接缝，有无缝、压缝和明缝三种做法；另外还有石膏板与楼地面的上下接缝和阴阳角接缝。

墙体的隔声标准要按设计要求确定；隔墙应尽量避免设置开关、插座、穿墙管线等，如必须设置时，应采取相应的隔声构造；室内相对湿度大于70%时，墙面应做防潮处理，常涂刷防潮涂料降低墙面的吸水率。

2）运输。

石膏板场外运输宜采用车厢宽度大于2m、长度大于板长的车辆；装车时应该将两块板正面朝里、成对码放，板间不得夹有杂物，堆置高度不大于1m，防止碰撞损伤；堆放时选择平坦的场地搭设平台，距地面空间不小于30mm，或在地面上放置方木垫块，其间距不大于60cm，要有防潮防雨措施。

3）安装。

隔墙安装施工按下列顺序进行：

墙位放线→墙基（导墙）施工→安装沿地、沿顶、沿墙龙骨或贴石膏板条→安装竖向龙骨、横撑龙骨或贯通龙骨→粘钉一面石膏板→水暖、电气钻孔、下管穿线→填充隔声保温材料→安装门窗框→粘钉另一面石膏板→护缝及护角处理→安装水暖、电气设备预埋件的连接固定件→饰面装修→安装踢脚板。

如果是四层石膏板墙，则按上述顺序在两面粘钉石膏板之后，分别粘钉外层两面石膏板。

面板的固定根据龙骨的不同而异。轻钢龙骨石膏板隔墙用自攻螺钉或螺栓固定，螺钉长度和间距根据隔墙面积和厚度确定，一般为200～500mm；固定后的螺钉头要沉入板面2～3mm，但不得破坏面纸。石膏龙骨石膏板主要用胶粘剂粘贴，将胶粘剂均匀涂抹在龙骨和石膏板上，找平贴牢。使用木龙骨时，可直接将石膏板用圆钉固定在木龙骨上，钉距为200mm。

墙面石膏板之间的接缝，有暗缝、压缝和凹缝三种做法，如图3-37、图3-38所示。

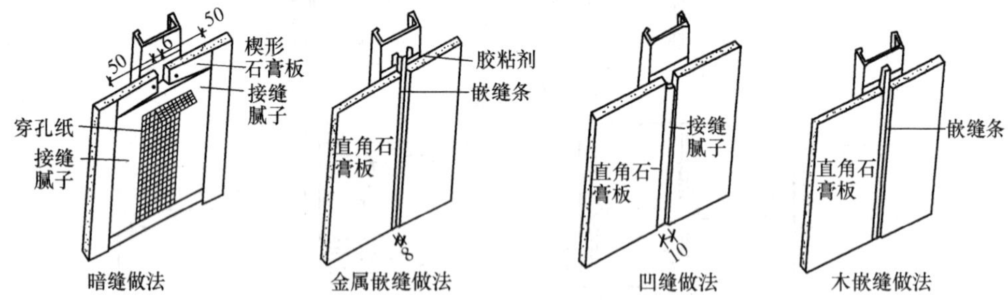

图3-37　墙面石膏板接缝做法（mm）

①暗缝做法。在板与板的拼缝处，嵌专用胶液调配的石膏腻子与墙面找平，并贴上接缝纸带（5cm宽），而后再用石膏腻子刮平。这种方法较为简单，但由于板缝处有时会重新出现裂缝，一般性普通工程较适用。注意选用有倒角的石膏板。

②压缝做法。在接缝处压进木压条、金属压条或塑料压条。这样作对板缝处的开裂可起到掩饰作用，缝内嵌压缝条，装饰效果较好。适用于公共建筑，如宾馆、大礼堂、饭店等。注意选用无倒角的石膏板。

③凹缝做法。又称明缝做法，用特制工具（针锉和针锯）将板与板之间的立缝勾成凹缝。

（2）木龙骨轻质罩面板隔墙施工。

木龙骨轻质隔墙分为独立的隔墙与靠建筑墙体的单面木墙两种，施工方法有所不同。

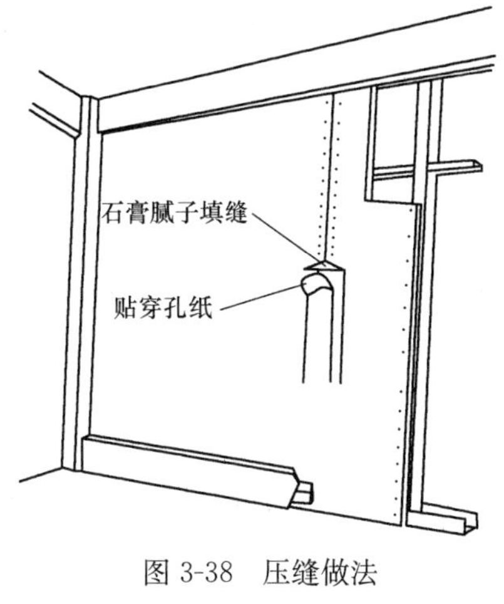

图 3-38　压缝做法

在墙身结构施工前，吊顶面的龙骨架应该吊装完毕；需要通入墙面的电气线路及其他管线应敷设到位，并备齐所需的工具；按设计要求定位弹线，并标出门的位置。室内装饰的木结构均需作防火处理，涂刷 2～3 遍防火漆或防火涂料。

1）靠建筑墙面的木墙身结构施工。

木墙身结构通常用 25mm×30mm 的带凹槽木方作龙骨，木龙骨架可在地面上进行拼装。规格通常为 300mm×300mm 或 400mm×400mm 方框架，可根据墙身的大小选择整体或分片固定在墙面上。用冲击钻在地上弹线的交叉点位置上钻孔，孔距 600mm 左右，深度不小于 60mm，在钻出的孔中打入木楔。对校正好的木骨架进行固定，用垂线法和水平线检查、调整骨架的垂直度和平整度。木骨架与墙面间如有缝隙，应用木片或木块垫实。

将木夹板按色差进行挑选，将选好的木夹板正面四边宽约 3mm 处刨出 45°倒角；用枪钉把木夹板固定到木龙骨上，钉距约为 100mm，要把钉枪的嘴压在板上，以使钉头埋入板内。

2）独立木隔墙的施工。

木隔墙分为全封隔墙、有门窗隔墙和隔断三种，其结构形式不尽相同。

大木方构架结构的木隔墙，通常用 50mm×80mm 或 50mm×100mm 的大木方作主框架，框体规格为 500mm×500mm 的方框架或 500mm×800mm 的长方框架，再用 4～5mm 厚的木夹板作基面板。

为了使木隔墙有一定的厚度，常用 25mm×30mm 带凹槽木方作成双层骨架的框体，每片规格为 300mm×300mm 或 400mm×400mm，间隔为 150mm 用木方横杆连接。

单层小木方构架常用 25mm×30mm 的带凹槽木方组装，框体 300mm×300mm，多用于 3m 以下隔墙或隔断。

在需要固定木隔墙的地面和建筑墙面上弹出隔墙的边缘线和中心线，画出固定点的位置，间距 300～400mm，打孔深度在 45mm 左右，用膨胀螺栓固定。如用木楔固定，则孔深应不小于 50mm。

木骨架的固定通常是在沿墙、沿地和沿顶面处。对隔断来说，主要是靠地面和端头的建筑墙面固定。如端头无法固定，常用铁件来加固端头，加固部位主要是在地面与竖木方之间。对于木隔墙的门框竖向木方，均应用铁件加固，否则会使木隔墙颤动、门框松动以及木隔墙松动。

如果隔墙的顶端不是建筑结构，而是吊顶，处理方法区分不同情况而定。对于无门隔墙，只需相接缝隙小，平直即可；对于有门的隔墙，考虑到振动和碰动，所以顶端必须加固，即隔墙的竖向龙骨应穿过吊顶面，再与建筑物的顶面进行固定，常用方法为将木方或角钢做成倒人字形，夹角以60°为宜，固定于顶面上。

墙面木夹板的安装方式主要有明缝和拼缝两种。明缝固定是在两板之间留有一定宽度的缝，图纸无规定时，缝宽以8～10mm为宜；明缝如不加垫板，则应将木龙骨面刨光，明缝的上下宽度应一致，锯割木夹板时，应用靠尺来保证锯口的平直度与尺寸的准确性，并用0号砂纸修边。拼缝固定时，要对木夹板正面四边进行倒角处理（45°，3mm），以使板缝平整。

木隔墙中的门框是以门洞两侧的竖向木方为基体，配以挡位框、饰边板或饰边线条组合而成；大木方骨架隔墙门洞竖向木方较大，其挡位框可直接固定在竖向木方上；小木方双层构架的隔墙，因其木方小，应先在门洞内侧钉上厚夹板或实木板之后，再固定挡位框。

木隔墙中的窗框是在制作时预留的，然后用木夹板和木线条进行压边定位；隔断墙的窗也分固定窗和活动窗，固定窗是用木压条把玻璃板固定在窗框中，活动窗与普通活动窗一样。

（3）石膏空心条板隔墙施工。

石膏空心条板是以建筑石膏为主要原料，掺加适量的粉煤灰、水泥和增强纤维制浆拌合、浇注成型、抽芯、干燥等工艺制成的轻质板材，具有质量轻、强度高、隔热、隔声、防火等性能，可进行钉、锯、刨、钻等加工，施工简便。

石膏空心条板可以用单层板来做隔墙和隔断，也可以用双层空心条板，中间夹设空气层或矿棉、膨胀珍珠岩等保温材料组成隔墙。墙板的固定一般常用下楔法，即下部用木楔固定后灌填干硬性混凝土。上部的固定方法有两种：一种为软连接，另一种是直接顶在楼板或梁下，后者方法因其施工简便常被采用。墙板的空心部分可穿各种线路，板面上可固定开关、插销，可按需要钻成小孔等。

隔墙安装施工顺序为：墙位放线→立墙板→墙底缝隙灌填混凝土→批腻子嵌缝抹平。

纸面石膏板接缝的嵌缝处理如下（参见图3-39）：

1）平面缝的嵌缝。

①清理接缝后用小刮刀将嵌缝石膏腻子均匀饱满地嵌入板缝，并在接缝处刮上宽60mm、厚1mm的腻子。随即贴上穿孔纸带，用宽60mm的腻子刮刀，顺着穿孔纸带方向，将纸带内的腻子挤出穿孔纸带，并刮平、刮实，不得留有气泡。

②用宽150mm的刮刀将石膏腻子填满150mm宽的带状接缝部分。

③再用宽300mm的刮刀补一道石膏腻子，其厚度不得超过纸面石膏板面2mm。

④待腻子完全干燥后（约12h），用2号砂布或砂纸打磨平滑，中部可略微凸起并向两边平滑过渡。

平面缝的做法参见图3-39（*a*）、（*b*）、（*c*）、（*d*）、（*e*）、（*f*）。

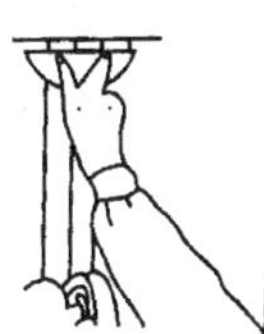

用小刀将嵌缝腻子均匀饱满地嵌入板缝，并在接缝处刮上腻子，随即把穿孔纸带贴上。

(*a*)

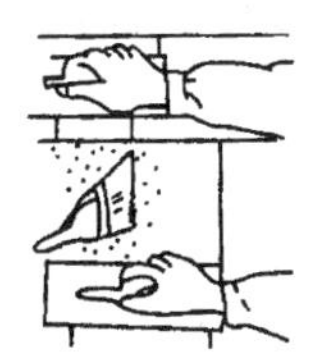

用宽为150mm的刮刀将石膏腻子填满楔形边的部分。

(*b*)

再用宽为300mm的刮刀，补一遍石膏腻子，宽约300mm,其厚度不超过石膏板面2mm。

待腻子完全干燥后用手动或电动打磨器、2号砂布将嵌缝腻子磨平。

(*c*)

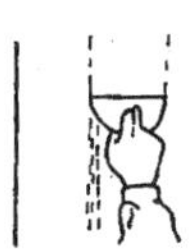

用刨将平缝边缘刨成坡口，以刨刀将嵌缝腻子均匀饱满地嵌入板缝，并在接缝处刮上宽约60mm厚约1mm的腻子，随即贴上穿孔纸带，用宽60mm刮刀，顺着穿孔纸带内的嵌缝腻子挤出穿孔纸带。

(*d*)

用150mm宽的刮刀在穿孔纸带上覆盖一薄层腻子。

(*e*)

用300mm宽的刮刀再补一遍腻子，其厚度不超过石膏板面2mm，用抹刀将边缘拉薄，待腻子完全干燥后，用手动或电动打磨器、2号砂布或砂纸打磨，嵌完的接缝平滑，中部略向两边倾斜。

(*f*)

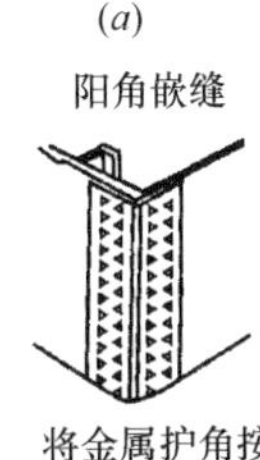

将金属护角按所需长度切断用12mm圆钉或阳角护角器固定在石膏板上。

(*g*)

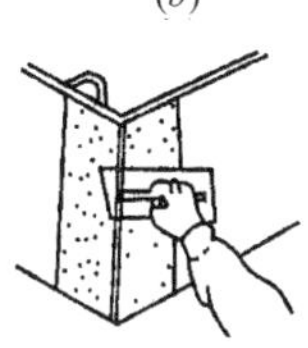

用嵌缝腻子将金属护角埋入腻子中，待完全干燥后(12h)，用装有2号砂布的磨光器磨光即可。

(*h*)

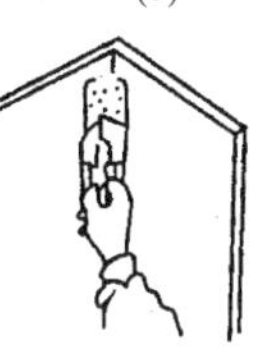

先将角缝填满嵌缝腻子，然后在内角两侧刮上腻子贴上穿孔纸带，用滚抹压实纸带。

(*i*)

用阴角抹子再加一薄层石膏腻子。

(*j*)

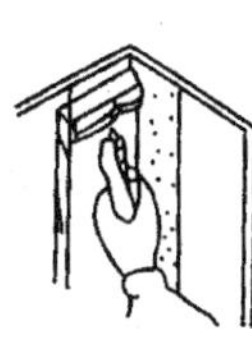

干燥后用2号砂纸磨平。

(*k*)

将石膏板插入槽内，并用镶边的短脚紧紧钳住，边上不需要再加钉。

(*l*)

图 3-39　纸面石膏板接缝的嵌缝处理

2）阳角缝的嵌缝。

①将金属护角用 12mm 的圆钉固定在纸面石膏板上。

②用石膏嵌缝腻子将金属护角埋入腻子中，并压平、压实。

阳角缝的做法参见图 3-39（*g*)、(*h*)。

3）阴角缝的嵌缝。

①先用嵌缝石膏腻子将角缝填满，然后在阴角两侧刮上腻子，在腻子上贴穿孔纸带，并压实。

②用阴角抹子再于穿孔纸带上加一层腻子。

③腻子干燥后，处理平滑。

一些做法和腻子带宽窄、厚度可参考前面平面缝的嵌缝做法。

阴角缝的做法参见图 3-39（*i*)、(*j*)、(*k*)。

4）膨胀缝的嵌缝。

①先在膨胀缝中装填绝缘材料（纤维状或泡沫状的保温、隔声材料），并且要求其不超出龙骨骨架的平面。

②用弹性建筑密封膏填平膨胀缝。如果加装盖缝板，则可以填满并凸起一些，然后将盖缝板盖于膨胀缝外，再用螺钉将盖缝板在膨胀缝的一边固定（注意：另一边不要固定，以备将来膨胀或收缩产生位移）。

5）金属镶边的安装参见图 3-39（*l*)。

(4) 加气混凝土板隔墙施工。

一般加气混凝土外墙板从应用形式来分有三种：竖向外墙板、横向外墙板和拼装外墙大板。

加气混凝土板隔墙施工工艺：

1) 墙板的布置形式。

加气混凝土墙板由于具有良好的综合性能，因此常被用于各种建筑的外墙。加气混凝土板自重小，节省水泥，运输方便，施工操作简单，可锯、可刨、可钉，加气混凝土墙板的平面排列见图 3-40。

①竖向墙板为主的布置形式与施工。

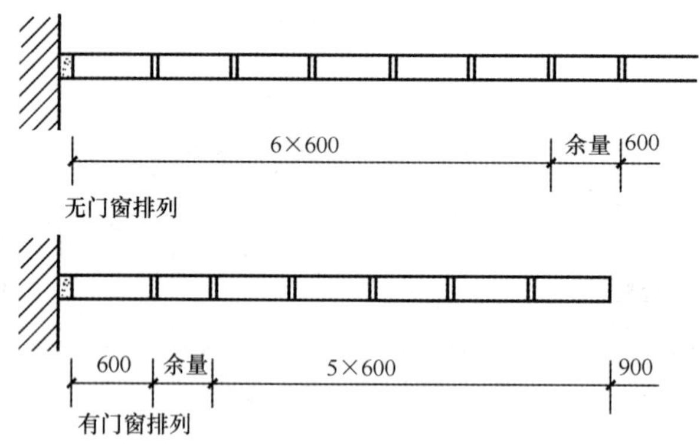

图 3-40 加气混凝土墙板的平面排列（mm）

当建筑物的开间（或柱距）尺寸较大（超过 6m），门窗洞口的形式较为复杂时，一般多采用竖向外墙板的布置形式，并且通过在两板之间的板槽内插筋灌砂浆来实现其与上下楼板、梁、钢筋混凝土圈梁的连接。

建筑中采用竖向墙板为主的布置形式，在设计中，应主要考虑窗间墙、山墙尽可能符合 600mm 的外墙板的板宽度模数，至于窗过梁一般为横向放置，窗间墙横向、竖向放置均可。

这种竖向布置形式的优点是应用灵活，缺点是吊装次数较多，灌缝次数较多，施工不便，效率较低。

根据设计的布置，画出墙板的安装位置线，并要标出门窗的位置。采用单板逐次或双板、多板（预先在地面上粘结好）吊装到所要放置的位置，连接钢筋，灌注砂浆。吊装窗过梁和窗坎墙到预定的位置（必要时要设置支撑），连接钢筋，灌注砂浆。

②横向墙板为主的布置形式与施工（参见图 3-40）。

建筑中横向墙板为主的布置形式，比较适用于门窗洞口较简单、窗间墙较少或没有窗间墙的建筑。在设计中应注意到符合横向外墙板的规格，特别是宽度较大的，例如 6m 宽的横向外墙板，分布钢筋较多，应尽量避免进行较多的纵向切锯等加工。

这种横向布置的优点是应用灵活，板缝施工较竖向布置易保证质量；缺点是吊装次数较多。根据设计的布置，画出墙板所要安装的位置。采用单板逐次或双板、多板

（预先在地面上粘结好）吊装到所要安装的位置，并连接钢筋和灌注砂浆。

2）隔墙板的平面排列与隔墙构造。

①隔墙为无门窗布置的，且隔墙的宽度与每块板宽度之和不相符时，应当将“余量”安排在靠墙或靠柱的板的一侧。

②加气混凝土隔墙一般采用竖直安装法，其连接固定有刚性连接和柔性连接两种方法。柔性连接是在板的上端与结构底面垫弹性材料的做法，但在实际施工中较多采用刚性连接法，其做法步骤是先处理结构地面，将板就位后，上端铺粘结砂浆，然后在板的两侧对打木楔，使板上端与结构层顶紧，并在板下端的木楔间塞填豆石混凝土，待混凝土硬固后取出木楔，最后再做室内地面，见图 3-41 和图 3-42。

图 3-41　对打木楔并塞填豆石混凝土

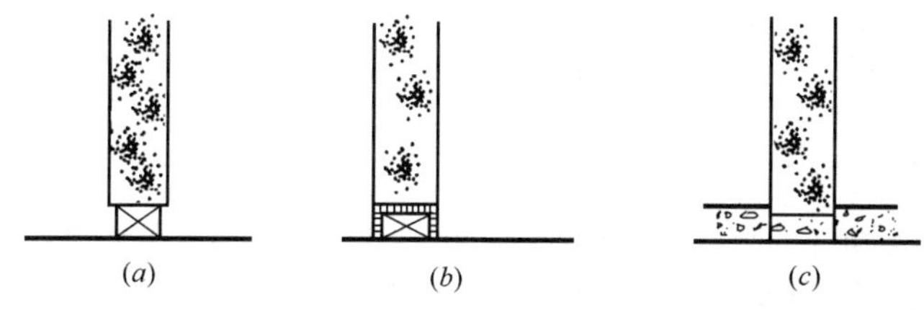

图 3-42　柔性连接示意图

（a）对打木楔；（b）填塞豆石混凝土；（c）做室内地面

③隔墙的转角连接主要有 L 式转角连接和 T 式丁字连接，连接固定主要用粘结砂浆和斜向钉入镀锌圆钉或经防锈处理的 ϕ8 钢筋，窗钉间距为 700～800mm，转角和丁字的连接构造见图 3-43。

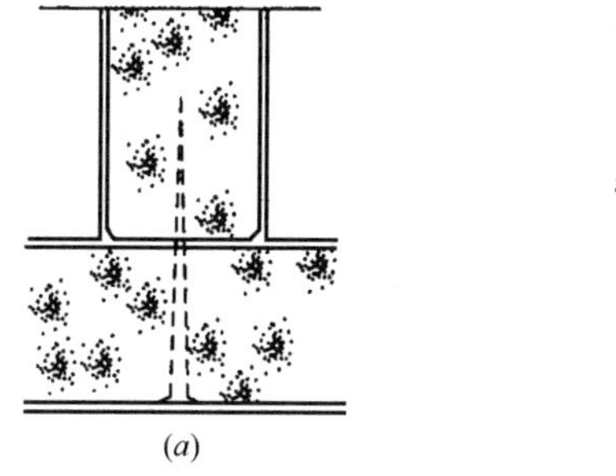

图 3-43　隔墙的转角连接

（a）丁字连接；（b）转角连接

3）拼装外墙大板。

由于竖向外墙板（或横向外墙板）较窄，故吊装次数较多，为了避免这项缺点，近些年国外已经采取将单板在工厂或现场拼装成比较大型的板材之后再吊装。目前较多的是采用在工地现场拼装的方式，应按设计要求确定拼装大板的规格板型，由于安装部位不同，其构造连接方式也不同。

①竖向外墙板为主的拼装大板。采用侧拼法，即依靠板的自重，使板间粘牢，然后在板侧灌浆插钢筋，待砂浆达到一定强度后将大板翻转 90°。优点是工艺简单，亦可重叠拼装，占地较小。

②横向外墙板为主的拼装大板。该种拼装形式适用于开间、窗户洞口比较单一的设计。但是垂直方向穿钢筋，板侧需打孔（一般应由工厂制作时预留），但不易保证质量，故比较适合于在工厂拼装。此种形式的大板一般可不在侧向打斜孔插钢筋。其优点是粘结后，大板不必翻转，也不必等到胶粘剂达到一定强度后再吊装，只要拼装完毕将板内附加钢筋端头螺栓拧紧即可吊离拼装架，拼装工艺简单，施工方便，效率较高。

（5）纸面草板隔墙施工。

1）纸面草板的性能用途。

纸面草（稻草、麦草）板具有强度高、韧性好、保温隔热、耐火、隔声、抗震等特点。它可锯、钉、油饰或装饰。纸面草板可以和其他材料复合成各种形式、多种用途的复合板材，可广泛用于各种住宅、办公楼、宾馆、剧院、厂房、仓库、商亭等单层和多层建筑。

2）纸面草板的施工。

纸面草板在建筑装饰中广泛应用，既可作非承重的墙体材料，也可作吊顶及屋顶、屋面材料。用于外墙时，纸面草板不得直接暴露于室外，露在室外一侧的纸面板上要刷涂防水涂料，然后必须封钉适应室外气候条件的外饰面层，如水泥砂浆、金属压型板、石棉水泥波形板等。

在用于外墙时，外墙的沿地龙骨下面要加铺防潮层，最好采用木制沿地龙骨，如果采用钢龙骨，则应在钢龙骨下面加设木质垫条，并须进行防腐处理，纸面草板隔墙的骨架连接构造见图 3-44。

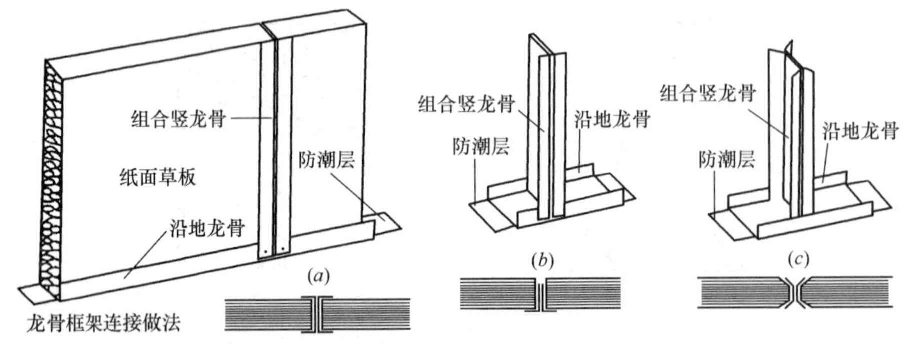

图 3-44　纸面草板隔墙的骨架连接构造

若采用砖混或金属压型板、石棉水泥波形板为外饰板的外墙时，纸面草板与外饰层之间应留有间隙（间隙大小即为通气用的龙骨宽度），以防纸面草板发霉。

用于隔墙的纸面草板，不适用于潮湿的环境。如环境湿度大于 60%，纸面上必须刷防水层、铺防水卷材等。

切割纸面草板时，最好使用 1.8 齿/cm 的双开刃粗齿锯。切割后的切口不得裸露，必须用自粘胶带封闭切口。安装开关插座时，可使用多用刀切割，但其深度不宜超过 35mm。

①墙体施工程序。一般常用纸面草板作隔墙，既可用于单层隔墙，也可用于多层隔墙。其施工程序是：施工隔墙位置线→固定沿地龙骨→固定沿顶龙骨→固定竖龙骨→安装纸面草板→外饰（可喷刷涂料或贴壁纸等）。

②用粘结石膏连接固定。借助于粘结石膏来完成纸面草板间的连接固定。其方法步骤是：切割纸面草板，其长度比净空小 6mm，切口用胶条封闭。用抹灰刀将粘结石膏抹到纸面草板的窄面，粘结石膏断面呈三角形，高约 13mm。将纸面草板放到沿地龙骨上，并在板底边加木楔，木楔间距为 30mm，使板的顶部与沿顶龙骨靠紧。然后将板底边与沿地龙骨之间的缝隙用能承重的材料填实，为保证各板面保持在一个平面上，要在粘结石膏未干前用加固卡暂时加固，用石膏腻子将板缝刮平（并可略高出板平面 1～2mm）。待腻子干后用砂纸打磨平（腻子可略高出板平面），板缝用嵌缝纸带密封。

③用纸面草板连接件连接固定。借助于纸面草板连接件来完成纸面草板间的连接固定，见图 3-45（*a*）。其方法步骤是：切割纸面草板，其长度比净空小 6mm，切口用胶条封闭。将纸面草板放置于沿地、沿顶龙骨之间，并使纸面草板连接件按间距不大于 600mm 分布，而且将其一面的两个翼用螺钉与该纸面草板固定于纸面草板隔墙的顶部，连接做法见图 3-44。放置第二块纸面草板沿地、沿顶龙骨之间，并与第一块板靠紧，然后，将纸面草板连接件的另一面的两个翼用螺钉与第二块板固定，板缝用嵌缝纸带密封。纸面草板隔墙板与板连接、板与墙连接及隔墙转角连接见图 3-45（*b*）。

④纸面草板特殊部位的做法。纸面草板用在砖混外墙内侧，将沿地龙骨固定

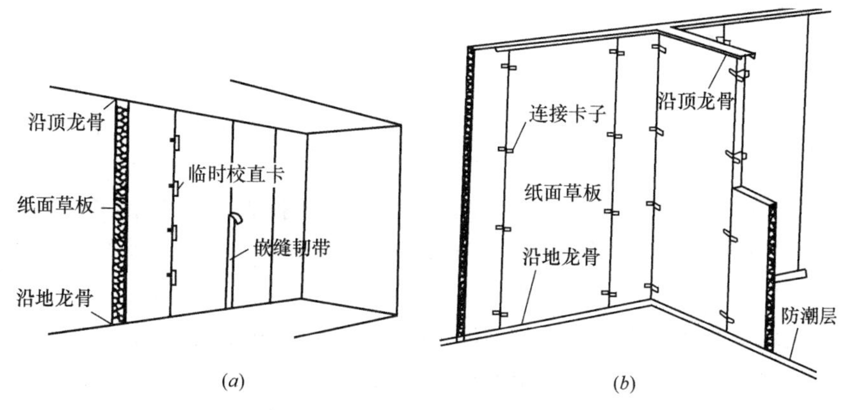

图 3-45　纸面草板隔墙板连接做法

（*a*）隔墙与墙连接做法；（*b*）隔墙转角连接做法

于墙基础上（采用射钉或预埋件等），沿地龙骨下要铺放防潮层（木龙骨要进行防腐处理），将竖龙骨固定于砖混墙上，竖龙骨的宽度即为通风层的宽度（砖墙上应留出空砌缝，若是木龙骨在适当距离上应留出缺口，以利空气流通）。纸面草板面向外墙一侧要涂刷防水层。用 100mm 长镀锌铁钉以间距 300mm 将板与木龙骨固定（若为钢龙骨可用螺钉固定），用嵌缝纸带密封板缝。

（6）钢网泡沫塑料夹心墙板（泰柏板）隔墙施工。

1）特点和用途。

泰柏板具有轻质、高强、防火、防水、隔声、保温、隔热等优良的物理性能。除以上优点外，它还具有优良的可加工性能：易于剪裁和拼接，无论是在生产厂内还是在施工现场，均能组装成设计上所需要的各种形式的墙体，甚至可在泰柏板内预先设置管道、电气设备、门窗框等，然后在生产厂内或施工现场，在泰柏板上抹（或喷涂）水泥砂浆。

泰柏板的常规厚度为 76mm，它是由 14 号钢丝桁条以中心间距 50.8mm 排列组成。板的宽度为 1.22m，高度以 50.8mm 为档次增减。墙板的各桁条之间装配断面为 50mm×57mm 的长条轻质保温、隔声材料（聚苯乙烯或聚氯酯泡沫），然后将钢丝桁条和长条轻质材料压至所要求的墙板宽度，经此一压使得长条轻质材料之间相邻的表面贴紧。然后在宽 1.22m 的墙体两个表面上，用 14 号钢丝横向按中心距为 50.8mm 焊接于原 14 号钢丝桁条上，使墙板成为一个牢固的钢丝网笼（图 3-46）。

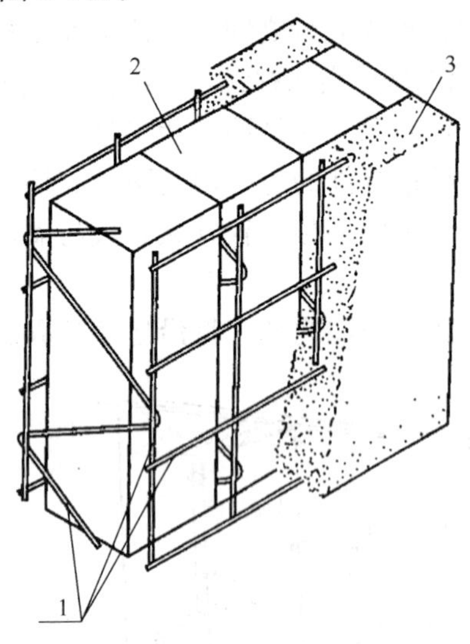

图 3-46　钢丝网架夹心板

1—钢丝骨架；2—保温芯材；3—抹面砂浆

泰柏板的品种分两种：一种是普通型泰柏板，各桁条的间距为 50.8mm。另一种叫轻型泰柏板，各桁条的间距为 203mm。

泰柏板在结构上轻质高强，在性能上也具有多种优点，如隔热保温、隔声防火、防潮防冻等。

2）安装做法。

泰柏板做隔墙，其厚度在抹完砂浆后，应控制在 100mm 左右。隔墙高度要控制在 4.5m 以下。泰柏板隔墙必须使用配套的连接件进行连接固定。安装时，先按设计图弹隔墙位置线，然后用线坠引至墙面及楼顶板。将裁好的隔墙板按弹线位置放好，板与板拼缝用配套箍码连接，再用铅丝绑扎牢固。隔墙板之间的所有拼缝须用联结网或“之”字条覆盖。隔墙的阴角、阳角和门窗洞口等也须采取补强措施。阴阳角用网补强，门窗洞口用“之”字条补强，隔墙连接做法见图 3-47。

（7）石膏板复合墙板隔墙施工。

石膏板复合墙板可采用单层板，也可以双层复合，中间夹层。

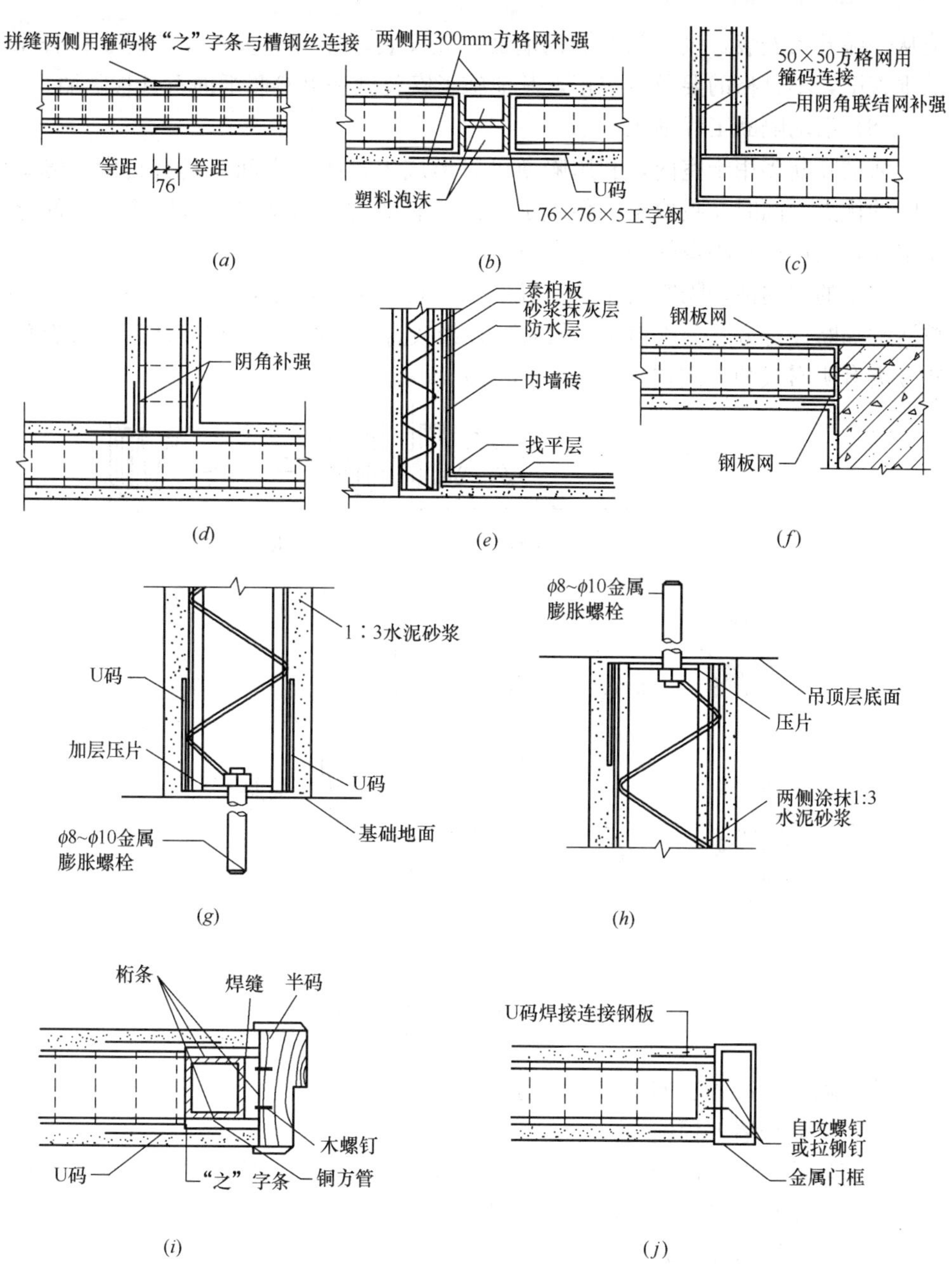

图 3-47 隔墙连接做法（mm）

(a) 隔墙拼缝连接；(b) 型材连接；(c) 转角连接；(d) 丁字连接；
(e) 厨房、卫生间防水处理；(f) 隔墙与实体墙连接；(g) 隔墙下部连接；
(h) 隔墙顶部连接；(i) 隔墙与木门窗框连接；(j) 隔墙与金属门框连接

施工顺序为：墙位放线→墙基施工→安装定位架→复合板安装、开立门窗洞口→墙底缝隙灌填干硬性细石混凝土。

施工前首先对地面进行凿毛处理，用水润湿，现浇混凝土墙基。石膏复合板应从一端开始安装，设有门窗洞的墙面，先安装较短的墙板，安装时要检查每块的垂直度，不合格的要及时校正，其他施工安装做法可参照纸面石膏板隔墙。

（8）活动隔断工程施工。

活动隔断多用于室内，利用隔断可以形成半封闭的空间，具有自由分隔室内空间的优点，同时又吸取中国传统屏风的具有活动墙的特点，可以将大空间分成小空间，又可以将小空间恢复成大空间。

常用的室内活动隔断有单侧推拉、双向推拉活动隔断，如图 3-48（*a*）所示；按活动隔断铰合方式分类有单对铰合、连续铰合，如图 3-48（*b*）所示；按存放方式分类有明露式和内藏式，如图 3-48（*c*）所示。

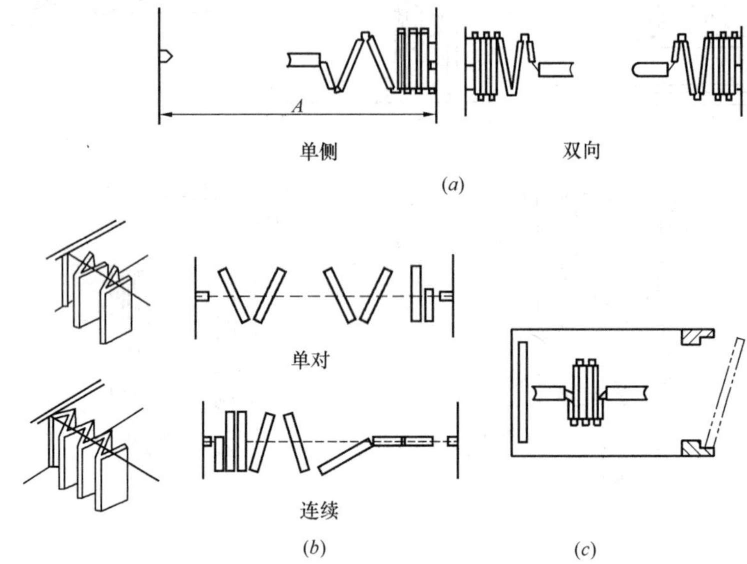

图 3-48　室内活动隔断示意

（*a*）活动隔断推拉方式；（*b*）活动隔断铰合方式；（*c*）内藏式

活动隔断构造做法如图 3-49 所示。

（9）玻璃隔墙工程施工。

玻璃隔墙是以玻璃为主要板材，配以其他的骨架、装饰架安装而成，这种隔墙视线非常流畅，能创造出特有的内部空间。

1）木筋玻璃隔断施工。

玻璃隔断所选玻璃常用的品种有平板玻璃、磨砂玻璃、压花玻璃和彩色玻璃等。木筋玻璃隔断构造如图 3-50 所示。其下部做法主要有墙裙罩面板和砖墙抹灰，也有玻璃隔断直到地面的。

安装施工要点：按图纸在墙上弹出垂线，在地面及顶棚上弹出隔断的位置；作出隔断的下半部，并与两端结构锚固；在砖墙的木砖和地面的木楔上安装木筋，并钉牢，再钉上、下槛及中间楞木，最后安装玻璃。

2）铝合金玻璃隔墙。

铝合金玻璃隔墙具有许多优点：耐火、耐腐蚀、不变形、施工简便等，所以

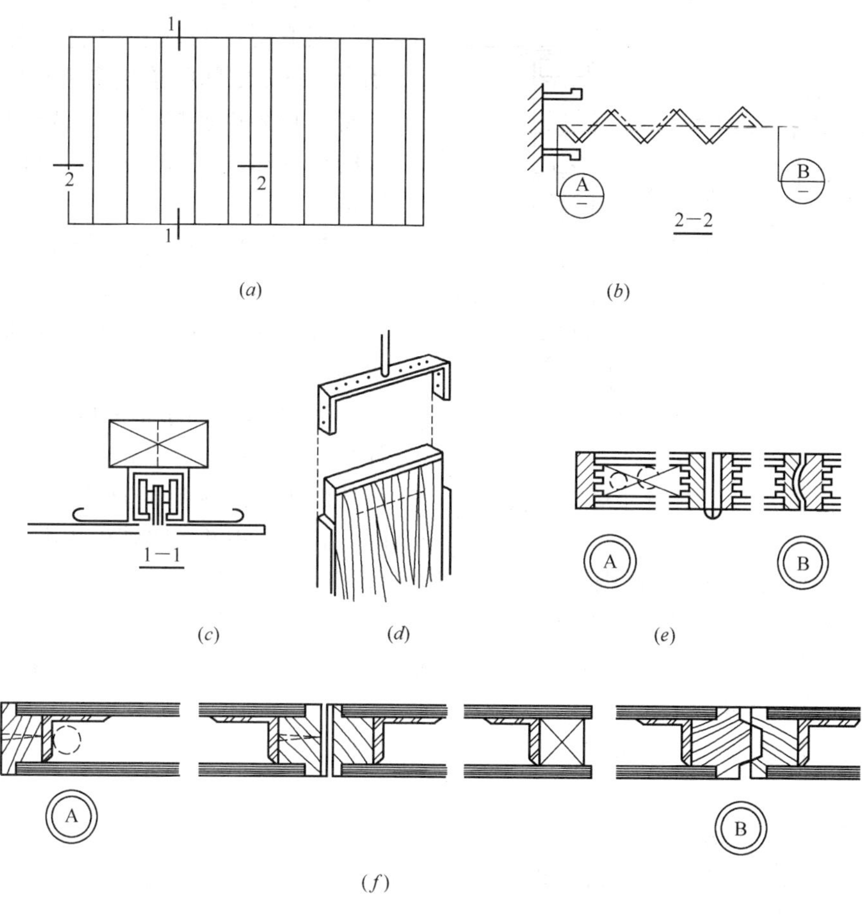

图 3-49　活动隔断构造示意
(a) 立面图；(b) 剖面图；(c) 轨道嵌入天棚做法示意；
(d) 吊隔扇示意；(e) 木质隔扇节点；(f) 钢木隔扇节点

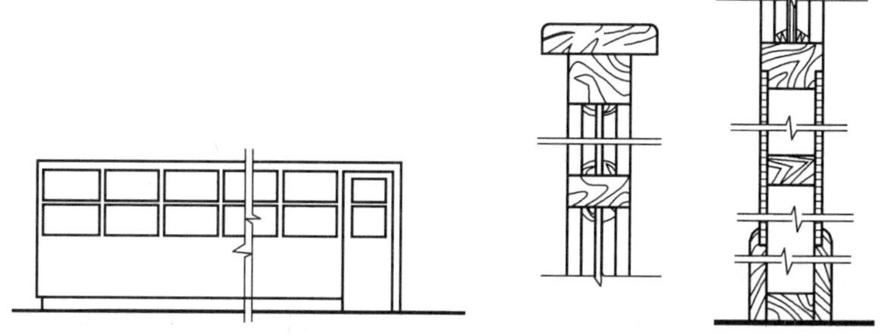

图 3-50　木筋玻璃隔断构造

在装饰工程中被大量采用。

铝合金玻璃隔墙构造如图 3-51 所示。

施工顺序为：墙位放线→墙基施工→安装铝合金骨架→骨架固定连接→安装玻璃→玻璃固定、嵌缝。

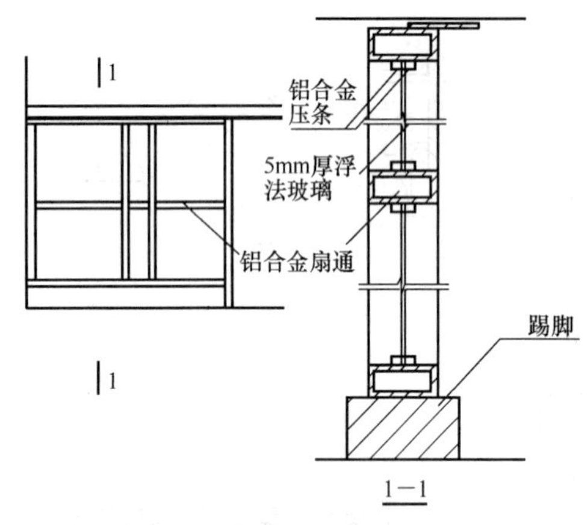

图 3-51　铝合金玻璃隔墙构造

施工要点与木筋玻璃隔断相仿，铝合金骨架之间的连接多用自攻螺钉、拉铆钉和铸铝连接件等；玻璃与铝合金的连接和固定方法很多，可根据实际情况确定。

3.3.5.2　隔墙、隔断计价工程量计算

(1) 隔墙、隔断计价工程量计算规则。

1) 按设计图示框外围尺寸以面积计算。扣除单个 0.3m² 以上的孔洞所占的面积；浴厕门的材质与隔断相同时，门的面积并入隔断面积内。

2) 全玻隔断的不锈钢边框工程量按边框展开面积计算。

(2) 隔墙、隔断计价工程量计算实例。

【例】　一堵高 2.2m，长 3.5m 的木隔断墙，装了一扇 800mm×2000mm 塑钢门，计算木隔断的工程量。

【解】　$2.2\times3.5-0.8\times2=6.10\text{m}^2$

3.3.6　幕墙

幕墙工程包括玻璃幕墙工程、金属幕墙工程和石材幕墙工程。

3.3.6.1　玻璃幕墙的类型

玻璃幕墙一般由固定玻璃的骨架、连接件、嵌缝密封材料、填衬材料和幕墙玻璃等组成。其结构体系有露骨架（明框）结构体系、不露骨架（隐框）结构体系和无骨架结构体系。骨架可以采用型钢骨架、铝合金骨架、不锈钢骨架等。

玻璃幕墙按照其构造和组合形式的不同可分为全隐框玻璃幕墙、半隐框玻璃幕墙（包括竖隐横不隐和横隐竖不隐）、明框玻璃幕墙、支点式（挂架式）玻璃幕墙和无骨架玻璃幕墙（结构玻璃）。

从施工方法上，玻璃幕墙又分为在现场安装组合的元件式（分件式）玻璃幕墙和先在工厂组装再在现场安装的单元式（板块式）玻璃幕墙。

(1) 元件式玻璃幕墙。

元件式玻璃幕墙是将必须在工厂制作的单件材料和其他材料运至施工现场，直接在建筑结构上进行安装。这种幕墙通过竖向骨架（竖筋）与结构相连接，也可以在水平方向设置横筋，以增加横向刚度和便于安装。由于其分块尺寸可以不受建筑层高和柱网尺寸的限制，因此，在布置上比较灵活。目前，此种幕墙采用较多。施工中可以做成明框玻璃幕墙或隐框玻璃幕墙。

(2) 单元式玻璃幕墙。

单元式玻璃幕墙是将铝合金骨架、玻璃、垫块、保温材料、减振和防水材料

以及装饰面料等事先在工厂组合成带有附加铁件的幕墙单元（幕墙板或分格窗），用专用运输车运到施工现场，在现场吊装装配，直接与建筑结构（梁板或柱子）相连接。当这种幕墙单元与梁板连接时，其高度应是层高或数倍层高；与柱子连接时，其宽度应为柱距。

3.3.6.2 玻璃幕墙的施工工具

玻璃幕墙的施工工具主要有手动真空吸盘、电动吸盘、牛皮带、电动吊篮、嵌缝枪、撬板竹篓、滚轮、热压胶带、电炉等。

3.3.6.3 玻璃幕墙的材料要求

（1）骨架材料及金属边框。

1）铝合金型材。

铝合金框架多系经特殊挤压成型的幕墙型材，框材的规格按受力大小和设计要求而定。铝合金框材为主要受力构件时，其截面宽度为40～70mm，截面高度为100～210mm，壁厚为3～5mm；框材为次要受力构件时，其截面宽度为40～60mm，截面高度为40～150mm，壁厚为1～3mm；其他应满足以下质量要求：

①铝合金型材有普通级、高精级和超高精级几种，玻璃幕墙采用的应不低于高精级；

②玻璃幕墙采用的铝合金阳极氧化膜厚度不应低于现行国家标准《铝及铝合金阳极氧化氧化膜的总规范》（GB 8013）中规定的AA15级。

③与玻璃幕墙配套用的铝合金门窗应符合各有关现行国家标准的规定。

2）金属边框。

在吊挂式全玻璃幕墙安装过程中，多采用型钢金属边框；埋入地面以下或墙面内的边框多采用镀锌冷弯薄壁槽钢，最新研究成果发现，采用3mm厚不锈钢槽钢更佳。

3）型钢连接件。

多采用角钢、槽钢、钢板加工而成。这些金属材料，易于焊接，加工方便，较其他金属材料强度高、价格便宜，因而在玻璃幕墙骨架中应用较多。连接件的形状，可因不同部位、不同的幕墙结构而不同。所采用的钢材、不锈钢配件和五金件均应符合现行国家有关标准的规定。

目前，国内幕墙用的五金配件多，质量差异较大，标准不齐全。为保证幕墙用五金件的质量，必须采用材质优良、功能可靠的五金件。

（2）玻璃。

用于玻璃幕墙的单块玻璃厚度一般不小于6mm。所用玻璃的品种主要有热反射浮法镀膜玻璃（镜面玻璃）、中空玻璃、钢化玻璃、夹层玻璃、夹丝玻璃和吸热玻璃等。

所有的幕墙玻璃应进行边缘处理。这是因为玻璃在裁割时，玻璃的被切割部位会产生很多大小不等的锯齿边缘，从而引起边缘应力分布不均匀，在运输、安装过程中，以及安装完成后，由于各种力的影响，容易产生应力集中，导致玻璃破碎；另一方面，半隐框幕墙的两个玻璃边缘和全隐框幕墙的四个玻璃边缘都是显露在外表面，如不进行倒棱、倒角处理，会直接影响幕墙的美观。因此，玻璃裁割后必须倒棱、倒角，钢化和半钢化玻璃必须在钢化和半钢化处理前进行倒棱、倒角处理。

（3）密封填充防水材料。

主要用于玻璃幕墙的玻璃装配及块与块之间的缝隙处理。通常由三种材料组成：

1）填充材料。填充材料主要用于填充凹槽两侧间隙内的底部，以避免玻璃与金属之间的硬性接触，起缓冲作用。其上部多用橡胶密封材料和硅酮系列防水密封胶覆盖。填充材料目前用得比较多的是聚乙烯泡沫胶系列，有片状、圆柱条等多种规格，也有的用橡胶压条或将橡胶压条剪断，然后在玻璃两侧挤紧，起到防止玻璃移动的作用。

2）密封材料。在玻璃装配中，密封材料不仅起到密封作用，同时也起到缓冲、粘结作用，使脆性的玻璃和硬性的金属之间形成柔性缓冲接触。橡胶密封条是目前应用较多的密封、固定材料，亦有人形象地称之为锁条，在装配中嵌入玻璃两侧，起到一定密封作用；橡胶压条的断面形式很多，其规格主要取决于凹槽的尺寸和形状；选用橡胶压条时，其规格要与凹槽的实际尺寸相符，过松过紧都是不妥的。

3）防水材料。防水密封材料有橡胶密封条、建筑密封胶和硅酮结构密封胶。

当前国内明框幕墙玻璃的密封，主要采用橡胶密封条，依靠胶条自身的弹性在槽内起密封作用，要求胶条具有耐紫外线、耐老化、永久变形小、耐污染等特性。因为如果胶条发生老化、开裂，甚至脱落，会使幕墙产生漏水、透气等问题，严重时会使玻璃有脱落危险，给幕墙带来安全隐患。

建筑密封胶应具有耐水、耐溶剂和耐大气老化性，有低温弹性、低透气率等特点。目前，国外正在向以耐候硅酮密封胶代替建筑密封胶和橡胶密封胶条方向发展。耐候硅酮密封胶应采用中性胶。

玻璃幕墙采用的硅酮结构密封胶，应符合国家标准《建筑用硅酮结构密封胶》（GB 16776）的要求，并在规定的环境条件下施工。

硅酮结构密封胶常用的有醋酸型硅酮结构密封胶和中性硅酮结构密封胶，选用时可按基层的材质适当选择。醋酸型硅酮结构密封胶对金属有一定的腐蚀性，对未做任何处理的金属面应慎重使用；另外，其对中空玻璃本身的胶粘剂有影响，所以，密封中空玻璃不宜使用。硅酮系列结构密封胶是目前密封、防水、填缝、粘结材料中的高档材料。其性能优良、耐久性能好，一般可耐 60～120℃的温度，抗断裂强度可达 1.6MPa。

在吊挂式全玻璃幕墙施工中，面玻璃和肋玻璃之间硅酮结构胶胶缝的宽度和厚度要通过强度验算；在玻璃与金属边框、夹扣之间，宜采用中性硅酮结构胶。

硅酮结构密封胶在玻璃装配中，常与橡胶密封条配套使用，下层用橡胶条，上部用硅酮结构密封胶密封。

（4）其他材料。

1）低发泡间隔双面胶带。

目前国内使用的双面胶带有两种，即聚氨基甲酸乙酯（又称聚氨酯）双面胶带和聚乙烯树脂发泡双面胶带。根据幕墙承受的风荷载、高度和玻璃块的大小，同时要结合玻璃、铝合金型材的质量以及注胶厚度来选用双面胶带。选用的双面胶带在注胶过程中，既要能保证硅酮结构密封胶的注胶厚度，又能保证硅酮结构密封胶的固化过程为自由状态，不受任何压力，从而充分保证注胶的质量。

2）聚乙烯填充材料。

玻璃幕墙可采用聚乙烯发泡材料作填充材料。聚乙烯发泡填充材料应有优良的稳定性、弹性、透气性、防水性、耐酸碱性和抗老化性。

3）特殊功能材料。

玻璃幕墙宜采用岩棉、矿棉、玻璃棉、防火板等不燃性和耐燃性材料作隔热材料，同时，应采用铝箔或塑料薄膜包装，以保证其防水和防潮性。

幕墙受多种因素影响会发生层间位移，而引起摩擦噪声；幕墙噪声使人们对幕墙产生不安全感，还会引起幕墙构件之间松动甚至使螺钉脱落，引发质量事故。因此，在幕墙施工中，每个连接点除焊接外，凡用螺钉连接的，都应加设耐热硬质有机材料垫片，以消除摩擦噪声。垫片的材质要求严格，既要有一定柔性，又要有一定硬度，还应具备耐热性、耐久性和绝缘、防腐性能等。

幕墙立柱与横梁之间，须加设橡胶垫片，并应安装严密，以保证其防水性。

3.3.6.4 玻璃幕墙的安装

（1）基本要求。

1）作业条件

①应编制幕墙施工组织设计，并严格按施工组织设计的顺序进行施工。

②幕墙应在主体结构施工完毕后开始施工。对于高层建筑的幕墙，如因工期需要，可在保证质量与安全的前提下，按施工组织设计沿高度分段施工。在与上部主体结构进行立体交叉施工幕墙时，结构施工层下方及幕墙施工的上方，必须采取可靠的防护措施。

③幕墙施工时，原主体结构施工搭设的外脚手架宜保留，并根据幕墙施工的要求进行必要的拆改（脚手架内层距主体结构不小于300mm）。如采用吊篮安装幕墙时，吊篮必须安全可靠。

④幕墙施工时，应配备必要的安全可靠的起重吊装工具和设备。

⑤当装修分项工程可能对幕墙造成污染或损伤时，应将该分项工程安排在幕墙施工之前施工，或对幕墙采取可靠的保护措施。

⑥不应在大风大雨气候进行幕墙的施工。当气温低于−5℃时不得进行玻璃安装，不应在雨天进行密封胶施工。

⑦应在主体结构施工时控制和检查固定幕墙的各层楼（屋）面的标高、边线尺寸和预埋件位置的偏差，并在幕墙施工前对其进行检查与测量。当结构边线尺寸偏差过大时，应先对结构进行必要的修正；当预埋件位置偏差过大时，应调整

框料的间距或修改连接件与主体结构的连接方式。

2）玻璃幕墙安装基本要求。

①应采用（激光）经纬仪、水平仪、线锤等仪器工具，在主体结构上逐层投测框料与主体结构连接点的中心位置，x、y 和 z 轴三个方向位置的允许偏差为±1.0mm。

②对于元件式幕墙，如玻璃为钢化玻璃、中空玻璃等现场无法裁割的玻璃，应事先检查玻璃的实际尺寸，如与设计尺寸不符，应调整框料与主体结构连接点中心位置，或可按框料的实际安装位置（尺寸）定制玻璃。

③按测定的连接点中心位置固定连接件，确保牢固。

④单元式幕墙安装宜由下往上进行。元件式幕墙框料宜由上往下进行安装。

⑤当元件式幕墙框料或单元式幕墙各单元与连接件连接后，应对整幅幕墙进行检查和纠偏，然后应将连接件与主体结构（包括用膨胀螺栓锚固）的预埋件焊牢。

⑥单元式幕墙的间隙用 V 形和 W 形或其他型胶条密封，嵌填密实，不得遗漏。

⑦元件式幕墙应按设计图纸要求进行玻璃安装。玻璃安装就位后，应及时用橡胶条等嵌填块料与边框固定，不得临时固定或明摆浮搁。

⑧玻璃周边各侧的橡胶条应各为单根整料，在玻璃角部断开。橡胶条型号应无误，镶嵌平整。

⑨橡胶条外涂敷的密封胶，品种应无误（镀膜玻璃的镀膜面严禁采用醋酸型有机硅酮胶），应密实均匀，不得遗漏，外表平整。

⑩单元式幕墙各单元的间隙、元件式幕墙的框架料之间的间隙、框架料与玻璃之间的间隙，以及其他所有的间隙，应按设计图纸要求予以留够。

⑪ 单元式幕墙各单元之间的间隙及隐式幕墙各玻璃之间的缝隙，应按设计要求安装，保持均匀一致。

⑫ 镀锌连接件施焊后应去掉药皮，镀锌面受损处焊缝表面应刷两道防锈漆。所有与铝合金型材接触的材料（包括连接件）及构造措施，应符合设计图纸，不得发生接触腐蚀，且不得直接与水泥砂浆等材料接触。

⑬ 应按设计图纸规定的节点构造要求，进行幕墙的防雷接地，以及所有构造节点（包括防火节点）和收口节点的安装与施工。

⑭ 清洗幕墙的洗涤剂应经检验，应对铝合金型材镀膜、玻璃及密封胶条无侵蚀作用，并应及时将其冲洗干净。

（2）单元式玻璃幕墙的安装方法。

1）工艺流程。

单元式玻璃幕墙现场安装的工艺流程为：测量放线→检查预埋 T 形槽位置→穿入螺钉→固定牛腿→牛腿找正→牛腿精确找正→焊接牛腿→将 V 形和 W 形胶带大致挂好→起吊幕墙并垫减振胶垫→紧固螺钉→调整幕墙平直→塞入和热压接防风带→安设室内窗台板、内扣板→填塞与梁、柱间的防火、保温材料。

2）安装要点。

①测量放线。测量放线的目的是确定幕墙安装的准备位置，因此必须先认真研究幕墙设计施工图纸。对主体结构的质量（如垂直度、水平度、平整度及预留孔洞、埋件等）进行检查，做好记录，如有问题应提前进行剔凿处理。根据检查的结果，调整幕墙与主体结构的间隔距离。校核建筑物的轴线和标高，然后弹出玻璃幕墙安装位置线（挂板式）。

②牛腿安装。在建筑物上固定幕墙，首先要安装好牛腿铁件。牛腿铁件应在土建结构施工时按设计要求将固定牛腿的 T 形槽预埋在每层楼板（梁、柱）的边缘或墙面上。预埋件标高偏差不大于 10mm，预埋件轴线与幕墙轴线垂直方向的前后距离偏差不大于 20mm，平行方向的左右偏差不大于 30mm。

③幕墙的吊装和调整。幕墙由工厂整榀组装，经质检人员检验合格后，方可运往现场。幕墙必须采取立运（切勿平放），用专用车辆进行运输。幕墙与车架接触面要垫好毛毡减振、减磨，上部用花篮螺栓将幕墙拉紧。幕墙运到现场后，有条件的应立即进行安装就位。否则，应将幕墙存放箱中，也可用木脚手架支撑临时存放，但必须用苫布遮盖。牛腿找正焊牢后即可吊装幕墙，幕墙吊装应由下逐层向上进行。吊装前需将幕墙之间的 V 形和 W 形防风橡胶带暂时铺挂在外墙面上。幕墙起吊就位时，应在幕墙就位位置的下层设人监护，上层要有人携带螺钉、减振橡胶垫和扳手等准备紧固。幕墙吊至安装位置时，幕墙下端两块凹型轨道插入下层已安装好的幕墙上端的凸形轨道内，将螺钉通过牛腿孔穿入幕墙螺孔内，螺钉中间要垫好两块减振橡胶圆垫。幕墙上方的方管梁上焊接的两块定位块，坐落在牛腿悬挑出的长方形橡胶块上，用两个六角螺栓固定。幕墙吊装就位后，通过紧固螺栓、加垫等方法进行水平、垂直、横向三个方向调整，使幕墙横平竖直、外表一致。

④塞焊胶带。幕墙与幕墙之间的间隙，用 V 形和 W 形橡胶带封闭，胶带两侧的圆形槽内，用一条 ϕ6mm 圆胶棍将胶带与铝框固定。胶带遇有垂直和水平接口时，可用专用热压胶带电炉将胶带加热后压为一体。塞圆形胶棍时，为了润滑，可用喷壶在胶带上喷硅油（冬季）或洗衣粉水（夏季）。全部塞胶带和热压接口工作基本在室内作业，但遇到无窗口墙面（在建筑物的内、外拐角处），则需在室外乘电动吊篮进行。

⑤填塞保温、防火材料。幕墙内表面与建筑物的梁柱间，四周均有约 200mm 间隙，这些间隙要按防火要求进行收口处理，用轻质防火材料充塞严实。空隙上封铝合金装饰板，下封大于口 0.8mm 厚镀锌钢板，并宜在幕墙后面粘贴黑色非燃织品。

施工时，必须使轻质耐火材料与幕墙内侧锡箔接触部位粘结严实，不得有间隙，不得松动，否则达不到防火和保温要求。

（3）元件式玻璃幕墙的安装方法。

1）明框玻璃幕墙的安装方法。

明框玻璃幕墙安装的工艺流程为：检验、分类堆放幕墙部件→测量放线→主次龙骨装配→楼层紧固件安装→安装主龙骨（竖杆）并找平、调整→安装次龙骨

（横杆）→安装保温镀锌钢板→在镀锌钢板上焊铆螺钉→安装层间保温矿棉→安装楼层封闭镀锌板→安装单层玻璃窗密封条、卡→安装单层玻璃→安装双层中空玻璃密封条、卡→安装双层中空玻璃→安装侧压力板→镶嵌密封条→安装玻璃幕墙铝盖条→清扫→验收、交工。

①测量放线。主龙骨（竖杆）由于与主体结构锚固，所以位置必须准确，次龙骨（横杆）以竖杆为依托，在竖杆布置完毕后再安装，所以对横杆的弹线可推后进行。在工作层上放出 x、y 轴线，用激光经纬仪依次向上定出轴线。再根据各层轴线定出楼板预埋件的中心线，并用经纬仪垂直逐层校核，再定各层连接件的外边线，以便与主龙骨连接。如果主体结构为钢结构，由于弹性钢结构有一定挠度，故应在低风时测量定位（一般在早上 8 点，风力在 1～2 级以下时）为宜，且要多测几次，并与原结构轴线复核、调整。放线结束，必须建立自检、互检与专业人员复验制度，确保万无一失。

预埋件位置的偏差与单元式安装相同。

②装配铝合金主、次龙骨。这项工作可在室内进行。主要是装配好竖向主龙骨紧固件之间的连接件、横向次龙骨的连接件，安装镀锌钢板、主龙骨之间接头的内套管、外套管以及防水胶等，装配好横向次龙骨与主龙骨连接的配件及密封橡胶、垫等。

③安装主、次龙骨。常用的固定办法有两种：一种是将骨架竖杆型钢连接件与预埋铁件依弹线位置焊牢；另一种是将竖杆型钢连接件与主体结构上的膨胀螺栓锚固。

两种方法各有优劣：预埋铁件由于是在主体结构施工中预先埋置，不可避免地会产生偏差，必须在连接件焊接时进行接长处理；膨胀螺栓则是在设置连接件时随钻孔随埋设，准确性高，机动性大，但钻孔工作量大，劳动强度高，工作较困难。如果在土建施工中安装与土建能统筹考虑，密切配合，则应优先采用预埋件。应该注意：连接件与预埋件连接时，必须保证焊接质量。每条焊缝的长度、高度及焊条型号均需符合焊接规范要求；采用膨胀螺栓时，钻孔应避开钢筋，螺栓埋入深度应能保证满足规定的抗拔能力。

连接件一般为型钢，形状随幕墙结构竖杆形式变化和埋置部位变化而不同。连接件安装后，可进行竖杆的连接。主龙骨一般每两层一根，通过紧固件与每层楼板连接。主龙骨安装完一根，即用水平仪调平、固定。主龙骨全部安装完毕，复验其间距、垂直度后，即可安装横向次龙骨。

竖向杆件的接长，尤其是型铝骨架，必须用连接件穿入薄壁型材中用螺栓拧紧。两根立柱的接头应留有一定的空隙。

横向杆件型材的安装，如果是型钢，可焊接，亦可用螺栓连接。

在采用铝合金横竖杆型材时，两者间的固定多用角钢或角铝作为连接件。角钢、角铝应各有一肢固定横竖杆。如果横杆两端套有防水橡胶垫，则套上胶垫后的长度较横杆位置长度稍有增加（约 4mm）。安装时，可用木撑将竖杆撑开，装入横杆，拿掉支撑，则将横杆胶垫压缩，这样有较好的防水效果。

④安装楼层间封闭镀锌钢板（贴保温矿棉层）。将橡胶密封垫套在镀锌钢板四周，插入窗台或天棚次龙骨铝件槽中，在镀锌钢板上焊钢钉，将矿棉保温层粘在钢板上，并用铁钉、压片固定保温层。如设计有冷凝水排水管线，亦应进行管线安装。

⑤安装玻璃。幕墙玻璃的安装，由于骨架结构不同的类型，玻璃固定方法也有差异。型钢骨架，因型钢没有镶嵌玻璃的凹槽，一般要用窗框过渡。可先将玻璃安装在铝合金窗框上，而后再将窗框与型钢骨架连接。铝合金型材骨架，此种类型框架截面分为立柱和横杆，它在生产成型的过程中，已将玻璃固定的凹槽同整个截面一次挤压成型。故玻璃安装工艺与铝合金窗框安装一样。但要注意立柱和横杆玻璃安装构造的处理。立柱安装玻璃时，先在内侧安上铝合金压条，然后将玻璃放入凹槽内，再用密封材料密封。横杆装配玻璃与立柱在构造上不同，横杆支承玻璃的部分呈倾斜状，要排除因密封不严流入凹槽内的雨水，外侧需用一条盖板封住。安装时，先在下框塞垫两块橡胶定位块，其宽度与槽口宽度相同，长度不小于100mm，然后嵌入内胶条，安装玻璃，嵌入外胶条。嵌胶条的方法是先间隔分点嵌塞，然后再分边嵌塞。

橡胶条的长度比边框内槽口长1.5%～2%，其断口应留在四角，斜面断开后拼成预定设计角度，用胶粘剂粘结牢固后嵌入槽内。

玻璃幕墙四周与立体结构之间的缝隙，应用防火保温材料堵塞，内外表面用密封胶连续封闭，保证接缝严密不漏水。

2）隐框玻璃幕墙的安装方法。

隐框玻璃幕墙安装的工艺流程为：测量放线→固定支座的安装→立柱、横杆的安装→外围护结构组件的安装→外围护结构组件间的密封及周边收口处理→防火隔层的处理→清洁及其他。

其中，外围护结构组件的安装及其之间的密封，与明框玻璃幕墙不同。

①安装要点。外围护结构组件的安装。在立柱和横杆安装完毕后，就开始安装外围护结构组件。在安装前，要对外围护结构件作认真的检查，其结构胶固化后的尺寸要符合设计要求，同时要求胶缝饱满平整，连续光滑，玻璃表面不应有超标准的损伤及脏物。

外围护结构件的安装主要有两种形式：一为外压板固定式；二为内勾块固定式。不论采用什么形式进行固定，在外围护结构组件放置到主梁框架后，在固定件固定前，要逐块调整好组件相互间的齐平及间隙的一致。板间表面的齐平采用刚性的直尺或铝方通料来进行测定，不平整的部分应调整固定块的位置或加入垫块。为了解决板间间隙的一致，可采用类似木质的半硬材料制成标准尺寸的模块，插入两板间的间隙，以确保间隙一致。插入的模块，在组件固定后应取走，以保证板间有足够的位移空间。

②外围护结构组件调整、安装固定后，开始逐层实施组件间的密封工序。首先检查衬垫材料的尺寸是否符合设计要求。衬垫材料多为闭孔的聚乙烯发泡体。对于要密封的部位，必须进行表面清理工作。首先要清除表面的积灰，再用类似

二甲苯等挥发性强的溶剂擦除表面的油污等脏物，然后用干净布再擦一遍，以保证表面干净并无溶剂存在。放置衬垫时，要注意衬垫放置位置的正确，过深或过浅都影响工程的质量。间隙间的密封采用耐候胶灌注，注完胶后要用工具将多余的胶压平刮去，并清除玻璃或铝板面的多余胶粘剂。

③施工注意事项：

提高立柱、横杆的安装精度是保证隐框幕墙外表面平整、连续的基础。因此在立柱全部或基本悬挂完毕后，要逐根进行检验和调整，再施行永久性固定的施工。外围护结构组件在安装过程中，除了要注意其个体的位置以及相邻间的相互位置外，在幕墙整幅沿高度或宽度方向尺寸较大时，还要注意安装过程中的积累误差，适时进行调整。

外围护结构组件间的密封，是确保隐框幕墙密封性能的关键，同时密封胶表面处理是隐框幕墙外观质量的主要衡量标准。因此，必须正确放置衬杆位置和防止密封胶污染玻璃。

3）点式连接玻璃幕墙安装方法。

点式连接玻璃幕墙是指在幕墙玻璃四角打孔，用幕墙专用钢爪将玻璃连接起来并将荷载传给相应构件，最后传给主体结构的幕墙做法。这种做法体现设计的高技派风格及当今时代的技术美倾向。它追求建筑物内外空间的更多融合，人们可透过玻璃清晰地看到支承玻璃的整个构架体系，使得这些构架体系从单纯的支承作用转向具有形式美、结构美的元素，具有强烈的装饰效果，为人们所喜闻乐见。点式连接玻璃幕墙，被广泛应用于各种大型公共建筑中共享空间的外装饰。

①点式连接玻璃幕墙的形式。

点式连接玻璃幕墙有以下几种：玻璃肋点式连接玻璃幕墙、钢桁架点式连接玻璃幕墙和拉索式点式连接玻璃幕墙等。

玻璃肋点式连接幕墙是指玻璃肋支承在主体结构上，在玻璃肋上安装连接板和钢爪，面玻璃开孔后与钢爪（4 脚支架）用特殊螺栓连接的幕墙形式，如图3-52所示。

钢桁架点式连接幕墙是指在金属桁架上安装钢爪，面玻璃四角打孔，钢爪上的特殊螺栓穿过玻璃孔，紧固后将玻璃固定在钢爪上形成的幕墙，如图 3-53 所示。

拉索式点式连接幕墙是将玻璃面板用钢爪固定在索桁架上的玻璃幕墙，它由玻璃面板、索桁架、支承结构组成。索桁架悬挂在支承结构上，它由按一定规律布置的预应力索具及连系杆等组成。索桁架起着形成幕墙支承系统、承受面玻璃荷载并传至支承结构上的作用，如图 3-54 所示。

②点式连接玻璃幕墙的构造要点。

点式连接玻璃幕墙改变了以往玻璃幕墙的厚重的横竖龙骨用来支承、悬挂或粘结玻璃的做法，改为在玻璃板面打孔后穿接加有柔性垫圈的螺栓，固定在 X 形或 H 形支承件（钢爪）上，支承件再与玻璃肋或者钢桁架、索桁架连接形成整体、传递荷载的构造做法。图 3-53 所示为 X 形连接件连接在空腹钢桁架上的构造

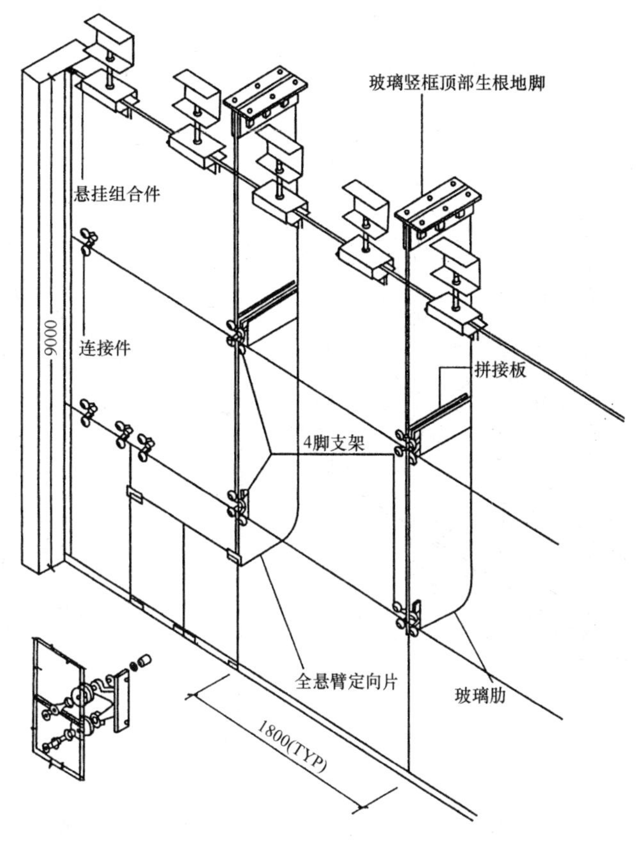

图 3-52　玻璃肋点式连接玻璃幕墙示意图

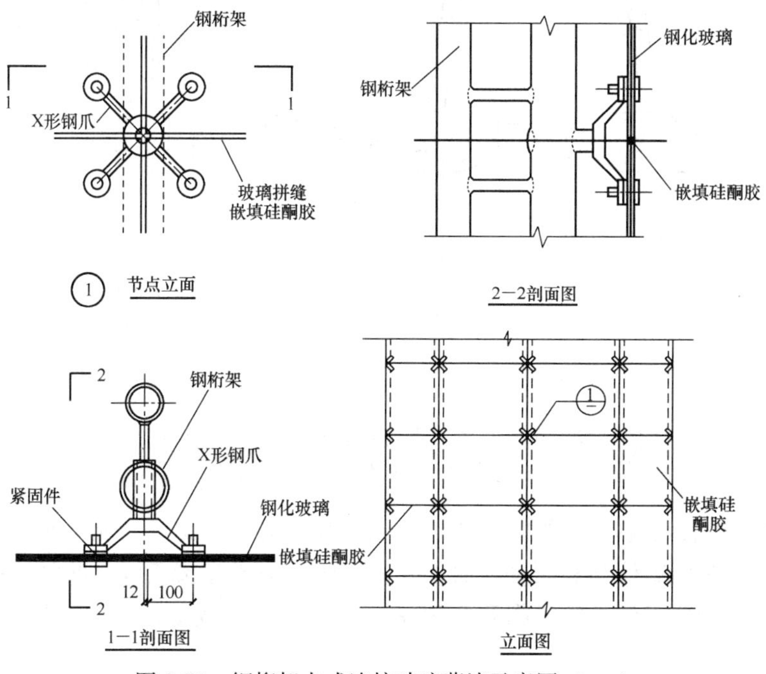

图 3-53　钢桁架点式连接玻璃幕墙示意图（mm）

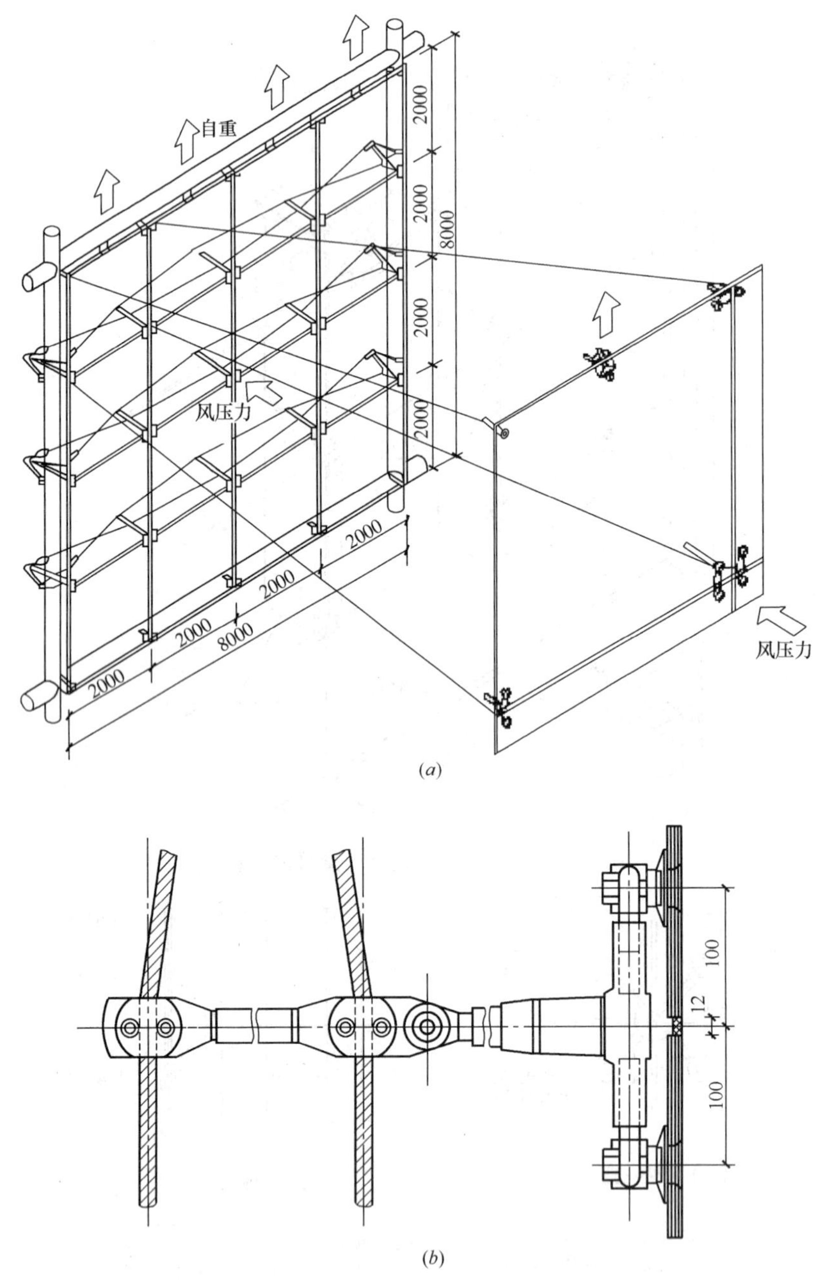

图 3-54　拉索式点式连接玻璃幕墙（mm）

（a）立体图；（b）索系与玻璃连接图

方法，从图中看到连接玻璃的紧固螺栓已超出玻璃外表面，形成浮头式连接；而图 3-55 所示紧固螺栓与表面外表面平齐，形成沉头式连接。以上两种连接均有外露连接件，尽管垫有柔性垫圈和嵌填密封胶，但已形成“冷桥”，且易形成渗漏通道。

为了克服以上点式连接的缺陷，可采用背栓式点式连接玻璃幕墙做法，如图

3-56 所示。由于背栓式螺栓不穿越玻璃，背栓扩孔深在玻璃厚度的一半处，此时玻璃外表面无任何紧固件外露，在幕墙外侧看到的是完整无缺的玻璃板面，反射光影连续、平展，艺术效果较前几种为佳。同时背栓式螺栓未外露，故消除了钢螺栓的“冷桥”现象。背栓式螺栓扩大头套有耐候塑料垫圈，与玻璃不直接接触，且塑料垫圈可按设计师或业主的要求做成需要的颜色。由于垫圈的存在，缓冲了背栓与玻璃之间的接触应力。

背栓式点式连接玻璃板厚度为 10mm 时，背栓孔深 6mm；厚度为 12mm 时，背栓孔深为 7mm。

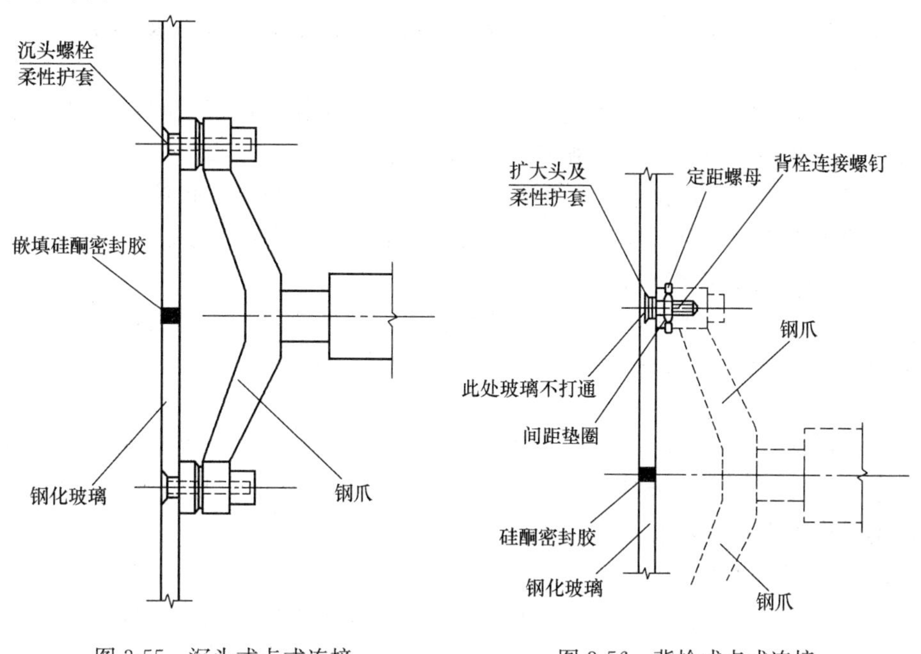

图 3-55　沉头式点式连接　　　　图 3-56　背栓式点式连接

点式连接玻璃上的开孔应在玻璃未钢化前用专用工具打好，再进行钢化处理。

背栓式点式连接安装时将背栓插入玻璃孔中，收紧螺母，扩大头的垫片挤入扩孔，完成背栓螺栓与玻璃的连接。在桁架上固定好钢爪，将背栓螺钉装入钢爪的安装孔中（孔内有可自由转动的半球状构造，形成回转铰），调整钢爪位置，拧紧螺母，将背栓固定在钢爪上，完成玻璃安装。钢爪装在钢桁架上时，形成钢桁架点式连接玻璃幕墙；装在索桁架上时，形成拉索式点式连接玻璃幕墙。

③点式连接玻璃幕墙的施工。

当前，点式连接玻璃幕墙技术发展迅速，应用日益普遍。而其中拉索式点式连接全玻璃幕墙又为其先锋。它既通透、美观又理性、时尚，所以被广泛应用于会展、购物中心等公共场所。现通过拉索式点式连接玻璃幕墙简介该类幕墙的施工做法。

拉索式点式连接全玻璃幕墙的技术要求很高，其中的拉索要施加预应力，这是与其他幕墙不同的地方。在对拉索式玻璃幕墙进行设计时，必须预先考虑施工的步骤，尤其必须预先规定好张拉预应力的步骤，实际施工时必须严格按照设计执行，如果稍有改变，就可能引起拉索内力的很大变化，使支承结构严重超载或出现其他问题。因此，作为施工单位必须理解设计意图，并请设计人员做好技术交底并在关键施工阶段亲临现场指导。

拉索式桁架的架设必须首先建立支承结构，把已经预拉并按准确长度准备好的索桁架就位，调整到规定的初始位置并安上锚具初步固定，然后按规定的顺序进行预应力张拉。预应力张拉一般使用专门的千斤顶进行操作比较方便，而且易于控制张拉力的大小。张拉过程要随时监测索系的位置变化情况，必要时在征得设计人员的同意后做适当调整，整个拉索式点式连接幕墙完成时张拉力、预应力应达到预设值。

为使预应力均匀分布，承重索和稳定索要同时张拉，最理想的方案是全部预应力分三个循环张拉：第一个循环完成预应力的 50%，第二、三个循环各完成 25%，三个循环张拉完成达到 100%的预应力。采用这种轮番张拉可使张拉完成后，索的形状基本不变，将钢爪支座标高的变化控制在尽量小的范围内。

A. 拉索式点式连接玻璃幕墙施工工艺。

拉索式点式连接玻璃幕墙施工工艺流程为：测量定位→支承结构制作安装→索桁架安装→索桁架的张拉→玻璃安装→质量控制→竣工验收。

a. 测设轴线及标高。

按设计轴线及标高，分别测设屋面、楼板、支承钢梁、水平基础梁、各楼层钢索水平撑杆的轴线及标高，形成三维立体控制网，从而满足幕墙、支承结构、索桁架、钢爪定位等要求。

b. 支承结构安装。

在主体结构上安装悬挑梁或在主梁上安装张拉附梁。在梁上设计位置安装悬挂钢索的锚墩，根据钢索的空间位置计算出各种角度后与钢梁（其他梁）焊接成整体。此时应注意主梁在幕墙自重、钢索预应力等作用下产生的挠度。

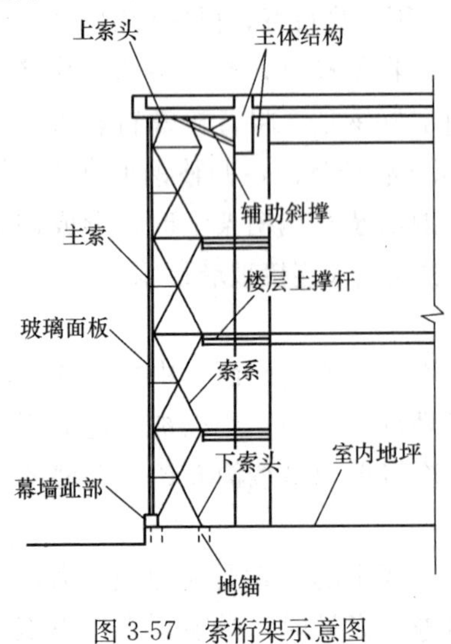

图 3-57　索桁架示意图

c. 地锚安装。

在地锚的预埋件上用螺栓固定 20mm 厚不锈钢底板，然后将筋板焊于底板上形成倒 T 形连接件。

d. 钢索体系安装。

a）根据钢索的设计长度及在设计预拉力作用下钢索延伸长度下料。

b）在地面按图组装单榀索桁架，并初步固定连系杆。

c）制作索杵架的上索头和下索头，如图 3-57 所示。

d）将索桁架上索头固定在锚墩上。

e）用千斤顶在地面张拉钢索并将下索头

与地锚筋板采用开口销固定。

f）依次安装幕墙立面全部索桁架。

g）穿水平索，按设计位置调正连系杆的水平位置，并固定。

h）安装钢爪，使十字钢爪臂与水平成45°，H形钢爪主爪臂与水平成90°。

i）测量检验钢爪中心的整体平面度、垂直度，水平度调整到满足精度要求，并最终固定调正整体索桁架。

e. 玻璃安装。

按设计位置、尺寸将玻璃编号，自上而下安装玻璃。玻璃拼缝宽度顺直及高低差符合要求。用连接件与钢爪固定连接，最后清理拼缝并注胶。

f. 立面幕趾安装。

玻璃幕墙的墙趾构造是将不锈钢U形地槽用铆钉固定在地梁预埋件上，地槽内按一定间距设有经过防腐处理的垫块。当玻璃幕墙就位并调整其位置至符合要求后，再在地槽两侧嵌入泡沫棒并注满硅酮密封胶，最后在幕趾表面安装相应的装饰面板。

B. 质量控制要点。

a. 预埋件安装质量。

a）支承结构屋面(楼板)、梁(悬挑梁)上的预埋件,应重点检测预埋件标高。

b）地锚预埋件应重点检测标高，以保证地锚底板面上的地坪装饰层厚度的要求。还应做必要的拉拔试验。

b. 支承框架梁的安装质量。

a）对纵向主梁应检测纵横轴线位置，尤其应检查上锚墩及地锚位置偏差，以保证日后安装索桁架的垂直精度及幕墙立面定位精度。

b）钢索施加预应力将使梁产生挠曲，在控制主梁标高时，应予以反变形预调控制，以保证幕墙安装完成后，索桁架上端在同一水平位置上。

c. 地锚安装质量。

a）检查其轴线位置及其与上锚墩间位置偏差，以保证索桁架的垂直精度及墙体位精度。

b）检查地锚板的标高是否一致。

c）检查地锚底板与预埋件、底板与筋板的焊接质量。

d. 钢索的安装质量。

a）对钢索原材料按国家标准进行验收，进行强度复查，并逐根进行外观检查。对索头的预紧应力及钢索张拉后的延伸长度进行试验检测。

b）对索头的制作质量进行检查。

c）检查桁架的垂直度，水平连系杆的间距、标高、水平度。

d）索桁架安装完成后，检查其紧固后的整体平面度及平面坐标位置。

e. 幕墙墙趾构造安装质量检查。

检查幕墙下方玻璃嵌固构造的安装质量，要求同有框玻璃幕墙。

④无骨架玻璃安装方法。

由于玻璃面积大、自重大，施工时一般采用机械化施工方法，即在叉车上安装电动真空吸盘，将玻璃吸附就位，操作人员站在玻璃上端两侧搭设的脚手架上，用夹紧装置将玻璃上端安装固定。每块玻璃之间用硅胶嵌缝。

⑤细部和节点的处理。

不论是单元式、元件式、挂件式以及无骨架式玻璃幕墙，均需要对外围护结构中的一些细部、节点进行处理，这是一项非常细致重要的工作。不同类型幕墙的节点细部处理有所不同。现仅就一些典型做法介绍如下：

A. 擦窗机导轨。为了经常保持幕墙外侧的清洁，若不考虑通过开启窗外出或在屋顶设置吊篮等方法擦洗，则应在竖杆（立柱）外侧设置擦窗机轨道。

B. 转角部位处理。当房屋转角处相邻两墙面均为幕墙时，根据转角的角度，其节点构造有如下几种处理情况：

当转角为阳（钝）角时，如有所需角度的转角铝合金型材，则宜采用一根铝合金型材，两个方向的玻璃直接镶嵌在型材槽内；当无合适的转角铝合金型材时，可在转角处两个方向各设一根竖杆，用铝合金装饰板将其连起来。竖杆与铝饰板间的竖缝及铝饰板之间的水平缝宽度宜大于10mm，深宜大于20mm，并用橡胶条和密封胶进行双层密封。

当转角为90°阴角时，可直接采用两根竖杆拼成。

C. 伸缩缝部位处理。当房屋有沉降缝、温度缝或防震缝，且该部位幕墙连续时，应在缝的两侧各设一根竖杆，用铝饰板将其连接起来，连接处应进行双层密封处理。

D. 压顶部位处理。按照建筑构造形式的不同，有以下几种做法：

挑檐处理。将幕墙顶部与挑檐板下部之间的间隙用封缝材料填实，并在挑檐口做滴水，以免雨水顺檐流下。

封檐处理。一般做法是用钢筋混凝土压檐或轻金属顶盖顶。

E. 室内天棚处理。由于玻璃幕墙是悬挂在主体结构上的，一般与主体结构有一定的间隙，此空间可装设防火、保温材料。在使用要求上对内装修要求不高且无吊顶时，可不考虑幕墙与吊顶的处理，但在上一层楼板上应设置栏杆。

F. 窗台板的处理。窗台板可用木板或轻金属板，窗台下部宜用轻质板材。

G. 下封口处理。最下一根横杆与窗台、墙体之间的空隙不得填充，应在空隙外侧填充密封材料。

（4）安全措施。

幕墙施工的施工人员都在建筑物外缘高空操作，为此，在编制施工组织设计或施工方案时，应全面考虑，措施得力，切实保证安全施工。

1）应根据有关劳动安全、卫生法规，结合工程制定安全措施，并经有关负责人批准。

2）安装幕墙用的施工机具，在使用前必须进行严格检验。吊篮须作荷载试验和各种安全保护装置的运转试验，手电钻、电动改锥、焊钉枪等电动工具，须做绝缘电压试验；手持玻璃吸盘和玻璃吸盘安装机，须做吸附持续时间试验。

3）施工人员须配备安全帽、安全带、工具袋，防止人员及物件的坠落。

4）在高层建筑幕墙安装与上部结构施工交叉作业时，结构施工层下方须架设挑出3m以上的防护装置；距地面上3m左右，建筑物周围应搭设挑出6m的水平安全网。如果架设竖向安全平网有困难，可采取其他有效方法，保证安全施工。

5）防止在工程使用中密封材料溶剂中毒，且要保管好溶剂，以免发生火灾。

6）玻璃幕墙施工应设专职安全人员进行监督和巡回检查。

7）现场焊接时，应在焊件下方加设接火斗，以免发生火灾。

（5）玻璃幕墙保养与维护。

目前，玻璃幕墙的保养与维护尚未得到足够的重视，因为玻璃幕墙使用的材料都有有效期，在正常使用中还应定期观察和维护，所以应该有保养和维修计划。根据幕墙的积灰涂污程度，确定清洗幕墙的次数和周期，每年至少清洗一次；清洗幕墙外墙面的机械设备，应有安全防护装置，并不能擦伤幕墙表面；不得在大风雨天进行维护与保养工作。

如发现密封胶脱落或破损，应及时修补和更换；定期到吊顶内检查承重钢结构，如有锈蚀及时除锈补漆；发现玻璃有松动时，要及时查找原因，修复和更换；发现玻璃出现裂纹时，要及时采取临时加固措施，并应立即安排更换，以免发生重大伤人事故。

当遇到台风、地震、火灾等自然灾害时，或正常使用满5年时，均要对玻璃幕墙进行全面检查。

3.3.6.5 金属幕墙工程

（1）金属幕墙概述。

在现代建筑装饰中，金属制品受到广泛应用，如柱子外包不锈钢板或铜皮，楼梯扶手采用不锈钢管或铜管等。金属板幕墙类似于玻璃幕墙，它是由工厂订制的折边金属薄板作为外围护墙面，与窗一起组合成幕墙，形成闪闪发光的金属墙面，有其独特的现代艺术感。

与玻璃幕墙相比，金属板幕墙主要有几个特点：强度高、质量轻、板面平整无暇；优良的成型性，加工容易、质量精度高、生产周期短，可进行工厂化生产；防火性能好。金属板幕墙适用于各种工业与民用建筑。

金属板幕墙一般是悬挂在承重骨架和外墙面上，具有典雅庄重、质感丰富以及坚固、耐久、易拆卸等优点。施工方法多为预制装配，节点构造复杂，施工精度要求高，必须有完备的工具和经过培训的有经验的工人才能完成操作。

金属板幕墙的种类很多，按照材料分类可以分为单一材料板（如钢板、铝板、铜板、不锈钢板等）和复合材料板（如铝合金板、搪瓷板、烤漆板、镀锌板、彩色塑料膜板、金属夹心板等）；按照板面的形状分类可以分为光面平板、纹面平板、压型板、波纹板和立体盒板等，如图3-58所示。

（2）施工准备。

金属板幕墙施工是一项细活，工程质量要求高，技术难度较大。所以，在施工前应认真查阅图纸，领会设计意图，并应详细进行技术交底，使操作者能够主

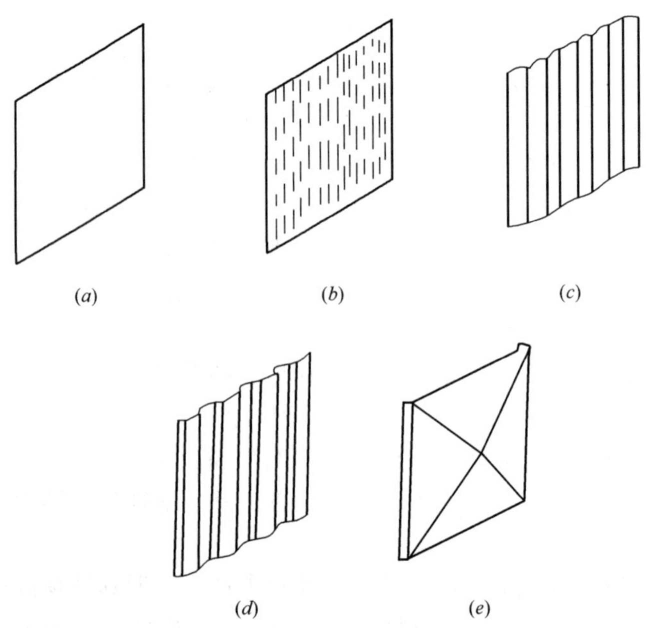

图 3-58　金属幕墙板

(a) 光面平板；(b) 纹面平板；(c) 波形板；(d) 压型板；(e) 盒板

动地做好每一道工序（包括一些细小的节点）。由于金属板的安装固定方法较多，建筑物的立面也不尽一样，因此，这里只能就一些工程中的基本程序及注意事项加以介绍。

1）确定施工工艺流程。

编制单项工程施工组织设计，确定金属板幕墙的施工工艺流程。

2）施工准备及作业条件。

①施工准备。

A. 施工前应按设计要求准确提出所需材料的规格及各种配件的数量，以便加工订做。

B. 施工前，对照金属板幕墙的骨架设计，复检主体结构的质量。因为主体结构质量的好坏，对幕墙骨架的排列位置影响较大。特别是墙面垂直度、平整度的偏差，将会影响整个幕墙的水平位置。此外，对主体结构的预留孔洞及表面的缺陷，应做好检查记录，及时提醒有关方面解决。

C. 详细核查施工图纸和现场实测尺寸，以确保设计加工的完善，同时认真将结构图纸及其他专业图纸进行核对，以便及时发现不相符部位，尽早采取有效措施修正。

②作业条件。

A. 现场要单独设置库房。构件进入库房后应按品种和规格堆放在特种架子或垫木上。在室外堆放时，要采取保护措施；构件安装前均应进行检验和校正，构件应平直、规方，不得有变形和刮痕。

B. 根据幕墙骨架设计图纸规定的高度和宽度，搭设施工双排脚手架。如果利用建筑物结构施工时的脚手架，则应进行检查修整，符合高空作业安全规程的要求。大风、低温及下雨等气候条件下不得施工。

C. 施工前要安装吊篮，并将金属板及配件用塔吊、外用电梯等垂直运输设备运至各施工面层上。

③测量放线。

A. 由土建施工单位提供基准线（50 线）及轴线控制点；

B. 将所有预埋件清理出来，并复测其位置尺寸；

C. 根据基准线在底层确定幕墙的水平宽度；

D. 用经纬仪向上引数条垂线，确定幕墙转角位置和立面尺寸；

E. 确定立面的中线；

F. 测量放线时应控制和分配好误差，不使误差积累；

G. 测量放线时在风力不大于 4 级的情况下进行。放线后应及时校核，以保证幕墙垂直度及立柱位置的正确性。

（3）幕墙型材加工和安装。

1）幕墙型材骨架加工。

①一般规定。

金属板幕墙在制作前应对建筑图纸进行核对，并对已建建筑物进行复测，按实测结果调整幕墙，经设计单位同意后，方可加工组装。金属板幕墙采用的材料、零部件应符合规定，并应有出厂合格证。加工幕墙构件所采用的设备、机具应能达到幕墙构件加工精度的要求，其量具应定期进行计量鉴定。

②加工过程。

A. 检查所有加工的物件；

B. 将检查合格的铝材包好保护胶纸；

C. 根据施工图按工程进度加工，加工后应除去尖角和毛刺；

D. 按施工图要求，将所需配件安装于铝（铜）型材上；

E. 检查加工符合图纸要求后，将铝（铜）型材编号分类包装放置。

③加工技术要求。

A. 各种型材下料长度尺寸允许偏差为±1.0mm，横梁的允许偏差为±0.5mm，竖框的允许偏差为±1.0mm，端头斜度的允许偏差为15mm/m。

B. 各加工面须去毛刺、飞边，截料端头不应有加工变形，毛刺不应大于 0.2mm。

C. 螺栓孔由钻孔和扩孔两道工序完成。

D. 螺栓孔尺寸要求：孔位允许偏差±0.5mm，孔距允许偏差±0.5mm，累计偏差不应大于±1.0mm。

E. 彩色钢板型材应在专业工厂加工，并在型材成型、切割、打孔后，依次进行烘干、静电喷涂有机物涂层、高温烤漆等表面处理。此种型材不允许在现场进行二次加工。

④加工质量要求。

A. 金属板幕墙结构杆件截料之前应进行校正调整。构件的连接要牢固，各构件连接处的缝隙应进行密封处理。金属板幕墙与建筑主体结构连接的固定支座材料宜选用铝合金、不锈钢或表面热镀锌处理的碳素结构钢，并应具备调整范围，其调整尺寸不应小于 40mm。

B. 非金属材料的加工使用应符合下列要求：幕墙所使用的垫块、垫条的材质应符合《建筑橡胶密封垫预成型实芯硫化的结构密封垫用材料》的规定。

C. 金属板幕墙施工中，对所需注胶部位及其他支撑物的清洁应严格掌握。

2）幕墙型材骨架安装。

①预埋件制作安装。

A. 金属板幕墙的竖框与混凝土结构宜通过预埋件连接，预埋件应在主体结构混凝土施工时埋入。土建工程施工时，严格按照预埋施工图安放预埋件，其允许位置尺寸偏差±20mm，然后进行预埋件施工；

B. 预埋件通常是由锚板和对称配置的直锚筋组成。钢筋宜采用 HPB235 级或 HRB335 级钢筋，不得采用冷加工钢筋；预埋件的受力直锚筋不宜少于 4 根，直径不宜小于 8mm，受剪预埋件的直锚筋可用 2 根。预埋件的锚盘应放在外排主筋的内侧，锚板应与混凝土墙平行且埋板的外表面不应凸出墙的外表面。充分利用锚筋的受拉强度，锚固长度应符合表 3-2 的要求。钢筋的最小锚固长度在任何情况下不应小于 250mm，光圆钢筋的端部应做弯钩。

锚固钢筋的锚固长度乙（mm） **表 3-2**

钢筋类型	混凝土强度等级	
	C25	≥C30
HPB235 级钢筋	$30d$	$25d$
HRB335 级钢筋	$40d$	$35d$

C. 锚板的厚度应大于钢筋直径的 0.6 倍。锚筋中心至锚板边缘距离不应小于 $2d$（d 为锚筋直径）及 20mm。对于受拉和受弯预埋件，其钢筋间距和锚筋至构件边缘的距离均不应小于 $3d$ 及 45mm；对于受剪预埋件，其钢筋的间距不应大于 300mm。

D. 当主体结构为混凝土结构且没有条件采取预埋件时，应采取其他可靠的连接措施，并应通过试验确定其承载能力。膨胀螺栓是后置连接件，应确保安全。

E. 无论是新、旧建筑，当主体结构为实心砖墙体时，不允许采用膨胀螺栓来固定后置锚板，必须用钢筋穿透墙体，将钢筋的两端分别焊接到墙内和墙外两块钢板上；钢筋与钢板的焊接要符合施工规范要求。当主体结构为轻质墙体，如空心砖、加气混凝土砌块等，上述固定方式不能采用，必须根据实际情况，由专业的设计单位经过计算后，采取其他稳妥的固定措施。

②定位放线。

放线前，应重点关注以下问题：

A. 对照金属板幕墙的框架设计，检查主体结构质量，特别是墙面的垂直度、平整度的偏差。

B. 放线工作应根据土建图纸提供的中心线及标高进行。

C. 熟悉本工程金属板幕墙的特点，其中包括骨架的设计特点。

放线的原则是：对由横梁与竖框组成的幕墙，一般先弹出竖框的位置，然后确定竖框的锚固点。待竖框通长布置完毕，横梁位置线再弹到竖框上。

③铁码安装与防锈处理。

A. 安装前，首先要清理预埋铁件。由于在实际施工中，预埋铁件有的位置偏差过大，有的钢板被混凝土埋没，有的甚至漏埋，直接影响连接铁件的安装。因此，测量放线前，应逐个检查预埋铁件的位置，并把铁件上的水泥灰渣剔除干净，不能满足锚固要求的位置，应该把混凝土剔平以便增设埋件。

B. 铁码安装及其技术要求。

铁码须按设计图加工，表面处理按国家的有关规定进行热浸镀锌，根据图纸检查并调整所放的线，将铁码焊接固定于预埋件上，待幕墙校准之后，将组件铝码固定在铁码上。焊接时，应采取对称焊，焊缝不得有夹渣和气孔，敲掉焊渣后对焊缝涂防锈漆进行防锈处理。

C. 防锈处理技术要求。

不能在潮湿、多雾及阳光直接暴晒之下涂漆。表面尚未完全干燥或蒙尘表面不能涂漆。涂第二遍漆或以后的涂漆时，均应在前一遍涂层已经固化后进行。涂漆时表面需经砂纸打磨光滑，整个涂层要均匀，防止角部及接口处涂漆过量。在漆未完全干燥时，不应在涂漆处进行任何其他施工。

D. 所有连接件锚固后，其外伸端面必须处在同一个垂直平整的立面上。

④型材骨架安装。

A. 合金（型钢）型材安装技术要求

检查放线是否正确，并用经纬仪对横梁竖框进行贯通，尤其是建筑转角、变形缝、沉降缝等部位；竖框与铁码的接触面上放上1mm厚绝缘层，以防金属电解腐蚀；校正竖框尺寸后拧紧螺栓；通过铝角将横档固定在竖框上，安装好后用密封胶将横档间的接缝密封。检查竖框和横档的安装尺寸，其允许偏差见表3-3。

竖框和横档允许偏差　　表3-3

项次	项　目	允许偏差	检查方法
1	垂直度 幕墙高度≤30m 30m<幕墙高度≤60m 60m<幕墙高度≤90m 幕墙高度>90m	 10mm 15mm 20mm 25mm	激光仪或经纬仪
2	竖直构件线度	3mm	3m靠尺、塞尺
3	横向构件水平度 <2000mm >2000mm	 2mm 3mm	水平仪
4	同高度相邻两根横向构件高度差	1mm	钢板尺、塞尺

续表

项次	项　　目	允许偏差	检查方法
5	分格框对角线差 对角线长＜2000mm 对角线长＞2000mm	 3mm 3.5mm	3m 钢卷尺
6	拼缝宽度（与设计值比）	2mm	卡尺

注：1. 1～4 项按抽样根数检查，5～6 项按抽样分格数检查；

2. 垂直于地面的幕墙，竖向构件垂直度包括幕墙平面内及平面外的检查；

3. 竖向构件的直线度包括目前平面内及平面外的检查；

4. 全部在风力小于 4 级时测量检查。

B. 铝合金型材安装施工。

竖框的安装是金属幕墙安装施工的关键工序之一。安装工作一般是从底层开始，逐层向上推移。金属幕墙的平面轴线与建筑物外平面轴线距离的允许偏差应控制在 2mm 以内，特别是建筑物平面呈弧形、圆形和四周封闭的金属幕墙，其内外轴线距离直接影响幕墙的周长，应该特别认真对待。

竖框与连接件要用螺栓连接，螺栓要采用不锈钢件，同时要保证足够长度，螺母紧固后，螺栓要长出螺母 3mm 以上；螺母和连接件之间要加设足够厚度的不锈钢或镀锌垫片或弹簧垫圈。一般情况下，以建筑物的一个层高为一根竖框。由于金属幕墙随温度的变化而产生伸缩，而铝板、复合板等不同材料的膨胀系数不同，这些伸缩如被抑制，材料内部将产生很大的应力，轻则会使幕墙发出响声，重则会导致幕墙变形，因此，框与框及板与框之间都要留有伸缩缝。伸缩缝处采用特制插件进行连接，即套筒连接法，可消除幕墙挠曲变形及温度应力的影响。

根据弹线所确定的位置安装横梁，安装横梁时最重要的是要保证横梁和竖框的外表面处于同一立面。

横梁竖框间通常采用角码进行连接，角码一般用角铝或镀锌铁件制成。横梁与竖框间也应设有伸缩缝，待横梁固定后，用硅酮密封胶将伸缩缝密封。应特别注意的是，在型材框上钻孔时，钻头直径应小于自攻螺钉的直径。横梁的安装应自下向上进行，当安装完一层高度时，应进行检查、调整、校正。

⑤保温防潮层安装。

如果在金属板幕墙的设计中，既有保温层又有防潮层，应先安装防潮层，然后再在防潮层上安装保温层。大多数金属板幕墙的设计通常只有保温层而不设防潮层，只需将保温层直接安装到墙体上。

⑥防火棉安装。

应采用优质防火棉，抗火期限必须达到有关标准的要求。防火棉用镀锌铜板固定，应使防火棉连续地密封于楼板与金属板之间的空位上，形成一道防火带，中间不得有空隙。

⑦防雷保护设施。

幕墙设计时，都会考虑使整片幕墙框架具有有效的电传导性，并提供足够地防雷保护接合端。大厦防雷系统及防雷接地措施一般由专门机构负责，一般要求防雷系统直接接地，不应与供电及其他系统合用接地线。

（4）幕墙金属板安装。

金属板幕墙常用的板材品种很多，在我国用得最多、效果最好的是复合铝塑板、铝合金蜂巢板和单层铝板等几种。

1）复合铝塑板的加工

复合铝塑板的加工应在洁净的专门车间中进行，加工的工序主要为复合铝塑板裁切、刨沟和固定。板材储存时应在10°以内倾斜放置，底板需用厚木板垫底，使其不至于产生弯曲；搬运时需两人取放，将板面朝上，切勿推拉，以防擦伤。板材上切勿放置重物或者践踏，以防产生弯曲或凹陷现象。如果采用手工裁切，在裁切前应将工作台清洁干净，以免板面受损。

①复合铝塑板裁切。

裁切是复合铝塑板加工的第一道工序。板材的裁切可用剪床、电锯、圆盘锯和手电锯等工具，按照设计要求加工出所需尺寸。

②复合铝塑板刨沟。

复合铝塑板的刨沟有两种机具：一种是带有床体的数控刨沟机，只需将要刨沟的板材放到机床上，调好刨刀的距离，就可以准确无误地完成刨沟任务；另一种是手提电动刨沟机，操作时要使用平整的工作台，要求操作人员熟练掌握工具的使用技巧。应尽量少用手动刨沟机，因为复合铝塑板对刨沟工艺的精确度要求很高，而手工操作误差较大，不小心就会穿透复合铝塑板的塑性材料层，损伤面层铝板。

刨沟机上带有不同的刨刀，通过更换不同的刨刀，可在复合铝塑板上刨出不同形状的沟。复合铝塑板的刨沟深度应根据板材的厚度而定。一般情况下塑性材料保护层保留的厚度应在1/4左右，不能将塑性材料层全部刨开，以防止面层铝板的内表面长期裸露而受到腐蚀。如果只剩一层铝板，弯折处板材强度会降低，导致板材使用寿命缩短。

板材被刨沟以后，再按设计对边角进行裁剪，就可将板材弯折成所需要的形状。在刨沟处弯折时，要将碎屑清理干净；切勿多次反复弯折和急速弯折，防止铝板受到破损，强度降低；弯折后的板材四角对接处要用密封胶进行密封；对有毛刺的边角可用锉刀修边，注意切勿损伤铝板表面；需要钻孔时，可用电钻、线锯等在铝塑板上做出各种圆形、曲线形等多种孔径。

③复合铝塑板与副框及加强筋的固定。

A. 板材边缘弯折后，就要同副框固定成型，同时根据板材的性质及具体分格尺寸的要求，在板材背面适当的位置设置加强筋。通常采用铝合金方管作为加强筋，具体数量根据设计确定。一般情况下，当板材的长度不大于1m时可设一根加强筋，板材长度大于1m不大于2m时可设两根加强筋；板材长度大于2m时，要按设计要求增加加强筋的数量。

B. 副框与板材的侧面可用抽芯铝铆钉紧固，抽钉间距应在200mm左右。板的正面与副框的接触面间由于不能用铆钉紧固，所以在副框与板材间用结构胶粘结。转角处要用角码将两根副框连接牢固，加强筋与副框间也要用角码连接紧固，加强筋与板材间要用结构胶粘结牢固。铝塑板组装后，应将每块板的对角接缝处用密封胶密封，防止渗水。

C. 复合铝塑板组框中采用双面胶带，只适用于高度较低建筑的金属板幕墙。对于高层建筑，副框及加强筋与复合铝塑板正面接触处必须采用结构胶粘结，而不能采用双面胶带。

2）金属板安装。

①安装技术要求。

A. 金属板须放置于干燥通风处，并避免与电火花、油污及新拌混凝土等腐蚀物接触，以防板表面受污损；

B. 金属板件搬运时应有保护措施，以免损坏金属板；

C. 注胶前，一定用清洁剂将金属板及铝合金（型钢）框表面清洗干净，清洁后的材料须在1h内密封，否则重新清洗；

D. 密封胶须注满，不能有空隙或气泡；

E. 清洁用擦布须及时更换，以保持干净；

F. 应遵守标签上的说明使用溶剂，使用溶剂的场所严禁烟火；

G. 注胶之前，应将密封条或防风雨胶条安放于金属板与铝合金（钢）型材之间；

H. 根据密封胶的使用说明，注胶宽度与注胶深度最合适的尺寸比率为2（宽度）：1（深度）；

I. 注密封胶时，应用胶纸保护胶缝两侧的材料，使之不受污染；

J. 金属板安装完毕，在易受污染部位用胶纸贴盖或用塑料薄膜覆盖保护；易被划伤的部位，应设安全护栏保护；

K. 所使用的清洁剂应对金属板、胶与铝合金型（钢）材无任何腐蚀作用。

②安装施工要点。

A. 复合铝塑板安装。复合铝塑板与副框组合完成后，开始在主体框架上进行安装。

金属板幕墙的主体框架（铝框）通常有两种形状，如图3-59所示，其中第一种副框与两种主框都可以搭配使用，但第二种副框只能与第二种主框配合使用；板间接缝宽度按设计而定，安装板前要在竖框上拉出两根通线，定好板间接缝的位置，按照线的位置安装板材；拉线时要使用弹性小的线，以保证板缝整齐。

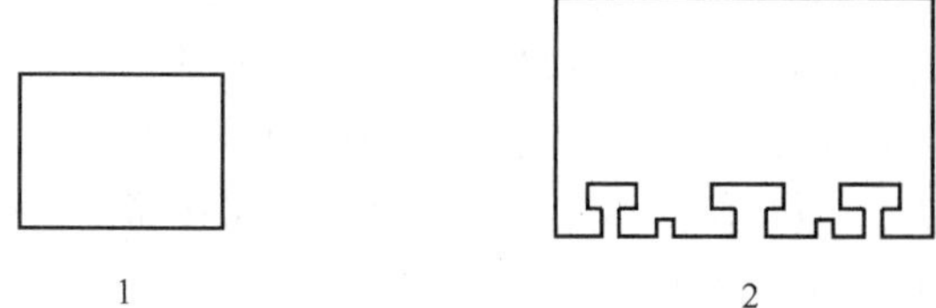

图3-59　主框形状

副框与主框接触处应加设一层胶垫，不允许刚性连接。如果采用第二种主框，则将胶条安装在两边的凹槽内；如果采用方管做主框，则应用胶条粘结到主框上。板材定位以后，将压片的两脚插到板上副框的凹槽里，将压片上的螺栓紧固即可。金属板与板之间的缝隙一般为 10～20mm，用硅酮密封胶或橡胶条等弹性材料封堵，在垂直接缝内放置衬垫棒。

B. 铝合金蜂巢板安装。铝合金蜂巢板不仅具有良好的装饰效果，而且还具有保温、隔热、隔声、吸声等功能。

铝合金蜂巢板如图 3-60 所示。

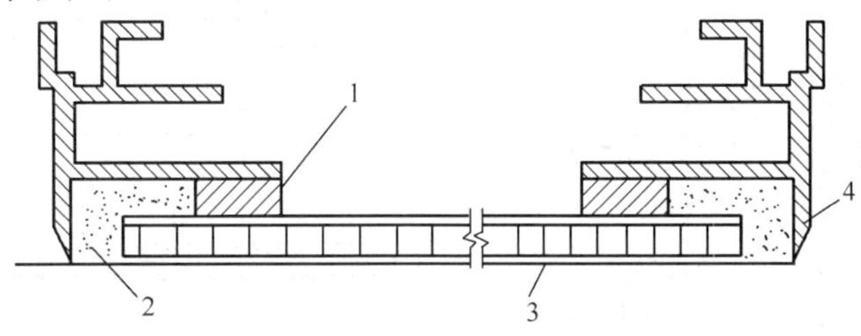

图 3-60　铝合金蜂巢板

1—蜂巢状泡沫塑料填充，周边用胶密封；2—密封胶（俗称结构胶）；3—复合铝合金蜂巢板；4—板框

③注胶封闭。

金属板固定以后，板间接缝及其他需要密封的部位要采用耐候硅酮密封胶进行密封，注胶时须将该部位基材表面用清洁剂清洗干净后，再注入密封胶。

A. 耐候硅酮密封胶的施工厚度要控制在 3.5～4.5mm，如果注胶太薄对保证密封质量及防止雨水渗漏不利，但也不能注胶太厚，太厚的胶层在受拉时易被拉断导致密封失效。

B. 耐候硅酮密封胶在接缝内要形成两面粘结，不要三面粘结，否则胶层易被拉断，同样使密封失效。因此，较深的板缝要采用聚乙烯泡沫条填塞，较浅的板缝直接用无粘结胶带垫于底部。

C. 注胶前，要将需注胶部位用丙酮、甲苯等清洁剂清洗干净，并将连接件断面和污物擦拭干净。

D. 注胶工人一定要熟练掌握技巧，应从一面向另一面单向注，不能两面同时注；垂直注胶时应自下而上；在胶固化以前，要将节点胶层压平，不能有气泡和空洞；注胶要连续，胶缝应均匀饱满。

E. 注意周围环境的湿度及温度等气候条件，应符合耐候硅酮胶的施工条件，一般在 20℃左右时，耐候硅酮胶固化完全需要 14～21d 的时间。

(5) 节点构造和收口处理。

金属板幕墙节点构造设计、水平部位的压顶、端部的收口、伸缩缝的处理、两种不同材料交接部位的处理等，不仅对结构安全与使用功能有着较大的影响，而且也关系到建筑物的立面造型和装饰效果，现将目前国内常见的几种做法介绍如下：

1）金属幕墙板节点。

对于不同的金属板幕墙，其节点处理略有不同，如图 3-61～图 3-63 所示的几种不同板材的节点构造；通常在节点的接缝部位易出现上下边不齐或板面不平等问题，故应先安装一侧板，螺栓不拧紧，用横、竖控制线确定另一侧板安装位置，待两侧板均达到要求后，再依次拧紧螺栓、打密封胶。

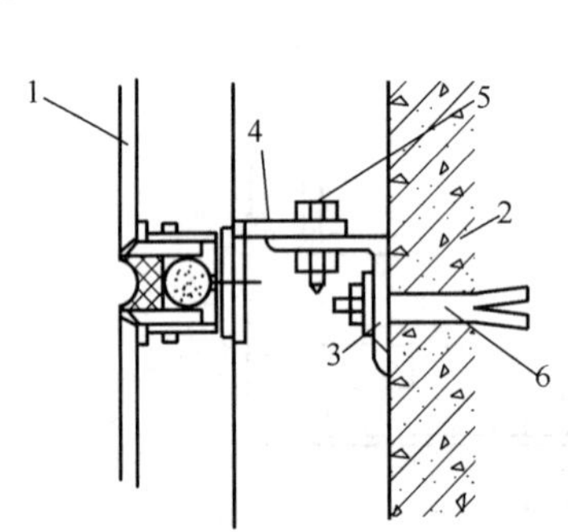

图 3-61　单板式铝塑板节点构造

1—单板式铝塑板；2—承重柱（或墙）；3—角支撑；4—直角型铝材横梁；5—调整螺栓；6—锚固螺栓

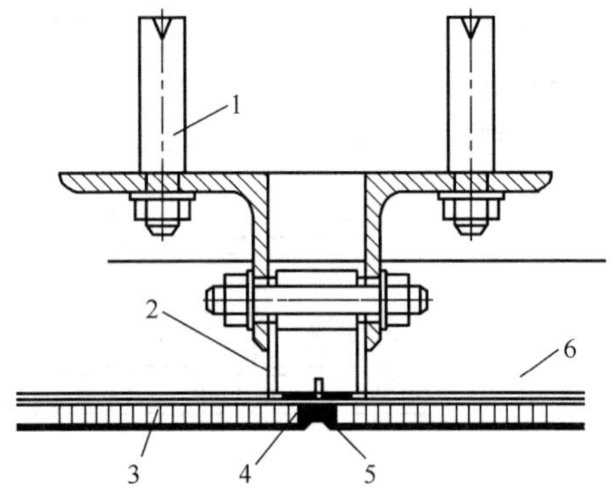

图 3-62　巢板节点构造（一）

1—锚固螺栓；2—立柱；3—铝合金蜂巢板；4—自攻螺钉；5—密封胶（板厚时须加泡沫塑料填充）；6—横梁

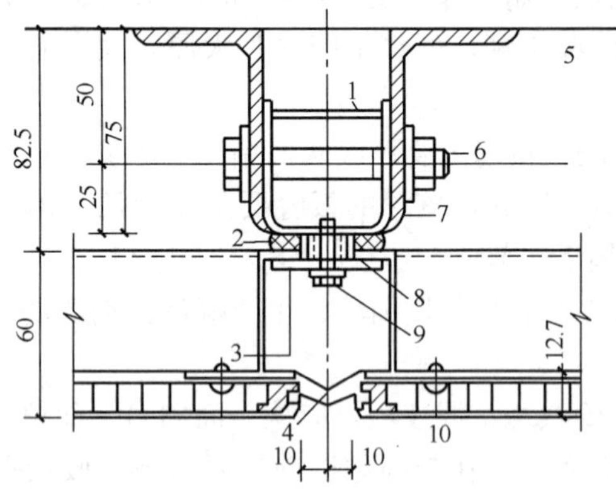

图 3-63　巢板节点构造（二）

1—焊接钢板 44mm×50mm×3mm；2—聚氯乙烯泡沫填充；3—45mm×45mm×5mm 铝板；4—橡胶带；5—结构边线；6—ϕ12mm×80mm 镀锌贯穿螺栓加垫圈；7—L75mm×50mm×5mm 不等肢角钢长 50mm；8—ϕ15mm×3mm 铝管；9—螺钉带垫圈；10—蜂巢铝合金外墙板

2）幕墙转角部位。

幕墙直角部位的处理通常是用一条直角铝合金（型钢、不锈钢）板，与外墙板直接用螺栓连接，或与角位立梃固定，如图 3-64 和图 3-65 所示。

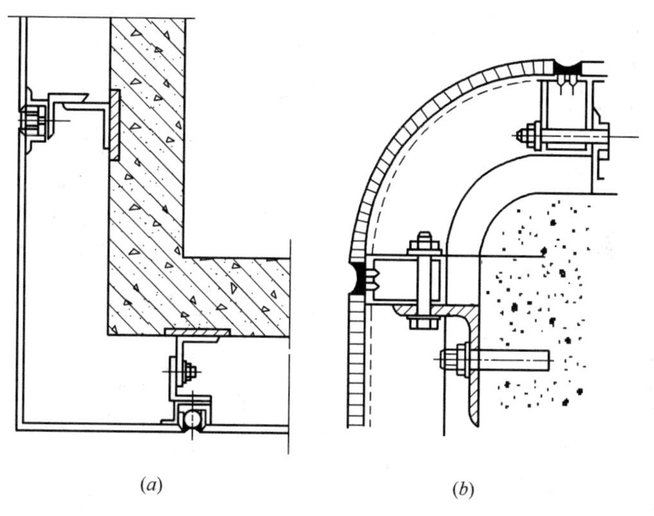

图 3-64　转角构造大样（一）

（a）直角剖面；（b）圆角剖面

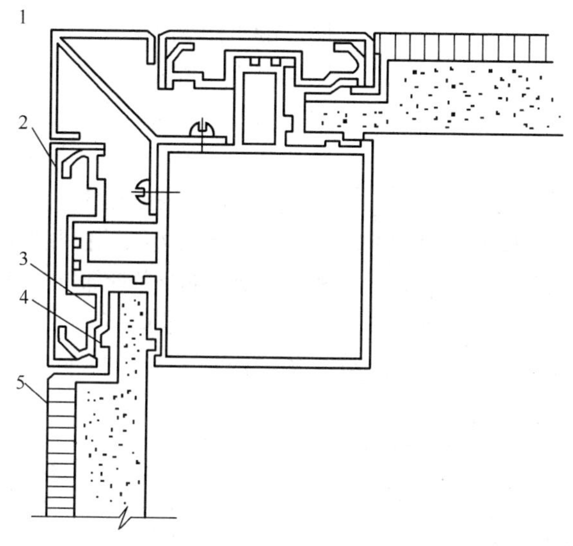

图 3-65　转角构造大样（二）

1—定型金属转角板；2—定型扣板；3—连接件；
4—保温材料；5—金属外墙板

3）幕墙交接部位。

不同材料的交接通常处于有横梁、竖框的部位，否则应先固定其骨架，再将定型收口板用螺栓与其连接，且在收口板与上下（或左右）板材交接处加橡胶垫或注密封胶，如图 3-66、图 3-67 所示。

4）幕墙女儿墙上部及窗台。

幕墙女儿墙上部及窗台等部位均属于水平部位的压顶处理，须用金属板封盖，

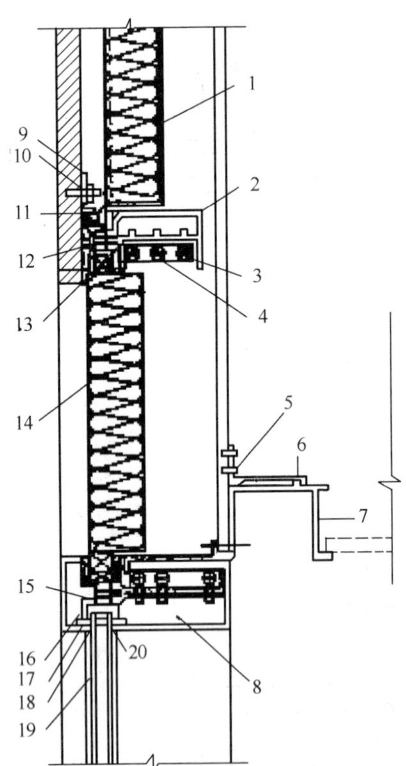

图 3-66 不同材料交接处构造大样

1—定型保温板；2—横梁；3—螺栓；4—码件；5—空心铆钉；6—定型铝角；7—铝扣板；8—横梁；9—石材板；10—固定件；11—铝码；12—螺栓；13—密封胶；14—金属外墙板；15—螺栓；16—铝扣件；17—铝扣板；18—密封胶；19—幕墙玻璃；20—胶压条

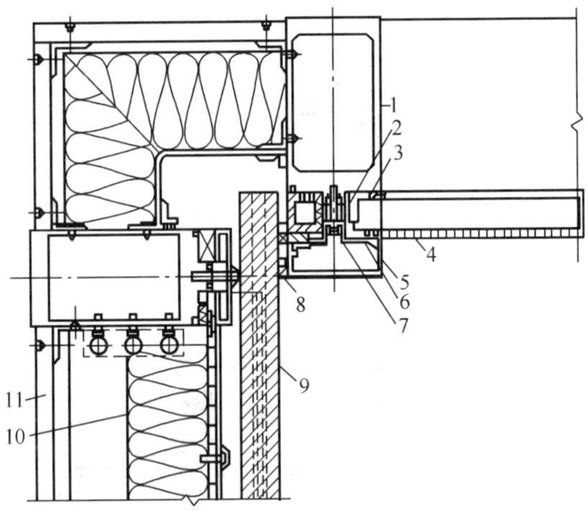

图 3-67 不同材料交接拐角构造

1—竖框；2—垫块；3—橡胶垫条；4—金属板；5—定型扣板；6—螺栓；7—金属压盖；8—密封胶；9—外挂石材；10—保温板；11—内墙石膏板

使之能阻挡风雨浸透；水平盖板的固定，一般先将骨架固定于基层上，然后再用螺栓将盖板与骨架牢固连接，并适当留缝，注密封胶，如图 3-68、图 3-69 所示。

5）幕墙墙面边缘。

幕墙墙面边缘部位收口，是用金属板或型板将墙板端部及龙骨部位封盖，如图 3-70 所示。

6）幕墙墙面下端。

幕墙墙面下端收口处理，通常用一条特制挡水板，将下端封住，同时将板和

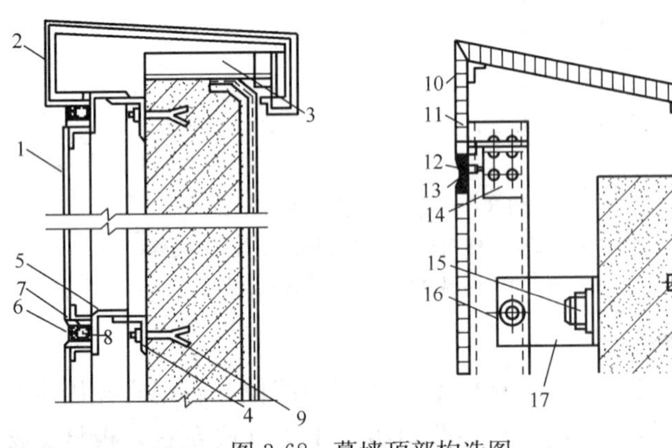

图 3-68 幕墙顶部构造图

1—铝合金板；2—顶部定型铝盖板；3—角钢支撑；4—角钢支撑；5—角铝；6—密封材料；7—支撑材料；8—圆头螺钉；9—预埋锚固件或螺栓；10—紧固铝角；11—蜂窝板；12—密封胶；13—自攻螺钉；14—连接角铝；15—拉爆螺钉；16—螺栓；17—角钢；18—木螺钉；19—垫板；20—膨胀螺栓

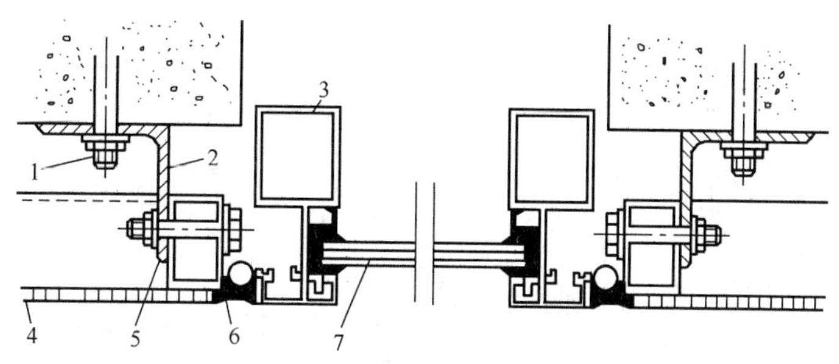

图 3-69 铝板窗口节点

1—建筑锚栓；2—角钢；3—铝合金窗板；4—金属蜂窝板；5—角钢；6—自攻螺钉；7—嵌缝胶

墙缝隙盖住，防止雨水渗入室内，如图 3-71 所示。

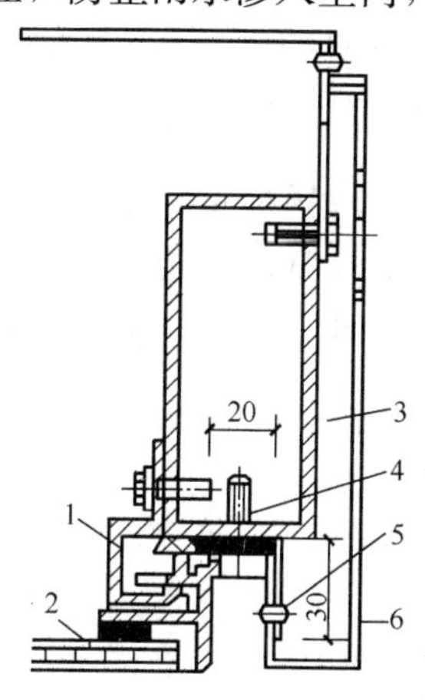

图 3-70 边缘部位的收口处理图（mm）

1—连接件；2—外墙板；3—型钢立柱；4—螺钉加 ϕ6 垫圈中距 500mm；5—ϕ4 铝铆钉，中距 300mm；6—1.5mm 成型铝板

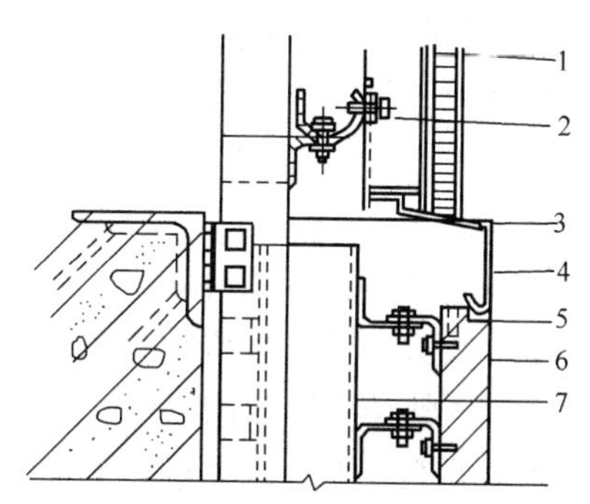

图 3-71 金属板幕墙底部构造

1—外墙金属板；2—连接板；3—立柱；4—定型拉板；5—密封胶；6—石材收口板；7—型钢骨架

7）幕墙变形缝处理。

幕墙变形缝的处理，其原则应首先满足建筑物伸缩、沉降的需要，同时再考虑达到装饰效果；另外，该部位又是防水的薄弱环节，其构造点应周密考虑；通常采用异形金属板与氯丁橡胶带体系，如图 3-72 所示，既保证了其使用功能，又能满足装饰要求。

（6）施工技术与安全。

1）施工注意事项。

①储运注意事项。金属板（铝合金板和不锈钢板）应倾斜立放，倾角不大于 10°，地面上垫厚木质衬板，板材上勿置重物或践踏。搬运时要两人抬起，避免由于扒拉而损伤表面涂层或氧化膜。工作台面应平整清洁，无杂物（尤其是硬物），否则易损伤金属板表面。

②现场加工注意事项。幕墙金属板均由专业加工厂一次加工成型后，方可运

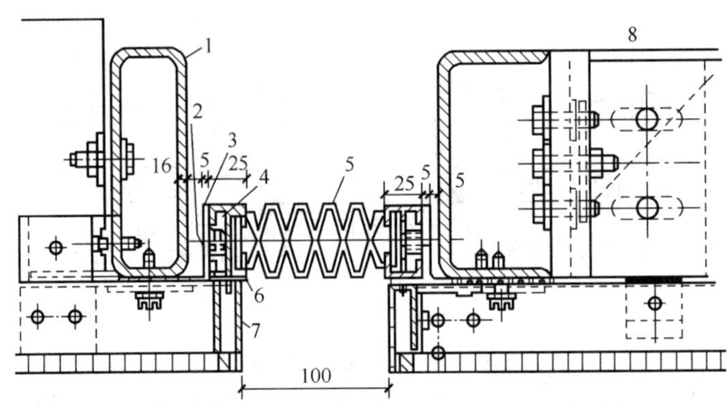

图 3-72 伸缩缝、沉降缝处理示意

1—方管构架 152mm×50.8mm×4.6mm；2—ϕ6×20mm 螺钉；3—成型钢夹；4—ϕ15 铝管材；5—氯丁橡胶伸缩缝；6—聚乙烯泡沫填充，外边用胶密封；7—模压成型 1.5mm 厚铝板；8—150mm×75mm×6mm 镀锌铁件

抵现场，但由于工厂实际情况的要求，部分板件需现场加工是不可避免的。应注意必须使用专业设备工具，由专业人员进行操作，注意确保板件的加工质量。严格按规定进行操作，工人应正确熟练地使用设备工具，注意避免因违章操作而造成的安全事故。

2）安全施工技术措施。

①进入施工现场必须佩戴安全帽，高空作业必须系安全带、工具袋。严禁高空坠物，严禁穿拖鞋、凉鞋进入施工现场。

②在外架施工时，禁止上下攀爬，必须由通道上下。

③幕墙安装施工作业面下方，禁止人员通行和施工，必要时要设专人站岗指挥、围栏阻止。

④电焊铁码时，要设“接料斗”，将电焊火花接住，防止火灾。

⑤电动机械须安装漏电保护器，手持电动工具操作人员需戴绝缘手套。

⑥在高层建筑幕墙安装与上部结构施工交叉作业时，结构施工层下方必须架设挑出 3m 以上防护装置；高度 3m 以上建筑，应设挑出水平 6m 安全网。

⑦加强各级领导和专职安全员跟踪到位的安全监护，坚持开好“班前会”，研究当日安全工作要点，引起大家重视，发现违章立即制止，杜绝事故的发生。

⑧六级以上的大风、大雾、大雪严禁高空作业。

⑨职工进场必须搞好安全教育并做好记录，各工序开工前，工长做好书面安全技术交底工作。

⑩安装幕墙用的施工机具在使用前必须进行严格检查，吊篮须做荷载试验，各种安全保护装置都要进行运转试验，手电钻、电动改锥、焊钉枪等电动工具需做绝缘电压试验。

⑪注意防止密封材料在使用时，人员发生溶剂中毒，且要保管好溶剂，以免发生火灾。

(7) 金属板幕墙特殊部位的处理。

1) 防雷系统。

金属板幕墙应形成自身的防雷体系，并与主体结构的防雷体系有可靠的连接，具体做法是：金属板幕墙每隔10m左右在立柱的腹腔内设镀锌扁铁，与结构防雷系统相连，外侧电阻不能大于10Ω，如金属板幕墙延伸到建筑物顶部，还应考虑顶部防雷。

2) 防火系统。

防火性能是衡量幕墙功能优良与否的一个重要指标。高耐火度的结构件和结构设计是保证建筑在强烈的火灾荷载作用下不受严重损坏的关键。金属板幕墙与主体结构的墙体间有一个间隙，当火灾发生时，此间隙很容易产生热对流，使得热烟上串至顶层，造成火灾蔓延的现象，因此在设计施工中要中断这一间隙。

具体做法：在每层窗台外侧的间隙中，将L形镀锌钢板固定到幕墙的框体上，在其上设置不少于两层的防火棉，具体厚度与层数应根据防火等级而定；每层防火棉的接缝应错开，并与四周接触严密；面层要求采用厚度1.2mm以上的镀锌钢板封闭，钢板间连接要采用搭接的方式，钢板与四周及钢板间接缝要用管道防火密封胶进行密封；注胶要均匀、饱满，不能留有气泡和间隙。

3) 金属板幕墙的上部封修。

金属板幕墙的顶部是雨水易渗漏及风荷载较大的部位，因此，上部封修质量的好坏是整个金属板幕墙质量及性能好坏的关键点。

在金属板幕墙埋件的安装施工过程中，如果没有预埋件，则顶端埋件不应采用膨胀螺栓固定埋板，而应穿透墙体，做成夹墙板形式，或采用其他比较可靠的固定方式，两块夹墙钢板之间通过钢筋连接，钢筋一端与外板焊接，另一端套丝后用螺母与内板紧固，然后焊死，连接筋及焊缝均应做防锈处理。对封修板的横向板间接缝及其他接缝处，在注胶时一定要认真仔细，保证注胶质量。

4) 金属板幕墙的下部封修。

金属板幕墙下部封修也很重要，此处是雨水及潮气等易侵入部位，如果封修不严密，时间长久以后，会使幕墙受到腐蚀，从而缩短幕墙的使用寿命；金属板幕墙的下端在安装时，框架及金属板不能直接接触地面，更不能直接插入泥土中。

5) 金属板幕墙的内部转角。

金属板幕墙的内部转角通常在转角处立一根竖框即可，将两块铝复合板在此对接，而不应在板的内侧刨沟，将板向外弯折。

金属板幕墙的外转角比较简单，在转角两侧分别立两根竖框，在复合板内侧刨沟，向内弯折，两端分别固定到竖框上即可。

6) 复合铝塑板的圆弧及圆柱施工。

在复合铝塑板幕墙的施工中，可能会设计有圆弧和圆柱；圆弧的施工较简单，如果是较小直径的圆弧，可通过刨沟的宽度和深度来调节圆弧的大小；对于较大直径的圆弧可用三轴式弯曲机，直接弯曲成圆弧即可。

复合铝塑板的圆柱施工：

①使用一般美工刀，将复合铝塑板的背面以 40～80mm 的间距，切割至铝片的深度，并于产品的两侧（板正面）用电动刨沟机（平口型刀刃）刨预留间距表面 1.5mm 左右厚度，以利于施工时结合用；

②再用尖嘴钳将铝片一片片地撕下，背面铝片撕下后，产品会徐徐弯曲；

③将复合铝塑板的背面及圆柱衬板（通常是胶合板）刷涂万能胶粘结牢固；

④接头处可先用气钉枪打 U 形钉子钉接头勾缝处，以利于固定，然后用耐候硅酮密封胶填平勾缝，即可达到简便的弯曲效果。

7）复合铝塑板与幕墙骨架的其他连接方式。

复合铝塑板在加工组装时，其副框还可以采用其他形式，不同形式的副框配以不同形式的压片与主框进行连接，如图 3-73～图 3-78 是常用的几种其他形式的副框与主框连接的节点图。

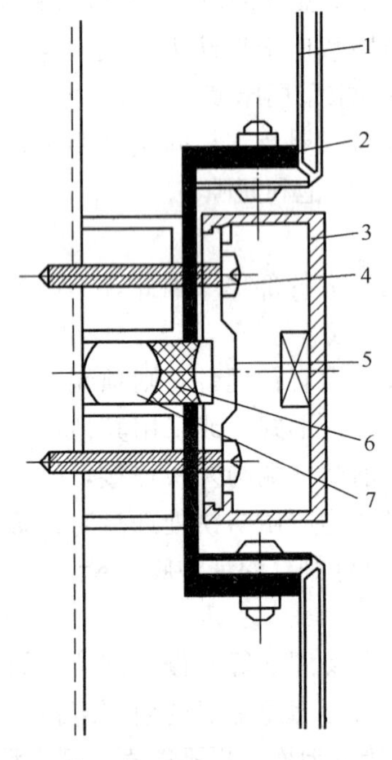

图 3-73　复合铝塑板组框图（一）

1—铝塑板；2—副框；3—嵌条；4—自攻螺钉；5—压片；6—密封胶；7—泡沫条

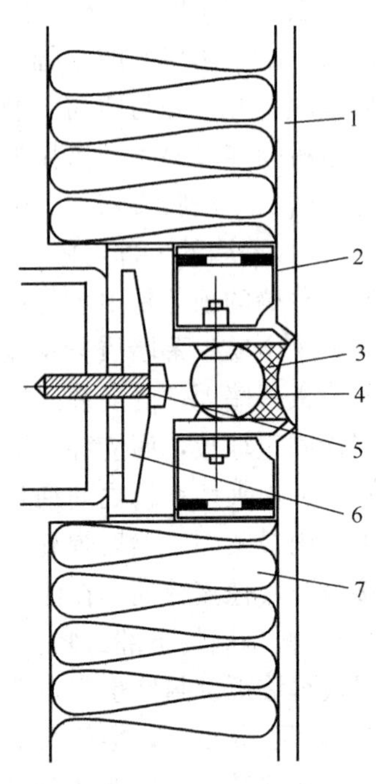

图 3-74　复合铝塑板组框图（二）

1—铝塑板；2—副框；3—密封胶；4—泡沫条；5—自攻螺钉；6—压片；7—保温板

（8）金属板幕墙的安全施工、保养与维修。

1）安全施工。

脚手架搭设应牢固可靠；施工机具在使用前应进行严格检验，手电钻、电锤、焊钉枪等电动工具应做绝缘电压试验；手持吸盘和吸盘安装机，应进行吸附质量和吸附持续时间试验；施工人员应配备安全帽、安全带、工具带等；在高层幕墙安装与上部结构施工交叉作业时，结构施工层下方应架设防护网，在离地 3m 高处，应搭设挑出 6m 的安全网；现场焊接时，在焊件下方应设防火斗。

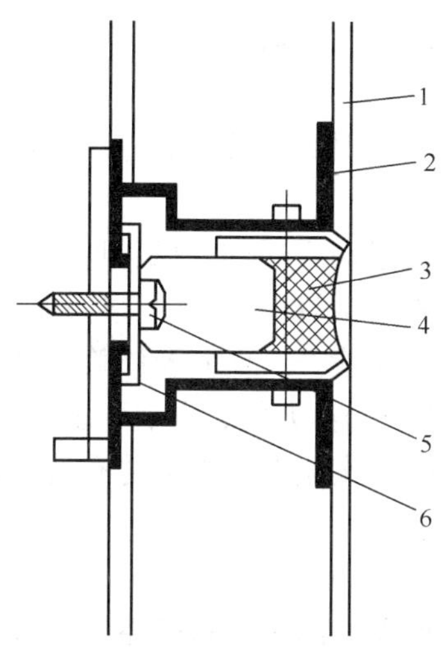

图 3-75　复合铝塑板组框图（三）
1—铝塑板；2—副框；3—密封胶；
4—泡沫条；5—自攻螺钉；6—压片

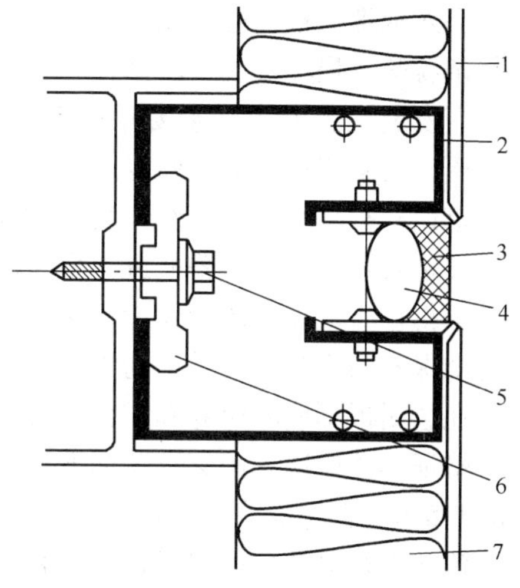

图 3-76　复合铝塑板组框图（四）
1—铝塑板；2—副框；3—密封胶；4—泡沫条；
5—自攻螺钉；6—压片；7—保温板

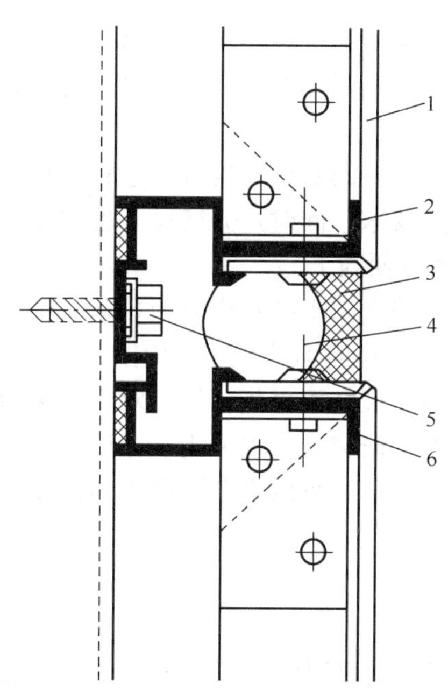

图 3-77　复合铝塑板组框图（五）
1—铝塑板；2—副框；3—密封胶；
4—泡沫条；5—自攻螺钉；6—副框

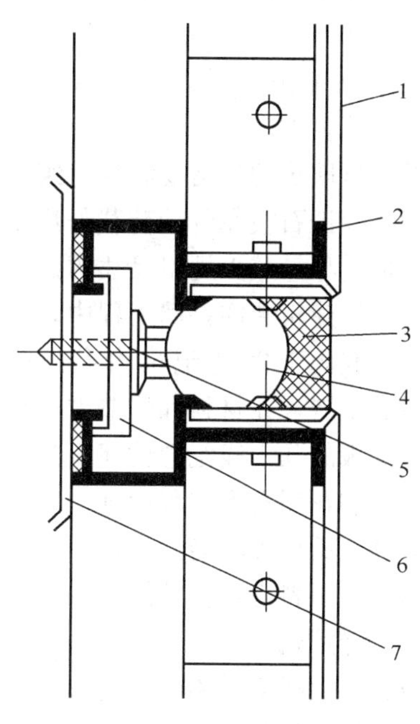

图 3-78　复合铝塑板组框图（六）
1—铝塑板；2—副框；3—密封胶；4—泡
沫条；5—自攻螺钉；6—压片；7—主框

2）金属板幕墙的保养与维修。

应根据幕墙面积灰污染程度，确定清洗幕墙的次数与周期；清洗外墙面的机械设备，应操作灵活方便，避免擦伤幕墙面。

幕墙的检查与维修应按下列要求进行：

①当发现螺栓松动应拧紧或焊牢，发现焊接件锈蚀应除锈补漆，发现密封胶和密封条脱落或损坏，应及时修补与更换；

②当发现幕墙构件及连接件损坏，或连接件与主体结构的锚固松动或脱落，应及时更换或采用措施加固修复；

③定期检查幕墙排水系统，发现堵塞应及时疏通，当遇到台风、地震、火灾等自然灾害时，灾后要对幕墙进行全面检查，根据损坏情况及时进行维修加固；

④不得在 4 级以上风力及大雨天气进行幕墙外侧检查、保养及维修工作，检查、清洗保养与维修时所采用的机具设备必须牢固、操作方便、安全可靠；

⑤在金属板幕墙的保养和维修工作中，凡属高空作业者，必须持有特殊行业上岗资格证，并应遵守国家有关标准、规范的规定。

3.3.6.6 石材幕墙工程施工

从建筑物外墙的特征来看，石材幕墙是一种独立的围护结构体系，它是利用金属挂件将石材饰面板直接悬挂在主体结构上。当主体结构为框架结构时，应先将专门设计的、独立的金属骨架悬挂在主体结构上，然后再通过金属挂件将石材饰面板吊挂在金属骨架上。

石材幕墙板是一个完整的围护结构体系，应该具有承受重力荷载、风荷载、地震荷载和温度应力的作用，还应能适应主体结构位移影响，所以必须按照有关设计规范进行强度计算和刚度验算；另外还应满足建筑热工、隔声、防水、防火和防腐蚀等要求。

石材幕墙板的分格要满足建筑立面造型设计的要求，也应注意石材板的尺寸和厚度，保证石板在各种荷载作用下的强度要求，同时，分格尺寸也应尽量符合建筑模数，尽量减少规格尺寸的数量，从而方便施工。

在高级建筑装饰幕墙工程中，使用最多的当属于挂花岗石板幕墙。干挂花岗石板幕墙起源于 20 世纪 60 年代后期，20 世纪 80 年代中期引入中国，经过几十年的实践和发展，在材料和构造方面均优于湿法镶贴石材板；通过对室外采用天然石材饰面板的几十幢纪念性建筑物进行调查和研究，发现采用水泥砂浆镶贴安装的大理石和花岗石不同程度地出现了空鼓、错位、离层现象，严重的部位导致脱落、大理石泛色等功能性质量问题。

(1) 原材料规格及性能。

1) 天然石材。

石材饰面板多采用天然花岗石，常用板材厚度为 25～30mm。由于天然石材的物理力学性能较离散，还存在许多微细裂隙，即使在同一矿脉中开采的石材，其强度和颜色也有很大差异；再者石材板幕墙暴露在室外，其面积和高度一般较大，且要长期受到各种自然气候因素的作用，所以一定要选择质地密实、孔隙率小、含氧化铁矿成分少的品种。当荒料加工成大板后，还要进一步对材质和斑纹颜色作严格挑选分类。

在选择花岗石时，除外观装饰效果外，还应了解其主要物理力学性能，尤其是一些粗结晶的品种。

部分花岗石含有较多的硫化物（如黄铁矿）且分散在岩石中，花岗石饰面会因硫化物的氧化而变色，使鲜艳明快的饰面变暗，板面出现锈斑、褐斑。因此，在选择花岗石时应对色纹、色斑、石胆以及裂隙等缺陷引起注意，一般不应用于墙面、柱面的装饰，尤其是醒目部位。

①花岗石板表面污染防治。

经验表明，花岗石板材从荒料到安装施工整个过程中，其表面随时都有被污染的可能，可采取的措施如下：

A. 加工过程中防污染。花岗石板材有一个开采、锯切（包括人工凿剔）、抛光打蜡的工序过程，稍有疏忽和不慎，每一道工序都会给材料材质的外观带来影响。因此，要求在选材时就对加工过程有一个初步了解，以对供货方提出相应的要求。

花岗石的锯切加工有金刚石锯和砂锯之分，不少厂家采用钢砂摆锯，钢砂的锈水在加工时会渗入花岗石结晶体中，造成石材污染；研磨时也会因磨料中含有杂质渗入石材引起污染。花岗石饰面板材，尤其是光面板材在成品之前往往有一个抛光打蜡工序，打蜡前应对石板材充分干燥，减少自然含水率，打蜡时蜡液才能充分渗入板体中。但随着水分的挥发，石材表面会引起色差。

B. 以预处理提高成材的防污染能力。为了提高花岗石饰面板的耐久性和防污染的能力，建议在石板材安装前普遍进行预处理：预处理方式有背涂和面涂，即使用不同的化学处理剂使石材致密，提高石材强度，加强石材抗污能力，如水防护剂、油防护剂、致密剂、增强剂等。

背涂是在非装饰面涂上一层涂层，即在成品板材背面涂，甚至研磨前在石材毛板背面预涂，以增加石材强度，提高出材率。常用的背涂材料有三种：一是环氧树脂胶涂层或环氧砂浆涂层，表面可粘有小米粒石以增强粘结能力；二是防水胶加水泥在石材背面形成一层界面防水层，这是目前常用的做法；三是用石材处理剂对石材的背面和侧面涂布处理。几种背涂方式经过实践证明都非常有效，具体应根据石材安装使用环境来确定。

如再配合面涂则效果更佳，因为石材的表面打蜡有一定的期限限制，特别是外装饰石材，不可能经常用光蜡进行保护，使用面涂可以提高耐久性，增强光泽透明度，防霉菌、真菌，提高耐污染能力等。可采用硅溶胶复合涂膜，进行表面涂层时，一定要清洁表面，防止涂布过程中的污染。面涂一般在安装前先涂上一遍，安装完成清理干净后再涂一遍，力求涂层均匀一致。

C. 施工安装过程中的防污染。

目前花岗石饰面板的安装方法主要有：湿作业水泥砂浆或豆石混凝土灌缝，不锈钢或金属挂件干挂石材板，与混凝土复合再挂焊到结构物上，以及胶粘石材等几种类型。其中采用较多的是湿作业工艺。无论何种安装工艺，如不对石材表面进行预处理，都有可能出现表面污染问题。

花岗石板缝处理的好坏，直接影响到板材的防污及排吸水能力，而且由于雨水的作用，会使板面的四周或局部泛潮；花岗石在檐口安装时，形成一定的滴水线或爬水坡度，防止污水在墙面上直接流淌，造成板面局部污染。花岗石的露天安装一般不应在雨天，若必须安装需搭设防雨罩，防止石材因吸水不一致而在表面形成色差。干挂石材可不做嵌缝处理，应保持排水的畅通和石材的良好通风。

D. 对已污染石材的去污处理。

已污染的石材较难处理，应根据污染的性质区别对待。碱性色污染可用草酸来清除，千万不能用浓酸来清除大面积污染；一般色污可用双氧水刷洗；严重的色污可用双氧水和漂白粉掺在一起拌成面糊状涂于斑痕处，2～3d 后铲除，色斑可逐步减弱；若是水斑应进行表面干燥，并对石材板缝重新处理。

与此同时，对安装后的石材保养与维护也十分重要，因为石材板安装后不可能一劳永逸，每天都会遇到各种化学性能的污染，有条件的应及时清除污染物，定期对表面进行保养处理。

②花岗石的粘补与拼接。

花岗石表面的色纹、暗缝及隐伤等不易被发现，挂贴后，在外力作用下易开裂；由于花纹、色泽、材料来源等众多原因，又不能调换，只能采取粘补与拼接修复，使之达到与原饰面材料相同或基本相同，再镶贴于该部。

常用的胶粘剂有环氧树脂胶和 502 胶。粘补与拼接工艺顺序如下：清洁缝面、烘干、涂刷胶剂、拼接、擦拭缝面、固定（固化）和磨光。

粘补拼接后，缝隙应整齐，表面应平整，不显裂缝；抛光后的表面，应与原饰面板光洁度相同。

2）金属骨架。

石材板幕墙所用金属骨架应以铝合金为主，也可采用不锈钢骨架，但目前较多采用碳素结构钢。采用碳素结构钢应进行热浸镀锌防腐蚀处理，并在设计中避免采用现场焊接连接，以保证石材板幕墙的耐久性。

幕墙立柱与主体结构通过预埋件连接，预埋件应在主体结构施工时埋入。如在土建施工时未埋入预埋件，则后置埋件必须通过现场拉拔试验确定其承载能力。

3）金属挂件。

金属挂件按材料分主要有不锈钢类和铝合金类两种。不锈钢挂件主要用于无骨架体系和碳素钢架体系，不锈钢挂件主要用机械冲压法加工。铝合金挂件主要用于石板幕墙和玻璃幕墙共同使用时，金属骨架也为铝合金型材，铝合金挂件多采用热挤压生产。干挂石材幕墙主要挂件见表 3-4。

干挂石材幕墙主要挂件表 **表 3-4**

名　称	挂件图例	干挂形式	适用范围
T 型			适用于小面积内外墙

续表

名　称	挂件图例	干挂形式	适用范围
L 型	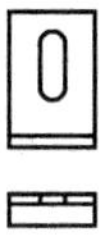	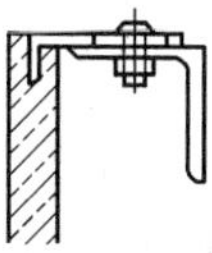	适用于幕墙上下收口处
Y 型	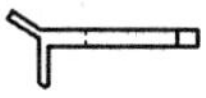	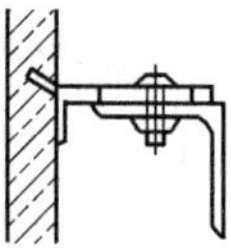	适用于大面积外墙
R 型		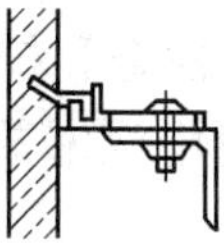	适用于大面积外墙
S 型 E 型	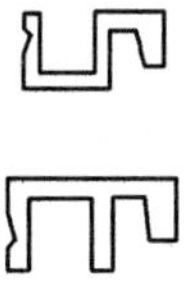	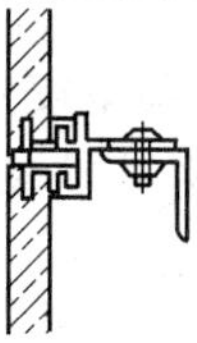	适用于大面积内外墙
固定背栓	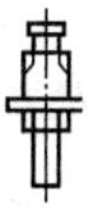	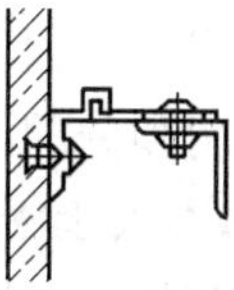	适用于大面积内外墙
可调挂件	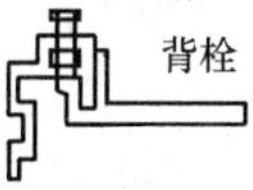 背栓	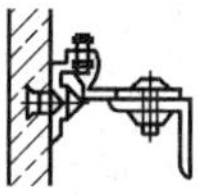	适用于高层大面积内外墙
	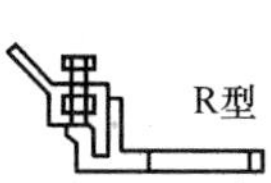 R型	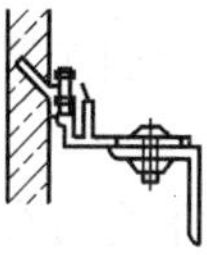	
	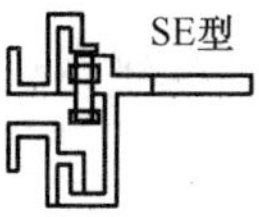 SE型	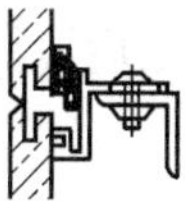	
	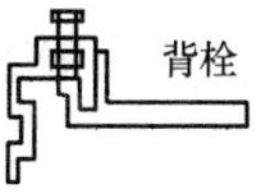 背栓	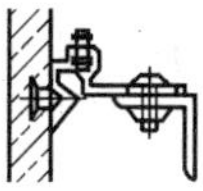	

(2) 石材板幕墙安装施工。

我国石材干挂技术起步较晚，干挂花岗石幕墙的施工规范已由有关部门起草，建筑设计一般不承担装饰施工设计，目前干挂花岗石幕墙工程大多由施工单位凭经验自己完成。

1) 施工工艺流程。

干挂花岗石幕墙安装施工工艺流程：

预埋件位置尺寸检查→安装预埋件→测量放线→金属骨架安装→防火保温棉→石材饰面板安装→灌注嵌缝硅胶→幕墙表面清洗→工程验收。

2) 石材板幕墙安装施工。

①预埋件安装。

预埋件应在土建施工时埋设，幕墙施工前要根据工程基准轴线和中线以及基准水平点对预埋件进行检查和校核，一般允许位置尺寸偏差为±20mm。如有预埋件位置超差而无法使用或漏放时，应设后置埋件，并应做拉拔试验，做好记录。

②测量放线。

A. 由于土建施工允许误差较大，而幕墙工程施工要求精度很高，所以不能依靠土建水平基准线，必须由基准轴线和水准点重新测量，并校正复核；按照设计在底层确定幕墙定位线和分格线位。

B. 用经纬仪或激光垂直仪将幕墙的阳角和阴角引上，并用固定在钢支架上的钢丝线作标志控制线；使用水平仪和标准钢卷尺等引出各层标高线；确定好每个立面的中线；测量时应控制和分配测量误差，不使误差积累。

C. 测量放线应在风力不大于4级情况下进行，并要采取避风措施。

D. 放线定位后要对控制线定时校核，以确保幕墙垂直度和金属竖框位置的正确；所有外立面装饰工程应统一其基准线，并注意施工配合。

③金属骨架安装。

A. 根据施工放样图检查放线位置，安装固定竖框的铁件。先安装同一立面两端的竖框，然后拉通线按顺序安装中间竖框。

B. 将各施工水平控制线引至竖框上。按照设计尺寸安装金属横梁，横梁一定要与竖框垂直。

C. 如有焊接时，应对下方和邻近的已完工装饰面进行成品保护。焊接时应对称焊接。所有的焊缝均需做去焊渣及防锈处理。

D. 待金属骨架安装完工后，必须进行隐蔽工程验收，合格后方可进行下道工序施工。

④防火、保温材料安装。

A. 必须使用合格的材料，保留其出厂合格证。

B. 在每层楼板与石材板幕墙之间不能有空隙，应用镀锌钢板和防火棉形成防火带。

C. 幕墙保温层施工时，特别在北方寒冷地区，保温层应有防水、防潮保护层。在金属骨架内填塞时，要求严密牢固。

⑤石材饰面板安装。

A. 将运至工地的石材饰面板按编号分类，检查尺寸是否准确和有无破损、缺棱、掉角，按施工要求分层次将石材饰面板运至施工面附近，注意摆放可靠。

B. 先按幕墙面基准线仔细安装好底层第一层石材。注意每一层金属挂件的标高，金属挂件应紧托上层饰面板，与下层饰面板之间留有间隙。

C. 安装时，要在饰面板的销钉孔或切槽口内注入石材胶（环氧树脂胶），以保证饰面板和挂件的可靠连接；宜先完成窗洞口四周的石材镶边，以免安装发生困难。

D. 安装到每一楼层标高时，要注意调整垂直误差，不得使误差积累。

E. 搬运石材时，要有安全防护措施，摆放时下面要垫木方。

⑥嵌胶封缝。

石材板间的胶缝是石板幕墙的第一道防水措施，同时也使石板幕墙形成一个整体。

A. 要按设计要求选用合格有效的耐候嵌缝胶，最好选用含硅油少的石材专用嵌缝胶，以免硅油渗透污染石材表面。

B. 用带有凸头的刮板填装泡沫塑料圆条，保证胶缝的最小深度和均匀性，选用的泡沫塑料圆条直径应稍大于缝宽。

C. 在胶缝两侧粘贴纸面胶带纸保护，以避免嵌缝胶迹污染石材板表面质量。用专用清洁剂或草酸擦洗缝隙处石材板表面。

D. 派受过训练的工人注胶，注胶应均匀无流淌，边注胶边用专用工具勾缝，使嵌缝胶成型后呈微弧形凹面。施工中注意不能漏胶污染墙面，如墙面上沾有胶液应立即擦去，并用清洁剂及时清涂。

E. 在大风和下雨时不能注胶。

⑦清洗和保护。

施工完毕，除去石材表面的胶带纸，用清水或清洁剂将石材表面擦洗干净，按要求进行打蜡或涂刷保护剂。

3）施工注意事项。

①严格控制石材板质量，材质和加工尺寸都必须合格。

②要仔细检查每块石材板是否有裂纹，并防止石材板在运输和施工时发生断裂。

③测量放线要十分精确，各专业要统一放线、统一测量，避免发生矛盾。

④预埋件的设置和放置要合理，位置要准确；要根据现场放线数据绘制施工放样图，落实实际施工和加工尺寸。

⑤调整石材板位置时，可用垫片适当调整缝宽，所用垫片必须与挂件是同质材料。固定金属挂片的螺栓要加弹簧垫圈，或调平调直拧紧螺栓后，在螺帽上涂抹少许石材胶固定。

4）安全施工技术措施。

①进入现场必须佩戴安全帽，高空作业必须系好安全带，佩带工具袋，严禁高空坠物，严禁穿拖鞋、凉鞋进入工地。

②禁止在外脚手架上攀爬，必须由通道上下；幕墙施工下方禁止人员通行和施工。

③现场电焊时，在焊接下方应设接火斗，防止电火花溅落引起火灾或烧伤其他成品。

④电源箱必须安装漏电保护装置，手持电动工具操作人员应佩戴绝缘手套。

⑤在4级以上大风、大雾、雷雨、下雪天气严禁高空作业。

⑥所有施工机具在施工前必须进行严格检查。

⑦在高层石材板幕墙安装与上部结构施工交叉作业时，结构施工层下方应架设防护网。

⑧施工前，项目经理、技术负责人要对工长和安全员进行技术交底，工长和安全员要对全体施工人员进行安全教育；每道工序都要做好施工记录和质量自检。

3.3.7 幕墙计价工程量计算

幕墙计价工程量计算规则：

(1) 幕墙按设计图示框外围尺寸以面积计算，幕墙与建筑顶端、两侧的封边按图示尺寸以平方米计算，自然层的水平隔离与建筑物的连接按延长米计算。

(2) 全玻幕墙如有加强肋者，展开计算并入幕墙工程量内。

说明：

(1) 幕墙上带窗者，增加的工料按相应定额计算。

(2) 铝型材与设计用量不同时，可按设计调整。

3.3.8 墙柱面装饰清单工程量计算

3.3.8.1 墙柱面装饰清单工程量与计价工程量计算规则比较

墙柱面装饰清单工程量与计价工程量计算规则比较表 **表 3-5**

<table>
<tr><th>项目名称</th><th>清单工程量计算规则①</th><th>计价工程量计算规则②</th><th>①与②比较</th></tr>
<tr><td>墙柱面镶贴块料</td><td>按设计图示尺寸以面积计算</td><td>按设计图示尺寸以面积计算，不扣除 0.3m² 以内的孔洞所占面积</td><td>—</td></tr>
<tr><td>干挂石材钢骨架</td><td>按设计图示尺寸以质量计算</td><td>按设计图示尺寸以质量计算</td><td>—</td></tr>
<tr><td>墙饰面</td><td>按设计图示墙净长乘以净高以面积计算。扣除门窗洞口及单个 0.3m² 以上的孔洞所占面积</td><td rowspan="2">按设计图示面积计算，附墙垛、门窗侧壁、柱帽柱墩按展开面积并入相应的墙柱面面积内。扣除门窗洞口及单个 0.3m² 以上的孔洞所占的面积。墙、柱梁面的凹凸造型展开计算，合并在相应的墙柱梁面面积内</td><td>—</td></tr>
<tr><td>柱（梁）饰面</td><td>按设计图示饰面外围尺寸以面积计算。柱帽、柱墩并入相应柱饰面工程量内</td><td>—</td></tr>
</table>

续表

项目名称	清单工程量计算规则①	计价工程量计算规则②	①与②比较
隔断	按设计图示框外围尺寸以面积计算。扣除单个 0.3m² 以上的孔洞所占面积；浴厕门的材质与隔断相同时，门的面积并入隔断面积内	按设计图示框外围尺寸以面积计算。扣除单个 0.3m² 以上的孔洞所占的面积；浴厕门的材质与隔断相同时，门的面积并入隔断面积内。 全玻隔断的不锈钢边框工程量按边框展开面积计算	—
带骨架幕墙	按设计图示框外围尺寸以面积计算。与幕墙同种材质的窗所占面积不扣除	幕墙按设计图示框外围尺寸以面积计算，幕墙与建筑顶端、两侧的封边按图示尺寸以平方米计算，自然层的水平隔离与建筑物的连接按延长米计算。 全玻幕墙如有加强肋者，展开计算并入幕墙工程量内	—
全玻幕墙	按设计图示尺寸以面积计算。带肋全玻幕墙按展开面积计算		—

3.3.8.2 墙柱面装饰清单工程量计算实例

【例】 外框尺寸为 3.5m×2.2m 的玻璃隔断，计算其工程量。

【解】 $3.5\times2.2=8.25m^2$

4

天棚装饰工程量计算

(1) 关键知识点:

1) 天棚面装饰施工图识读;

2) 天棚面装饰构造及施工工艺;

3) 天棚面装饰计价工程量的计算;

4) 天棚面装饰清单工程量的计算。

(2) 教学建议:

1) 案例分析;

2) 资料展示:

《建设工程工程量清单计价规范》;

《工程量清单计价定额》;

天棚面装饰材料展示;

天棚面装饰构造及施工认识实习。

4.1 天棚装饰图识读

4.1.1 天棚图的内容与作用

天棚图主要表达室内各房间天棚的造型、构造形式、材料要求,天棚上设置的灯具的位置、数量、规格,以及在天棚上设置的其他设备的情况等内容。

根据天棚图可以进行天棚材料准备和施工,购置天棚灯具和其他设备以及灯具、设备的安装等工作。

4.1.2 识读天棚图

（1）识读图名、比例。以某家庭室内装饰工程为例，见图 4-1。

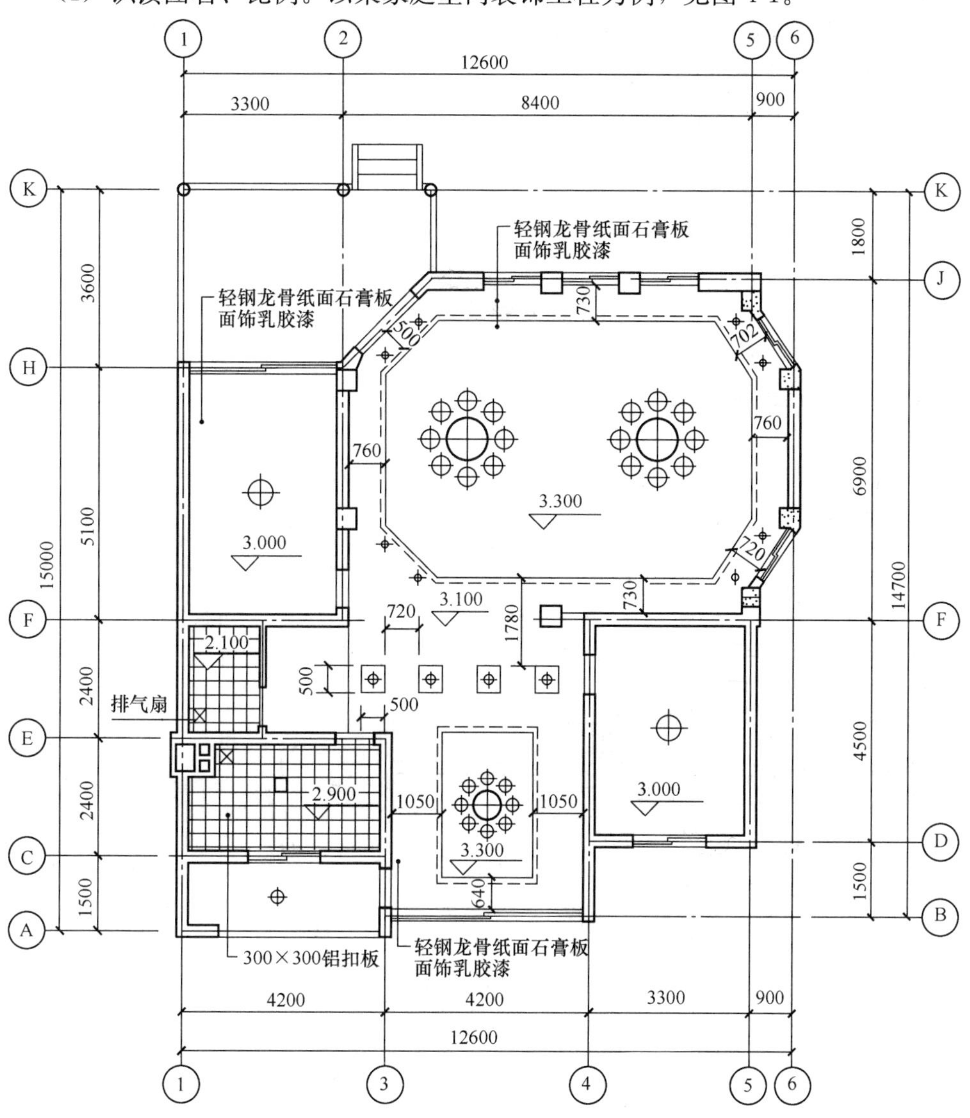

图 4-1 底层天棚平面图 1：100

（2）了解各房间天棚的装饰造型式样和尺寸、标高。该户客厅天棚平面造型与客厅平面形状相同，尺寸标注在图样中，餐厅天棚平面造型为长方形，天棚底面标高为 3.100m 和 3.300m；卧室、厨房和卫生间天棚没有做凹凸变化，卧室天棚底面标高为 3.000m，厨房天棚底面标高为 2.900m，卫生间天棚底面标高为 2.100m。

（3）根据文字说明，了解天棚所用的装饰材料及规格。客厅、餐厅、卧室的天棚为轻钢龙骨纸面石膏板，面饰乳胶漆；厨房、卫生间的天棚为 300mm×300mm 铝扣板。

(4) 了解灯具式样、规格及位置。在客厅设置两盏成品吊灯、餐厅设置一盏成品吊灯，卧室天棚中心位置分别设置一盏吸顶灯，厨房、卫生间天棚中心位置分别设置一盏方形吸顶灯，在客厅与餐厅之间的天棚位置设置了四盏筒灯。

(5) 了解设置在天棚的其他设备的规格和位置。在厨房和卫生间的天棚上靠近通风道处，分别设置了排气扇。

该工程二层天棚平面图见图 4-2。

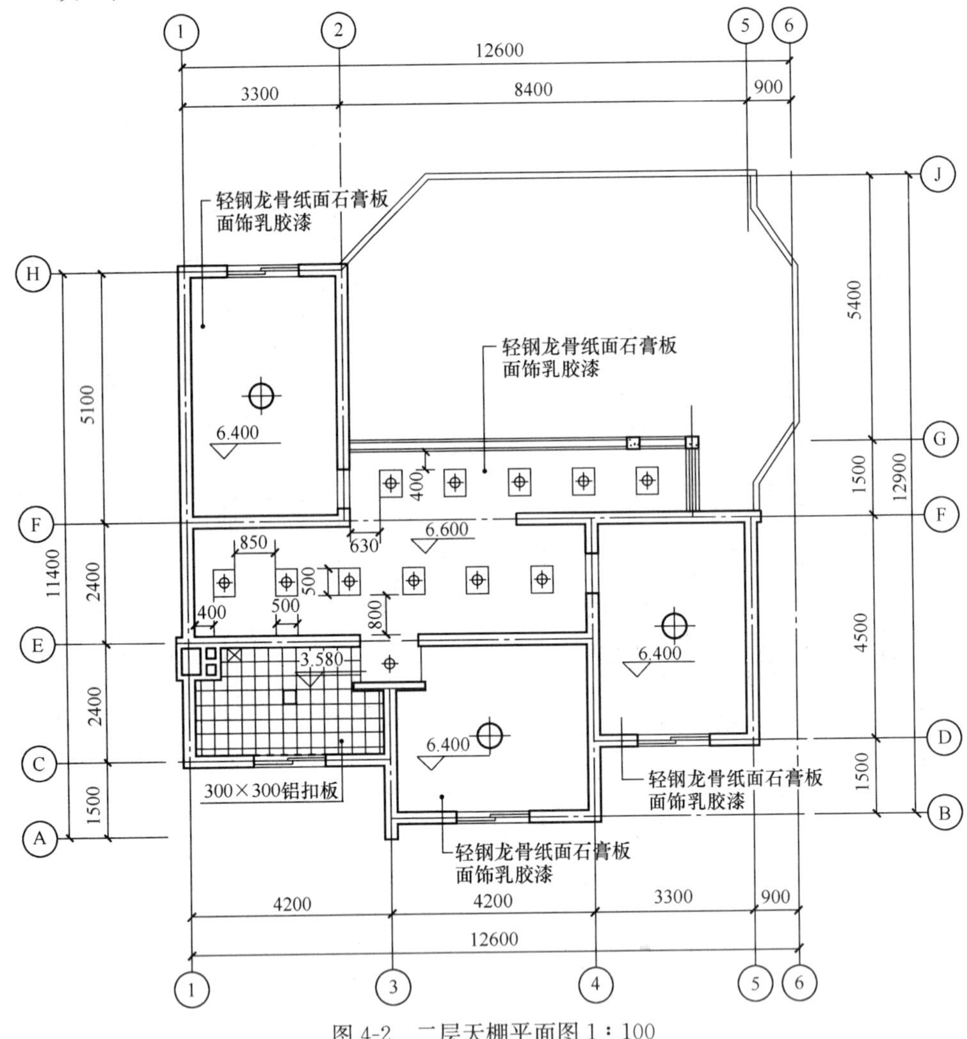

图 4-2 二层天棚平面图 1∶100

4.2 天棚装饰工程项目

根据《建设工程工程量清单计价规范》GB 50500—2008 及 2004《四川省建设工程工程量清单计价定额——装饰装修工程》规定，天棚装饰工程项目主要包括：天棚抹灰、天棚吊顶、天棚其他装饰等。天棚抹灰在建筑工程量计算中已经介绍过了，这里不再重复。

列项时应根据天棚吊顶的构造，分别按龙骨、基层、面层列项；另外，列项时还应考虑材料品种、规格、型号、品牌等因素。

四川省04装饰定额天棚装饰工程项目　　　　表4-1

天棚吊顶	龙骨	天棚圆木龙骨	搁在砖墙上、吊在梁下或板下	主龙骨跨度在3米	
				主龙骨跨度在4米	
		天棚方木龙骨	单层龙骨	平面	
				跌级造型	
			单层龙骨带大楞	平面	
				跌级造型	
			拱形		
			球形曲面		
		装配式U型轻钢龙骨	不上人型面层规格（mm）	300×300、450×450、600×600、600×600以上	平面
					跌级造型
			上人型面层规格（mm）	300×300、450×450、600×600、600×600以上	平面
					跌级造型
		装配式T型铝合金（烤漆）龙骨	不上人型面层规格（mm）	300×300、450×450、600×600、600×600以上	平面
					跌级造型
			上人型面层规格（mm）	300×300、450×450、600×600、600×600以上	平面
					跌级造型
		铝合金方板龙骨嵌入式	不上人型面层规格（mm）	500×500、600×600、600×600以上	
			上人型面层规格（mm）		
		铝合金方板龙骨浮搁式	不上人型面层规格（mm）	500×500、600×600、600×600以上	
			上人型面层规格（mm）		
		铝合金方板龙骨中龙骨直接吊挂骨架面层规格（mm）		500×500、600×600、600×600以上	
		铝合金条板龙骨	中型、轻型		
		铝合金格片式龙骨间距（mm）	100、150、200		
	基层	胶合板、木工板、纸面石膏板、埃特板			平面
					跌级造型
		封钉条板	平面、拱形、球形曲面		

续表

天棚吊顶	面层	天棚面层	柚木板、宝丽板、防火板、矿棉吸声板、隔声板、铝塑板	
		镜面玻璃天棚	平面、井格型、锥形	
		贴镜面不锈钢天棚	半成品安装	矩形、异形
		胶合板天棚	方格式	密铺、分缝
			花式	平面、凹凸
		天棚面层	薄板、水泥压木丝板、胶压刨花木屑板、玻璃纤维板、钢丝（板）网	
		塑料板面层	硬塑料板、塑料扣板	
		钙塑板面层、石膏板面层	安在U型轻钢龙骨上、安在T型铝合金龙骨上	
		矿棉板面层	贴在混凝土板下、搁放在龙骨上	
		铝板网面层	搁放在龙骨上、钉在龙骨上	
		铝合金条板面层	闭缝、开缝	
		铝合金方板面层	嵌入式、浮搁式	
		铝合金扣板天棚面层	方形、条形	
			收边线	
		轻质隔热彩钢夹芯板天棚	厚度（mm）	40、50、75、100
		中空玻璃采光天棚、钢化玻璃采光天棚	铝结构、钢结构	
	格栅吊顶	木格栅天棚井格规格（mm）	100×100×55、150×150×80、200×200×100、250×250×120、300×300×150	
		胶合板格栅天棚井格规格（mm）	100×100×55、150×150×80、200×200×100、250×250×120	
		铝合金格栅天棚		
		雨篷底吊铝骨架铝条天棚		
天棚其他装饰	灯带	天棚灯片（搁放型）	分光铝格栅、乳白胶片、塑料透光片、玻璃纤维片	
	送风口		木制、铝合金	
	回风口		木制、铝合金	

说明：

(1) 天棚吊顶是按龙骨、基层、面层分别列项编制，使用时，根据设计选用。

(2) 天棚吊顶龙骨是按常用材料、规格和常用做法编制的，如与设计要求不同时，材料允许调整，人工及其他材料不变。

(3) 天棚吊顶面层定额中已包括检查孔的工料，不另计算，但未包括各种装饰线条，设计要求时，另行计算。

(4) 天棚木龙骨已综合了刷防火涂料两遍的工料。

(5) 天棚面层在同一标高者为平面天棚，天棚面层不在同一标高者为跌级天棚。

(6) 天棚龙骨项目未包括灯具、电气设备等安装所需的吊挂件，发生时另行计算。

4.3 吊顶天棚施工工艺

吊顶又称悬吊式天棚，是指在建筑物结构层下部悬吊由骨架及饰面板组成的装饰构造层。

吊顶按结构形式分为活动式装配吊顶、隐蔽式装配吊顶、金属装饰板吊顶、开敞式吊顶和整体式吊顶，按使用材料分为轻钢龙骨吊顶，铝合金龙骨吊顶，木龙骨吊顶，石膏板吊顶，金属装饰板吊顶和采光板吊顶。吊顶要从功能和技术上处理好人工照明、空气调节（通风换气）、声学及消防等方面的问题。

4.3.1 吊顶的组成及其作用

吊顶天棚主要是由悬挂系统、龙骨架、饰面层及其相配套的连接件和配件组成，其构造如图 4-3 所示。

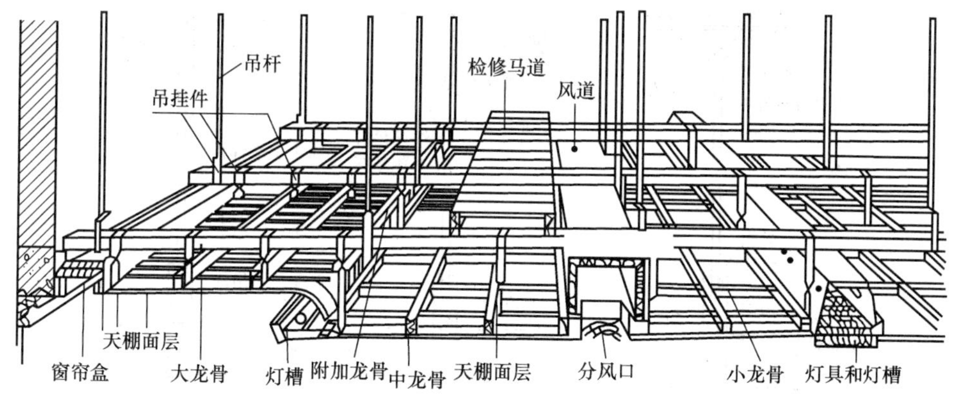

图 4-3 吊顶装配示意图

4.3.1.1 吊顶悬挂系统及结构形式

吊顶悬挂系统包括吊杆（吊筋）、龙骨吊挂件，通过它们将吊顶的自重及其附加荷载传递给建筑物结构层。吊顶悬挂系统的形式较多，可视吊顶荷载要求及龙骨种类而定，图 4-4 为吊顶龙骨悬挂结构形式示例，其与结构层的吊点固定方式通常分上人型吊顶吊点和不上人型吊顶吊点两类，如图 4-5、图 4-6 示。

4.3.1.2 吊顶龙骨架

吊顶龙骨架由主龙骨（大龙骨、承载龙骨）、覆面次龙骨（中龙骨）、横撑龙骨及相关组合件、固结材料等连接而成。吊顶造型骨架组合方式通常有双层龙骨

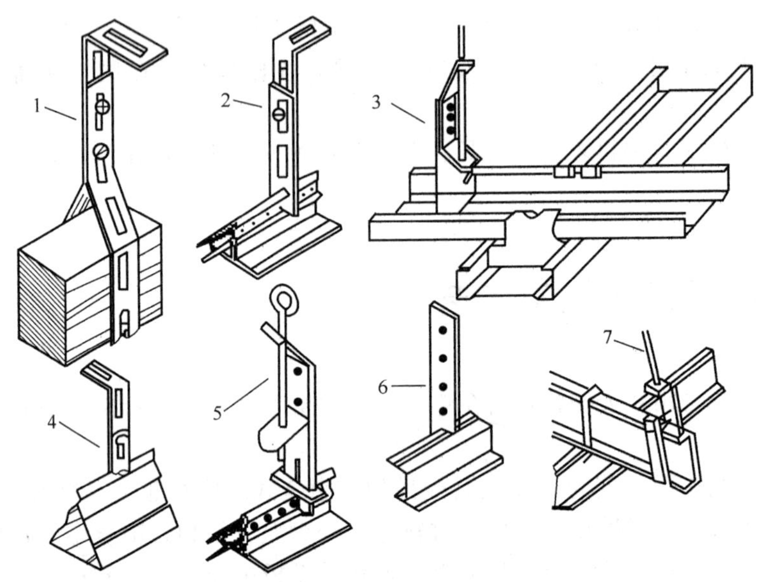

图 4-4　吊顶龙骨的悬挂结构形式示例

1—开孔扁铁吊杆与木龙骨；2—开孔扁铁吊杆与 T 形龙骨；3—伸缩吊杆与 U 形龙骨；4—开孔扁铁吊杆与三角龙骨；5—伸缩吊杆与 T 形龙骨；6—扁铁吊杆与 H 形龙骨；7—圆钢吊杆悬挂金属龙骨

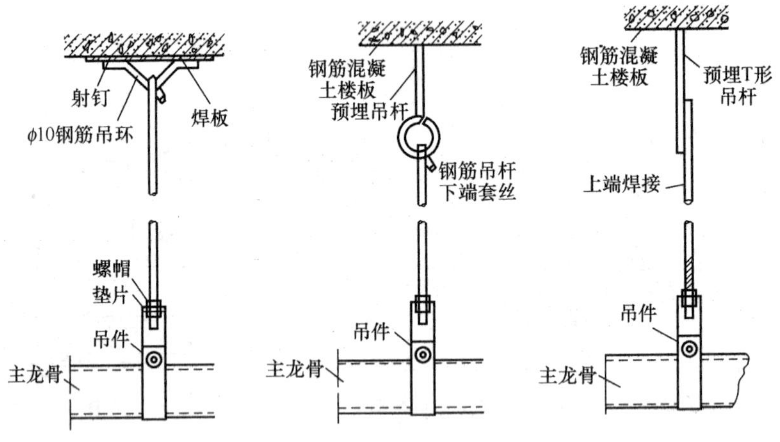

图 4-5　上人型吊顶吊点

构造和单层龙骨构造两种。

主龙骨是起主干作用的龙骨，是吊顶龙骨体系中主要的受力构件。次龙骨的主要作用是固定饰面板，为龙骨体系中的构造龙骨。常用的吊顶龙骨分为木龙骨和轻金属龙骨两大类。

（1）吊顶木龙骨架。

吊顶木龙骨架是由木制大、小龙骨拼装而成的吊顶造型骨架。当吊顶为单层龙骨时不设大龙骨，而用小龙骨组成方格骨架，用吊挂杆直接吊在结构层下部。常用大木龙骨断面尺寸有：50mm×80mm、80mm×100mm，间距为 1000～

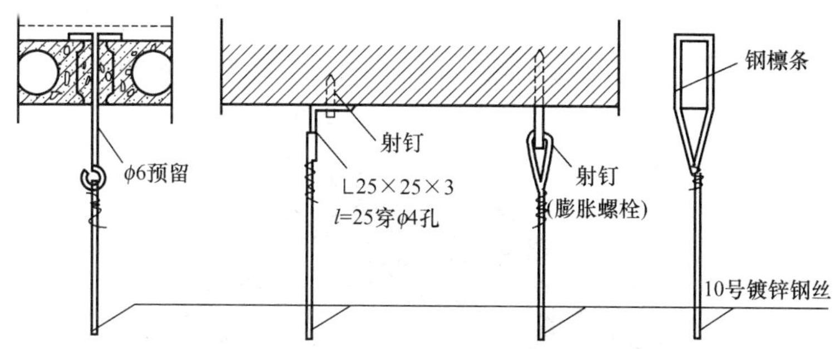

图 4-6　不上人型吊顶吊点

1500mm。小龙骨断面尺寸有：40mm×40mm、50mm×50mm，间距为 400～500mm 或根据饰面板规格尺寸而定。

木龙骨架组装如图 4-7 所示。

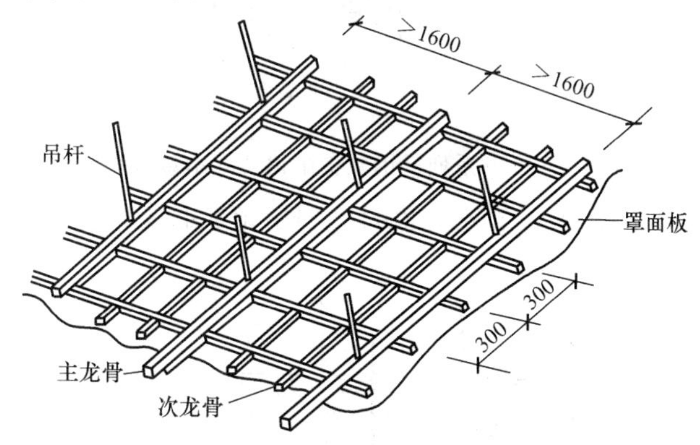

图 4-7　木龙骨组装示意（mm）

（2）吊顶轻金属龙骨架。

吊顶轻金属龙骨，是以镀锌钢带、铝带、铝合金型材、薄壁冷轧退火卷带为原料，经冷弯或冲压工艺加工而成的天棚吊顶的骨架支承材料。其突出的优点是自重轻、刚度大、耐火性能好。

吊顶轻金属龙骨通常分为轻钢龙骨和铝合金龙骨两类。

轻钢龙骨的断面形状可分为 U 形、C 形、Y 形、L 形等，分别作为主龙骨、覆面龙骨、边龙骨配套使用。其常用规格型号有 U60、U50、U38 等系列，在施工中轻钢龙骨应做防锈处理。

铝合金龙骨的断面形状多为 T 形、L 形，分别作为覆面龙骨、边龙骨配套使用。

1）吊顶轻钢龙骨架。

吊顶轻钢龙骨架作为吊顶造型骨架，由大龙骨（主龙骨、承载龙骨）、覆面次龙骨（中龙骨）、横撑龙骨及其相应的连接件组装而成，如图 4-8 所示。

2）吊顶铝合金龙骨架。

吊顶铝合金龙骨架，根据吊顶使用荷载要求不同，有以下两种组装方式：

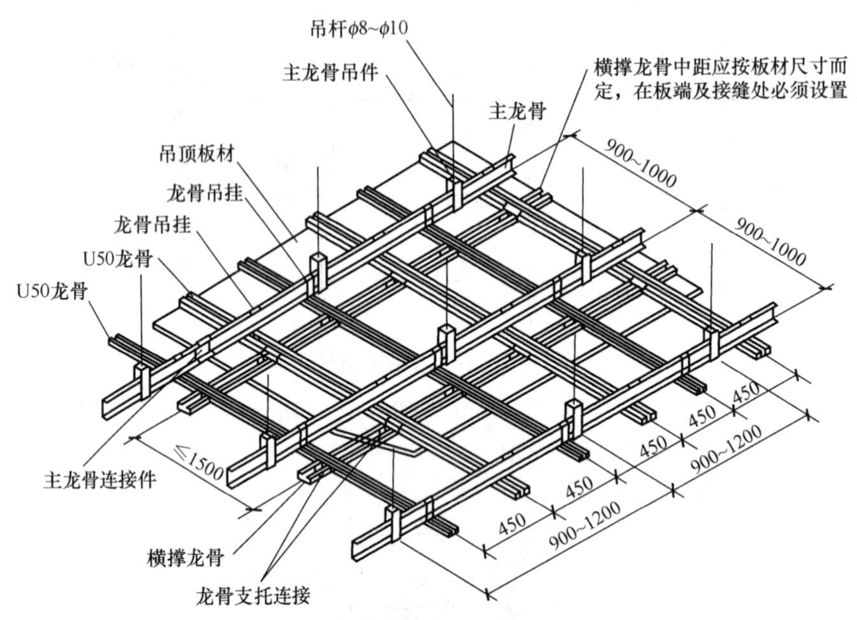

图 4-8　U 形系列轻钢龙骨吊顶装配示意（mm）

①由 L 形、T 形铝合金龙骨组装的轻型吊顶龙骨架，此种骨架承载力有限，如图 4-9 所示。

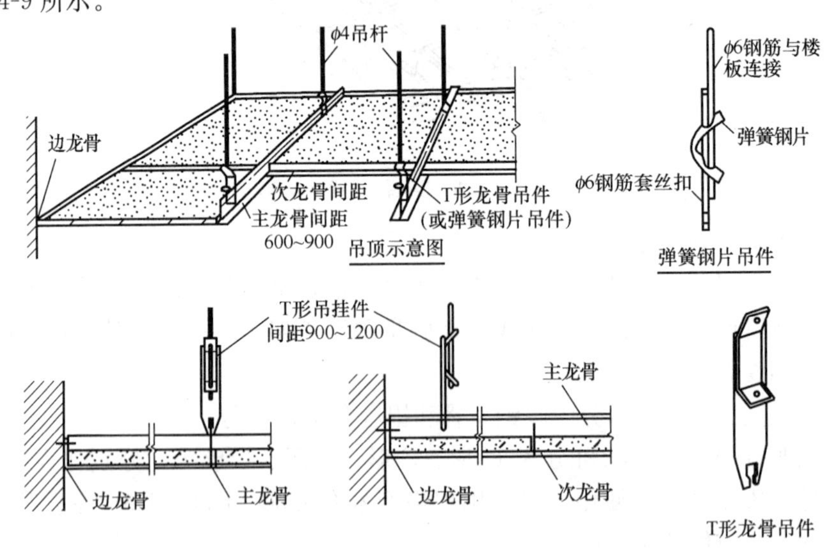

图 4-9　L 形、T 形装配式铝合金龙骨吊顶轻便安装示意（mm）

②由 U 形轻钢龙骨作主龙骨（承载龙骨）与 L 形、T 形铝合金龙骨组装的可承受附加荷载的吊顶龙骨架，如图 4-10 所示。

4.3.1.3　吊顶饰面层

吊顶饰面层即为固定于吊顶龙骨架下部的罩面板材层。罩面板材品种很多，常用的有胶合板、纸面石膏板、装饰石膏板、钙塑饰面板、金属装饰面板（铝合金板、不锈钢板、彩色镀锌钢板等）、玻璃及 PVC 饰面板等。饰面板与龙骨架底部可采用钉接或胶粘、搁置、扣挂等方式连接。

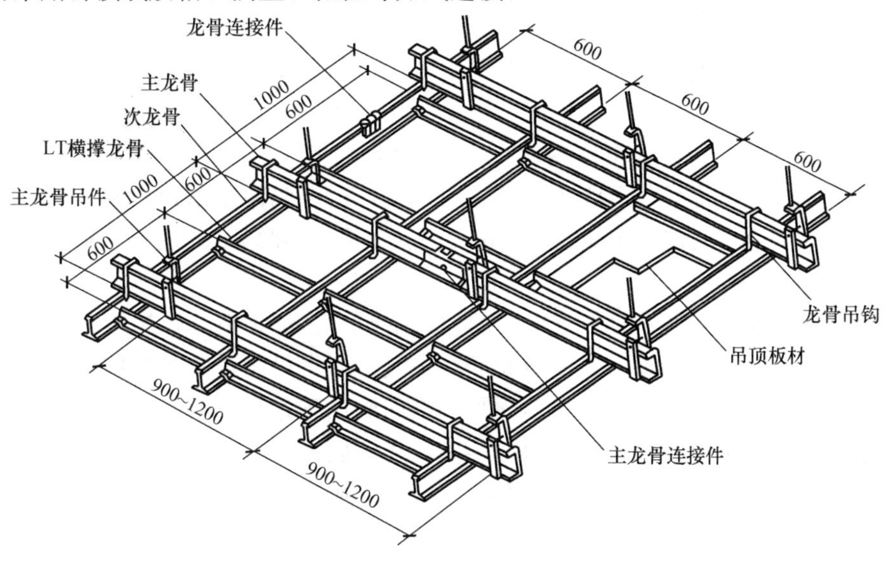

图4-10　以U形轻钢龙骨为承载龙骨的L形、T形铝合金龙骨吊顶装配示意图（mm）

4.3.2　吊顶工程施工

在吊顶施工之前，天棚上部的电气、报警等线路，空调、消防、供水等管道均应安装就位并完成调试，自天棚至墙体各处电器开关及插座的有关线路敷设已布置就绪，材料和施工机具等已准备完毕。

4.3.2.1　木龙骨吊顶施工

木龙骨吊顶是以木质龙骨为基本骨架，配以胶合板、纤维板或其他人造板作为罩面板材组合而成的吊顶体系，其加工方便，造型能力强，但不适用于大面积吊顶。

（1）施工材料与常用机具。

1）施工材料。

①木料：木质龙骨材料应为烘干、无扭曲、无劈裂、不易变形、材质较轻的树种，以红松、白松为宜。

②罩面板材：胶合板、纤维板、纸面石膏板等按设计选用。

③固结材料：圆钉、射钉、膨胀螺栓、胶粘剂。

④吊挂连接材料：ϕ6mm～ϕ8mm 钢筋、角钢、钢板、8号镀锌钢丝。

⑤木材防腐剂、防火剂。

2）常用机具。

电动冲击钻、手电钻、电动修边机、电动或气动钉枪、木刨、槽刨、锯、锤、斧、螺丝刀、卷尺、水平尺、墨线斗等。

（2）吊顶木龙骨架安装施工。

主要工艺程序：弹线→木龙骨处理→龙骨架拼接→安装吊点紧固件→龙骨架

吊装→龙骨架整体调平→面板安装→压条安装→板缝处理。

1）弹线。

弹线包括弹吊顶标高线、吊顶造型位置线、吊挂点定位线、大中型灯具吊点定位线。

①弹吊顶标高线：根据室内墙上＋500mm 水平线，用尺量至天棚的设计标高，在该点画出高度线，沿墙四周弹一道墨线，这条线便是吊顶标高线，也是吊顶四周的水平线，其偏差不能大于 5mm。操作时可用灌满水的透明塑料软管来确定各点标高。

②确定吊顶造型线：对于较规则的建筑空间，其吊顶造型位置可先在一个墙面量出竖向距离，以此画出其他墙面的水平线，即得吊顶位置外框线，而后逐步找出各局部的造型框架线，对于不规则的空间画吊顶造型线，宜采用找点法，即根据施工图纸测出造型边缘距墙面的距离，在墙面和天棚基层进行实测，找出吊顶造型边框的有关基本点，将各点连线，形成吊顶造型线。

③确定吊挂点位置线；对平顶天棚，其吊点一般是按每平方米布置 1 个，在天棚上均匀排布，对于有跌级造型的吊顶，应注意在分层交界处布置吊点，吊点间距为 0.8～1.2m。较大的灯具应安排单独吊点来吊挂。

2）木龙骨处理。

①防腐处理：建筑装饰工程中所用木质龙骨材料，应按规定选材并实施在构造上的防潮处理，同时亦应涂刷防虫药剂。

②防火处理：工程中木构件的防火处理，一般是将防火涂料涂刷或喷于木材表面，也可把木材置于防火涂料槽内浸渍。防火涂料按其胶结性质分为油质防火涂料（内掺防火剂）与氯乙烯防火涂料、可赛银（酪素）防火涂料、硅酸盐防火涂料。

3）龙骨架的分片拼接。

为方便安装，木龙骨吊装前一般先在地面进行分片拼接。

①确定吊顶骨架需要分片或可以分片安装的位置和尺寸，根据分片的平面尺寸选取龙骨尺寸。

②先拼接组合大片的龙骨骨架，再拼接小片的局部骨架。拼接组合的面积不可过大，否则不便安装。

③骨架的拼接按凹槽对凹槽的方法咬口拼接，拼口处涂胶并用圆钉固定，如图 4-11 所示。

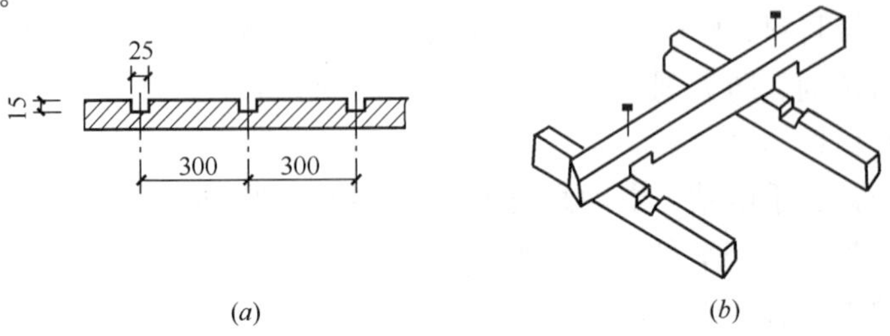

图 4-11　木龙骨利用槽口拼接示意（mm）

4）安装吊点紧固件及固定边龙骨。

①安装吊点紧固件；吊顶吊点的紧固方式较多，如有预埋钢筋、钢板，则吊杆与预埋钢筋、钢板连接，无预埋者可用射钉或胀锚螺栓将预埋铁件固定于楼板底面作为与吊杆的连接件（图 4-12）。

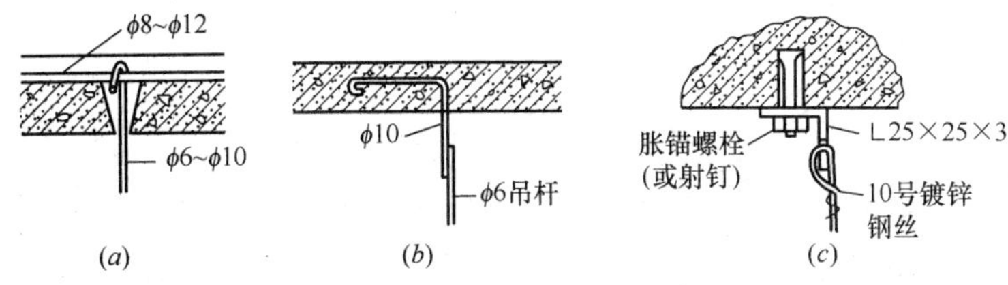

图 4-12 木质装饰吊顶的吊点紧固安装

（a）预制楼板内埋设通长钢筋，吊筋从板缝伸出；（b）预制楼板内预埋钢筋；（c）用胀锚螺栓或射钉固定角钢连接件

②固定沿墙边龙骨：沿吊顶标高线固定边龙骨的方法，在木骨架施工中常有两种做法：一种是沿标高线以上 10mm 处在墙面钻孔，间距 0.5～0.8m，在孔内打入木楔，然后将沿墙木龙骨钉固于墙内木楔上；另一种做法是先在木龙骨上打小孔，再用水泥钉通过小孔将边龙骨钉固于混凝土墙面（此法不宜用于砖砌墙体）。不论用何种方式固定沿墙龙骨，均应保证牢固可靠，其底面必须与吊顶标高线保持齐平。

5）龙骨架吊装。

①分片吊装：将拼接组合好的木龙骨架托起至吊顶标高位置，先做临时固定。临时固定的方法有：一是用高度定位杆作支撑，临时固定高度低于 3m 的吊顶骨架，二是可用钢丝在吊点上临时固定高度超过 3m 的吊顶骨架。然后根据吊顶标高线拉出纵横水平基准线，进行整片龙骨架调平，然后即将其靠墙部分与沿墙边龙骨钉接。

②龙骨架与吊点固定：木骨架吊顶的吊杆，常采用的有木吊杆、角钢吊杆和扁铁吊杆（图 4-13）。采用木吊杆时，截取的木方吊杆料应长于吊点与龙骨架实际间距 100mm 左右，以便于调整高度。采用角钢作吊杆时，在其端头钻 2～3 个孔以便调整高度，与木骨架的连接点可选择骨架的角位，用 2 枚木螺钉固定（图 4-14）。采用扁铁做吊杆时，其端头也应打出 2～3 个调节孔；扁铁与吊点连接件的连接可用 M6 螺栓，与木骨架用 2 枚木螺钉连接固定，吊杆的下部端头最终都应按准确尺寸截平，不得伸出木龙骨架底面。

③龙骨架分片间的连接：分片龙骨架在同一平面对接时，将其端头对正，然

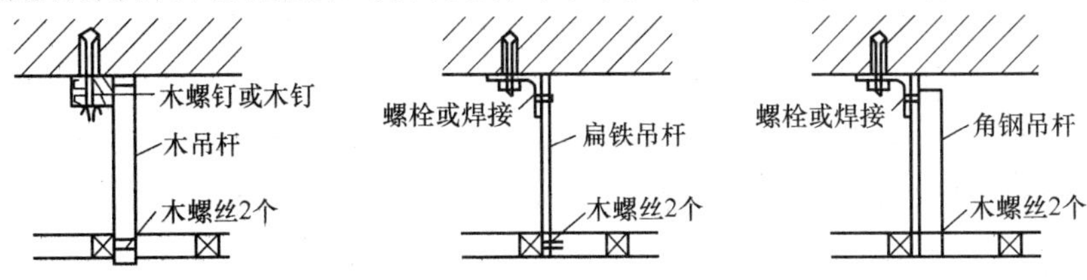

图 4-13 木骨架吊顶常用吊杆类型

后用短木方钉于对接处的侧面或顶面进行加固（图 4-15）。对于一些重要部位的骨架分片间的连接，应选用铁件进行加固。

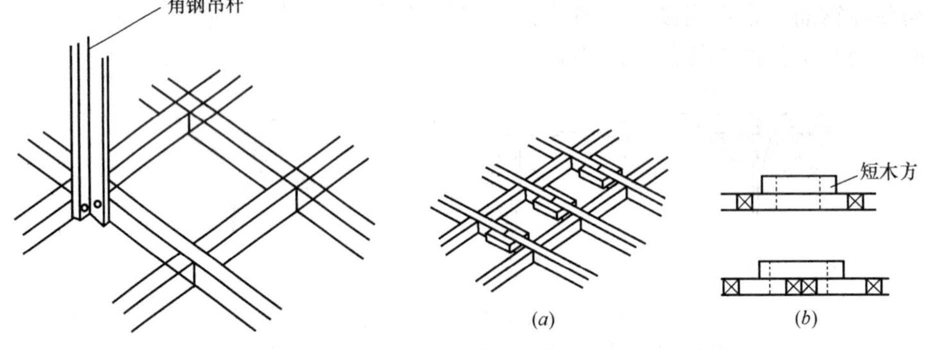

图 4-14　角钢吊杆与木骨架的固定

图 4-15　木龙骨架对接固定

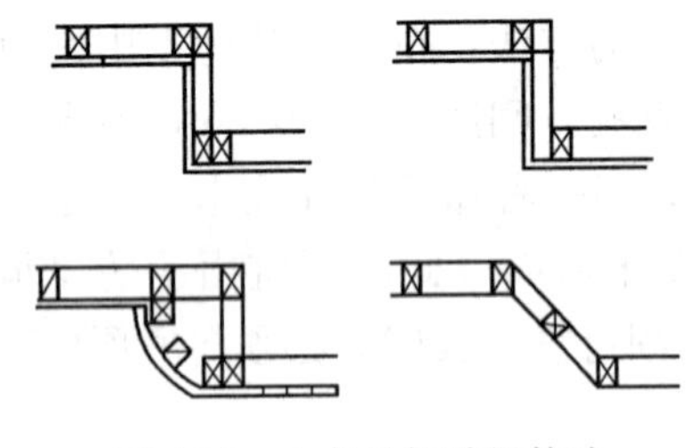

图 4-16　木龙骨架跌级构造

④跌级吊顶上下层龙骨架的连接（跌级吊顶，也称高差吊顶、变高吊顶）：对于跌级吊顶，一般是自高而下开始吊装，吊装与调平的方法与上述相同。其高低面的衔接，先以一条木方斜向将上下骨架定位，再用垂直方向的木方把上下两平面的龙骨架固定连接（图 4-16）。

6）龙骨架整体调平。

在各分片吊顶龙骨架安装就位之后，对于吊顶面需要设置的送风口、检修孔、内嵌式吸顶灯盘及窗帘盒等装置，在其预留位置处要加设骨架，进行必要的加固处理及增设吊杆等。全部按设计要求安装到位后，在整个吊顶面下拉十字交叉的标高线，用以检查吊顶面的整个平整度。对于吊顶骨架面的下凸部位，要重新拉紧吊杆；对于其上凹部位，可用木杆下顶，尺寸准确后须将杆件的两端固定。吊顶常采用起拱的方法以平衡饰面板的重力，并减少视觉上的下坠感，一般 7～10m 跨度按 3/1000 起拱，10～15m 跨度按 5/1000 起拱。

（3）木吊顶面板安装。

1）材料选择。

吊顶面板一般选用加厚三夹板或五夹板。如使用过薄的胶合板，在温度和湿度变化下容易产生吊顶面层的凹凸变形，也可选用其他人造板材，如木丝板、刨花板、纤维板等。

2）板材处理。

①弹面板装钉线：按照吊顶龙骨分格情况，以骨架中心线尺寸，在挑选好的胶合板正面上画出装钉线，以保证能将面板准确地固定于木龙骨上。

②板块切割：根据设计要求，如需将板材分格分块装钉，应按画线切割胶合面板。方形板块应注意找方，保证四角为直角。当设计要求钻孔并形成图案时，应先做样板，按样板制作。

③修边倒角：在胶合板块的正面四周，用手工细刨或电动刨刨出45°倒角，宽度2～3mm，对于要求不留缝隙的吊顶面板，此种做法有利于在嵌缝补腻子时使板缝严密并减少以后的变形程度。对于有留缝装饰要求的吊顶面板，可用木工修边机，根据图纸要求进行修边处理。

④防火处理对有防火要求的木龙骨吊顶，其面板在以上工序完毕后应进行防火处理。通常做法是在面板反面涂刷或喷涂三遍防火涂料，晾干备用。对木骨架的表面应做同样的处理。

3）吊顶面板铺钉施工。

①板材预排布置：为避免材料浪费以及在安装施工中出现差错，并达到美观效果，在正式装钉以前须进行预排布置。对于不留缝隙的吊顶面板，有两种排布方式：一是整板居中，非整板布置于两侧；二是整板铺大面，非整板放在边缘部位。

②预留设备安装位置：吊顶天棚上的各种设备，例如空调冷暖送风口、排气口、暗装灯具口等，应根据设计图纸，在吊顶面板上预留开口。也可将各种设备的洞口位置先在吊顶面板上画出，待面板就位后再将其开出。

③面板铺钉：将胶合板正面朝下托起至预定位置，从板的中间向四周展开铺钉，钉位按画线确定，钉距为80～150mm，胶合板应钉得平整，四角方正，不应有凹陷和凸起。

4）其他人造板天棚饰面安装。

木丝板、刨花板、细木工板安装时，一般多用压条固定，其板与板的间隙要求3～5mm。如不采用压条固定而采用钉子固定时，最好采用半圆头木螺钉，并加垫圈，钉距100～120mm. 钉距应一致，纵横成线，以提高装饰效果。

印刷木纹板安装，多采用钉子固定法，钉距不大于120mm。为防止破坏板面装饰，钉子与板面钉齐平，然后用与板面相同颜色的油漆涂饰。

甘蔗板、麻屑板的安装，可用圆钉固定法，也可用压条法或粘合法。

①圆钉固定法：用圆钉将板钉于天棚木龙骨上，钉下加30mm圆形铁垫圈一个。或在每四块板中同的交角处，用木螺钉固定塑料（或其他材料）托花一个。为防止板面翘曲、空鼓等弊病，可在塑料托花之间，沿板边等距离加圆钉固定。

②压条固定法：在板与板之间钉压条一道进行固定。压条可以是木压条、金属压条或硬塑料压条，将板固定于天棚木龙骨上。各种压条用钉固定要先拉通线，安装后应平直，接口要严密。

③粘合固定法：在基层平整的条件下，采用胶粘剂直接粘贴。须将天棚基层整平，把108胶或404胶按梅花点涂于板块的背面，然后将板贴于基层之上，用力压实，约十几分钟卸力，1h后胶粘剂即可固化，将板粘牢。

（4）有关节点构造处理。

吊顶工程中常涉及有关的节点处理，如暗装窗帘盒、暗装灯盘、暗装灯槽等与吊顶构造的连接。

1）暗装窗帘盒的节点构造。

其节点处理一般有两种方法，一种是吊顶与方木薄板窗帘盒衔接，另一种是吊顶与厚夹板窗帘盒连接。其处理形式如图 4-17 所示。

2）暗装灯盘节点构造。

木吊顶与暗装灯盘的连接有两种形式，一是木吊顶与灯盘固定连接；二是灯盘自行悬吊于天棚。如图 4-18 所示。

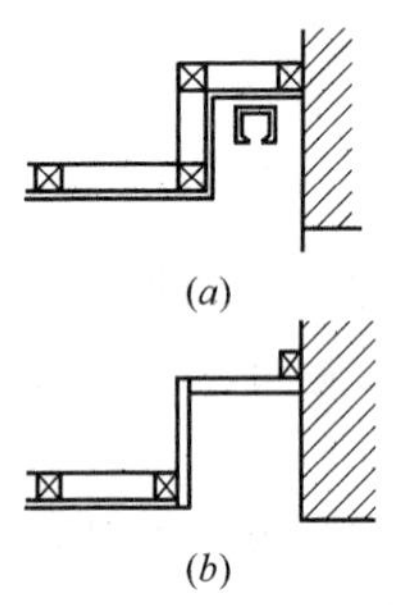

图 4-17　木吊顶与暗装窗帘盒的连接节点

（*a*）方木薄板窗帘盒；（*b*）厚夹板窗帘盒

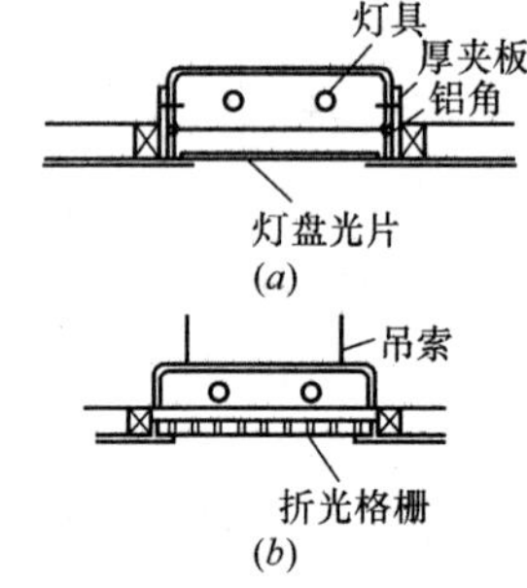

图 4-18　木吊顶与暗装灯盘连接

（*a*）灯盘与吊顶固定连接；（*b*）灯盘自行悬吊于建筑底面

3）与灯槽的连接节点。

灯槽节点构造如图 4-19 所示。

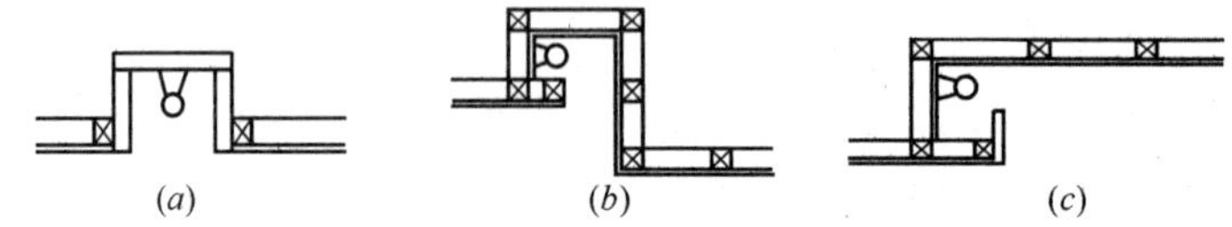

图 4-19　木吊顶与反光灯槽的连接示意

（*a*）平面式；（*b*）侧向反光式；（*c*）顶面半反光式

4.3.2.2　轻钢龙骨吊顶施工

轻钢龙骨吊顶是以轻钢龙骨为吊顶的基本骨架，配以轻型装饰罩面板材组合而成的新型天棚体系。常用罩面板有纸面石膏板、石棉水泥板、矿棉吸声板、浮雕板和钙塑凹凸板。

轻钢龙骨吊顶设置灵活，装拆方便，具有质量轻、强度高、防火等多种优点，广泛用于公共建筑及商业建筑的吊顶。

（1）常用的施工材料与机具。

1）常用施工材料。

①U 形、T 形轻钢龙骨及配件（吊挂件、连接件等）。

②罩面板：纸面石膏板、石棉水泥板、矿棉吸声板、浮雕板、钙塑凹凸板及铝压缝条或塑料压缝条等。

③吊杆（$\phi6$、$\phi8$ 钢筋）。

④固结材料：花篮螺栓、射钉、自攻螺钉、膨胀螺栓等。

2）常用机具。

电动冲击钻、无齿锯、射钉枪、手锯、手刨、螺丝刀及电动或气动螺丝刀、扳手、方尺、钢尺、钢水平尺等。

(2) 施工步骤与方法。

主要工艺程序：弹线→安装吊点紧固件→安装主龙骨→安装次龙骨→安装灯具→面板安装→板缝处理。

1) 弹线。

弹线包括：天棚标高线、造型位置线、吊挂点位置、大中型灯位线等。如为双层U形、T形轻钢龙骨骨架，其吊点间不大于1200mm，单层吊顶骨架，吊点间距为800～1500mm。

2) 安装吊点紧固件。

可根据吊顶是否上人（或是否承受附加荷载），分别采用图4-5、图4-6所示方法进行吊点紧固件的安装。

3) 主龙骨安装与调平。

①主龙骨安装：将主龙骨与吊杆通过垂直吊挂件连接。上人吊顶的悬挂，是用一个吊环将主龙骨箍住，并拧紧螺栓固定，达到既挂住龙骨，又防止龙骨在上人时发生摆动的目的；不上人吊顶的悬挂，是用一个特别的挂件卡在主龙骨的槽中，如图4-20所示。主龙骨的接长一般选用连接件接长，也可焊接，但宜点焊。当遇观众厅、礼堂、餐厅、商场等大面积吊顶时，需每隔12m在大龙骨上部焊接横卧大龙骨一道，以增强大龙骨的侧面稳定性及吊顶的整体性。

②主龙骨架的调平：在主龙骨与吊件及吊杆安装就位之后，以一个房间为单位进行调平调直。调整方法可用600mm×600mm方木按主龙骨间距钉圆钉，将主龙骨卡住，临时固定。方木两端要紧顶墙上或梁边，如图4-20所示。再拉十字和对角水平线，拧动吊杆螺母，升降调平。对于由T形龙骨装配的轻型吊顶，主龙骨基本就位后，可暂不调平，待安装横撑龙骨后再进行调平调正。调平时要注意，主龙骨的中间部分应有所起拱，起拱高度一般不小于房间短向跨度的1/200～1/300。

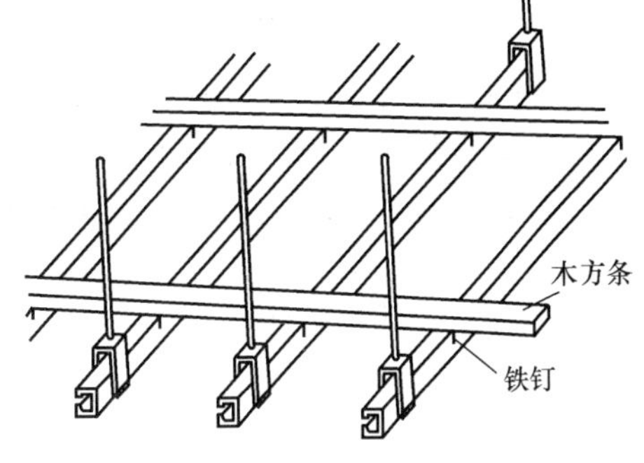

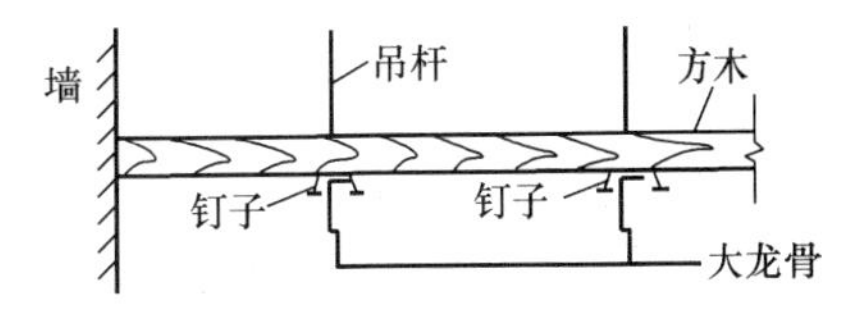

图4-20 定位调平主龙骨

4) 安装次龙骨、横撑龙骨。

①安装次龙骨：在次龙骨与主龙骨的交叉布置点，使用其配套的龙骨挂件将二者连接固定。龙骨挂件的下部勾挂住次龙骨，上端搭在主龙骨上，将其U形或W形腿用钳子弯入主龙骨内（图4-21）。次龙骨的间距由饰面板规格决定。双层U形、T形龙骨骨架中龙骨间距为500～1500mm，如果间距大于800mm，应在中龙骨之间增加小龙骨，小龙骨与中龙骨平行，用小吊挂件与大龙骨连接固定。

②安装横撑龙骨：横撑龙骨由中、小龙骨截取，其方向与次龙骨垂直，装在

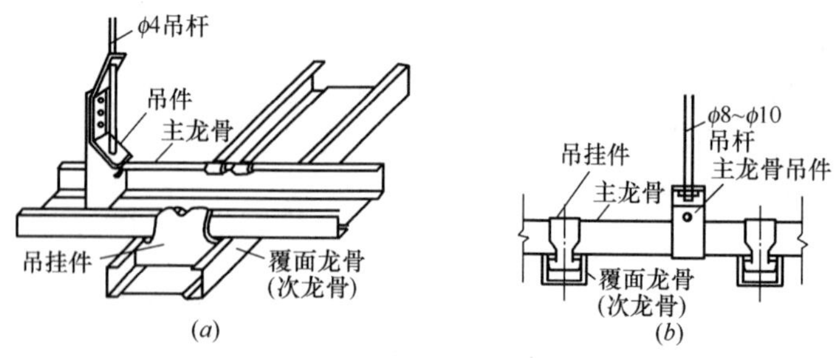

图 4-21　覆面龙骨与承载龙骨的连接

（a）不上人型吊顶吊杆与主次龙骨连接；（b）上人型吊顶吊杆与主次龙骨连接

罩面板的拼接处，底面与次龙骨平齐（单层的龙骨骨架吊顶，其横撑龙骨底面与主龙骨平齐）。横撑龙骨与次龙骨的连接，采用配套的接插件连接。

③固定边龙骨：边龙骨沿墙面或柱面标高线钉牢。固定时常用高强度水泥钉，钉的间距不大于 500mm，若基层材料强度较低，紧固力小，可以用膨胀螺栓或用较长的钉子固定。边龙骨一般不承重，只起封口作用。

5）罩面板安装。

罩面板安装前应对吊顶龙骨架安装质量进行检验，符合要求后，方可进行罩面板安装。

罩面板常有明装、暗装、半隐装三种安装方式。明装是指罩面板直接搁置在 T 形龙骨两翼上，纵横 T 形龙骨架均外露。暗装是指罩面板安装后骨架不外露。半隐装是指罩面板安装后外露部分骨架。

纸面石膏板是轻钢龙骨吊顶常用的罩面板材，通常采用暗装方法。

①纸面石膏板的现场切割：大面积板料切割可使用板锯，小面积板料切割采用多用刀；用专用工具圆孔锯可在纸面石膏板上开各种圆形孔洞；用针锯可在纸板上开各种异形孔洞；用针锯可在纸面石膏板上开出直线形孔洞，用边角刨可对板边倒角；用滚锯可切割出小于 120mm 的纸面石膏板板条；使用曲线锯，可以裁割不同造型的异型板材。

②纸面石膏板罩面钉装：钉装时大多采用横向铺钉的形式。纸面石膏板在吊顶面的平面排布，应从整张板的一侧向非整张板的一侧逐步安装。板与板之间的间隙，宽度一般为 6～8mm。纸面石膏板应在自由状态下就位固定，防止出现弯棱、凸鼓等现象。纸面石膏板的长边（包封边），应沿纵向次龙骨铺设。板材与龙骨固定时，应从一块板的中间向板的四边循序固定，不得采用多点同时固定的做法。

用自攻螺钉铺钉纸面石膏板时，钉距以 150～170mm 为宜，螺钉应与板面垂直。自攻螺钉与纸面石膏板边的距离距包封边（长边）以 10～15mm 为宜；距切割边（短边）以 15～20mm 为宜。钉头略埋入板面，但不能使板材纸面破损。自攻螺钉进入轻钢龙骨的深度应不小于 10mm；在装钉操作中如出现有弯曲变形的自攻螺钉时，应予剔除，在相隔 50mm 的部位另安装自攻螺钉。

纸面石膏板的拼接处，必须是安装在宽度不小于 40mm 的龙骨上，其短边必须采用错缝安装，错开距离应不小于300mm。一般是以一个覆面龙骨的间距为基数，逐块铺排，余量置于最后。安装双层石膏板时，面层板与基层板的接缝也应错开，上下层板各自接在同一根龙骨上。

在吊顶施工中应注意工种间的配合，避免返工拆装损坏龙骨、板材及吊顶上的风口、灯具。烟感探头、喷洒头等可以先安装，也可在罩面板就位后安装。T形外露龙骨吊顶应在全面安装完成后对龙骨及板面作最后调整，以保证平直。

6）嵌缝处理。

①嵌缝材料。

嵌缝时采用石膏腻子和穿孔纸带或玻璃纤维网格胶带，嵌填钉孔则用石膏腻子。石膏腻子由嵌缝石膏粉加适量清水（1∶0.6）静置5～6min后，经人工或机械搅拌而成，调制后应放置30min再使用。注意石膏腻子不可过稠，调制时的水温不可低于5℃，若在低温下调制应使用温水。调制后不可再加石膏粉，避免腻子中出现结块和渣球。穿孔纸带是打有小孔的牛皮纸带，纸带上的小孔在嵌缝时可保证挤出石膏腻子的多余部分，纸带宽度为50mm。使用时应先将其置于清水中浸湿，这样有利于纸带与石膏腻子的粘合。也可采用玻璃纤维网格胶带，它有着较牛皮纸带更强的拉结能力，有更理想的嵌缝效果，故在一些重要部位可用它取代穿孔牛皮纸带，以降低板缝开裂的可能性。玻璃纤维网格胶带的宽度一般为50mm。

②嵌缝施工。

整个吊顶面的纸面石膏板铺钉完成后，应进行检查，并将所有的自攻螺钉的钉头做防锈处理，然后用石膏腻子嵌平。之后再做板缝的嵌填处理，其程序如下：

清扫板缝：用小刮刀将嵌缝石膏腻子均匀饱满地嵌入板缝，并在板缝外刮涂约60mm宽、1mm厚的腻子。随即贴上穿孔纸带（或玻璃纤维网格胶带），使用宽约60mm的腻子刮刀顺穿孔纸带（或玻璃纤维网格胶印带）方向压刮，将多余的腻子挤出，并刮平、刮实，不可留有气泡。

用宽约150mm的刮刀将石膏腻子填满宽约150mm的板缝处带状部分。

用宽约300mm的刮刀再补一遍石膏腻子，其厚度不得超出2mm。

待腻子完全干燥后（约12h），用2号砂布或砂纸将嵌缝石膏腻子打磨平滑，其中间可部分略微凸起，但要向两边平滑过渡。

7）吊顶特殊部位的构造处理。

①吊顶边部节点构造：纸面石膏板轻钢龙骨吊顶边部与墙柱立面结合部位的处理，一般采用平接式、留槽式和间隙式三种形式。边部节点构造见图4-22。

②叠级吊顶的构造：叠级吊顶所用的轻钢龙骨和石膏板等，应按设计要求和吊顶部位不同切割成相应部件。下料切割时应力求准确，以确保安装时吊顶构造的严密和牢固稳定。灯具不论明装暗装，电气管线应有专用的绝缘管套装，以保证用电安全；对于有岩棉等保温层的吊顶，必须使灯具或其他发热装置与岩棉类材料隔开一定的距离，以防止因蓄热导致不良效果。吊顶的纸面石膏板铺钉后，吊顶高低造型的每个阴角处均应加设金属护角，以保证其刚度。同时叠级吊顶的

每个边角必须保持平直整洁，不得出现凹凸不平和扭曲变形现象。叠级吊顶的构造见图 4-23。

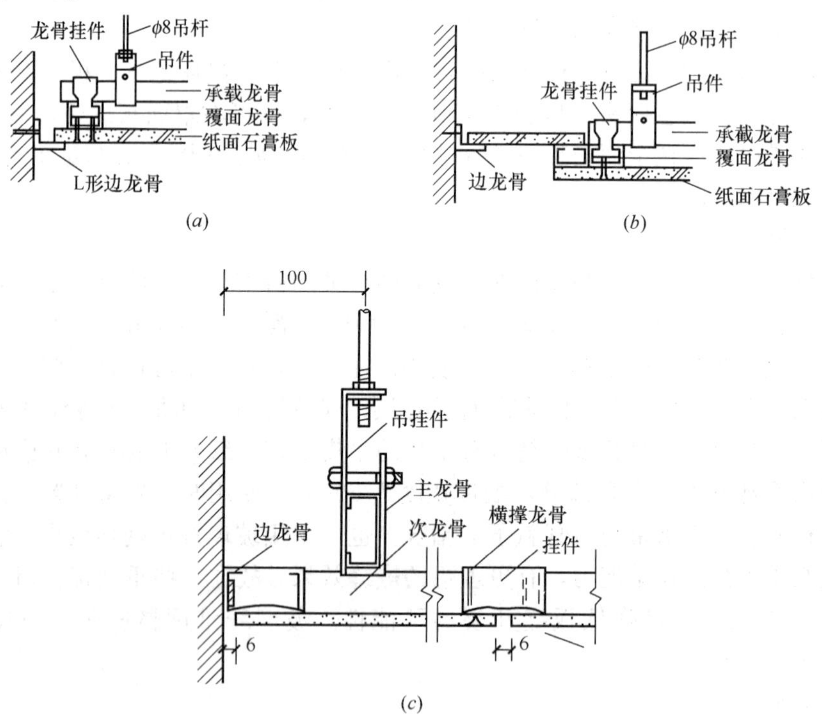

图 4-22　吊顶的边部节点构造

(*a*) 平接式；(*b*) 留槽式；(*c*) 间隙式

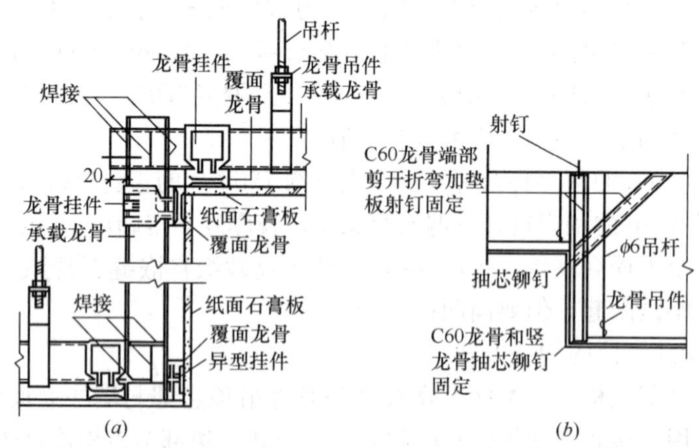

图 4-23　轻钢龙骨纸面石膏板叠级吊顶的变标高构造节点示例

(*a*) 有承载龙骨的变标高吊顶节点构造；(*b*) 无承载龙骨的变标高构造节点示例

③吊顶与隔墙的连接：轻钢龙骨纸面石膏板吊顶与轻钢龙骨纸面石膏板轻质隔墙相连接时，隔墙的横龙骨（沿顶龙骨）与吊顶的承载龙骨用 M6 螺栓紧固，吊顶的覆面龙骨依靠龙骨挂件与承载龙骨连接，覆面龙骨的纵横连接则依靠龙骨支托。吊顶与隔墙面层的纸面石膏板相交的阴角处，固定金属护角，使吊顶与隔

墙有机地结合成一个整体。其节点构造见图 4-24。

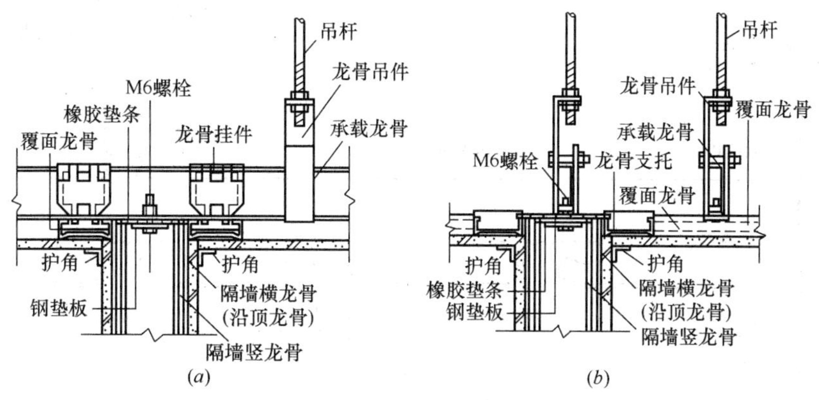

图 4-24　吊顶与隔墙的连接

（a）垂直交叉连接图；（b）同方向对中连接图

4.3.2.3　金属装饰板吊顶施工技术

金属装饰板吊顶是用 L 形、T 形轻钢（或铝合金）龙骨或金属嵌龙骨、条板卡式龙骨作龙骨架，用 0.5～1.0mm 厚的金属板材罩面的吊顶体系。金属装饰板吊顶的形式有方板吊顶和条板吊顶两大类。金属饰板吊顶表面光泽美观，防火性好，安装简单，适用于大厅、楼道、会议室、卫生间和厨房吊顶。

金属装饰板吊顶骨架的装配形式，一般根据吊顶荷载和吊顶装饰板的种类来确定。如吊顶除自重外还需承受上人检修、吊挂设备等附加荷载，则其龙骨架采用 U 形轻钢主龙骨与 T 形、L 形龙骨或嵌龙骨、条板卡式龙骨相配合的双层龙骨形式，如图 4-25、图 4-26 所示。如吊顶仅承担自重而无附加荷载，通常可采用单层龙骨形式，如图 4-27、图 4-28 所示。

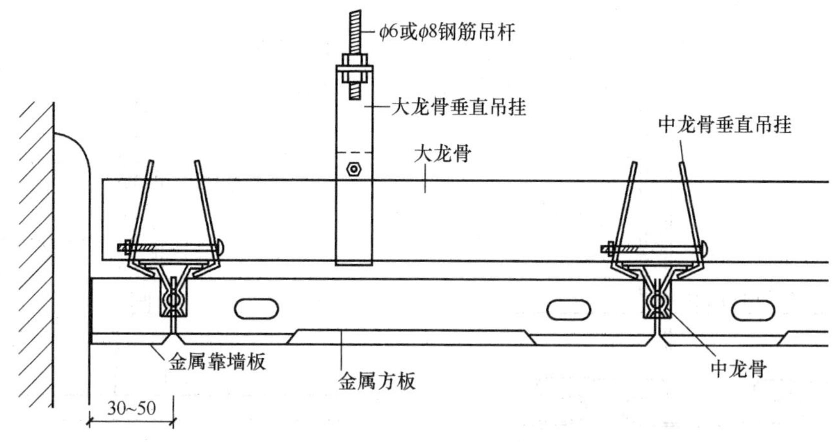

图 4-25　金属方板双层龙骨吊顶基本构造（mm）

（1）施工材料与常用机具。

1）施工材料。

①金属方板吊顶龙骨及配件见表 4-2。

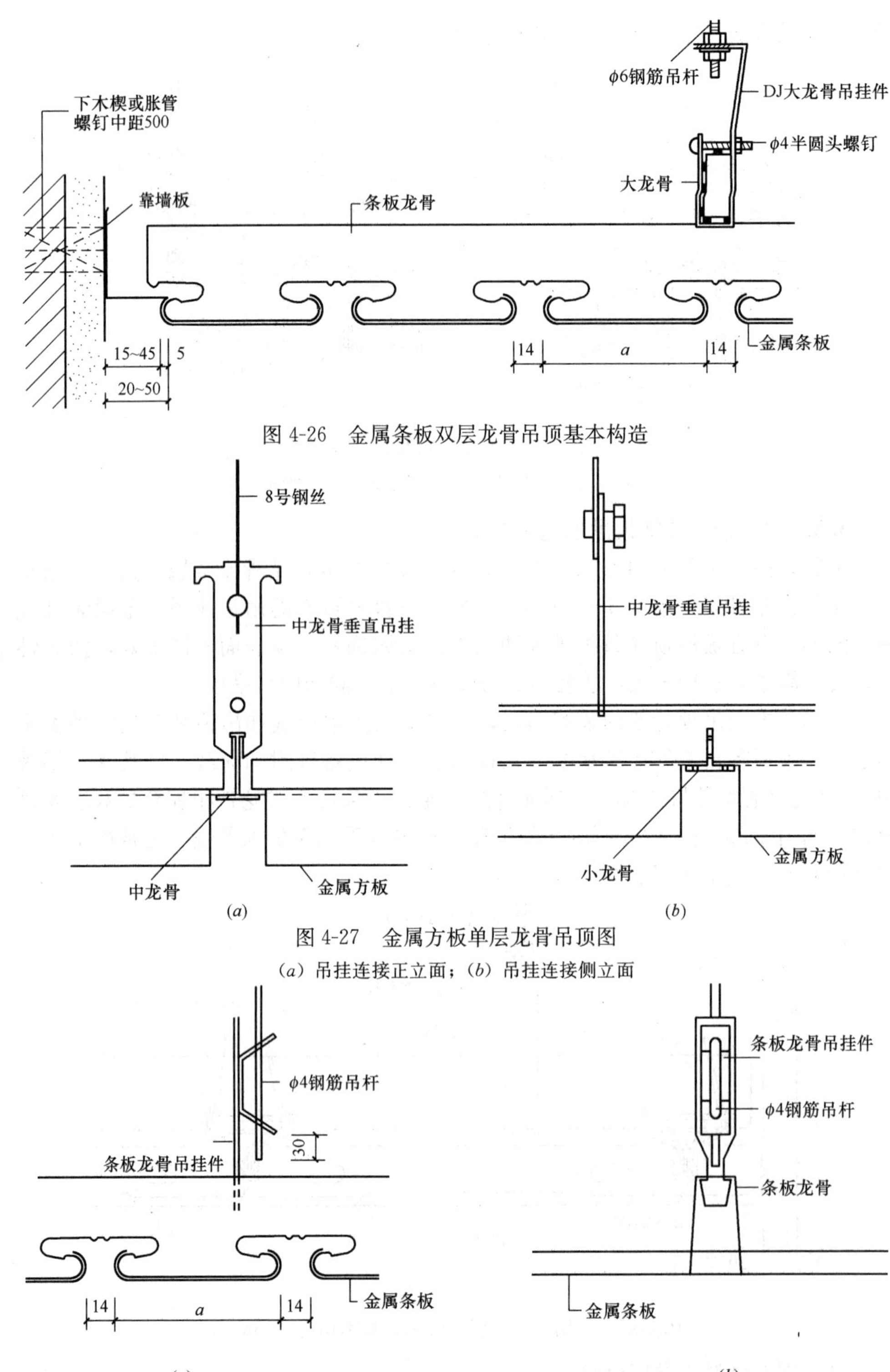

图 4-26　金属条板双层龙骨吊顶基本构造

图 4-27　金属方板单层龙骨吊顶图

(a) 吊挂连接正立面；(b) 吊挂连接侧立面

图 4-28　金属条板单层龙骨吊顶基本构造

(a) 吊挂连接正立面；(b) 吊挂连接侧立面

方形金属吊顶龙骨及配件　　表 4-2

名　称	形　式	用　途
嵌龙骨	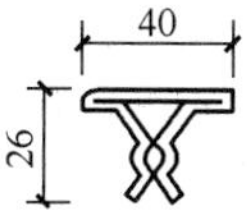 40 26	1. 用于组装龙骨骨架的纵向龙骨； 2. 用于卡装方形金属吊顶板
半嵌龙骨	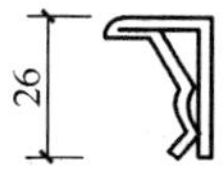 26	1. 用于组装龙骨骨架的边缘龙骨； 2. 用于卡装方形金属吊顶板
嵌龙骨挂　件	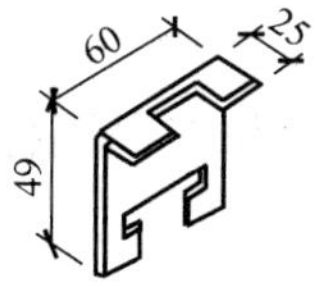 60　25 49	用于嵌龙骨和 U 形吊顶轻钢龙骨（承载龙骨）的连接
嵌龙骨连接件	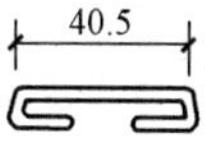 40.5	用于嵌龙骨的加长连接

②金属条板卡式龙骨及配件见表 4-3、表 4-4。

条形金属吊顶龙骨及配件　　表 4-3

条板类型	Ⅰ	Ⅱ	Ⅲ
条板形式（mm）	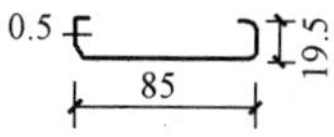 0.5　19.5 85	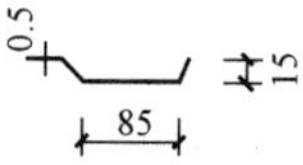 0.5　15 85	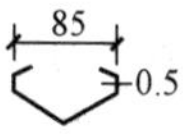 85 0.5
配套嵌条（mm）	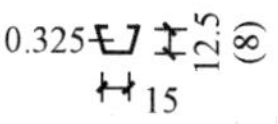 0.325　12.5 (8) 15	—	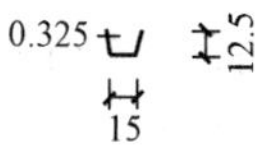 0.325　12.5 15

金属条板卡式龙骨及配件　　表 4-4

配件名称	形式（mm）	用　途
条龙骨	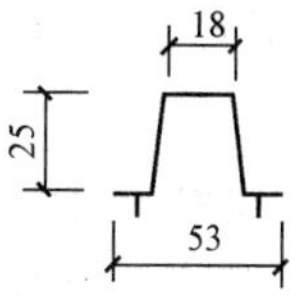 18 25 53	用于组装成吊顶龙骨骨架，用于嵌条形金属吊顶板
吊件		用于吊杆连接，用于与条龙骨连接

③覆面材料：金属方板常用尺寸为 500mm × 500mm、600mm × 600mm、496mm× 996mm、596mm × 1196mm。金属条板常用的宽度尺寸为 86mm、106mm、136mm 等，厚度为 0.5～0.8mm。

④固结材料：膨胀螺钉、射钉、木螺钉等。

⑤吊杆：ϕ4～ϕ8 钢筋或 8 号钢丝。

2）常用机具。

同轻钢龙骨吊顶施工常用机具。

（2）施工步骤与方法。

主要工艺程序：弹线→固定吊杆→安装主龙骨→安装次龙骨→灯具安装→面板安装→压条安装→板缝处理。

1）弹线。

①将设计标高线弹至四周墙面或柱面上，吊顶如有不同标高，则应将变截面的位置在楼板上弹出。

②将龙骨及吊点位置弹到楼板底面上。主龙骨间距和吊杆间距一般控制在 1000～1200mm 以内，沿墙四周龙骨距墙不大于 250mm。注意覆面次龙骨分格时应将标准尺寸置于吊顶中部，对于难以避免的不标准尺寸，可置于天棚不显眼的次要部位。纵横龙骨中心线的间距尺寸，一般需略大于饰面板尺寸 2mm 左右。

2）固定吊杆。

①双层龙骨吊顶时，吊杆常用 ϕ6 或 ϕ8 钢筋，吊杆与结构连接方式如图 4-4 所示。

②方板、条板单层龙骨吊顶时，吊杆一般分别用 8 号钢丝和 ϕ4 钢筋，如图 4-27、图 4-28 所示。

在主龙骨的端部或接长处，应加设吊杆或悬挂铅丝，端部吊杆距墙 200～350mm。

3）龙骨安装与调平。

①主、次龙骨安装时宜从同一方向同时安装，按主龙骨（大龙骨）已确定的位置及标高线，先将其大致基本就位。次龙骨（中、小龙骨）与主龙骨应紧贴安装就位。

②龙骨接长一般选用配套连接件，连接件可用铝合金，也可用镀锌钢板，在其表面冲成倒刺，与龙骨方孔相连。图 4-29 所示为 T 形轻钢龙骨的纵横连接，连接件应注意错位安装。

③龙骨架基本就位后，以纵横两个方向满拉控制标高线（十字线），从一端开始边安装边进行调整，直至龙骨调平调直为止。如面积较大，在中间应适当起拱，起拱高度应不少于房间短向跨度的 1/200～1/300。

④钉固边龙骨：沿标高线固定角铝边龙骨，其底面与标高线齐平。一般可用水泥钉直接将角铝钉在墙面或柱面上，或用膨胀螺栓等方法固定。钉距不大于 500mm。

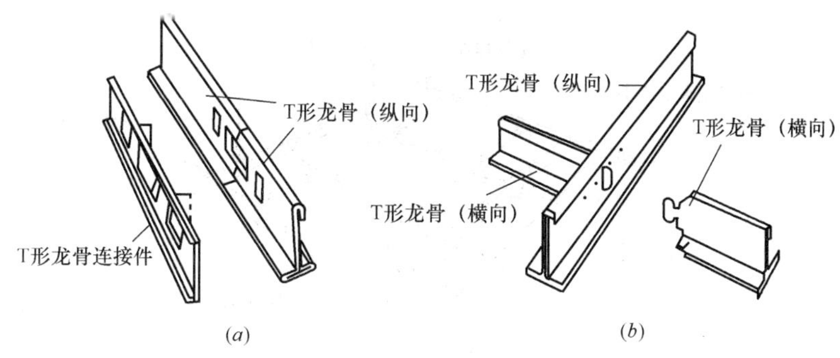

图 4-29　T 形吊顶轻钢龙骨的纵横连接

(*a*) T 型龙骨的纵向连接；(*b*) T 型龙骨的横向连接

4）金属板安装。

①方板搁置式安装：吊顶覆面龙骨采用 T 形轻钢龙骨，金属方形板的四边带翼，将其搁置于 T 形龙骨下部的翼板之上即可。搁置安装后的吊顶面形成格子式离缝效果，如图 4-30。

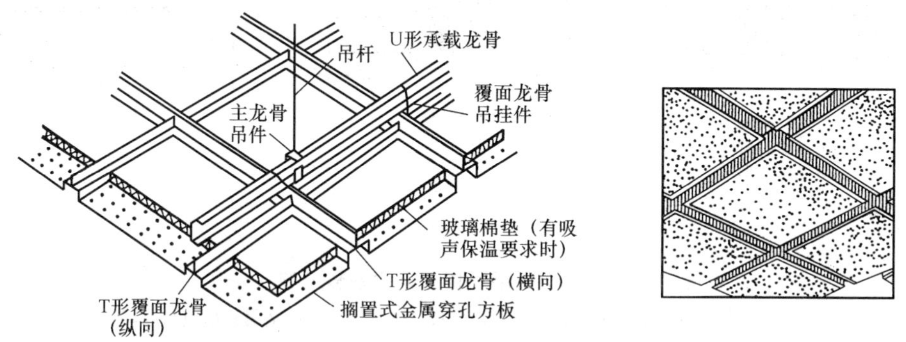

图 4-30　方形金属吊顶板搁置式安装示意及效果图

②方板卡入式安装：这种安装方式的龙骨材料为带夹簧的嵌龙骨配套型材，便于方形金属吊顶板的卡入。金属方形板的卷边向上，形成缺口式的盒子形，一般的方板边部在加工时轧出凸起的卡口，可以精确地卡入带夹簧的嵌龙骨中，如图 4-31 所示。

金属条形板的安装，基本上无需各种连接件，只是直接将条形板卡扣在特制的条龙骨内，即可完成安装，故常被称为扣板。龙骨安装调平后，从一个方向依次安装条形金属吊顶板，如果龙骨本身兼卡具，将条板托起后，先将其一端压入条龙骨的卡脚，再顺势将另一端压入卡脚内，因这种条板较薄并具有弹性，压入后迅即扩张所以能够用推压的安装方式使其与配套条龙骨卡接，如图 4-32 所示。

5）板缝处理。

金属条形板天棚有闭缝和透缝两种形式，均使用敞缝式金属条板。安装其配套嵌条达到封闭缝隙的效果，不安装嵌条即为透缝式。如图 4-33 所示。

6）吊顶的边部处理。

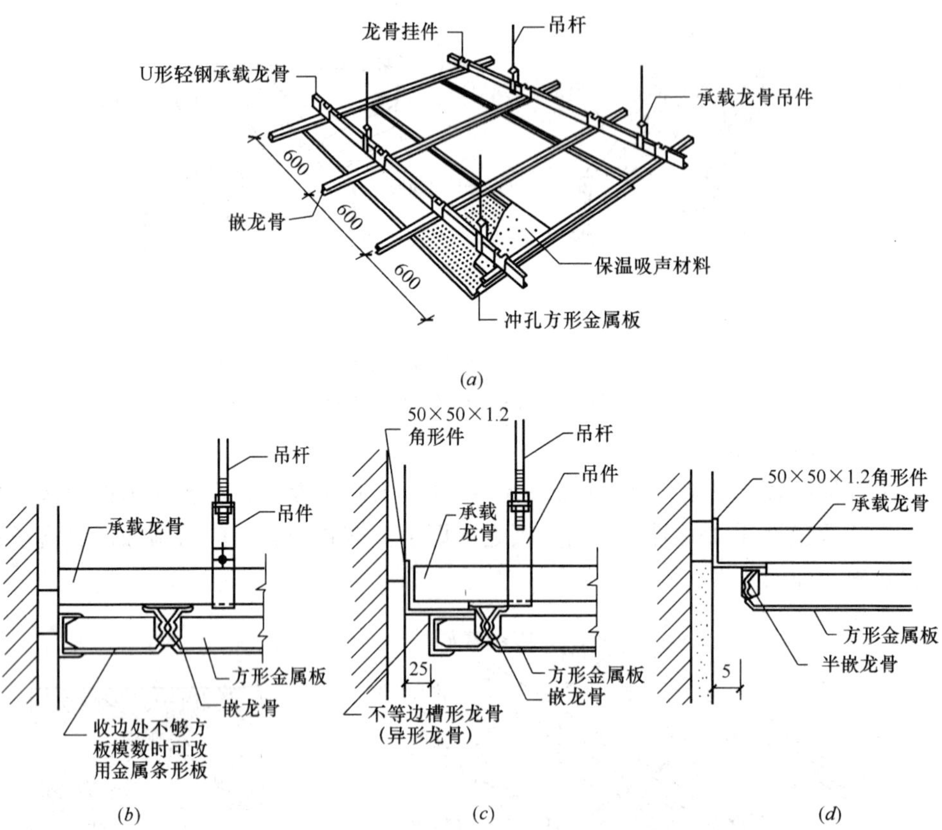

图 4-31　方形金属吊顶板卡入式安装示例（mm）

（a）有承载龙骨的吊顶装配形式；（b）、（c）、（d）方形金属板吊顶与墙，柱等连接节点构造示例图

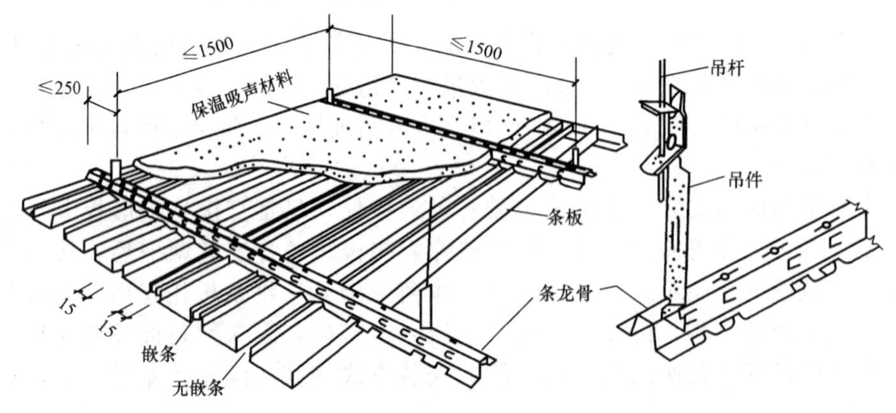

图 4-32　条形金属板与条龙骨的轻便吊顶组装（mm）

①方形金属板吊顶的端部与墙面或柱面连接处，其构造处理方式见图 4-31。

②条形金属板吊顶的端部与墙面或柱面连接处，构造处理方式较多，图 4-34 为条形金属板吊顶与墙柱面连接处四种常见的构造处理方式。

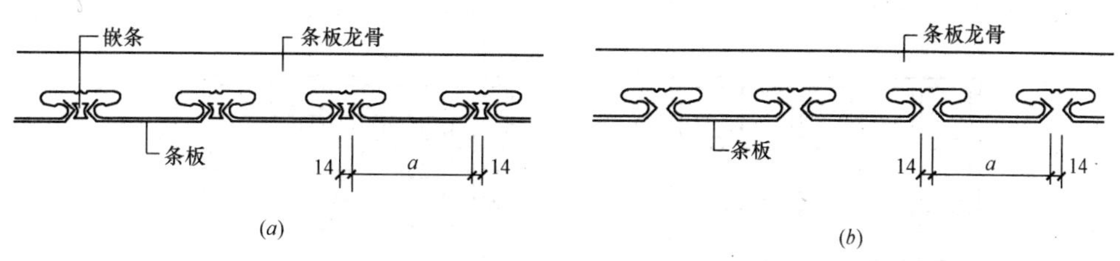

图 4-33　板间缝隙处理（mm）

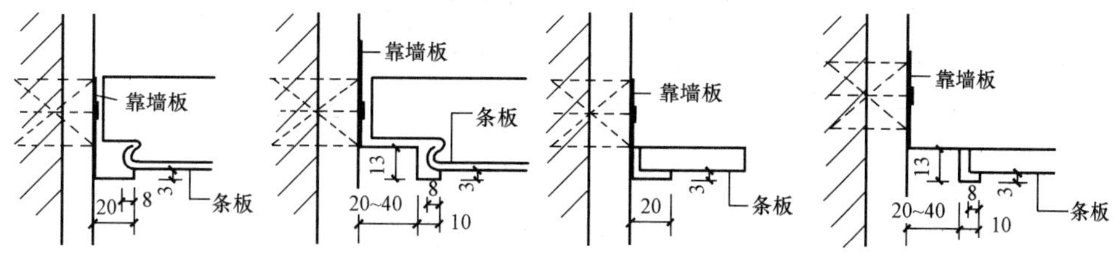

图 4-34　条形板吊顶与墙柱面连接处构造图（mm）

4.3.3　开敞式吊顶施工

开敞式吊顶是将具有特定形状的单元体或单元组合体（有饰面板或无饰面板）悬吊于结构层下面的一种吊顶形式，这种天棚饰面既遮又透，使空间显得生动活泼，艺术效果独特。开敞式吊顶的单元体常用木质、塑料、金属等材料制作。形式有方形框格、菱形框格、叶片状、格栅式等。

4.3.3.1　施工材料与常用机具

（1）施工材料。

1）单元体：一般常用已加工成的木装饰单体、铝合金装饰单体，如图 4-35、图 4-36 所示。

2）吊筋：ϕ6～ϕ8mm 钢筋。

3）连接固件：射钉、水泥钉、膨胀螺栓、木螺钉、自攻螺钉等。

（2）常用机具。

无齿锯、射钉枪、手锯、电动冲击钻、钳子、螺丝刀、扳手、方尺、钢尺、

(a)

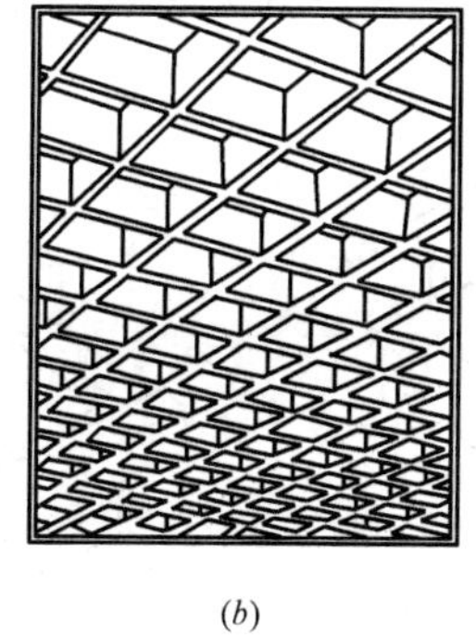

(b)

(c)

图 4-35　木单体示意图

（a）垂柱式；（b）平齐式；（c）凹凸式

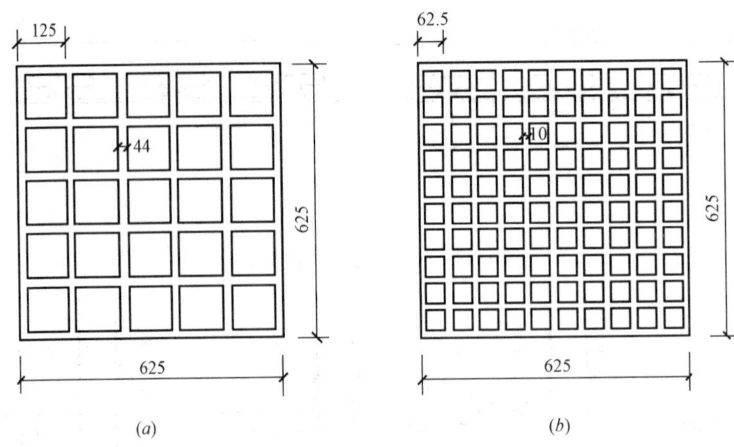

图 4-36 铝合金装饰板单体

(a) 大方格单体；(b) 小方格单体

水平尺等。

4.3.3.2 施工

主要工艺程序：结构面处理→放线→拼装单元体→固定吊杆→吊装单元体→整体调整→饰面处理。

(1) 结构面处理。

由于吊顶开敞，可见到吊顶基层结构，通常对吊顶以上部分的结构表面进行涂黑或按设计要求进行涂饰处理。

(2) 放线。

包括标高线、吊挂点布置线、分片布置线。弹标高线、吊挂点布置线的方法同前。分片布置线是根据吊顶的结构形式和分片的大小所弹的线。吊挂点的位置需根据分片布置线来确定，以使吊顶的各分片材料受力均匀。

(3) 地面拼装单元体。

1) 木质单元体拼装：木质单体及多体结构形式较多，常见的有单板方框式、骨架单板方框式、单条板式、单条板与方板组合式等拼装形式，见图 4-37～图 4-40。拼装时每个单体要求尺寸一致，角度准确，组合拼接牢固。

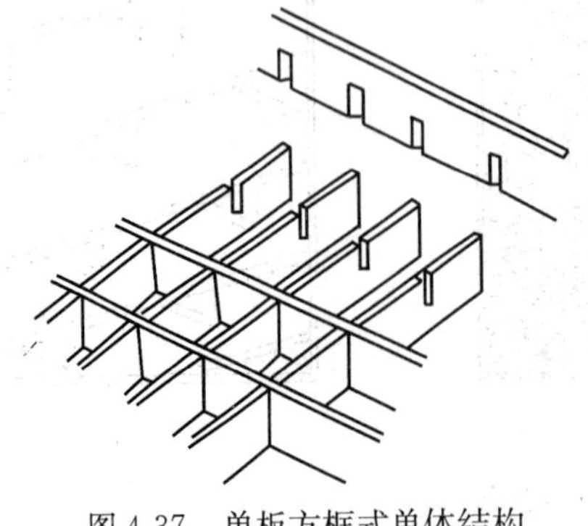

图 4-37 单板方框式单体结构

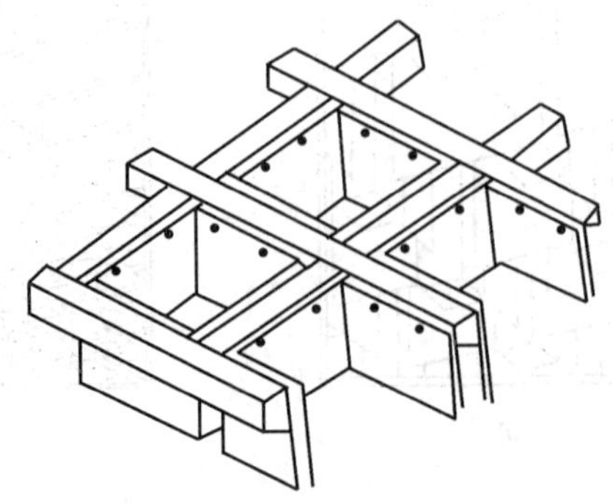

图 4-38 骨架单板方框式拼装

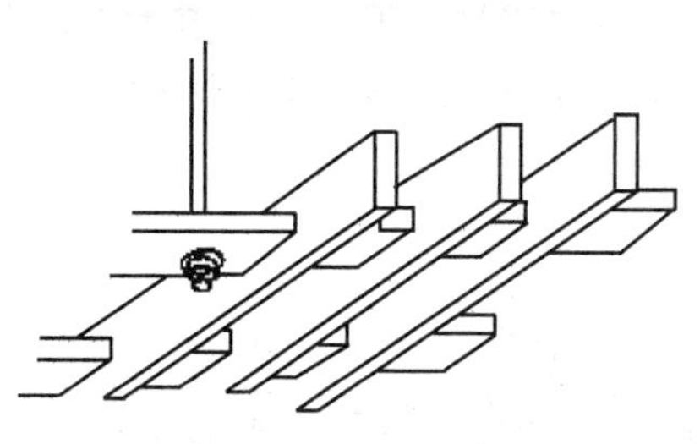

图 4-39　单条板式单体结构

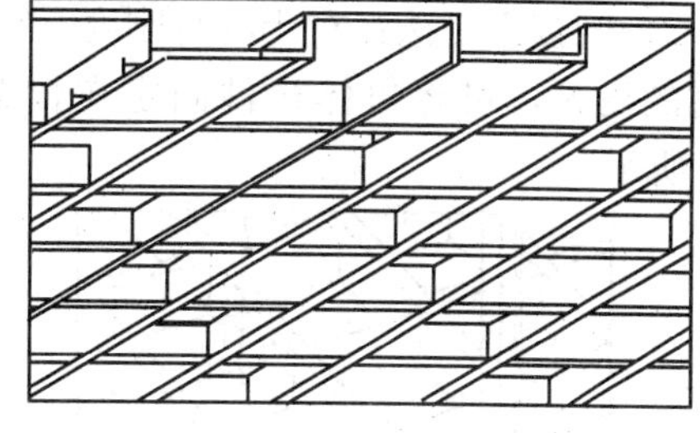

图 4-40　单条板与方板组合式多体结构

2）金属单体拼装：包括格片型金属板单体构件拼装和格栅型金属单体拼装。它们的构造较简单，大多数采用配套的格片龙骨与连接件直接卡接。图 4-41、4-42 为两种常见的拼装形式。

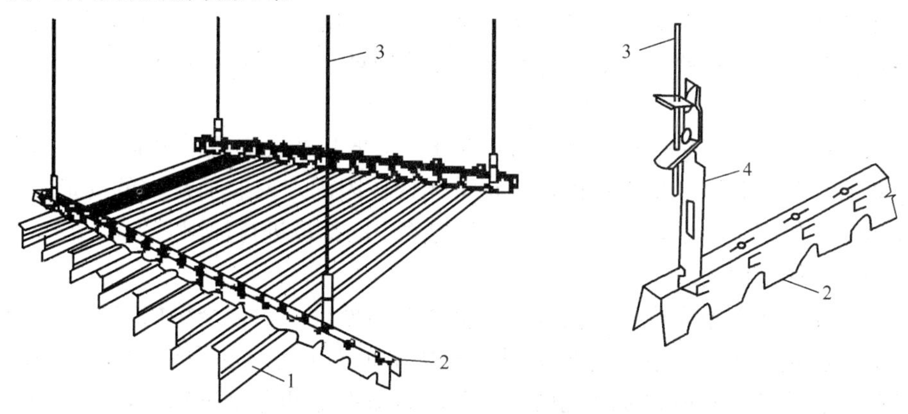

图 4-41　格片型金属板单体构件拼装

1—格片型金属板；2—格片龙骨；3—吊杆；4—吊挂件

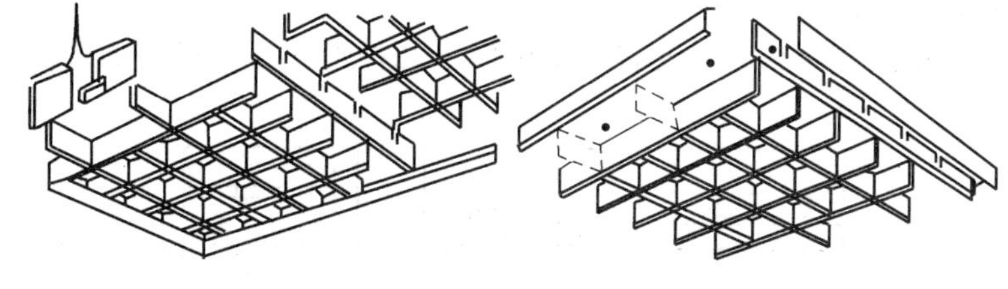

图 4-42　铝合金格栅型吊顶板拼装图

（4）固定吊杆。

开敞式吊顶大多比较轻便，一般可采取在混凝土楼板底或梁底设置吊点，用冲击钻打孔固定膨胀螺栓，将吊杆焊于膨胀螺栓上或用 18 号钢丝绑扎；也可采用带孔射钉作吊点紧固件，需注意单个射钉的承载不得超过 50kg/m^2。

（5）吊装施工。

开敞式吊顶的吊装有直接固定法和间接固定法两种。

1）直接固定法：单体或组合体构件本身有一定刚度时，可将构件直接用吊杆吊挂在结构上，如图 4-43 所示。

2）间接固定法：对于本身刚度不够，直接吊挂容易变形，或吊点太多，费工费时的构件，可将单体构件固定在骨架上，再用吊杆将骨架挂于结构上，如图4-44所示。

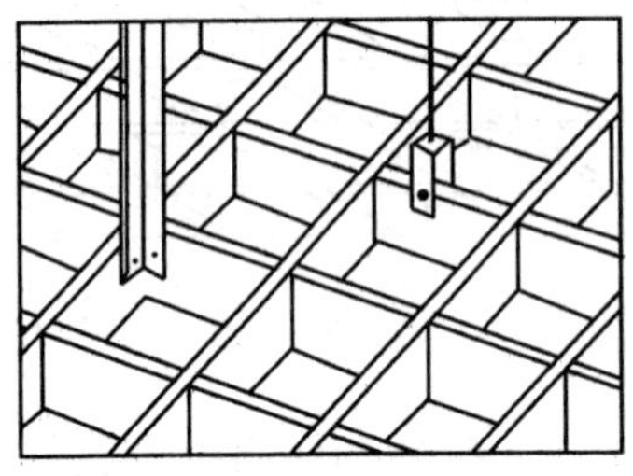

图 4-43　直接固定法

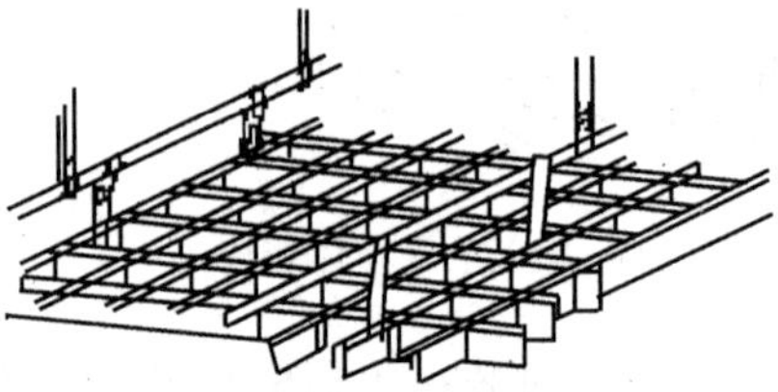

图 4-44　间接固定法

吊装操作时从一个墙角开始，分片起吊，高度略高于标高线并临时分片固定，再按标高基准线分片调平，最后将各分片连接处对齐，用连接件固定。

（6）整体调整。

沿标高线拉出多条平行或垂直的基准线，根据基准线进行吊顶面的整体调整，注意检查吊顶的起拱量是否正确，修正单体构件因固定安装而产生的变形，检查各连接部位的固定件是否可靠，对一些受力集中的部位进行加固。

（7）整体饰面处理。

在上述结构工序完成后，就可进行整体饰面处理。铝合金格栅式单体构件加工时表面已做阳极氧化膜或漆膜处理。木质吊顶饰面方式主要有油漆、贴壁纸、喷涂喷塑、镶贴不锈钢和玻璃镜面等工艺。喷涂饰面和贴壁纸饰面，可以与墙体饰面施工时一并进行，也可视情况在地面先进行饰面处理，然后再行吊装。

4.3.3.3　设备及吸声材料的布置

（1）灯具的布置。

开敞式吊顶的灯具布置与安装常采用以下几种形式，与吊顶的安装关系如图4-45所示。

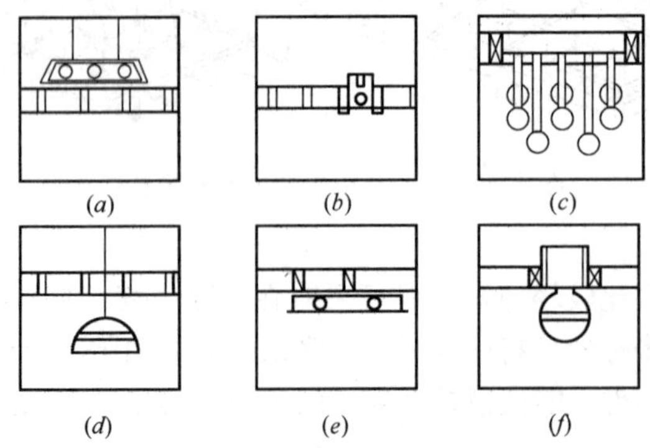

图 4-45　灯具与吊顶的安装形式

(*a*) 隐藏式；(*b*) 嵌入式；(*c*)、(*f*) 嵌入镶式；(*d*) 吊挂式；(*e*) 吸顶式

1）隐藏式布置：将灯具布置在吊顶的上部，并与吊顶保持一定的距离。灯具

一般在吊顶吊装前安装就位。灯光因单体构件的遮挡成漫射光效果。见图4-46吊顶灯槽带剖面大样。

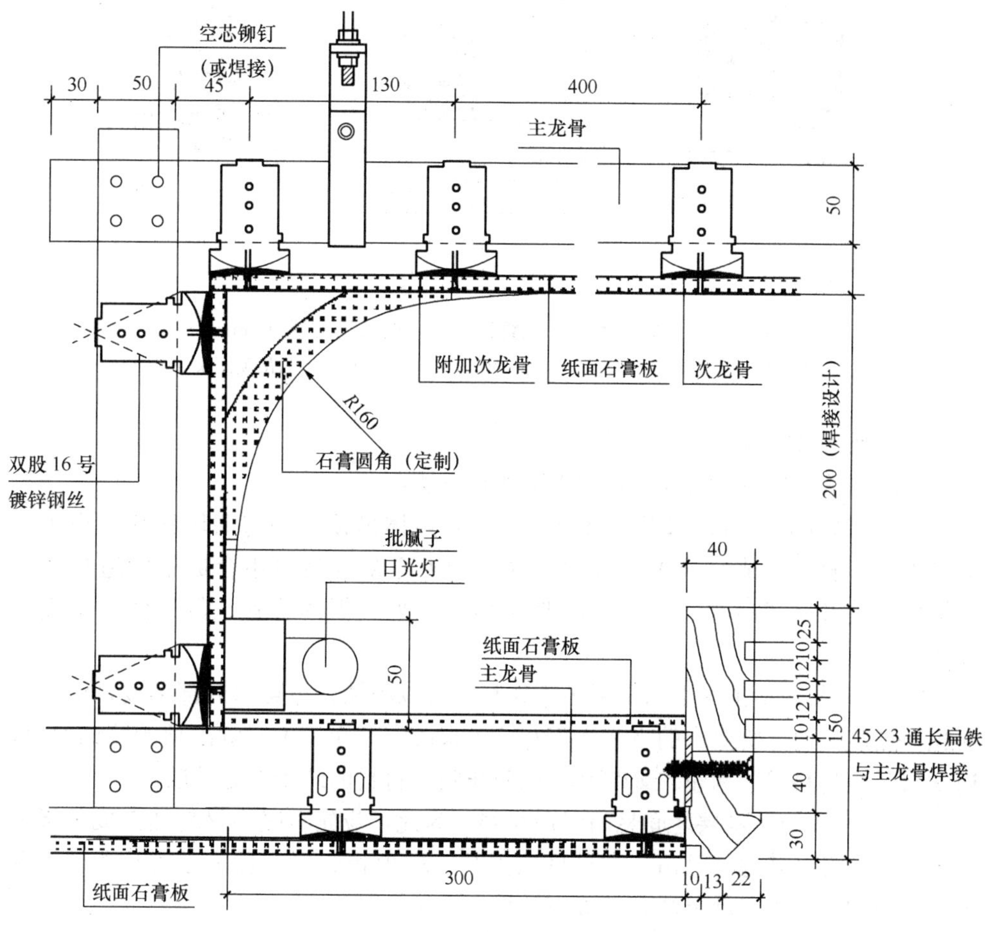

图4-46 吊顶灯槽带剖面大样(mm)

2) 嵌入式布置：这种布置是将灯具嵌入单体构件中，灯具与吊顶面保持齐平或灯具的照明部分突出吊顶平面。采用这种形式，灯具可在吊顶完成后安装。

3) 吸顶式布置：灯具直接固定在吊顶的平面上。

4) 吊挂式布置：灯具悬吊在吊顶平面以下。该灯具的吊件应在吊顶吊装前固定在结构层底面。

(2) 空调管道口布置。

开敞式吊顶空调管道口的布置一般有以下方式：

1) 空调管道口布置于开敞式吊顶的上部，与吊顶保持一定的距离，如图4-47(*a*)、(*b*)所示。这种布置管道口比较隐蔽，可以降低风口箅子的材质标准，安装施工也比较简单。

2) 将空调管道口嵌入单体构件内，风口箅子与单体构件保持齐平，如图4-47(*c*)所示。因风口箅子是明露的，因此要求其造型、材质、色彩与吊顶的装饰效果尽可能相协调。

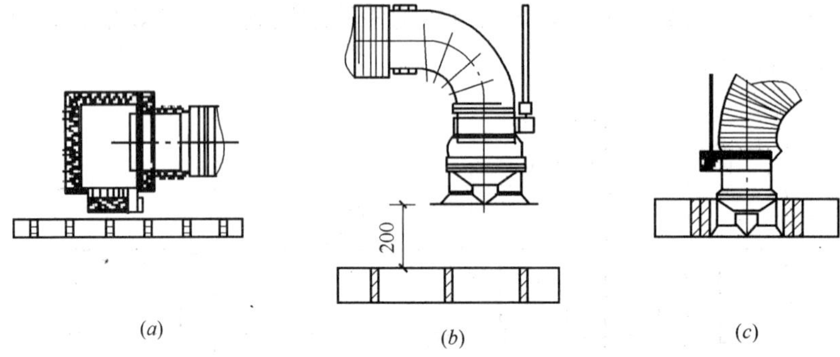

图 4-47 开敞式吊顶空调管道口的一般布置方式（mm）

（a）、（b）风口置于吊顶上部；（c）风口算子嵌入单体构件内，与吊顶面保持齐平

（3）吸声材料布置。

开敞式吊顶吸声材料的布置有以下四种方法：

1）在单体构件内装填吸声材料，组成吸声体吊顶。如将两块穿孔吸声板中间夹上吸声材料组成复合吸声板，用这样的夹心复合板再组合成不同造型的单体构件，使开敞式吊顶具有一定的吸声功能。吸声板的位置、数量由声学设计确定。

2）在开敞式吊顶的上面平铺吸声材料。可以满铺，也可以局部铺放，铺放的面积根据声学设计所要求的吸声面积和位置来决定。为了不影响吊顶的装饰效果，通常将吸声材料用纱网布包裹起来，以防止吸声材料的纤维四处扩散。

3）在吊顶与结构层之间悬吊吸声材料。为此，应先将吸声材料加工成平板式吸声体，然后将其逐块悬吊。这种做法因其与吊顶相脱离，悬吊形式及数量不受吊顶的限制，较为机动灵活，其吸声效果也比较显著。

4）用吸声材料做成开敞式吊顶的单元体，按声学设计要求的面积和位置布置吸声单元体，形成开敞式吊顶的组成部分或组成开敞式吊顶。

4.4 天棚装饰计价工程量计算

4.4.1 天棚龙骨计价工程量计算

4.4.1.1 天棚龙骨计价工程量计算规则

天棚龙骨按主墙间净空面积计算，不扣除间壁墙、检查口、附墙烟囱、柱、垛和管道所占的面积，但天棚中的折线、跌落等圆弧形、高低灯槽等面积也不展开计算。

4.4.1.2 天棚龙骨计价工程量计算实例

【例】 计算如图 4-48 所示书房轻钢龙骨工程量（墙厚 240mm）。

【解】 书房轻钢龙骨工程量＝(3.5－0.24)×(4.5－0.24)＝13.89m^2

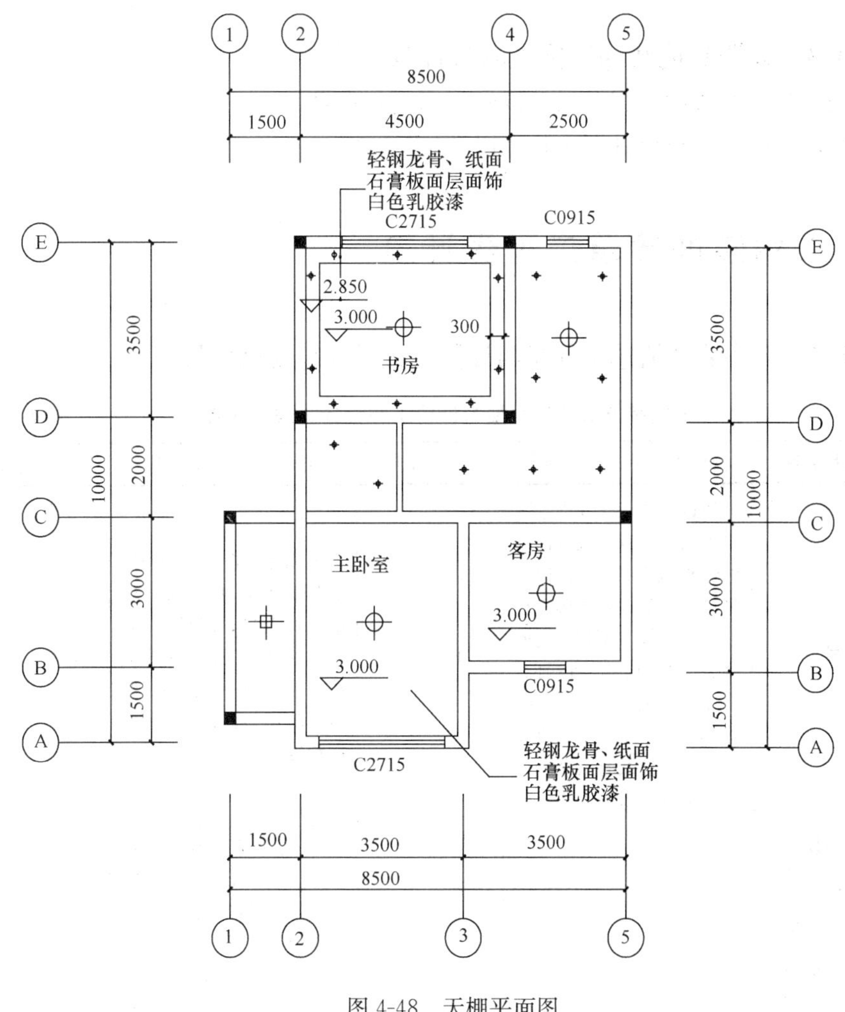

图 4-48 天棚平面图

4.4.2 天棚基层及面层计价工程量计算

4.4.2.1 天棚基层及面层计价工程量计算规则

天棚基层及面层按实铺面积计算，扣除 0.3m² 以外的占位面积及与天棚相连的窗帘盒所占的面积。天棚中的折线、跌落等圆弧形、拱形、高低灯槽及其他艺术形式天棚面层，按展开面积计算。

楼梯底面的装饰工程量按实铺面积计算。

凹凸天棚按展开面积计算。

镶贴镜面按实铺面积计算。

4.4.2.2 天棚基层及面层计价工程量计算实例

【例】 计算如图 4-48 所示书房纸面石膏板面层工程量(墙厚 240mm)。

【解】 书房纸面石膏面层工程量＝(3.5－0.24)×(4.5－0.24)＋(3.5－0.24－0.3×2＋4.5－0.24－0.3×2)×2×(3－2.85)＝15.79m²。

4.4.3 天棚其他装饰计价工程量计算

天棚装饰灯片按设计图示尺寸以框外围面积计算。

送风口、回风口按设计图示数量以“个”计算。

4.5 天棚装饰清单工程量计算

4.5.1 天棚装饰清单工程量与计价工程量计算规则比较

天棚装饰清单工程量与计价工程量计算规则比较　　表 4-5

<table>
<tr><th>清单项目名称</th><th>清单工程量计算规则①</th><th>计价项目名称</th><th>计价工程量计算规则②</th><th>①与②比较</th></tr>
<tr><td>天棚吊顶</td><td>按设计图示尺寸以水平投影面积计算。天棚面中的灯槽及跌级、锯齿形、吊挂式、藻井式天棚面积不展开计算。不扣除间壁墙、检查口、附墙烟囱、柱垛和管道所占面积，扣除单个 0.3m² 以外的孔洞、独立柱及与天棚相连的窗帘盒所占的面积</td><td>龙骨</td><td>天棚龙骨按主墙间净空面积计算，不扣除间壁墙、检查口、附墙烟囱、柱、垛和管道所占的面积，但天棚中的折线、跌落等圆弧形、高低灯槽等面积也不展开计算</td><td>①=②</td></tr>
<tr><td>格栅吊顶</td><td rowspan="5">按设计图示尺寸以水平投影面积计算</td><td rowspan="5">基层、面层</td><td rowspan="5">1. 天棚基层及面层按实铺面积计算，扣除 0.3m² 以外的占位面积及与天棚相连的窗帘盒所占的面积。天棚中的折线、跌落等圆弧形、拱形、高低灯槽及其他艺术形式天棚面层，按展开面积计算。
2. 楼梯底面的装饰工程量按实铺面积计算。
3. 凹凸天棚按展开面积计算。
4. 镶贴镜面按实铺面积计算</td><td rowspan="5">②=①+展开面积=龙骨工程量+展开面积</td></tr>
<tr><td>吊筒吊顶</td></tr>
<tr><td>藤条造型悬挂吊顶</td></tr>
<tr><td>织物软雕吊顶</td></tr>
<tr><td>网架（装饰）吊顶</td></tr>
<tr><td>灯带</td><td>按设计图示尺寸以框外围面积计算</td><td>灯带</td><td>按设计图示尺寸以框外围面积计算</td><td>①=②</td></tr>
<tr><td>送风口、回风口</td><td>按设计图示数量计算</td><td>送风口、回风口</td><td>按设计图示数量计算</td><td>①=②</td></tr>
</table>

从上表可见，天棚装饰清单工程量计算与计价工程量计算规则大同小异，只是清单项目的工程内容综合了一个以上的计价定额项目，在列制清单项目时，必

须对项目特征进行详细的描述。

4.5.2 天棚装饰清单工程量计算实例

【例】 计算如图 4-48 所示书房轻钢龙骨纸面石膏板吊顶工程量（墙厚 240mm）。

【解】 书房轻钢龙骨纸面石膏板吊顶工程量＝(3.5－0.24)×(4.5－0.24)＝13.89m^2。

5

门窗装饰工程量计算

(1) 关键知识点：

1) 门窗装饰构造及施工工艺；

2) 门窗装饰计价工程量的计算；

3) 门窗装饰清单工程量的计算。

(2) 教学建议：

1) 案例分析；

2) 资料展示：

《建设工程工程量清单计价规范》；

《工程量清单计价定额》；

门窗装饰材料展示；

门窗装饰构造及施工认识实习。

5.1 门窗装饰工程项目

根据《建设工程工程量清单计价规范》GB 50500—2008 及 2004《四川省建设工程工程量清单计价定额—装饰装修工程》规定，门窗工程项目主要包括：木门窗、金属门窗、窗帘盒、窗帘轨、门窗套、窗台板等项目。

列项时除考虑门窗种类外，还应考虑门窗的框断面、开启方式、规格、型号、加工方式等。

门窗工程主要项目　　表 5-1

木门	镶板木门	框断面 $45cm^2$、$52cm^2$、$65cm^2$、$72cm^2$、$80cm^2$、$90cm^2$、$115cm^2$ 以内	有亮子、无亮子
		框断面 $54cm^2$ 以内	全百叶门、半百叶门
		简易木门	木板门、木栅门
		一玻一纱门	全玻、半玻
		木折叠门	
	企口木板门	拼板门	
		浴室厕所隔断上小门扇	拼板
	实木装饰门	实木装饰镶板门扇	
		实木装饰镶板半玻门扇	
		实木装饰全玻门扇	
	胶合板门	框断面 $62cm^2$ 以内	带百叶、带观察口
		框断面 $45cm^2$、$52cm^2$、$65cm^2$、$72cm^2$ 以内	有亮子、无亮子
		一玻一纱门	全玻、半玻
		浴室厕所隔断上小门扇	胶合板
	夹板装饰门	制作	门扇基层
			门扇面层
		安装	
	成品木质防火门安装		
	木纱门		
	连窗门	镶板（框断面 $52cm^2$、$65cm^2$ 以内）	全玻、半玻、全板
		胶合板（框断面 $52cm^2$、$65cm^2$ 以内）	全玻、半玻、全板
	门带窗带纱	镶板（框断面 $72cm^2$ 以内）	全玻、半玻、全板
		胶合板（框断面 $72cm^2$ 以内）	全玻、半玻、全板
	木门框	框断面 $62cm^2$ 以内	
	成品装饰门安装		
金属门	金属平开门	成品钢门	单层半玻门、单层半玻钢门带窗、组合全玻钢门、半玻钢门带纱门、单层钢板门（无亮子）、密闭钢门、钢纱扇门
		成品铝合金门	平开门、纱扇门
	金属推拉门		铝合金推拉门、纱扇门
	金属地弹门		铝合金地弹门、不锈钢地弹门
	彩板门	彩板门	
		附框	
	塑钢门	平开门	有亮子、无亮子
		推拉门	有亮子、无亮子
		门纱扇	平开、推拉
	防盗门		
	钢质防火门		

续表

金属卷帘门	金属卷闸门		
	金属格栅门		铝合金格栅门、不锈钢格栅门
	防火卷闸门		防火卷闸门
			电动装置
			活动小门
其他门	双扇无亮电子感应自动门		推拉式、平开式
	电磁感应装置		
	转门	全玻转门	直径 2m 不锈钢柱　玻璃 12mm
	电子对讲门	门	
		对讲系统	24 户以内、25 户以上
	不锈钢电动伸缩门		
	全玻门	镶板	框断面 $52cm^2$、$65cm^2$、$72cm^2$ 以内
		胶合板	框断面 $52cm^2$、$65cm^2$、$72cm^2$ 以内
	全玻自由门		
	半玻门（带扇框）	镶板	框断面 $52cm^2$、$65cm^2$、$72cm^2$ 以内
		胶合板	框断面 $52cm^2$、$65cm^2$、$72cm^2$ 以内
		半玻自由门	镶板、胶合板
	镜面不锈钢饰面门		门扇双面包不锈钢
木窗	木质平开窗	单层玻璃窗　框端面（cm^2 以内）	$45cm^2$、$52cm^2$、$70cm^2$
		双层窗	双层玻璃窗、一玻一纱窗
	木质推拉窗	推拉传递窗	
		纱窗扇	
	矩形木百叶窗		带纱扇、不带纱扇、带开扇
	异形木百叶窗		木百叶窗　圆形
	木组合窗		
	木天窗	全中悬、中悬带固定	
	矩形木固定窗		
	异形木固定玻璃窗		圆形、半圆形、门窗上部半圆形
	装饰空花木窗	推拉窗（成品）	
		平开窗（成品）	
	门窗钉角钢	单层门钉角钢、门带窗钉角钢、单层全玻门钉角钢、单层窗钉角钢	
金属窗	金属推拉窗	铝合金推拉窗	
		铝合金纱窗扇	
	金属平开窗	单层钢窗、钢窗带纱扇、钢纱窗扇、铝合金平开窗	
	金属固定窗	单层密闭窗、铝合金固定窗	
	单层百叶钢窗		
	金属组合窗	组合钢窗、钢天窗	
	彩板组角钢窗		

续表

金属窗	塑钢窗	固定窗	矩形、异形
		单樘窗	平开、推拉
		组合窗	平开、推拉
		窗纱扇	平开、推拉
	金属防盗窗	铝合金防盗窗、不锈钢防盗窗	
	金属格栅窗	铝合金格栅窗、不锈钢格栅窗	
	特殊五金	吊装滑动门轨、L型执手杆锁、球形执手锁、地锁、防盗门扣、猫眼、门碰珠、拉手、门扎头、闭门器	
	门窗运输	汽车运输、人力车运输	
门窗套	木门窗套	木龙骨	
		木工板基层、木工板直接基层	
		榉木面层	
	不锈钢门窗套	木龙骨、钢龙骨	
	石材门窗套	大理石门套（成品）、花岗石门套（成品）	
	门窗木贴脸		
	门窗披水条		
	硬木筒子板	硬木	带木筋、不带木筋
	饰面夹板筒子板	榉木装饰面层　木工板基层　不带木筋	
窗帘盒、窗帘轨	木窗帘盒	硬木	
	饰面夹板、塑料窗帘盒	细木工板、榉木饰面板细木工板基层、塑料窗帘盒	
	成品铝合金窗帘盒		
	窗帘轨	铝合金	单轨、双轨
		不锈钢管	单轨、双轨
		硬木	
窗台板	木窗台板	硬木、装饰板面层木工板基层	
	铝塑窗台板	铝塑板面层　木工板基层	
	石材窗台板	大理石	
	金属窗台板		

说明：

（1）木门窗说明。

1）本分部项目所注明的框断面是以边立梃设计净断面为准，框截面如为钉条者，应加钉条的断面计算。刨光损耗包括在定额内，不另计算。

平开门门框断面形状与尺寸见图 5-1。

框断面的计算，一面刨光加 3mm，两面刨光加 5mm。

【例】 如图 5-2 所示双层门边立梃设计断面为 52mm×120mm。

【解】 该双层门的框断面为：$\frac{52+3}{10}\times\frac{120+5}{10}=68.75\text{cm}^2$。

2）各类门窗的区别如下：

① 全部用冒头结构镶板者，称“镶板门”。

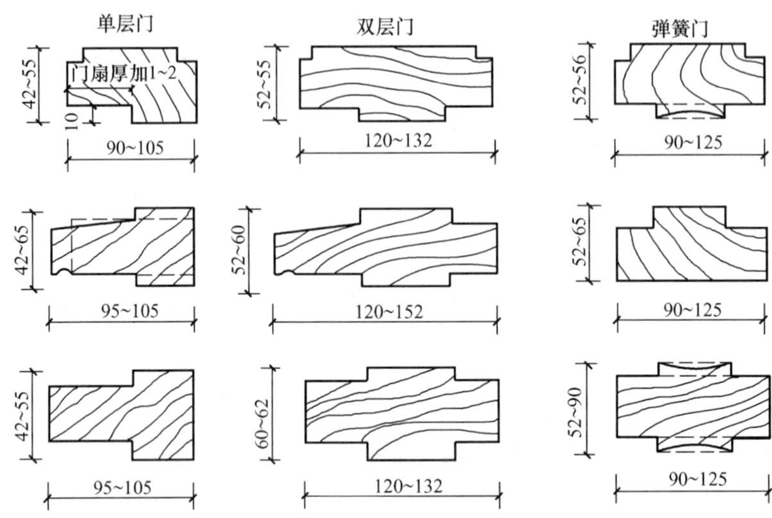

图 5-1 平开门门框断面形状与尺寸（mm）

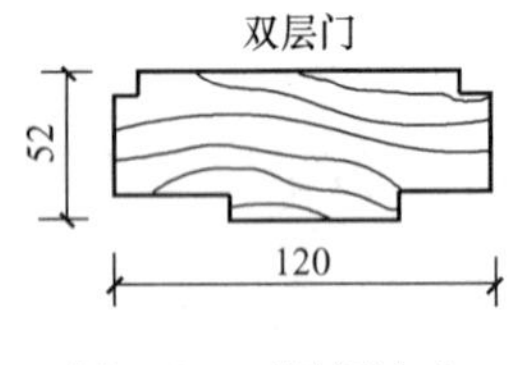

图 5-2 双层门边立梃设计断面（mm）

镶板门构造见图 5-3。

② 采用小规格（32～35mm×34～60mm）方木做密肋骨架，在骨架两面贴胶合板、硬质纤维板、塑料板者，称夹板门，贴胶合板者，又称胶合板门。

夹板门构造见图 5-4。

③ 在同一门扇上装玻璃和镶板（钉板）者，玻璃面积大于或等于镶板（钉板）面积的二分之一者，称“半玻门”，如图 5-5 所示。

④ 在同一门扇上无镶板（钉板），全部装玻璃者，称“全玻门”，如图 5-5。

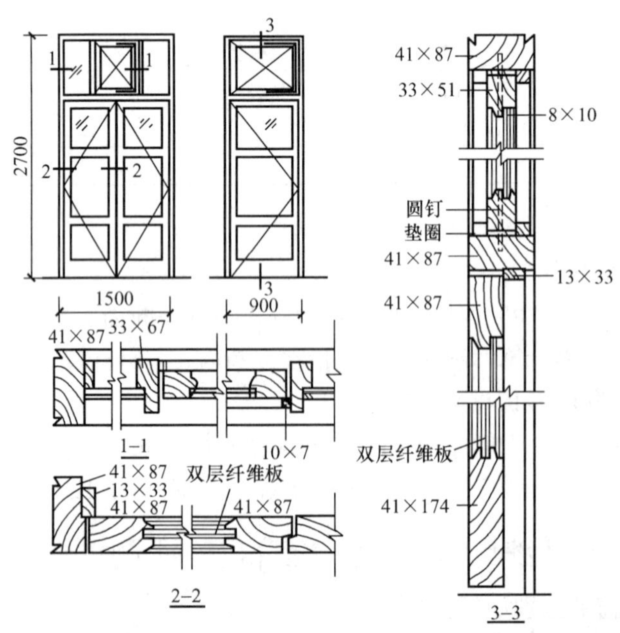

图 5-3 镶板门构造（mm）

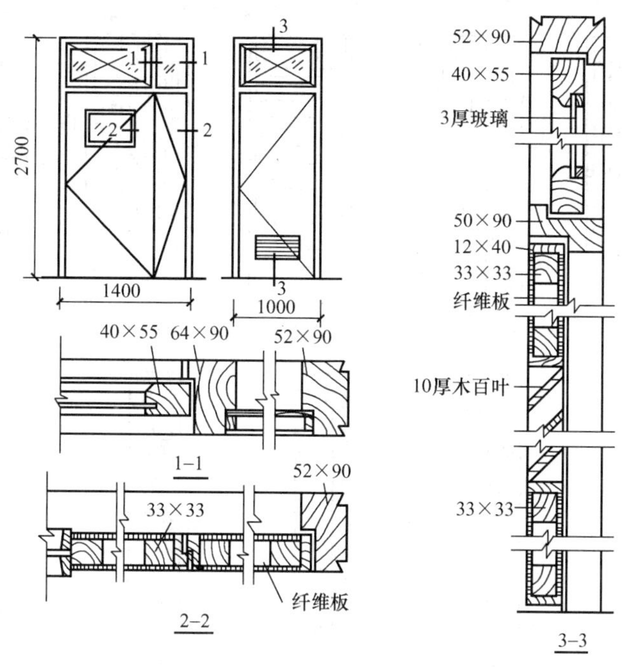

图 5-4 夹板门构造（mm）

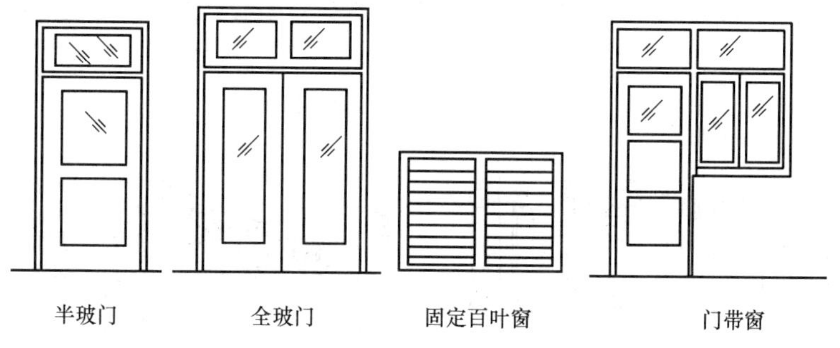

图 5-5 门窗图例

⑤ 用上下冒头或一根中冒头钉企口板，板面起三角槽者，称“拼板门”，如图 5-6。

3）门窗安装定额内已包括门窗框刷防腐油、安放木砖、框边填石灰麻刀浆、装玻璃、钉玻璃压条或嵌油灰以及安装一般五金等的工料。

4）“镶板、胶合板门带窗带纱”定额项目，系门和窗均带纱扇。

5）门窗五金包括：普通折页、插销、风钩、普通翻窗铰链，门还包括搭扣和镀铬弓背拉手。使用上述五金者，不得调整和换算。如使用贵重五金时，其费用可另行计算，但不增加安装人工费，同时，定额中已包括的五金费用亦不扣除。门窗五金见图 5-7。

6）实木门安装按成品门编制的。

7）本定额不包括木门扇的镶嵌雕花等工艺制作及其材料。

（2）金属门窗说明。

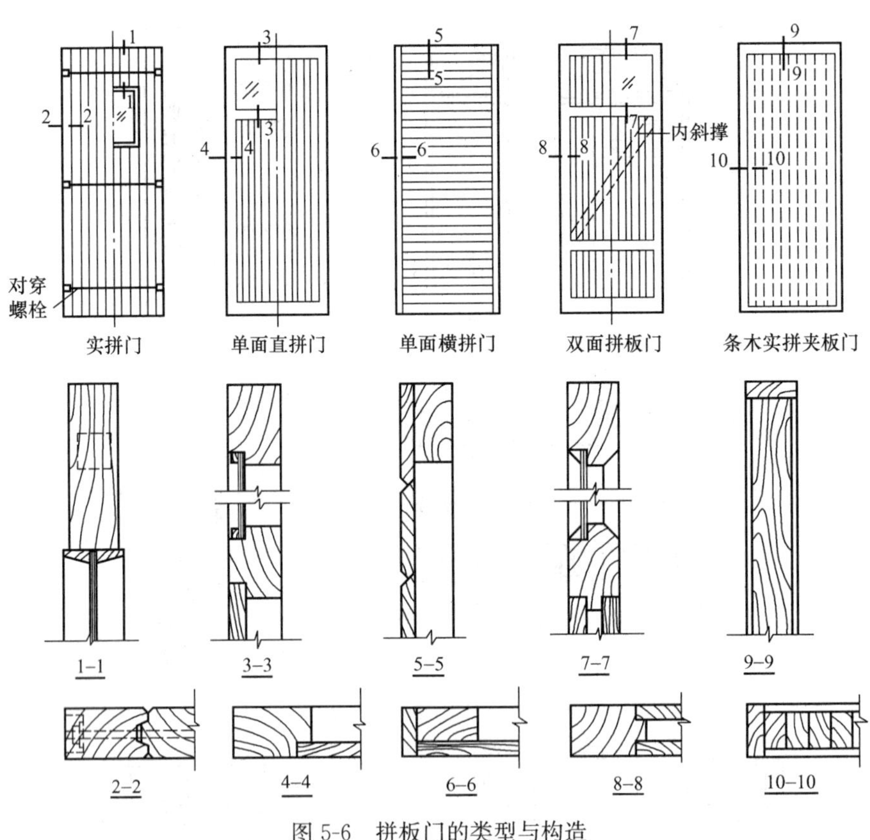

图 5-6　拼板门的类型与构造

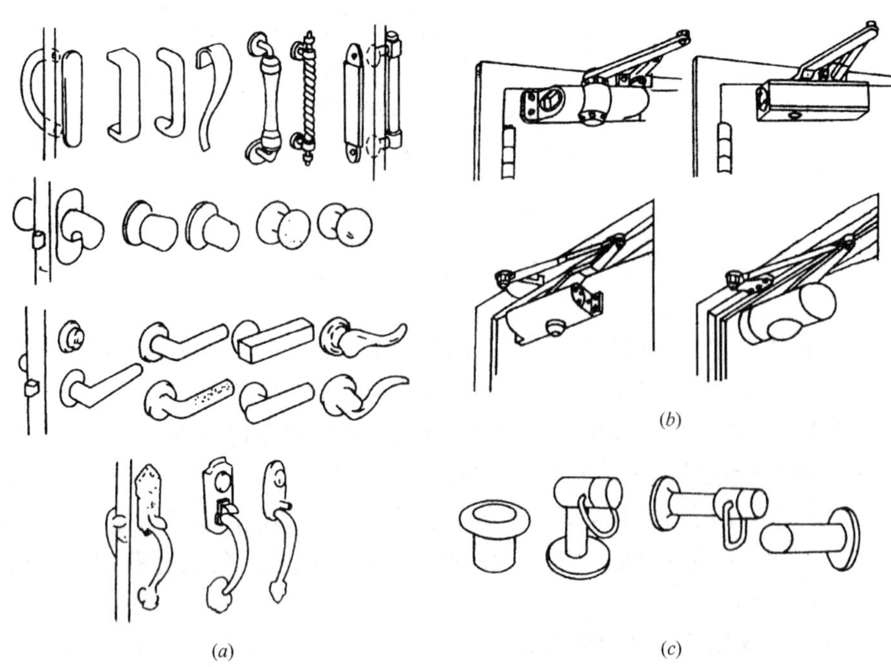

图 5-7　门窗五金

(a) 门把手和执手锁；(b) 闭门器；(c) 门碰头

1）定额中金属钢门窗均以成品安装编制的。

2）空腹钢门、钢窗均按钢门窗定额计算。定额内已包括预埋铁件、水泥脚和玻璃卡以及玻璃安装和嵌缝的工料等。

3）天窗定额中的角钢横挡，设计用量与定额不同时，允许调整。

4）双层窗按定额单价乘以系数 2 计算。

5）成品铝合金门窗安装项目中，门窗成品价包括：门窗框、玻璃、附件、毛条（胶条）、玻璃胶等。

6）卷闸门（包括卷筒、导轨）、彩板组角钢门窗、塑钢门窗均以成品安装编制的，卷闸门构造见图 5-8。

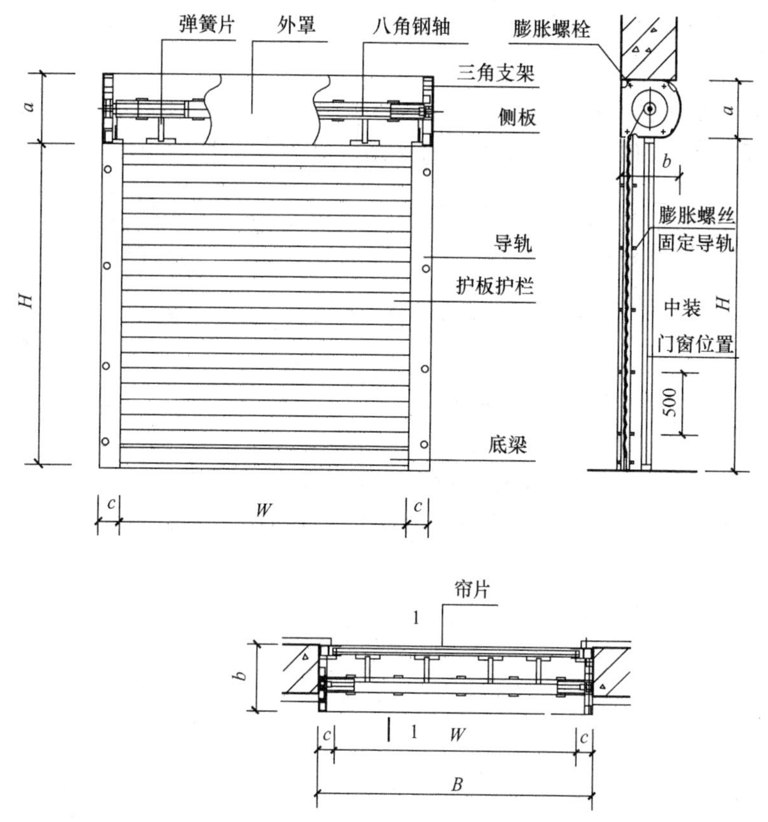

图 5-8　卷闸门构造图（mm）

7）成品塑钢门安装按 80 系列编制。成品塑钢窗安装按 75 系列编制。

8）塑钢窗含拼樘料者执行塑钢组合窗定额。

9）彩板窗的副框按彩板门副框项目执行。

（3）其他说明。

1）不锈钢片包门框中，木骨架枋材断面按 40mm×45mm 计算。如果设计与定额不同时，允许换算。

2）电动伸缩门长度与定额含量不同时，伸缩门及钢轨允许换算。打凿混凝土工程量另行计算。

3）窗台板厚度为 25mm，窗帘盒展开宽度为 430mm。设计与定额不同时，材料用量允许调整。

4）门窗套龙骨定额内已包括了刷两遍防火涂料。

5.2 门窗装饰工程施工

5.2.1 门窗的组成与分类

门窗一般由窗（门）框、窗（门）扇、玻璃、五金配件等部件组合而成。

门窗的种类很多，各类门窗一般按开启方式、用途、所用材料和构造进行分类。

（1）按开启方式划分。

窗：平开窗、推拉窗、上悬窗、中悬窗、下悬窗、固定窗等，如图 5-9 所示。

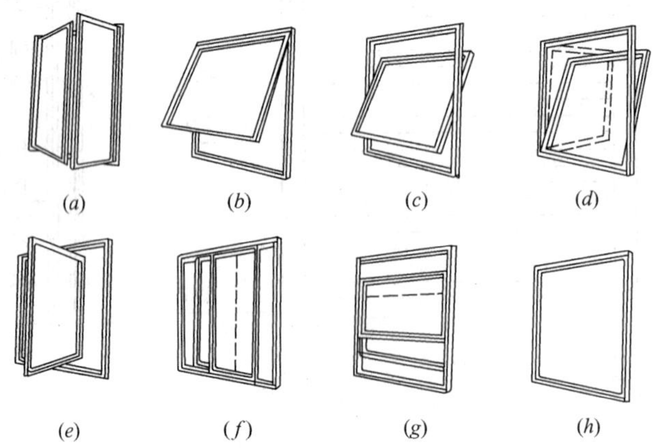

图 5-9 窗的开启方式

(a) 平开窗；(b) 上悬窗；(c) 中悬窗；(d) 下悬窗；(e) 立转窗；(f) 水平推拉窗；(g) 垂直推拉窗；(h) 固定窗

门：平开门、推拉门、自由门、折叠门等，如图 5-10 所示。

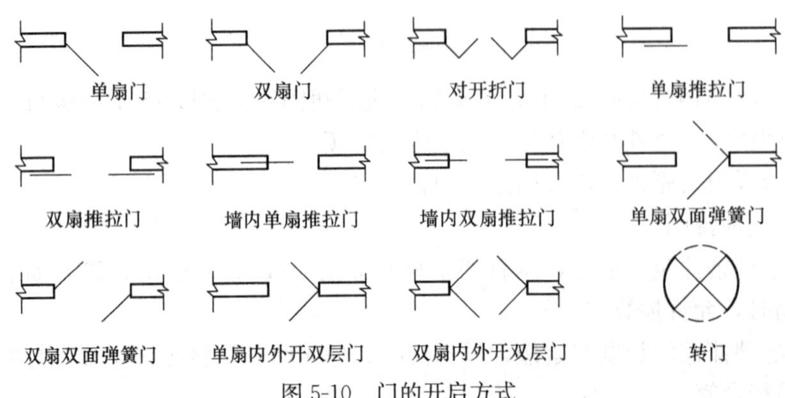

图 5-10 门的开启方式

(2) 按制作门窗的材质划分。

1) 木门窗：以木材为原料制作的门窗，这是最原始、最悠久的门窗。其特点是易腐蚀变形、维修费用高、无密封措施等，加上保护环境和节省能源等因素，因此用量逐渐减少。木门窗组成见图 5-11、图 5-12。

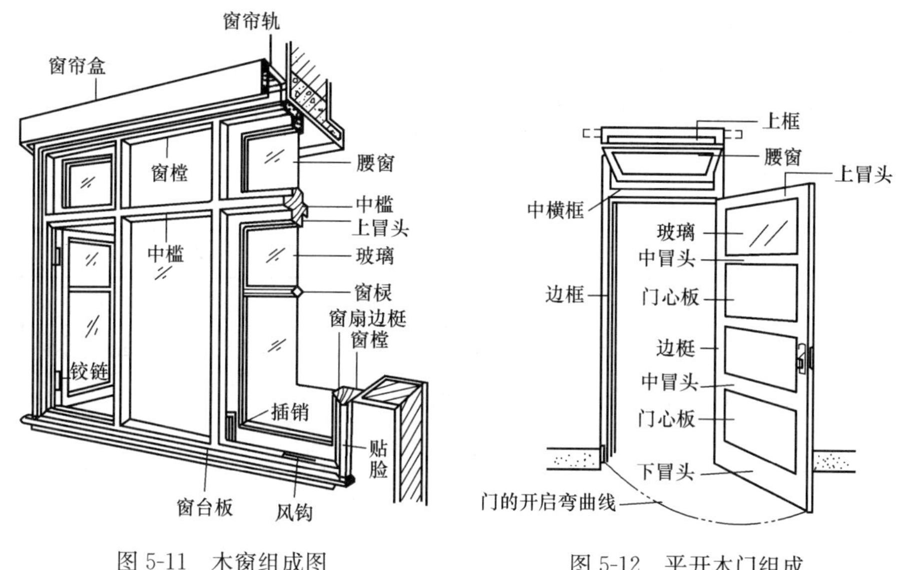

图 5-11　木窗组成图

图 5-12　平开木门组成

2) 钢制门窗：以钢型材为原料制成的门窗，有空腹和实腹钢门窗。其使用功能较差，易锈蚀，密封和保温隔热性能较差，我国已基本淘汰。新型彩板门窗是以镀锌或渗锌钢板经过表面喷涂有机材料制成的型材为原料加工制成，耐腐蚀性好，但价格较高，能耗大。

3) 铝合金门窗：以铝合金型材为原料加工制成的门窗，其特点是耐腐蚀，不易变形，密封性能较好，但价格高，使用和制造能耗大。

4) 塑料门窗：以塑料异型材为原料加工制成的门窗，其特点是耐腐蚀、不变形、密封性好、保温隔热节约能源。

(3) 按用途划分。

门按用途分为防火门 FM、隔声门 GM、保温门 BM、冷藏门 LM、安全门 AM、防护门 HM、屏蔽门 PM、防射线门 RM、防风砂门 SM、密闭门 MM、泄压门 EM、壁橱门 CM、变压器间门 YM、围墙门 QM、车库门 KM、保险门 XM、引风门 DM、检修门 JM。

5.2.2　木门窗施工

5.2.2.1　木门窗的制作

(1) 木门窗制作的生产操作程序。

木门窗制作的生产操作程序为：配料→截料→刨料→画线→凿眼→开榫→裁口→整理线角→堆放→拼装。

（2）木门窗制作的施工要点。

1）配料、截料的施工要点。

在配料、截料时，需要特别注意精打细算，配套下料，不得大材小用、长材短用；采用马尾松、木麻黄、桦木、杨木易腐朽、虫蛀的树种时，整个构件应做防腐、防虫药剂处理。

要合理确定加工余量。宽度和厚度的加工余量，一面刨光者留 3mm，两面刨光者留 5mm，如长度在 50cm 以下的构件，加工余量可留 3～4mm。长度方向的加工余量，见表 5-2。

门窗构件长度加工余量　　表 5-2

构件名称	加工余量
门框立梃	按图纸规格放长 7cm
门窗框冒头	按图纸规格放长 20cm，无走头时放长 4cm
门窗框中冒头、窗框中竖梃	按图纸规格放长 1cm
门窗扇梃	按图纸规格放长 4cm
门窗扇冒头、玻璃棂子	按图纸规格放长 1cm
门窗中冒头	在五根以上者，有一根可考虑做半榫
门心板	接图纸冒头及扇梃内净距放长各 5cm

门窗框料有顺弯时，其弯度一般不应超过 4mm。扭弯者一般不准使用。

青皮、倒楞如在正面，裁口时能裁完者，方可使用。如在背面超过木料厚的 1/6 和长的 1/5，一般不准使用。

2）门窗框、扇画线的施工要点。

画线前应检查已刨好的木材，合格后，将料放到画线机或画线架上，准备画线。

画线时应仔细看清图纸要求，与样板样式、尺寸、规格必须完全一致，并先做样品，经审查合格后再正式画线。

画线时要选光面作为表面，有缺陷的放在背后，画出的榫、眼、厚、薄、宽、窄尺寸必须一致。用画线刀或线勒子画线时须用钝刃，避免画线过深，影响质量和美观。画好的线，最粗不得超过 0.3mm，务求均匀、清晰。不用的线立即废除，避免混乱。

画线顺序，应先画外皮横线，再画分格线，最后画顺线，同时用方尺画两端头线、冒头线、棂子线等。

门窗框及厚度大于 50mm 的门窗扇应采用双夹榫连接。冒头料宽度大于 180mm 时，一般画上下双榫。榫眼厚度一般为料厚的 1/5～1/3，中冒头大面宽度大于 100mm 者，榫头必须大进小出。门窗棂子榫头厚度为料厚的 1/3。半榫眼深度一般不大于料宽度的 1/3，冒头拉肩应和榫吻合。

门窗框的宽度超过 120mm 时，背面应推凹槽，以防卷曲。

3）打眼的施工要点。

打眼的凿刀应与眼的宽窄一致，凿出的眼，顺木纹两侧要直，不得错岔。

打通眼时，先打背面，后打正面。凿眼时，眼的一边线要凿半线、留半线。手工凿眼眼内上下端中部宜稍微突出些，以便拼装时加楔打紧，半眼深度应一致，要求比半榫深 2mm。

成批生产时，要经常核对，检查眼的位置尺寸，以免发生误差。

4）拉肩、开榫的施工要点。

拉肩、开榫要留半个墨线。拉出的肩和榫要平、正、直、方、光，不得变形。

开出的榫要与眼的宽、窄、厚、薄一致，并在加楔处锯出楔子口。半榫的长度要比眼的深度短 2mm。拉肩不得伤榫。

5）裁口、起线的施工要点。

起线刨、裁口刨的刨底应平直，刨刃盖要严密，刨口不宜过大，刨刃要锋利。

起线刨使用时应加导板，以使线条平直，操作时应一次推完线条。

裁口遇有节疤时，不准用斧砍，要用凿剔平然后刨光，阴角处不清时要用单线刨清理。

裁口、起线必须方正、平直、光滑，线条清秀，深浅一致，不得戗槎、起刺或凹凸不平。

6）门窗拼装成形的施工要点。

拼装前对部件应进行检查。要求部件方正、平直，线脚整齐分明，表面光滑，尺寸、规格、式样符合设计要求，并用细刨将遗留墨线刨去、刨光。

拼装时，下面用木楞垫平，放好各部件，榫眼对正，用斧轻轻敲击打入。

所有榫头均需加楔。楔宽和榫宽一样，一般门窗框每个榫加两个楔，木楔打入前应黏鳔胶。

紧榫时应用木垫板，并注意随紧随找平，随规方。

窗扇拼装完毕，构件的裁口应在同一平面上。镶门心板的凹槽深度应于镶入后尚余 2～3mm 的间隙。

制作胶合板门（包括纤维板门）时，边框和横楞必须在同一平面上，面层与边框及横楞应加压胶结。应在横楞和上、下冒头各钻两个以上的透气孔，以防受潮脱胶或起鼓。

普通双扇门窗，刨光后应平放，刻刮错口（打叠），刨平后成对作记号。

门窗框靠墙面应刷防腐涂料。

拼装好的成品，应在明显处编写号码，用楞木四角垫起，离地 20～30cm，水平放置，加以覆盖。

5.2.2.2 木门窗的安装

（1）木门窗安装的作业条件。

1）结构工程已完成并验收合格。

2）室内已弹好＋50cm 水平线。

3）门窗框、扇在安装前应检查窜角、翘扭、弯曲、劈裂、崩缺，榫槽间结合处有无松离，如有问题，应进行修理。

4）门窗框进场后，应将靠墙的一面涂刷防腐涂料，然后分类码放平整。

5）准备安装木门窗的砖墙洞口已按要求预埋防腐木砖，木砖中心距不大于1.2m，并应满足每边不少于2块木砖的要求，单砖或轻质砌体应砌入带木砖的预制混凝土块中。

6）砖墙洞口安装带贴脸的木门窗，为使门窗框与抹灰面平齐，应在安框前做抹灰标筋。

7）门窗框安装在砌墙前或室内、外抹灰前进行，门窗扇安装应在饰面完成后进行。

（2）木门窗框的安装要点。

1）先立门窗框（立口）。

立门窗框前须对成品加以检查，进行校正规方，钉好斜拉条（不得小于两根），无下坎的门框应加钉水平拉条，以防在运输和安装中变形。

立门窗框前要事先准备好撑杆、木橛子、木砖或倒刺钉，并在门窗框上钉好护角条。

立门窗框前要看清门窗框在施工图上的位置、标高、型号、门窗框规格、门扇开启方向、门窗框是里平、外平或是立在墙中等，按图立口。

立门窗框要注意拉通线，撑杆下端要固定在木橛子上。

立框子时要用线锤找直吊正，并在砌筑砖墙时随时检查是否倾斜或移动。

2）后塞门窗框（后塞口）。

后塞门窗框前要预先检查门窗洞口的尺寸，垂直度及木砖数量，如有问题应事先修理好。

门窗框应用钉子固定在墙内的预埋木砖上，每边的固定点应不小于两处，其间距应不大于1.2m。

在预留门窗洞口的同时，应留出门窗框走头（门窗框上、下坎两端伸出口外部分）的缺口，在门窗框调整就位后，封砌缺口。当受条件限制、门窗框不能留走头时，应采取可靠措施将门窗框固定在墙内木砖上。

后塞门窗框时需注意水平线要直。多层建筑的门窗在墙中的位置，应在一条直线上。安装时，横竖均拉通线。当门窗框的一面需镶贴脸板，则门窗框应凸出墙面，凸出的厚度等于抹灰层的厚度。

寒冷地区门窗框与外墙间的空隙，应填塞保温材料。

（3）木门窗扇的安装要点。

1）安装前检查门窗扇的型号、规格、质量是否合乎要求，如发现问题，应事先修好或更换。

2）安装前先量好门窗框的高低、宽窄尺寸，然后在相应的扇边上画出高低宽窄的线，双扇门要打叠（自由门除外），先在中间缝处画出中线，再画出边线，并保证梃宽一致，上下冒头处要画线刨直。

3）画好高低、宽窄线后，用粗刨刨去线外部分，再用细刨刨至光滑平直，使其合乎设计尺寸要求。

4）将扇放入框中试装合格后，按扇高的1/8～1/10，在框上按合页大小画线，并剔出合页槽，槽深一定要与合页厚度相适应，槽底要平。

5）门窗扇安装的留缝宽度，应符合有关标准的规定。

（4）木门窗小五金的安装要点。

1）有木节处或已填补的木节处，均不得安装小五金。

2）安装合页、插销、L铁、T铁等小五金时，先用锤将木螺钉打入长度1/3，然后用改锥将木螺钉拧紧、拧平，不得歪扭、倾斜。严禁打入全部深度。采用硬木时，应先钻2/3深度的孔，孔径为木螺钉直径的0.9倍，然后再将木螺钉由孔中拧入。

3）合页距门窗上、下端宜取立梃高度的1/10，并避开上、下冒头。安装后应开关灵活。门窗拉手应位于门窗高度中点以下，窗拉手距地面以1.5～1.6m为宜，门拉手距地面以0.9～1.05m为宜，门拉手应里外一致。

4）门锁不宜安装在中冒头与立梃的结合处，以防伤榫。门锁位置一般宜高出地面90～95cm。

5）门窗扇嵌L铁、T铁时应加以隐蔽，作凹槽，安完后应低于表面1mm左右。门窗扇为外开时，L铁、T铁安在内面；内开时安在外面。

6）上、下插销要安在梃宽的中间，如采用暗插销，则应在外梃上剔槽。

（5）后塞口预安窗扇的安装要点。

预安窗扇就是窗框安到墙上以前，先将窗扇安到窗框上，方便操作，提高工效。其操作要点如下：

1）按图纸要求，检查各类窗的规格、质量，如发现问题，应进行修整。

2）按图纸的要求，将窗框放到支撑好的临时木架（等于窗洞口）内调整，用木拉子或木楔子将窗框稳固，然后安装窗扇。

3）对推广采用外墙板施工者，也可以将窗扇的纱窗扇同时安装好。

4）有关安装技术要点与现场安装窗扇要求一致。

5）装好的窗框、扇，应将插销插好，风钩用小圆钉暂时固定，把小圆钉砸倒。并在水平面内加钉木拉子，码垛垫平，防止变形。

6）已安好五金的窗框，要刷好底油和第一道油漆，以防止受湿变形。

7）在塞放窗框时，应按图纸核对，做到平整方直，如窗框边与墙中预埋木砖有缝隙时，应加木垫垫实，用大木螺钉或圆钉与墙木砖联固，并将上冒头紧靠过梁，下冒头垫平，用木楔夹紧。

5.2.3 钢门窗施工

5.2.3.1 钢门窗安装的准备工作

（1）安装材料。

1）钢门窗：规格、型号符合设计要求，五金配件齐全并有产品出厂合格证。

2）其他材料：各种型号的螺钉、焊条、木楔、扁铁、防锈漆、水泥、砂等。

（2）安装工具、机具。

钢门窗安装的工具、机具，主要有钢卷尺、扳手、撬棍、靠尺板、线锤、丝锤、电钻、改锥、螺钉旋具、剪钳、钢板锉、电焊机等。

（3）作业条件。

1）结构工程已完成，并验收合格。

2）墙体预留门窗洞口尺寸符合设计要求；预埋铁脚的洞眼数量无误、位置准确，并已清扫干净。

3）预制钢筋混凝土过梁和钢门窗之间的连接件已预埋好，位置正确。

4）钢门窗已全面进行检查，有缺陷的钢门窗框、扇已进行校正、修复，无变形、翘曲、脱焊、漏刷防锈漆等缺陷。

5）组合钢门窗已试组装完毕，并经鉴定合格。

5.2.3.2 钢门窗的安装方法

钢门窗安装一般采用塞口的形式，即在砌筑墙体时预留门窗洞口，后装门窗。

钢门窗安装的工艺流程为：弹控制线→立钢门窗、校正→门窗框固定→安装五金配件→安装纱门窗。

（1）弹控制线。

钢门窗安装前，应在离楼地面50mm高的墙面上测弹一条水平控制线，再按门窗安装标高、尺寸和开启方向，在墙体顶留洞口四周弹出门窗落位线。双层钢窗之间的距离，应符合设计或生产厂家的产品要求，若设计无具体要求时，两窗扇之间的净距不应小于100mm。若工程为多层或高层建筑时，以顶层门窗落位线为主，可用线锤从顶层分出门窗线垂吊下来，每层按此垂线弹好引线，并弹好垂线。

（2）立钢门窗、校正。

把钢门窗塞入洞口内摆正，用对拔木楔在门窗框四角和框梃端部临时固定，然后用水平尺、对角线尺和拉线法将门窗框校正、找直。待同一墙面相邻的门窗装完后，再拉水平通线找齐，上下层窗框用线锤吊线找直。做到钢门窗安装后左右通平，上下层顺直。

（3）门窗框固定。

钢门窗铁脚与预埋铁件焊接应牢固可靠。铁脚埋入预留洞内，须用1∶2水泥砂浆（或豆石混凝土）填塞严实，并浇水养护。待堵孔砂浆具有一定强度后，再用水泥砂浆嵌实门窗框四周缝隙。砂浆凝固（一般3d）后取出木楔填补水泥砂浆。水泥砂浆未凝固前，不得在钢门窗上进行任何作业。

（4）安装五金配件。

1）安装五金配件宜在内外面装饰结束后进行。高层建筑应在安装玻璃前将螺钉拧在框上，待油漆做完再安装五金配件。

2）安装五金配件之前，应检查门窗在洞口内是否牢固、开启是否灵活、关闭是否严密，如有问题，应调整后方可安装。

3）五金配件应按生产厂家提供的装配图试装合格后，方可全面进行安装。

4）密封条应在铜门窗最后一遍涂料干燥后按型号安装压实。如用直条密封条时，拐角处必须裁成45°角，再粘成直角安装。密封条应比门窗扇的密闭槽尺寸长10～20mm，以防收缩引起局部不密封。

5）各类五金配件的转动和滑动配合处，应灵活无卡阻现象。

6）装配螺钉拧紧后不得松动，埋头螺钉不得高于零件表面。

（5）安装纱门窗。

1）纱门窗扇如有变形，应校正后安装。

2）高、宽大于1400mm的纱扇，应在装纱前在纱扇中部用木条作临时支撑，以防窗纱凹陷影响使用。

3）检查压纱条和扇配套后将纱切成比实际尺寸宽50mm。绷纱时先用螺钉拧入上下压纱条，再装两侧压纱条，切除多余纱头，最后将螺钉的丝扣剔平或用钢板锉锉平。

4）金属纱装完后，应集中刷油漆。交工前再将纱门窗安在钢门窗框上。最后在纱门上装上护纱条和拉手。

5.2.4 涂色镀锌钢板门窗施工

5.2.4.1 涂色镀锌钢板门窗的安装材料与安装工具、机具

（1）涂色镀锌钢板门窗的安装材料。

涂色镀锌钢板门窗的安装材料，主要有自攻螺钉、膨胀螺栓、连接件、焊条、密封膏、密封胶条（或塑料垫片）、对拔木楔、钢钉、硬木条（或玻璃条）、抹布、小五金等。

（2）涂色镀锌钢板门窗的安装工具、机具。

涂色镀锌钢板门窗的安装工具、机具，主要有螺钉旋具、灰线包、吊线锤、扳手、手锤、钢卷尺、毛刷、刮刀、塞尺、扁铲、铁水平、靠尺板、丝锥、扫帚、冲击电钻、射钉枪、电焊机等。

5.2.4.2 涂色镀锌钢板门窗的安装方法

（1）带副框涂色镀锌板门窗的安装方法。

1）按门窗图纸尺寸在工厂组装好副框，运到施工现场，用TC4.2×12.7的自攻螺钉，将连接件铆固在副框上。

2）将副框装入洞口的安装线上，用对拔木楔初步固定。

3）校对副框正、侧面垂直度和对角线合格后，对拔木楔应固定牢靠。

4）将副框的连接件，逐件电焊焊牢在洞口预埋件上。

5）粉刷内、外墙和洞口。副框底粉刷时，应嵌入硬木条或玻璃条。副框两侧预留槽口，粉刷干燥后，消除浮灰、尘土，注密封膏防水。

6）室内、外墙面和洞口装饰完毕并干燥后，在副框与门窗外框接触的顶、侧面上贴密封胶条，将门窗装入副框内，适当调整，用TP4.8×22自攻螺钉将门窗外框与副框连接牢固，扣上孔盖。安装推拉窗时，还应调整好滑块。

7）洞口与副框、副框与门窗之间的缝隙，应填充密封膏封严。安装完毕后，剥去门窗构件表面的保护胶条，擦净玻璃及门窗框扇。

（2）不带副框涂色镀锌钢板门窗的安装方法。

1）室内、外及洞口应粉刷完毕。洞口粉刷后的成型尺寸应略大于门窗外框尺寸。其间隙，宽度方向3～5mm，高度方向为5～8mm。

2）按设计图的规定在洞口内弹好门窗安装线。

3）门窗与洞口宜用膨胀螺栓连接。按门窗外框上膨胀螺栓的位置，在洞口相应位置的墙体上钻膨胀螺栓孔。

4）将门窗装入洞口安装线上，调整门窗的垂直度、水平度和对角线合格后，以木楔固定。门窗与洞口用膨胀螺栓连接，盖上螺钉盖。门窗与洞口之间的缝隙，用建筑密封膏密封。

5）竣工后剥去门窗上的保护胶条，擦净玻璃及框扇。

6）不带副框涂色镀锌钢板门窗亦可采用“先安装外框、后做粉刷”的工艺。具体做法是：门窗外框先用螺钉固定好连接铁件，放入洞口内调整水平度、垂直度和对角线合格后以木楔固定，用射钉将外框连接件与洞口墙体连接。框料及玻璃覆盖塑料薄膜保护，然后进行室内装饰。砂浆干燥后，清理门窗构件装入内扇。清理构件时，切忌划伤门窗上的涂层。

窗按用途分为防火窗FC、隔声窗GC、保温窗BC、防护窗HC、屏蔽窗PC、放射线窗RC、防风纱窗SC、密闭窗LC、泄压窗EC、传递窗QC、观察窗CC、亮窗LC、换气窗VC。

5.2.5 铝合金门窗工程施工

5.2.5.1 铝合金型材及附件

铝合金型材表面应清洁，无裂纹、起皮和腐蚀存在，装饰面不允许有气泡。普通精度型材装饰面上的碰伤、擦伤和划伤，其深度不得超过0.2mm；由模具造成的纵向挤压痕深度不得超过0.1mm。对于高精度的型材表面缺陷深度，装饰面应不大于0.1mm，而非装饰面应不大于0.25mm。型材经表面处理后，其氧化膜厚度应不小于10μm，并着银白、暗红、古铜或黑色等颜色，色泽均匀一致，其面层不允许有腐蚀斑点和氧化膜脱落等缺陷。

铝合金门窗常用型材截面尺寸系列见表5-3。

铝合金门窗型材常用截面尺寸系列（mm）　　表5-3

代　号	型材截面系列	代　号	型材截面系列
38	38系列（框料截面宽度38）	70	70系列（框料截面宽度70）
42	42系列（框料截面宽度42）	80	80系列（框料截面宽度80）
50	50系列（框料截面宽度50）	90	90系列（框料截面宽度90）
60	60系列（框料截面宽度60）	100	100系列（框料截面宽度100）

目前铝合金门窗主要有两大类，一类是推拉门窗系列，另一类是平开门窗系

列。推拉门窗可选用 90 系列铝合金型材。平开窗多采用 38 系列型材。平开门常安上地弹簧，做成地弹门，可选用 46 系列型材。

在门窗制作安装中，还要用到相应系列的铝合金扁通或铝合金方管，来作为门窗的受力骨架和连接骨架。主要五金配件及非金属附件材质要求见表 5-4。

5.2.5.2 铝合金门窗尺寸与标记

（1）门窗厚度基本尺寸。

门窗厚度基本尺寸按门窗框厚度构造尺寸区分。门厚度基本尺寸系列有 40mm、45mm、50mm、55mm、60mm、70mm、80mm、90mm、100mm，窗的厚度基本尺寸系列有 40mm、45mm、50mm、55mm、60mm、65mm、70mm、80mm、90mm，门窗厚度尺寸系列相对于基本尺寸系列在±2mm 之内，可靠近基本尺寸系列。

主要五金配件及非金属附件材质要求 **表 5-4**

配件名称	材　质	牌号或标准代号
滑轮壳体、锁扣、自攻螺钉	不锈钢、合金材料	GB 1220、GB 3280、GB 4237、GB 4232、GB 1226、GB 4230、GB 4239
锁、暗插销	铸造锌合金	GB 1175、JB 2702
滑轮、铰链垫圈	尼龙	GB 1226、GB 4230、GB 4239
密封条、玻璃嵌条	软质聚氯乙烯树脂聚合体	参照日本 JISA 5756—1977
推拉窗密封条	聚丙烯毛条	参照有关标准
气密、水密封件	高压聚乙烯	改性
密封条	氯丁橡胶	4172（HG6-407-79）
型材连接、玻璃镶嵌	密封胶	XM-38，硅酮胶

（2）门窗洞口尺寸。

这里所谓的门窗洞口尺寸是指洞口的标志尺寸，一般情况下这个标志尺寸应为构造尺寸与缝隙尺寸之和。构造尺寸是门窗生产制作的设计尺寸，它应小于洞口的标志尺寸；缝隙尺寸是因为安装时需要而设置的，根据洞口饰面的不同而不同，一般在 25～40mm 范围内。

门窗洞口的标志尺寸应符合建筑设计模数。洞口的尺寸允许偏差范围为：高度与宽度允许偏差 5mm；对角线长度差不大于 5mm；洞口下口面水平标高允许偏差 5mm，垂直偏差不超过 1.5/1000；各洞口的中心线与建筑物基准轴线偏差不得大于 5mm。

应当强调的是在许多改建装饰工程中，常是将原有的钢窗、木窗改换为铝合金窗，这时应对原有洞口进行清理、找平、找方，并量出洞口的实际尺寸作为洞口尺寸。这种洞口尺寸不一定符合建筑设计模数，施工中应加倍注意，最好能在现场进行铝合金门窗加工，以确保门窗的尺寸与洞口尺寸能很好地吻合。

（3）门窗代号及标记。

1）常用门窗代号见表5-5。

铝合金门窗代号 **表5-5**

类　别	代　号	类　别	代　号
平开铝合金门	PLM	平开自动铝合金门	PDLM
推拉铝合金门	TLM	推拉自动铝合金门	LTDLM
地弹簧铝合金门	DHLM	圆弧自动铝合金门	YDLM
固定铝合金门	GLM	卷帘铝合金门	JLM
折叠铝合金门	ZLM	旋转铝合金门	XM
固定铝合金窗	GLC	下悬铝合金窗	XLC
平开铝合金窗	PLC	保温平开铝合金窗	BPLC
上悬铝合金窗	SLC	立转铝合金窗	LLC
中悬铝合金窗	CLC	推拉铝合金窗	TLC
固定铝合金天窗	GLTC		

2）标记示例。

例如一个门窗标记为：TLM90-1524-1500·3.0·100·25·0.25—Ⅱ

TLM—铝合金推拉门；

90—门厚度基本尺寸为90mm；

1524—洞口宽度为1500mm，高度为2400mm；

1500—风压强度性能值为1500 Pa；

3.0—空气渗透性能值为3.0m/(m·h)；

100—雨水渗透漏性能值为100Pa；

25—空气声计权隔声值为25dB；

0.25—保温性能传热阻值为0.25m·K/W；

Ⅱ—阳极氧化膜厚度为Ⅱ级。

在一般的简单标记中只标出门、窗代号，门窗厚度基本尺寸，洞口标志尺寸。例如：

TLC—推拉铝合金窗；

70—窗厚度基本尺寸为70mm；

1515—窗洞口宽度为1500mm，高度为1500mm。

有时，窗厚度基本尺寸也可省略。

5.2.5.3 铝合金门制作与安装

（1）施工准备。

1）作业条件。

室内外墙体应粉刷完毕，洞口套抹好底糙；核对门的型号、规格、开启方式、开启方向、安装孔方位、门洞尺寸、五金附件及铝合金型材规格与尺寸等；检查核对图纸与现场是否相符，是否需要与有关方面协调；保留或搭设脚手架。

2）材料。

准备好各种必需的铝型材、门锁、不锈钢螺钉、铝制拉铆钉、连接铁板、地弹簧、玻璃、尼龙毛条、压条、橡皮条、玻璃胶和木楔子等。

3）机具。

曲线锯、切割机、手电钻、射钉枪、拉铆枪、扳手、半步扳手、角尺、吊线锤、灰线袋、打胶筒、锤子、水平尺、玻璃吸手、螺钉旋具和锉刀等。以上材料和机具不一定都备齐，应根据门的类型与设计要求而定。

（2）铝合金门框制作。

视门的大小选用 76mm×44mm、100mm×44mm 或 100mm×25mm 铝合金型材做门框架，按设计尺寸下料，具体做法同门扇制作，其横框与竖框的连接是通过铝角码和自攻螺钉固定的。

门扇上部转动定位轴销，安装在门框的横向框料内。先把定位销从钻好的销孔中伸出，再用螺钉将定位销组件固定在门框上横料内。

门框横竖料的连接用 3mm 厚的铝角码连接，每个铝角码的长度按框料内截面尺寸确定在门的上框和中框部位的边框上，钻孔安装铝角码，然后将中、上横框套在角铝上，钻孔后用自攻螺钉固定。

在门框上，左右设扁铁连接件，连接件与门框用自攻螺钉或铆钉固定，安装间距视门料情况和与墙体的间距确定。

（3）门扇制作。

选料要考虑表面色彩、料型、壁厚等因素，以保证足够的刚度、强度和装饰性；门扇下料时，要在门洞口尺寸中减掉安装缝隙的尺寸、门框尺寸，其余按扇数均分调整大小。下面以 46 系列地弹门说明其做法，推拉门可参照推拉窗的做法。

在竖梃上拟安装横档部位内侧用手电钻钻孔，用来安装钢筋螺栓，孔径略大于钢筋直径；上下横档一般用套螺纹的钢筋螺栓固定。一般钢筋螺栓长度只要比门扇内边尺寸（即横方尺寸）长 25mm，固定时应先紧固外侧螺母，并用内侧螺母锁紧，钢筋螺栓应在地弹簧连杆与下横方安装完毕后再安装。中横方可直接通过角铝固定。

在拟安装门锁部位钻孔，再伸入曲线锯切割成锁孔形状；在门边梃上，门锁两侧要对正，一般应在门扇安装后再安装门锁。安装门扇转动配件时，按门框横料中的转动销轴线，距竖料内边的距离给这两个门扇转动件定位，使其转动销、地弹簧轴的轴线一致。

（4）铝合金门安装。

在门洞口墙体上弹出安装位置线同一层楼水平标高误差不大于±2.5mm，各洞口中心线从顶层到底层偏差不大于±5.0mm。

铝框上的保护膜安装前后不得撕掉或损坏；框子应安装在洞口的安装线上；组合门窗框应先进行预拼装，然后按先安装通长拼樘料，后安装分段拼樘料，最后安装基本门框的顺序进行；缝隙应用密封胶条密封。组合门框拼樘料如需加强时，其加固型材应经防锈处理。

当洞口系预埋铁件时，铝框上的镀锌铁脚可直接焊接在预埋件上；当洞口为混凝土墙体但未留预埋件或槽口时，其连接件可用射钉枪射钉紧固；当洞口墙体为砖石砌体时，应用冲击钻钻深孔，用膨胀螺栓紧固连接件，不宜采用射钉连接。门框与墙体连接见图 5-13。

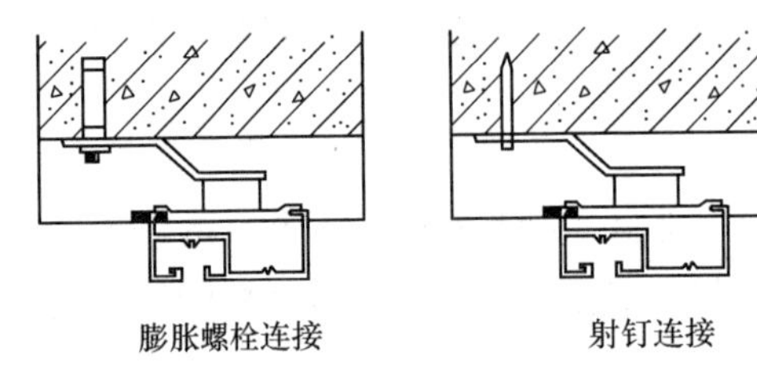

图 5-13　门框与墙体连接构造

地弹簧安装采用地面预留洞口时，安装调整完毕应浇 C25 细石混凝土固定；铝门框埋入地下长度应为 20～50mm；组合门框间立柱上下端应各嵌入墙体（或梁）内 25mm 以上；转角处的主柱嵌入长度应在 35mm 以上，门框连接件采用射钉、膨胀螺栓、钢钉等紧固时离墙的边缘不得小于 50mm，且应错开墙体缝隙。

门框与洞口墙体应采用弹性连接，最后嵌填防水密封胶；铝门框上如沾上水泥浆或其他污物应立即用软布擦洗干净，切忌用金属工具刮洗。

活动门扇的安装应先保证门扇上横料内的转动定位销定位，使地弹簧埋设后其表面要与地面平齐。安装门扇时，要把地弹簧的转轴用扳手拧至门扇开启的位置，然后将门扇下横料内地弹簧连杆套在转轴上，再将上横料内的转动定位销用调节螺钉调出一些，待定位销孔与锁吻合后，再将定位销完全调出并插入定位销孔中。最后用双头螺杆或自攻螺钉将门拉手安装在门扇边框两侧。

玻璃应配合门料的规格色彩及设计要求选用，大片玻璃与框扇接缝处，要打入玻璃胶。整个门安装好后，清理干净交付使用。

5.2.5.4　铝合金窗制作与安装

铝合金窗的制作和安装与铝合金门基本一致，下面就以铝合金推拉窗为例介绍其制作和安装方法。

铝合金推拉窗有带上亮和不带上亮之分，在用料规格上主要有 55、70、90 三种系列，55 系列的铝型材与后两种系列在形状上有较大差别，而 70 和 90 的铝型材形状基本相同，其中 90 系列是最常用的一种。

（1）铝合金窗扇制作。

1）开料。

根据设计要求下料（开料），是铝合金窗制作的第一道工序，下料采用铝合金切割机进行，刀口应在画线之外，留出画线痕迹。

为使窗扇和窗框配合恰当，窗扇开料要十分小心。下料必须准确，其误差须控制在 2mm 范围内，否则会造成组装困难或无法安装，窗扇的边框光企和带钩边框光企为同一长度，为窗框边封的长度减去 45～50mm；窗扇的上、下横为同一长度，为窗框宽度的一半再加 5～8mm。

窗的上亮通常是用 25.4mm×90mm 的扁方管做成长方形，其长度为窗框的宽度，其宽度为上亮的高度减去两个扁方管的厚度。

2）组装。

① 切口处理。

在窗扇组装连接前，先在窗扇的边框上下两端进行切口处理，以便将其上下方插入其切口内进行固定。

铝合金窗扇连接见图 5-14。

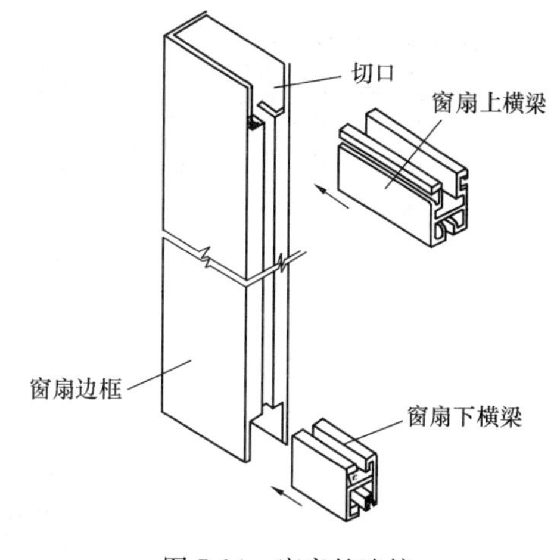

图 5-14　窗扇的连接

② 安装滑轮。

在下横的底槽内安装滑轮，两端备装一只滑轮。窗扇上、下横的安装见图 5-15、图 5-16。

③ 打孔。

在窗扇边框和带钩边框与下横衔接端画线打孔，共三个孔，上下两个是连接固定孔，中间一个是调节滑轮框上调节螺钉的工艺孔；旋动滑轮上的调节螺钉，能改变滑轮从下横槽中外伸高低尺寸，而且也能改变下横槽内两个滑轮之间的距离。

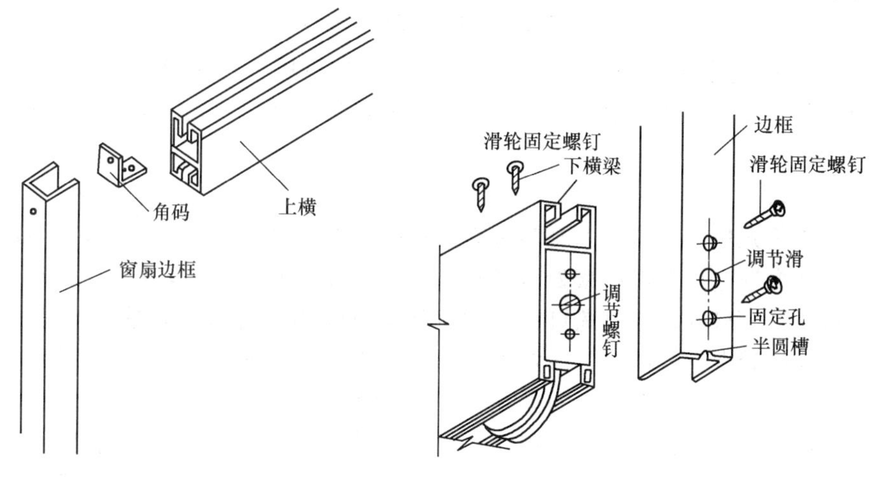

图 5-15　窗扇上横的安装　　图 5-16　窗扇下横的安装

④ 安装横角码和窗扇钩锁。

安装横角码和窗扇钩锁，窗扇上锁口的位置有左右之分，特别注意不能开错。窗锁安装见图 5-17。

⑤ 上密封毛条。

长毛条装于上横顶边和下横底边的槽内，短毛条装于带钩边框的钩部槽内。

(2) 窗框及上亮的制作。

1) 上亮。

上亮部分的扁方管型材通常采用铝角码和自攻螺钉连接，应先用一小段同规格的扁方管做模子（长 20mm 左右），取下模子，再将另一条竖向扁方管放到模子的位置上，在角码的另一个方向打孔，固定即成。

上亮的铝型材在四个角位置处衔接固定后，再用截面尺寸为 10mm×10mm 或

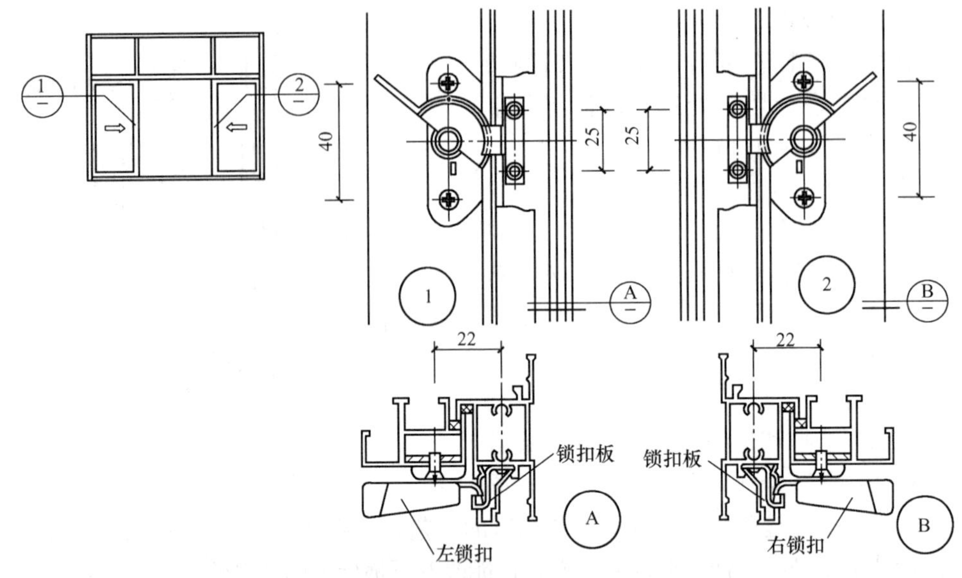

图 5-17　窗锁的安装（mm）

12mm×12mm 的铝槽作固定玻璃的压条，先用自攻螺钉把铝槽紧固在中心线外侧，留出大于玻璃厚度的距离，安装内侧铝槽，自攻螺钉不需上紧，上好玻璃后再紧固。

2）窗框。

窗框组装先量出上滑道上面两条固紧槽孔的距离和高低位置尺寸，然后按这两个尺寸在窗框边封上部衔接处画线打孔，孔径在 ϕ5mm 左右，用专用的碰口胶垫放在边封的槽口内，自攻螺钉穿过边封和碰口胶垫上的孔，旋进上滑道的固紧槽孔内；在旋紧螺钉的同时，注意上滑道与边封对齐，各槽对正，最后再上紧螺钉，然后在边封内装毛条。按同样方法制作下滑道。

窗框的四个角衔接起来后，用直角尺测量并校正一个窗框的直角度，最后上紧各角上的衔接自攻螺钉。将校正并紧固好的窗框立放在墙边，防止碰撞。

窗框的组装见图 5-18。

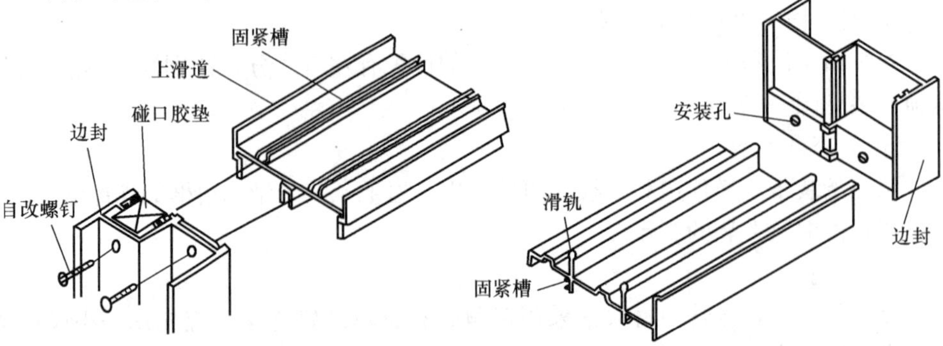

固紧槽
上滑道
碰口胶垫
边封
自改螺钉
(a)

安装孔
滑轨
固紧槽
边封
(b)

图 5-18　窗框的组装

(a) 窗框上滑道组装；(b) 窗框下滑道组装

切两小块厚木板，放在窗框上滑的顶面，再将上亮放在上滑的顶面，将两者前后左右边对正；然后从上滑下面向上打贯穿孔，用自攻螺钉将上滑与上亮连接起来，至此推拉窗的制作完成。

（3）铝合金窗的安装。

铝合金窗的安装一般是先将窗框安装固定在窗洞里，再安装窗扇与上亮玻璃。窗洞的尺寸应比铝合金窗框大25～40mm，并应找平；在四周安装角码或木块窗框要进行水平和垂直度校正；洞口饰面固结后，便可进行窗扇安装，用螺钉旋具拧旋边框侧的滑轮调节螺钉，使滑轮向下横槽内回缩，这样就可以托起窗扇，使其顶部插入窗框的上滑槽内；将滑轮卡在下滑的滑轮轨道上，使滑轮从下横内外伸，同时使窗扇在滑轨上移动顺畅。使长毛条刚好能与窗框下滑面相接触，以起到良好的防尘效果。

窗框与墙体连接见图5-19。

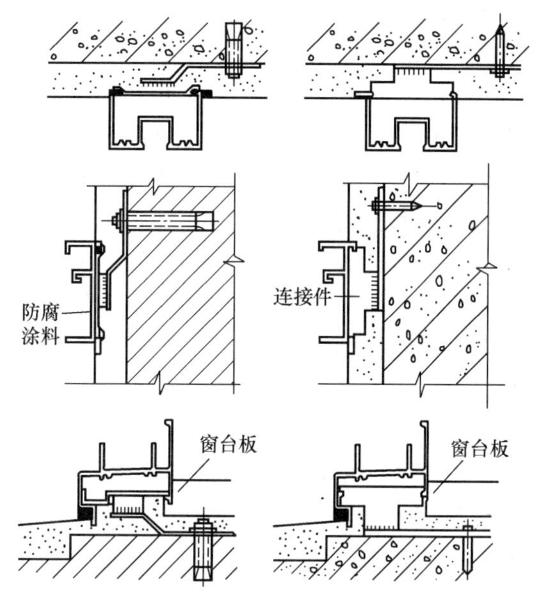

图5-19　窗框与墙体连接

上亮玻璃的尺寸必须比上亮内框小5mm左右，留出热胀冷缩的余地；窗扇玻璃各方向通常比窗扇内侧大25mm左右，从一侧将玻璃放入槽中，紧固连接边框即可；在玻璃与窗扇之间用塔形橡胶条或玻璃胶密封。

窗钩锁的挂钩安装于窗框边封凹槽内，位置尺寸要与窗扇上挂钩锁洞的位置相对应。一般易出现的高低问题，只需将锁钩螺钉松动后调节再紧固即可。

5.2.5.5 铝合金门窗施工注意事项

（1）应选用合适的型材系列，要满足强度、刚度、耐腐蚀及密封性要求，减轻质量、降低造价。

（2）铝合金门窗的尺寸一定要准确，尤其是框扇之间的尺寸关系，要保证框与洞口的安装缝隙。

（3）门窗框与结构应为弹性连接，至少填充20mm厚的保温软质材料，避免门窗框四周形成冷热交换区；粉刷门窗套时，应在门窗框内外框边嵌条留5～8mm深槽口；槽口内用密封胶嵌填密封，胶体表面应压平、光洁，严禁水泥砂浆直接同门窗框接触，以防腐蚀门窗框。

（4）制作窗框的型材表面不能有粘污、碰伤的痕迹，不能使用扭曲变形的型材；室内外粉刷未完成前切勿撕掉门窗框保护胶带；粉刷门窗套时应用塑料膜遮掩门窗框；门窗框上沾上灰浆应及时用软布抹除，切忌用硬物刨刮。

（5）铝合金门窗安装后要平整方正安装门窗框时一定要吊垂线和对角线卡方；

塞缝前要检查平整垂直度；塞缝过程中，有一定强度后再拔去木楔，安框时要考虑窗头线（贴脸）及滴水板与框的连接。

（6）横向及竖向带形门窗之间组合杆件必须同相邻门窗套插、搭接，形成曲面组合，其搭接应大于8mm，并用密封胶密封，防止门窗受冷热和建筑变化而产生裂缝。

（7）推拉窗下框、外框和轨道根部应钻排水孔，横竖框相交丝缝注硅酮胶封严；窗台应放流水坡，切忌密封胶掩埋框边，避免口槽内积水无法外流。

（8）门窗框固定一定要牢固可靠，洞口为砖砌体时，应用钻孔或凿洞的方法固定铁脚，不宜用射钉直接固定。

（9）门窗锁与拉手等小五金可在门窗扇入框后再组装。这样有利于对正位置，所有使用的五金件要配套，保证开闭灵活。

安装时，先用木楔在门窗框四角或梃端能受力的部位临时塞住，然后用水平尺或线锤校验水平及垂直度，并调整使得各方向完全一致，各边缝隙不大于1mm，且开关灵活、无阻滞和回弹现象。窗框立好后，将铁脚埋入预留孔中用1∶2水泥砂浆填平。硬化72h后，可将四周埋设的木楔取出，并用砂浆把缝隙嵌填密实。窗框的组合应按一个方向顺序逐框进行，拼合要紧密，缝隙嵌填油灰。组合构件上下端必须伸入砌体5cm，凡是两个组合构件的交接处必须用电焊焊牢。

各种零部件正确选用，并各自紧固于适当的位置，外露的零部件必须凿平；门窗玻璃应紧贴底灰放于芯内，安装钢丝弹簧销子扎住玻璃，滴嵌油灰压紧刮平。

金属门安装前首先分清开启方向，单开门还需分清左开或右开；将门装入门洞后，同样用木楔固定四角，校正方位；因为门的长度尺寸较大，打开门扇，用一根与门框内净空等长的板条在中部支撑待安装完毕固定砂浆硬化后，再拆除支撑板条；其余步骤与金属窗相同。

5.2.6 塑料门窗安装工程

塑料门窗根据所采用的材料不同，常分为以下几种类型：钙塑门窗、玻璃钢门窗、改性聚氯乙烯塑料门窗等，其中钙塑门窗（又称硬质PVC门窗）以其优良的品质使用最为广泛。它是以聚氯乙烯树脂为基料，以轻质碳酸钙做填料，掺加少量添加剂，机械加工制成各种截面的异型材，并在其空腔中设置衬钢，以提高门窗骨架的整体刚度，故亦称塑钢门窗。塑钢门窗表面光洁细腻不需油漆，有质量轻、抗老化、保温隔热、绝缘、抗冻、成型简单、耐腐蚀、防水和隔声效果好等特点，在30～50℃的环境下不变形、不降低原有性能，防虫蛀又不助燃，线条挺拔清晰、造型美观，有良好的装饰性。塑钢型材截面见图5-20。

5.2.6.1 施工准备

（1）复查洞口尺寸。

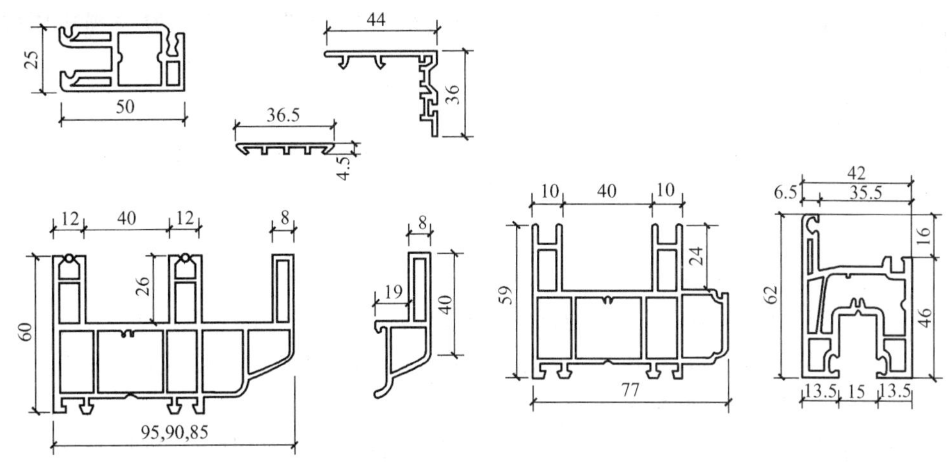

图 5-20　95、90、85 塑钢推拉窗型材（mm）

塑钢门窗采用预留洞口后安装的方法，门的宽度为 900～2100mm、高度为 2100～3300mm，安装缝宽度方向一般为 20～26mm、高度方向为 20mm，窗的宽度为 900～2400mm、高度为 900～2100mm，安装缝各方向均为 40mm，洞口尺寸允许偏差：表面平整度、侧面垂直度和对角线长度均为±3mm，不合格的要及时修整。

（2）检查门窗成品。

门窗表面色泽均匀，无裂纹、麻点、气孔和明显擦伤，保护膜完好；门窗框与扇应装配成套，各种配件齐全；门窗制作尺寸允许偏差应符合表 5-6 的规定。此外，还应该核查成品与设计要求是否一致，在设计中应准确使用代号与标记。

门窗尺寸允许偏差　　　　**表 5-6**

序　号	项　目	名　称	单　位	允许偏差	附　注
1	翘　曲	框	mm	2	
		扇	mm	2	
2	对角线长度	框、扇	mm	2	
3	高度、宽度	框	mm	+0、−2	框外包尺寸

（3）安装材料与工具。

材料：尼龙胀管螺栓、自攻螺钉、密封膏、填充料、木螺钉、对拔木楔、钢钉、抹布、塑钢门窗和全套附件。

工具、机具吊线锤、灰线包、水平尺、挂线板、手锤、扁铲、钢卷尺、螺钉旋具、冲击电钻和射钉枪等。另外，需要脚手架安装时，保留或提前搭设脚手架。

5.2.6.2　安装程序

（1）找平放线。

为保证门窗安装位置准确，外观整齐，首先要找平放线。先通长拉水平线，用墨线弹在侧壁上；再在顶层洞口找中，吊线锤弹窗中线。单个门窗可现场用线锤吊直。

（2）安装铁脚。

把连接件（即铁脚）与框成45°放入框内背面燕尾槽口，然后沿顺时针方向把连接件扳成直角，旋进一只自攻螺钉固定。

（3）安装门窗框。

把门窗框放在洞口的安装线上，用对拔木楔临时固定；校正各方向的垂直度和水平度，用木楔塞在四周和受力部位；开启门窗扇检查，调至开启灵活、自如。

此外，门窗定位后，可以做好标记后取下扇存放备用；待玻璃安装完毕，再按原有标记位置将扇安回框上。

用膨胀螺栓配尼龙膨胀管固定连接件，每只连接件不少于两只膨胀螺栓，如洞口已埋设木砖，直接用两只木螺栓将连接件固定在木砖上。

（4）填缝抹口。

门窗洞口粉刷前，一边拆除木楔、一边在门窗框周围缝隙内塞入填充材料，使之形成柔性连接，以适应热胀冷缩；在所有的缝隙内嵌注密封膏，做到密实均匀；最后再做门窗套抹灰。

（5）安装五金、玻璃。

塑钢门窗安装五金及配件时，必须先钻孔后用自攻螺钉拧入，严禁直接锤击打入；待墙体粉刷完成后，将玻璃用压条压紧在门窗扇上，在铰链内滴入润滑剂，将表面清理干净即可。

5.2.6.3 安装施工注意事项

塑钢门窗在运输过程中注意保护，门窗之间用软线毯或软质泡沫塑料隔开，下面用方木垫平、竖直靠立，装卸时要轻拿轻放，存放时要远离热源、避免阳光直射，基地平整、坚实，防止因地面不平或沉降造成门窗扭曲变形。

窗的尺寸较宽时，不得用小窗组合，分段用扁铁与相邻窗框连接，扁铁与梁或地面、墙体的预埋件焊接：拼框扁钢安装前应先按400mm间距钻连接孔，除锈并涂刷两道防锈漆，外露部分刷两道白漆，然后用螺栓连接。

门窗框与墙体为弹性连接，间隙填入泡沫塑料或矿棉等软质材料；含沥青的材料禁止使用。填充材料不宜填塞过紧，不得在门窗上铺搭脚手架、脚手杆或悬挂物体；需要使用螺栓、自攻螺钉等时，必须用电钻钻孔，严禁用锤直接击打。门窗上的保护膜，在装饰工程全部结束后方可撕去。

5.2.7 特种门窗安装工程施工

特种门窗是指具有特殊用途、特殊构造的门窗，如防火门、隔声防火门、卷帘门（窗）、金属转门、（自动）无框玻璃门、异型拉闸门、自动铝合金门和全玻固定窗等。下面介绍几种常用门的安装施工。

5.2.7.1 防火门安装施工

防火门是典型的特殊功能门，在多层及以上和重要建筑物中均需设置。防火门按材质分为木质和钢质防火门两种，按照防火等级分为甲级、乙级和丙级三种。甲级防火门门扇无玻璃小窗，其耐火极限为 1.2h；乙、丙级防火门可在门扇上开设一小玻璃窗，安装 5mm 夹丝玻璃或复合防火玻璃，乙级耐火极限 0.9h、丙级耐火极限 0.6h。

木质防火门需要在表面贴防火胶板、钉镀锌薄钢板或涂刷耐火涂料，以达到防火要求；木质防火门的防火性能较差，安装施工简单，在此不做介绍。

(1) 钢质防火门的构造及特点。

钢质防火门采用优质冷轧钢板加工成型。门框料使用 1.5mm 厚的钢板，门扇使用 1mm 厚的钢板，门扇体厚不小于 45mm。按不同的耐火等级填充相应的耐火材料，表面需经防锈漆喷涂处理。根据需要装配轴承合页、防火门锁、闭门器、电磁释放开关和夹丝玻璃等，双开门还配有暗插销和关门顺序器等，与防火报警系统配套后，可自动报警、自动关门、自动灭火，防止火势蔓延。

钢质防火门门框与门扇必须配合严密，门扇关闭后，配合间隙小于 3mm；防火门表面应平整，无明显凹凸现象，焊点牢固，门体表面无喷花和斑点等。

目前国内生产的防火门，其宽度、高度均采用国家建筑中常用的尺寸，一般宽度不宜大于 2000mm、高度不宜大于 3000mm，否则开启比较困难，构造更加复杂。安装缝隙宽度方向一般为 20mm，高度分别为 10mm、40mm，具体尺寸由图纸确定。铜质防火门安装一般都需要在洞口设置预埋铁件，预埋件位置必须准确；门框用“Z”形铁脚与预埋件焊接，铁脚间距不大于 500mm。

防火门运输、装卸中应轻抬轻放，避免可能产生的变形。防火门必须按不同的编号，平放在垫好支撑物的地方，叠放高度不超过 1.5m，并有防雨、防晒措施。

(2) 钢质防火门的安装施工。

钢质防火门的安装程序：画线→立门框、调整→安装门扇→装配附件。

首先按设计要求划出门框框口位置线，先拆掉门框下部的固定板，门框一般埋入±0.00 标高以下 20mm，须保证框口上下尺寸相同，允许偏差小于 15mm，对角线允许偏差小于 20mm。将门框用木楔临时固定，经校正后，固定木楔，焊接铁脚和预埋件。

门框周边的缝隙用 1：2 的水泥砂浆或细石混凝土嵌塞牢固，保证与墙体结成整体，经养护硬化后，再粉刷洞口和墙体。之后安装门扇、五金配件及其他配套装置，门扇关闭后，缝隙应均匀平整，开启自如，没有过紧、过松和反弹现象。

隔声防火门构造、安装与钢质防火门相同，区别在于门扇表面加上人造革、塑料壁纸与阻尼地毯等隔声装饰，门缝处加防火密封胶条，使其隔声量达到 43dB。

5.2.7.2 金属转门安装施工

(1) 金属转门概述。

金属转门主要用于宾馆、医院、机场、图书馆、商场等中、高级民用、公共建筑，起启闭、控制人流和保持室内温度的作用。主要有铝质、钢质两种型材结构，由转门和转壁框架组成。

金属转门的特点：具有良好的密闭、抗震和耐老化性能，转动平稳，紧固耐用，便于清洁和维修，设有可调节的阻尼装置，可控制旋转惯性的大小。

（2）金属转门安装施工。

首先检查各部分尺寸及洞口尺寸是否符合，预埋件位置和数量是否准确。转壁框架按洞口左右、前后位置尺寸与预埋件固定，保证水平。装转轴，固定底座，底座下部要垫实，不允许下沉，转轴必须垂直于地平面。装圆转门顶与转壁，转壁暂不固定，便于调整与活扇之间隙；装门扇，保持90°夹角，旋转转门，调整好上下间隙、门扇与转壁的间隙。

5.2.7.3 卷帘门窗安装施工

（1）卷帘门窗类型。

卷帘门窗通常有普通卷帘门窗和防火卷帘门两种。

1）普通卷帘门窗。

卷帘门窗又称卷闸门窗，按其传动形式可分为电动卷帘门窗（D）、遥控电动卷帘门窗（YD）、手动卷帘门窗（S）及电动手动卷帘门窗（DS）。按其外形可分为鱼鳞网状卷帘门窗、直管横格卷帘门窗、帘板卷帘门窗及压花帘板卷帘门窗等。按其材质可分为铝合金卷帘门窗、电气铝合金卷帘门窗、镀锌板卷帘门窗、不锈钢板卷帘门窗及钢管、钢筋卷帘门窗等。按其门扇结构可分为帘板结构卷帘门窗与通花结构卷帘门窗。

2）防火卷帘门。

防火卷帘门由帘板、卷筒、导轨、传动电机等部分组成。帘板为1.5mm厚的冷轧带钢，轧制成C型板重叠联锁，具有刚度好、密封性能优良的特点，也可采用钢质L型串联式组合结构；另外可与全自动报警、灭火系统实现联动，定点延时关闭，及时隔离火灾区域。防火卷帘门一般安装于洞口墙体、柱体的预埋铁件或后装铁板上。

防火卷帘门的洞口尺寸，可根据3m模数选定，一般洞口宽度和高度不宜大于5m。在改建装饰工程中，可根据已有的不同规格尺寸进行定做，如门洞过太，可通过增设活动中柱来解决。

（2）安装施工。

普通卷帘门窗安装方式与防火卷帘门基本相同。

卷帘门的安装方式有三种：卷帘门装在门洞边，帘片向内侧卷起的叫洞内安装；卷帘门装在门洞外，帘片向外侧卷起的叫洞外安装；卷帘门装在门洞中的叫洞中安装。防火卷帘门洞口应根据设计设置预埋件，改建工程可用膨胀螺栓固定铁板来代替预埋件。

安装前要检查产品和零部件，测量产品各部位的基本尺寸、洞口尺寸、导轨和支架的预埋件位置、数量是否正确等。测量洞口标高，弹出两导轨垂线及卷筒中心线；将垫板焊接在预埋铁板上，固定卷筒的左右支架，安装卷筒并检查灵活程度；安装减速器和传动系统，安装电气控制系统，空载试车；将事先装配好的帘板安装在卷筒上，安装导轨，将两侧及上方导轨焊接于墙体预埋件上，并焊成一体，各导轨应在同一垂直平面上。安装防火联动控制系统并试车；先手动试运行，再用电动启闭数次，调整至顺畅、噪声小为止，全部完毕后，安装防护罩。最后粉刷或镶砌导轨墙体装饰面层。

5.2.7.4 自动铝合金门安装施工

自动铝合金门与普通铝合金门最大的差别在于开启方式不同。自动铝合金门主要是通过一个传感系统，自动将开、关门的控制信号转化成控制电机正、反转的指令，使电机作正向或反向启动、运行、停止的动作。自动铝合金门多做成自动推拉门，目前大量用于宾馆、饭店银行、机场、医院、计算机房和高级清洁车间等。

(1) 自动铝合金门安装施工。

安装前重点检查自动门上部吊挂滚轮装置的预埋铁板位置是否准确；按设计要求尺寸放出下部导向装置的位置线，预埋滚轮导向铁件和预埋槽口木条；取出木条再安装槽轨，安装自动门上部机箱槽钢横梁（常用 18 号槽钢）支承，槽钢横梁必须与预埋铁板牢固焊接。注意安装中门框、门扇和其他装饰件均不得变形并保持清洁，要按照说明书的程序仔细安装，安装后反复调试达到最佳运行状态。

(2) 使用与保养。

自动门滚轮导向或槽轨导向部位，应经常清扫尘灰、垃圾和杂物，冬季还要防止水进入槽内结冰，影响自动门运行；机械活动部位，应注意经常加油润滑；传感器和控制箱平时不得随意变动，如出现异常和故障，应及时联系专业人员维修。

5.2.8 自动闭门器安装施工

自动闭门器主要包括地弹簧、门顶弹簧、门底弹簧和鼠尾弹簧等。

5.2.8.1 地弹簧

地弹簧是用于重型门扇下面的一种自动闭门器。当门扇向内或向外开启角度不到 90°时，能使门扇自动关闭，可以调整关闭速度；当将门扇开启至 90°的位置，失去自动关闭的作用。地弹簧的主要结构埋于地下，美观、坚固耐用、使用寿命长。

安装时先将顶轴套板固定于门扇上部，再将回转轴杆装于门扇底部，同时将螺钉安装于两侧，对齐上、下两轴孔，将顶轴安装于门框顶部。安装底座时，从顶轴中心吊一垂线至地面，对准底座上地轴之中心，同时保持底座的水平以及底座上面板和门扇底部的缝隙为 15mm 即可。

如果门扇的启闭速度需要调节，可将底板上的螺钉拧掉，螺钉孔对准的是油泵调节螺钉；使用一年后，底座内应加纯净油（12 号冷冻机油），顶轴上应加润滑油；底座进行拆修后，必须按原状进行密封。

5.2.8.2 门顶弹簧

门顶弹簧又称门顶弹弓，是装于门顶部的自动闭门器。特点是内部装有缓冲油泵，关门速度较慢，使行人能从容通过，且碰撞声很小。

门顶弹簧用于内开门时，应将门顶弹簧装在门内，用于外开门时，则装于门外。门顶弹簧只适用于右内开门或左外开门，不适用于双向开启的门使用。

首先将油泵壳体安装在门的顶部，并注意使油泵壳体上速度调节螺钉朝向门上的合页一面，油泵壳体中心线与合页中心线之间的距离应为350mm；其次将牵杆臂架安装在门框上，臂架中心线与油泵壳体中心线之间的距离应为15mm；最后松开牵杆套梗上的紧固螺钉，并将门开启到90°，使牵杆伸长到所需长度，再拧紧紧固螺钉，即可使用。

速度调节螺钉供调节开闭速度之用，顺时针为慢。门顶弹簧使用一年后，通过油孔螺钉加注防冻机油，其余各处的螺钉和密封零件不要随意拧动，以免发生漏油。

5.2.8.3 门底弹簧

门底弹簧又称地下自动门弓，分横式和竖式两种。能使门扇开启后自动关闭，能里外双向开启，不需自动关闭时，将门扇开到90°即可。门底弹簧适用于弹簧木门。

安装时将顶轴安装于门框上部，顶轴套管安装于门扇顶端，两者中心必须对准；从顶轴下部吊一垂线，找出楼地面上底轴的中心位置和底板木螺钉的位置，然后将顶轴拆下；先将门底弹簧主体（指框架底板等）安装于门扇下部，再将门扇放入门框，对准顶轴和底轴的中心及木螺钉的位置，分别将顶轴固定于门框上部、底板固定于楼地面上，最后将盖板装在门扇上，以遮蔽框架部分。

5.2.8.4 鼠尾弹簧

鼠尾弹簧又称门弹簧、弹簧门弓，选用优质低碳钢弹簧钢丝制成，表面涂黑漆、臂梗镀锌或镀镍，是安装于门扇中部的自动闭门器。

其特点是门扇在开启后能自动关闭，如不需自动关闭时，将臂梗垂直放下即可，适用于安装在一个方向开启的门扇上。

安装时，可用调节杆插入调节器圆孔中，转动调节器使松紧适宜，然后将销钉固定在新的圆孔位置上。

5.3 门窗工程计价工程量计算

5.3.1 木门窗计价工程量计算

(1) 门、窗、门框制作安装工程量，按设计门窗洞口尺寸以面积计算，无框者按扇外围面积计算。

(2) 定额项目内已包括窗框披水条工料，不另计算。如窗扇设披水条者，另按披水条定额以延长米计算。披水条见图5-21。

（3）普通窗上部带有半圆窗的工程量应分别按半圆窗和普通窗计算。其分界线按普通窗和半圆窗之间的横框上裁口线划分，如图 5-22。

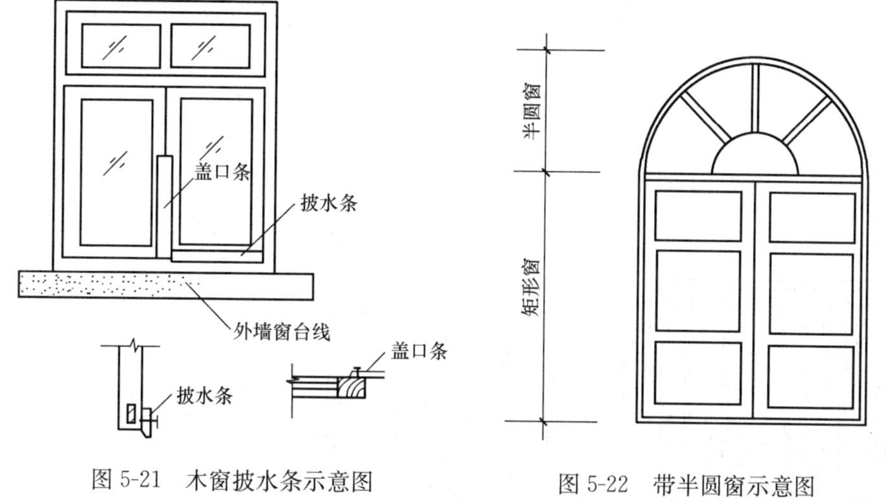

图 5-21　木窗披水条示意图　　图 5-22　带半圆窗示意图

（4）实木门扇制作安装及装饰门扇制作按扇外围面积计算。装饰门扇及成品门安装按樘计算。

说明：门扇基层制作工程量＝门扇面层制作工程量。

装饰门扇见图 5-23。

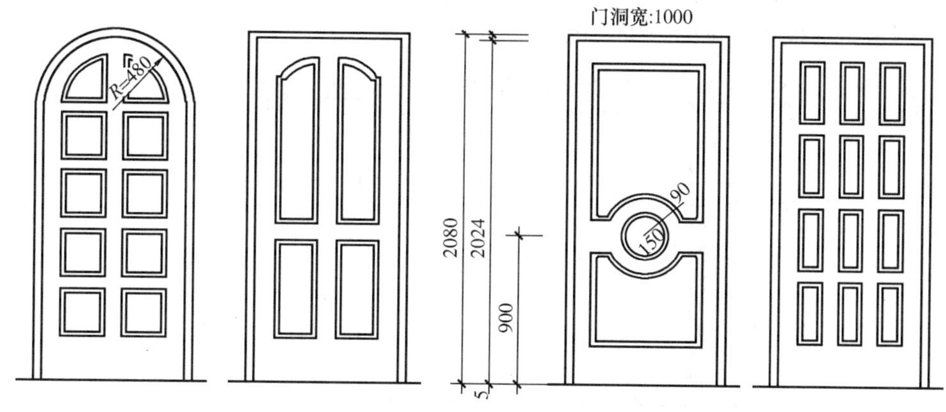

图 5-23　成品装饰门扇示意图（mm）

（5）木门、窗半成品运输定额项目包括框和扇的运输，工程量按门窗洞口面积计算。若单运框或扇时定额项目乘以系数 0.5。

5.3.2　成品金属门窗计价工程量计算

（1）成品钢门窗工程量，按设计门窗洞口尺寸以平方米计算。

（2）铝合金门窗、不带副框彩板组角钢门窗、塑钢门窗安装均按洞口面积以平方米计算。彩板组角钢门窗附框安装按延长米计算。

（3）铝合金地弹门、不锈钢门扇、门窗纱扇安装按扇外围面积计算，不锈钢地弹门以扇计算。

(4) 卷闸门安装按其安装高度乘以门的实际宽度以平方米计算。安装高度算至滚筒顶点为准。带卷筒罩的按展开面积增加。电动装置安装以套计算，小门安装以个计算，小门面积不扣除。

(5) 防盗门、防盗窗、格栅窗、格栅门、带副框彩板组角门窗按框外围面积计算。

格栅窗见图 5-24 所示。

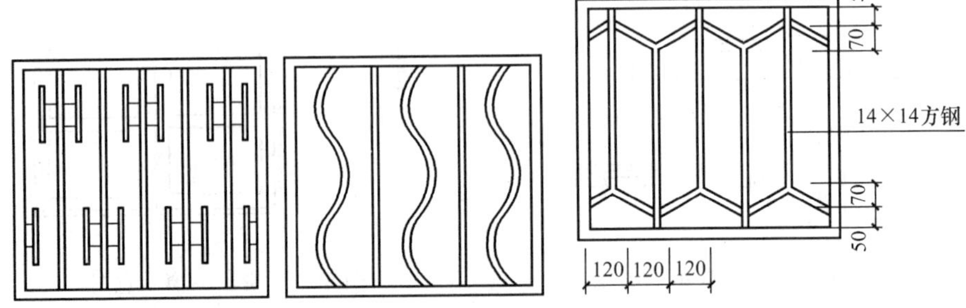

图 5-24 格栅窗图示（mm）

5.3.3 包门框、门窗套、门窗筒子板计价工程量计算

包门框、门窗套、门窗筒子板按展开面积计算。

门窗筒子板构造见图 5-25、图 5-26。

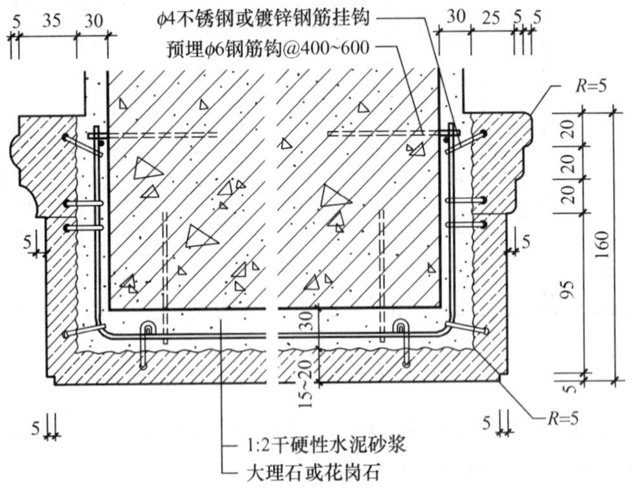

图 5-25 石材筒子板构造示意图（mm）

5.3.4 窗帘盒计价工程量计算

窗帘盒分为明装窗帘盒和暗装窗帘盒两种，窗帘轨道有单轨、双轨和三轨三种，拉窗帘可以手动或电动。

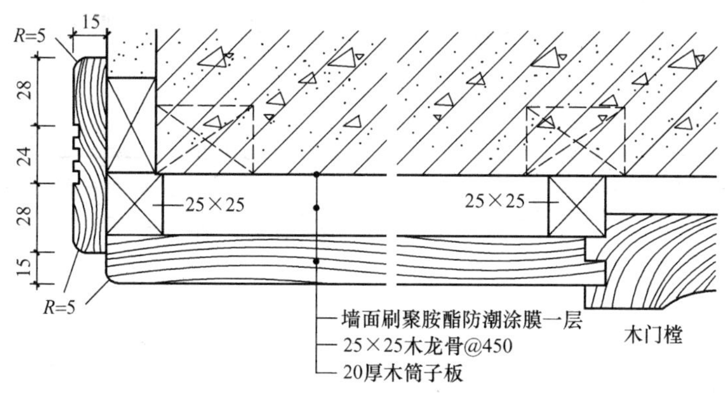

图 5-26　木质筒子板构造示意图（mm）

（1）窗帘盒的制作。

窗帘盒可根据设计图纸制成各种式样。加工时先将木料用大刨刨平刨光。有线条时，应用起线刨子顺木纹起线条，线条应光滑清晰。连接金属件宜选用优质铝合金型材。如采用木棍或钢筋作窗帘杆时，应在窗帘盒两端头板上钻孔以便固定。

（2）窗帘盒的安装。

1）明装窗帘盒。贴墙明露，常设单轨、双轨两种，见图 5-27。

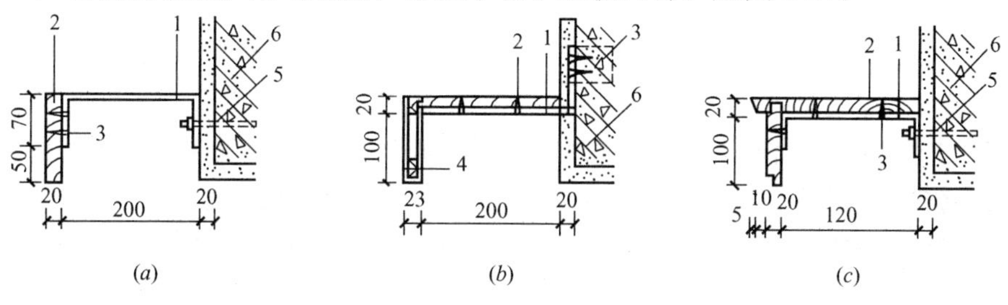

图 5-27　明装窗帘盒三种做法（mm）

（a）上面不盖板；（b）侧面用胶合板；（c）顶、侧是板

1—连接件；2—20mm 板；3—木螺钉；4—胶合板；5—ϕ8 膨胀螺栓；6—过梁

2）暗装窗帘盒。一面贴墙，一面与室内吊顶交接，顶板用木螺钉固定于木格栅上，见图 5-28。

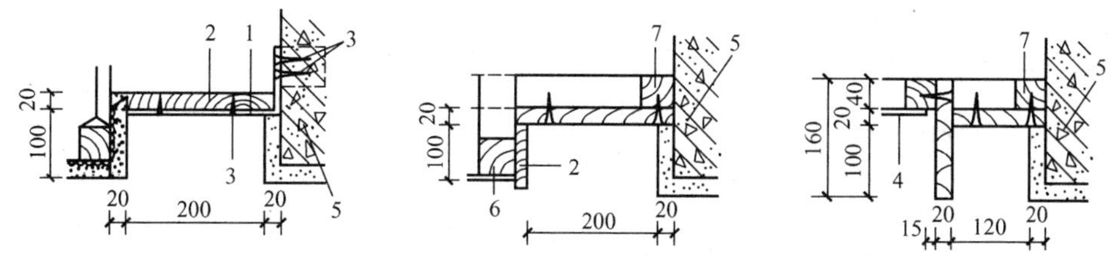

图 5-28　暗装窗帘盒三种做法（mm）

1—连接件；2—20mm 板；3—木螺钉；4—胶合板；5—过梁；6—吊平顶；7—木格栅

（3）窗帘轨道安装。

安装前先检查是否平直，如有弯曲调直后再安装。明窗帘盒宜先安装轨道，

暗窗帘盒可后安装轨道。采用电动窗帘轨道时，应按产品说明书进行安装调试，见图 5-29。

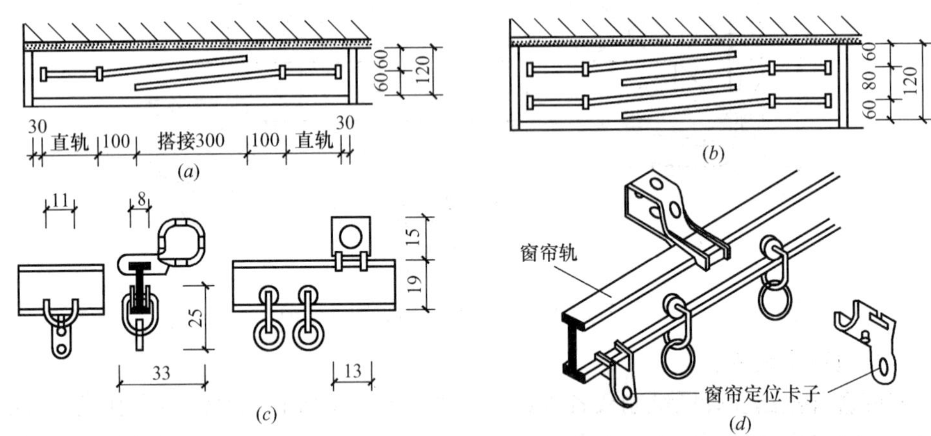

图 5-29　窗帘轨道安装及构造（mm）
（a）单轨平面；（b）双轨平面；（c）窗帘轨；（d）窗帘轨安装及构造

（4）窗帘盒的安装要求。

窗帘盒的净空尺寸包括净宽度和净高度。在安装前，根据施工图中对窗帘层次的要求来检查这两个净空尺寸。如果宽度不足时，会造成窗帘过紧不好拉动闭启；反之宽度过大，窗帘与窗帘盒因空隙过大破坏美观。如果净高度不足时，不能起到遮挡窗帘上部结构的作用；反之高度过大，会造成窗帘盒的下坠感。

下料时，单层窗帘的窗帘盒净宽度一般为 100～120mm，双层窗帘的窗帘盒净宽度一般为 140～150mm。窗帘盒的净高度要根据不同的窗帘来定，一般布料窗帘其窗帘盒的净高为 120mm，垂直百叶窗和铝合金百叶窗的窗帘盒净高度一般为 150mm。

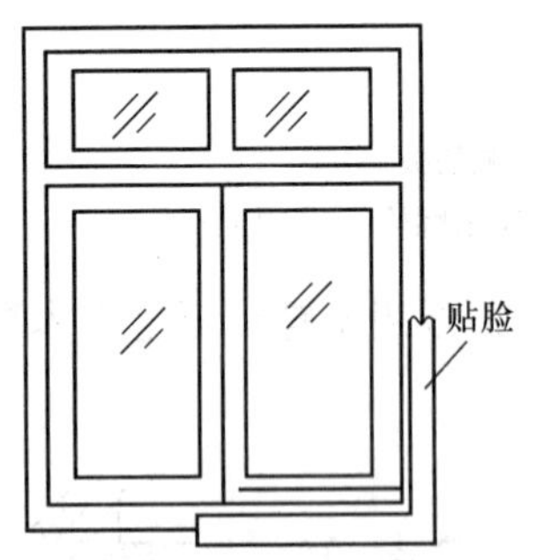

图 5-30　门窗贴脸构造示意图

（5）窗帘盒、窗帘轨计价工程量计算。

窗帘盒、窗帘轨按延长米计算。

5.3.5　门窗贴脸计价工程量计算

门窗贴脸按延长米计算。

门窗贴脸见图 5-30。

5.3.6　窗台板计价工程量计算

窗台板用来保护和装饰窗台，其形状和尺寸应按设计要求制作，常用图 5-31、图 5-32 所示的方法装钉。施工时，预先在窗台面上砌入间距为 500mm 的防腐木砖，每樘窗不少于 2 块，如果预砌防腐木砖有困难或漏砌，则应砸入防腐木钉，间距为 500mm。窗台板与墙接触处，需刷防腐剂，窗台板经刨光后，放在窗台的墙面上，并对准窗洞的中心线，窗台板的里边嵌入窗框的下坎槽内。同一房间内标高要求相同的窗台板应拉通线安装，以保证标高一致。装钉时要求窗台板上表面向室内稍有倾斜，坡度约1%。

窗台板的长度一般比窗框长120mm左右，应根据中心线对称布置，窗台板安装一般用明钉，将窗台板钉牢于木砖或木钉上，钉帽应砸扁并冲入板内。在窗台板的下部与墙交角处，应钉压条遮缝，压条应预先刨光。

窗台板按设计图示尺寸以面积计算。

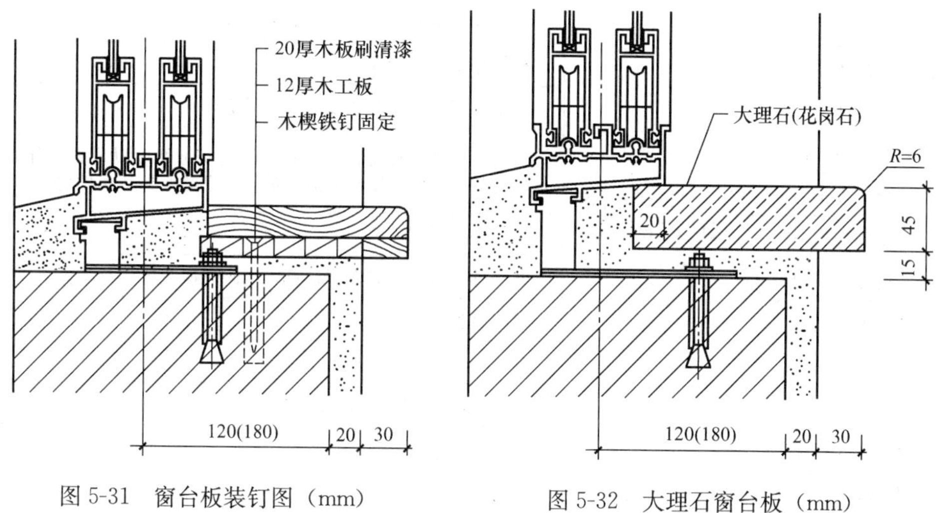

图5-31 窗台板装钉图（mm）　　图5-32 大理石窗台板（mm）

5.3.7 电子感应门计价工程量计算

电子感应门按门扇面积计算，电磁感应装置按套计算。

5.3.8 不锈钢电动伸缩门和转门计价工程量计算

不锈钢电动伸缩门和转门以樘计算。

5.3.9 电子对讲门计价工程量计算

电子对讲门按框外围面积计算。

5.3.10 门窗特殊五金计价工程量计算

门窗特殊五金按图示数量计算。

5.4 门窗装饰清单工程量计算

5.4.1 门窗装饰清单工程量与计价工程量计算规则比较

门窗装饰清单工程量与计价工程量计算规则比较　　表 5-7

项目名称	清单工程量计算规则①	计价工程量计算规则②
木　门	按设计图示数量以“樘”计算	按设计门窗洞口尺寸以面积计算，无框者按扇外围面积计算
金属平开门		按设计门窗洞口尺寸以平方米计算
金属推拉门		
金属地弹门		铝合金地弹门按扇外围面积计算，不锈钢地弹门以扇计算
彩板门		按框外围面积计算
塑钢门		按设计门窗洞口尺寸以平方米计算
防盗门		按框外围面积计算
钢质防火门		按设计门窗洞口尺寸以平方米计算
金属卷闸门		卷闸门安装按其安装高度乘以门的实际宽度以平方米计算。安装高度算至滚筒顶点为准。带卷筒罩的按展开面积增加
防火卷帘门		
金属格栅门		按框外围面积计算
电子感应门		电子感应门按门扇面积计算，电磁感应装置按套计算
转　门		转门以樘计算
电子对讲门		电子对讲门按框外围面积计算
电动伸缩门		不锈钢电动伸缩门以樘计算
全玻门（带扇框）		按框外围面积计算
全玻自由门（无框）		
半玻门（带扇框）		
镜面不锈钢饰面门		
木　窗		按设计门窗洞口尺寸以面积计算，无框者按扇外围面积计算
金属推拉窗	按设计图示数量以“樘”计算	按设计门窗洞口尺寸以平方米计算
金属平开窗		
金属固定窗		
金属百叶窗		
金属组合窗		
彩板窗		按框外围面积计算
塑钢窗		按洞口面积以平方米计算
金属防盗窗		按框外围面积计算
金属格栅窗		
特殊五金	按设计图示数量计算以“个/套”计	
木门窗套	按设计图示尺寸以展开面积计算	按展开面积计算
金属门窗套		
石材门窗套		
门窗木贴脸		按延长米计算
硬木筒子板		按展开面积计算
饰面夹板筒子板		

续表

项目名称	清单工程量计算规则①	计价工程量计算规则②
木窗帘盒	按设计图示尺寸以长度计算	按延长米计算
饰面夹板、塑料窗帘盒		
铝合金属窗帘盒		
窗帘轨		
窗台板		按设计图示尺寸以面积计算

清单项目其他相关问题应按下列规定处理：

(1) 玻璃、百叶面积占其门扇面积一半以内者应为半玻门或半百叶门，超过一半时应为全玻门或全百叶门。

(2) 木门五金应包括：折页、插销、风钩、弓背拉手、搭扣、木螺钉、弹簧折页（自动门）、管子拉手（自由门、地弹门）、地弹簧（地弹门）、角钢、门轧头（地弹门、自由门）等。

(3) 木窗五金应包括：折页、插销、风钩、木螺钉、滑轮滑轨（推拉窗）等。

(4) 铝合金窗五金应包括：卡锁、滑轮、铰拉、执手、拉把、拉手、风撑、角码、牛角制等。

(5) 铝合金门五金应包括：地弹簧、门锁、拉手、门插、门铰、螺钉等。

(6) 其他门五金应包括：L 型执手插锁（双舌）、球形执手锁（单舌）、门轧头、地锁、防盗门扣、门眼（猫眼）、门碰珠、电子销（磁卡销）、闭门器、装饰拉手等。

从表 5-7 可见：

(1) 门窗装饰清单项目的综合性更强，因此，在列制清单项目时应对项目特征进行详细地描述。

(2) 门窗装饰清单工程量门窗均按设计图示数量以“樘”计算，而门窗计价工程量一般都按面积（设计洞口面积、扇外围面积、框外围面积）计算。

5.4.2 门窗装饰清单工程量计算实例

详第 8 章、第 9 章相应项目的计算。

6

油漆、涂料装饰工程量计算

(1) 关键知识点:

1) 油漆、涂料装饰种类及施工工艺;

2) 油漆、涂料装饰计价工程量的计算;

3) 油漆、涂料装饰清单工程量的计算。

(2) 教学建议:

1) 案例分析;

2) 资料展示:

《建设工程工程量清单计价规范》;

《工程量清单计价定额》;

油漆、涂料装饰图片展示;

油漆、涂料装饰材料及施工认识实习。

6.1 油漆、涂料装饰工程项目

根据《建设工程工程量清单计价规范》及2004《四川省建设工程工程量清单计价定额——装饰装修工程》规定，油漆、涂料装饰工程项目主要包括：门窗油漆，木扶手油漆，木材面油漆，金属面油漆，抹灰面油漆，喷刷涂料，空花格，栏杆刷涂料，裱糊等。

列项时除考虑油漆部位、油漆、涂料种类外，还应考虑刷漆遍数、施工操作方法等。

油漆、涂料装饰工程项目见表6-1。

油漆、涂料装饰工程项目 表 6-1

门、窗油漆	木门、窗调合漆	底油一遍　刮腻子　调合漆	二遍、三遍
		润滑粉　刮腻子　调合漆	三遍
		底油一遍　刮腻子	调合漆二遍、瓷漆一遍
		润滑粉　刮腻子	调合漆二遍、瓷漆一遍
		润滑粉　刮腻子调合漆一遍	瓷漆二遍、三遍
		润滑粉　刮腻子二遍　调合漆三遍	瓷漆罩面
	木门、窗过氯乙烯漆	五遍成活	
	木门、窗熟桐油	底油一遍	熟桐油一遍、二遍
		熟桐油二遍	
	木门、窗基层处理	刷封闭底漆	
		满刮透明腻子	
	木门、窗硝基清漆	手刷、喷涂	底漆、面漆
	木门、窗聚氨酯清漆	上色	
		手刷、喷涂	透明底漆、透明面漆
	木门、窗硝基瓷漆	手刷、喷涂	
	木门、窗聚酯漆	满刮漆灰一遍	
		喷涂	底漆、面漆
		防火涂料二遍	
	单层钢门窗调合漆、瓷漆		
	单层钢门窗过氯乙烯漆		
	单层钢门窗防锈漆	红丹防锈漆、银粉漆、防火漆	
木扶手油漆	调合漆、过氯乙烯漆、熟桐油、基层处理、硝基清漆、聚氨酯清漆、硝基瓷漆、聚酯漆		
木材面油漆	木板、纤维板、胶合板油漆	调合漆、过氯乙烯漆、熟桐油、基层处理、硝基清漆、聚氨酯清漆、硝基瓷漆、聚酯漆、防火涂料	
		木材、石膏板面乳胶漆	刮腻子、底漆、面漆
	木地板油漆		
	木地板烫硬蜡面		
金属面油漆	调合漆、瓷漆、过氯乙烯漆、防锈漆、沥青漆		
抹灰面油漆	调合漆、过氯乙烯漆、满刮腻子、乳胶漆、水泥漆		
	外墙抹灰面油漆	乳胶漆、真石漆、水性金属漆、喷影石	
	抹灰线条油漆乳胶漆	线条 6cm 以内、线条 6cm 以上	
喷刷涂料	涂料	抹灰面	满刮腻子、106 涂料、803 涂料、仿瓷涂料……
		墙柱、天棚面	砂胶涂料
	喷塑、喷涂		
	楼地面涂料	刷 108 胶水泥彩色地面、刷 777 涂料席纹地面、刷 177 涂料乳胶罩面、107 涂料、801 涂料	

续表

空花格、栏杆刷涂料	混凝土栏杆花饰	刷白水泥二遍、刷石灰油浆二遍
裱　糊	墙面贴墙纸	不对花、对花
	墙面贴金属墙纸	
	梁柱面贴墙纸	不对花、对花
	梁柱面贴金属墙纸	
	天棚贴墙纸	不对花、对花
	天棚贴金属墙纸	
	织锦缎裱糊	墙面、梁柱面、天棚

说明：

(1) 本定额刷涂、刷油采用手工操作；喷塑、喷涂采用机械操作。操作方法不同时，不予调整。

(2) 油漆浅、中、深各种颜色，已综合在定额内。颜色不同，不做调整。

(3) 本定额在同一平面上的分色及门窗内外分色已综合考虑。如需做美术图案者，另行计算。

(4) 定额内规定的喷、涂、刷遍数与设计要求不同时，可按每增加一遍定额项目进行调整。

(5) 喷塑（一塑三油)、底油、装饰漆、面油，其规格划分如下：

1) 大压花；喷点压平、点面积在 1.2cm^2 以上。

2) 中压花：喷点压平、点面积在 1～1.2cm^2。

3) 喷中点、幼点：喷点面积在 1cm^2 以下。

(6) 定额中的双层木门窗（单裁口）是指双层框扇。三层二玻一纱窗是指双层框三层扇。

(7) 定额中的单层木门刷油是按双面刷油考虑的。如采用单面刷油，其定额含量乘以 0.49 系数计算。

(8) 定额中的木扶手油漆为不带托板考虑。

(9) 线条与所附着的基层同色同油漆者，不再单独计算线条油漆。

(10) 由于涂料品种繁多，如材料品种不同时，可以换算，人工、机械不变。

6.2 油漆、涂料装饰施工工艺

建筑物涂饰饰面是各种饰面做法中最简便、最经济的一种方式。虽然它比贴面砖、水刷石的有效使用年限短，但由于这种饰面做法省工省料、工期短、工效高、自重轻、便于维修更新，而且造价相对比较低，因此，无论在国外还是在国内，这种饰面做法均得到了广泛的应用。

6.2.1　涂饰工程的施工方法

涂饰工程常用的施工方法有刷涂、滚涂、喷涂、抹涂等，每种施工方法都是在做好基层后施涂，不同的基层对涂料施工有不同的要求。

6.2.1.1　刷涂

刷涂是指采用鬃刷或毛刷施涂。

(1) 施工方法。

刷涂时，头遍横涂走刷要平直，有流坠马上刷开，回刷一次；蘸涂料要少，一刷一蘸，不宜蘸得太多，防止流淌；由上向下一刷紧挨一刷，不得留缝；第一遍干后刷第二遍，第二遍一般为竖涂。

(2) 施工注意事项。

1) 上道涂层干燥后，再进行下道涂层，间隔时间依涂料性能而定。

2) 涂料挥发快和流平性差的，不可过多重复回刷，注意每层厚薄一致。

3) 刷罩面层时，走刷速度要均匀，涂层要匀。

4) 第一道深层涂料稠度不宜过大，深层要薄，使基层快速吸收为佳。

6.2.1.2　滚涂

滚涂是指利用滚涂辊子进行涂饰。

(1) 施工方法。

先把涂料搅匀调至施工黏度，少量倒入平漆盘中摊开。用辊筒均匀蘸涂料后在墙面或其他被涂物上滚涂。

(2) 施工注意事项。

1) 平面涂饰时，要求流平性好、黏度低的涂料；立面滚涂时，要求流平性小、黏度高的涂料。

2) 不要用力压滚，以保证涂料厚薄均匀。不要让辊中的涂料全部挤压出后才蘸料，应使辊内保持一定数量的涂料。

3) 接茬部位或滚涂一定数量时，应用空辊子滚压一遍，以保护滚涂饰面的均匀和完整，不留痕迹。

(3) 施工质量要求。

滚涂的涂膜应厚薄均匀，平整光滑，不流挂，不漏底，表面图案清晰均匀，颜色和谐。

6.2.1.3　喷涂

喷涂是指利用压力将涂料喷涂于物面墙面上的施工方法。

(1) 施工方法。

1) 将涂料调至施工所需稠度，装入储料罐或压力供料筒中，关闭所有开关。

2) 打开空气压缩机进行调节，使其压力达到施工压力。施工喷涂压力一般在0.4～0.8MPa。

3) 喷涂作业时，手握喷枪要稳，涂料出口应与被涂面垂直；喷枪移动时应与被喷面保持平行；喷枪运行速度一般为400～600mm/s。

4）喷涂时，喷嘴与被涂面的距离一般控制在400～600mm。

5）喷枪移动范围不能太大，一般直线喷涂700～800mm后下移折返喷涂下一行，一般选择横向或竖向往返喷涂。

6）喷涂面的上下或左右搭接宽度为喷涂宽度的1/3～1/2。

7）喷涂时应先喷门、窗附近，涂层一般要求两遍成活（横一竖一）。

8）喷枪喷不到的地方应用油刷、排笔填补。

（2）施工注意事项。

1）涂料稠度要适中。

2）喷涂压力过高或过低都会影响涂膜的质感。

3）涂料开桶后要充分搅拌均匀，有杂质要过滤。

4）涂层接茬须留在分格缝处，以免出现明显的搭接痕迹。

（3）施工质量要求。

涂膜厚度均匀，颜色一致，平整光滑，不得出现露底、皱纹、流挂、针孔、气泡和失光等现象。

6.2.1.4 抹涂

抹涂是指用钢抹子将涂料抹压到各类物面上的施工方法。

（1）施工方法。

1）抹涂底层涂料：用刷涂、滚涂方法先刷一层底层涂料做结合层。

2）抹涂面层涂料：底层涂料涂饰后2h左右，即可用不锈钢抹压工具涂抹面层涂料，涂层厚度为2～3mm；抹完后，间隔1h左右，用不锈钢抹子拍抹饰面压光，使涂料中的胶粘剂在表面形成一层光亮膜；涂层干燥时间一般为48h以上，期间如未干燥，应注意保护。

（2）施工注意事项。

1）抹涂饰面涂料时，不得回收落地灰，不得反复抹压。

2）涂抹层的厚度为2～3mm。

3）工具和涂料应及时检查，如发现不干净或掺入杂物时，应清除或不用。

（3）施工质量要求。

1）饰面涂层表面平整光滑，色泽一致，无缺损、抹痕。

2）饰面涂层与基层结合牢固，无空鼓，无开裂。

3）阴阳角方正垂直，分格缝整齐顺直。

6.2.2 外墙涂饰工程施工

建筑涂料由于造价低，装饰效果好，施工方便，因此在外墙装饰中被广泛采用。

6.2.2.1 外墙涂饰工程的一般要求

（1）涂饰工程所用涂料产品的品种应符合设计要求和现行有关国家标准的规定。

（2）混凝土和抹灰表面施涂溶剂涂料时，含水率不得大于8%；施涂水性和乳液型涂料时含水率不得大于10%。涂料与基层的材质应有恰当的配伍。

（3）涂料干燥前，应防止雨淋、尘土玷污和热空气的侵袭。

(4) 涂料工程使用的腻子，应坚实牢固，不得发生粉化、起皮和裂纹现象。腻子干燥后，应打磨平整光滑并清理干净。外墙需要使用涂料的部位，应使用具有耐水性能的腻子。

(5) 涂料的工作黏度和稠度，必须加以控制，使其在涂料施涂时不流坠，无刷痕；施涂过程中不得任意稀释。

(6) 双组分或多组分涂料在施涂前，应按产品说明规定的配合比，根据使用情况分批混合，并在规定的时间内用完；所有涂料在施涂前和施涂过程中均应保持均匀。

(7) 施涂溶剂型、乳液型和水性涂料时，后一遍涂料必须在前一遍涂料干燥后进行；每一遍涂料应施涂均匀，各层必须结合牢固。

(8) 水性和乳液型涂料施涂时的环境温度，应按产品说明的温度控制，冬季在室内施涂时，应在采暖条件下进行，室温应保持均衡，不得突然变化。

(9) 建筑物的细木制品、金属构件与制品，如为工厂制作组装，其涂料宜在生产制作阶段施涂，最后一遍涂料宜在安装后施涂。

(10) 涂料施工分阶段进行时，应以分格缝、墙的阴角处或落水管处等为分界线。

(11) 同一墙面应用同一批号的涂料，每遍涂料不宜施涂过厚，涂层应均匀、颜色一致。

6.2.2.2 外墙涂饰工程的施工工序

外墙涂料饰面应根据涂料种类、基层材质、施工方法、表面花饰以及涂料的配比与搭配等来安排恰当的工序，以保证质量合格。

(1) 混凝土表面、抹灰表面基层处理。

施涂前对基层认真处理是保证涂料质量的重要环节，要按设计和施工规范要求严格执行。

1) 新建筑物的混凝土或抹灰基层在涂饰涂料前涂刷抗碱封闭底漆。

2) 旧墙面在涂饰涂料前应清涂疏松的旧装修层，并涂刷界面剂。

3) 施涂前应将基体或基层的缺棱掉角处修补，表面麻面及缝隙应用腻子补齐填平。

4) 基层表面上的尘灰、污垢、溅沫和砂浆流痕应清除干净。

5) 表面清扫干净后，最好用清水冲刷一遍，有油污处用碱水或肥皂水擦净。

(2) 混凝土及抹灰外墙表面薄涂料的施工工序，见表 6-2。

混凝土及抹灰外墙表面薄涂料施工工序 **表 6-2**

工序名称	乳液薄涂料	溶剂薄涂料	无机薄涂料
基层修补	+	+	+
清扫	+	+	+
填补缝隙、局部刮腻子	+	+	+
磨平	+	+	+
第一遍涂料	+	+	+
第二遍涂料	+	+	+

注：1. 表中“+”表示应进行的工序。

2. 如薄涂两遍涂料后，装饰效果未达到质量要求时，应增加涂料的施涂遍数。

(3) 混凝土及抹灰外墙表面厚涂料的施工工序，见表 6-3。

混凝土及抹灰外墙表面厚涂料的施工工序表　　表 6-3

工序名称	合成树脂乳液厚涂料	无机厚涂料
基层修补	+	+
清扫	+	+
填补缝隙、局部刮腻子	+	+
磨平	+	+
第一遍涂料	+	+
第二遍涂料	+	+

注：1. 表中“+”表示应进行的工序。
2. 合成树脂乳液厚涂料和无机厚涂料有云母状和砂粒状两种。
3. 机械喷涂的遍数不受表中涂料遍数的限制，以达到质量要求为准。

(4) 混凝土及抹灰外墙表面复层涂料施工工序，见表 6-4。

混凝土及抹灰外墙表面复层涂料施工工序表　　表 6-4

工序名称	合成树脂乳液复层涂料	硅溶胶类复层涂料	水泥系复层涂料	反应固化型复层涂料
基层修补	+	+	+	+
清扫	+	+	+	+
填补缝隙、局部刮腻子	+	+	+	+
磨平	+	+	+	+
施涂封底涂料	+	+	+	+
施涂封底涂料	+	+	+	+
滚压	+	+	+	+
第一遍涂料	+	+	+	+
第二遍涂料	+	+	+	+

注：1. 表中“+”表示应进行的工序。
2. 如需要半球面点状造型时，可以不进行滚压工序。
3. 水泥系主层涂料喷涂后，应先干燥 12h，然后洒水养护 24h 后，才能施涂罩面涂料。

6.2.3　内墙涂饰工程施工

内墙涂料装饰是较为常用的装饰，与外墙涂料装饰基本相同。

6.2.3.1　内墙涂料装饰的一般要求

(1) 涂料施工应在抹灰工程、水暖工程、电气工程等全部完工并验收合格后进行。

(2) 根据装饰设计的要求，确定涂饰施工的涂料材料，并根据现行材料标准，对材料进行检查验收。

(3) 要认真了解涂料的基本特性和施工特性。

(4) 了解涂料对基层的基本要求，包括基层材质、坚实程度、附着能力、清洁程度、干燥程度、平整度、酸碱度（pH 值）、腻子等，并按其要求进行基层处理。

(5) 涂料施工的环境温度不能低于涂料正常成膜温度的最低值，相对湿度也应符合涂料施工相应的要求。

(6) 涂料的溶剂（稀释剂）、底层涂料、腻子等均应合理地配套使用，不得滥用。

(7) 涂料使用前应调配好。双组分涂料的施工，必须严格按产品说明书规定的配合比，根据实际使用量分批混合，并在规定的时间内用完。其他涂料应根据施工方法、施工季节、温度、湿度等条件调整涂料的施工黏度或稠度，不应任意加稀释剂或水。施工黏度、稠度必须加以控制，使涂料在施涂时不流坠、不显刷纹。同一墙面的内墙涂料，应用相同品种和相同批号的涂料。

(8) 所有涂料在施涂前及施涂过程中，必须充分搅拌，以免沉淀，影响施涂操作和施工质量。

(9) 涂料施工前，必须根据设计要求，做出样板或样板间经有关人员认可后方可大面积施工。样板或样板间应一直保留到竣工验收为止。

(10) 一般情况下，后一遍涂料的施工必须在前一遍涂料表面干燥后进行。每一遍涂料应施涂均匀，各层涂料必须结合牢固。

(11) 采用机械喷涂时，应将不需施涂部位遮盖严实，以防玷污。

(12) 建筑物中的细木制品、金属构件和制品，如为工厂制作组装，其涂料宜在生产制作阶段施涂，最后一遍涂料宜在安装后施涂；如为现场制作组装，组装前应先涂一遍底子油（干性油、防锈涂料），安装后再施涂涂料。

(13) 涂料工程施工完毕，应注意保护成品，保护成膜硬化条件及已硬化成膜的部分不受玷污。其他非涂饰部位的涂料必须在涂料干燥前清理干净。

6.2.3.2 内墙涂料的施涂工序

涂饰工程有普通涂饰和高级涂饰两个等级，涂饰施工的工序应根据涂料的种类、基层材质情况及设计要求的等级做适当调整，而且涂料的遍数应符合设计要求。

(1) 混凝土及抹灰基层的施涂工序。

应用于混凝土抹灰基层的涂料有薄质涂料、厚质涂料和复合涂料。

1) 薄质涂料：包括水性涂料、合成树脂乳液涂料、溶剂型（包括油性）涂料、无机涂料等。薄质涂料的施工工序为：清扫→填补腻子、局部刮腻子→磨平→第一遍刮腻子→磨平→第二遍刮腻子→磨平→干性油打底→第一遍涂料→复补腻子→磨平（光）→第二遍涂料→磨平（光）→第三遍涂料→磨平（光）→第四遍涂料。

2) 厚质涂料：包括合成树脂乳液涂料、合成树脂乳液砂壁状涂料、合成树脂轻质厚涂料、无机涂料等。厚质涂料的施工工序为：基层清扫→填补腻子、局部刮腻子→磨平→第一遍满刮腻子→磨平→第二遍满刮腻子→磨平→第一遍喷涂厚涂料→第二遍喷涂厚涂料→局部喷涂厚涂料。

3）复层涂料：包括水泥系复层涂料、合成树脂乳液系复层涂料、硅酮胶系复层涂料和固化型合成树脂乳液系复层涂料。复层涂料的施工工序为：基层清扫→填补缝隙、局部刮腻子→磨平→第一遍满刮腻子→磨平→第二遍满刮腻子→磨平→施涂封底涂料→施涂主层涂料→滚压→第一遍罩面涂料→第二遍罩面涂料。如需要半球面点状造型时，可不进行滚压工序。

（2）木材基层的施涂工序。

内墙涂料装饰对于木基层的施涂部位包括：木墙裙、木护墙、木隔断、木挂镜线及各种木装饰线等。所用的涂料有：油性涂料（清漆、磁漆、调合漆）、溶剂型涂料等。

1）木材基层涂刷溶剂型混色涂料，施工工序为：清扫、起钉子、除油污等→铲去脂囊、修补平整→磨砂纸→节疤处点漆片→干性油或带色干性油打底→局部刮腻子、磨光→腻子处涂干性油→第一遍满刮腻子→磨光→刷涂底层涂料→第一遍涂料→复补腻子→磨光→湿布擦净→第二遍涂料→磨光（高级涂料用水砂纸）→磨光→第二遍满刮腻子→湿布擦净→第三遍涂料。

2）木基层涂刷清漆涂料的施工工序为：清扫、起钉子、除去油污等→磨砂纸→润粉→磨砂纸→第一遍满刮腻子→磨光→第二遍满刮腻子→磨光→刷油色→第一遍清漆→拼色→复补腻子→磨光→第二遍清漆→磨光→第三遍清漆→水砂纸磨光→第四遍清漆→磨光→第五遍清漆→磨退→打砂蜡→打油蜡→擦亮。

（3）金属基层的施涂工序。

内墙涂料装饰中金属基层涂饰主要应用在金属花饰、金属护墙、栏杆、扶手、金属线角、黑白铁制品等部位，这些金属在大气中易生锈，为保护制品不被锈蚀，必须先涂以防锈涂料。金属基层涂料的施工工序为：除锈、清扫、磨砂纸→刷涂防锈涂料→局部刮腻子→磨光→第一遍刮腻子→磨光→第二遍满刮腻子→磨光→第一遍涂料→复补腻子→磨光→第二遍涂料→磨光→湿布擦净→第三遍涂料→磨光（用水砂纸）→湿布擦净→第四遍涂料。

施工中应注意：

1）带防锈涂料可省去第一道工序。

2）薄钢板屋面、檐沟、水落管、泛水等施涂涂料可不刮腻子，施涂防锈涂料不得少于两遍。

3）金属涂料和半成品安装前，应先检查防锈涂料有无损坏，损坏处应补刷。薄钢板制作的屋脊、檐沟和天沟等咬口处，应用防锈油腻子填补密实。

4）钢结构施涂涂料，应符合现行《钢结构工程施工验收规范》的有关规定。

5）防锈涂料和第一遍银粉涂料，应在设备管道就位前施涂，最后一遍银粉涂料应在刷浆工程完工后施涂。

6.2.3.3 内墙涂料的施工要点

内墙涂料品种繁多，其施涂方法基本上都是采用刷涂、喷涂、滚涂、抹涂、刮涂等。不同的涂料品种会有一些微小差别，现将几种典型内墙涂料的施工要点及注意事项介绍如下：

（1）混凝土及抹灰基层上各种涂料的施工。

1）聚乙烯醇系内墙涂料施工。

①聚乙烯醇系内墙涂料主要采用刷涂或滚涂施工。

②墙面上的气孔、磨面、裂缝、凹凸不平等缺陷须进行修补，并用涂料腻子填平。待腻子干燥后，用砂纸打磨平整。

③在满刮腻子前，用801胶：水=1：3的稀释液满涂一层，然后在上面批刮腻子。

④待腻子干后，用0号或1号铁砂纸打磨平整，并清除粉尘。

⑤待磨平后，可以用羊毛辊或排笔涂刷内墙涂料。一般墙面涂刷两遍即可。如是高级装饰墙面，在第一遍涂刷干燥后进行打磨，批刮第二遍腻子，再打磨，然后涂第二、第三遍涂料。

⑥基层含水率在15%以内，抹灰面泛白无湿印，手摸基本干燥，或用刀划表面有白痕时，可进行涂饰施工。

⑦施工温度应在10℃以上，相对湿度在85%以下是较合适的施工环境。

⑧现场施工时，不能用水稀释涂料，应按产品使用说明指定的稀释方法进行稀释。

⑨施工中如发现涂料沉淀，应用搅拌器不断地拌匀。

2）乳胶类内墙涂料施工。

①基层表面应平整且纹理质感均匀一致，否则会因光影作用而使涂膜颜色显得深浅不一；基层表面不宜太光滑，以免影响涂料与基层的粘结力。

②为了增强基层与腻子或涂料的粘结力，可以在批刮腻子或涂刷涂料之前，先刷一遍与涂料体系相同或相应的稀乳液，让其渗透到基层内部，使基层坚实干净，增强与腻子或涂层的结合力。

③应满刮乳胶涂料腻子1～2遍，等腻子干后再用砂纸磨平。

④可采用刷涂法或滚涂法进行施工。施工时涂料的涂膜不宜过厚或过薄。过厚则易流附起皱，影响干燥；过薄则不能发挥涂料的作用。一般以充分盖底、不透虚影、表面均匀为宜。涂刷遍数一般为两遍，必要时可适当增加涂刷遍数。在正常气温条件下，每遍涂料的时间间隔为1h左右。

⑤注意检查环境条件是否符合涂料的施工条件。

⑥乳胶涂料干燥快，如大面积涂刷，应注意配合操作，流水作业。要注意接头，顺一个方向刷，接茬处应处理好。

⑦乳胶涂料应贮存在0℃以上的地方，使涂料不冻，不破乳。贮存期已过的涂料必须经检验合格后方能使用。

⑧每遍涂料的间隔时间以前层涂料干燥为准，一般为1h左右。

3）溶剂型内墙涂料施工。

①基层必须充分干燥，含水率在6%以下，但氯化橡胶涂料可以在基层基本干燥的条件下施工。把基层附着的污物清除干净后，用溶剂型涂料清漆与大白粉或

石粉配成的腻子将基面缺陷嵌平，干燥后打磨。腻子的批刮遍数应根据质量等级来定。

②可采用刷涂法或滚涂法进行施工。在涂刷涂料之前，用该涂料清漆的稀释液打底。采用羊毛辊或排笔涂刷两遍，其时间间隔在 2h 左右。高级内墙装饰可适当增加涂刷遍数。

③溶剂型涂料在 0℃以上均可施工，但在高温、阴雨天不得施工。

④涂刷操作时，不宜往复多次涂刷，否则可能会伤害底涂层，并在底涂层表面留下刷痕。

⑤溶剂型涂料易燃、有毒，施工时应注意通风、防火。操作人员操作时，应戴口罩、手套等。

4）无机硅酸盐内墙涂料施工。

①基层要求平整，但不能太光滑，否则会影响涂料粘合效果。

②内墙应根据装饰要求满刮 1～2 遍腻子，腻子干后应用砂纸打磨平整。

③可采用刷涂法或刷涂与滚涂相结合的方法进行施工。

④涂刷时，涂料的涂刷方向和行程长短均应一致。由于涂料干燥较快，应勤蘸短刷，初干后不可反复涂刷。新旧接茬最好留在分格缝处。一般涂刷两遍即可，其时间间隔应以上一遍涂料充分干燥为准，但有的品种可以两遍连续涂刷，即刷完第一遍后随即刷第二遍，但注意涂刷要均匀。

⑤刷涂与滚涂相结合时，先将涂料刷涂于基层面上，随即用辊子滚涂。辊子上应蘸少量涂料，滚涂方向应一致，操作要迅速。

⑥涂料如有沉淀，必须搅匀。如需加固化剂，应充分搅拌，并在规定的时间内用完。

⑦涂料中不得任意掺水或颜料，而应按使用说明掺入指定的稀释剂。

⑧雨天和下雨前后不能施工。施工后在 24h 内避免雨水冲刷。

⑨被污染的部位，应在涂料未干时及时清理。

5）水乳型环氧树脂厚质涂料施工。

①宜采用喷涂的施工方法。但基层处理应在喷涂施工前 2～3d 完成。

②喷涂前，必须将门窗、窗台、踢脚等易受喷涂污染的部位用纸或挡板盖严。将水乳型环氧树脂厚涂料与其固化剂按比例配制并搅拌均匀备用。

③喷涂时，喷枪与墙面保持垂直，喷头与墙面的距离保持在 40～50cm 为宜；喷枪移动速度应保持一致，否则会出现颜色不匀或流挂现象。若出现颜色不匀时，可关闭喷枪的一个气眼，用另一个气眼修补，料用完后应关闭气门加料。

④喷涂双色涂层 3d 后，用排笔或羊毛辊刷、滚罩面涂料两遍即可，其时间间隔约为 4h。

⑤配好的涂料必须在 2～4h 内用完（夏天 2h，冬天 4h），时间过长易固化。

⑥气温低于 2℃及雨天不宜施工。

⑦涂料一定要充分拌匀，否则会影响涂层质量。

⑧被涂料污染的部位，应在未固化前用相应的溶剂擦洗干净。

6）丙烯酸系薄质饰面涂料施工。

①宜采用抹涂法进行施工。对于加气混凝土基层，应先刷一遍 801 胶：水：水泥＝1：4：2 的水泥浆料。

②抹涂涂料时，在底层涂料及表层涂料中按使用说明书适当加入稀释剂或水，用手提式搅拌器充分搅匀。先采用刷涂或滚涂工艺将底层涂料均匀地涂饰 1～2 遍。底层涂料施工完毕间隔 2h 左右，再用不锈钢抹灰工具，抹涂面层涂料 1～2 遍。抹完后 1h 左右，用抹子拍平、抹实压光，养护并干燥固化 2d 以上。

③工具和涂料应及时检查，保证清洁；地灰不得回收。

（2）木基层上各种涂料的施工要点。

木基层上施工各种涂料，是一项很精细的操作，它有普通涂饰技术、磨退（亦称蜡克）涂饰技术等多种操作技术。内墙木装饰的部位包括：木护墙板、木隔断、木博古架、木装饰线、门窗贴脸、筒子板等。所用的涂料多为油性涂料和溶剂性涂料。这里仅介绍几种典型涂料的施工及施工注意事项。

1）木基层混色涂料施工。

①基层处理：木材面的木毛、边棱用 1 号以上砂纸打磨。先磨线角，后磨平面。要顺木纹打磨，如有小活翘皮、重皮处，可嵌胶粘牢；在节疤和油渍处，用酒精漆片点刷。

②刷底子油：清油中可适当加颜料调色，避免漏刷。涂刷顺序为：从外至内，从左至右，从上至下，顺木纹涂刷。

③擦腻子：腻子多为石膏腻子。腻子应以不软不硬、不出蜂窝、挑丝不倒为宜。批刮时应横抹竖起，将腻子刮入钉孔及裂缝内。如果裂缝较大，应用牛角板将裂缝用腻子嵌满。表面腻子应刮光，无残渣。

④磨砂纸：用 1 号砂纸打磨。打磨时应注意不可磨穿涂膜并保护棱角。磨完后用湿布擦净，对于质量要求比较高的，可增加腻子及打磨的遍数。

⑤刷第一遍厚漆：将调制好的厚漆涂刷一遍。其施工顺序与刷底子油的施工顺序相同。应当注意厚漆的稠度以达到盖底、不流淌、无刷痕为准。涂刷时应厚薄均匀。

厚漆干透后，对底层腻子收缩或残缺处，再用石膏腻子抹刮一次。待腻子干透后，用砂纸磨光。

⑥刷第二遍厚漆：涂刷第二遍厚漆的施工方法与第一遍相同。

⑦刷调合漆：涂刷方法与厚漆施工方法相同。由于调合漆稠度较大，涂刷时要多刷多理，挂漆饱满，动作敏捷，使涂料涂刷得光亮、均匀、色泽一致。刷完后仔细检查一遍，有毛病应及时修整。

⑧在施工前，应清理周围环境，防止粉尘飞扬，影响施涂质量，且保证通风良好。涂层如有污染，应及时处理。

⑨施工完毕后注意成品保护，以免磕碰或弄脏。

2）木基层混色磁漆磨退的施工。

①基层处理：表面清理干净后，第一遍砂纸打磨应磨光、磨平。阴阳角处的

胶迹要清除，阳角要倒棱、磨圆，上下一致。

②刷底子油：底子油由清油、熟桐油和松香水按比例配成。涂刷应均匀一致，不可漏刷。

③批刮腻子：调制石膏腻子时，应适量加入醇酸磁漆，可调稀一点。先用刮板满刮一遍，刮光、刮平，待其干燥后，用砂纸打磨，然后再满刮一遍。大面积可用钢片刮板刮，要求平整、光滑；小面积可用开刀刮，要求阴角正直。待腻子干燥后，用 0 号砂纸磨平磨光。

④涂刷醇酸磁漆：头遍涂料中可适量加入醇酸稀料。涂刷时，应横平竖直，不流附、不漏刷。干燥后用砂纸磨平磨光，不平处应复补腻子。

第二遍涂开始不应再添加稀料，待涂料干燥后，用砂纸打磨。如表面有“痱子”疙瘩，可用 280 号水砂纸磨平；如有局部不平，须用腻子复补平整。

第三遍涂料干燥后，用 320 号水砂纸打磨光亮，但不得磨破棱角。

第四遍涂料干燥后，用 320～500 号水砂纸顺木纹打磨，磨至涂料表面发热，但不能磨破棱角，磨好后用湿布擦净。

⑤打砂蜡：先将砂蜡用煤油化成糊状，再用棉丝蘸蜡顺木纹反复擦。擦砂蜡时应用力均匀，不能磨破棱角，磨好后用湿布擦净。

⑥擦上光蜡（油蜡）：用干净棉丝蘸上光蜡薄抹一层后顺木纹擦，一直擦至光泽饱满为止。

⑦在施工前，应清理周围环境，防止粉尘飞扬，影响施涂质量，且保证通风良好。涂层如有污染，应及时处理。

⑧环境温度小于 0℃或刮大风时不宜施工；施工完毕后注意成品保护，以免磕碰或弄脏。

3）木基层清漆磨退的施工。

①基层处理：同木基层混色磁漆磨退的施工。

②润油粉：油粉是根据样板颜色用清油、熟桐油、黑漆、汽油加大白粉、红土子、地板黄等材料按比例配成。油粉不可调得太稀，以糊状为宜。润油粉用麻丝搓擦将棕眼填平，边、角都应润到、擦净。

③满刮色腻子：按设计要求的颜色用润油粉调色石膏腻子，满刮一遍。刮腻子不应漏刮。待腻子干后，用 1 号、2 号、3 号砂纸各打磨一遍，要求打磨平整，不得有砂纸划痕。

批刮第二遍腻子后，应用砂纸磨平磨光，做到木纹清晰、棱角不破；每磨一次都应立即擦净，直至光平无棕眼。

④刷醇酸清漆：醇酸清漆应涂刷四遍、六遍、八遍（具体遍数应按设计要求）。涂刷时应横平竖直，厚薄均匀，木纹通顺，不漏刷、不流坠。

第一遍涂料干燥后，用 1 号砂纸打磨平整。

第二遍涂料干燥后，用 1 号砂纸打磨平整。

第三遍涂料干燥后，用 280 号水砂纸打磨。对于腻子疤、钉眼等缺陷，应用漆片修色。如还存在缺陷，应修补好。

第四遍涂料干燥后，要等待 48h 后，用 280～320 号水砂纸打磨平整、光亮。最后刷罩面漆不要打磨。

⑤刷丙烯酸清漆：丙烯酸清漆按甲组∶乙组＝4∶6（质量比）的比例进行调配，并可根据气候适量加入稀释剂（如二甲苯）。刷涂时要求动作敏捷，刷纹通顺，厚薄均匀，不漏刷、不流坠。

第一遍涂料干燥后，用 320 号水砂纸打磨，磨完后用湿布擦净。

第二遍涂料可在第一遍涂料刷后 4～6h 开始，待其干燥后，用 320～380 号水砂纸打磨。从有光至无光，直至断斑，不得磨破棱角。磨完即用湿布擦净（也可以重复上述工序进行第三、第四遍涂刷）。

⑥打砂蜡：将配制好的砂蜡用双层呢布头蘸擦，擦时应用力均匀，直擦到不见亮斑为止，不得漏擦，擦后清除浮蜡。

⑦擦上光蜡（油蜡）：用干净白布擦上光蜡，要求擦匀擦净，直至擦亮为止。

⑧腻子的颜色或刷涂的底色色度应比要求的颜色略浅，一定要先做样板，符合要求后方施工。修色时，应与原色基本一致。

⑨在配制丙烯酸清漆时，不能一次配得太多，最好配一次用半天，以免浪费。

⑩在施工前，应清理周围环境，防止粉尘飞扬，影响施涂质量，且保证通风良好；涂层如有污染，应及时处理；施工完毕后注意成品保护，以免磕碰或弄脏。

（3）金属基层上各种涂料的施工。

金属基层涂料的施工操作较为简单，主要解决底层涂料与金属基层结合的牢固性与防锈性。内墙用金属装饰的部位包括：金属隔断、金属博古架、金属花饰、金属栏杆扶手等。金属装饰需要涂料的多数是黑色金属基层（对于有色金属装饰不属于涂饰施工）。现介绍两种常见金属基层的涂料施工。

1）金属基层刷涂单色涂料的施工。

①基层处理：基层如有锈迹，可利用各种除锈工具进行人工除锈或利用各种酸性溶液进行化学除锈，除锈后清理干净。如无锈迹，则只需清理。

②刷防锈涂料：常用防锈涂料有红丹防锈漆、铁红防锈漆。刷防锈漆时，金属表面必须非常干燥（如有水汽必须擦干）；刷防锈漆时，一定要刷满、刷匀。花样复杂的小件金属制品可采用两人合作，一人用棉纱蘸漆擦，一人用油刷理遍。

防锈漆干燥后，用石膏油性腻子将缺陷处刮平。腻子中可适量加入厚漆或红丹粉，以增加其干硬性。腻子干后应打磨平整并清扫干净。

③刷磷化底漆：磷化底漆由底漆和磷化液两部分组成。磷化液的配合比为：工业磷酸 70%，一级氧化锌 5%，丁醇 5%，乙醇 10%，水 10%；磷化底漆的配合比为：磷化液∶底漆＝1∶4（质量比）。磷化液必须按比例配制，不得任意增减；磷化底漆的配制必须在非金属容器内进行；调好的磷化底漆需在 12h 内用完，放置时间不宜过长。

涂刷时以薄为宜，不能涂刷太厚，否则效果较差；若涂料的稠度较大，可适量加入稀释剂进行稀释。一般情况下，涂刷后 24h，可用清水冲洗或用毛板刷除去表面的磷化剩余物。

④刷厚漆：操作方法与刷防锈涂料相同。黑白铁制品安装后再涂刷一层面层涂料。

⑤刷调合漆：一般金属制品只要在面上打磨平整、清扫干净即可涂刷涂料。涂刷顺序为：从上至下，先难后易。制品的周围都要刷满、刷匀。刷后反复检查，以免漏刷。

⑥刷涂料的棉纱应保持清洁，不允许零碎的棉纱头粘在涂料面上。

2）金属基层上刷涂混色涂料的施工。

①基层处理：基层如有锈迹，则利用各种除锈工具进行人工除锈或利用各种酸性溶液进行化学除锈，除锈后并清理干净。如无锈迹，则只需清理。

②刮腻子：用牛角板或橡皮刮板在基层上满刮一遍石膏腻子。底层腻子中应适量加入防锈漆、厚漆。腻子要调至软硬合适、不出蜂窝、挑丝不倒为宜。

如遇已刷防锈涂料但出现锈斑的金属基层，须用铲刀铲除底层防锈涂料后，再用钢丝刷和砂布彻底打磨、清理，补刷一道防锈涂料，待防锈涂料干透后，将凹坑、拼缝等处用石膏腻子刮磨平整、薄净、均匀，无飞刺。

腻子干透后，用10号砂纸打磨平整、光滑。磨完后用湿布擦净。

③刷第一遍厚漆：将厚漆与清油、熟桐油和汽油按比例配制，其稠度以达到盖底、不流淌、不显刷痕为宜。涂刷应厚薄均匀，刷纹通顺。

全部刷完后应检查一下有无漏刷处，对于线角和阴阳角处有流坠、裹棱、透底等缺陷的，应清理修补。

④刷第二遍厚漆：涂刷方法与第一遍涂刷方法相同。第二遍厚漆刷好后，用1号砂纸或旧细砂纸轻磨一遍，最后清理干净。

⑤刷调合漆：涂刷方法同前。由于调合漆黏度较大，涂刷时要多刷多理，涂油饱满，不流坠，使之光亮、均匀，色泽一致，刷完后要仔细检查一遍，如有缺陷应及时修理。

⑥在施工前，应清理周围环境，防止粉尘飞扬，影响施涂质量。

6.2.4 美术涂料和新型涂料

随着涂料的发展及人们对装饰艺术的不断追求，美术涂料及一些新型涂料在工程中也逐渐被采用，因其用途范围并不广，所以只作简要介绍。

6.2.4.1 美术涂料

工程中较常见的美术涂料主要有以下6类：

（1）套色漏花涂饰。

1）套色漏花涂饰的形式有边漏、墙漏和假墙纸。假墙纸是经常采用的一种涂饰形式。假墙纸是将花纹图案连续漏满墙面，使之类似有裱糊的效果。

2）套色漏花的施工工序：刷涂底层涂料→制作套色漏花板→配料→定位→套色漏花的喷印。

3）特别指出，边漏是指涂饰镶边所采用的漏涂施工方法，墙漏是指墙面、图案填心的漏涂施工方法，假墙纸是指整面墙仿墙纸花纹漏涂施工方法，三种漏花涂饰施工方法可以套色漏花也可以单色漏花。

(2) 滚花涂饰。

1) 滚花的施工工序：批刮腻子→刷底层涂料→弹线→滚花。

2) 按设计要求或样板配好涂料后，用刻有花纹图案的胶皮辊蘸涂料，从左至右、从上至下进行滚印，辊筒垂直于粉线，不得歪斜，用力均匀，滚印1～3遍，达到图案颜色鲜明、轮廓清晰为止。不得有漏涂、污斑和流坠，并且不显接茬。

(3) 仿木纹涂饰。

1) 仿木纹涂饰是在装饰面上用涂料仿制出如梨木、檀木、水曲柳、榆木等硬质木材的木纹，多用于墙裙等部位。

2) 仿木纹涂饰的施工工序：底层涂料→弹分格线→刷面层涂料→做木纹→用净毛刷轻扫→划分格线→刷罩面清漆。

(4) 仿石纹涂饰。

1) 仿石纹涂饰是在基层上用涂料仿制出如大理石、花岗石等的石纹。这种涂饰多用于墙裙和室内柱子的饰面。

2) 仿石纹涂饰的施工工序：基层处理→涂刷底层涂料→划仿石纹拼缝→挂丝棉→喷色浆→取下丝棉→划分格线→刷清漆。

(5) 鸡皮皱面层涂饰。

1) 鸡皮皱面层涂饰就是将面层涂膜通过油刷拍打产生均匀美观的皱纹和疙瘩，它不仅有保护基体和装饰的作用，而且还有消声作用。

2) 鸡皮皱面层涂饰的施工工序：涂刷底层涂料→涂刷鸡皮皱面涂料。

3) 在涂刷鸡皮皱面涂料时，一般由两个人操作，一人涂刷，另一人用专用的鸡皮皱油刷拍打；鸡皮皱涂层厚度一般为2mm左右；拍打时，毛刷与墙面平行，距墙面200mm左右，一起一落，利用毛刷与墙面产生的弹性，将涂层拍击成稠密均匀的疙瘩。

(6) 彩色涂料涂饰。

1) 彩色涂料喷涂于内墙后，可形成多种色彩层次，产生立体花纹，耐水性、耐洗刷性和透气性增强。可适用于混凝土、砂浆、石膏板、木材、钢、铝等基层涂饰。

2) 彩色涂料施工工序：基层处理→滚涂底层涂料→喷涂面层涂料。

3) 底层、面层涂料贮存温度为5～35℃，避免在日光下直接暴晒；不得用水或不适当的溶剂稀释物料；施工时，应保持场地空气流通，严禁在施工现场出现明火。

6.2.4.2 新型涂料

新型涂料、环保涂料发展很快，产品不断问世，新的产品在简化施工过程，缩短施工周期等方面有了很大改进，现简单介绍几种颗粒涂料。

(1) 碎瓷颗粒涂料。

1) 在涂料里加入碎瓷颗粒涂饰墙面，形成麻面色点的仿斩假石效果，施工简便。用于外墙、展厅、观众厅等室内外装饰，其艺术效果很好。

2）碎瓷颗粒涂料的施工工序：基层处理→喷涂结合层→弹分段水平线→喷涂饰面层（拌有碎瓷颗粒）→喷涂罩面层。

（2）仿火爆花岗石涂料。

1）仿火爆花岗石涂料是在溶剂型乳液涂料中掺入碎石颗粒，涂饰后形成颗粒麻面，如同火爆花岗石贴面效果。涂层色彩由各色涂料和碎石搭配调制，它适用于外墙饰面、勒脚饰面或室内需要花岗石饰面的部位。

2）仿火爆花岗石涂料的施工工序：基层处理→喷结合层→弹分格线→贴分格布→喷饰面层→揭分格布→喷保护层。

3）仿火爆花岗石涂料预制墙板是采用硬质 PVC 塑料板（板厚 3～4mm）按墙板分块尺寸，模压成凹凸形板面，然后在工作台上喷涂仿花岗石涂料，经烘烤后，涂料与 PVC 塑料板粘结，运至现场吊装，与建筑主体结构挂接，作为建筑物外墙，其效果如同石砌外墙。

（3）室内轻颗粒涂料。

1）室内轻颗粒涂料是在涂料中掺入膨胀珍珠岩颗粒、泡沫聚苯乙烯塑料颗粒等轻质碎屑，作为室内天棚、内墙面涂饰，装饰效果很有特色，产品成本低、利润高，很受广大消费者欢迎。涂层具有调节室内湿度的作用。

2）室内轻颗粒涂料的施工工序与普通涂料相同。

（4）高光漆。

1）高光漆（也称高漆），它是根据磁漆、调合漆研制而成的一种新品种。其光亮度超过磁漆 3～4 倍，固体含量大、涂层厚，适用于家具、设备，尤其在木基层、金属基层涂饰是首选涂料。利用各色高光漆绘制壁画，制作仿天然大理石、花岗石等花纹图案的涂饰几乎可以乱真。绘制壁画镶于室内外墙上，可代替烧瓷壁画。

2）高光漆的施工工序：基层处理→打底漆→磨平→喷涂罩面保护层→擦洗→盖保护膜。

6.2.5 裱糊工程施工

裱糊工程是指在室内平整光洁的墙面、天棚面、柱体面和室内其他构件表面，用壁纸、墙布等材料裱糊的装饰工程。

6.2.5.1 裱糊饰面工程施工的常用材料

（1）壁纸和墙布。

壁纸和墙布的品种、图案、颜色和规格等，要符合设计要求。

常见壁纸的符号标志见表 6-5。

（2）胶粘剂。

1）801 胶。

2）聚酯酸乙烯胶粘剂（白乳胶）。粘结性能较好，适合裱贴比较单薄且有轻弱透底的壁纸，如玻璃纤维墙布。

3）SG8 104 胶。

4）粉末壁纸胶。

常见壁纸的符号标志　　　　表 6-5

说　明	符　号	说　明	符　号	说　明	符　号
面底可分		可刷洗		随意拼接	
特别可洗		将胶粘剂涂敷于墙纸		换向交替拼接	
可拭性		一般耐光（3 级）		直接拼接	
可洗		耐光良好≥4 级		错位拼接	

6.2.5.2 裱糊饰面工程施工的常用工具

（1）活动裁纸刀。

刀片能伸缩移动，多节使用，用钝可截去，携带方便，使用安全，如图 6-1 所示。

（2）刮板。

刮板采用红松做木柄，用于刮抹、赶平和理平壁纸。刮板有以下三种：

1）薄钢片刮板。用厚 0.35mm 硬中带软的钢片自制，规格为长 120～140mm，宽 75mm。

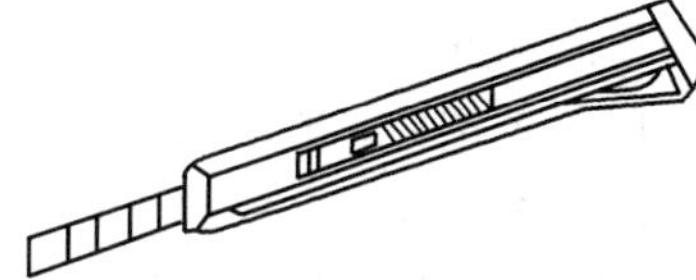

图 6-1　活动裁纸刀

2）胶皮刮板。用 3～4mm 厚半硬质胶皮制作。

3）塑料刮板。用 0.5～1mm 厚塑料板条制作。

（3）胶辊。

可用油印橡胶辊，粘贴时用来滚压壁纸。

（4）铝合金直尺。

用于压裁壁纸，长 900mm 以上，宽 40mm，厚 10mm，尺面中线有凹槽，两边有刻度。

（5）其他工具。

裁纸案台、钢卷尺、水平尺、普通剪刀、粉线包、软布、毛巾、排笔及板刷等。

6.2.5.3 壁纸的裱糊方法

（1）PVC 壁纸裱糊。

1）施工工艺。

PVC 壁纸裱糊施工工艺流程为：基层处理→封闭底涂一道→弹线→预拼→裁纸编号→润纸→刷胶→上墙裱糊→修整表面→养护。

PVC 壁纸裱糊构造见图 6-2。

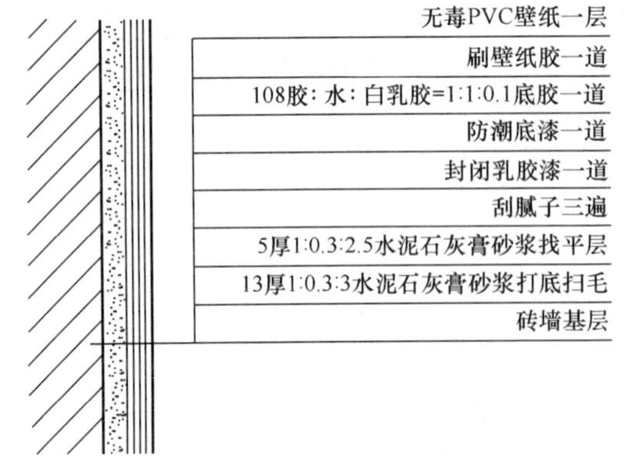

图 6-2　PVC 壁纸裱糊构造图

①裱糊壁纸的基层处理。

裱糊壁纸的基层，要求坚实牢固，表面平整光洁，不疏松起皮、掉粉，无砂粒、孔洞、麻点和飞刺，污垢和尘土应消除干净，表面颜色要一致。裱糊前应先在基层刮腻子并磨平。裱糊壁纸的基层表面为了达到平整光滑、颜色一致的要求，应视基层的实际情况，采取局部刮腻子、满刮一遍腻子或满刮两遍腻子处理，每遍干透后用 0～2 号砂纸磨平。以羧甲基纤维素为主要胶结料的腻子不宜使用，因为纤维素大白腻子强度太低、遇湿易胀。

不同基体材料的相接处，如石膏板和木基层相接处，应用穿孔纸带粘糊，以防止裱糊后的壁纸面层被撕裂或拉开，处理好的基层表面要喷或刷一遍汁浆。一般抹面基层可配制 801 胶：水＝1：1 喷刷，石膏板、木基层等可配制酚醛清漆：汽油＝1：3 喷刷，汁浆喷刷不宜过厚，要均匀一致。

②封闭底涂。

腻子干透后，刷乳胶漆一道。若有泛碱部位，应用 9％的稀醋酸中和。

③弹线。

按 PVC 壁纸的标准宽度找规矩，弹出水平及垂直准线。为了使壁纸花纹对称，应在窗户上弹好中线，再向两侧分弹。如果窗户不在中间，为保证窗间墙的阳角花饰对称，应弹窗间墙中线，由中心线向两侧再分格弹线。

④预拼、裁纸、编号。

根据设计要求按照图案花色进行预拼，然后裁纸，裁纸长度应比实际尺寸大 20～30mm。

裁纸下刀前，要认真复核尺寸有无出入，尺子压紧壁纸后不得再移动，刀刃贴紧尺边，一气呵成，中间不得停顿或变换持刀角度，手劲要均匀。

⑤润纸。

壁纸上墙前，应先在壁纸背面刷清水一遍，立即刷胶，或将壁纸浸入水中 3～5min 后，取出将水擦净，静置约 15min 后，再进行刷胶。因为 PVC 壁纸遇水或胶水，即开始膨胀，干后自行收缩，其幅宽方向的膨胀率为 0.5％～1.2％，收缩率为 0.2％～0.8％（体积分数）。如在干纸上刷胶后立即上墙裱糊，纸虽被胶固定，但会继续吸湿膨胀，墙面上的纸必然出现大量气泡、皱褶，不能成活。润纸后再贴到基层上，壁纸随着水分的蒸发而收缩、绷紧。这样，即使裱糊时有少量气泡，干后也会自行胀平。

⑥刷胶。

塑料壁纸背面和基层表面都要涂刷胶粘剂。为了能有足够的操作时间，纸背面和基层表面要同时刷胶。胶粘剂要集中调制，应除去胶中的疙瘩和杂物。调制后，应当日用完。刷胶时，基层表面涂刷胶粘剂的宽度要比上墙壁纸宽 30mm，涂刷要薄而均匀，不裹边，不宜过厚，一般抹灰面用胶量为 0.15kg/m^2，气温较高时用量相对增加。塑料壁纸背面刷胶的方法是：壁纸背面刷胶后，胶面与胶面反复对叠，可避免胶干得太快，也便于上墙，这样裱糊的墙面整洁、平整。

⑦裱糊。

裱糊时，应从垂直线开始至阴角处收口，由上而下进行。上端不留余量，包角压实，上墙的壁纸要注意纸幅垂直，先拼缝、对花形，拼缝到底压实后再刮平大面。一般无花纹的壁纸，纸幅间可拼缝重叠 20mm，并用直钢尺在接缝上从上而下用活动剪纸刀切断。切割时要避免重割，有花纹的壁纸，则采取两幅壁纸花纹重叠，对好花，用钢尺在重叠处拍实，从上往下切，切割去余纸后，对准纸缝粘贴，阳角不得留缝，不足一幅的应裱糊在较暗或不明显的地方。基层阴角若遇不垂直现象，可做搭缝，搭缝宽度为 5～10mm，要压实，并不留空隙。

裱糊拼缝对齐后，用薄钢片刮板或胶皮刮板由上而下抹刮（较厚的壁纸必须用胶辊滚压），再由拼缝开始按向外向下的顺序刮平压实，多余的胶粘剂挤出纸边，及时用湿毛巾抹去，以整洁为准，并要使壁纸与天棚和角线交接处平直美观，斜视时无胶痕，表面颜色一致。

为了防止使用时碰蹭，使壁纸开胶，严禁在阳角处甩缝，壁纸要裹过阳角不小于 20mm。阴角壁纸搭缝时，应先裱糊压在里面的壁纸，再粘贴面层壁纸，搭接面应根据阴角垂直度而定，搭接宽度一般不小于 2～3mm，并且要保持垂直无毛边，如图 6-3 所示。

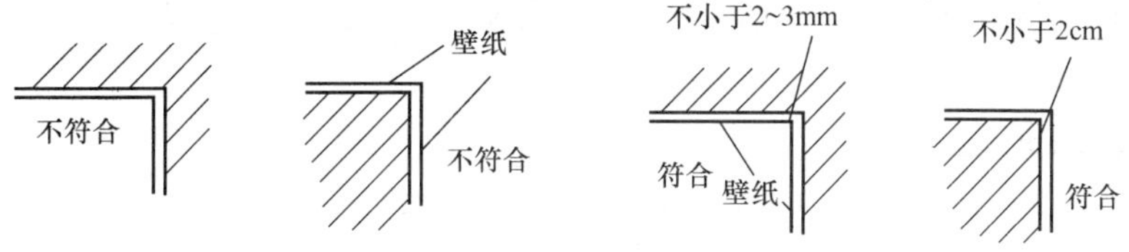

图 6-3　阴、阳角壁纸交接要求

遇有墙面上卸不下来的设备或附件，裱糊时可在壁纸上剪口裱上去。其方法是将壁纸轻轻糊于突出的物件上，找到中心点，从中心往外剪，使壁纸舒平裱于墙面上，然后用笔轻轻标出物件的轮廓位置，慢慢拉起多余的壁纸，剪去不需要的部分，四周不得有缝隙。壁纸与挂镜线、贴脸和踢脚板结合处，也应紧接，不得有缝隙，以使接缝严密美观。

天棚裱糊壁纸，先裱糊靠近主窗处，方向与墙平行。长度过短时，则可与窗户成直角粘贴。裱糊前，先在天棚与墙壁交接处弹上一道粉线，将已刷好胶的壁纸用木柄撑起折叠好的一段，边缘靠齐粉线，先铺平一段，然后再沿粉线铺平其他部分，直到贴好为止。多余的部分，再剪齐修整。

⑧修整。

壁纸上墙后，若发现局部不合质量要求，应及时采取补救措施。如纸面出现皱纹、死褶时，应趁壁纸未干，用湿毛巾轻拭纸面，使壁纸潮湿，用手慢慢将壁纸铺平，待无褶皱时，再用橡胶辊或胶皮刮板赶压平整。如壁纸已干结，则要将壁纸撕下，把基层清理干净后，再重新裱糊。

如果已贴好的壁纸边沿脱胶而卷翘起来（即产生张嘴现象）时，要将翘边壁纸翻起，检查产生的原因，属于基层有污物者，应清理干净，补刷胶液粘牢；属于胶粘剂胶性小的，应换用胶性较大的胶粘剂粘贴；如果壁纸翘边已坚硬，应使用粘结力较强的胶粘剂粘贴，还应加压粘牢粘实。

如果已贴好的壁纸出现接缝不垂直，花纹未对齐时，应及时将裱糊的壁纸铲除干净，重新裱糊。对于轻微的离缝或亏纸现象，可用与壁纸颜色相同的乳胶漆点描在缝隙内，漆膜干后一般不易显露。较严重的部位，可用相同的壁纸补贴，不得看出补贴痕迹。

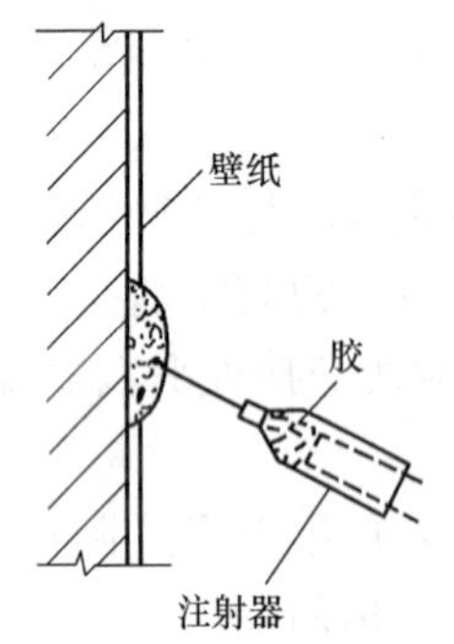

图 6-4 气泡处理

另外，如纸面出现气泡，可用注射针管将气抽出，再注射胶液贴平贴实，如图 6-4 所示。也可以用刀在气泡表面切开，挤出气体用胶粘剂压实。若鼓泡内胶粘剂聚集，则用刀开口后将多余胶粘剂刮去压实即可。对于在施工中碰撞损坏的壁纸，可采取挖空填补的办法，将损坏的部分割去，然后按形状和大小，对好花纹补上，要求补后不留痕迹。

⑨养护。

壁纸在裱糊过程中及干燥前，应防止穿堂风劲吹，并应防止室温突然变化。冬期施工应在采暖条件下进行。白天封闭通行或将壁纸用透气纸张覆盖，除阴雨天外，需开窗通风，夜晚关门闭窗，防止潮气入侵。

2）注意事项。

①环境温度小于 5℃、湿度大于 85%及风雨天时均不得施工。

②新抹水泥石灰膏砂浆基层常温龄期至少需 10d 以上（冬季需 20d 以上），普通混凝土基层至少需 28d 以上，才可粘贴壁纸。

③混凝土及抹灰基层的含水率大于 8%、木基层的含水率大于 12%时，不得进行粘贴壁纸的施工。

④湿度较大的房间和经常潮湿的墙体表面使用壁纸及胶粘剂时，应采用防水性能优良者。

（2）金属壁纸裱糊。

金属壁纸系室内高档装修材料，它以特种纸为基层，将很薄的金属箔压合于基层表面加工而成。有金黄、古铜、红铜、咖啡、银白等色，并有多种图案。用以装饰墙面，雍容华贵、金碧辉煌。高级宾馆、饭店、娱乐建筑等处较多采用。如在室内一般造型面上，适当点缀一些金属壁纸装修，更有画龙点睛之妙用。

金属壁纸上面的金属箔非常薄，很容易折坏，故金属壁纸裱糊时须特别小心。基层必须特别平整洁净，否则可能将壁纸戳破，而且不平之处会非常明显地暴露出来。

1）施工工艺。

金属壁纸的施工工艺流程为：基层表面处理→刮腻子→封闭底层→弹线→预拼→裁纸、编号→刷胶→上墙裱贴→修整表面→养护。

金属壁纸构造见图 6-5 所示。

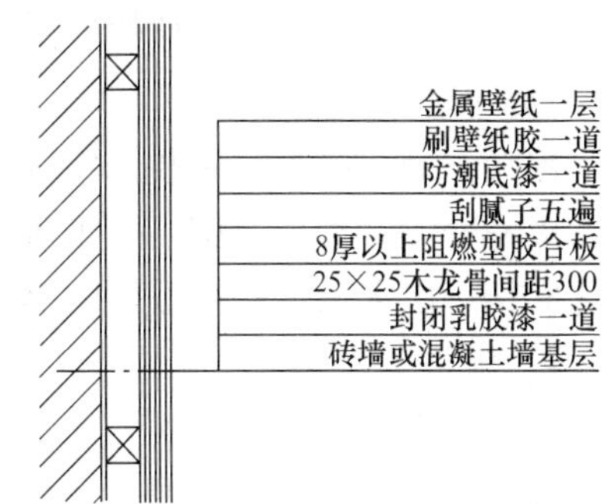

图 6-5　金属壁纸构造图（mm）

2）施工要点。

①基层要求。

阻燃型胶合板除设计有具体规定者外，应用厚 9mm 以上（含 9mm）、两面打磨光的特等或一等胶合板。若基层为纸面石膏板，则贴缝的材料只能是穿孔纸带，不得使用玻璃纤维纱网胶带。

②刮腻子。

第一道腻子用油性石膏腻子将钉眼、接缝补平，并满刮腻子一遍，找平大面，干透后用砂纸打磨平整。

第一道腻子彻底干后，用猪血料石膏粉腻子（石膏粉∶猪血料＝10∶3，质量比）再满刮一遍。要求横向批刮，须刮抹平整和均匀，线脚及棱角等处应整齐。腻子干透后，用砂纸打磨平、扫净。第三道再满刮猪血料石膏粉腻子一遍，要求同上，但批刮方向应与第二道腻子垂直。干透后用砂纸打磨平、扫净。第四、第五道腻子同第三、第四道腻子。第五道腻子磨平、扫净后，须用软布将全部腻子表面仔细擦净，不得有漏擦之处。

③刷胶。

壁纸润湿后立即刷胶。金属壁纸背面及基层表面应同时刷胶。胶粘剂应用金属壁纸专用胶粉配制，不得使用其他胶粘剂。刷胶注意事项如下：

金属壁纸刷胶时应特别慎重，勿将壁纸上金属箔折坏。最好将裁好浸过水的壁纸，一边在其背面刷胶，一边将刷过胶的部分（使胶面朝上）卷在未开封的发泡壁纸筒上（因发泡壁纸筒未曾开封，故圆筒上非常柔软平整），不致将金属箔折坏。但卷前一定将发泡壁纸筒扫净擦净。

刷胶应厚薄均匀，不得漏刷、裹边和起堆。

基层表面的刷胶宽度，应较壁纸宽出 30mm。

④上墙裱贴。

裱糊金属壁纸前须将基层再清扫一遭，并用洁净软布将基层表面仔细擦净。

金属壁纸可采用对缝裱糊工艺。

金属壁纸带有图案，故须对花拼贴。施工时两人配合操作，一人负责对花拼缝，一人负责手托已上胶的金属壁纸卷，逐渐放展，一边对缝裱贴，一边用橡胶刮子将壁纸刮平。刮时须从壁纸中部向两边压刮，使胶液向两边滑动而使壁纸裱贴均匀。刮时应注意用力均匀、适中，以免刮伤金属壁纸表面。

刮金属壁纸时，如两幅壁纸之间有小缝存在，则应用刮子将后粘贴的壁纸向先粘贴的壁纸方向轻刮，使缝逐渐缩小，直至小缝完全闭合为止。

(3) 锦缎裱糊。

锦缎作为“墙布”来装饰室内墙面，在我国古建筑中早已采用。锦缎柔软光滑，极易变形，不易裁剪，故很难直接裱糊在各种基层表面。因此，必须先在锦缎背面裱一层宣纸，使锦缎硬朗挺括以后再上墙。

1) 施工工艺。

锦缎裱糊施工工艺流程为：基层表面处理→刮腻子→封闭底层、涂防潮底漆→弹线→锦缎上浆→锦缎裱纸→预拼→裁剪、编号→刷胶→上墙裱贴→修整墙面→涂防虫涂料→养护。

2) 施工要点。

①锦缎上浆。

将锦缎正面朝下、背面朝上，平铺于大“裱案”(裱糊案子是字画裱糊时的专用案子)上，并将锦缎两边压紧，用排刷沾“浆”从锦缎中间向两边刷浆(又名上浆)刷浆。时应涂刷得非常均匀，浆液不宜过多，以打湿锦缎背面为准。“浆”的用料配合比为：面粉∶防虫涂料∶水＝5∶40∶20(质量比)。面粉须用纯净的高级面粉，越细越好，防虫涂料可购成品。用料按质量比配好后，仔细搅拌，直至拌成稀薄适度的浆液为止(水可视情况加温水)。

②锦缎裱纸(俗称托纸)。

在另一大“裱案”上，平铺上等宣纸一张(宣纸幅宽须较锦缎幅宽宽出100mm)，用水打湿后将纸平贴于案面之上，以刚好打湿宣纸为宜。宣纸平贴于案面，不得有皱褶之处。

从第一张裱案上，由两人合作，将上好浆的锦缎从案上揭起，使浆面朝下，仔细粘裱于打湿的宣纸之上。然后用牛角刮子(系裱纸的专用工具，亦有用塑料刮子者)从锦缎中间向四边刮压，以使锦缎与宣纸粘贴均匀。刮压时用力须恰当，动作须不紧不慢，恰到好处，以免将锦缎刮褶刮皱或刮伤。

待宣纸干后，可将裱好的锦缎取下备用。

③裁剪、编号。

锦缎属高档装修材料，价格较高，裱糊困难，裁剪不易，故裁剪时应严格要求，避免裁错，导致浪费。同时为了保证锦缎颜色、花纹一致，裁剪时应根据锦缎的具体花色、图案及幅宽等仔细设计，认真裁剪。裁好的锦缎片子(俗称“开片”)，应编号备用。

④刷胶。

锦缎宣纸底面与基层表面应同时刷胶，胶粘剂可用专用胶粉。刷胶时应保证厚薄均匀，不得漏刷、裹边和起堆。基层上的刷胶宽度比锦缎宽30mm。

⑤涂防虫涂料。

因为锦缎为丝织品易被虫咬，故表面必须涂防虫涂料。

⑥其他施工工序。

其他施工工序同一般壁纸。

6.3 油漆、涂料装饰计价工程量计算

6.3.1 门窗油漆、涂料装饰计价工程量计算

（1）楼地面、天棚、墙、柱、梁面的喷（刷）涂料、抹灰面油漆及裱糊工程，均按附表相应的计算规则计算。

（2）木材油漆工程量分别按附表相应的计算规则计算。

（3）定额中的隔墙、护壁、柱、天棚木龙骨及木地板中木龙骨带毛地板，刷防火涂料工程量计算规则如下：

1）隔墙、护壁木龙骨按其面层正立面投影面积计算。

2）柱木龙骨按其面层外围面积计算。

3）天棚木龙骨按其水平投影面积计算。

4）木地板木龙骨按地板面积计算。

（4）隔墙、护壁、柱、天棚面层及木地板刷防火涂料，执行其他木材面刷防火涂料相应子目。

（5）木楼梯（不包括底面）油漆，按水平投影面积乘以 2.3 系数，执行木地板油漆相应子目。

1）木材面油漆。

①执行木门定额的其他项目工程量，乘以表 6-6 中系数。

木门油漆工程量系数表　　表 6-6

项　目　名　称	系　　数	工程量计算方法
单层木门	1.00	按单面洞口面积计算
双层（一玻一纱）木门	1.36	
双层（单裁口）木门	2.00	
单层全玻门	0.83	
木百叶门	1.25	
厂库房大门	1.10	

②执行木窗定额的其他项目工程量，乘以表 6-7 中系数。

木窗油漆工程量系数表　　表 6-7

项　目　名　称	系　　数	工程量计算方法
单层玻璃窗	1.00	按单面洞口面积计算
双层（一玻一纱）木窗	1.36	
双层（单裁口）木窗	2.00	
双层框三层（二玻一纱）木窗	2.60	
单层组合窗	0.83	
双层组合窗	1.13	
木百叶窗	1.50	

③执行木扶手定额的其他项目工程量，乘以表 6-8 中系数。

木扶手油漆工程量系数表 **表 6-8**

项 目 名 称	系 数	工程量计算方法
木扶手（不带托板）	1.00	按延长米计算
木扶手（带托板）	2.60	
窗帘盒	2.04	
封檐板、顺水板	1.74	
挂衣板、黑板框、单独木线条 100mm 以外	0.52	
挂镜线、窗帘棍、单独木线条 100mm 以内	0.40	

④执行其他木材面定额的其他项目工程量，乘以表 6-9 系数：

其他木材面油漆工程量系数表 **表 6-9**

项 目 名 称	系 数	工程量计算方法
木板、纤维板、胶合板天棚	1.00	按长×宽计算
木护墙、木墙裙	1.00	
窗台板、筒子板、盖板	0.82	
门窗套、踢脚线	1.00	
清水板条天棚、檐口	1.07	
木方格吊顶天棚	1.20	
鱼鳞板墙	2.48	
吸声板墙面、天棚面	0.87	
木间壁、木隔断	1.90	单面外围面积
玻璃间壁露明墙筋	1.65	
木栅栏、木栏杆（带扶手）	1.82	
衣柜、壁柜	1.00	按实刷展开面积
零星木装修	0.87	展开面积
梁柱饰面	1.00	展开面积

2）抹灰面油漆、涂料、裱糊（表 6-10）。

抹灰面油漆、涂料、裱糊工程量系数表 **表 6-10**

项 目 名 称	系 数	工程量计算方法
混凝土楼梯底（斜平顶）	1.30	水平投影面积（包括休息平台）
混凝土楼梯底（锯齿形）	1.50	水平投影面积（包括休息平台）
混凝土花格窗、栏杆花饰	1.82	单面外围面积
楼地面、天棚、墙、柱、梁面	1.00	展开面积

3）执行单层钢门窗油漆定额的其他项目工程量，乘以表 6-11 系数。

单层钢门窗油漆工程量系数表 **表 6-11**

项　目　名　称	系　　数	工程量计算方法
单层钢门窗	1.00	洞口面积
双层（一玻一纱）钢门窗	1.48	
钢百叶钢门	2.74	
半截百叶钢门	2.22	
钢门或包铁皮门	1.63	
钢折叠门	2.30	
射线防护门	2.96	框（扇）外围面积
厂库平开、推拉门	1.70	
钢丝网大门	0.81	
金属间壁	1.90	长×宽
平板屋面	0.74	斜长×宽
瓦垄板屋面	0.89	
排水、伸缩缝盖板	0.78	展开面积
吸气罩	1.63	水平投影面积

4）执行其他金属面油漆定额的其他工程量，乘以表 6-12 系数。

其他金属面油漆工程量系数表 **表 6-12**

项　目　名　称	系　　数	工程量计算方法
钢屋架、天窗架、挡风架、屋架梁、支撑、檩条	1.00	重量（t）
墙架（空腹式）	0.50	
墙架（格板式）	0.82	
钢柱、吊车梁、花式梁、柱、空花构件	0.63	
操作台、走台、制动梁、钢梁车档	0.71	
钢栅栏门、栏杆、窗栅	1.71	
钢爬梯	1.20	
轻型屋架	1.42	
踏步式钢扶梯	1.10	
零星铁件	1.32	

5）执行平板屋面油漆定额（涂刷鳞化、醇酸黄底漆）的其他项目工程量，乘以表 6-13 系数。

平板屋面油漆工程量系数表 **表 6-13**

项　目　名　称	系　　数	工程量计算方法
平板屋面	1.00	斜长×宽
瓦垄板屋面	1.20	
排水、伸缩缝盖板	1.05	展开面积
吸气罩	2.20	水平投影面积
包镀锌铁皮门	2.20	洞口面积

6.3.2 木材面油漆、涂料装饰计价工程量计算

【例】 木百叶窗 C-1 洞口宽 1.2m，高 1.5m，计算 C-1 刷调合漆工程量。

【解】 C-1 刷调合漆工程量＝1.2×1.5×1.5＝2.7m^2

6.3.3 金属面油漆、涂料装饰计价工程量计算

【例】 钢栏杆重量为 1.97t，计算钢栏杆刷油漆工程量。

【解】 钢栏杆刷油漆工程量＝1.97×1.71＝3.37t

6.3.4 裱糊计价工程量计算

【例】 计算图 4-48 中书房北侧墙高档墙纸工程量。立面图如图 6-6 所示，墙轴线长 4.5 米，墙厚 0.240 米。

【解】 书房北侧高档墙纸工程量＝(4.5－0.24)×2.75－1.5×2.7＝7.67m^2

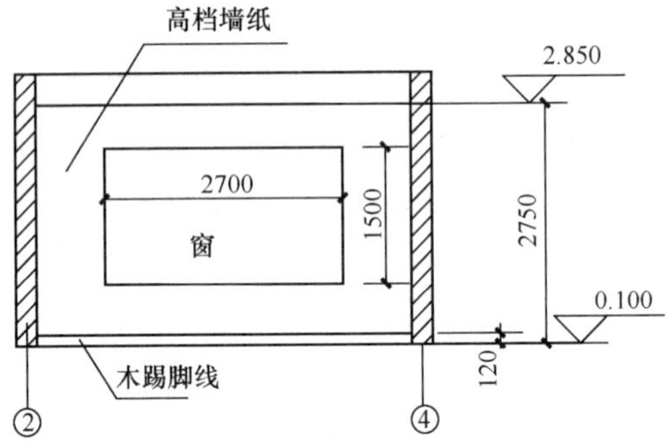

图 6-6 书房北侧立面图

6.4 油漆、涂料装饰清单工程量计算

6.4.1 清单项目设置及说明

(1) 油漆、涂料工程共包括九部分 30 个项目，项目组成见表 6-1。

(2) 油漆如果是同门窗工程同时发包的，应列入门窗工程。本分部工程项目适用于单独发包的油漆工程。

(3) 注意的问题与说明：

1) 有线角、线条、压条的油漆、涂料的工料消耗应包括在报价内。

2) 抹灰面的油漆、涂料，应注意基层的类型，如一般抹灰墙柱面与拉条灰、拉毛灰、甩毛灰等油漆、涂料的工料的消耗量是不一样的，因此，清单描述应明确基层抹灰类型。

3) 刮腻子应考虑刮腻子遍数以及是满刮还是找补腻子。

4) 墙纸的裱糊，还应注意描述是否对花。因为对花要求相对费工时、费材

料，所以报价时应考虑。

6.4.2 主要清单项目工程量计算

（1）门窗油漆：按设计图示数量以樘或设计图示单面洞口面积计算。

（2）木扶手油漆：按设计图示尺寸以长度计算。

（3）木材面油漆：按设计图示尺寸面积以 m^2 计算。

1）木隔断油漆：按设计图示尺寸以单面外围面积计算。

2）木地板油漆：按设计图示尺寸以油漆部分展开面积计算。

3）木地板烫硬蜡面：按设计图示尺寸面积以 m^2 计算。空调、空圈、暖气包槽、壁龛的开口部分并入相应的工程量内。

（4）金属面油漆：按设计图示构件以质量计算。

（5）抹灰面油漆：按设计图示尺寸以面积（长度）以 m^2（m）计算。

（6）涂料按设计图示尺寸以面积（长度）以 m^2（m）计算。

6.4.3 油漆、涂料装饰清单工程量计算实例

油漆、涂料装饰清单工程量计算实例详见第 8 章、第 9 章相应项目。

7 零星装饰工程量计算

(1) 关键知识点：

1) 零星装饰工程项目；

2) 零星装饰工程项目计价工程量的计算；

3) 零星装饰工程项目清单工程量的计算。

(2) 教学建议：

1) 案例分析；

《建设工程工程量清单计价规范》；

《工程量清单计价定额》；

零星装饰工程项目构造及施工认识实习。

2) 资料展示：

7.1 零星装饰工程项目

根据《建设工程工程量清单计价规范》及2004《四川省建设工程工程量清单计价定额——装饰装修工程》规定，零星装饰工程项目主要包括：柜类、货架、浴厕配件、压条、装饰条、雨篷、旗杆、招牌、灯箱、美术字、拆除、铲除等项目。

列项时除考虑装修部位、材料种类外，还应考虑材料的规格、型号、颜色、品牌等。

零星装饰工程项目 **表 7-1**

<table>
<tr><td rowspan="3">柜类、货架</td><td>书柜</td><td>附墙书柜</td><td>厚度 400mm</td><td>m^2</td></tr>
<tr><td>木壁柜</td><td>附墙嵌入式壁柜</td><td>厚度 600mm</td><td>m^2</td></tr>
<tr><td>矮柜</td><td>附墙矮柜</td><td>厚度 400mm</td><td>m^2</td></tr>
<tr><td rowspan="11">浴厕配件</td><td>洗漱台</td><td>大理石洗漱台面板</td><td>单孔</td><td>m^2</td></tr>
<tr><td colspan="3">帘子杆</td><td>根</td></tr>
<tr><td colspan="3">浴缸拉手</td><td>根</td></tr>
<tr><td colspan="3">毛巾杆（架）</td><td>根</td></tr>
<tr><td colspan="3">毛巾环</td><td>副</td></tr>
<tr><td>卫生纸盒</td><td colspan="2">不锈钢、瓷质</td><td>个</td></tr>
<tr><td>肥皂盒</td><td colspan="2">嵌入式、搁放式</td><td>个</td></tr>
<tr><td rowspan="2">镜面玻璃</td><td>面积 $1m^2$ 以内</td><td>带柜、不带柜</td><td>m^2</td></tr>
<tr><td>面积 $1m^2$ 以上</td><td>带柜、不带柜</td><td>m^2</td></tr>
<tr><td rowspan="2">镜箱</td><td colspan="2">木镜箱制安</td><td>m^2</td></tr>
<tr><td colspan="2">塑料镜箱</td><td>个</td></tr>
<tr><td rowspan="13">压条、装饰条</td><td rowspan="2">金属装饰线</td><td colspan="2">压条、角线、槽条</td><td rowspan="6">m</td></tr>
<tr><td>镜面不锈钢装饰线</td><td>60mm 以内、60mm 以外、100mm 以外</td></tr>
<tr><td rowspan="3">木质装饰线</td><td>木装饰条</td><td>宽 60mm 以内</td></tr>
<tr><td>实木装饰板</td><td>宽 100mm 以内、宽 100mm 以上</td></tr>
<tr><td>木质压角线</td><td>宽 60mm 以内、100mm 以内、100mm 以上</td></tr>
<tr><td rowspan="4">石材装饰线</td><td>粘贴</td><td>宽 50mm 以内、宽 50mm 以上</td></tr>
<tr><td>挂贴</td><td>宽 100mm 以内、宽 100mm 以上</td><td rowspan="7">m</td></tr>
<tr><td>石材磨边</td><td>直边、45°斜边、半圆边</td></tr>
<tr><td colspan="2">石材台面开孔</td></tr>
<tr><td>石膏装饰线</td><td colspan="2">石膏装饰条</td></tr>
<tr><td>镜面玻璃线</td><td colspan="2">镜面玻璃条</td></tr>
<tr><td>铝塑装饰线</td><td colspan="2">铝塑线条</td></tr>
<tr><td>塑料装饰线</td><td colspan="2">塑料线条</td></tr>
<tr><td rowspan="2">雨篷、旗杆</td><td colspan="3">雨篷</td><td>m^2</td></tr>
<tr><td colspan="3">旗杆</td><td>根</td></tr>
<tr><td rowspan="4">招牌、灯箱</td><td rowspan="2">平面招牌</td><td>木结构</td><td>一般、复杂</td><td>m^2</td></tr>
<tr><td>钢结构</td><td>一般、复杂</td><td>m^2</td></tr>
<tr><td>箱式招牌（钢结构厚度）</td><td>500mm 以内、500mm 以外</td><td>矩形、异形</td><td>m^3</td></tr>
<tr><td>竖式标箱（钢结构厚度）</td><td>400mm 以内、400mm 以外</td><td>矩形、异形</td><td>m^3</td></tr>
<tr><td rowspan="3">美术字</td><td rowspan="3">泡沫塑料有机玻璃字、木质字、金属字</td><td>每字面积在 $0.2m^2$ 以内</td><td>混凝土面、砖墙面、其他面</td><td>个</td></tr>
<tr><td>每字面积在 $0.5m^2$ 以内</td><td>混凝土面、砖墙面、其他面</td><td>个</td></tr>
<tr><td>每字面积在 $1m^2$ 以内</td><td>混凝土面、砖墙面、其他面</td><td>个</td></tr>
</table>

续表

拆除、铲除	楼地面铲除	预制水磨石、大理石、陶瓷锦砖、水泥砂浆		m^2
	天棚铲除、拆除	混凝土、板条、钢板网、涂料		m^2
		木龙骨及面层、轻钢龙骨及面层、铝合金龙骨及面层		m^2
	墙面铲除、拆除	砖墙、混凝土墙墙面铲除	石灰砂浆、混合、水泥砂浆	m^2
		条板墙铲除砂浆		m^2
		钢板网墙铲除壳灰		m^2
		墙面铲除瓷板、陶瓷锦砖、涂料		m^2
		木、钢龙骨架拆除	木龙骨、轻钢骨架	m^2
		拆除墙纸		m^2
	木门窗铲除、拆除	清除油皮	木门窗、钢门窗、其他木材面、抹灰面	m^2
		门窗拆除	木框、混凝土框	m^2
			钢门窗、卷闸门窗、铝合金门窗	m^2
	其他拆除	楼地板拆除	带龙骨、不带龙骨	m^2
		楼梯、防盗网		m^2
		栏杆、木扶手、金属扶手、铸铁管、PVC管		m
		蹲便器、坐便器拆除		个
暖气罩	饰面板、塑料板、金属暖气罩			m^2

说明：

(1) 由于装饰材料品种多，定额是按常见装饰材料的常用规格列项的，设计项目材质相同而规格品种不同时可以换算。

(2) 柜类项目不包括柜门拼花，柜门拼花另列项计；定额中的材料与设计不同时，可以调整。

(3) 招牌基层。

1) 平面招牌是指安装在门前的墙面上；箱式招牌、竖式标箱是指六面体固定在墙体上的招牌。沿雨篷、檐口、阳台走向的立式招牌，套用平面招牌的复杂项目。

2) 一般招牌和矩形招牌是指正立面平整无凸出面，复杂招牌和异形招牌是指正立面有凸起或造型。招牌的灯饰均不包括在定额内，灯饰另列项计。

3) 招牌的面层套用天棚相应面层项目，其人工费乘以系数0.8。

(4) 雨篷吊挂饰面其龙骨、基层、面层按天棚工程相应定额计算。

(5) 美术字。

1) 美术字不分字体，只分大小。

2) 其他面指铝合金扣板面、钙塑板面。

(6) 压条、装饰条。

1) 木装饰线、石膏装饰线、石材装饰线均以成品安装为准。

2）石材磨边、台面开孔项目均为现场磨制。

3）如在天棚面上钉直形装饰条者，其人工乘以系数1.34；钉弧形装饰条者，其人工乘以系数1.6，料乘以系数1.1。

4）墙面安装弧形装饰线条者，人工乘以系数1.2，材料乘以系数1.1。

5）装饰线条做图案者，人工乘以系数1.8，材料乘以系数1.1。

7.2 其他装饰工程计价工程量计算

7.2.1 招牌基层计价工程量计算

（1）平面招牌基层按正立面面积计算，复杂形凹凸造型部分不增减。

（2）沿雨篷、檐口或阳台走向的立式招牌基层，按平面招牌复杂形执行时，应按展开面积计算。

（3）箱式招牌和竖式标箱基层，按外围体积计算。突出箱外的灯饰、店徽及其他艺术装潢等，另行计算。

7.2.2 压条、装饰条计价工程量计算

压条、装饰条均按延长米计算。

7.2.3 美术字计价工程量计算

美术字安装按字的最大外接矩形面积以“个”计算。

7.2.4 柜类、货架计价工程量计算

7.2.4.1 柜类、货架制作安装工艺

大幅面壁柜可以在一面墙上安放，也可以用来装饰四面墙壁。壁柜的高度可直至天棚，充分利用空间。壁柜还可以用作房间的间壁墙，可以把两个房间截然分开或者安设透明橱柜，使两个房间半连通。厨房和餐厅、餐厅和客厅之间采用此类较多。柜体结构可采用多种方式，部件、门板可现场加工，也可购买成品。

下面以填充式壁柜为例，介绍制作安装的工艺过程。

（1）制作要点。

1）材料准备。选用优质、不变形、不开裂的木材，选购无有害物质的人造板、胶粘剂。

2）制作。要请有施工经验的细木工并准备齐全的操作工具。

3）根据厅室用橱的位置量好实际尺寸，明确橱的用途和分隔要求。绘出制作、拼装的图纸，注明每边材料的规格尺寸，组合方法有用榫接合、胶粘剂粘贴、木螺钉接合等。按图配料，制作拼装，见图7-1。

4）经制作拼装的成品质量标准：橱柜的抽屉和柜门应开关灵活、回位正确，表面应平整、洁净、色泽一致，不得有裂缝、翘曲及损坏。外形尺寸偏差不大于3mm，立

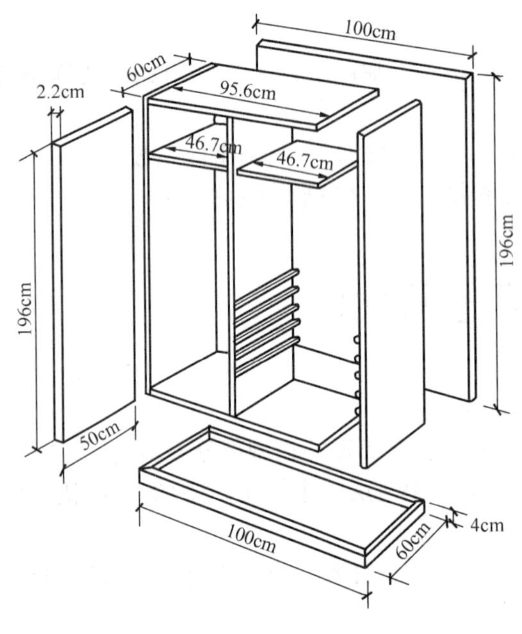

图 7-1 橱的拼装配料图

面垂直度偏差不大于 2mm。

(2) 施工操作的步骤。

弹线→框架制作→粘贴胶合板→装配底板、顶板和旁板→安装隔板、搁板→框架就位固定→安装背板、门、抽屉、五金件等。

框架就位固定是将框架各部件分别锚固于地面、天棚和墙面。要固定的同时用线锤吊垂直，用直角尺测直角，并测对角线，务必要方正。锚固点可用水泥钢钉钉入，或用冲击钻钻孔后打入木楔，再用钉钉入。

如果是安装拉门导轨则需将备好的拉门导轨用钉钉在上下横档相应的位置上。如果安装开门，则需将开门立入框内检验是否符合，然后再安装。同时将柜内其他功能性部件逐一装入相应位置。

将柜体全部安装完毕后，注意修整仍很重要。柜边与墙、棚交接处往往存在一些缝隙，这需采用相当的薄木片与胶、滑石粉调合的填料制成腻子填实、刮平。在立柱、横档表面还可作单板覆面处理，增加美观。

7.2.4.2 柜类、货架计价工程量计算

附墙嵌入式壁柜、附墙矮柜、附墙书柜按正立面面积计算，包括脚的高度在内。

7.2.5 暖气罩计价工程量计算

7.2.5.1 暖气罩制作安装

暖气罩又称散热器罩，是保护散热器不被碰撞和烫着小孩，并起装饰作用，一般与窗台板配套设计和安装。

(1) 暖气罩的制作和安装。

1) 暖气罩所用材料品种和规格，木材的燃烧性等级和含水量等均要符合设计要求。

2) 暖气罩的类型、规格、尺寸、安装位置和固定方法必须符合设计要求。

3) 暖气罩一般按要求先加工成型，安装时要严格控制窗台板及室内地面的标高，保证从地面到窗台板的距离及暖气罩的尺寸符合要求。有暖气罩的房间要求窗台板厚薄一致，以使暖气罩与窗台板之间接触密合。

(2) 暖气罩的安装和细部处理见图 7-2。

7.2.5.2 暖气罩计价工程量计算

暖气罩按设计图示尺寸以垂直投影面积（不展开）计算。

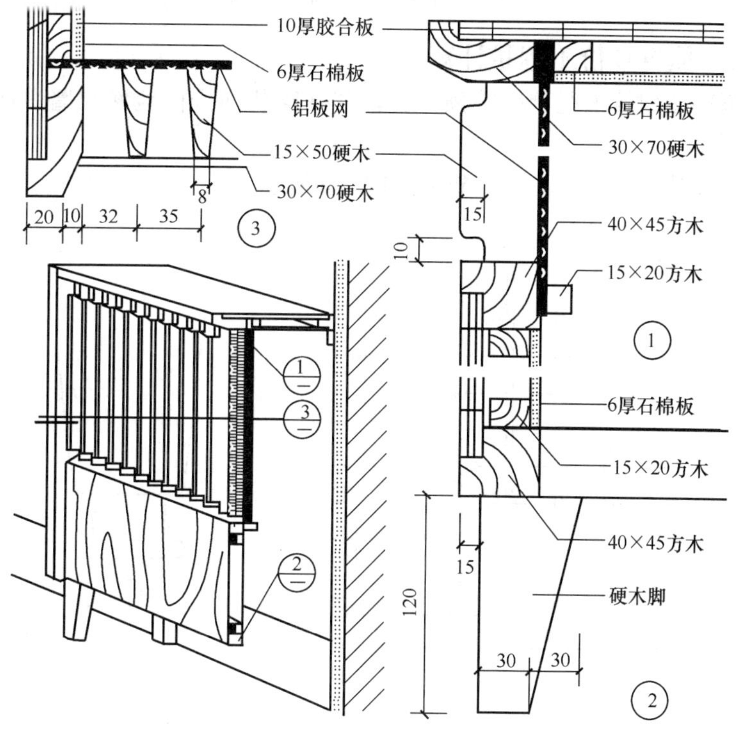

图 7-2　木制暖气罩（mm）

7.2.6　雨篷计价工程量计算

雨篷按设计图示尺寸以水平投影面积计算。雨篷构造见图 7-3、图 7-4。

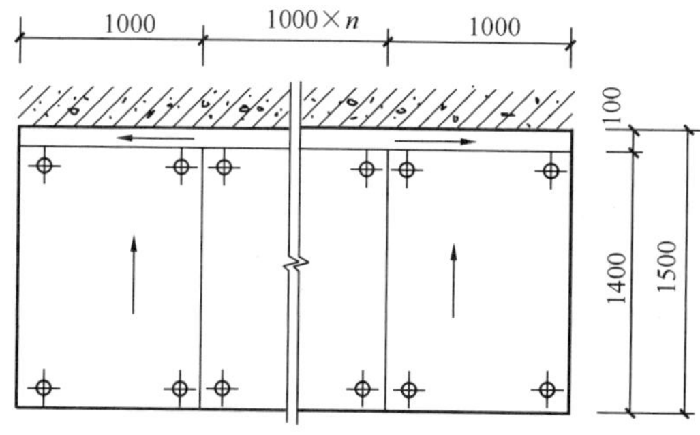

图 7-3　玻璃雨篷平面图（mm）

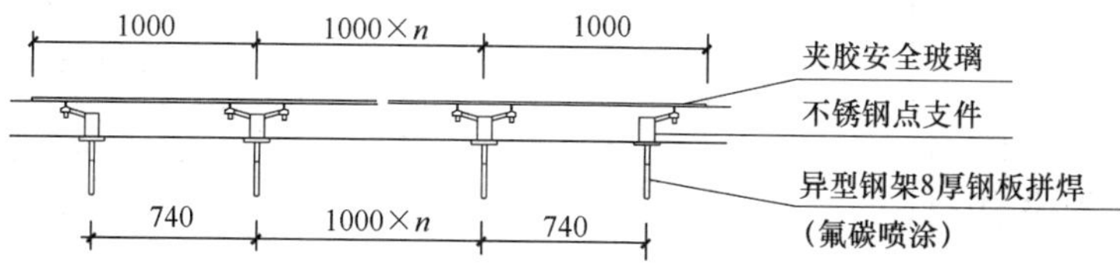

图 7-4　玻璃雨篷立面图（mm）

7 零星装饰工程量计算

7.2.7 旗杆计价工程量计算

旗杆基座按建筑工程相应定额计算，其基座装饰按楼地面和墙、柱面相应定额计算。

杆体按设计以“根”计算。旗杆如图 7-5 所示。

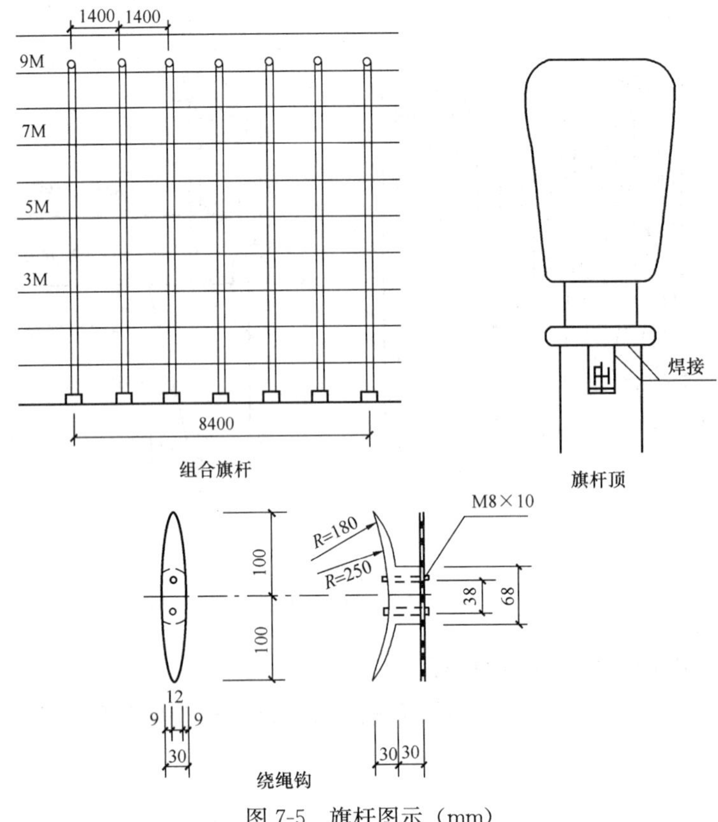

图 7-5 旗杆图示（mm）

7.2.8 其他项目计价工程量计算

其他装饰项目，按所示计量单位计算。

镜箱如图 7-6、图 7-7、图 7-8 所示。

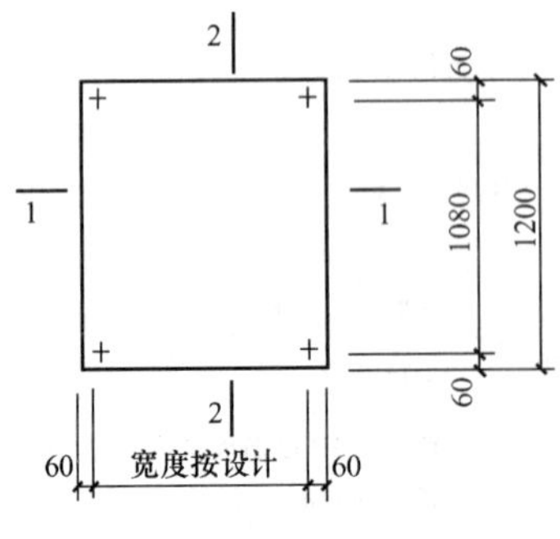

图 7-6 镜箱平面图（mm）

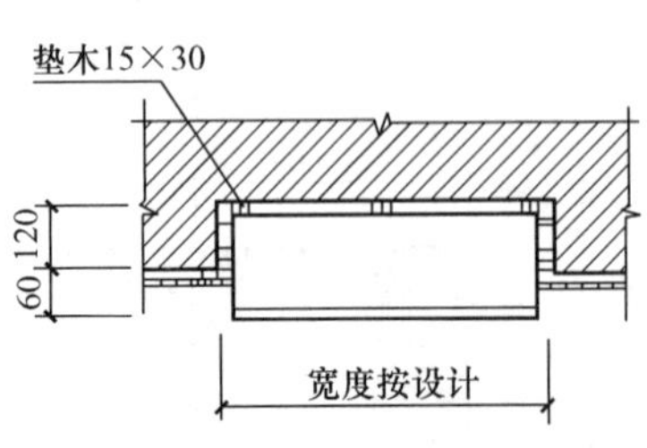

图 7-7 镜箱 1—1 剖面图（mm）

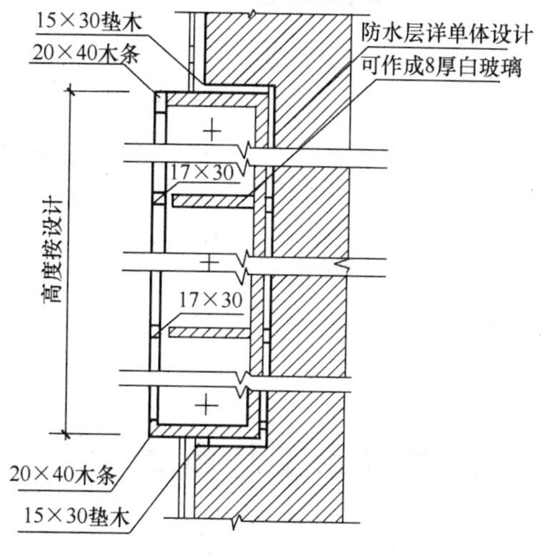

图 7-8 镜箱 2—2 剖面图（mm）

洗漱台如图 7-9 所示。

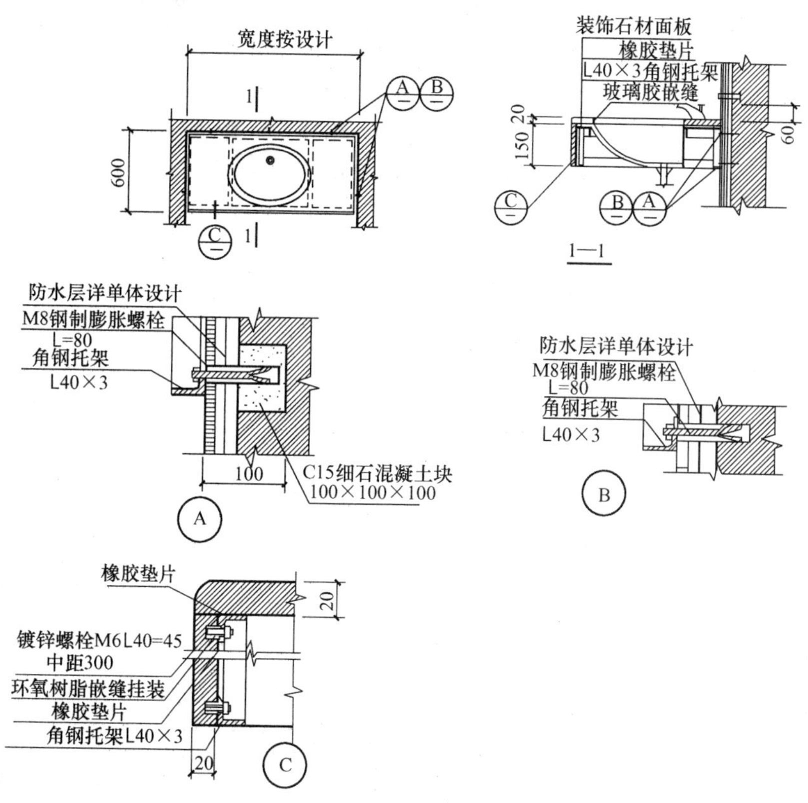

图 7-9 洗漱台构造图（mm）

卫生纸盒如图 7-10 所示。

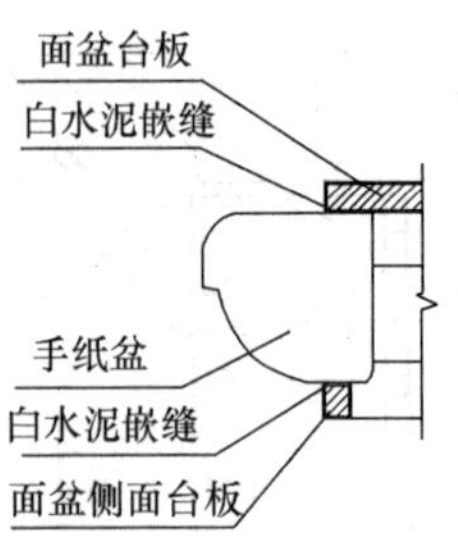

图 7-10　卫生纸盒

7.3　其他装饰工程清单工程量计算

7.3.1　其他装饰工程清单工程量与计价工程量计算规则比较（表 7-2）

其他装饰工程清单工程量与计价工程量计算规则比较　　表 7-2

<table>
<tr><th>项目名称</th><th>清单工程量计算规则①</th><th>计价工程量计算规则②</th><th>①与②比较</th></tr>
<tr><td>柜类、货架</td><td>按设计图示数量以“个”计算</td><td>按正立面面积计算，包括脚的高度在内</td><td></td></tr>
<tr><td>暖气罩</td><td colspan="2">按设计图示尺寸以垂直投影面积（不展开）计算</td><td>①=②</td></tr>
<tr><td>洗漱台</td><td colspan="2">按设计图示尺寸以台面外接矩形面积计算。不扣除孔洞、挖弯、削角所占面积，挡板、吊沿板面积并入台面面积内</td><td>①=②</td></tr>
<tr><td>晒衣架、帘子杆、浴缸拉手、毛巾杆（架）、毛巾环、卫生纸盒、肥皂盒</td><td colspan="2">按设计图示数量以“个、套、副”计算</td><td>①=②</td></tr>
<tr><td>镜面玻璃</td><td colspan="2">按设计图示尺寸以边框外围面积计算</td><td>①=②</td></tr>
<tr><td>木质镜箱</td><td rowspan="2">按设计图示数量以“个”计算</td><td>按设计图示尺寸以边框外围面积计算</td><td></td></tr>
<tr><td>塑料镜箱</td><td>按设计图示数量以“个”计算</td><td>①=②</td></tr>
<tr><td>压条、装饰线</td><td colspan="2">按设计图示尺寸以长度计算</td><td>①=②</td></tr>
<tr><td>雨篷吊挂饰面</td><td colspan="2">按设计图示尺寸以水平投影面积计算</td><td>①=②</td></tr>
<tr><td>金属旗杆</td><td colspan="2">按设计图示数量以“根”计算</td><td>①=②</td></tr>
<tr><td>平面招牌</td><td rowspan="2">按设计图示尺寸以正立面边框外围面积计算。复杂形的凸凹造型部分不增加面积</td><td>按正立面面积计算，复杂形凹凸造型部分不增减</td><td>①=②</td></tr>
<tr><td>箱式招牌</td><td>按外围体积计算</td><td></td></tr>
<tr><td>竖式标箱、灯箱</td><td>按设计图示数量以“个”计算</td><td>按外围体积计算</td><td></td></tr>
<tr><td>美术字</td><td colspan="2">按设计图示数量以“个”计算</td><td>①=②</td></tr>
</table>

从表 7-2 中可以看出，其他装饰工程大部分项目清单工程量与计价工程量计算规则相同。

7.3.2 其他装饰工程清单工程量计算实例

其他装饰工程清单工程量计算实例详第 8 章、第 9 章相应项目。

8 居住建筑装饰装修工程量计算

(1) 关键知识点：

1) 居住建筑装饰特点；

2) 居住建筑装饰工程量计算综合练习。

(2) 教学建议：

1) 案例分析；

2) 资料展示：

《建设工程工程量清单计价规范》；

《工程量清单计价定额》；

D3户型样板房装饰施工图纸，详附件1。

8.1 居住建筑装饰特点

8.1.1 住宅建筑室内装饰装修的内容

住宅建筑室内空间相对公共建筑的空间面积是很小的，但其装饰装修内容几乎包括了室内装修的所有项目；主要是装饰居室室内结构与表面和设计制作固定橱柜，包括室内顶、地、墙面的造型与饰面以及美化配置、灯光配置、家具陈设配置等。从装修项目来看包括：空间结构装修，如门窗、隔墙、室内楼梯等；界面装饰，如顶；地、墙(柱)等；木制品制作，如固定橱柜、陈设柜等；给水排水管道铺设，如厨房、卫浴间给水排水管道铺设等；电气安装，如强电、弱电线路铺设，灯具、抽油烟机安装等。

8.1.2 居住建筑室内装饰装修的基本特点

(1) 居住建筑室内装饰装修是在住宅建筑空间内进行的多门类、多工种的综合工艺操作。

（2）在很多装饰面的处理上具有较强的技术性和艺术性。

（3）居住装饰材料品种繁杂、规格多样、施工工艺与处理方法各不相同。

（4）居住装修一般工期要求短、工作量琐碎繁杂，难以把工人的工种划分得很细，要求一工多能。

（5）施工辅助种类多，性能、特点、用途各异。

（6）因工期要求短、工艺要求多，所以在施工中采用的小型机具多。

（7）各工种、各工序间关系密切，间隔周期短，要求密切配合。

8.2 居住建筑装饰工程量计算综合练习

8.2.1 工程概况

本设计为D3户型样板房装饰施工图。本工程是二次装修，不包括室外装修。

图中除注明的墙厚外，其余均按240mm计算。

8.2.2 装饰材料

（1）进口大理石，磨光度达腊5度以上，厚度要基本一致，产品要选用“A级”国产花岗石，大理石的产品质量要符合国家A级产品标准。

（2）表面装饰木料，属符合国际标准的A级产品。木方，不管是国产还是进口，都选用与表面饰板相同纹理及相同颜色的A级产品，含水率要控制在15%。

（3）ICI及聚氨酯漆，均为合资哑光漆（个别地方除外）。

（4）天棚材料，轻钢龙骨石膏板天棚，均选用合资防火防潮的产品。

8.2.3 施工要求

（1）墙、地面。

1）采用抛光花岗石、大理石。石材施工要求严格进行试拼编号，避免色差及纹路凌乱，以保证视觉效果，同时要求饰面平整，垂直水平度好，缝线笔直，接缝严密，无污染及反锈反碱，并无空鼓等现象。凡是白色、浅色花岗石、大理石，在贴前都要做防污及防浸透处理。凡是木质地板铺设，须确保地面基层平整，再行铺设。

2）所有外墙内侧的墙面（批水泥或木装饰）均要进行防水处理。以上工程应注意同各专业安装工程的配合，尤其需同专业的明露设备（如照明控制、强弱电插座及控制等）协调施工，以保证装修效果。

（2）天棚。

此部分工程也应同各专业施工的配合，吊顶饰面及喷涂面应平整均匀，风口、音响及灯具等应与天棚衔接紧密得体，排布整齐，检查口应统一规格，结合吊顶内专业管线的情况合理布置。

（3）门窗。

详见施工图。

（4）家具。

1）固定家具请参照详图，具体尺寸依据现场实际确定。

2）卫生间洁具参考形象图。

（5）灯具。

灯具安装应排列整齐，布置均匀，某些场合如需专业设计应结合设计的风格进行处理。

8.2.4 计算计价工程量

根据《四川省建设工程工程量清单计价定额—装饰装修工程》及D3户型样板房装饰施工图计算该工程计价工程量。

工程量计算表 **表8-1**

序号	定额编号	项目名称	单位	工程量	计 算 式
		一、楼地面工程			
1	2A0046	实木地板DB-01 1. 白枫木实木地板 2. 贝恩斯地板	m^2	78.83	玄关：1.3×2.19=2.85m^2 客厅：4.3×(4.8+1.0)=24.94m^2 餐厅：(2.05+1.1+0.1)×2.8=9.1m^2 过道：0.98×4.3=4.21m^2 书房：2.8×3.1=8.68m^2 小孩房：3.4×3.1=10.54m^2 主卧房：3.7×4=14.8m^2 衣帽间：2.2×1.2=2.64m^2 小计：77.76m^2 加 门洞开口：(1.2+1.8+0.8+0.8)×0.2=0.92m^2 1.5×0.1=0.15m^2 合计：77.76+0.92+0.15=78.83m^2
2	2A0020	室外地板DB-02	m^2	5.73	阳台：2.6×2.204=5.73m^2
3	2A0019	瓷砖地面DZ-01 1. 300mm×300mm瓷砖 2. 冠军	m^2	19.49	厨房：2×3.5=7.0m^2 门洞开口： 储藏间：2×1.3+0.65×0.1=2.67m^2 阳台：2.25×2.4+0.75×0.1=5.48m^2 公卫：1.4×1.1+1.4×1.95+0.65×0.1=4.34m^2 小计：19.49m^2
4	2A0010	花岗石地面S-03 400mm×400mm雅士白	m^2	2.23	主卫：1.44×1.55=2.23m^2
5	2A0015	花岗石地面零星S-03 400mm×400mm雅士白	m^2	2.77	厨房 公卫 主卫 门槛：1.6×0.2+0.9×0.1+1.29×0.1=2.77m^2

续表

序号	定额编号	项目名称	单位	工程量	计 算 式
		一、楼地面工程			
6	2A0071	踢脚线 1. 实木踢脚线 H=150 2. 刷白色乳胶漆 R—03	m²	137.47	客餐厅： A立面 B立面 C立面 2.8+(9.05−0.7−1.0−1.10)+4.3+(9.05− D立面 1.5−1.3−1.6−0.16)=17.84m² A立面 B立面 C立面 书房：(2.8−0.15−1.2−0.9)+3.1+(2.8− D立面 1.8)+3.1=77.5m² 小孩房：(3.4+3.1)×2−(0.8+0.16)=12.04m² 主卧室：(3.7+4.0)×2−1.5−0.96−1.29−0.16=11.49m² 公卫过道：0.04+0.85=0.89m² A立面 B立面 C立面 过道：(5.78−0.96)+0.98+(4.3−0.96−2.1)=7.04m² 玄关：2.19×2=4.38m² 储藏室：(2+1.3)×2−0.45−0.65−0.16=5.34m² 衣帽间：(0.12+0.13)+0.7=0.95m² 合计：137.47m²
		二、墙柱面工程			
7	2E0175	墙纸 QZ-01	m²	54.75	客餐厅 窗： A立面：2.8×2.35−1.8×1.745=3.44m² 门： B立面：(2.05+1.1+0.1+4.8)×2.35−(2.3×1.1+2.25×0.7)=14.81m² C立面：(4.3−3.5)×2.35=2.35m² D立面：(9.05−1.3−1.78)×2.35−(1.6+0.16)×(2.38−0.15)=10.10m² 小计：30.7m² 公卫过道： A立面：1.4×2.35−(0.65+0.16)×2.38−0.55×0.7=0.98m² C立面：1.4×2.35−0.55×(2.38−0.15)=2.06m² D立面：1.11×0.12+1.8×0.1=0.31m² 小计：3.35m² 过道： A立面：5.78×2.35−0.55×(2.38−0.15)−0.96×(2.38−0.15)=10.22m² B立面：0.98×2.35=2.30m² C立面：4.3×2.35−0.96×2.23−(1.2+0.9)×2.35=3.03m² 小计：15.55m² 玄关：2.19×2.35=5.15m² 合计：54.75m²
8	2E0132	抹灰墙面白色乳胶漆 R-01	m²	21.43	客餐厅：[(2.8+2.65)×2+(4.8+4.3)×2]×0.255=7.42m² 书房：(2.8−0.15+3.1+2.8−0.15+0.75×2)×0.255=2.52m² 加 1.6×(2.8−0.15)=4.24m² 小孩房：(3.4+3.1)×2×0.255=3.32m² 主卧室：(3.7+4.0)×2×0.255=3.93m² 合计：21.43m²

续表

序号	定额编号	项目名称	单位	工程量	计　算　式
		二、墙柱面工程			
9	2E0175	QZ-02	m^2	14.37	书房： A立面　B立面　C立面 [(2.8－1.2－0.45×2－0.15)＋3.1＋(2.8－ D立面 0.15)＋(3.1－1.6)]×2.35 门、窗 －1.8×(2.35－0.15)＝14.37m^2
10	2B0021	墙面 S-12	m^2	4.18	书房：1.78×2.35＝4.18m^2
11	2B0022	墙面零星 S-12	m^2	2.87	书房：(1.5＋0.026)×0.2＋1.5×1.1＋0.2×1.1×2＋(0.956＋0.706×2)×0.2＝2.87m^2
12	2B0041	瓷砖墙面 DZ-02	m^2	15.88	公卫： A立面：1.4×2.5－0.9×1.5＝2.15m^2 B立面：1.95×2.5＝4.88m^2 C立面：1.4×2.5×3－(0.65＋0.16)×2.38×2－1.11×2.38＝4m^2 D立面：1.94×2.5＝4.85m^2 合计：15.88m^2
13	2B0097	墙面贴镜面玻璃 G21 9mm 夹板(防火处理) 10mm 黑铁皮包边	m^2	5.15	玄关：2.19×2.35＝5.15m^2
14	2E0175	QZ-04	m^2	40.31	主卧室： (3.7＋4.0)×2×2.35－1.9×1.8－(1.5＋0.8＋1.29＋0.16)×2.15＋0.55×1.8×2＝26.69m^2 主卫： A立面：1.7×2.7－0.9×1.5＝3.24m^2 B立面：1.9×(2.6－0.15)－0.35×0.65－(1.29＋0.16)×(2.38－0.15)＋0.2×0.238＝1.24m^2 C立面：2.69×(2.6－0.15)－0.97×(0.65－0.15＋0.25)＝5.86m^2 D立面：1.9×1.7＋0.2×0.238＝3.28m^2 小计：13.62m^2 合计：40.31m^2
15	2E0132	R-03	m^2	3.26	书房：(0.15×2＋0.05)×3.1×3＝3.26m^2
16	2E0132	R-02	m^2	14.13	储藏室： A立面：(2－0.45)×2.75＝4.26m^2 B立面：1.3×2.75－1.4×0.7＝2.60m^2 C立面：2×2.75－(0.65＋0.16)×2.23＝3.69m^2 D立面：1.3×2.75＝3.58m^2 小计：14.13m^2
17	2E0175	QZ-03	m^2	30.76	门窗飘窗侧　门 小孩房：(3.4＋3.1)×2×2.35－0.8×2.15－ 窗　飘窗侧 1.8×2.0＋0.55×1.8×2＝27.21m^2 衣帽间 A：2.18×2.35－1.5×(2.3－0.15)＝1.9m^2 D：0.7×2.35＝1.65m^2 合计：30.76m^2

续表

序号	定额编号	项目名称	单位	工程量	计　算　式
		三、天棚工程			
18	2C0065 2E0139	吊顶天棚 D-02 石膏板 白色乳胶漆 R-01	m^2	19.49	厨房：同序号 3
19	2C0065 2E0139	吊顶天棚 D-01 9mm 纸面石膏板 白色乳胶漆 R-01	m^2	79.91	同序号 1　　　　飘窗顶 77.76+(1.9+2.0)×0.55=79.91m^2
20	2E0139	天棚 R-01 白色乳胶漆	m^2	13.88	储藏间同序号 3：2.67m^2 序号 2 序号 3 阳台：5.73+5.48=11.21m^2 小计：13.88m^2
		四、门窗工程			
21	2D0064	成品装饰木门	扇	2	客餐厅 2 扇 1.6×2.23=3.57m^2
22	2D0064	成品白色百叶门	m^2	5.25	书房：1 樘(1.2+0.9)×2.5=5.25m^2
23	2D0064	成品白色百叶门	m^2	3.45	主卧房：1 樘(1.29+0.16)×2.38=3.45m^2
24	2E0067	成品装饰门白色 R-03	m^2	1.93	储藏室：1 樘(0.65+0.16)×2.38=1.93m^2
		五、其他工程			
25	2F0056	石膏线条(45)R-01	m	69.00	客餐厅：(2.8+2.65)×2+(4.8+4.3)×2=29.1m 书房：(2.8−0.15+3.1)×2=11.5m 小孩房：(3.4+3.1)×2=13.0m 主卧室：(3.7+4.0)×2=15.4m 小计：69.0m
26	2F0062	S-12 线条(120)	m	1.80	书房：1.78+0.012×2=1.80m
27	2F0051	S-12 线条(25)	m	3.28	书房：0.14×2+1.5+(0.706+0.904)×2=3.38m
28	2F0051	S-12 线条(17)	m	2.37	书房：0.906+0.706×2=2.37m
29	2A0015	S-03 窗台板	m^2	3.11	小孩房：(0.55+0.02)×2.0=1.14m^2 主卧室：(0.55+0.02)×1.9=1.08m^2 公卫过道：(0.15+0.1+0.55)×1.11=0.89m^2 合计：3.11m^2
30	2A0015	S-07 洗漱台、浴缸	m^2	6.32	主卧室： 0.25×2.7+0.35×(2.7−0.9)+0.55×(2.7−0.9)+(0.97+1.9)×0.25+0.35×1.55+0.3×1.55+1.9×0.97=5.86m^2 踢脚：(0.1+1.44+1.55)×0.15=3.09×0.15=0.46m^2 合计：6.32m^2
31	2A0015	G-21 洗漱台、浴缸	m^2	2.8	主卧室： 1.55×0.15+(2.7−0.97)×0.35−0.28×0.15=0.80m^2 公卫过道：1.11×1.8=2.0m^2 合计：2.8m^2
32	2F0062	铝合金窗帘轨　单轨	m	21.15	客餐厅：2.8+4.8+4.3=11.9m 书房：(2.8−0.15)=2.65m 小孩房：2.0m 主卧房：1.9m 主卫：2.7m 合计：21.15m

续表

序号	定额编号	项目名称	单位	工程量	计　算　式
		五、其他工程			
33	2F0062	成品白色铁艺杆	m	8.5	书房：2.8m 小孩房：3.1m 主卧房：1.5+0.9=2.4m 合计：8.5m
34	2F0044	门套线(80) 白色 R-03	m	75.97	B立面　　　　D立面 客餐厅：(1.1+0.16+2.38×2)+(1.6+0.16+2.38×2)=10.16m 小孩房：0.8+0.16+2.38×2=5.72m C立面　　　　D立面 主卧房：(0.8+0.16+2.38×2)+(1.29+0.16+2.38×2)=11.93m 主卫：(1.29+0.16+2.38×2)=6.21m 公卫：(0.65+0.16+2.38×2)×2+0.95+0.16+2.38×2=17.01m 过道：0.8+0.16+2.38×2=5.72m 玄关：0.8+0.16+2.38×2=5.72m 储藏室：(0.65+0.16+2.38×2)=5.57m 厨房：(0.65+0.16+2.38×2)+(1.6+0.16+2.38×2)=7.93m 合计：75.97m
35	2A0015	洗漱台 S-03 面	m^2	0.44	公卫：1.1×0.4=0.44m^2
36	2A0015	洗漱台 S-07 面	m^2	1.13	主卫：(2.7−0.97)×0.65=1.13m^2
37	2F0076	橱柜　地柜(H=840)	m	5.45	3.45+2.0=5.45m
38	2F0076	橱柜　吊柜(H=800)	m	5.45	3.45+2.0=5.45m
39	2F0077	橱柜	m^2	8.50	(1.2+2.2)×2.5=8.5m^2

8.2.5 计算清单工程量

根据《建设工程工程量清单计价规范》及 D3 户型样板房装饰施工图计算该工程清单工程量。

工程量计算表　　**表 8-2**

序号	项目编码	项目名称	计量单位	工程量	计　算　式
		一、楼地面工程			
1	020104002001	实木地板 DB-01 1. 白枫木实木地板 2. 贝恩斯地板	m^2	78.83	玄关：1.3×2.19=2.85m^2 客厅：4.3×(4.8+1.0)=24.94m^2 餐厅：(2.05+1.1+0.1)×2.8=9.1m^2 过道：0.98×4.3=4.21m^2 书房：2.8×3.1=8.68m^2 小孩房：3.4×3.1=10.54m^2 主卧房：3.7×4=14.8m^2 衣帽间：2.2×1.2=2.64m^2 小计：77.76m^2 加 门洞开口：(1.2+1.8+0.8+0.8)×0.2=0.92m^2 1.5×0.1=0.15m^2 合计：77.76+0.92+0.15=78.83m^2

续表

序号	项目编码	项目名称	计量单位	工程量	计 算 式
		一、楼地面工程			
2	020104002002	室外地板 DB-02	m^2	5.73	阳台：2.6×2.204=5.73m^2
3	020102002001	瓷砖地面 DZ-01 1.300mm × 300mm 瓷砖 2. 冠军	m^2	19.94	厨房：2×3.5=7.0m^2 门洞开口： 储藏间：2×1.3+0.65×0.1=2.67m^2 阳台：2.25×2.4+0.75×0.1=5.48m^2 公卫：1.4×1.1+1.4×1.95+0.65×0.1=4.34m^2 小计：19.49m^2
4	020102001001	花岗石地面 S-03 400mm × 400mm 雅士白	m^2	5	主卫：1.44×1.55=2.23m^2 厨房 公卫 主卫 门槛：1.6×0.2+0.9×0.1+1.29×0.1=2.77m^2 小计：5m^2
5	020105006001	踢脚线： 1. 实木踢脚线 H=150 2. 刷白色乳胶漆 R-03	m^2	137.47	客餐厅： A 立面 B 立面 C 立面 2.8+(9.05−0.7−1.0−1.10)+4.3+ D 立面 (9.05−1.5−1.3−1.6−0.16)=17.84m^2 A 立面 B 立面 书房：(2.8−0.15−1.2−0.9)+3.1+ C 立面 D 立面 (2.8−1.8)+3.1=77.5m^2 小孩房：(3.4+3.1)×2−(0.8+0.16)=12.04m^2 主卧室：(3.7+4.0)×2−1.5−0.96−1.29−0.16=11.49m^2 公卫过道：0.04+0.85=0.89m^2 A 立面 B 立面 C 立面 过道：(5.78−0.96)+0.98+(4.3−0.96−2.1)=7.04m^2 玄关：2.19×2=4.38m^2 储藏室：(2+1.3)×2−0.45−0.65−0.16=5.34m^2 衣帽间：(0.12+0.13)+0.7=0.95m^2 合计：137.47m^2
		二、墙柱面工程			
6	020509001001	墙纸 QZ-01	m^2	54.75	客餐厅： 窗： A 立面：2.8×2.35−1.8×1.745=3.44m^2 门： B 立面：(2.05+1.1+0.1+4.8)×2.35−(2.3×1.1+2.25×0.7)=14.81m^2 C 立面：(4.3−3.5)×2.35=2.35m^2 D 立面：(9.05−1.3−1.78)×2.35−(1.6+0.16)×(2.38−0.15)=10.10m^2 小计： 公卫过道： A 立面：1.4×2.35−(0.65+0.16)×2.38−0.55×0.7=0.98m^2 C 立面：1.4×2.35−0.55×(2.38−0.15)=2.06m^2 D 立面：1.11×0.12+1.8×0.1=0.31m^2 小计：3.35m^2 过道： A 立面：5.78×2.35−0.55×(2.38−0.15)−0.96×(2.38−0.15)=10.22m^2 B 立面：0.98×2.35=2.30m^2 C 立面：4.3×2.35−0.96×2.23−(1.2+0.9)×2.35=3.03m^2 小计：15.55m^2 玄关：2.19×2.35=5.15m^2 合计：54.75m^2

续表

序号	项目编码	项目名称	计量单位	工程量	计　算　式
		二、墙柱面工程			
7	020509001002	QZ-03	m^2	30.76	门　　　　门 小孩房：(3.4+3.1)×2×2.35−0.8× 窗　　　飘窗侧 2.15−1.8×2.0+0.55×1.8×2=27.21m^2 衣帽间： A 立面：2.18×2.35−1.5×(2.3−0.15)=1.9m^2 D 立面：0.7×2.35=1.65m^2 合计：30.76m^2
8	020509001003	QZ-04	m^2	40.31	主卧室： (3.7+4.0)×2×2.35−1.9×1.8−(1.5+0.8+1.29+0.16)×2.15+0.55×1.8×2=26.69m^2 主卫： A 立面：1.7×2.7−0.9×1.5=3.24m^2 B 立面：1.9×(2.6−0.15)−0.35×0.65−(1.29+0.16)×(2.38−0.15)+0.2×0.238=1.24m^2 C 立面：2.69×(2.6−0.15)−0.97×(0.65−0.15+0.25)=5.86m^2 D 立面：1.9×1.7+0.2×0.238=3.28m^2 小计：13.62m^2 合计：40.31m^2
9	020507001001	抹灰墙面白色乳胶漆 R-01 QZ-02 R-03 墙面 S-12 墙面零星 S-12	m^2	46.11	客餐厅：[(2.8+2.65)×2+(4.8+4.3)×2]×0.255=7.42m^2 书房：(2.8−0.15+3.1+2.8−0.15+0.75×2)×0.255=2.52m^2 加 1.6×(2.8−0.15)=4.24m^2 小孩房：(3.4+3.1)×2×0.255=3.32m^2 主卧室：(3.7+4.0)×2×0.255=3.93m^2 小计：21.43m^2 书房： A 立面　　　　B立面 C立面 [(2.8−1.2−0.45×2−0.15)+3.1+(2.8 D 立面 −0.15)+(3.1−1.6)]×2.35 门、窗 −1.8×(2.35−0.15)=14.37m^2 书房：(0.15×2+0.05)×3.1×3=3.26m^2 书房：1.78×2.35=4.18m^2 书房：(1.5+0.026)×0.2+1.5×1.1+0.2×1.1×2+(0.956+0.706×2)×0.2=2.87m^2 小计：24.68m^2 合计：46.11m^2

续表

序号	项目编码	项目名称	计量单位	工程量	计 算 式
		二、墙柱面工程			
10	020204002001	瓷砖墙面 DZ-02	m^2	15.88	公卫： A 立面：1.4×2.5−0.9×1.5=2.15m^2 B 立面：1.95×2.5=4.88m^2 C 立面：1.4×2.5×3−(0.65+0.16)×2.38×2−1.11×2.38=4m^2 D 立面：1.94×2.5=4.85m^2 合计：15.88m^2
11	020603009001	墙面贴镜面玻璃 G21 9mm 夹板(防火处理) 10mm 黑铁皮包边	m^2	5.15	玄关：2.19×2.35=5.15m^2
		三、天棚工程			
12	020302001001	吊顶天棚 D-02 石膏板 白色乳胶漆 R-01	m^2	19.94	厨房：同序 3
13	020302001002	吊顶天棚 D-01 9mm 纸面石膏板 白色乳胶漆 R-01	m^2	79.91	同序号 1 飘窗顶 77.76+(1.9+2.0)×0.55=79.91m^2
14	020302001003	天棚 R-01 白色乳胶漆	m^2	13.88	储藏间同序号 3：2.67m^2 序 2 序 3 阳台：5.73+5.48=11.21m^2 小计：13.88m^2
		四、门窗工程			
15	020401003001	成品装饰木门	樘	2	客餐厅： 1.6×2.23=3.57m^2
16	020401003002	成品装饰门白色 R-03	樘	1	储藏室：(0.65+0.16)×2.38=1.93m^2
17	020405003001	成品白色百叶门	樘	2	书房：(1.2+0.9)×2.5=5.25m^2 主卧房：(1.29+0.16)×2.38=3.45m^2
		五、其他项目			
18	020604004001	石膏线条(45)R-01	m	69	客餐厅：(2.8+2.65)×2+(4.8+4.3)×2=29.1m 书房：(2.8−0.15+3.1)×2=11.5m 小孩房：(3.4+3.1)×2=13.0m 主卧室：(3.7+4.0)×2=15.4m 小计：69.0m
19	020604002001	S-12 线条(120)	m	1.8	书房：1.78+0.012×2=1.80m
20	020604002002	S-12 线条(25)	m	3.38	书房：0.14×2+1.5+(0.706+0.904)×2=3.38m

续表

序号	项目编码	项目名称	计量单位	工程量	计　算　式
		五、其他项目			
21	020604002003	S-12 线条(17)	m	2.37	书房：0.906＋0.706×2＝2.37m
22	020604002004	门套线(80) 白色 R-03	m	75.97	B立面　D立面 客餐厅：(1.1＋0.16＋2.38×2)＋(1.6＋0.16＋2.38×2)＝10.16m 小孩房：0.8＋0.16＋2.38×2＝5.72m C立面　D立面 主卧房：(0.8＋0.16＋2.38×2)＋(1.29＋0.16＋2.38×2)＝11.93m 主卫：(1.29＋0.16＋2.38×2)＝6.21m 公卫：(0.65＋0.16＋2.38×2)×2＋0.95＋0.16＋2.38×2＝17.01m 过道：0.8＋0.16＋2.38×2＝5.72m 玄关：0.8＋0.16＋2.38×2＝5.72m 储藏室：(0.65＋0.16＋2.38×2)＝5.57m 厨房：(0.65＋0.16＋2.38×2)＋(1.6＋0.16＋2.38×2)＝7.93m 合计：75.97m
23	020407001001	S-03	m^2	3.11	窗台板： 小孩房：(0.55＋0.02)×2.0＝1.14m^2 主卧室：(0.55＋0.02)×1.9＝1.08m^2 公卫过道：(0.15＋0.1＋0.55)×1.11＝0.89m^2 合计：3.11m^2
24	020603001001	S-07 洗漱台、浴缸 G-21 洗漱台、浴缸 洗漱台 S-03 面 洗漱台 S-07 面	m^2	10.69	主卧室： 0.25×2.7＋0.35×(2.7－0.9)＋0.55×(2.7－0.9)＋(0.97＋1.9)×0.25＋0.35×1.55＋0.3×1.55＋1.9×0.97＝5.86m^2 踢脚：(0.1＋1.44＋1.55)×0.15＝3.09×0.15＝0.46m^2 主卧室： 1.55×0.15＋(2.7－0.97)×0.35－0.28×0.15＝0.80m^2 公卫过道：1.11×1.8＝2.0m^2 公卫：1.1×0.4＝0.44m^2 主卫：(2.7－0.97)×0.65＝1.13m^2 合计：10.69m^2
25	020603010001	成品玻璃镜	个	4	客餐厅：1个 主卧房：1个 主卫：1个 公卫：1个 合计：4个

续表

序号	项目编码	项目名称	计量单位	工程量	计 算 式
		五、其他项目			
26	020408004001	铝合金窗帘轨　单轨	m	21.15	客餐厅：2.8+4.8+4.3=11.9m 书房：(2.8−0.15)=2.65m 小孩房：2.0m 主卧房：1.9m 主卫：2.7m 合计：21.15m
27	020603003001	成品白色铁艺杆	m	8.5	书房：2.8m 小孩房：3.1m 主卧房：1.5+0.9=2.4m 合计：8.5m
28	02060109001	橱柜 地柜(H=840)	个	11	3.45+2.0=5.45m
29	020601010001	橱柜 吊柜(H=800)	个	1	3.45+2.0=5.45m
30	020601003001	衣柜	个	1	(1.2+2.2)×2.5=8.5m^2

9

公共建筑装饰装修工程量计算

（1）关键知识点：

1）公共建筑装饰计价工程量计算；

2）公共建筑装饰清单工程量计算。

（2）教学建议：

1）案例分析；

2）资料展示：

《建设工程工程量清单计价规范》；

《工程量清单计价定额》；

交通银行××分行××支行工程室内装饰施工图，详附件2。

9.1 工程概况

本设计为交通银行××分行××支行工程室内装饰施工图。本工程是二次装修，不包括室外装修。

图中除注明的墙厚外，其余均按240mm计算。

9.2 装饰材料

（1）进口大理石，磨光度达腊5度以上，厚度要基本一致，产品要选用“A级”国产花岗石，大理石的产品质量要符合国家A级产品标准。

（2）表面装饰木料，属符合国际标准的A级产品。木方，不管是国产还是进口，都选用与表面饰板相同纹理及相同颜色的A级产品，含水率要控制在15%。

(3) ICI及聚氨酯漆，均为合资哑光漆（个别地方除外）。

(4) 天花材料，轻钢龙骨石膏板天花，均选用合资防火防潮的产品。

9.3 施工要求

(1) 墙、地面。

1) 采用抛光花岗石、大理石。石材施工要求严格进行试拼标号，避免色差及纹路凌乱，以保证视觉效果，同时要求饰面平整，垂直水平度好，缝线笔直，接缝严密，无污染及反锈反碱，并无空鼓等现象。凡是白色、浅色花岗石、大理石，在贴前都要做防污及防浸透处理。凡是木质地板铺设，须确保地面基层平整，再行铺设。

2) 所有外墙内侧的墙面（批水泥或木装饰）均要进行防水处理。以上工程应注意同各专业安装工程的配合，尤其需同专业的明露设备（如照明控制、强弱电插座及控制等）协调施工，以保证装修效果。

(2) 天花。

此部分工程也应同各专业施工的配合，吊顶饰面及喷涂面应平整均匀，风口、音响及灯具等应与天棚衔接紧密得体，排布整齐，检查口应统一规格，结合吊顶内专业管线的情况合理布置。

(3) 门窗。

详见施工图。

(4) 家具。

1) 固定家具请参照详图，具体尺寸就依据现场实际确定。

2) 卫生间洁具参考形象图。

(5) 灯具。

灯具安装应排列整齐，布置均匀，某些场合如需专业设计应结合设计的风格进行处理。

9.4 公共建筑装饰计价工程量计算

根据《四川省建设工程工程量清单计价定额—装饰装修工程》及交通银行××分行××支行工程室内装饰施工图计算该工程计价工程量。

工程量计算表 **表 9-1**

序号	定额编号	项目名称	单位	工程量	计算式
		一、楼地面工程			
1	2A0010	山东灰麻花岗石火烧面饰面	m^2	35.31	走廊： (1.66－0.6)×33.96－0.06×0.86×4－0.11×0.37×2－0.8×0.45－0.08×(4.72－1.1)＋0.45×(2.7＋2.02)＝35.31m^2 合计：35.31m^2
2	2A0020	白色带暗点抛光砖饰面(鹰牌)	m^2	153.16	自助银行： (0.1＋2.87＋0.7＋1.27)×4.695＋(4.72－1.1)×0.285－1.6×4.695－0.5×(0.7－0.24)×0.7×2＝16.39m^2 营业大厅： 23.26×(5.21＋0.37)－0.7×0.7×4－(0.7－0.24)×0.5×0.7－0.43×0.86×4＝126.19m^2 非现金区：5.21×2.03＝10.58m^2 合计：153.16m^2
3	2A0021	800mm×800mm咖啡色抛光砖饰面(鹰牌)	m^2	78.41	自助银行：1.6×4.695－0.2×1.6×3＝6.55m^2 营业大厅：(0.24＋1.5＋1.1)×(23.26＋1.05＋1.6＋0.255)－0.2×(0.24＋1.5)×4－0.2×(0.24＋1.5－0.24)－0.24×(2.03＋0.9＋0.23)＝71.86m^2 合计：78.41m^2
4	2A0020	600mm×600mm米白色抛光地砖饰面(鹰牌)	m^2	285.53	一层： 现金区： 3.1×(3.24＋1.1＋0.64＋9.4＋0.4＋1.1＋2.36)＋0.3×9.4＋2.078×2.305＋(0.34＋1＋0.585)×(2.078＋0.99－1.738－0.24)＋1.84×(2.36＋1.1＋0.4－0.2－0.2)－(1.84－1.0＋0.2)×1.04＝73.70m^2 大户室： (2.045＋2.955)×2.98－0.24×2.955＋0.273×1.91－1.03×0.58＝14.11m^2 楼梯间：(1.15＋1.25)×(2.89＋2.11)＋2.26×(4.5＋3.4－1.15－1.25)＝24.43m^2 自助银行后台：2.7×4.72＝12.74m^2 资料室：(4.02－0.4)×(3.16－0.4×2)＋1.364×0.4＋(2.78－0.4×2)×(4.22－0.4)＝16.65m^2 过道： 1.2×(1.28＋0.9＋0.82＋0.9＋3.02)＋(3.7－0.4)×3.24－0.5×1.3＋1.4×3.7＋1.2×(0.22＋0.8＋1.93＋0.8＋0.57＋0.9＋1.52)＋1.1×1.1×2＝34.03m^2 小计：175.66m^2 二层： 资料室：(4.66－0.5)×(2.5－0.5×2)＋(2.76－0.5×2)×(4.3＋0.12)＝14.02m^2 过道：4.3×1.9＋3.38×(1.0＋0.9＋0.72＋1.8)－0.5×(0.5－0.1)＝22.91m^2 客户经理室：9.17×(0.58＋1＋1.13＋3.45＋1.24－0.5)＋0.5×(0.69＋2＋0.69)＋(0.15＋3.45＋1.15)×1.68＝72.94m^2 小计：109.87m^2 合计：285.53m^2

续表

序号	定额编号	项目名称	单位	工程量	计　算　式
5	2A0020	400mm×400mm浅灰色防滑地砖饰面(鹰牌)	m^2	28.03	一层： WC：2.36×2.08－0.5×1.089＝4.36m^2 茶水间：1.5×2.08＝3.12m^2 发电机房：2.4×3.1＝7.44m^2 二层： WC：(1＋1)×1.26＋0.96×2.1－1.2×(1.1－0.1＋0.94)＋1.14×(1.1＋0.94)＝9.19m^2 茶水间：(0.98＋0.12＋1)×1.98－0.12×1.98＝3.92m^2 合计：28.03m^2
6	2A0046	500mm×500mm防静电地板	m^2	15.45	监控室：2.52×2.08－1.1×1.1＝4.03m^2 电脑机房：(2.98＋1.04)×2.4－1.1×1.1＋2.98×1＝11.42m^2 合计：15.45m^2
7	2A0046	复合地板饰面	m^2	89.53	二层： 会议室：4.66×(0.748＋2.285＋1.4＋1.543＋0.974)－(0.5－0.12)×(0.5－0.12)×2－(0.6－0.12)×(0.5－0.18)×2＝31.85m^2 副行长室：(0.15＋3.45＋1.15)×5.6－0.45×3.3－1.14×0.25＝25.08m^2 行长室：4.66×7.4－(7.4－3)×0.35－1.14×0.3＝32.60m^2 合计：89.53m^2
8	2A0013	皇室咖花岗石踢脚线	m^2	12.32	营业大厅： A立面：[26.185－(0.295＋0.9×5)－(0.3＋0.71＋1.8＋0.71＋0.3)]×0.1＝1.76m^2 B立面：(0.97＋0.7＋3.49)×0.1＝0.52m^2 C立面：[26.185－(1.6＋0.06×2＋0.9＋0.06×2)]×0.1＝2.35m^2 D立面：(0.085＋0.7＋5.23＋0.36)×0.1＝0.43m^2 F立面：(6.95－0.24)×0.1＝0.67m^2 柱：0.7×4×0.1×4＝1.12m^2 小计：6.84m^2 自助银行： (0.46＋0.615＋5.93－0.34－0.06－0.35－1.1＋1.295＋1.305＋1.295＋5.93－0.06－0.34－0.69)×0.1＝1.39m^2 梯间：(2.89＋0.195＋4.5＋3.95＋5.5)×0.1＝1.71m^2 楼梯： (1.02＋0.35×8＋1.5＋1.88＋0.35×6＋1.94＋0.1－0.35＋1.29＋0.79＋0.35×11＋1.14－0.35＋0.1＋1.778＋0.5＋0.466＋0.05＋0.48＋2.8)×0.1＝2.39m^2 合计：12.32m^2

续表

序号	定额编号	项目名称	单位	工程量	计　算　式
9	2A0072	砂面不锈钢踢脚线	m^2	8.36	现金区： (21.51−0.2−0.99+0.4+5.38−0.11−0.99+0.4−1.1−0.06×2−1.1−0.06×2+4.2−0.11−0.99+0.588)×0.1=4.73m^2 二道门：(0.55+2.595+1.66+1.495)×0.1=1.13m^2 大户室：(1.14+0.58+5.38+3.97−0.99+0.25+5.26)×0.1=1.56m^2 后台办公：(3.46−1.1−0.06×2+1.84+3.46+1.84)×0.1=0.94m^2 合计：8.36m^2
10	2A0023	米白色抛光砖踢脚线	m^2	2.54	自助银行： (4.695+4.695+2.7×2)×0.1=1.48m^2 发电机房：(3.1+0.86+2+2.4+0.35×5+0.5−0.35+0.1+0.05×5)×0.1=1.06m^2 合计：2.54m^2
11	2A0071	沙比利木踢脚线	m^2	19.08	资料室： (2.16+2.5+0.46+2.66+0.52+3+4.22−0.5+0.72+3.5+0.22+2.28)×0.1=1.04m^2 过道： (0.14+0.04+0.51+2.25+0.5+0.04+0.04+0.16+1.81+0.45+1.46+2.5+0.14+12.6+3.22+0.8+1.22+0.7+2.96)×0.1=3.15m^2 监控室：(2.52−0.05×2+2.08−0.6+1.42−0.04+0.05+0.88+0.45+0.1)×0.1=0.64m^2 电脑机房：(4.04+3.4+4.04+0.1+3.4−0.04−0.06−0.9−0.06)×0.1=1.39m^2 二楼： 资料室： (4.66−0.5+6.92−0.5−0.5+1.76+1.5+0.4+0.52+1.5+0.5+0.44)×0.1=1.67m^2 客户经理室： (9.17+7.4−1.4−0.06×2+9.17−2−0.12×2+7.4−0.5−0.02−0.06×2−1)×0.1=2.77m^2 会议室：(4.66+6.95+4.66+6.95−0.06×2−1.4)×0.1=2.17m^2 过道：(0.15+1.07×4+0.09+0.48+4.75+0.48+0.14)×0.1=1.04m^2 副行长室：(4.75−0.393+5.6−0.06×4+1.07×3+0.05+5.6−0.08×3)×0.1=1.83m^2 行长室：(4.66−0.39+7.4−0.06×2−0.9+4.66+7.4−0.08×4)×0.1=2.48m^2 合计：19.08m^2

续表

序号	定额编号	项目名称	单位	工程量	计　　算　　式
12	2A0014	山东灰麻花岗石烧面台阶饰面	m^2	20.38	0.6×33.96=20.38m^2
13	2A0024	米白色抛光砖台阶饰面	m^2	1.69	发电机房：(1.04+0.5)×1.1=1.69m^2
14	2A0005	沙安娜米黄石材台阶饰面	m^2	6.62	梯间：(1.46+0.3)×1.41+(1.94−0.3)×1.41+(1.29+0.5)×1.15=6.62m^2
15	2A0072	砂面不锈钢楼梯饰面	m^2	4.15	2.89×(1.25+1.15)=4.15m^2
16	2A0085	19厘夹胶玻璃栏板	m^2	8.13	(0.05+0.818+0.35)×[$(2.24^2+1.35^2)^{1/2}$+$(3.59^2+1.65^2)^{1/2}$+0.1]=8.13m^2
17	2A0101	成品砂钢扶手	m	6.67	$(2.24^2+1.35^2)^{1/2}$+$(3.59^2+1.65^2)^{1/2}$+0.1=6.67m
		二、墙柱面工程			
18	2B0015	皇室咖花岗石墙饰面	m^2	16.97	银行外墙：2.46×0.45+(3.82+2.32+1.5+1.5+2.46+3.76)×0.1=2.64m^2 营业大厅： B立面：0.24×(0.7+0.6×3+0.55)=0.73m^2 E立面：3.16×2.8−1×2.5+0.3×0.188+0.23×(0.08+0.17)−0.08×0.08=6.46m^2 H立面：3.16×3.05−1×(3.05−0.55)=7.14m^2 合计：16.97m^2
19	2B0016	皇室咖花岗石柱饰面	m^2	5.02	外墙：0.9×0.45×5+9×0.06×0.45+0.45×0.45=2.47m^2 室内：(0.295+0.9×5+0.03)×0.45+0.06×0.45×9+0.293×0.45=2.55m^2 合计：5.02m^2
20	2B0109	银灰色复合铝板柱饰面	m^2	34.83	外墙：(0.9×5+9×0.06+0.45)×(5.3−2.1)=17.57m^2 室内：(0.295+0.9×5+0.03+0.06×9+0.293)×3.05=17.26m^2 合计：34.83m^2
21	2B0109	银灰色复合铝板墙饰面	m^2	20.59	自助银行：(4.695−0.46−0.615)×0.8=2.90m^2 外墙： 2.45×(0.6×4+0.1×4+0.31)+(3.82+2.32+1.5+1.5+2.46+3.76)×0.35+(0.3+0.71+1.8+0.71+0.3)×(0.19+0.04+0.17+0.012+0.288)+(1.01+1.6+1.01)×0.4=16.24m^2 室内：(0.3+0.71+1.8+0.71+0.3)×(0.55−0.17)=1.45m^2 合计：20.59m^2

续表

序号	定额编号	项目名称	单位	工程量	计算式
22	2B0109	白色复合铝板墙饰面	m^2	169.12	营业大厅： C立面： (0.3+3.42+0.3+0.3+3.57+0.3+0.3+3.41+0.3+0.3+3.41+0.3)×0.23=3.73m^2 现金区 A立面： (21.51−0.2−0.99−1.48−0.7×3−0.53)×0.395+(1.48+0.99+0.2)×2.9+1.234×0.66−0.65×0.11×8=14.39m^2 B立面： (0.585+0.34)×2.9+(1.0+0.06×2)×(2.9−2.247)+2.305×0.4+1.234×0.66−0.65×0.11=5.08m^2 C立面： 21.31×(0.1+0.585+0.01×4+0.59×3+0.405)−2×(0.06×2+1.1)×(0.585+0.01×4+0.59×3)=55.96m^2 D立面：3.05×2.9=8.85m^2 后台办公：(3.46−0.06×2−1.1+1.84+3.46+1.84)×2.3=21.57m^2 二道门： (1.74+2.595+1.66+2.595)×2.9−(0.05×2+1)×(1.288+0.05×3+0.639+0.17)×2−0.8×1×2=18.36m^2 大户室： (2.78+5.38+3.97+2.95)×2.9−(0.06×2+0.9)×(2.9−0.405)=41.19m^2 合计：169.12m^2
23	2B0124	19mm钢化玻璃幕墙	m^2	46.69	营业大厅： A立面：(3.81+3.96+3.82+3.82)×(0.85+1.83+0.35)=46.69m^2
24	2B0041	600mm×600mm米黄色鹰牌抛光砖墙饰面	m^2	270.20	营业大厅： A立面：2.03×(3.05−0.16)=5.87m^2 C立面： (0.195+0.06×2+1.6+0.935+0.06×2+0.9+2.01+1+0.8+0.195)×3.05−(1.6+0.06×2)×(3.05−0.545)−(0.06×2+0.9)×(3.05−0.545)−(0.05×2+1)×(1.288+0.05×3+0.639+0.17)=4.68m^2 D立面：(8.45−0.15)×3.05−(0.035×2+1.1)×2.505=22.38m^2 F立面：1.5×3.05=4.58m^2 现金区：(0.11+0.99+0.05)×2.9×2=6.68m^2 自助银行： B立面：(5.93−0.35−0.34)×3.2−(0.85×2+1.1)×2.505=9.75m^2

续表

序号	定额编号	项目名称	单位	工程量	计　　算　　式
24	2B0041	600mm×600mm米黄色鹰牌抛光砖墙饰面	m²	270.20	C立面：1.295+1.305+1.295)×(0.1+0.595+0.01+1.543)−0.65×1.543×3−0.131×0.4×3=31.99m² D立面：(5.93−0.06−0.34−0.69)×3.2−0.262×0.757=15.29m² 一层梯间： A立面：(5.0+1.02)×(0.1+2.45+0.3+1.35)−0.4×0.28×8−(0.06×2+1.6)×(0.1+2.45)=20m² B立面：7.9×3.55−(1.94+1.46+1.94)×1.05×0.5=25.24m² C立面： 0.595×3.59+2×(0.01×2+0.59×2)×3.59×0.5+1.65+1−0.4×0.28×10+1.29×1.65+1×(5+1.14)+2.6×5.28+0.595×0.338=21.56m² D立面： 3.55×5.5+(1.15+1.25)(0.27+13.8+0.12+0.98+1.5)+(0.12+0.48+2.8)×(0.12+0.98+1.5−0.117)=67.98m² 二层梯间： A立面：5.28×2.8−(0.12×2+2)×(2.25+0.03+0.09)=9.48m² B立面：(6.92−0.06×2−0.9)×(2.8−0.295−0.01)=14.72m² 合计：270.20m²
25	2B0049	600mm×600mm米黄色鹰牌抛光砖柱饰面	m²	79.12	大厅：4×0.7×43.05×2+0.7×4×(3.05−0.35−0.7)=73.92m² 梯间：0.5×4×(0.12+0.98+1.5)=5.2m² 合计：79.12m²
26	2B0124	专业夹胶钢化防弹玻璃	m²	27.4	大厅C立面：(3.42+3.57+3.41×2)×1.7=23.48m² 现金区B：2.305×1.7=3.92m² 合计：27.4m²
27	2B0093	聚晶玻璃墙饰面	m²	14.59	大厅F立面：(6.95−0.24−1.5)×2.8=14.59m²
28	2B0101	沙比利木墙饰面	m²	15.43	现金区C立面：1.1×0.35×2=0.77m² 监控室C立面：0.9×0.35=0.315m² 电脑机房D立面：0.9×0.35=0.315m² 后台办公A立面：1.1×0.15=0.165m² 大户室A立面：0.35×0.9=0.315m² 梯间A立面：0.355×1.6=0.568m² D立面：0.355×1=0.355m² B立面：0.35×0.9=0.315m² 客户经理室D：1.0×0.35=0.35m² 会议室： (0.48+0.32+0.69+0.48+0.32+0.48+0.48+0.69)×(2.8−0.25−0.05)+1.4×0.35=10.35m² 过道：(0.9+1+0.9)×0.35=0.98m² 副行长室：0.9×0.35=0.315m² 行长室：0.9×0.35=0.315m² 合计：15.43m²

续表

序号	定额编号	项目名称	单位	工程量	计　算　式
29	2B0097	浅绿色聚晶玻璃墙饰面	m^2	25.08	行长室：2.52×(2.8－0.25－0.05)＋1.71×1.6＝9.04m^2 副行长室：0.993×1.6＝1.59m^2 会议室：5.78×(2.8－0.25－0.05)＝14.45m^2 合计：25.08m^2
30	2B0041	100mm×100mm墙砖饰面	m^2	98.89	WC： A立面：2.36×(2.6－0.2)＝5.66m^2 B立面：2.6×1.1－0.2×1.1＋0.98×(0.2＋0.25)＝3.08m^2 C立面：(0.55＋0.85)×2.6－(0.1＋0.2)×0.55＝3.48m^2 D立面：2.08×2.6＝5.41m^2 小计：17.63m^2 茶水间： A立面：1.5×1.8＝2.7m^2 B立面：2.08×2.6－0.8×0.6＝4.93m^2 C立面：1.5×2.6－(0.06×2＋0.8)×(2.6－0.1)＝1.42m^2 D立面：2.08×2.6－0.8×0.6＝4.93m^2 二层WC前： A立面：1.12×2.6－(0.06×2＋0.8)×2.15＝0.98m^2 B立面：2.04×2.6－(0.06×2＋0.94)×(2.15＋0.06)＝2.96m^2 C立面：1.12×2.6－(0.06×2＋0.94)×2.15＝0.98m^2 D立面：2.04×2.6－(0.06×2＋0.8)×(2.15＋0.06)＝3.27m^2 小计：8.19m^2 二层女WC： 0.1×2.6＋1.0×0.35＋2.22×2.6－0.2×0.55－0.3×0.55＋2.1×2.6－(0.08×2＋0.8)×2.15＋2.22×2.6－0.2×0.55－0.3×0.55＋(1＋1.2＋1.2)×(2.6－0.15)＝23.33m^2 茶水间：0.98×2.6＋1.98×2.6－(0.06×2＋0.8)×(2.15＋0.06)－0.6×0.8＋0.98×1.8＋1.98×2.6－0.6×0.8＝11.61m^2 男WC： 2.04×2.6－(0.05×2＋0.8)×2.15＋2.42×2.6－(0.2＋0.3)×0.05＋0.94×(0.15＋0.3)＋2.42×2.6－0.55×(0.2＋0.3)＋(1.2＋1＋1.2)×(2.6－0.15)＝24.15m^2 合计：98.89m^2
31	2B0011	银线米黄石材干挂	m^2	9.72	大厅： B立面：(7.3－1.5－0.24－0.4－0.3×6)×(0.7－0.1)＝2.02m^2 C立面： (3.42－0.3×2＋3.57－0.3×2＋3.41－0.3×2＋3.41－0.3×2)×0.55＝6.28m^2 大户室：(0.3＋0.27＋0.25)×0.585＋1.705×0.55＝1.42m^2 合计：9.72m^2

续表

序号	定额编号	项目名称	单位	工程量	计　算　式
32	2B0025	黑金砂板条石材干挂	m^2	6.49	自助银行： 0.34×(3.2−1.2)×2+0.2×(3.2−0.1−0.15)×4+1.295×(3.2−0.15−0.1−1.543−0.595−0.1)×3=6.49m^2
		三、天棚工程			
33	2C0015	轻钢龙骨吊顶(U型、不上人、600mm×600mm)	m^2	131.95	自助银行(前后)：(2.7+0.24+0.4+2.87+0.7+1.27+0.285)×4.695=39.74m^2 大厅： (23.255+0.9+2.03)×(0.11+5.23+0.7+0.085×2+1.1)=191.41m^2 二道门：1.738×2.57=4.47m^2 大户室：2.982×(2.045+2.955)=14.91m^2 梯间：2.26×(4.5+3.4)=17.55m^2 过道： 1.2×(1.28+0.9+0.82+0.9+3.02)+(3.24+1.1)×3.7+1.2×(0.22+0.8+1.93+0.8+0.57+0.9+1.52)=32.45m^2 二楼行长室：4.66×7.4=34.48m^2 副行长室：4.75×5.6=26.60m^2 会议室：4.66×(0.748+2.285+1.4+1.543+0.974)=32.39m^2 过道：1.68×4.75+3.38×(1.8+0.72+0.90+1)+1.9×1.8=26.34m^2 梯间：2.3×(3.38+1.9)=12.14m^2 合计：131.95m^2
34	2C0015	角钢支架吊顶	m^2	16.39	(1.66−0.6)×33.96−0.06×0.86×4−0.11×0.37×2−0.8×0.45−0.08×(4.72−1.1)+0.45×(2.7+2.02)−(4.72+0.86)×1.66−(4.72+1.1)×1.66=16.39m^2
35	2C0106	铝方板吊顶	m^2	200.51	现金区：3.1×(3.24+1.1+0.64+9.4+0.4+1.1+2.36+2.078)−1.06×(0.585+1+0.34)+0.3×9.4=61.23m^2 资料室：3.16×4.02+4.22×2.78=24.43m^2 监控室、电脑机房：2.52×2.08+2.98×(2.4+1)+1.04×2.4=17.87m^2 后台办公：1×(0.4+1.1−0.2)+(2.36−0.2)×1.84=5.27m^2 二楼资料室：4.66×2.5+2.76×(4.3+0.12)=23.85m^2 客户经理室：9.17×(0.58+1+1.13+3.45+1.24)=67.86m^2 合计：200.51m^2

续表

序号	定额编号	项目名称	单位	工程量	计　　算　　式
36	2C0083	9 厘板吊顶	m^2	303.15	自助银行： 4.695×(0.4+2.87+0.7+1.27+0.285－1.1)+(0.4+2.87+0.7+1.27－1.1)×4×(3.4－3.3)=22.43m^2 走廊： (1.66－0.6)×33.96－0.06×0.86×4－0.11×0.37×2－0.8×0.45－0.08×(4.72－1.1)+0.45×(2.7+2.02)－(4.72+0.86)×1.66－(4.72+1.1)×1.66=16.39m^2 营业大厅：(23.255+0.9+2.03)×(0.11+5.23+0.7+0.085×2+1.1)+(23.255+0.9+2.03)×(3.15－3.05)+(23.255－0.22－0.455－1.4×2)×(3.22－3.15)+(23.255－0.22－0.455－1.4×2)×(3.22－3.05)+(23.255+0.22+2.86)×(3.25－3.05)×2+(4.35+1.4)×2×(3.1－3.05)×2+(2.4+0.25)×2×(3.18－3.1)×2+(0.25×2+1.2×2)×12×(3.4－3.25)=216.63m^2 大户室：3.78×1.182=4.47m^2 副行长室：3.6×2.31+(3.6+2.31)×2×(3.05－2.8)=11.27m^2 会议室：$\frac{2}{3}$×4.5×0.75×2+4.5×1.2+[$(0.75^2+2.25^2)^{1/2}$×4+1.7×2]×(3.05－2.8)+(1.2×2+0.25×2)×(3.2－3.05)×3=14.43m^2 梯间：4.08×1.2+(1.2+4.08)×2×(2.85－2.6)=7.54m^2 走道：3.32×2.18+(3.32+2.18)×2×(3.05－2.8)=9.99m^2 合计：303.15m^2
37	2C0101	白色复合铝板吊顶	m^2	286.76	自助银行： 4.695×(0.4+2.87+0.7+1.27+0.285－1.1)+(0.4+2.87+0.7+1.27－1.1)×4×(3.4－3.3)=22.43m^2 营业大厅：(23.255+0.9+2.03)×(0.11+5.23+0.7+0.085×2+1.1)+(23.255+0.9+2.03)×(3.15－3.05)+(23.255－0.22－0.455－1.4×2)×(3.22－3.15)+(23.255－0.22－0.455－1.4×2)×(3.22－3.05)+(23.255+0.22+2.86)×(3.25－3.05)×2+(4.35+1.4)×2×(3.1－3.05)×2+(2.4+0.25)×2×(3.18－3.1)×2+(0.25×2+1.2×2)×12×(3.4－3.25)=216.63m^2 大户室：3.78×1.182=4.47m^2 副行长室：3.6×2.31+(3.6+2.31)×2×(3.05－2.8)=11.27m^2 会议室：$\frac{2}{3}$×4.5×0.75×2+4.5×1.2+[$(0.75^2+2.25^2)^{1/2}$×4+1.7×2]×(3.05－2.8)+(1.2×2+0.25×2)×(3.2－3.05)×3=14.43m^2 梯间：4.08×1.2+(1.2+4.08)×2×(2.85－2.6)=7.54m^2 走道：3.32×2.18+(3.32+2.18)×2×(3.05－2.8)=9.99m^2 合计：286.76m^2

续表

序号	定额编号	项目名称	单位	工程量	计　算　式
38	2C0106	条形铝扣板天棚	m^2	26.05	一层： WC：2.36×2.08－0.5×1.089＝4.36m^2 茶水间：1.5×2.08＝3.12m^2 发电机房：2.4×3.1＝7.44m^2 二层： WC： (1＋1)×1.26＋0.96×2.1－1.2×(1.1－0.1＋0.94)＋1.14×(1.1＋0.94)＝9.19m^2 茶水间：(0.98＋0.12＋1)×1.98－0.12×1.98＝3.92m^2 小计：28.03m^2 28.03－1.0×1.98＝26.05m^2
39	2C0101	银白色复合铝板饰面	m^2	16.39	走廊： (1.66－0.6)×33.96－0.06×0.86×4－0.11×0.37×2－0.8×0.45－0.08×(4.72－1.1)＋0.45×(2.7＋2.02)－(4.72＋0.86)×1.66－(4.72＋1.1)×1.66＝16.39m^2
40	2C0065	石膏板吊顶	m^2	170.73	自助银行：(2.7＋0.24＋0.285＋1.1)×4.695＝20.31m^2 二道门：1.738×2.57＝4.47m^2 过道： 1.2×(1.28＋0.9＋0.82＋0.9＋3.02)＋(3.24＋1.1)×3.7＋1.2×(0.22＋0.8＋1.93＋0.8＋0.57＋0.9＋1.52)＝32.45m^2 大户室：3.38×(1.8＋0.72＋0.9＋1)－1.8×3.78＝10.48m^2 梯间：(3.4＋4.5)×2.26－(1.6＋1.6＋1.6)×0.3＝16.41m^2 现金区：2.86×5.21＝14.90m^2 二楼： 行长室： 4.66×7.4＋(2.4＋3.21)×2×(3.05－2.8)＋(0.3＋1.6)×2×(2.8－2.6)×3＝39.12m^2 过道： 1.68×4.75＋3.38×(1.8＋0.72＋0.9＋1)＋1.9×1.8－3.32×2.18＝19.10m^2 会议室： 4.66×(0.748＋2.285＋1.4＋1.543＋0.974)－(2/3×4.5×0.75×2＋4.5×1.2)＝13.49m^2 合计：170.73m^2

续表

序号	定额编号	项目名称	单位	工程量	计　算　式
41	2E0139	白色 ICI 饰面	m^2	170.73	自助银行：(2.7＋0.24＋0.285＋1.1)×4.695＝20.31m^2 二道门：1.738×2.57＝4.47m^2 过道： 1.2×(1.28＋0.9＋0.82＋0.9＋3.02)＋(3.24＋1.1)×3.7＋1.2×(0.22＋0.8＋1.93＋0.8＋0.57＋0.9＋1.52)＝32.45m^2 大户室：3.38×(1.8＋0.72＋0.9＋1)－1.8×3.78＝10.48m^2 梯间：(3.4＋4.5)×2.26－(1.6＋1.6＋1.6)×0.3＝16.41m^2 现金区：2.86×5.21＝14.90m^2 二楼： 行长室： 4.66×7.4＋(2.4＋3.21)×2×(3.05－2.8)＋(0.3＋1.6)×2×(2.8－2.6)×3＝39.12m^2 过道： 1.68×4.75＋3.38×(1.8＋0.72＋0.9＋1)＋1.9×1.8－3.32×2.18＝19.10m^2 会议室： 4.66×(0.748＋2.285＋1.4＋1.543＋0.974)－(2/3×4.5×0.75×2＋4.5×1.2)＝13.49m^2 合计：170.73m^2
42	2E0069	600mm×600mm 微孔烤漆	m^2	200.51	现金区：3.1×(3.24＋1.1＋0.64＋9.4＋0.4＋1.1＋2.36＋2.078)－1.06×(0.585＋1＋0.34)＋0.3×9.4＝61.23m^2 资料室：3.16×4.02＋4.22×2.78＝24.43m^2 监控室、电脑机房：2.52×2.08＋2.98×(2.4＋1)＋1.04×2.4＝17.87m^2 后台办公：1×(0.4＋1.1－0.2)＋(2.36－0.2)×1.84＝5.27m^2 二楼资料室：4.66×2.5＋2.76×(4.3＋0.12)＝23.85m^2 客户经理室：9.17×(0.58＋1＋1.13＋3.45＋1.24)＝67.86m^2 合计：200.51m^2
		四、门窗工程			
43	2D0041	玻璃自动感应门	扇	1	1扇
44	2D0042	防盗卷闸门	m^2	59.66	(3.05＋0.6)×(3.81＋3.96＋3.82＋3.82)＋(2.505＋0.6)×1.1＝59.66m^2
45	2D0044	防盗电动卷帘装置	套	1	1套
46	2D0038	12厘钢化白玻门	扇	2	2.2×(0.71＋1.8＋0.71)＋1.6×(2.45＋0.1)＝11.16m^2

序号	定额编号	项目名称	单位	工程量	计 算 式
47	2D0038	防弹玻璃门安装	扇	2	二道门：(1.288＋0.05×3＋0.639＋0.17)×1×2＝4.49m^2
48	2D0068	砂面不锈钢门套	m^2	1.62	二道门：(2×0.06＋0.24)×(1.288＋0.05×3＋0.639＋0.17)×2＝1.62m^2
49	2D0063	沙比利木饰面门扇安装	扇	11	11扇
50	2D0068	12mm厚钢化玻璃地弹门	扇	1	1.4×(0.1＋2.4)＝3.5m^2
51	2D0049	塑钢卫生间门安装	m^2	3.2	0.8×2×2＝3.2m^2
52	2D0056	10mm钢化玻璃窗	m^2	1.23	0.88×1.4＝1.23m^2
53	市场价	1.2mm不锈钢防盗网	m^2	29.83	2.97×1.895×4＋3.86×1.895＝29.83m^2
54	市场价	卷帘	m^2	29.83	2.97×1.895×4＋3.86×1.895＝29.83m^2
		五、油漆、涂料工程			
55	2E0132	白色ICI墙饰面	m^2	268.59	现金区：9.4×0.2＝1.88m^2 自助银行后室： (4.695＋2.7)×2×2.9－(0.06×2＋0.9)×2.505－0.658×1.812×3＝36.76m^2 资料室： 2.66×2.8＋2.16×0.25＋0.25×(4.02－0.5)＋0.46×(2.8－0.25－0.05)＋(4.02－0.5)×0.25＋(4.22－0.5＋2.78－0.5×2＋4.22－0.5＋2.28)×0.25＋0.72×(2.8－0.25－0.05)＝15.58m^2 过道： (3.7＋6.92－2.4＋6.92＋12.6)×0.35＋12.6×0.25＋(2.5＋0.14＋3.22＋0.8＋1.22＋0.7＋2.96＋0.5＋0.3＋1.81＋0.45＋1.46＋12.6)×(2.9－0.35)＝85.94m^2 卫生间：0.98×0.3＝0.29m^2 监控室： (2.52＋2.08)×2×2.7－0.88×1.4－(0.9＋0.06×2)×(2.7－0.4)＝21.26m^2 电脑机房： (4.04＋3.4)×2×2.7＋1.1×0.2－0.88×1.4－(0.9＋0.06×2)×(2.7－0.4)＝36.61m^2 发电机房：(3.1＋2.4)×2×4.05＋1.06×(2.3＋0.1)－0.5×(0.5＋1.04＋0.5)×1.98－1.1×(4.05－1.65)＝43.45m^2 二楼资料室：(4.66＋6.92＋2.76－0.5×7＋6.92)×0.25＝4.44m^2 男WC：0.94×(0.1＋0.2)＝0.28m^2 客户经理室： 2.97×2×0.065＋(0.705＋1.62＋0.705＋7.4＋9.17＋7.4)×0.25＝7.14m^2 会议室：(4.66－3.07＋6.95×2＋4.66－2)×0.25＋3.07×0.065＝4.74m^2 过道：(4.75＋1.68＋4.75＋1.68)×0.25＝3.22m^2 副行长室：(0.855－0.393＋0.825＋5.6＋4.75＋5.6)×0.25＋2.97×0.065＝4.50m^2 行长室： (0.845－0.39＋0.745)×0.25＋(7.4－0.48－2.52)×0.25×2＝2.50m^2 合计：268.59m^2

续表

序号	定额编号	项目名称	单位	工程量	计　算　式
56	2E0175	墙纸饰面	m^2	98.18	客户经理室： 9.17×(2.8−0.3)−2.97×1.6×2+(1.424+0.748+0.57+0.56+0.1+0.6+0.54)×(2.8−0.3)+(2.0+0.12×2)×(2.8−0.25−0.05−2.25−0.12)=25.07m^2 会议室： 3.86×(2.8−0.3)−3.07×1.6+(0.268+0.284)×(2.8−0.3)=6.12m^2 过道： (0.15+0.09+0.48+4.75+0.48+0.14)×(2.8−0.25−0.05)=15.23m^2 副行长室： (0.855−0.393+0.825+0.54+0.6+0.1+0.91+0.09+0.15+2.3)×(2.8−0.3)+2.97×0.845=17.45m^2 行长室： (0.845−0.39+0.745+7.4−0.06×2−0.9+4.66+0.48)×(2.8−0.3)+2.97×0.845=34.31m^2 合计：98.18m^2
		六、其他工程			
57	2A0015	黑金砂石材线台面	m^2	28.72	营业大厅： (3.42+0.3×8+3.57+3.41×2)×(0.99+0.15)+(0.97+0.7+3.49)×(0.9+0.15)=23.90m^2 大户室：(1.705+0.3×2)×(0.99+0.15)=2.63m^2 WC：1×(0.55+0.15)=0.70m^2 茶水间：0.98×(0.6+0.15)=0.83m^2 男 WC：0.94×(0.55+0.15)=0.66m^2 合计：28.72m^2
58	2F0048	沙比利木线条（60mm 以内）	m	431.75	大厅：(3.05−0.545)×4=10.02m 现金区：(0.1+0.585+0.59×3+0.01×4)×4=9.98m 自助银行后室：2.6×2=5.2m 资料室 1：2×(2.8−0.3)+2.16+4.02−0.5+2.66+0.52+3=168.86m 资料室 2： 2×(2.8−0.3)+4.22−0.5+2.78−0.5×2+4.22−0.5+2.28+3.7+3.22+0.8+6.92+12.6+12.6=56.34m 过道：(2.9−0.4)×2+(2.8−0.3)×10+(2.9−0.4)×4=40m 卫生间 C 立面：(2.6−0.1)×2=5m 茶水间 C 立面：(2.6−0.1)×2=5m 监控室：(2.9−0.4)×2+2.52+2.08+2.52+2.08=14.20m 电脑机房：(2.9−0.4)×2+4.04×2+3.4×2=19.88m 大户室：(2.9−0.4)×2=5m 梯间：2.55×2+(2.8−0.3)×2=10.10m

续表

序号	定额编号	项目名称	单位	工程量	计算式
58	2F0048	沙比利木线条（60mm以内）	m	431.75	二楼资料室： (2.8−0.3)×2+4.66+6.92−0.5+1.76+6.92−0.5×2=23.76m 客户经理室： (2.8−0.3)×13+0.705×2+1.62+7.4+9.17+7.4−0.5=59m 会议室：(2.8−0.3)×7+4.66−3.07+6.95+4.66−2+6.95=35.65m 过道：(2.8−0.3)×10+4.75+1.68+4.75+1.68=37.86m 副行长室：(2.8−0.3)×14+0.855−0.393+0.825+5.6×2+4.75=52.24m 行长室：(2.8−0.3)×2+0.845−0.39+0.745+7.4+4.66+7.4=25.66m 合计：431.75m
59	2E0178	米色麻质软包	m²	9.65	3.86×(2.8−0.25−0.05)=9.65m²
60	市场价	雨篷	m²	16.01	5.52×2.9=16.01m²
61	2F0078	档案柜	m²	113.99	资料室： (2.16+2.5+0.5+3+4.22−0.5+0.22+3.5+3.28)×(2.8−0.3−0.1)=38.11m² 过道：(0.51+2.25)×(2.8−0.3−0.1)=6.62m² 二楼资料室： (4.66−0.5+6.92−0.5×2+1.76+1.5+0.4+0.52+1.5+0.5)×(2.8−0.3−0.1)=39.02m² 客户经理室：(0.1+0.67+4+0.13)×(2.8−0.3−0.1)=11.76m² 副行长室：(5.6−2.3)×(2.8−0.3−0.1)=7.92m² 行长室：(7.4−0.48−2.52)×(2.8−0.3−0.1)=10.56m² 合计：113.99m²
62	2F0005	亚克力灯箱招牌	m²	67.79	(30.96−1.01−1.6−1.01−1.2+1.15)×2.1+(1.1+1.6+1.1)×1.2+(3.42+3.57+3.41+3.41+0.3×8)×0.32+(0.3×2+1.705)×0.32=67.79m²
63	2F0067	5mm车边镜	m²	4.62	0.98×1.65+1.55×1+0.94×1.55=4.62m²

9.5 公共建筑装饰清单工程量计算

根据《建设工程工程量清单计价规范》及交通银行××分行××支行工程室内装饰施工图计算该工程清单工程量。

清单工程量计算表 **表 9-2**

序号	项目编码	项目名称	计量单位	工程量	计算式
		一、楼地面工程			
1	020102001001	山东灰麻花岗石火烧面饰面	m²	35.31	走廊： (1.66−0.6)×33.96−0.06×0.86×4−0.11×0.37×2−0.8×0.45−0.08×(4.72−1.1)+0.45×(2.7+2.02)=35.31m² 合计：35.31m²
2	020102002001	白色带暗点抛光砖饰面(鹰牌)	m²	153.16	自助银行： (0.1+2.87+0.7+1.27)×4.695+(4.72−1.1)×0.285−1.6×4.695−0.5×(0.7−0.24)×0.7×2=16.39m² 营业大厅： 23.26×(5.21+0.37)−0.7×0.7×4−(0.7−0.24)×0.5×0.7−0.43×0.86×4=126.19m² 非现金区：5.21×2.03=10.58m² 合计：153.16m²
3	020102002002	800mm×800mm咖啡色抛光砖饰面(鹰牌)	m²	78.41	自助银行：1.6×4.695−0.2×1.6×3=6.55m² 营业大厅： (0.24+1.5+1.1)×(23.26+1.05+1.6+0.255)−0.2×(0.24+1.5)×4−0.2×(0.24+1.5−0.24)−0.24×(2.03+0.9+0.23)=71.86m² 小计：78.41m²
4	020102002003	600mm×600mm米白色抛光地砖饰面(鹰牌)	m²	285.53	一层： 现金区： 3.1×(3.24+1.1+0.64+9.4+0.4+1.1+2.36)+0.3×9.4+2.078×2.305+(0.34+1+0.585)×(2.078+0.99−1.738−0.24)+1.84×(2.36+1.1+0.4−0.2−0.2)−(1.84−1.0+0.2)×1.04=73.70m² 大户室： (2.045+2.955)×2.98−0.24×2.955+0.273×1.91−1.03×0.58=14.11m² 楼梯间： (1.15+1.25)×(2.89+2.11)+2.26×(4.5+3.4−1.15−1.25)=24.43m²

续表

序号	项目编码	项目名称	计量单位	工程量	计　算　式
4	020102002003	600mm×600mm 米白色抛光地砖饰面(鹰牌)	m^2	285.53	自助银行后台：2.7×4.72=12.74m^2 资料室： (4.02－0.4)×(3.16－0.4×2)＋1.364×0.4＋(2.78－0.4×2)×(4.22－0.4)＝16.65m^2 过道： 1.2×(1.28＋0.9＋0.82＋0.9＋3.02)＋(3.7－0.4)×3.24－0.5×1.3＋1.4×3.7＋1.2×(0.22＋0.8＋1.93＋0.8＋0.57＋0.9＋1.52)＋1.1×1.1×2＝34.03m^2 小计：175.66m^2 二层： 资料室： (4.66－0.5)×(2.5－0.5×2)＋(2.76－0.5×2)×(4.3＋0.12)＝14.02m^2 过道： 4.3×1.9＋3.38×(1.0＋0.9＋0.72＋1.8)－0.5×(0.5－0.1)＝22.91m^2 客户经理室： 9.17×(0.58＋1＋1.13＋3.45＋1.24－0.5)＋0.5×(0.69＋2＋0.69)＋(0.15＋3.45＋1.15)×1.68＝72.94m^2 小计：109.87m^2 合计：285.53m^2
5	020102002004	400mm×400mm 浅灰色防滑地砖饰面(鹰牌)	m^2	28.03	一层： WC：2.36×2.08－0.5×1.089＝4.36m^2 茶水间：1.5×2.08＝3.12m^2 发电机房：2.4×3.1＝7.44m^2 二层： WC： (1＋1)×1.26＋0.96×2.1－1.2×(1.1－0.1＋0.94)＋1.14×(1.1＋0.94)＝9.19m^2 茶水间：(0.98＋0.12＋1)×1.98－0.12×1.98＝3.92m^2 合计：28.03m^2
6	020104002001	500mm×500mm 防静电地板	m^2	15.45	监控室：2.52×2.08－1.1×1.1＝4.03m^2 电脑机房：(2.98＋1.04)×2.4－1.1×1.1＋2.98×1＝11.42m^2 合计：15.45m^2
7	020104002002	复合地板饰面	m^2	15.45	二层： 会议室： 4.66×(0.748＋2.285＋1.4＋1.543＋0.974)－(0.5－0.12)×(0.5－0.12)×2－(0.6－0.12)×(0.5－0.18)×2＝31.85m^2 副行长室： (0.15＋3.45＋1.15)×5.6－0.45×3.3－1.14×0.25＝25.08m^2 行长室：4.66×7.4－(7.4－3)×0.35－1.14×0.3＝32.60m^2 合计：15.45m^2

续表

序号	项目编码	项目名称	计量单位	工程量	计　算　式
8	020105005001	皇室咖花岗石踢脚线	m²	12.32	营业大厅： A立面： [26.185－(0.295＋0.9×5)－(0.3＋0.71＋1.8＋0.71＋0.3)]×0.1＝1.76m² B立面：(0.97＋0.7＋3.49)×0.1＝0.52m² C立面：[26.185－(1.6＋0.06×2＋0.9＋0.06×2)]×0.1＝2.35m² D立面：(0.085＋0.7＋5.23＋0.36)×0.1＝0.43m² F立面：(6.95－0.24)×0.1＝0.67m² 柱：0.7×4×0.1×4＝1.12m² 小计：6.84m² 自助银行： (0.46＋0.615＋5.93－0.34－0.06－0.35－1.1＋1.295＋1.305＋1.295＋5.93－0.06－0.34－0.69)×0.1＝1.39m² 梯间：(2.89＋0.195＋4.5＋3.95＋5.5)×0.1＝1.71m² 楼梯： (1.02＋0.35×8＋1.5＋1.88＋0.35×6＋1.94＋0.1－0.35＋1.29＋0.79＋0.35×11＋1.14－0.35＋0.1＋1.778＋0.5＋0.466＋0.05＋0.48＋2.8)×0.1＝2.39m² 合计：12.32m²
9	020105007001	砂面不锈钢踢脚线	m²	8.36	现金区： (21.51－0.2－0.99＋0.4＋5.38－0.11－0.99＋0.4－1.1－0.06×2－1.1－0.06×2＋4.2－0.11－0.99＋0.588)×0.1＝4.73m² 二道门：(0.55＋2.595＋1.66＋1.495)×0.1＝1.13m² 大户室： (1.14＋0.58＋5.38＋3.97－0.99＋0.25＋5.26)×0.1＝1.56m² 后台办公：(3.46－1.1－0.06×2＋1.84＋3.46＋1.84)×0.1＝0.94m² 合计：8.36m²
10	020105003001	米白色抛光砖踢脚线	m²	2.54	自助银行： (4.695＋4.695＋2.7×2)×0.1＝1.48m² 发电机房： (3.1＋0.86＋2＋2.4＋0.35×5＋0.5－0.35＋0.1＋0.05×5)×0.1＝1.06m² 合计：2.54m²

续表

序号	项目编码	项目名称	计量单位	工程量	计算式
11	020105006001	沙比利木踢脚线	m^2	19.08	资料室： (2.16+2.5+0.46+2.66+0.52+3+4.22−0.5+0.72+3.5+0.22+2.28)×0.1=1.04m^2 过道： (0.14+0.04+0.51+2.25+0.5+0.04+0.04+0.16+1.81+0.45+1.46+2.5+0.14+12.6+3.22+0.8+1.22+0.7+2.96)×0.1=3.15m^2 监控室： (2.52−0.05×2+2.08−0.6+1.42−0.04+0.05+0.88+0.45+0.1)×0.1=0.64m^2 电脑机房： (4.04+3.4+4.04+0.1+3.4−0.04−0.06−0.9−0.06)×0.1=1.39m^2 二楼： 资料室： (4.66−0.5+6.92−0.5−0.5+1.76+1.5+0.4+0.52+1.5+0.5+0.44)×0.1=1.67m^2 客户经理室： (9.17+7.4−1.4−0.06×2+9.17−2−0.12×2+7.4−0.5−0.02−0.06×2−1)×0.1=2.77m^2 会议室：(4.66+6.95+4.66+6.95−0.06×2−1.4)×0.1=2.17m^2 过道： (0.15+1.07×4+0.09+0.48+4.75+0.48+0.14)×0.1=1.04m^2 副行长室： (4.75−0.393+5.6−0.06×4+1.07×3+0.05+5.6−0.08×3)×0.1=1.83m^2 行长室： (4.66−0.39+7.4−0.06×2−0.9+4.66+7.4−0.08×4)×0.1=2.48m^2 合计：19.08m^2
12	020108001001	山东灰麻花岗石烧面台阶饰面	m^2	20.38	0.6×33.96=20.38m^2
13	020108001002	沙安娜米黄石材台阶饰面	m^2	6.62	梯间： (1.46+0.3)×1.41+(1.94−0.3)×1.41+(1.29+0.5)×1.15=6.62m^2
14	020108002001	米白色抛光砖台阶饰面	m^2	1.69	发电机房：(1.04+0.5)×1.1=1.69m^2
15	020106001001	沙安娜米黄石材楼梯饰面	m^2	4.15	2.89×(1.25+1.15)=4.15m^2
16	020107001001	19厘夹胶玻璃栏板	m^2	8.13	(0.05+0.818+0.35)×[$(2.24^2+1.35^2)^{1/2}$+$(3.59^2+1.65^2)^{1/2}$+0.1]=8.13m^2
17	020107004001	成品砂钢扶手	m	6.67	$(2.24^2+1.35^2)^{1/2}+(3.59^2+1.65^2)^{1/2}+0.1$=6.67m

续表

序号	项目编码	项目名称	计量单位	工程量	计算式
18	020109001001	黑金砂石材线台面	m²	28.72	营业大厅： (3.42+0.3×8+3.57+3.41×2)×(0.99+0.15)+(0.97+0.7+3.49)×(0.9+0.15)=23.90m² 大户室：(1.705+0.3×2)×(0.99+0.15)=2.63m² WC：1×(0.55+0.15)=0.70m² 茶水间：0.98×(0.6+0.15)=0.83m² 男 WC：0.94×(0.55+0.15)=0.66m² 合计：28.72m²
		二、墙柱面工程			
19	020204001001	皇室咖花岗石墙饰面	m²	16.97	银行外墙： 2.46×0.45+(3.82+2.32+1.5+1.5+2.46+3.76)×0.1=2.64m² 营业大厅： B立面：0.24×(0.7+0.6×3+0.55)=0.73m² E立面：3.16×2.8−1×2.5+0.3×0.188+0.23×(0.08+0.17)−0.08×0.08=6.46m² H立面：3.16×3.05−1×(3.05−0.55)=7.14m² 合计：16.97m²
20	020204001002	银线米黄石材干挂	m²	9.72	大厅： B立面：(7.3−1.5−0.24−0.4−0.3×6)×(0.7−0.1)=2.02m² C立面： (3.42−0.3×2+3.57−0.3×2+3.41−0.3×2+3.41−0.3×2)×0.55=6.28m² 大户室：(0.3+0.27+0.25)×0.585+1.705×0.55=1.42m² 合计：9.72m²
21	020204001003	黑金砂板条石材干挂	m²	6.49	自助银行： 0.34×(3.2−1.2)×2+0.2×(3.2−0.1−0.15)×4+1.295×(3.2−0.15−0.1−1.543−0.595−0.1)×3=6.49m²
22	020204003001	600mm×600mm米黄色鹰牌抛光砖墙饰面	m²	270.20	营业大厅： A立面：2.03×(3.05−0.16)=5.87m² C立面： (0.195+0.06×2+1.6+0.935+0.06×2+0.9+2.01+1+0.8+0.195)×3.05−(1.6+0.06×2)×(3.05−0.545)−(0.06×2+0.9)×(3.05−0.545)−(0.05×2+1)×(1.288+0.05×3+0.639+0.17)=4.68m² D立面：(8.45−0.15)×3.05−(0.035×2+1.1)×2.505=22.38m² F立面：1.5×3.05=4.58m²

续表

序号	项目编码	项目名称	计量单位	工程量	计　算　式
22	020204003001	600mm×600mm米黄色鹰牌抛光砖墙饰面	m^2	270.20	现金区：(0.11+0.99+0.05)×2.9×2=6.68m^2 自助银行： B立面：(5.93−0.35−0.34)×3.2−(0.85×2+1.1)×2.505=9.75m^2 C立面： (1.295+1.305+1.295)×(0.1+0.595+0.01+1.543)−0.65×1.543×3−0.131×0.4×3=31.99m^2 D立面：(5.93−0.06−0.34−0.69)×3.2−0.262×0.757=15.29m^2 一层梯间： A立面： (5.0+1.02)×(0.1+2.45+0.3+1.35)−0.4×0.28×8−(0.06×2+1.6)×(0.1+2.45)=20m^2 B立面：7.9×3.55−(1.94+1.46+1.94)×1.05×0.5=25.24m^2 C立面： 0.595×3.59+2×(0.01×2+0.59×2)×3.59×0.5+1.65+1−0.4×0.28×10+1.29×1.65+1×(5+1.14)+2.6×5.28+0.595×0.338=21.56m^2 D立面： 3.55×5.5+(1.15+1.25)×(0.27+13.8+0.12+0.98+1.5)+(0.12+0.48+2.8)×(0.12+0.98+1.5−0.117)=67.98m^2 二层梯间： A立面：5.28×2.8−(0.12×2+2)×(2.25+0.03+0.09)=9.48m^2 B立面：(6.92−0.06×2−0.9)×(2.8−0.295−0.01)=14.72m^2 合计：270.20m^2
23	020204003002	100mm×100mm墙砖饰面	m^2	98.89	WC： A立面：2.36×(2.6−0.2)=5.66m^2 B立面：2.6×1.1−0.2×1.1+0.98×(0.2+0.25)=3.08m^2 C立面：(0.55+0.85)×2.6−(0.1+0.2)×0.55=3.48m^2 D立面：2.08×2.6=5.41m^2 小计：17.63m^2 茶水间： A立面：1.5×1.8=2.7m^2 B立面：2.08×2.6−0.8×0.6=4.93m^2 C立面：1.5×2.6−(0.06×2+0.8)×(2.6−0.1)=1.42m^2 D立面：2.08×2.6−0.8×0.6=4.93m^2

续表

序号	项目编码	项目名称	计量单位	工程量	计算式
23	020204003002	100mm×100mm墙砖饰面	m^2	98.89	二层 WC 前： A 立面：1.12×2.6−(0.06×2+0.8)×2.15=0.98m^2 B 立面：2.04×2.6−(0.06×2+0.94)×(2.15+0.06)=2.96m^2 C 立面：1.12×2.6−(0.06×2+0.94)×2.15=0.98m^2 D 立面：2.04×2.6−(0.06×2+0.8)×(2.15+0.06)=3.27m^2 小计：8.19m^2 二层女 WC： 0.1×2.6+1.0×0.35+2.22×2.6−0.2×0.55−0.3×0.55+2.1×2.6−(0.08×2+0.8)×2.15+2.22×2.6−0.2×0.55−0.3×0.55+(1+1.2+1.2)×(2.6−0.15)=23.33m^2 茶水间： 0.98×2.6+1.98×2.6−(0.06×2+0.8)×(2.15+0.06)−0.6×0.8+0.98×1.8+1.98×2.6−0.6×0.8=11.61m^2 男 WC： 2.04×2.6−(0.05×2+0.8)×2.15+2.42×2.6−(0.2+0.3)×0.05+0.94×(0.15+0.3)+2.42×2.6−0.55×(0.2+0.3)+(1.2+1+1.2)×(2.6−0.15)=24.15m^2 合计：98.89m^2
24	020205001001	皇室咖花岗石柱饰面	m^2	5.02	外墙：0.9×0.45×5+9×0.06×0.45+0.45×0.45=2.47m^2 室内： (0.295+0.9×5+0.03)×0.45+0.06×0.45×9+0.293×0.45=2.55m^2 合计：5.02m^2
25	020205003001	600mm×600mm米黄色鹰牌抛光砖柱饰面	m^2	79.12	大厅：4×0.7×43.05×2+0.7×4×(3.05−0.35−0.7)=73.92m^2 梯间：0.5×4×(0.12+0.98+1.5)=5.2m^2 合计：79.12m^2
26	020208001001	银灰色复合铝板柱饰面	m^2	34.83	外墙：(0.9×5+9×0.06+0.45)×(5.3−2.1)=17.57m^2 室内：(0.295+0.9×5+0.03+0.06×9+0.293)×3.05=17.26m^2 合计：34.83m^2
27	020207001001	银灰色复合铝板墙饰面		20.59	自助银行：(4.695−0.46−0.615)×0.8=2.90m^2 外墙： 2.45×(0.6×4+0.1×4+0.31)+(3.82+2.32+1.5+1.5+2.46+3.76)×0.35+(0.3+0.71+1.8+0.71+0.3)×(0.19+0.04+0.17+0.012+0.288)+(1.01+1.6+1.01)×0.4=16.24m^2 室内：(0.3+0.71+1.8+0.71+0.3)×(0.55−0.17)=1.45m^2 合计：20.59m^2

续表

序号	项目编码	项目名称	计量单位	工程量	计 算 式
28	020207001002	白色复合铝板墙饰面	m^2	169.12	营业大厅： C 立面： (0.3+3.42+0.3+0.3+3.57+0.3+0.3+3.41+0.3+0.3+3.41+0.3)×0.23=3.73m^2 现金区 A 立面： (21.51−0.2−0.99−1.48−0.7×3−0.53)×0.395+(1.48+0.99+0.2)×2.9+1.234×0.66−0.65×0.11×8=14.39m^2 B 立面： (0.585+0.34)×2.9+(1.0+0.06×2)×(2.9−2.247)+2.305×0.4+1.234×0.66−0.65×0.11=5.08m^2 C 立面： 21.31×(0.1+0.585+0.01×4+0.59×3+0.405)−2×(0.06×2+1.1)×(0.585+0.01×4+0.59×3)=55.96m^2 D 立面：3.05×2.9=8.85m^2 后台办公：(3.46−0.06×2−1.1+1.84+3.46+1.84)×2.3=21.57m^2 二道门： (1.74+2.595+1.66+2.595)×2.9−(0.05×2+1)×(1.288+0.05×3+0.639+0.17)×2−0.8×1×2=18.36m^2 大户室： (2.78+5.38+3.97+2.95)×2.9−(0.06×2+0.9)×(2.9−0.405)=41.19m^2 合计：169.12m^2
29	020207001003	聚晶玻璃墙饰面	m^2	14.59	大厅 F 立面：(6.95−0.24−1.5)×2.8=14.59m^2
30	020207001004	沙比利木墙饰面	m^2	15.43	现金区 C 立面：1.1×0.35×2=0.77m^2 监控室 C 立面：0.9×0.35=0.315m^2 电脑机房 D 立面：0.9×0.35=0.315m^2 后台办公 A 立面：1.1×0.15=0.165m^2 大户室 A 立面：0.35×0.9=0.315m^2 梯间 A 立面：0.355×1.6=0.568m^2 D 立面：0.355×1 =0.355m^2 B 立面：0.35×0.9=0.315m^2 客户经理室 D 立面：1.0×0.35=0.35m^2 会议室： (0.48+0.32+0.69+0.48+0.32+0.48+0.48+0.69)×(2.8−0.25−0.05)+1.4×0.35=10.35m^2 过道：(0.9+1+0.9)×0.35=0.98m^2 副行长室：0.9×0.35=0.315m^2 行长室：0.9×0.35=0.315m^2 合计：15.43m^2

续表

序号	项目编码	项目名称	计量单位	工程量	计算式
31	020207001005	浅绿色聚晶玻璃墙饰面	m²	25.08	行长室：2.52×(2.8－0.25－0.05)＋1.71×1.6＝9.04m² 副行长室：0.993×1.6＝1.59m² 会议室：5.78×(2.8－0.25－0.05)＝14.45m² 合计：25.08m²
32	020210002001	19mm钢化玻璃幕墙	m²	46.69	营业大厅： A立面：(3.81＋3.96＋3.82＋3.82)×(0.85＋1.83＋0.35)＝46.69m²
33	020209001001	专业夹胶钢化防弹玻璃	m²	27.4	大厅C立面：(3.42＋3.57＋3.41×2)×1.7＝23.48m² 现金区B立面：2.305×1.7＝3.92m² 合计：27.4m²
		三、天棚工程			
34	020302001001	轻钢龙骨石膏板吊顶白色ICI饰面	m²	166.09	自助银行：(2.7＋0.24＋0.285＋1.1)×4.695＝20.31m² 二道门：1.738×2.57＝4.47m² 过道： 1.2×(1.28＋0.9＋0.82＋0.9＋3.02)＋(3.24＋1.1)×3.7＋1.2×(0.22＋0.8＋1.93＋0.8＋0.57＋0.9＋1.52)＝32.45m² 大户室：3.38×(1.8＋0.72＋0.9＋1)－1.8×3.78＝10.48m² 梯间：(3.4＋4.5)×2.26－(1.6＋1.6＋1.6)×0.3＝16.41m² 现金区：2.86×5.21＝14.90m² 二楼： 行长室：4.66×7.4＝34.48m² 过道：1.68×4.75＋3.38×(1.8＋0.72＋0.9＋1)＋1.9×1.8－3.32×2.18＝19.10m² 会议室： 4.66×(0.748＋2.285＋1.4＋1.543＋0.974)－(2/3×4.5×0.75×2＋4.5×1.2)＝13.49m² 合计：166.09m²
35	020302001002	角钢支架9厘板吊顶银白色复合铝板饰面	m²	16.39	(1.66－0.6)×33.96－0.06×0.86×4－0.11×0.37×2－0.8×0.45－0.08×(4.72－1.1)＋0.45×(2.7＋2.02)－(4.72＋0.86)×1.66－(4.72＋1.1)×1.66＝16.39m²
36	020302001003	铝方板吊顶面饰600mm×600mm微孔烤漆	m²	200.51	现金区：3.1×(3.24＋1.1＋0.64＋9.4＋0.4＋1.1＋2.36＋2.078)－1.06×(0.585＋1＋0.34)＋0.3×9.4＝61.23m² 资料室：3.16×4.02＋4.22×2.78＝24.43m² 监控室、电脑机房： 2.52×2.08＋2.98×(2.4＋1)＋1.04×2.4＝17.87m² 后台办公：1×(0.4＋1.1－0.2)＋(2.36－0.2)×1.84＝5.27m² 二楼资料室：4.66×2.5＋2.76×(4.3＋0.12)＝23.85m² 客户经理室：9.17×(0.58＋1＋1.13＋3.45＋1.24)＝67.86m² 合计：200.51m²

续表

序号	项目编码	项目名称	计量单位	工程量	计　算　式
37	020302001004	轻钢龙骨9厘板吊顶白色复合铝板吊顶	m^2	256.42	自助银行： 4.695×(0.4+2.87+0.7+1.27+0.285−1.1)+(0.4+2.87+0.7+1.27−1.1)×4×(3.4−3.3)=22.43m^2 营业大厅： (23.255+0.9+2.03)×(0.11+5.23+0.7+0.085×2+1.1)−0.7×0.7×4−1.2×0.25=189.15m^2 大户室：3.78×1.182=4.47m^2 副行长室：3.6×2.31=8.32m^2 会议室：$\frac{2}{3}$×4.5×0.75×2+4.5×1.2−1.2×0.3×3=17.82m^2 梯间：4.08×1.2=4.9m^2 走道：3.32×2.18=9.33m^2 合计：256.42m^2
38	020302001005	白色复合铝板吊顶	m^2	256.42	自助银行： 4.695×(0.4+2.87+0.7+1.27+0.285−1.1)+(0.4+2.87+0.7+1.27−1.1)×4×(3.4−3.3)=22.43m^2 营业大厅： (23.255+0.9+2.03)×(0.11+5.23+0.7+0.085×2+1.1)−0.7×0.7×4−1.2×0.25=189.15m^2 大户室：3.78×1.182=4.47m^2 副行长室：3.6×2.31=8.32m^2 会议室：$\frac{2}{3}$×4.5×0.75×2+4.5×1.2−1.2×0.3×3=17.82m^2 梯间：4.08×1.2=4.9m^2 走道：3.32×2.18=9.33m^2 合计：256.42m^2
39	020302001006	条形铝扣板天棚	m^2	26.05	一层： WC：2.36×2.08−0.5×1.089=4.36m^2 茶水间：1.5×2.08=3.12m^2 发电机房：2.4×3.1=7.44m^2 二层： WC： (1+1)×1.26+0.96×2.1−1.2×(1.1−0.1+0.94)+1.14×(1.1+0.94)=9.19m^2 茶水间：(0.98+0.12+1)×1.98−0.12×1.98=3.92m^2 小计：28.03m^2 28.03−1.0×1.98=26.05m^2
40	020302001007	银白色复合铝板饰面	m^2	16.39	走廊： (1.66−0.6)×33.96−0.06×0.86×4−0.11×0.37×2−0.8×0.45−0.08×(4.72−1.1)+0.45×(2.7+2.02)−(4.72+0.86)×1.66−(4.72+1.1)×1.66=16.39m^2

续表

序号	项目编码	项目名称	计量单位	工程量	计　算　式
41	020302001001	轻钢龙骨石膏板吊顶白色 ICI 饰面	m^2	170.73	自助银行：(2.7＋0.24＋0.285＋1.1)×4.695＝20.31m^2 二道门：1.738×2.57＝4.47m^2 过道： 1.2×(1.28＋0.9＋0.82＋0.9＋3.02)＋(3.24＋1.1)×3.7＋1.2×(0.22＋0.8＋1.93＋0.8＋0.57＋0.9＋1.52)＝32.45m^2 大户室：3.38×(1.8＋0.72＋0.9＋1)－1.8×3.78＝10.48m^2 梯间：(3.4＋4.5)×2.26－(1.6＋1.6＋1.6)×0.3＝16.41m^2 现金区：2.86×5.21＝14.90m^2 合计：170.73m^2
42	020302001009	白色 ICI 饰面	m^2	170.73	自助银行：(2.7＋0.24＋0.285＋1.1)×4.695＝20.31m^2 二道门：1.738×2.57＝4.47m^2 过道： 1.2×(1.28＋0.9＋0.82＋0.9＋3.02)＋(3.24＋1.1)×3.7＋1.2×(0.22＋0.8＋1.93＋0.8＋0.57＋0.9＋1.52)＝32.45m^2 大户室：3.38×(1.8＋0.72＋0.9＋1)－1.8×3.78＝10.48m^2 梯间：(3.4＋4.5)×2.26－(1.6＋1.6＋1.6)×0.3＝16.41m^2 现金区：2.86×5.21＝14.90m^2 合计：170.73m^2
43	0203020010010	600mm×600mm 微孔烤漆	m^2	200.51	现金区： 3.1×(3.24＋1.1＋0.64＋9.4＋0.4＋1.1＋2.36＋2.078)－1.06×(0.585＋1＋0.34)＋0.3×9.4＝61.23m^2 资料室：3.16×4.02＋4.22×2.78＝24.43m^2 监控室、电脑机房： 2.52×2.08＋2.98×(2.4＋1)＋1.04×2.4＝17.87m^2 后台办公：1×(0.4＋1.1－0.2)＋(2.36－0.2)×1.84＝5.27m^2 二楼资料室：4.66×2.5＋2.76×(4.3＋0.12)＝23.85m^2 客户经理室：9.17×(0.58＋1＋1.13＋3.45＋1.24)＝67.86m^2 合计：200.51m^2
		四、门窗工程			
44	020404006001	玻璃自动感应门	扇	1	1扇

续表

序号	项目编码	项目名称	计量单位	工程量	计　算　式
45	020403001001	防盗卷闸门	m^2	59.66	(3.05＋0.6)×(3.81＋3.96＋3.82＋3.82)＋(2.505＋0.6)×1.1＝59.66m^2
46	3020403003001	防盗电动卷帘装置	套	1	1套
47	020404005001	12厘钢化白玻门	m^2	11.16	2.2×(0.71＋1.8＋0.71)＋1.6×(2.45＋0.1)＝11.16m^2
48	020402003001	防弹玻璃门安装	m^2	4.49	二道门：(1.288＋0.05×3＋0.639＋0.17)×1×2＝4.49m^2
49	020407002001	砂面不锈钢门套	m^2	1.62	二道门：(2×0.06＋0.24)×(1.288＋0.05×3＋0.639＋0.17)×2＝1.62m^2
50	020401003001	沙比利木饰面门扇安装	扇	11	11扇
51	020404002001	12mm厚钢化玻璃地弹门	m^2	3.5	1.4×(0.1＋2.4)＝3.5m^2
52	020402005001	塑钢卫生间门安装	m^2	3.2	0.8×2×2＝3.2m^2
53	020406007001	10mm钢化玻璃窗（塑钢）	m^2	1.23	0.88×1.4＝1.23m^2
54	020406009001	1.2mm不锈钢防盗网	m^2	29.83	2.97×1.895×4＋3.86×1.895＝29.83m^2
		五、油漆、涂料工程			
55	020507001001	白色ICI饰面	m^2	268.59	现金区：9.4×0.2＝1.88m^2 自助银行后室： (4.695＋2.7)×2×2.9－(0.06×2＋0.9)×2.505－0.658×1.812×3＝36.76m^2 资料室： 2.66×2.8＋2.16×0.25＋0.25×(4.02－0.5)＋0.46×(2.8－0.25－0.05)＋(4.02－0.5)×0.25＋(4.22－0.5＋2.78－0.5×2＋4.22－0.5＋2.28)×0.25＋0.72×(2.8－0.25－0.05)＝15.58m^2 过道： (3.7＋6.92－2.4＋6.92＋12.6)×0.35＋12.6×0.25＋(2.5＋0.14＋3.22＋0.8＋1.22＋0.7＋2.96＋0.5＋0.3＋1.81＋0.45＋1.46＋12.6)×(2.9－0.35)＝85.94m^2 卫生间：0.98×0.3＝0.29m^2

9　公共建筑装饰装修工程量计算

续表

序号	项目编码	项目名称	计量单位	工程量	计　算　式
55	020507001001	白色 ICI 饰面	m^2	268.59	监控室： (2.52+2.08)×2×2.7−0.88×1.4−(0.9+0.06×2)×(2.7−0.4)=21.26m^2 电脑机房： (4.04+3.4)×2×2.7+1.1×0.2−0.88×1.4−(0.9+0.06×2)×(2.7−0.4)=36.61m^2 发电机房： (3.1+2.4)×2×4.05+1.06×(2.3+0.1)−0.5×(0.5+1.04+0.5)×1.98−1.1×(4.05−1.65)=43.45m^2 二楼资料室： (4.66+6.92+2.76−0.5×7+6.92)×0.25=4.44m^2 男 WC：0.94×(0.1+0.2)=0.28m^2 客户经理室： 2.97×2×0.065+(0.705+1.62+0.705+7.4+9.17+7.4)×0.25=7.14m^2 会议室： (4.66−3.07+6.95×2+4.66−2)×0.25+3.07×0.065=4.74m^2 过道：(4.75+1.68+4.75+1.68)×0.25=3.22m^2 副行长室： (0.855−0.393+0.825+5.6+4.75+5.6)×0.25+2.97×0.065=4.50m^2 行长室： (0.845−0.39+0.745)×0.25+(7.4−0.48−2.52)×0.25×2=2.50m^2 合计：268.59m^2
56	020509001001	墙纸饰面	m^2	98.18	客户经理室： 9.17×(2.8−0.3)−2.97×1.6×2+(1.424+0.748+0.57+0.56+0.1+0.6+0.54)×(2.8−0.3)+(2.0+0.12×2)×(2.8−0.25−0.05−2.25−0.12)=25.07m^2 会议室： 3.86×(2.8−0.3)−3.07×1.6+(0.268+0.284)×(2.8−0.3)=6.12m^2 过道： (0.15+0.09+0.48+4.75+0.48+0.14)×(2.8−0.25−0.05)=15.23m^2 副行长室： (0.855−0.393+0.825+0.54+0.6+0.1+0.91+0.09+0.15+2.3)×(2.8−0.3)+2.97×0.845=17.45m^2 行长室： (0.845−0.39+0.745+7.4−0.06×2−0.9+4.66+0.48)×(2.8−0.3)+2.97×0.845=34.31m^2 合计：98.18m^2

序号	项目编码	项目名称	计量单位	工程量	计算式
		六、其他工程			
57	020109001001	黑金砂石材线台面	m^2	28.72	营业大厅： (3.42+0.3×8+3.57+3.41×2)×(0.99+0.15)+(0.97+0.7+3.49)×(0.9+0.15)=23.90m^2 大户室：(1.705+0.3×2)×(0.99+0.15)=2.63m^2 WC：1×(0.55+0.15)=0.70m^2 茶水间：0.98×(0.6+0.15)=0.83m^2 男 WC：0.94×(0.55+0.15)=0.66m^2 合计：28.72m^2
58	020604002001	沙比利木线条(60mm 以内)	m	431.75	大厅：(3.05−0.545)×4=10.02m 现金区：(0.1+0.585+0.59×3+0.01×4)×4=9.98m 自助银行后室：2.6×2=5.2m 资料室 1： 2×(2.8−0.3)+2.16+4.02−0.5+2.66+0.52+3=168.86m 资料室 2： 2×(2.8−0.3)+4.22−0.5+2.78−0.5×2+4.22−0.5+2.28+3.7+3.22+0.8+6.92+12.6+12.6=56.34m 过道：(2.9−0.4)×2+(2.8−0.3)×10+(2.9−0.4)×4=40m 卫生间 C 立面：(2.6−0.1)×2=5m 茶水间 C 立面：(2.6−0.1)×2=5m 监控室：(2.9−0.4)×2+2.52+2.08+2.52+2.08=14.20m 电脑机房：(2.9−0.4)×2+4.04×2+3.4×2=19.88m 大户室：(2.9−0.4)×2=5m 梯间：2.55×2+(2.8−0.3)×2=10.10m 二楼资料室： (2.8−0.3)×2+4.66+6.92−0.5+1.76+6.92−0.5×2=23.76m 客户经理室： (2.8−0.3)×13+0.705×2+1.62+7.4+9.17+7.4−0.5=59m 会议室：(2.8−0.3)×7+4.66−3.07+6.95+4.66−2+6.95=35.65m

续表

序号	项目编码	项目名称	计量单位	工程量	计算式
58	020604002001	沙比利木线条（60mm以内）	m	431.75	过道：(2.8－0.3)×10＋4.75＋1.68＋4.75＋1.68＝37.86m 副行长室： (2.8－0.3)×14＋0.855－0.393＋0.825＋5.6×2＋4.75＝52.24m 行长室： (2.8－0.3)×2＋0.845－0.39＋0.745＋7.4＋4.66＋7.4＝25.66m 合计：431.75m
59	020509002001	米色麻质软包	m^2	9.65	3.86×(2.8－0.25－0.05)＝9.65m^2
60	020605001001	雨篷	m^2	16.01	5.52×2.9＝16.01m^2
61	020601019001	档案柜	个	5	资料室： (2.16＋2.5＋0.5＋3＋4.22－0.5＋0.22＋3.5＋3.28)×(2.8－0.3－0.1)＝38.11m^2 过道：(0.51＋2.25)×(2.8－0.3－0.1)＝6.62m^2 二楼资料室： (4.66－0.5＋6.92－0.5×2＋1.76＋1.5＋0.4＋0.52＋1.5＋0.5)×(2.8－0.3－0.1)＝39.02m^2 客户经理室：(0.1＋0.67＋4＋0.13)×(2.8－0.3－0.1)＝11.76m^2 副行长室：(5.6－2.3)×(2.8－0.3－0.1)＝7.92m^2 行长室：(7.4－0.48－2.52)×(2.8－0.3－0.1)＝10.56m^2 合计：113.99m^2
62	020606001001	亚克力灯箱招牌	m^2	67.79	(30.96－1.01－1.6－1.01－1.2＋1.15)×2.1＋(1.1＋1.6＋1.1)×1.2＋(3.42＋3.57＋3.41＋3.41＋0.3×8)×0.32＋(0.3×2＋1.705)×0.32＝67.79m^2
63	020603009001	5mm车边镜	m^2	4.62	0.98×1.65＋1.55×1＋0.94×1.55＝4.62m^2

附件 1　D3 户型样板房装饰施工图

图　纸　目　录

编号	图　纸　名　称	图号		编号	图　纸　名　称	图号	
1	图纸目录	C0		19	储藏室 A、B、C、D 立面	1E09	
2	施工规范总说明	M0		20	厨房 A、B、C、D 立面	1E10	
				21	衣帽间 A、B、C、D 立面图	1E11	
3	材料表（一）	MT01		22	衣帽间内结构图	1E12	
4	天棚非装饰灯具对照图	DJ01		23	1E02 剖面图 A	1D01	
5	平面布置及索引图	1P01		24	1E05 剖面 B、1E08 剖面 C、1E02 立面 D、1E08 剖面 E	1D02	
6	地面材质图	1P02		25	1E06 剖面 A、1E07 剖面 B、1E11 剖面 C、1E01 剖面 E、门套、墙线、踢脚大样	1D03	
7	原始平面图	1P03		26	1E01 剖面 A、1E04 剖面 B、1E07 剖面 C、1E06 剖面 D	1D04	
8	墙体定位图	1P04					
9	天棚布置图	1C01					
10	天棚灯具定位图	1C02					
11	客餐厅 A、B 立面图	1E01					
12	客餐厅 C、D 立面图	1E02					
13	书房 A、B、C、D 立面图	1E03					
14	小孩房 A、B、C、D 立面图	1E04					
15	主卧房 A、B、C、D 立面图	1E05					
16	主卫生间 A、B、C、D 立面图	1E06					
17	公共卫生间及过道立面	1E07					
18	过道及玄关立面	1E08					

附件1-1	工程项目Project: D3户型样板房 业主Client: ××××置业有限公司	备注REMARK:	设计总负责 Designde Director: 校对 Checked By:	设计Designde By: 制图Drawn By: 审核Approwed By:	图名 Sheet Title: 图纸目录 比例 Scale: 日期 Date: 2006.01.20	工程编号 Project NO: 图号 Sheet NO: C0

D3 户型样板房
施工规范总说明

一、设计依据

1. 建设方提供的室内设计要求及其他相关资料。
2.《建筑内部装修设计防火规范》(GB－50022—95)。
3.《建筑装饰工程施工及验收规范》(JGJ 73—91)。
4. 国家现行的有关规范、标准和规定。

二、一般说明

(1) 本设计为××工程 D3 户型样板房装饰施工图。

(2) 本设计所注装修尺寸单位为毫米(mm)，标高单位为米(m)。

(3) 凡层楼地面有地漏处的找坡及范围应以原建筑设计为准。

(4) 本设计所选用的产品和材料需符合国家相关的质量检测标准。

(5) 所有装修材料均应采用不燃或难燃材料，木材必须采用防火处理，埋入结构的部分应采用防腐处理，类似的材料应严格按照国家规范进行处理。

(6) 建筑装修施工时，需与其他各工种密切配合，严格遵守国家颁布的有关标准及各项验收规范。

三、建筑装修施工概况

(1) 本装修涉及使用的装修材料有大理石、地砖、木材、墙纸、石膏板、涂料、油漆及多种灯具等。

(2) 本建筑装修的做法除注明之外，其他做法均按国家的标准图集的做法施工，并须严格遵守相应的国家验收规范。

四、图纸辅助说明

(1) 活动家具、灯饰在施工图中只作示意，具体参考形象图。

(2) 大型的壁饰，装饰画已在施工图中示意，具体待定。

(3) 工艺品的选择，具体待定。

(4) 墙体及门窗洞口尺寸定位，除标注者外，均同原建筑设计图。

五、主要材料及施工工艺说明

(一) 主要材料说明：

(1) 进口大理石，磨光度达腊 5 度以上，厚度要基本一致，产品要选用“A 级”。

国产花岗石，大理石的产品质量要符合国家 A 级产品标准。

(2) 表面装饰木料，属符合国际标准的 A 级产品。

木方，不管是国产还是进口，都选用与表面饰板相同纹理及相同颜色的 A 级产品，含水率要控制在 15%以内。

(3) ICI 及聚氨酯漆，均为合资哑光漆(个别地方除外)。

(4) 天花材料，轻钢龙骨石膏板天棚，均选用合资防火防潮的产品。

(二) 施工工艺要求(所有施工必须按照国家施工验收规范及相应的产品说明进行施工)：

(1) 墙、地面

(A) 采用抛光花岗石、大理石。石材施工要求严格进行试拼编号，避免色差及纹路凌乱，以保证视觉效果，同时要求饰面平整，垂直水平度好，缝线笔直，接缝严密，无污染及反锈反碱，并无空鼓等现象。凡是白色、浅色花岗石，大理石，在贴前都要做防污及防浸透处理。凡是木质地板铺设，需确保地面基层平整，再行铺设。

(B) 所有外墙内侧的墙面(批水泥或木装饰)均要进行防水处理。

以上工程应注意同各专业安装工程的配合，尤其需同专业的明露设备(如照明控制、强弱电插座及控制等)协调施工，以保证装修效果。

(2) 天棚

此部分工程也应同各专业施工的配合，吊顶饰面及喷涂面应平整均匀，风口、音响及灯具等应与顶棚衔接紧密得体，排布整齐。

检查口应统一规格，结合吊顶内专业管线的情况合理布置。

(3) 门窗

详见施工图。

(4) 家具

(A) 固定家具请参照详图，具体尺寸依据现场实际确定。

(B) 卫生间洁具参考形象图。

(5) 灯具

灯具安装应排列整齐，布置均匀，某些场合如需专业设计应结合设计的风格进行处理。

六、专业要求

(1) 空调暖通系统：空调暖通系统同原建筑设计。

(2) 强弱电系统：开关、插座、报警器明露件的样式颜色应与内协调统一并排列整齐。

七、所有做法均以详图为准

八、工程施工必须严格按照中华人民共和国现有的施工验收规范执行，各工种相互协调配合。

九、图中若有尺寸与设计及现状矛盾之处，可根据现场情况适当调整。

附件1-2	工程项目Project: D3户型样板房	备注REMARK:	设计总负责 Designde Director:	设计Designde By:	图名 Sheet Title: 施工规范总说明	
	业主Client: ××××置业有限公司			制图Drawn By:	比例 Scale:	工程编号 Project NO:
			校对 Checked By:	审核Approwed By:	日期 Date: 2006.01.20	图号 Sheet NO: M0

施工图设计材料表

序号	材料编号	材料规格型号	设计选用部位	品牌与代理商	联系电话	备注	序号	材料编号	材料规格型号	设计选用部位	品牌与代理商	联系电话	备注
001	D-01	9mm 纸面石膏板	详见图				038	CL-01	纱帘	详见图	居佳伴		
002	D-02	防水石膏板	详见图				039	CL-02	布帘	详见图	居佳伴		
003	D-03	夹板吊板	详见图				040	CL-03	百叶帘(金属)	详见图	居佳伴		
004							041	CL-04	百叶帘(木板)	详见图	居佳伴		
005	S-03	雅士白	详见图				042	CL-07	布帘	详见图	居佳伴		
006	S-12	白砂米	详见图				043						
007	S-07	丁香米黄	详见图				044						
008							045						
009	G-21	6mm 银镜	详见图				046						
010	G-03	10mm 清水玻璃钢化	详见图				047						
011							048						
012	QZ-01	墙纸	客餐厅墙面	居家伴 MK25305		83655887	049						
013	QZ-02	墙纸	书房墙面	居家伴 MK25303		83655887	050						
014	QZ-03	墙纸	小孩房墙面	居家伴 WP1085		83655887	051						
015	QZ-04	墙纸	主卧房、主卫墙面	居家伴 MK25352		83655887	052						
016							053						
017	R-01	白色乳胶漆	详见图	立邦			054						
018	R-02	彩色乳胶漆	详见图	立邦 1701-4			055						
019	R-03	半亚聚酯漆	详见图	立邦			056						
020							057						
021							058						
022							059						
023	DZ-01	瓷砖 300mm×300mm	详见图	冠军		30710	060						
024	DZ-02	瓷砖 100mm×100mm	详见图	富皇		9822	061						
025	DZ-03	瓷砖 100mm×100mm	详见图	富皇		9808	062						
026							063						
027							064						
028	DB-01	白枫木实木地板	详见图	贝恩斯地板	13528842366		065						
029	DB-02	室外木地板(25mm 厚)	详见图	俄罗斯樟子松			066						
030							067						
031 032	RB-01	皮革软包	详见图				068						
							069						
033							070						
034							071						
035							072						
036							073						
037							074						

附件1-3	工程项目Project: D3户型样板房 业主Client: ××××置业有限公司	备注REMARK:	设计总负责 Designde Director: 校对 Checked By:	设计Designde By: 制图Drawn By: 审核Approwed By:	图名 Sheet Title: 材料表(一) 比例 Scale: 日期 Date: 2006.01.20	工程编号 Project NO: 图号 Sheet NO: MT-01

编号	类别	灯具图例	形象	品牌型号	尺寸（长×宽×高）	灯具类型	色温	功率	光束角	表面材质
A	普通射灯			雷士（NDL121）	φ80×73（直径×高）	石英灯	4800K	50W	38°	白色
E6	隔栅射灯		S	雷士（NDL502SB/50）	239×134×119	石英灯	4800K	50W	24°	白色
L	地灯			雷士（NDL2002-3）	230×143	金卤灯	2700K	70W	24°	黑色

天棚非装饰灯具对照图

附件1-4	工程项目Project: D3户型样板房	备注REMARK:	设计总负责 Designde Director:	设计Designde By:	图名 Sheet Title: 天棚非装饰灯具对照图	
	业主Client: ××××置业有限公司		校对 Checked By:	制图Drawn By:	比例 Scale:	工程编号 Project NO:
				审核Approwed By:	日期 Date: 2006.01.20	图号 Sheet NO: DJ01

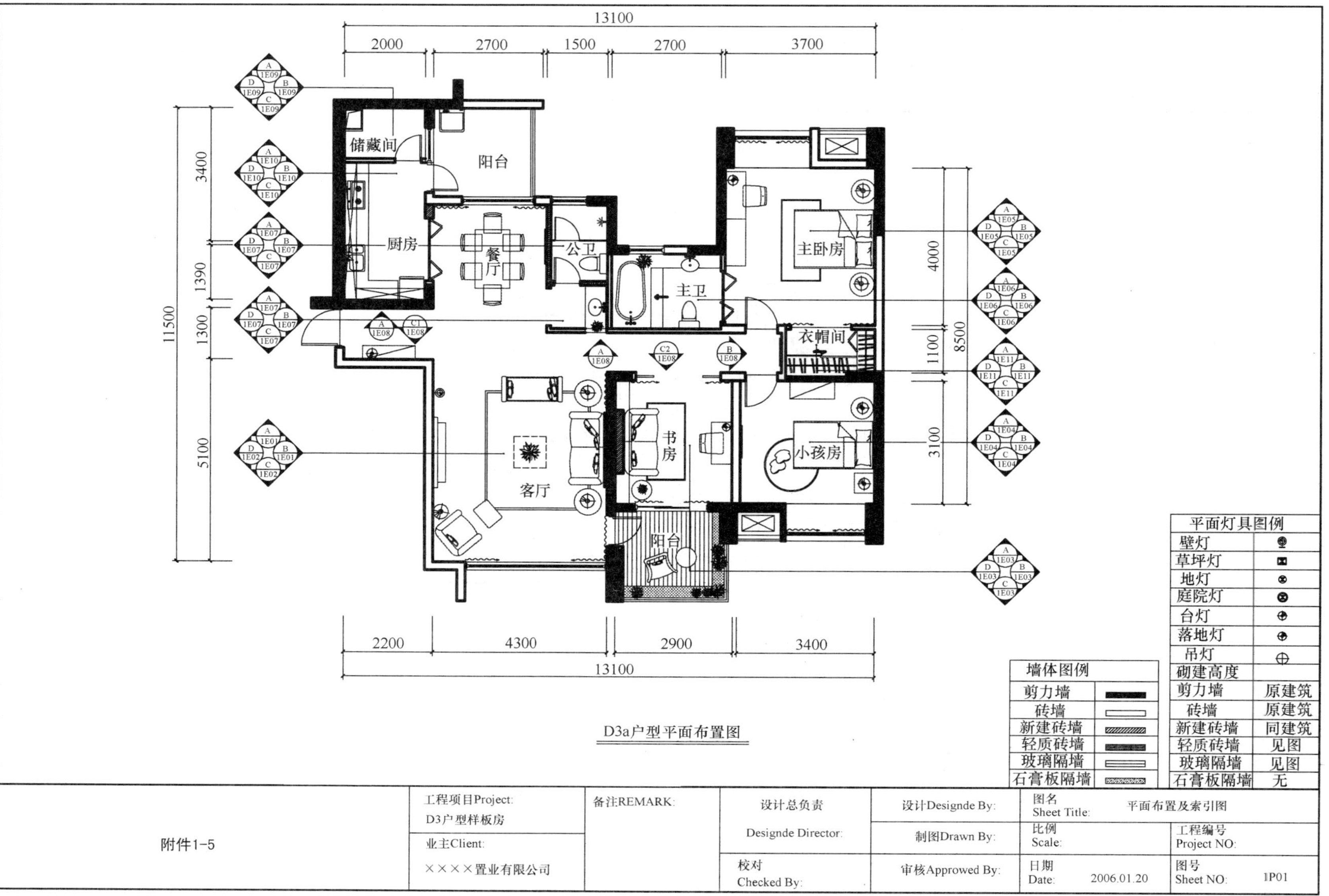

13100
2000
2700
1500
2700
3700
储藏间
阳台
厨房
餐厅
公卫
主卫
主卧房
衣帽间
书房
小孩房
客厅
阳台
11500
3400
1390
1300
5100
4000
1100
3100
8500
2200
4300
2900
3400
13100
D3a户型平面布置图
平面灯具图例
壁灯
草坪灯
地灯
庭院灯
台灯
落地灯
吊灯
砌建高度
剪力墙 原建筑
砖墙 原建筑
新建砖墙 同建筑
轻质砖墙 见图
玻璃隔墙 见图
石膏板隔墙 无
墙体图例
剪力墙
砖墙
新建砖墙
轻质砖墙
玻璃隔墙
石膏板隔墙
附件1-5
工程项目Project:
D3户型样板房
业主Client:
××××置业有限公司
备注REMARK:
设计总负责
Designde Director:
校对
Checked By:
设计Designde By:
制图Drawn By:
审核Approwed By:
图名
Sheet Title:
平面布置及索引图
比例
Scale:
工程编号
Project NO:
日期
Date:
2006.01.20
图号
Sheet NO:
1P01

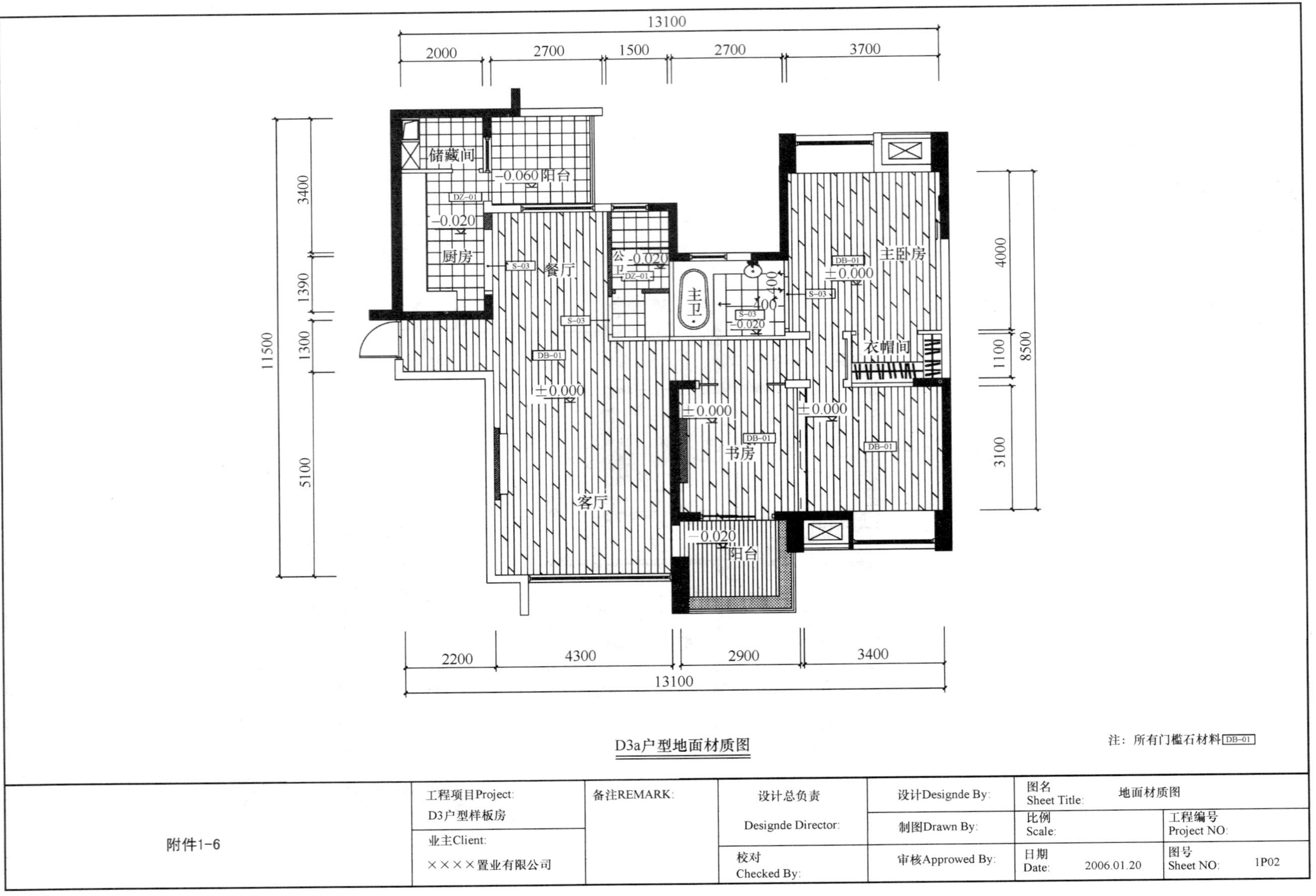
13100
2000
2700
1500
2700
3700
储藏间
-0.060阳台
DZ-01
-0.020
厨房
餐厅
公卫
-0.020
DZ-01
主卫
400
400
S-03
-0.020
S-03
主卧房
DB-01
±0.000
衣帽间
DB-01
±0.000
±0.000
±0.000
书房
DB-01
DB-01
客厅
-0.020
阳台
3400
1390
1300
5100
11500
4000
1100
3100
8500
2200
4300
2900
3400
13100
D3a户型地面材质图
注：所有门槛石材料 DB-01
附件1-6
工程项目Project:
D3户型样板房
业主Client:
××××置业有限公司
备注REMARK:
设计总负责
Designde Director:
校对
Checked By:
设计Designde By:
制图Drawn By:
审核Approved By:
图名
Sheet Title:
地面材质图
比例
Scale:
日期
Date:
2006.01.20
工程编号
Project NO:
图号
Sheet NO:
1P02

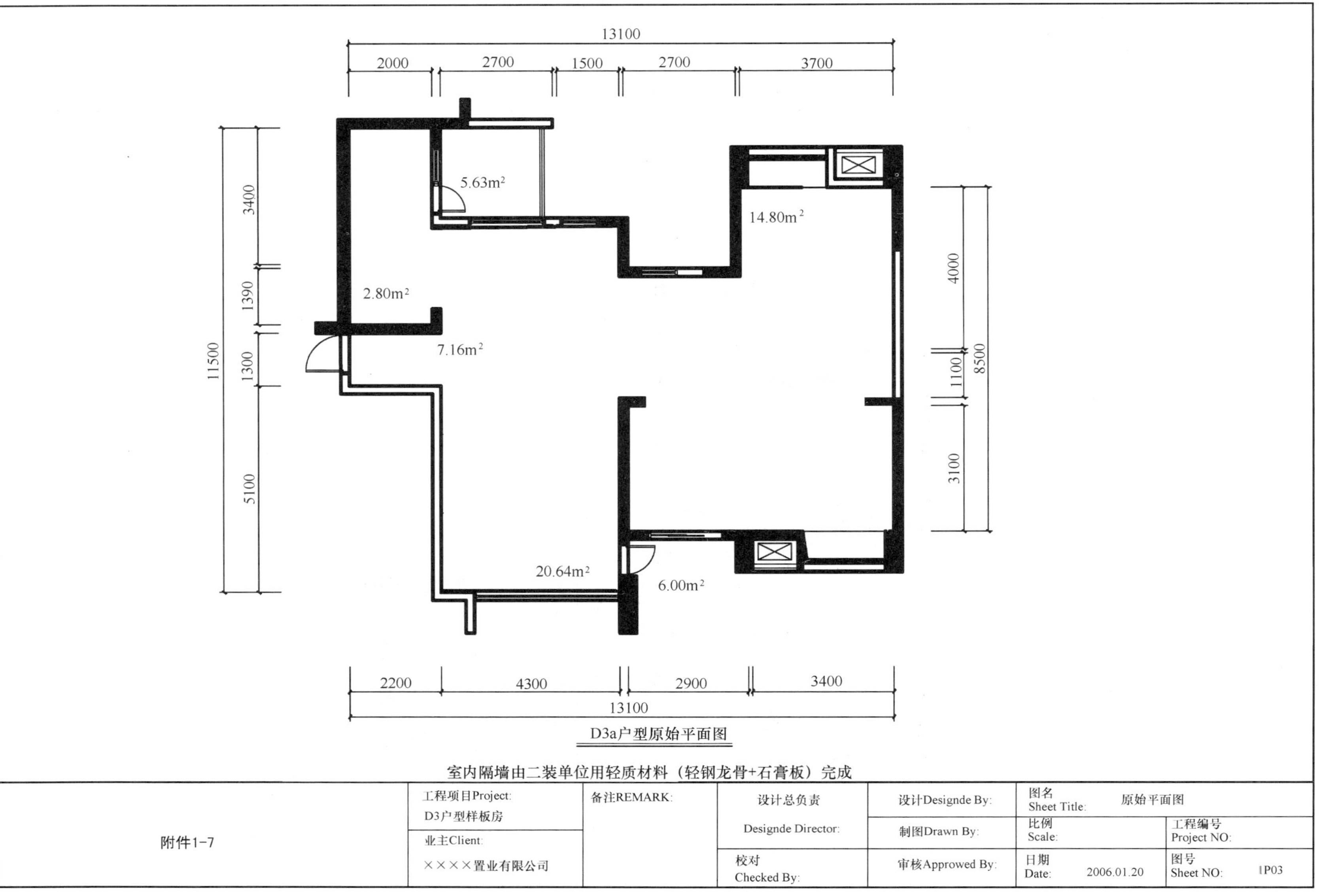

D3a户型原始平面图

室内隔墙由二装单位用轻质材料（轻钢龙骨+石膏板）完成

附件1-7	工程项目Project: D3户型样板房 业主Client: ××××置业有限公司	备注REMARK:	设计总负责 Designde Director: 校对 Checked By:	设计Designde By: 制图Drawn By: 审核Approwed By:	图名 Sheet Title: 原始平面图 比例 Scale: 日期 Date: 2006.01.20	工程编号 Project NO: 图号 Sheet NO: 1P03

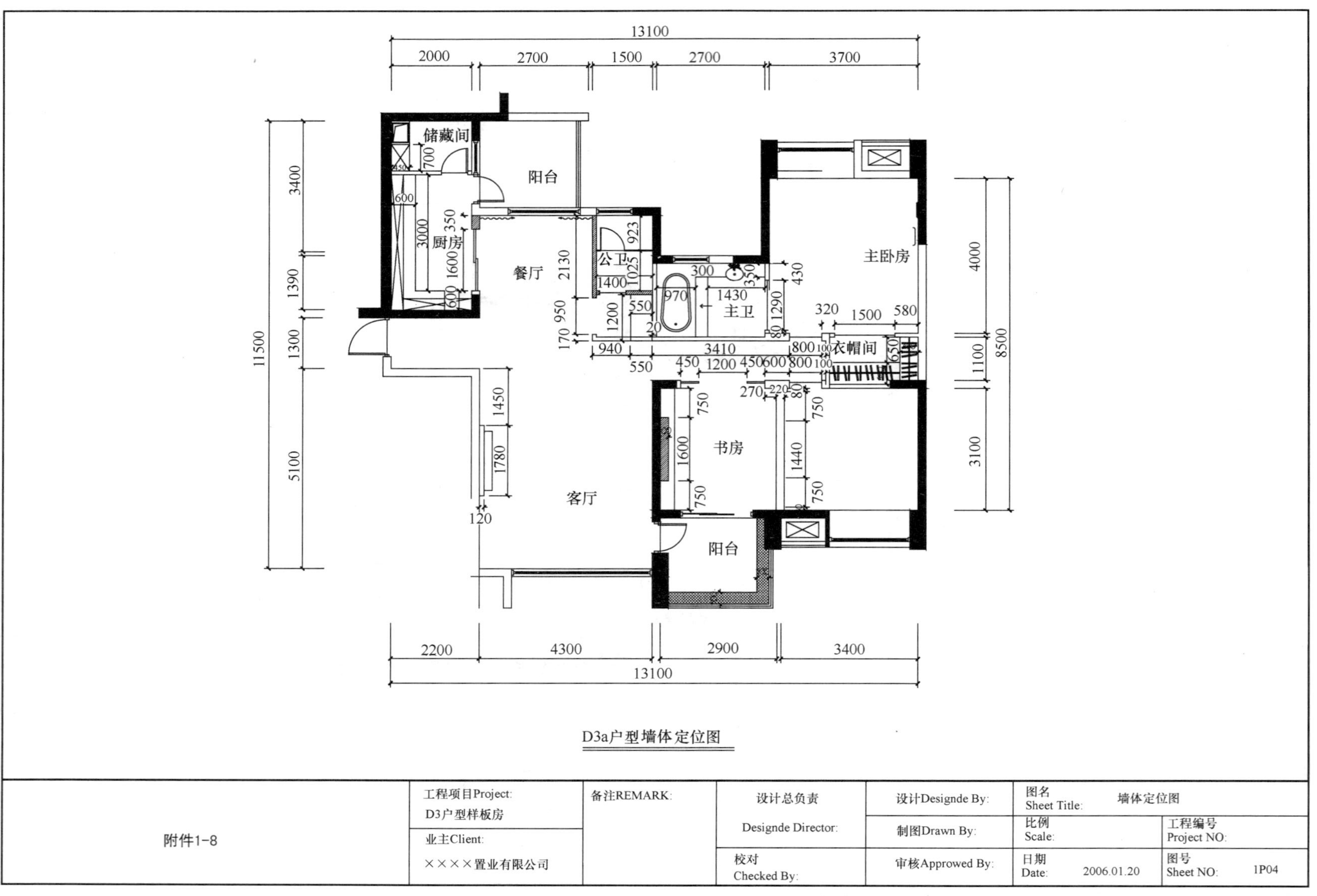
储藏间
阳台
厨房
餐厅
公卫
主卫
主卧房
衣帽间
书房
客厅
阳台
D3a户型墙体定位图
附件1-8
工程项目Project:
D3户型样板房
业主Client:
××××置业有限公司
备注REMARK:
设计总负责
Designde Director:
校对
Checked By:
设计Designde By:
制图Drawn By:
审核Approwed By:
图名
Sheet Title:
墙体定位图
比例
Scale:
工程编号
Project NO:
日期
Date:
2006.01.20
图号
Sheet NO:
1P04

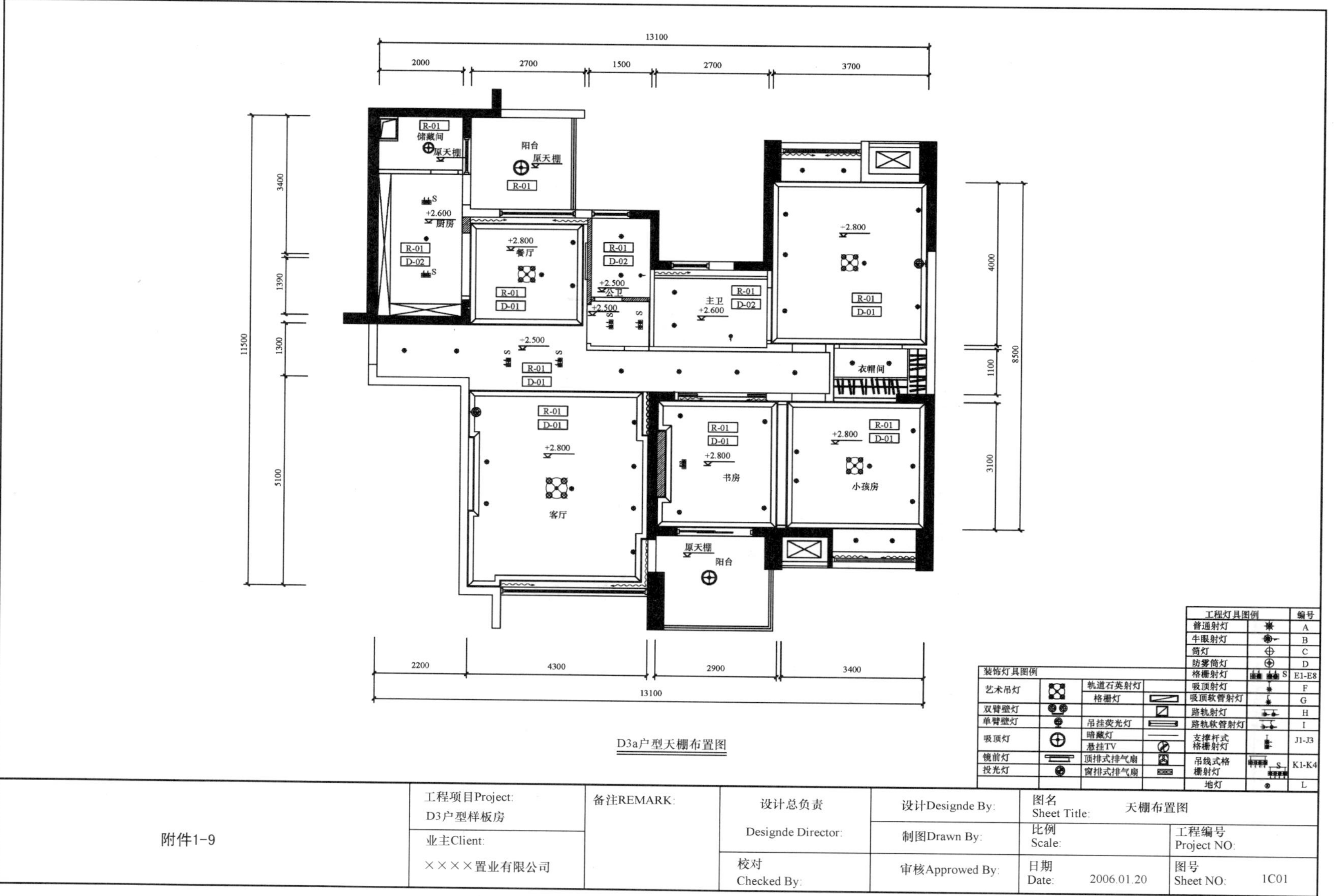
D3a户型天棚布置图
工程项目Project:
D3户型样板房
业主Client:
××××置业有限公司
备注REMARK:
设计总负责
Designde Director:
校对
Checked By:
设计Designde By:
制图Drawn By:
审核Approwed By:
图名
Sheet Title: 天棚布置图
比例
Scale:
日期
Date: 2006.01.20
工程编号
Project NO:
图号
Sheet NO: 1C01
附件1-9

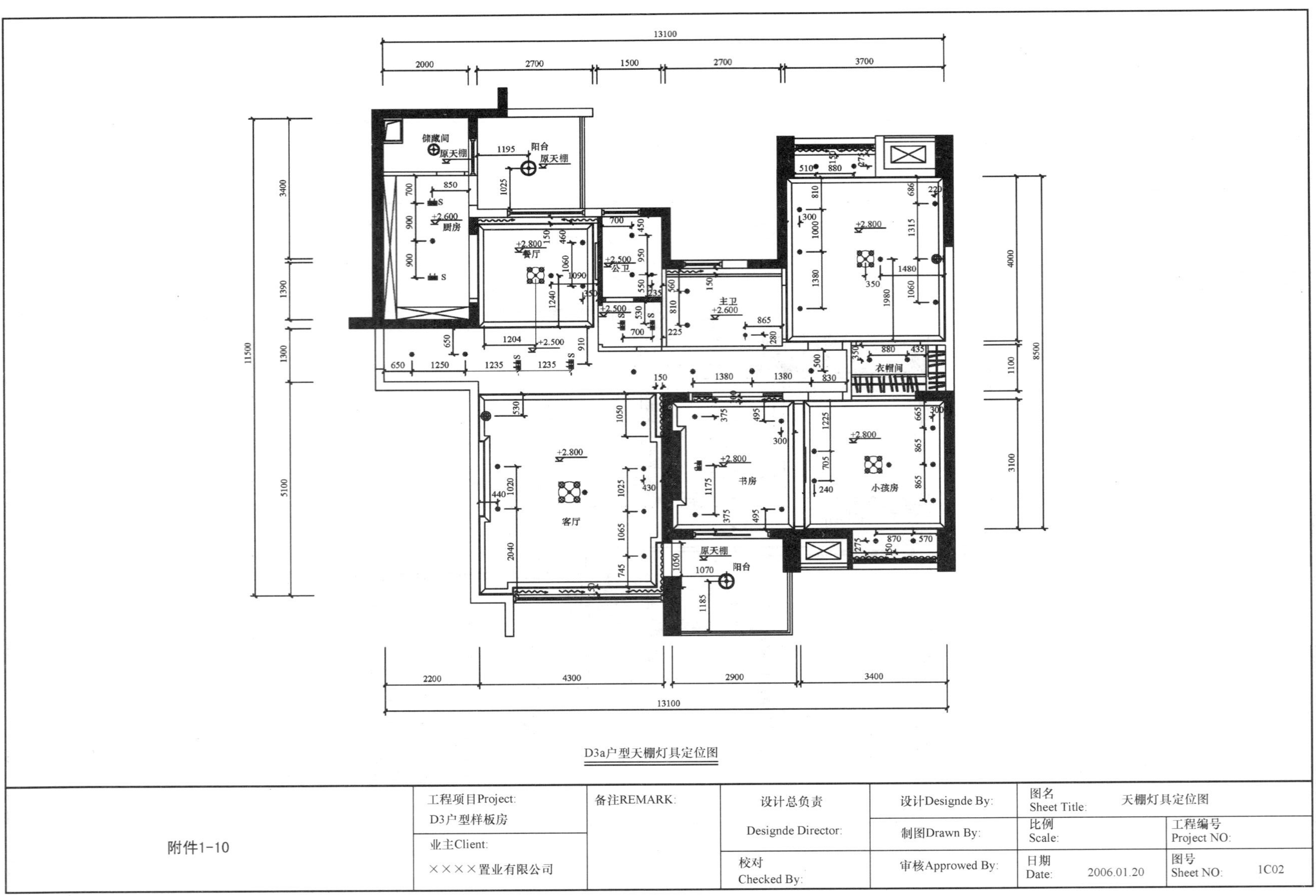

储藏间
原天棚
阳台
原天棚
厨房
餐厅
公卫
主卫
衣帽间
客厅
书房
小孩房
阳台
原天棚
D3a户型天棚灯具定位图
工程项目Project:
D3户型样板房
业主Client:
××××置业有限公司
备注REMARK:
设计总负责
Designde Director:
校对
Checked By:
设计Designde By:
制图Drawn By:
审核Approwed By:
图名
Sheet Title:
天棚灯具定位图
比例
Scale:
工程编号
Project NO:
日期
Date:
2006.01.20
图号
Sheet NO:
1C02
附件1-10

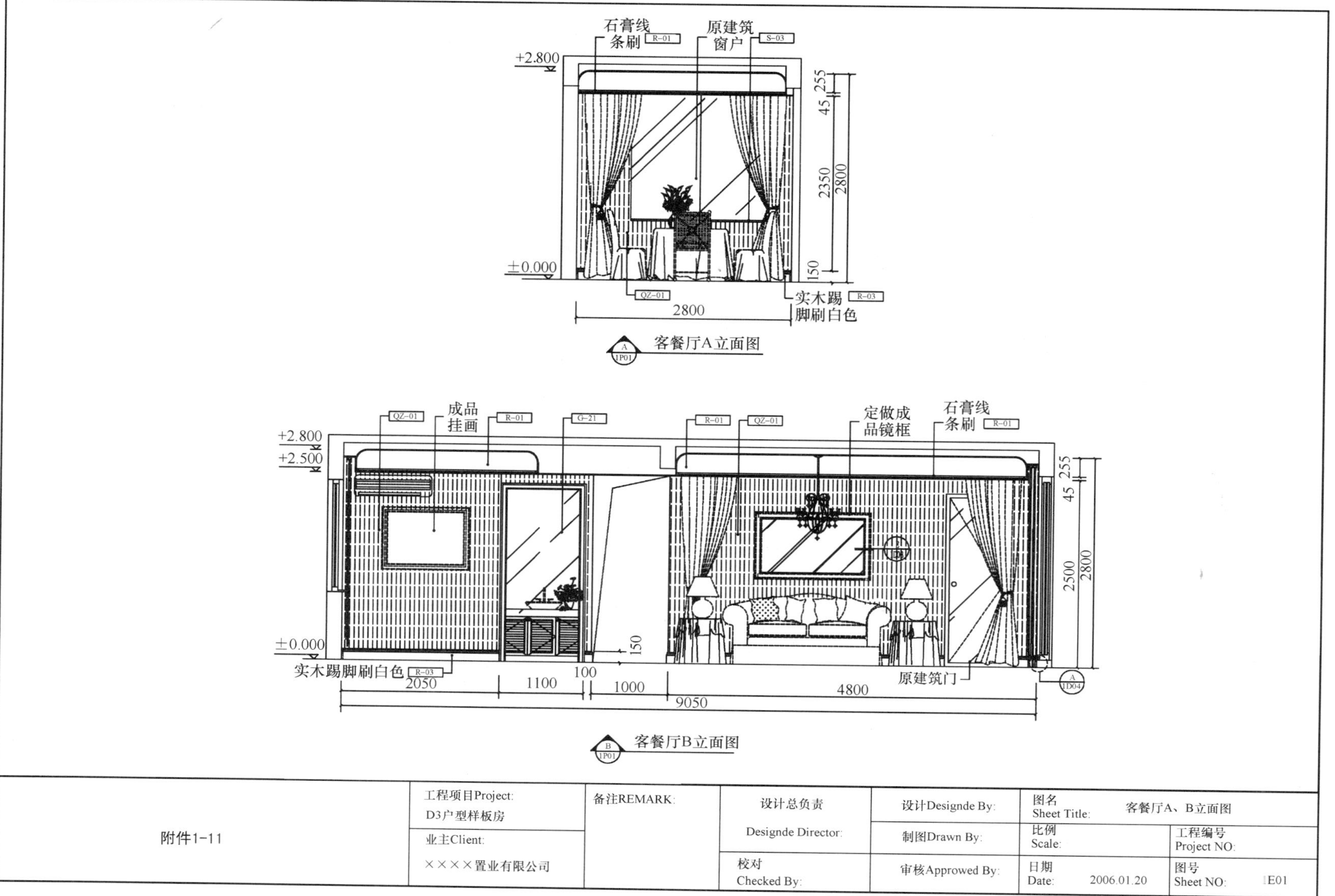
石膏线
条刷 R-01
原建筑
窗户 S-03
+2.800
±0.000
255
45
2350
2800
150
QZ-01
实木踢
脚刷白色 R-03
2800
客餐厅A立面图
A
1P01
QZ-01
成品
挂画
R-01
G-21
R-01
QZ-01
定做成
品镜框
石膏线
条刷 R-01
+2.800
+2.500
±0.000
实木踢脚刷白色 R-03
2050
1100
100
1000
150
4800
9050
2500
2800
原建筑门
A
1D04
客餐厅B立面图
B
1P01
附件1-11
工程项目Project:
D3户型样板房
业主Client:
××××置业有限公司
备注REMARK:
设计总负责
Designde Director:
校对
Checked By:
设计Designde By:
制图Drawn By:
审核Approved By:
图名
Sheet Title:
客餐厅A、B立面图
比例
Scale:
工程编号
Project NO:
日期
Date:
2006.01.20
图号
Sheet NO:
1E01

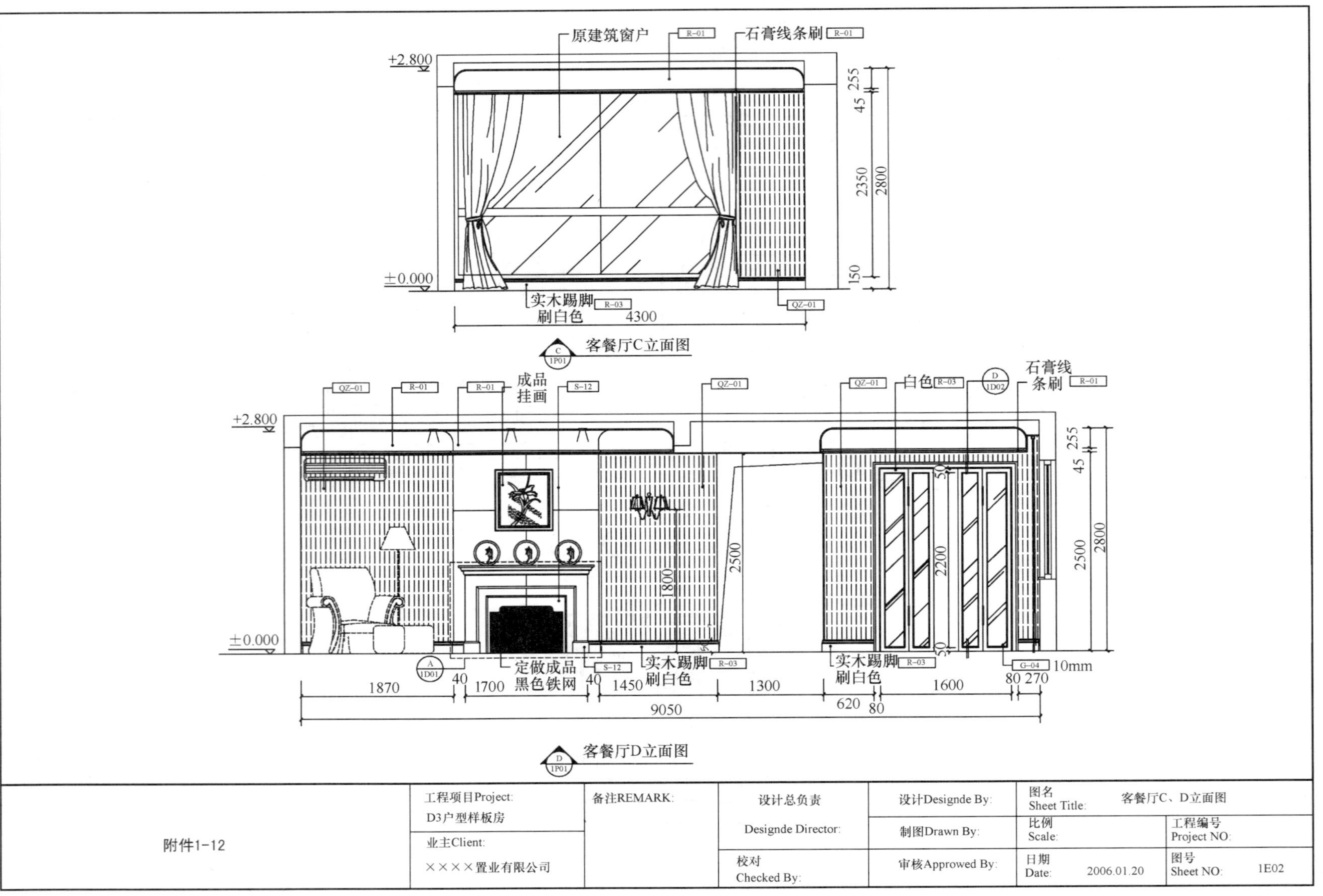

原建筑窗户
R-01
石膏线条刷
R-01
+2.800
±0.000
255
45
2350
2800
150
实木踢脚
刷白色
R-03
4300
QZ-01
客餐厅C立面图
C
1P01
QZ-01
R-01
R-01
成品
挂画
S-12
QZ-01
QZ-01
白色
R-03
D
1D02
石膏线
条刷
R-01
+2.800
±0.000
1800
2500
50
2200
50
255
45
2500
2800
A
1D01
定做成品
黑色铁网
S-12
实木踢脚
刷白色
R-03
实木踢脚
刷白色
R-03
G-04
10mm
1870
40
1700
40
1450
1300
620
80
1600
80
270
9050
客餐厅D立面图
D
1P01
附件1-12
工程项目Project:
D3户型样板房
业主Client:
××××置业有限公司
备注REMARK:
设计总负责
Designde Director:
校对
Checked By:
设计Designde By:
制图Drawn By:
审核Approwed By:
图名
Sheet Title:
客餐厅C、D立面图
比例
Scale:
工程编号
Project NO:
日期
Date:
2006.01.20
图号
Sheet NO:
1E02

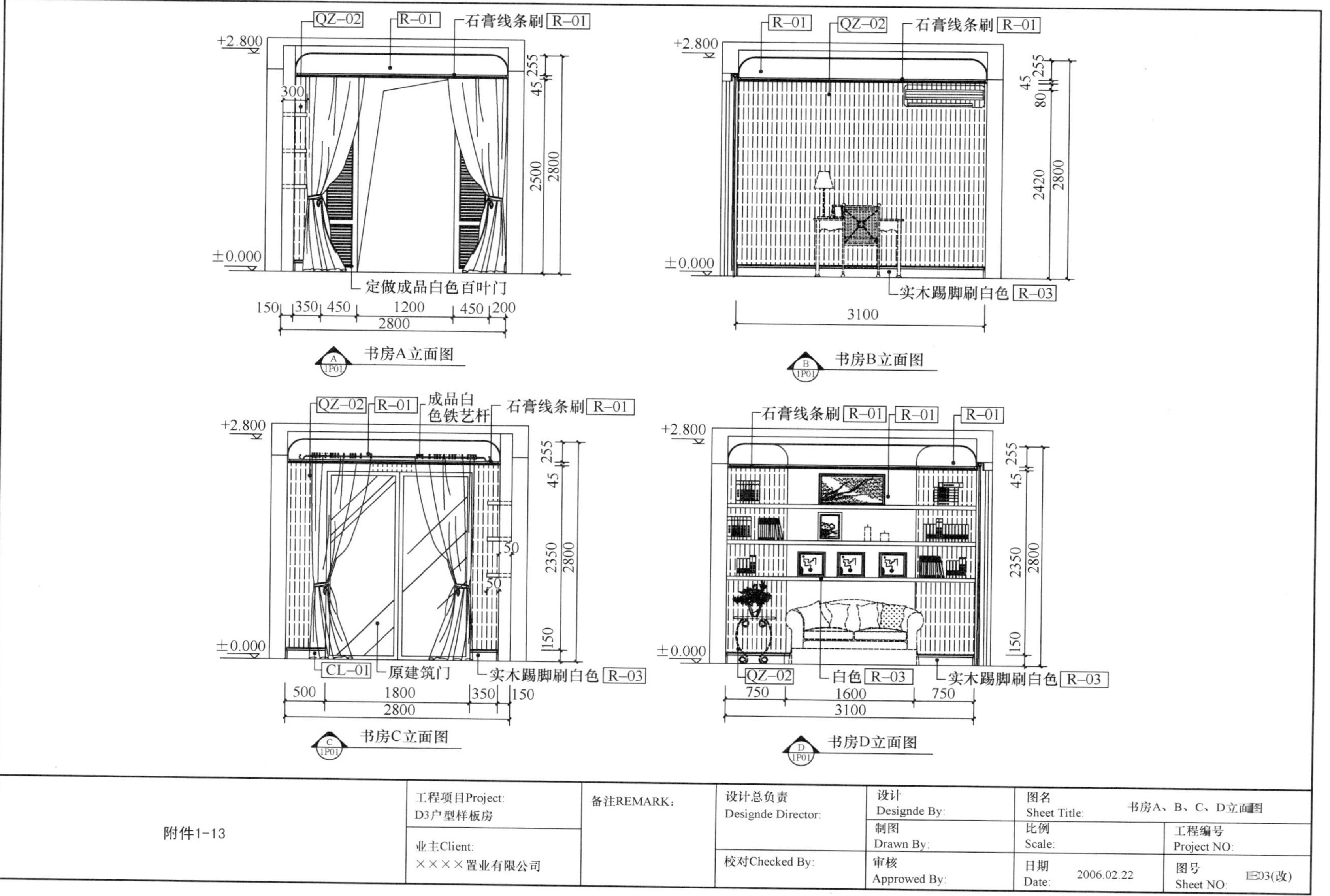

QZ-02
R-01
石膏线条刷 R-01
+2.800
±0.000
300
255
45
2500
2800
定做成品白色百叶门
150 350 450 1200 450 200
2800
书房A立面图
A 1P01
R-01
QZ-02
石膏线条刷 R-01
255
45
80
2420
2800
实木踢脚刷白色 R-03
3100
书房B立面图
B 1P01
QZ-02
R-01
成品白色铁艺杆
石膏线条刷 R-01
50
50
2350
150
CL-01
原建筑门
实木踢脚刷白色 R-03
500 1800 350 150
2800
书房C立面图
C 1P01
石膏线条刷 R-01
R-01
R-01
QZ-02
白色 R-03
实木踢脚刷白色 R-03
750 1600 750
3100
书房D立面图
D 1P01
附件1-13
工程项目Project:
D3户型样板房
业主Client:
××××置业有限公司
备注REMARK:
设计总负责
Designde Director:
校对Checked By:
设计
Designde By:
制图
Drawn By:
审核
Approwed By:
图名
Sheet Title:
书房A、B、C、D立面图
比例
Scale:
日期
Date:
2006.02.22
工程编号
Project NO:
图号
Sheet NO:

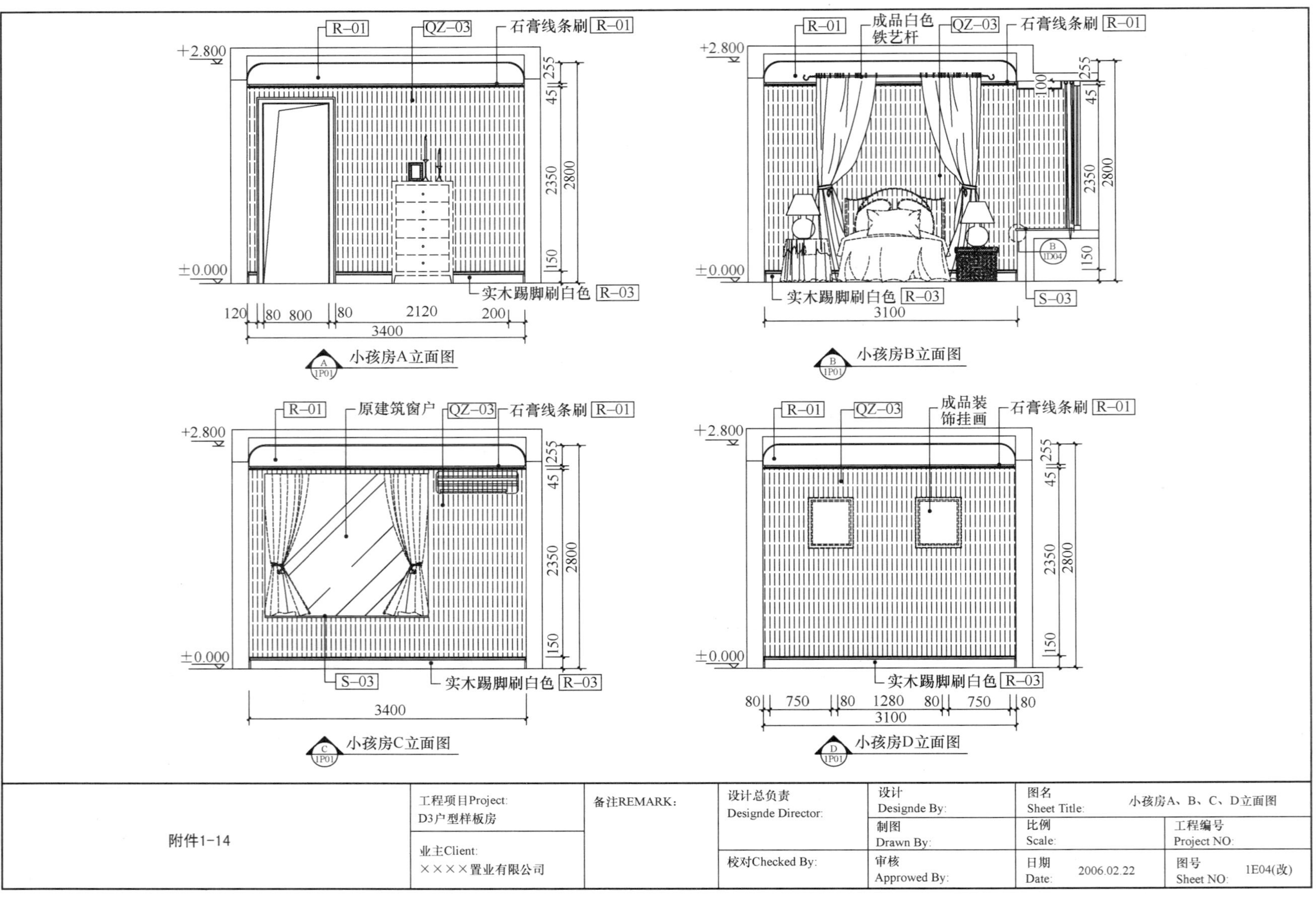
R-01
QZ-03
石膏线条刷 R-01
+2.800
±0.000
实木踢脚刷白色 R-03
120 80 800 80 2120 200
3400
255 45 2350 150 2800
小孩房A立面图
R-01
成品白色铁艺杆
QZ-03
石膏线条刷 R-01
100
实木踢脚刷白色 R-03
S-03
3100
小孩房B立面图
R-01
原建筑窗户
QZ-03
石膏线条刷 R-01
S-03
实木踢脚刷白色 R-03
3400
小孩房C立面图
R-01
QZ-03
成品装饰挂画
石膏线条刷 R-01
实木踢脚刷白色 R-03
80 750 80 1280 80 750 80
3100
小孩房D立面图
附件1-14
工程项目Project:
D3户型样板房
业主Client:
××××置业有限公司
备注REMARK:
设计总负责
Designde Director:
校对Checked By:
设计
Designde By:
制图
Drawn By:
审核
Approwed By:
图名
Sheet Title: 小孩房A、B、C、D立面图
比例
Scale:
工程编号
Project NO:
日期
Date: 2006.02.22
图号
Sheet NO: 1E04(改)

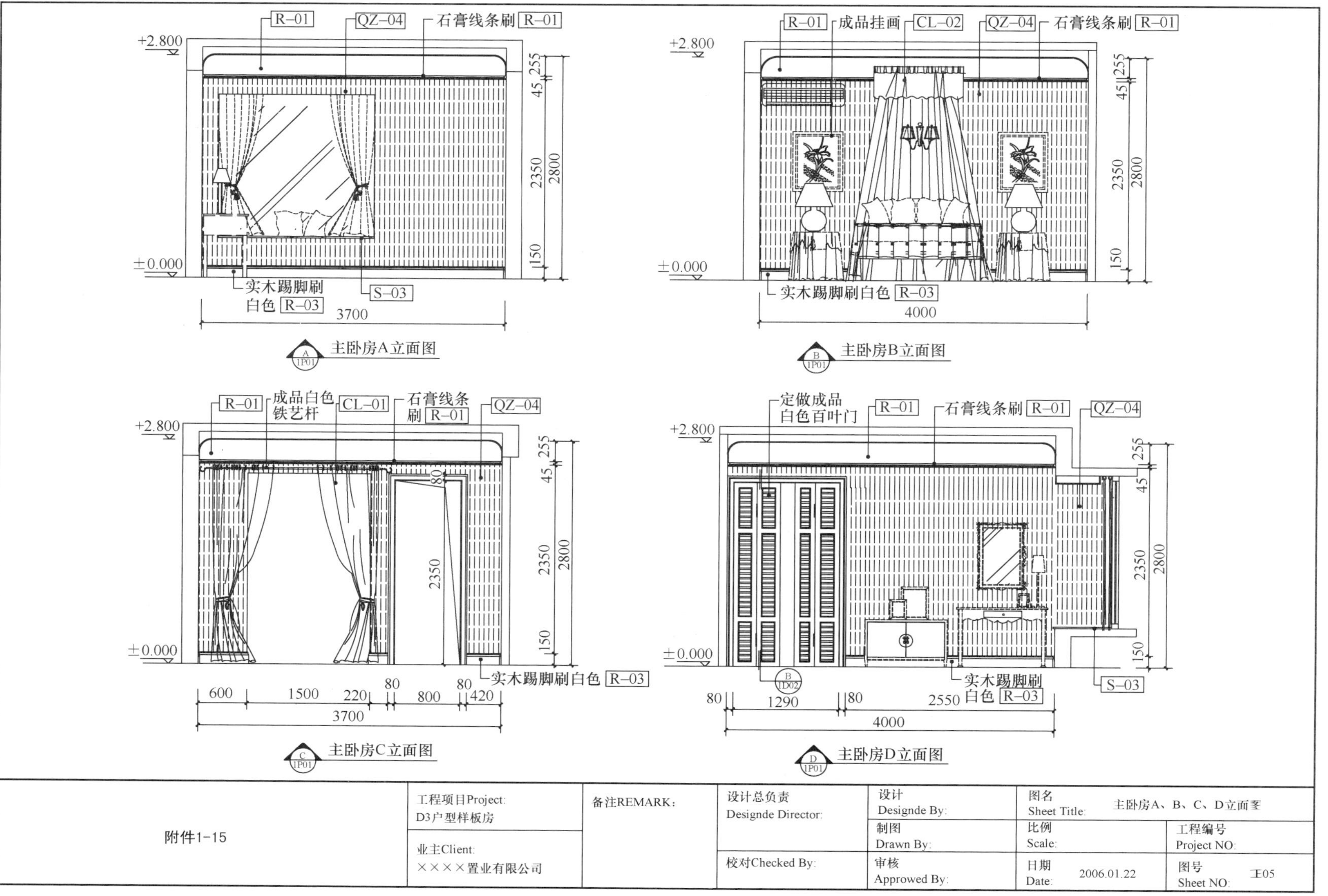
R-01
QZ-04
石膏线条刷 R-01
+2.800
±0.000
255
45
2350
2800
150
实木踢脚刷白色 R-03
S-03
3700
主卧房A立面图
A 1P01
R-01
成品挂画
CL-02
QZ-04
石膏线条刷 R-01
实木踢脚刷白色 R-03
4000
主卧房B立面图
B 1P01
R-01
成品白色铁艺杆
CL-01
石膏线条刷 R-01
QZ-04
80
实木踢脚刷白色 R-03
600
1500
220
800
420
3700
主卧房C立面图
C 1P01
定做成品白色百叶门
R-01
石膏线条刷 R-01
QZ-04
B 1D02
S-03
实木踢脚刷白色 R-03
1290
2550
4000
主卧房D立面图
D 1P01
附件1-15
工程项目Project:
D3户型样板房
业主Client:
××××置业有限公司
备注REMARK:
设计总负责
Designde Director:
校对Checked By:
设计
Designde By:
制图
Drawn By:
审核
Approwed By:
图名
Sheet Title:
主卧房A、B、C、D立面图
比例
Scale:
工程编号
Project NO:
日期
Date:
2006.01.22
图号
Sheet NO:
王05

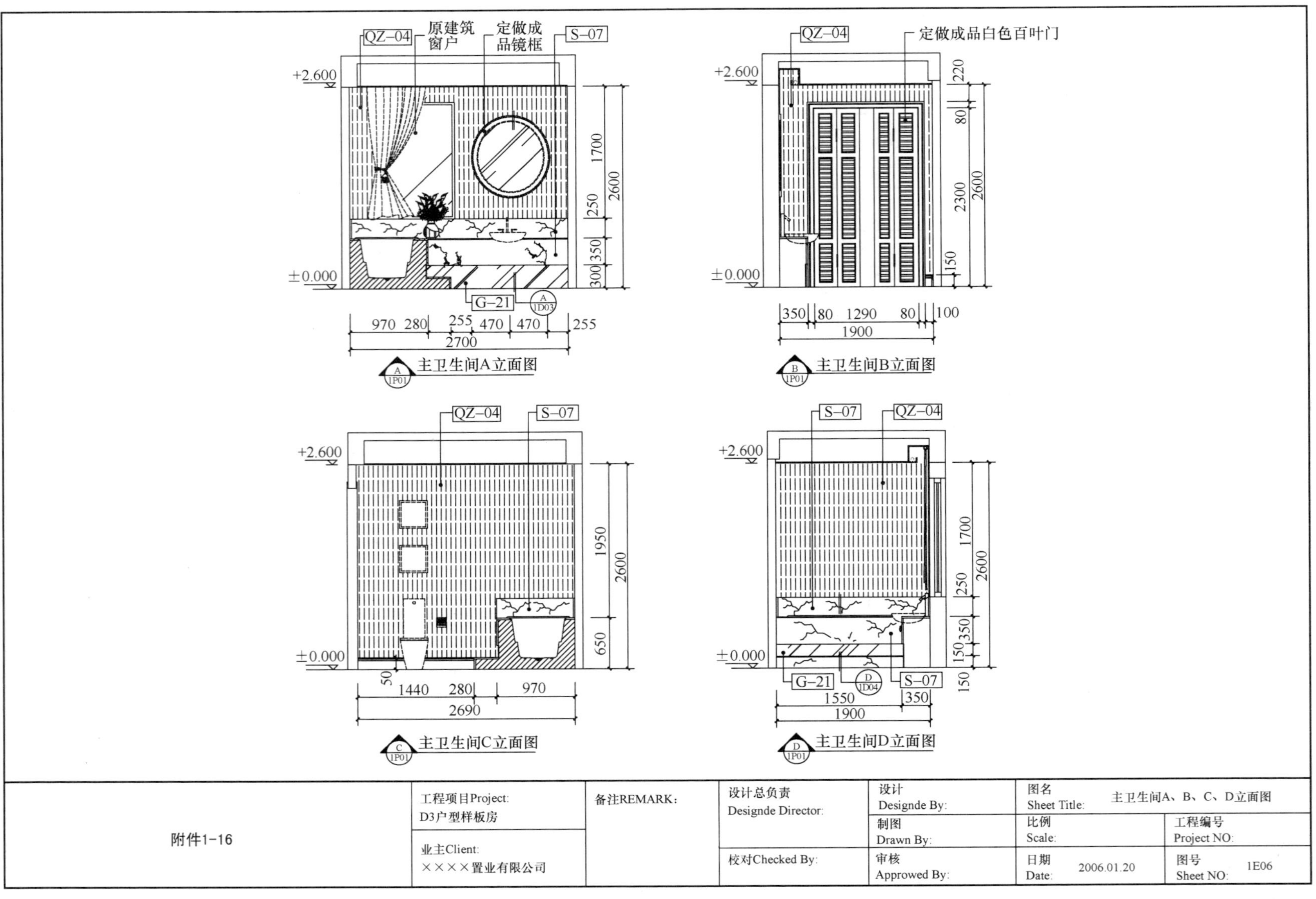
QZ-04
原建筑窗户
定做成品镜框
S-07
+2.600
±0.000
1700
250
350
300
2600
G-21
970
280
255
470
470
255
2700
主卫生间A立面图
定做成品白色百叶门
220
80
2300
150
350
80
1290
80
100
1900
主卫生间B立面图
1950
650
2600
50
1440
280
970
2690
主卫生间C立面图
1700
250
350
150
150
1550
350
1900
主卫生间D立面图
附件1-16
工程项目Project:
D3户型样板房
业主Client:
××××置业有限公司
备注REMARK:
设计总负责
Designde Director:
校对Checked By:
设计
Designde By:
制图
Drawn By:
审核
Approwed By:
图名
Sheet Title:
主卫生间A、B、C、D立面图
比例
Scale:
工程编号
Project NO:
日期
Date:
2006.01.20
图号
Sheet NO:
1E06

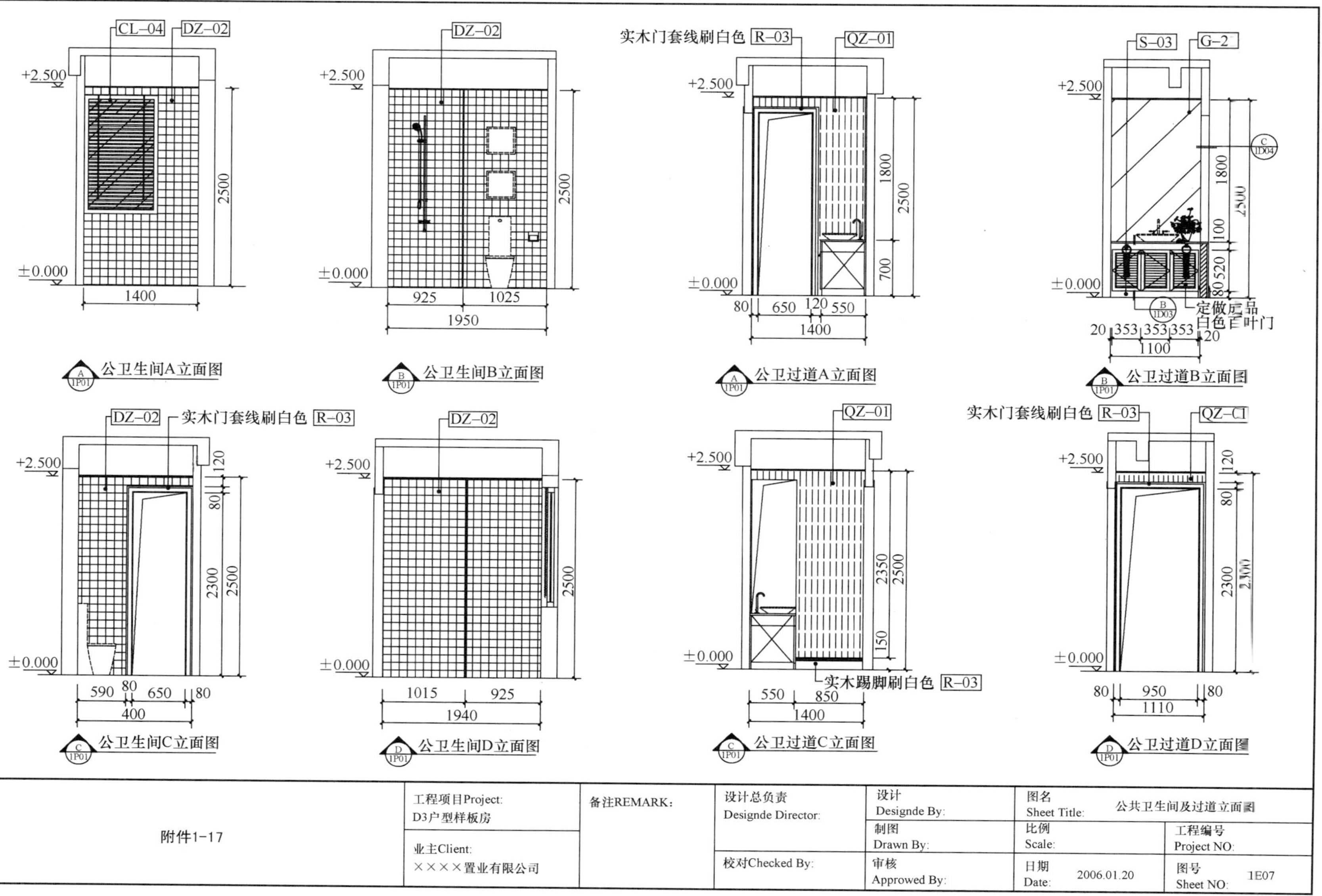
CL-04
DZ-02
+2.500
±0.000
2500
1400
公卫生间A立面图
DZ-02
925
1025
1950
公卫生间B立面图
实木门套线刷白色
R-03
QZ-01
1800
700
80
650
120
550
1400
公卫过道A立面图
S-03
G-2
100
520
定做成品
白色百叶门
20
353
1100
公卫过道B立面图
120
2300
590
400
公卫生间C立面图
1015
1940
公卫生间D立面图
2350
150
实木踢脚刷白色
850
公卫过道C立面图
QZ-C1
950
1110
公卫过道D立面图
附件1-17
工程项目Project:
D3户型样板房
业主Client:
××××置业有限公司
备注REMARK:
设计总负责
Designde Director:
校对Checked By:
设计
Designde By:
制图
Drawn By:
审核
Approwed By:
图名
Sheet Title:
公共卫生间及过道立面图
比例
Scale:
工程编号
Project NO:
日期
Date:
2006.01.20
图号
Sheet NO:
1E07

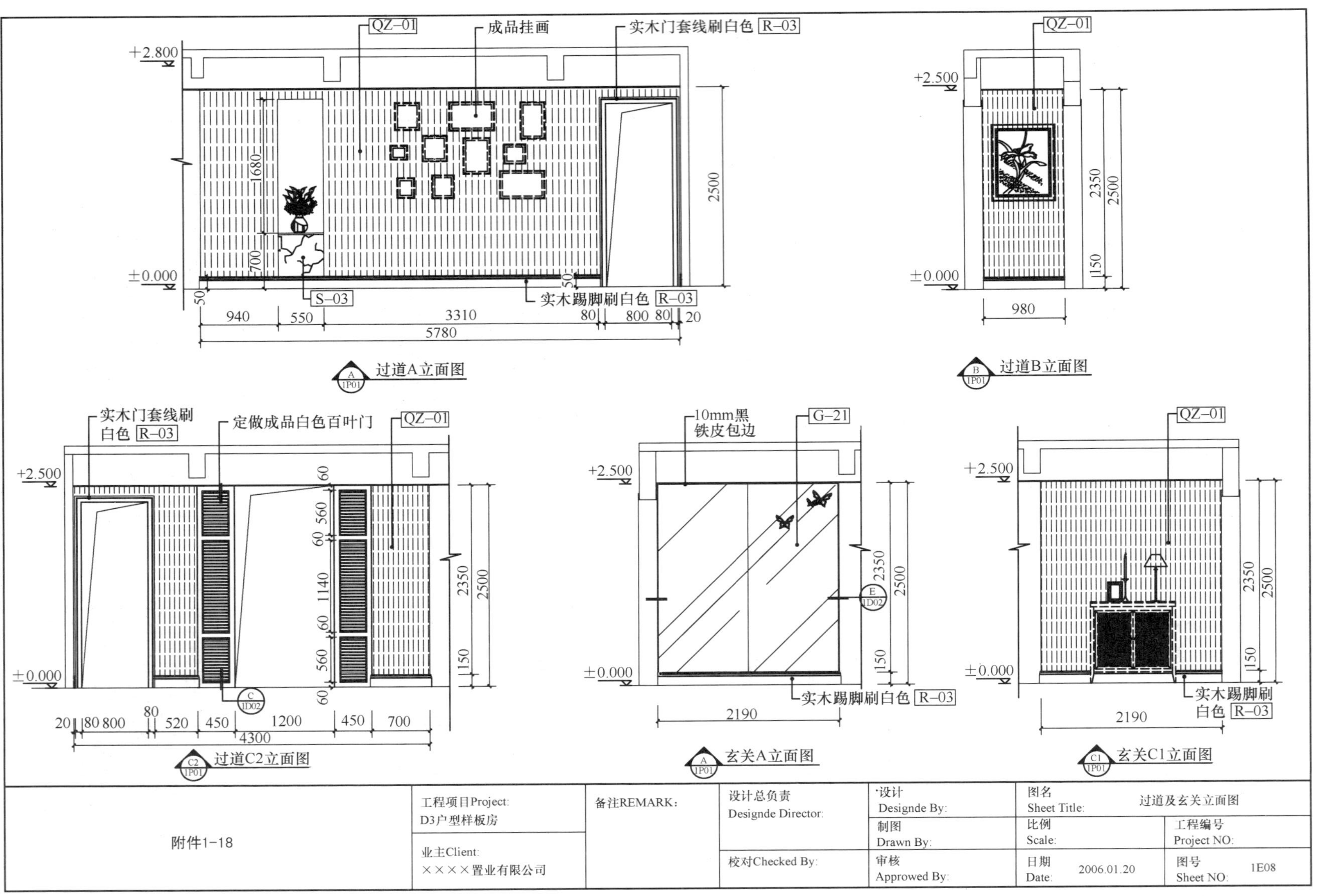

过道A立面图
过道B立面图
过道C2立面图
玄关A立面图
玄关C1立面图
实木门套线刷白色 R-03
成品挂画
QZ-01
S-03
实木踢脚刷白色 R-03
实木门套线刷白色 R-03
定做成品白色百叶门
10mm黑铁皮包边
G-21
实木踢脚刷白色 R-03
工程项目Project: D3户型样板房
业主Client: ××××置业有限公司
备注REMARK:
设计总负责 Designde Director:
校对Checked By:
设计 Designde By:
制图 Drawn By:
审核 Approved By:
图名 Sheet Title: 过道及玄关立面图
比例 Scale:
日期 Date: 2006.01.20
工程编号 Project NO:
图号 Sheet NO: 1E08

附件1-18

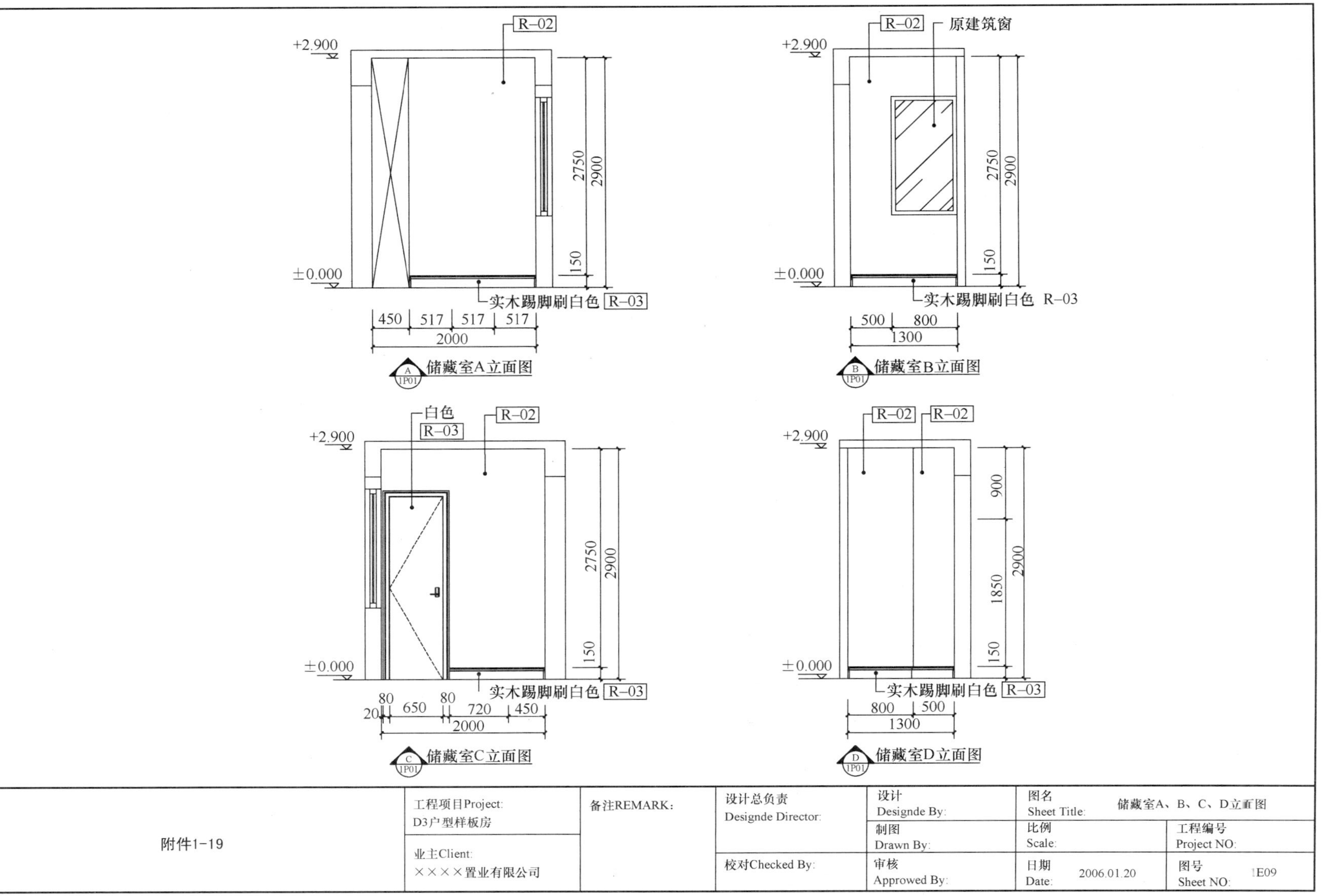
R-02
+2.900
±0.000
2750
2900
150
实木踢脚刷白色 R-03
450 517 517 517
2000
储藏室A立面图
A 1P01
R-02
原建筑窗
+2.900
±0.000
2750
2900
150
实木踢脚刷白色 R-03
500 800
1300
储藏室B立面图
B 1P01
白色
R-03
R-02
+2.900
±0.000
2750
2900
150
实木踢脚刷白色 R-03
20 80 650 80 720 450
2000
储藏室C立面图
C 1P01
R-02
R-02
+2.900
±0.000
900
1850
150
2900
实木踢脚刷白色 R-03
800 500
1300
储藏室D立面图
D 1P01
附件1-19
工程项目Project:
D3户型样板房
业主Client:
××××置业有限公司
备注REMARK:
设计总负责
Designde Director:
校对Checked By:
设计
Designde By:
制图
Drawn By:
审核
Approved By:
图名
Sheet Title:
储藏室A、B、C、D立面图
比例
Scale:
工程编号
Project NO:
日期
Date:
2006.01.20
图号
Sheet NO:
1E09

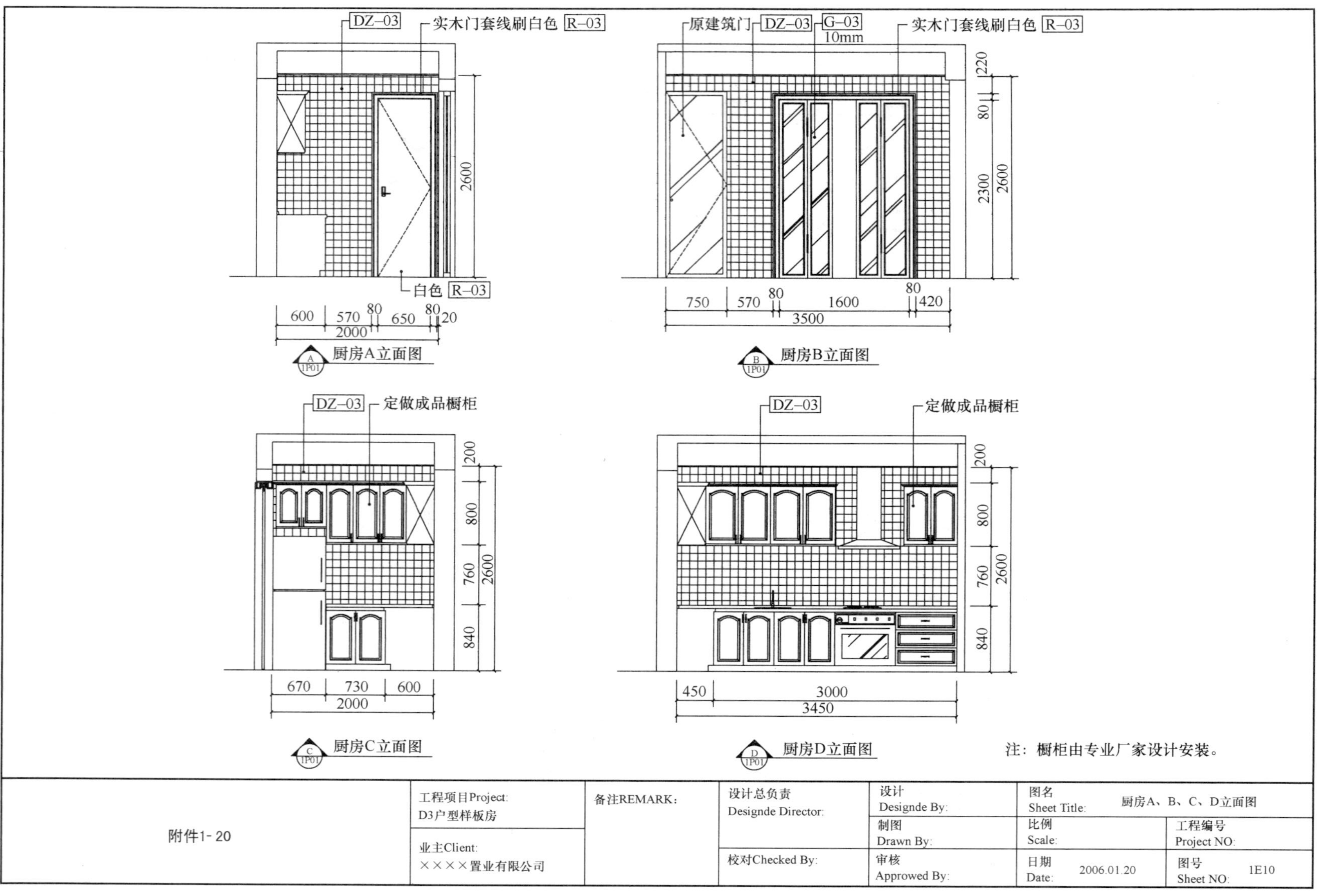

注：橱柜由专业厂家设计安装。

附件1-20	工程项目Project: D3户型样板房	备注REMARK:	设计总负责 Designde Director:	设计 Designde By:	图名 Sheet Title: 厨房A、B、C、D立面图	
				制图 Drawn By:	比例 Scale:	工程编号 Project NO:
	业主Client: ××××置业有限公司		校对Checked By:	审核 Approwed By:	日期 Date: 2006.01.20	图号 Sheet NO: 1E10

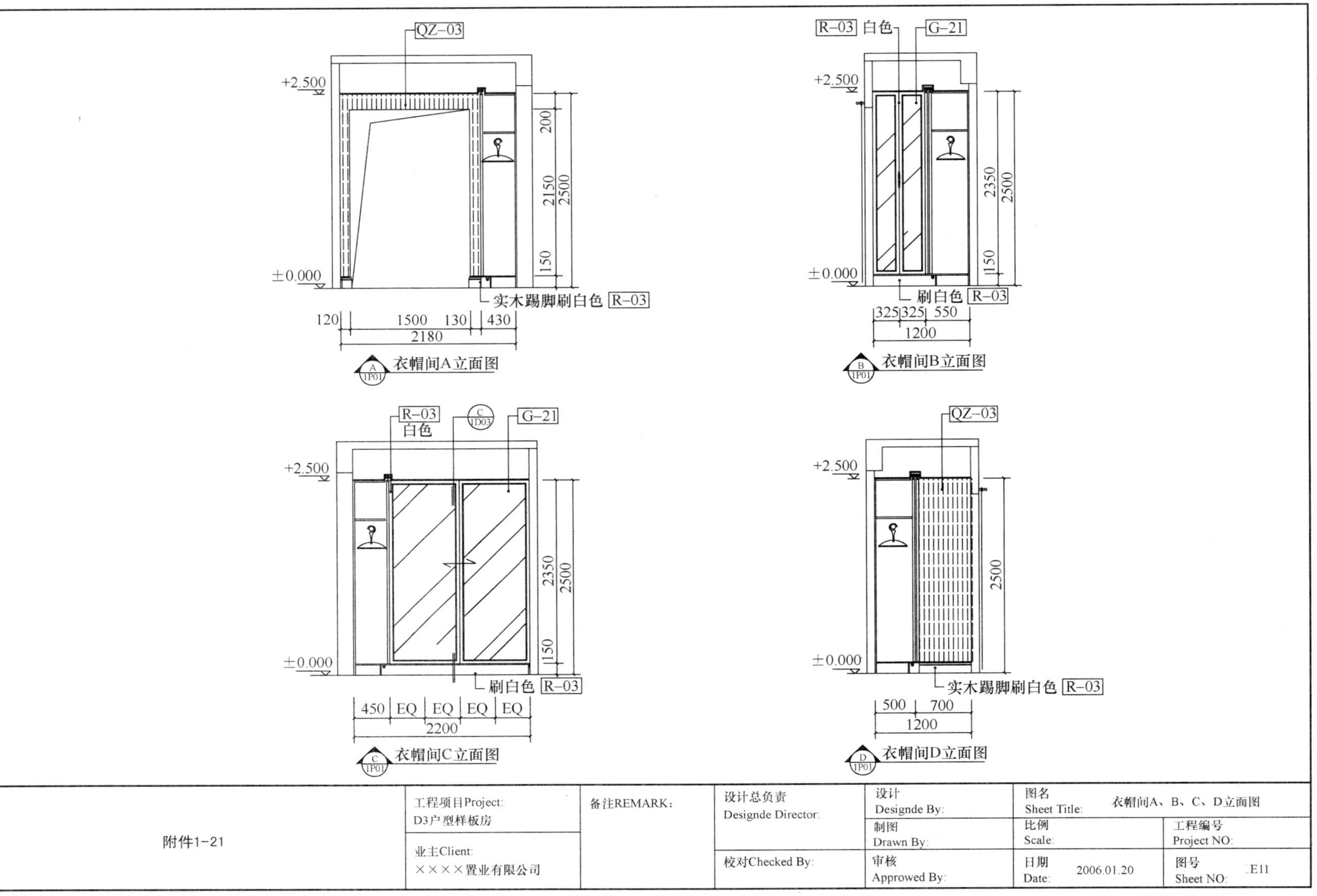

附件1-21	工程项目Project: D3户型样板房 业主Client: ××××置业有限公司	备注REMARK:	设计总负责 Designde Director: 校对Checked By:	设计 Designde By: 制图 Drawn By: 审核 Approved By:	图名 Sheet Title: 衣帽间A、B、C、D立面图 比例 Scale: 日期 Date: 2006.01.20	工程编号 Project NO: 图号 Sheet NO: E11

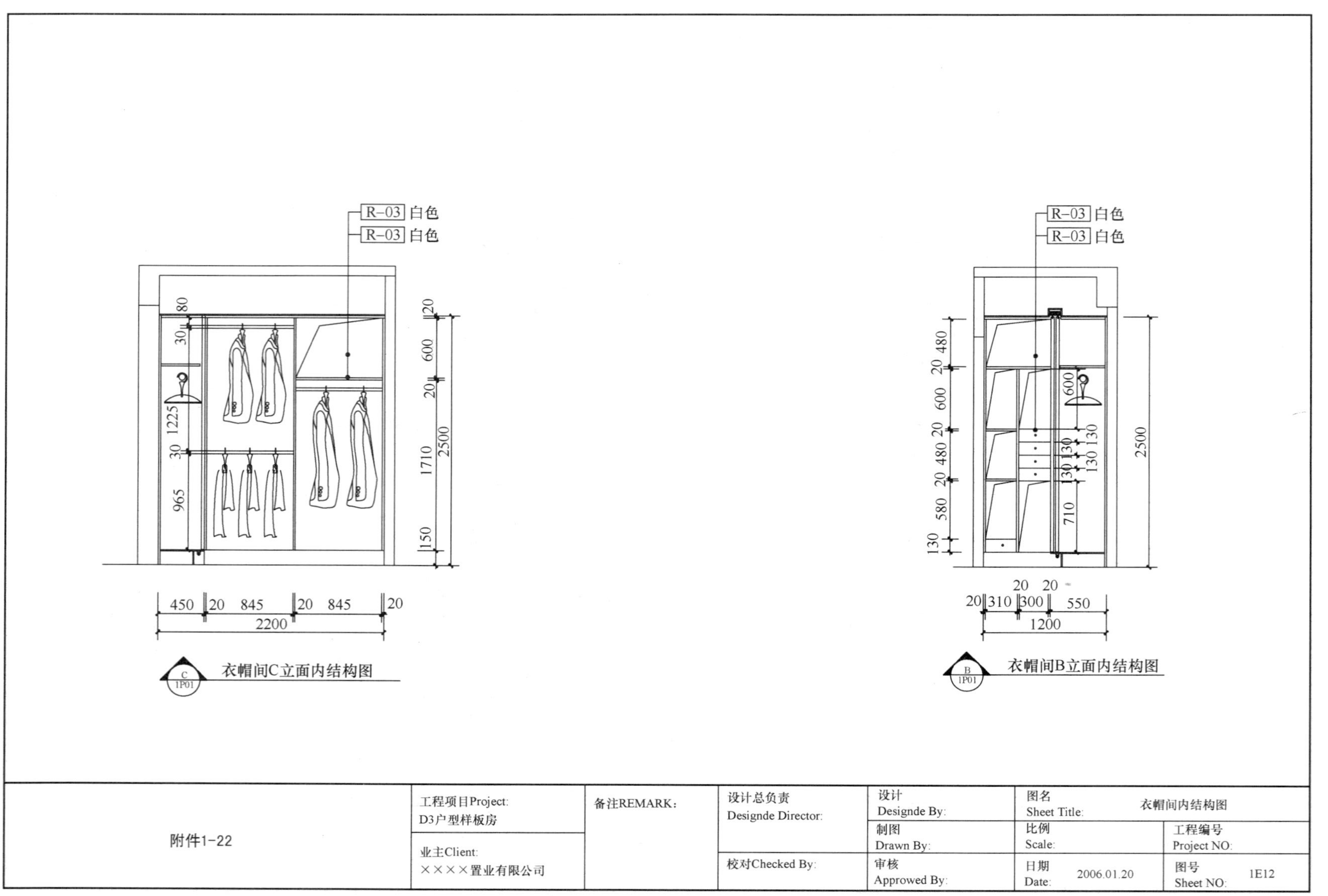

R-03 白色
R-03 白色
衣帽间C立面内结构图
衣帽间B立面内结构图
附件1-22
工程项目Project:
D3户型样板房
业主Client:
×××置业有限公司
备注REMARK:
设计总负责
Designde Director:
校对Checked By:
设计
Designde By:
制图
Drawn By:
审核
Approwed By:
图名
Sheet Title:
衣帽间内结构图
比例
Scale:
工程编号
Project NO:
日期
Date:
2006.01.20
图号
Sheet NO:
1E12

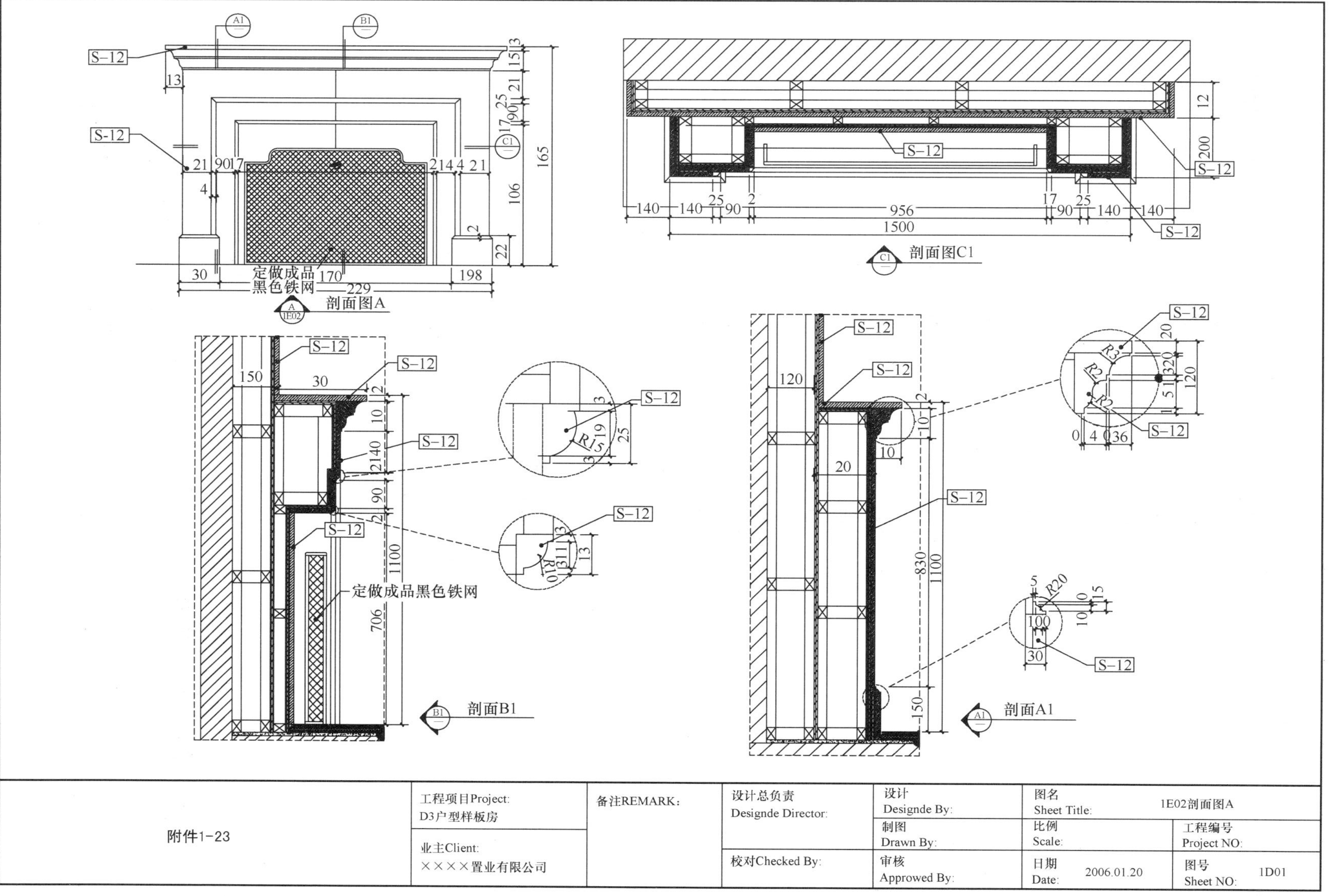
剖面图A
定做成品黑色铁网
剖面图C1
剖面B1
剖面A1
S-12
工程项目Project:
D3户型样板房
业主Client:
××××置业有限公司
备注REMARK:
设计总负责
Designde Director:
校对Checked By:
设计
Designde By:
制图
Drawn By:
审核
Approved By:
图名
Sheet Title:
1E02剖面图A
比例
Scale:
日期
Date:
2006.01.20
工程编号
Project NO:
图号
Sheet NO:
1D01

附件1-23

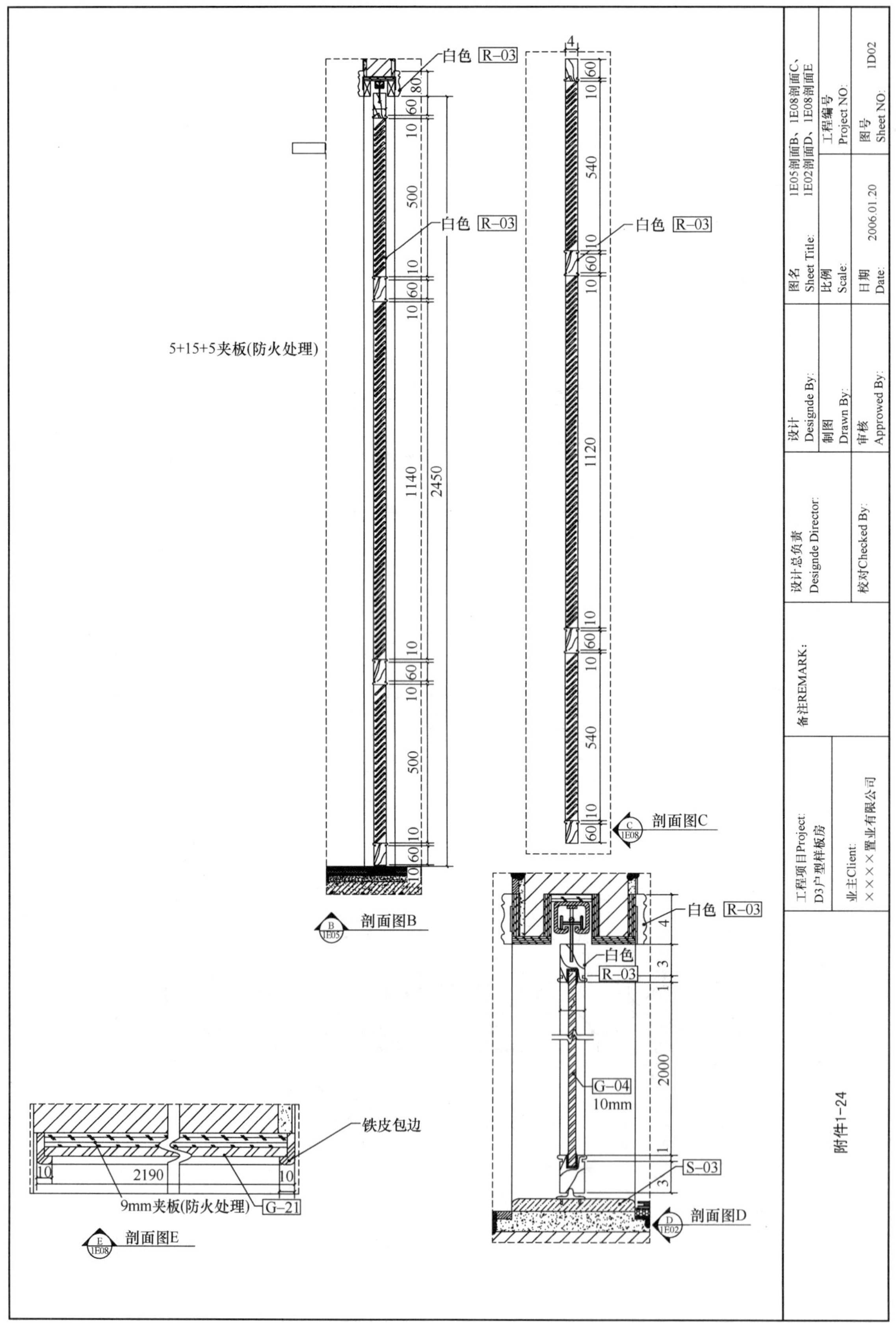

白色 R-03
5+15+5夹板(防火处理)
80
60
10
500
10
60
10
1140
2450
10
60
10
500
10
60
10
剖面图B
4
60
10
540
10
60
10
1120
10
60
10
540
10
60
剖面图C
白色 R-03
白色
R-03
3
1
G-04
10mm
2000
1
S-03
3
剖面图D
铁皮包边
10
2190
10
9mm夹板(防火处理)
G-21
剖面图E
工程项目Project:
D3户型样板房
业主Client:
×××置业有限公司
备注REMARK:
设计总负责
Designde Director:
校对Checked By:
设计
Designde By:
制图
Drawn By:
审核
Approwed By:
图名
Sheet Title:
1E05剖面B、1E08剖面C、
1E02剖面D、1E08剖面E
比例
Scale:
日期
Date:
2006.01.20
工程编号
Project NO:
图号
Sheet NO:
1D02
附件1-24

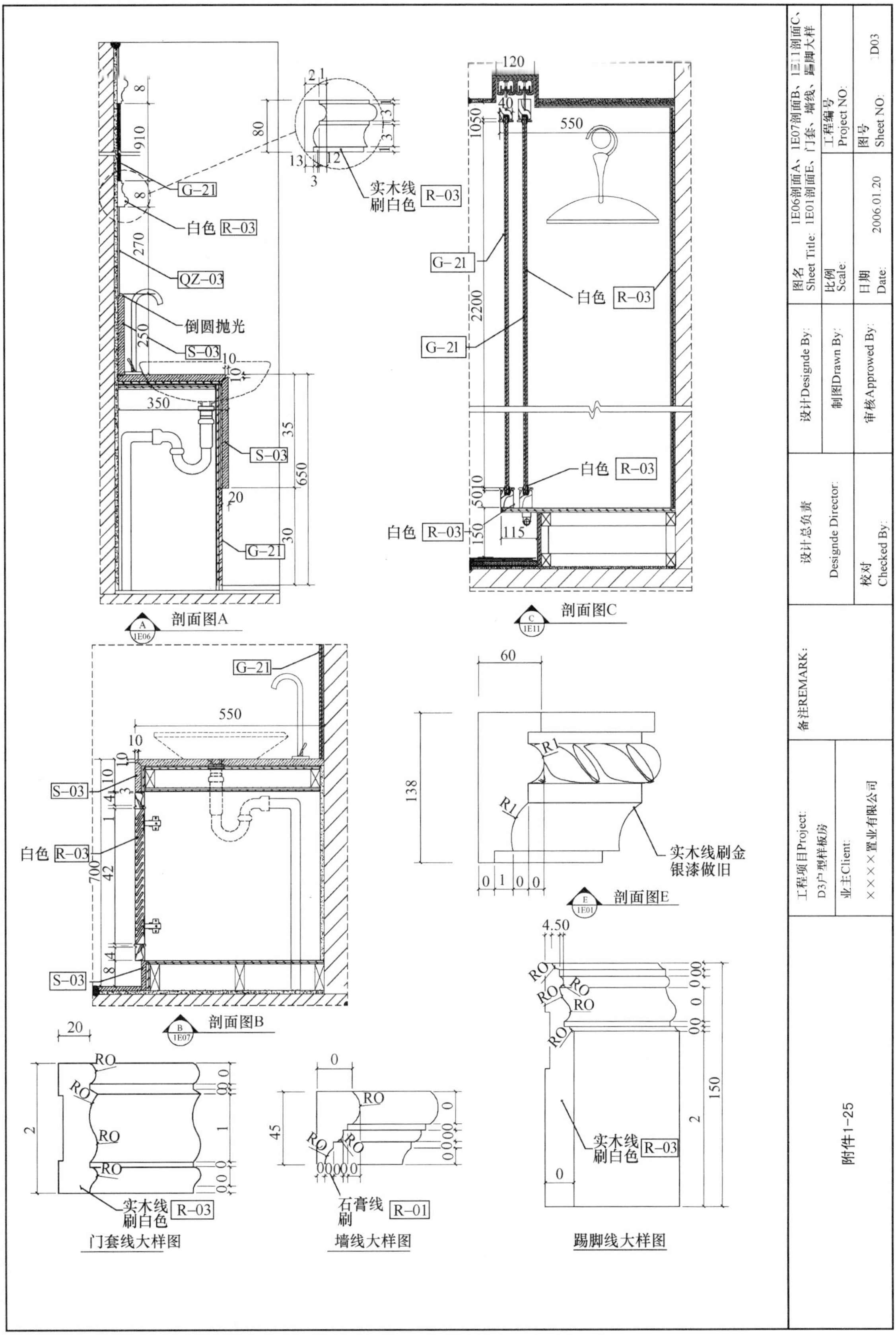
G-21
白色 R-03
QZ-03
倒圆抛光
S-03
S-03
G-21
实木线
刷白色 R-03
剖面图A
1E06
G-21
白色 R-03
G-21
白色 R-03
白色 R-03
剖面图C
1E11
G-21
S-03
白色 R-03
S-03
剖面图B
1E07
实木线刷金
银漆做旧
剖面图E
1E01
实木线
刷白色 R-03
实木线
刷白色 R-03
门套线大样图
石膏线
刷 R-01
墙线大样图
踢脚线大样图
图名 Sheet Title: 1E06剖面A、1E07剖面B、1E11剖面C、1E01剖面E、门套、墙线、踢脚大样
工程编号 Project NO:
比例 Scale:
图号 Sheet NO: D03
日期 Date: 2006.01.20
设计Designde By:
制图Drawn By:
审核Approwed By:
设计总负责 Designde Director:
校对 Checked By:
备注REMARK:
工程项目Project: D3户型样板房
业主Client: ×××置业有限公司
附件1-25

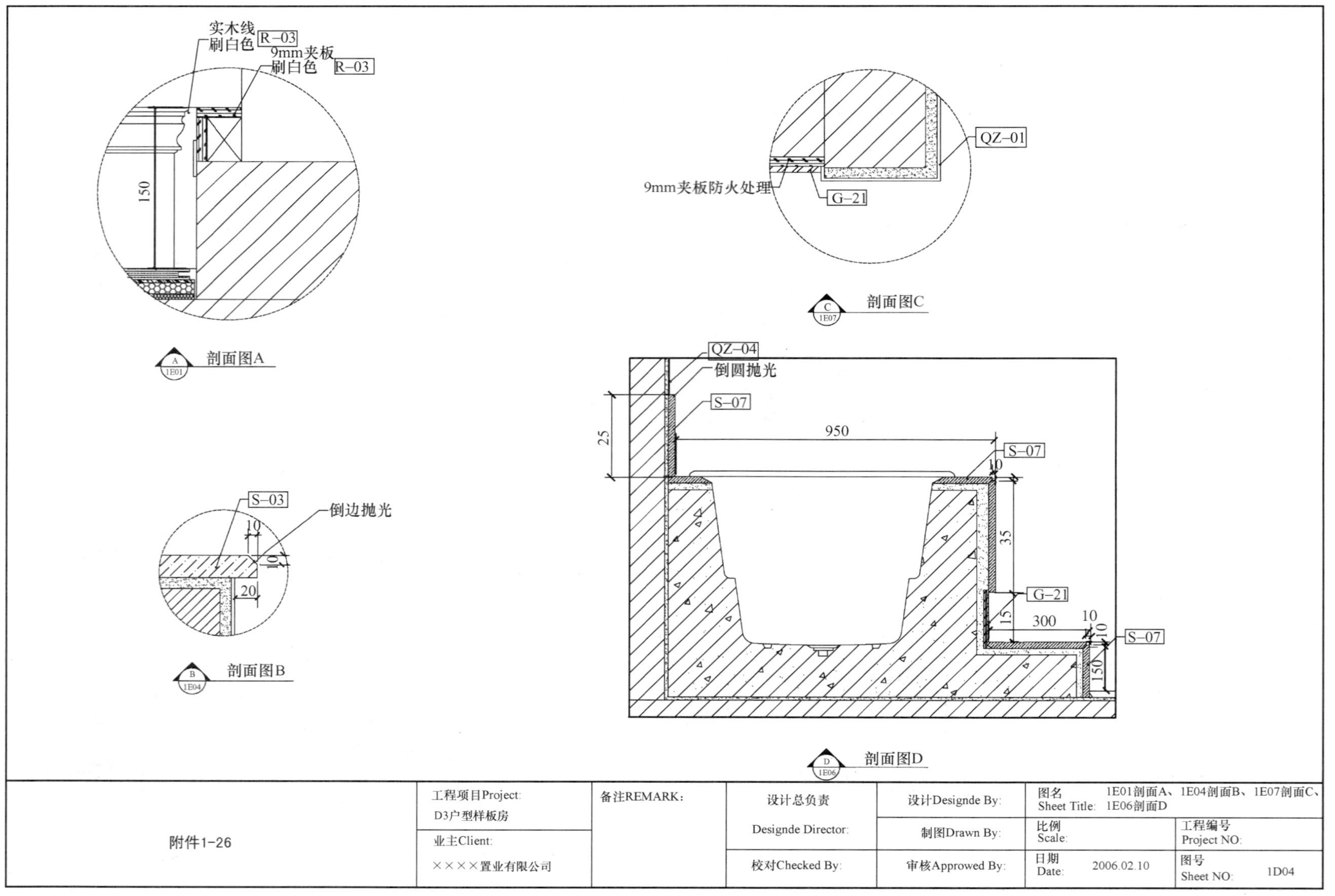

实木线
刷白色 R-03
9mm夹板
刷白色 R-03
150
剖面图A
A
1E01
S-03
倒边抛光
10
10
20
剖面图B
B
1E04
QZ-01
9mm夹板防火处理
G-21
剖面图C
C
1E07
QZ-04
倒圆抛光
S-07
25
950
S-07
10
35
G-21
15
300
10
10
S-07
150
剖面图D
D
1E06
附件1-26
工程项目Project:
D3户型样板房
业主Client:
××××置业有限公司
备注REMARK:
设计总负责
Designde Director:
校对Checked By:
设计Designde By:
制图Drawn By:
审核Approwed By:
图名 Sheet Title: 1E01剖面A、1E04剖面B、1E07剖面C、1E06剖面D
比例 Scale:
工程编号 Project NO:
日期 Date: 2006.02.10
图号 Sheet NO: 1D04

附件 2　交通银行××分行××支行室内装饰施工图

交通银行

BANK OF COMMUNICATIONS

交通银行××分行××支行
室内装饰施工图

2006.01.18

附件2-1

图 纸 目 录

序号	图 号	图 纸 名 称	备 注	序号	图 号	图 纸 名 称	备 注
01		封面		30	2E-05	客户经理室立面图	
02		目录 1		31	2E-06	会议室立面图	
03	IP-01	一楼平面图		32	2E-07	过道立面图	
04	1T-01	一楼天花图		33	2E-08	副行长室立面图	
05	1P-02	一楼地面材料图		34	2E-09	行长室立面图	
06	1P-03	一楼隔墙尺寸图，一楼立面索引图		35	D-01	外观正立面剖面图（一）	
07	2P-01	二楼平面图		36	D-02	外观正立面剖面图（二）	
08	2T-01	二楼天花图		37	D-03	营业大厅立面剖面图（一）	
09	2P-02	二楼地面材料图		38	D-04	营业大厅立面剖面图（二）	
10	2P-03	二楼隔墙尺寸图，二楼立面索引图		39	D-05	营业大厅立面剖面图（三），楼梯间立面剖面图	
11	WE-01	外观正立面图		40	D-06	门面电动机不锈钢卷门图	
12	1E-01	营业大厅立面图（一）		41	D-07	门套立剖图，自助银行门洞节点图	
13	1E-02	营业大厅立面图（二）		42	D-08	二道门防盗钢板门剖面节点图	
14	1E-03	营业大厅立面图（三），现金区立面图（一）		43	D-09	营业柜台分隔柱节点图	
15	1E-04	现金区立面图（二）		44	D-10	柜员桌平立面图	
16	1E-05	自助银行立面图		45	D-11	自助银行节点图	
17	1E-06	自助银行后室立面图，资料室立面图（一）		46	D-12	卫生间洗手台及灯盒剖面图，茶水台剖面图，监控室玻璃窗节点图，监控室办公台节点图	
18	1E-07	资料室立面图（二），过道立面图（一）					
19	1E-08	过道立面图（二）		47	D-13	客户经理室玻璃墙节点图，会议室天花墙面节点图	
20	1E-09	WC 立面图，茶水间立面图		48	D-14	会议室天花墙面节点图，楼梯间天花节点图	
21	1E-10	监控室立面图，电脑机房立面图		49	D-15	资料室文件柜剖面图，行长室办公高柜剖面图	
22	1E-11	后台办公立面图，发电机房立面图		50	D-16	非现金柜台图	
23	1E-12	二道门立面图，大户室立面图		51	D-17	填单台详图	
24	1E-13	楼梯间立面图（一）					
25	1E-14	楼梯间立面图（二）					
26	2E-01	楼梯间立面图（三），资料室立面图					
27	2E-02	WC 前室立面图，女 WC 立面图（一）					
28	2E-03	女 WC 立面图（二），茶水间立面图					
29	2E-04	男 WC 立面图					

附件2-2	本图面尺寸仅供估算或放样之参考，施工时应以现场实际尺寸调整之	日期DATE	修定 REVISIONS	会签 CONTER-SIGNATURE	工程负责 PROJECT APPROVED	设 计 DESIGN	工程项目 PROJECT	交通银行××分行××支行	图 号 DWG.NO. ML	序 号 SHEET NO.
					审 定 EXAMINED	绘 图 DRAWN	图 名 TTTLE	图纸目录1	比例SCALE	日期 DATE 2006.01.18
					设计总负责 DESIGN APPROVED	校 核 CHECKED				

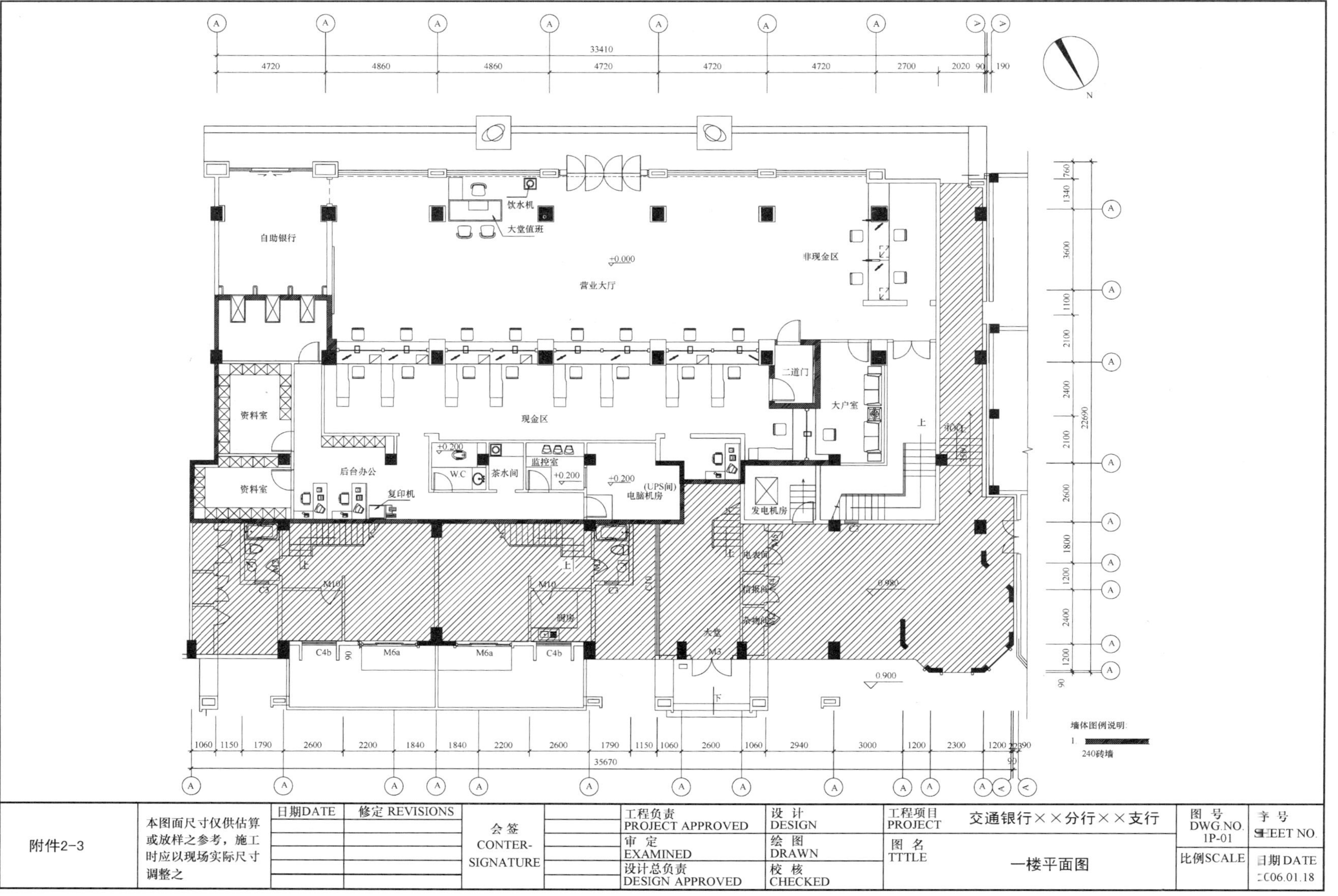
饮水机
大堂值班
自助银行
营业大厅
±0.000
非现金区
二道门
大户室
现金区
资料室
资料室
后台办公
复印机
W.C
茶水间
监控室
+0.200
±0.200
(UPS间)
电脑机房
发电机房
电表间
信报间
杂物间
大堂
M3
M10
M6a
C4b
厨房
0.980
0.900
33410
35670
22690
墙体图例说明:
240砖墙
附件2-3
本图面尺寸仅供估算或放样之参考，施工时应以现场实际尺寸调整之
日期DATE
修定 REVISIONS
会签
CONTER-SIGNATURE
工程负责
PROJECT APPROVED
审 定
EXAMINED
设计总负责
DESIGN APPROVED
设 计
DESIGN
绘 图
DRAWN
校 核
CHECKED
工程项目
PROJECT
交通银行××分行××支行
图 名
TTTLE
一楼平面图
图 号
DWG.NO.
1P-01
比例SCALE
序 号
SHEET NO.
日期DATE
2006.01.18

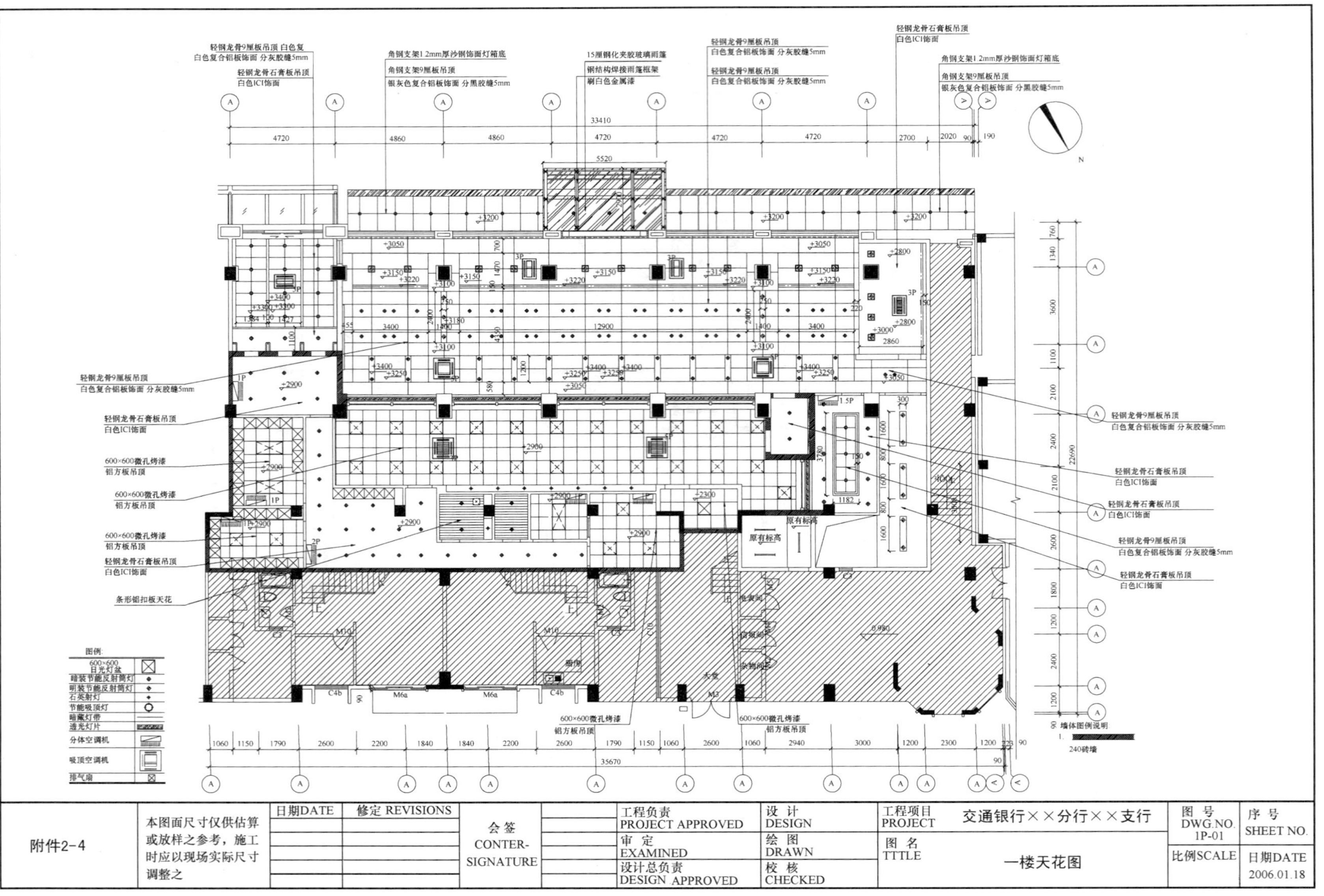
轻钢龙骨9厘板吊顶 白色复合铝板饰面 分灰胶缝5mm
轻钢龙骨石膏板吊顶 白色ICI饰面
角钢支架1.2mm厚沙钢饰面灯箱底
角钢支架9厘板吊顶 银灰色复合铝板饰面 分黑胶缝5mm
15厘钢化夹胶玻璃雨篷
钢结构焊接雨篷框架 刷白色金属漆
600×600微孔烤漆 铝方板吊顶
条形铝扣板天花
图例
墙体图例说明
240砖墙
附件2-4
本图面尺寸仅供估算或放样之参考，施工时应以现场实际尺寸调整之
日期DATE
修定 REVISIONS
会签
CONTER-SIGNATURE
工程负责
PROJECT APPROVED
审定
EXAMINED
设计总负责
DESIGN APPROVED
设计
DESIGN
绘图
DRAWN
校核
CHECKED
工程项目
PROJECT
交通银行××分行××支行
图名
TTTLE
一楼天花图
图号
DWG.NO.
1P-01
比例SCALE
序号
SHEET NO.
日期DATE
2006.01.18

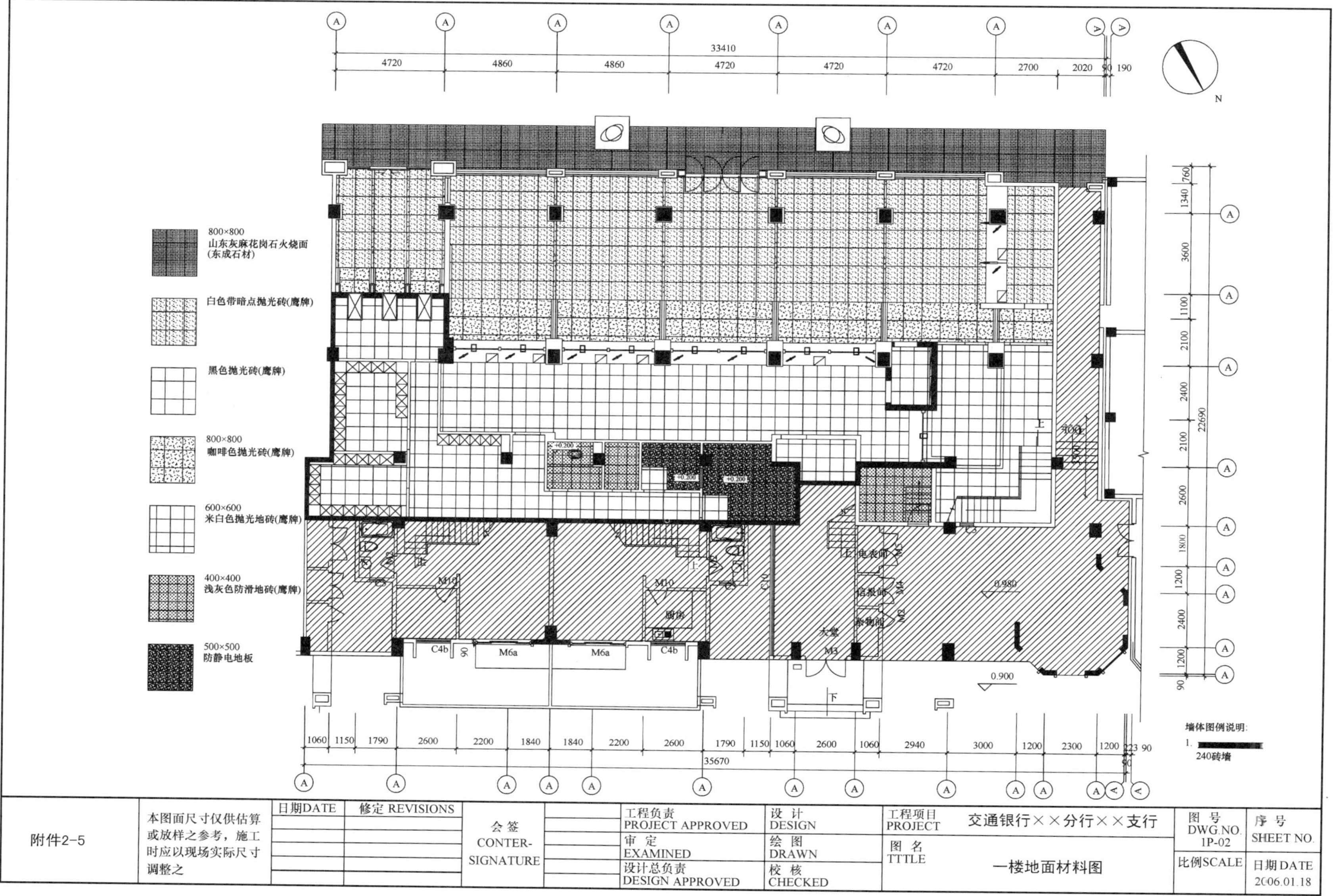
800×800
山东灰麻花岗石火烧面
(东成石材)
白色带暗点抛光砖(鹰牌)
黑色抛光砖(鹰牌)
800×800
咖啡色抛光砖(鹰牌)
600×600
米白色抛光地砖(鹰牌)
400×400
浅灰色防滑地砖(鹰牌)
500×500
防静电地板
墙体图例说明:
1. 240砖墙
电表间
信报间
杂物间
大堂
厨房
N
33410
35670
22690
本图面尺寸仅供估算或放样之参考，施工时应以现场实际尺寸调整之
日期DATE
修定 REVISIONS
会签
CONTER-SIGNATURE
工程负责
PROJECT APPROVED
审 定
EXAMINED
设计总负责
DESIGN APPROVED
设 计
DESIGN
绘 图
DRAWN
校 核
CHECKED
工程项目
PROJECT
交通银行××分行××支行
图 名
TTTLE
一楼地面材料图
图 号
DWG.NO.
1P-02
序 号
SHEET NO.
比例SCALE
日期DATE
2006.01.18

附件2-5

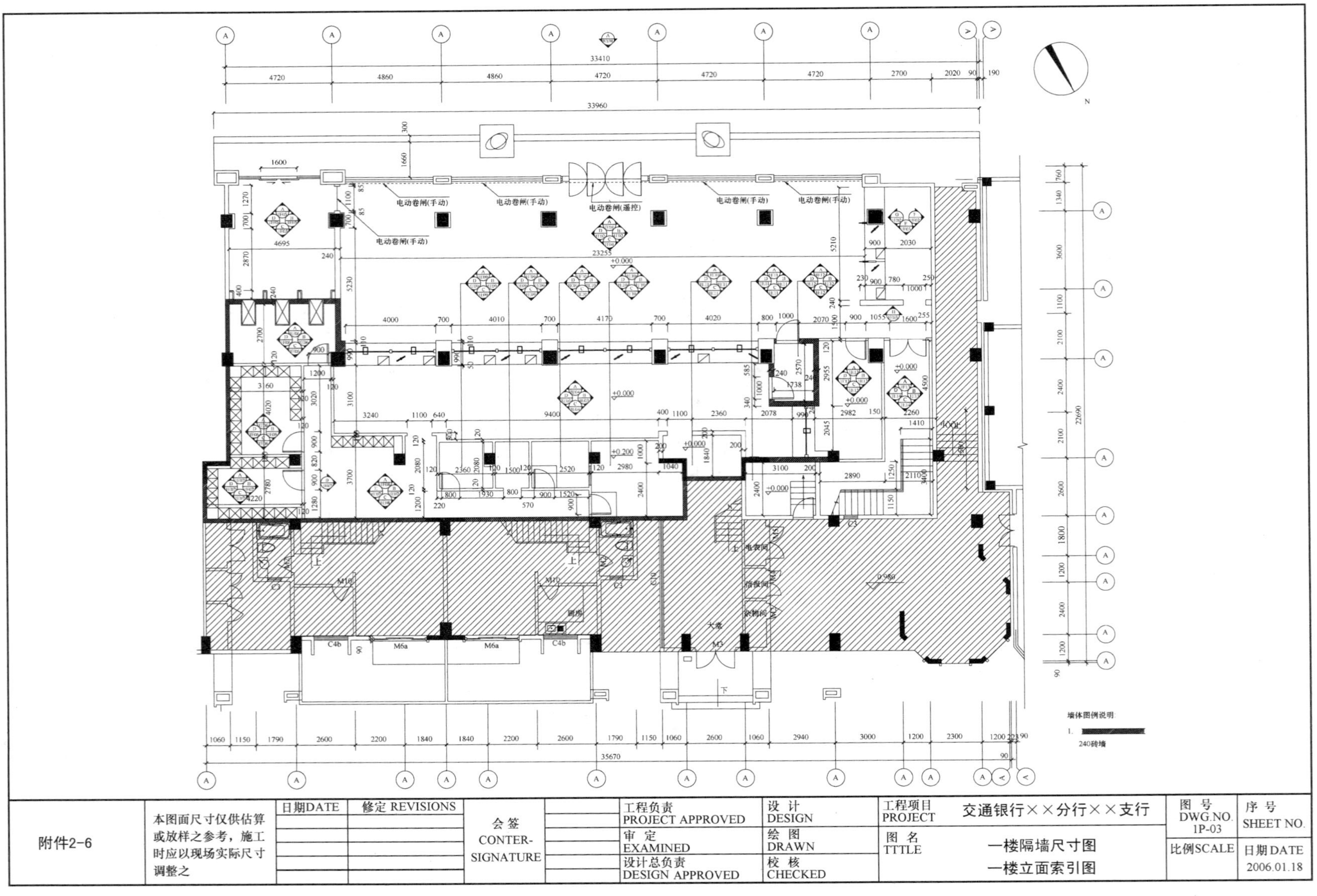

附件2-6
本图面尺寸仅供估算或放样之参考，施工时应以现场实际尺寸调整之
日期DATE
修定 REVISIONS
会签 CONTER-SIGNATURE
工程负责 PROJECT APPROVED
审定 EXAMINED
设计总负责 DESIGN APPROVED
设计 DESIGN
绘图 DRAWN
校核 CHECKED
工程项目 PROJECT
交通银行××分行××支行
图名 TTTLE
一楼隔墙尺寸图
一楼立面索引图
图号 DWG.NO. 1P-03
序号 SHEET NO.
比例SCALE
日期DATE 2006.01.18
墙体图例说明
1. 240砖墙
电动卷闸(手动)
电动卷闸(遥控)

行长卧室
副行长卧室
行长室
副行长室
客户经理室
会议室
资料室
淋浴间
W.C
茶水间
卧室
餐厅
厨房
主卧室
客厅
阳台
附件2-7
本图面尺寸仅供估算或放样之参考，施工时应以现场实际尺寸调整之
日期DATE
修定 REVISIONS
会签 CONTER-SIGNATURE
工程负责 PROJECT APPROVED
审定 EXAMINED
设计总负责 DESIGN APPROVED
设计 DESIGN
绘图 DRAWN
校核 CHECKED
工程项目 PROJECT
交通银行××分行××支行
图名 TTTLE
二楼平面图
图号 DWG.NO. 2P-01
比例SCALE
序号 SHEET NO.
日期DATE 2006.01.18

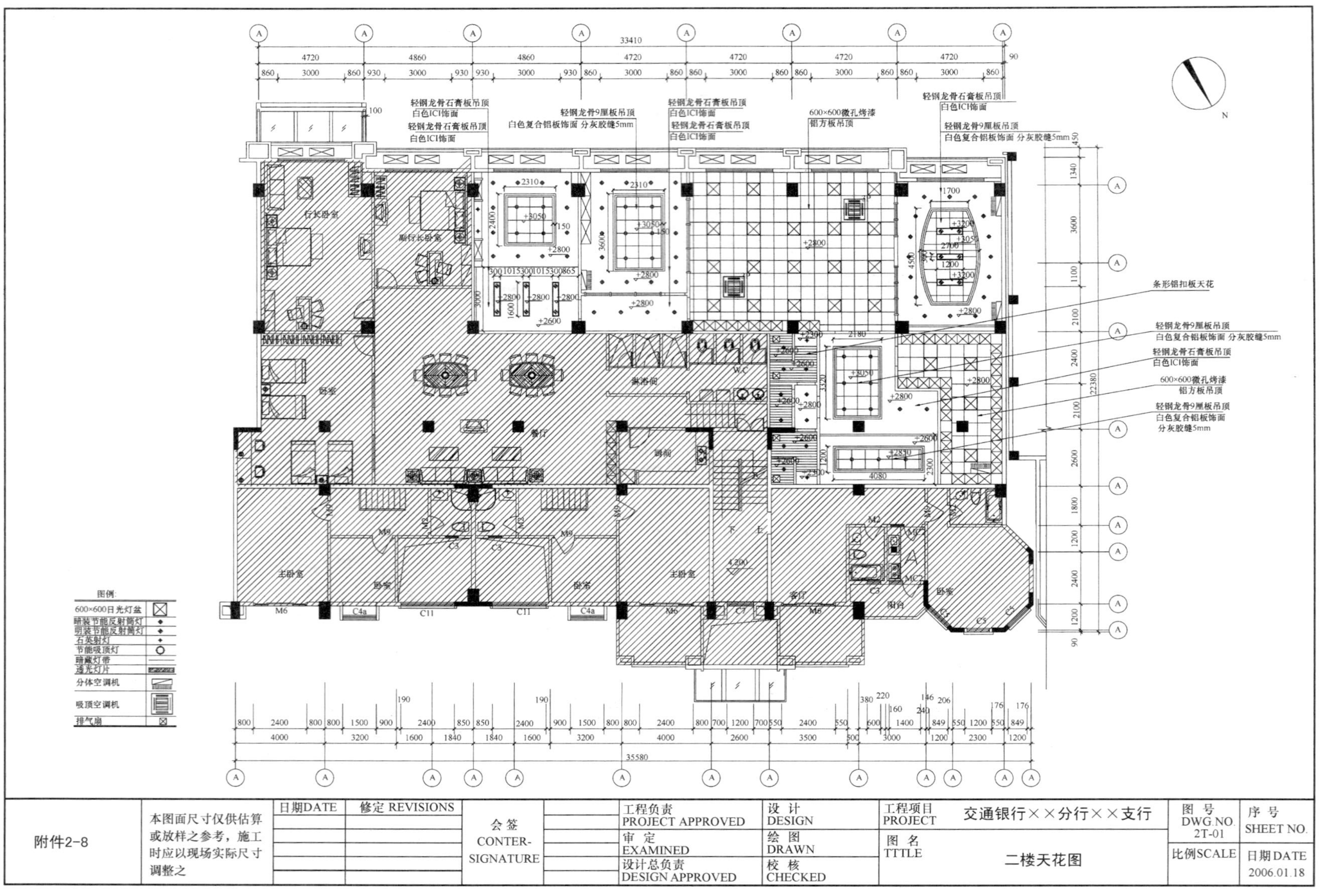
轻钢龙骨石膏板吊顶
白色ICI饰面
轻钢龙骨9厘板吊顶
白色复合铝板饰面 分灰胶缝5mm
600×600微孔烤漆
铝方板吊顶
条形铝扣板天花
行长卧室
副行长卧室
卧室
餐厅
主卧室
客厅
厨房
淋浴间
阳台
图例:
600×600日光灯盆
暗装节能反射筒灯
明装节能反射筒灯
石英射灯
节能吸顶灯
暗藏灯带
透光灯片
分体空调机
吸顶空调机
排气扇
附件2-8
本图面尺寸仅供估算或放样之参考，施工时应以现场实际尺寸调整之
日期DATE
修定 REVISIONS
会签 CONTER-SIGNATURE
工程负责 PROJECT APPROVED
审定 EXAMINED
设计总负责 DESIGN APPROVED
设计 DESIGN
绘图 DRAWN
校核 CHECKED
工程项目 PROJECT
交通银行××分行××支行
图名 TTTLE
二楼天花图
图号 DWG.NO. 2T-01
序号 SHEET NO.
比例SCALE
日期DATE 2006.01.18

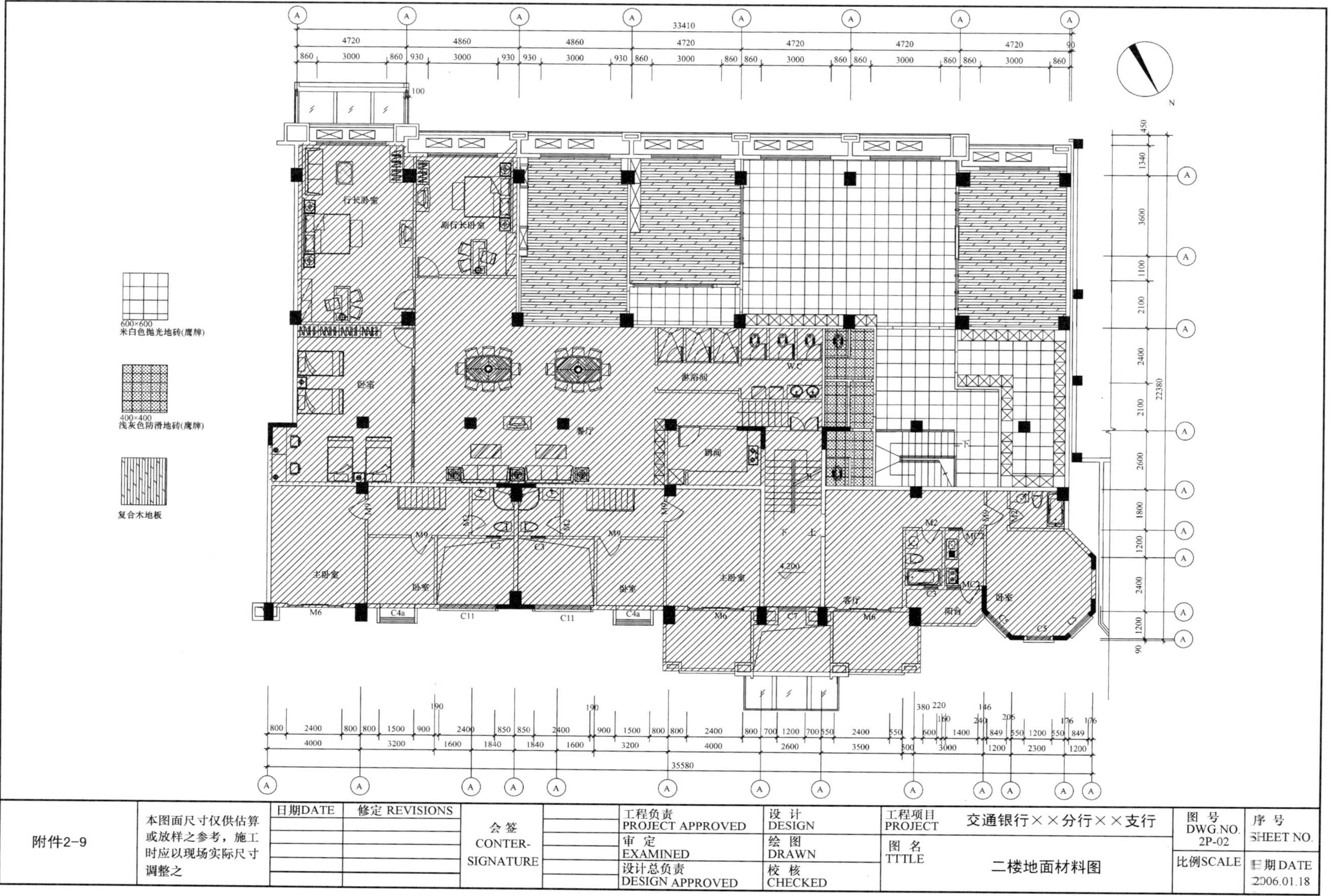

600×600
米白色抛光地砖(鹰牌)
400×400
浅灰色防滑地砖(鹰牌)
复合木地板
行长卧室
副行长卧室
卧室
餐厅
淋浴间
W.C
厨间
主卧室
客厅
阳台
33410
35580
22380
附件2-9
本图面尺寸仅供估算或放样之参考，施工时应以现场实际尺寸调整之
日期DATE
修定 REVISIONS
会签
CONTER-SIGNATURE
工程负责
PROJECT APPROVED
审 定
EXAMINED
设计总负责
DESIGN APPROVED
设 计
DESIGN
绘 图
DRAWN
校 核
CHECKED
工程项目
PROJECT
交通银行××分行××支行
图 名
TTTLE
二楼地面材料图
图 号
DWG.NO.
2P-02
比例SCALE
序 号
SHEET NO.
日期DATE
2006.01.18

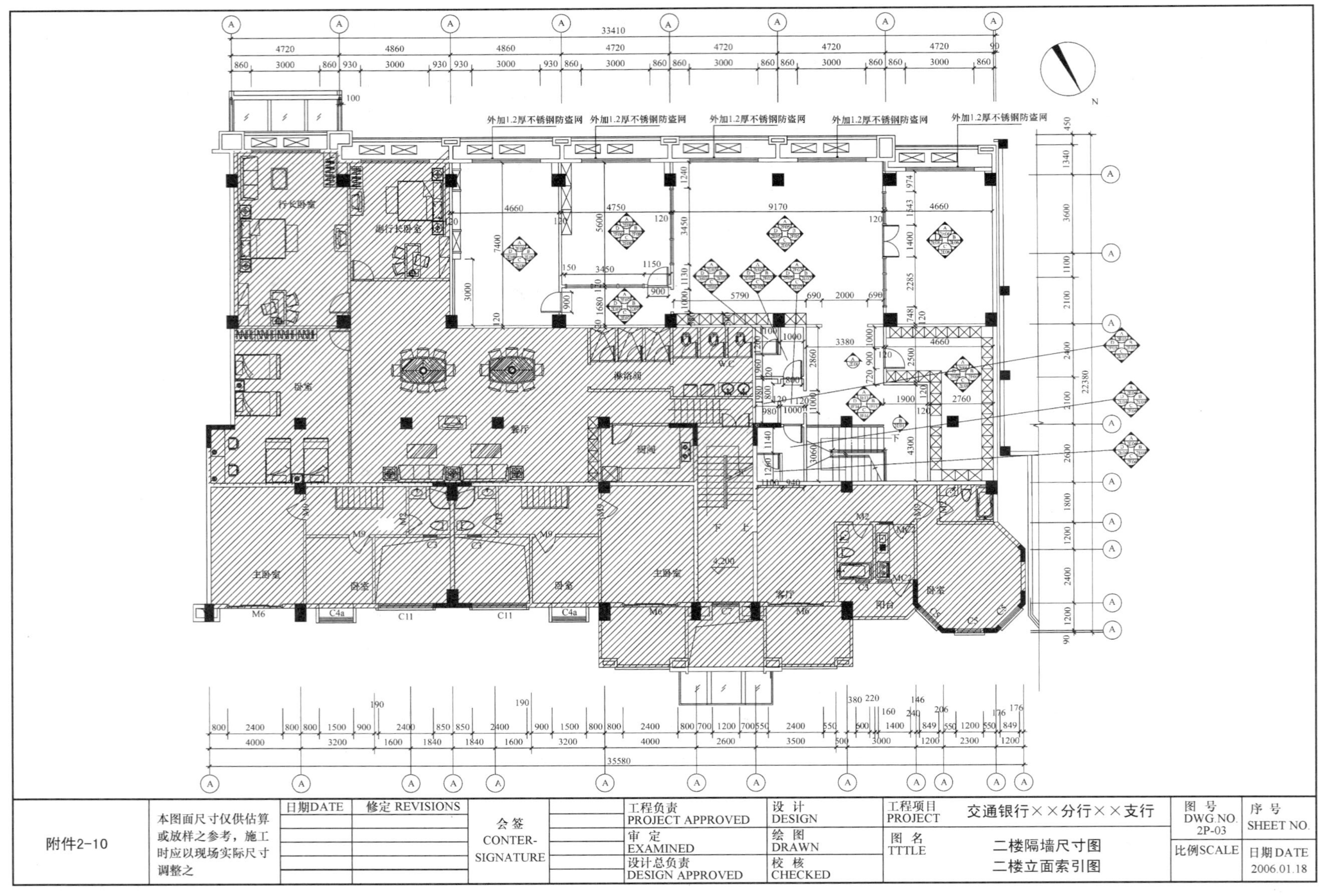

外加1.2厚不锈钢防盗网
行长卧室
副行长卧室
卧室
餐厅
淋浴间
WC
厨房
主卧室
客厅
阳台
33410
35580
22380
附件2-10
本图面尺寸仅供估算或放样之参考，施工时应以现场实际尺寸调整之
日期DATE
修定 REVISIONS
会签
CONTER-SIGNATURE
工程负责
PROJECT APPROVED
审 定
EXAMINED
设计总负责
DESIGN APPROVED
设 计
DESIGN
绘 图
DRAWN
校 核
CHECKED
工程项目
PROJECT
交通银行××分行××支行
图 名
TTTLE
二楼隔墙尺寸图
二楼立面索引图
图 号
DWG.NO.
2P-03
序 号
SHEET NO.
比例SCALE
日期DATE
2006.01.18

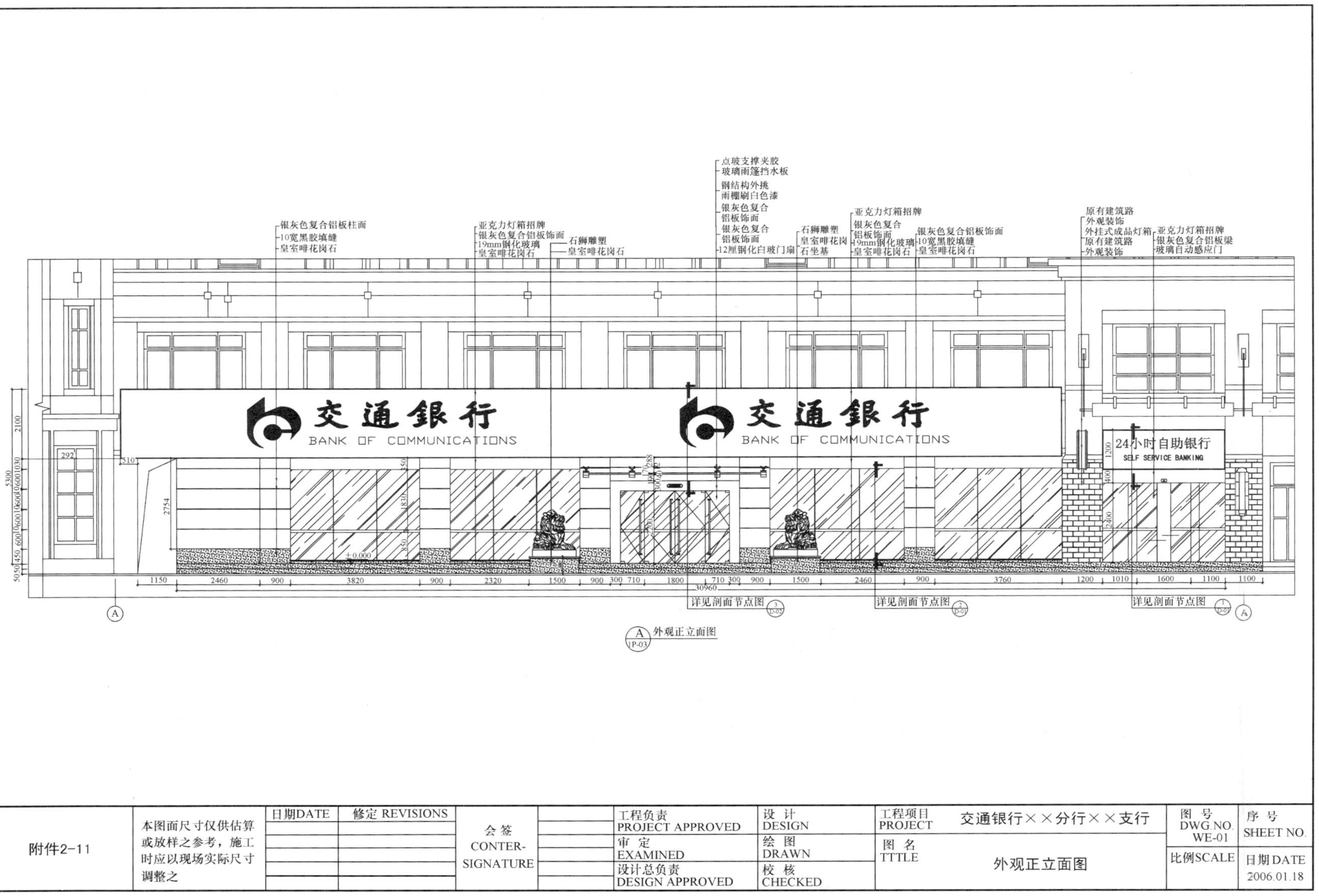

附件2-11	本图面尺寸仅供估算或放样之参考，施工时应以现场实际尺寸调整之	日期DATE	修定 REVISIONS	会签 CONTER-SIGNATURE		工程负责 PROJECT APPROVED	设计 DESIGN	工程项目 PROJECT	交通银行××分行××支行	图号 DWG.NO. WE-01	序号 SHEET NO.
						审定 EXAMINED	绘图 DRAWN	图名 TTTLE	外观正立面图	比例SCALE	日期DATE 2006.01.18
						设计总负责 DESIGN APPROVED	校核 CHECKED				

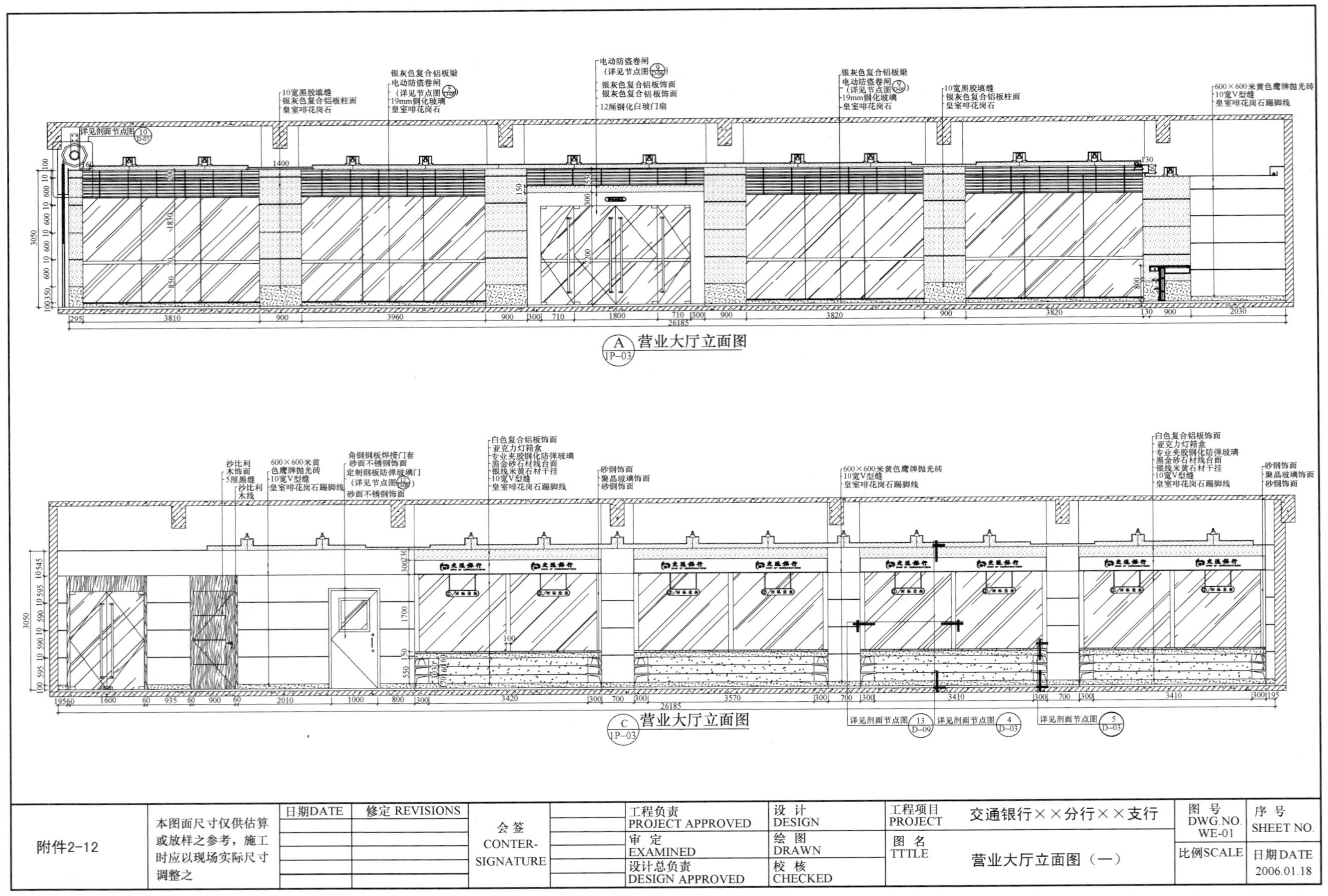
A 营业大厅立面图 IP-03
C 营业大厅立面图 IP-03
附件2-12
本图面尺寸仅供估算或放样之参考，施工时应以现场实际尺寸调整之
日期DATE
修定 REVISIONS
会签 CONTER-SIGNATURE
工程负责 PROJECT APPROVED
审定 EXAMINED
设计总负责 DESIGN APPROVED
设计 DESIGN
绘图 DRAWN
校核 CHECKED
工程项目 PROJECT
交通银行××分行××支行
图名 TTTLE
营业大厅立面图（一）
图号 DWG.NO. WE-01
比例SCALE
序号 SHEET NO.
日期DATE 2006.01.18

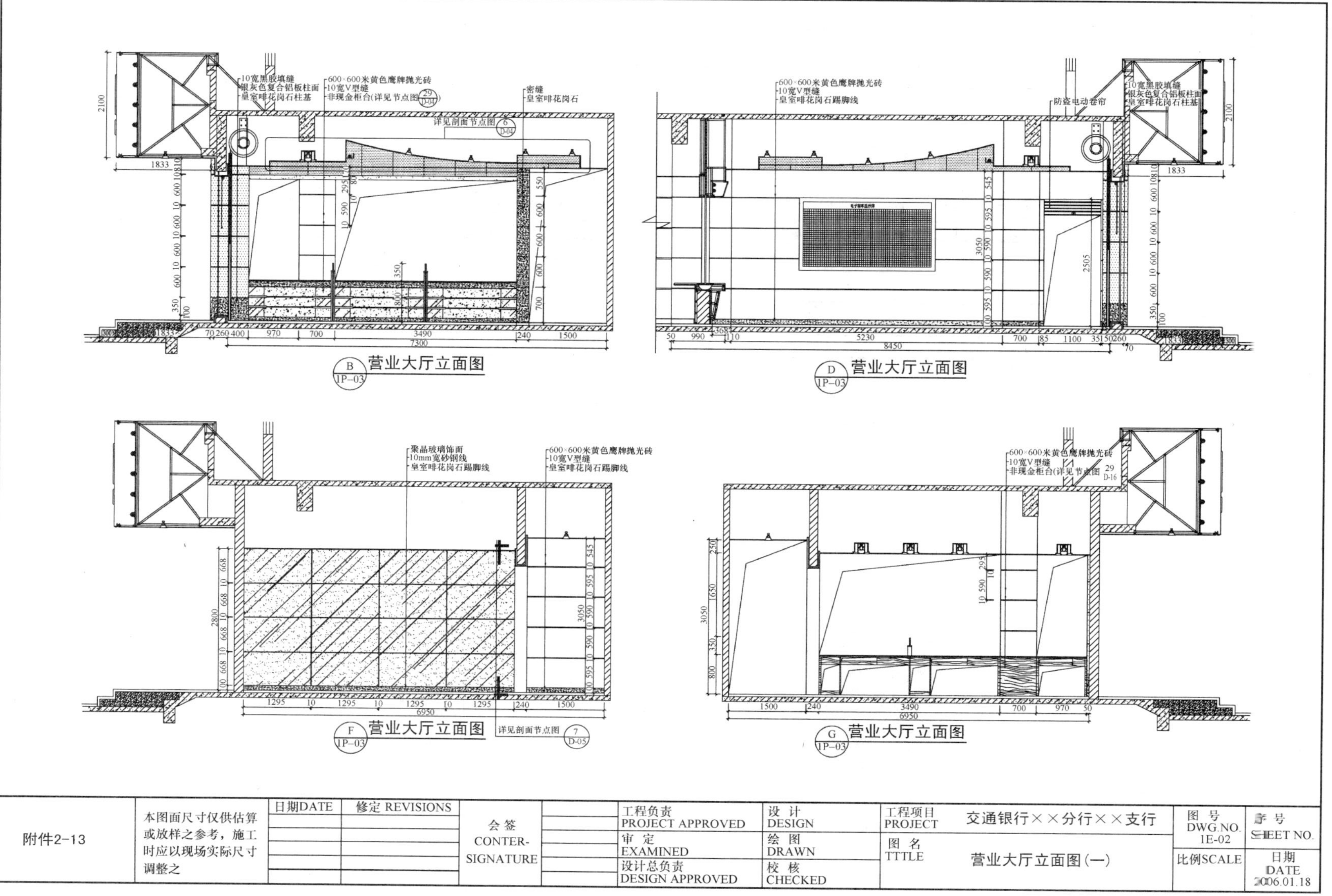

10宽黑胶填缝
银灰色复合铝板柱面
皇室啡花岗石柱基
600×600米黄色鹰牌抛光砖
10宽V型缝
非现金柜台(详见节点图 29/D-04)
密缝
皇室啡花岗石
详见剖面节点图 6/D-04
B/1P-03 营业大厅立面图
防盗电动卷帘
皇室啡花岗石踢脚线
D/1P-03 营业大厅立面图
聚晶玻璃饰面
10mm宽砂钢线
F/1P-03 营业大厅立面图
详见剖面节点图 7/D-05
非现金柜台(详见节点图 29/D-16)
G/1P-03 营业大厅立面图
附件2-13
本图面尺寸仅供估算或放样之参考，施工时应以现场实际尺寸调整之
日期DATE
修定 REVISIONS
会签 CONTER-SIGNATURE
工程负责 PROJECT APPROVED
审 定 EXAMINED
设计总负责 DESIGN APPROVED
设 计 DESIGN
绘 图 DRAWN
校 核 CHECKED
工程项目 PROJECT 交通银行××分行××支行
图 名 TTTLE 营业大厅立面图(一)
图 号 DWG.NO. 1E-02
序 号 SHEET NO.
比例SCALE
日期 DATE 2006.01.18

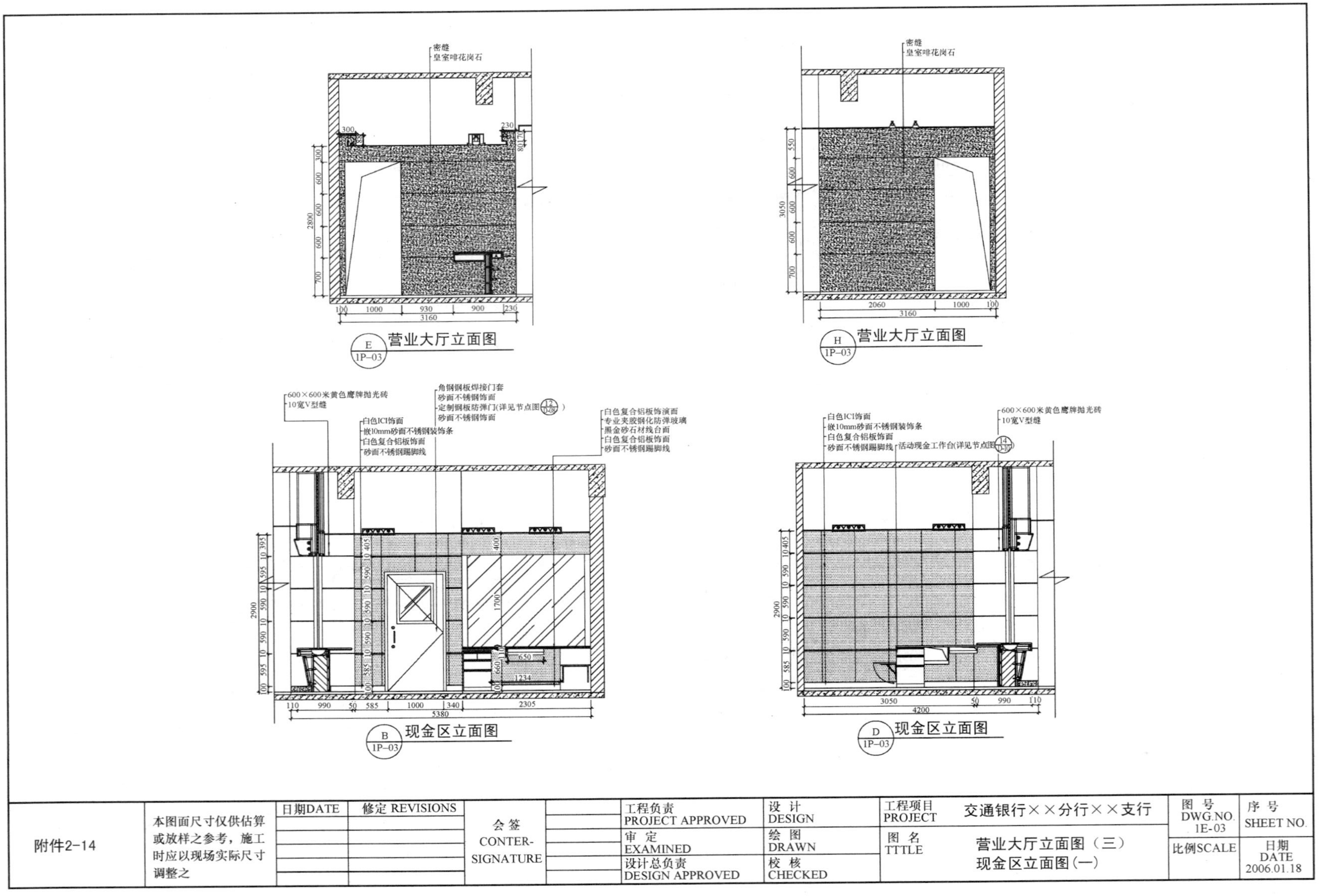

密缝
皇室啡花岗石
营业大厅立面图
E 1P-03
H 1P-03
600×600米黄色鹰牌抛光砖
10宽V型缝
白色ICI饰面
嵌10mm砂面不锈钢装饰条
白色复合铝板饰面
砂面不锈钢踢脚线
角钢钢板焊接门套
砂面不锈钢饰面
定制钢板防弹门(详见节点图)
白色复合铝板饰演面
专业夹胶钢化防弹玻璃
黑金砂石材线台面
活动现金工作台(详见节点图)
现金区立面图
B 1P-03
D 1P-03
附件2-14
本图面尺寸仅供估算或放样之参考，施工时应以现场实际尺寸调整之
日期DATE
修定 REVISIONS
会签 CONTER-SIGNATURE
工程负责 PROJECT APPROVED
审定 EXAMINED
设计总负责 DESIGN APPROVED
设计 DESIGN
绘图 DRAWN
校核 CHECKED
工程项目 PROJECT
交通银行××分行××支行
图名 TTTLE
营业大厅立面图（三）
现金区立面图(一)
图号 DWG.NO. 1E-03
序号 SHEET NO.
比例SCALE
日期 DATE 2006.01.18

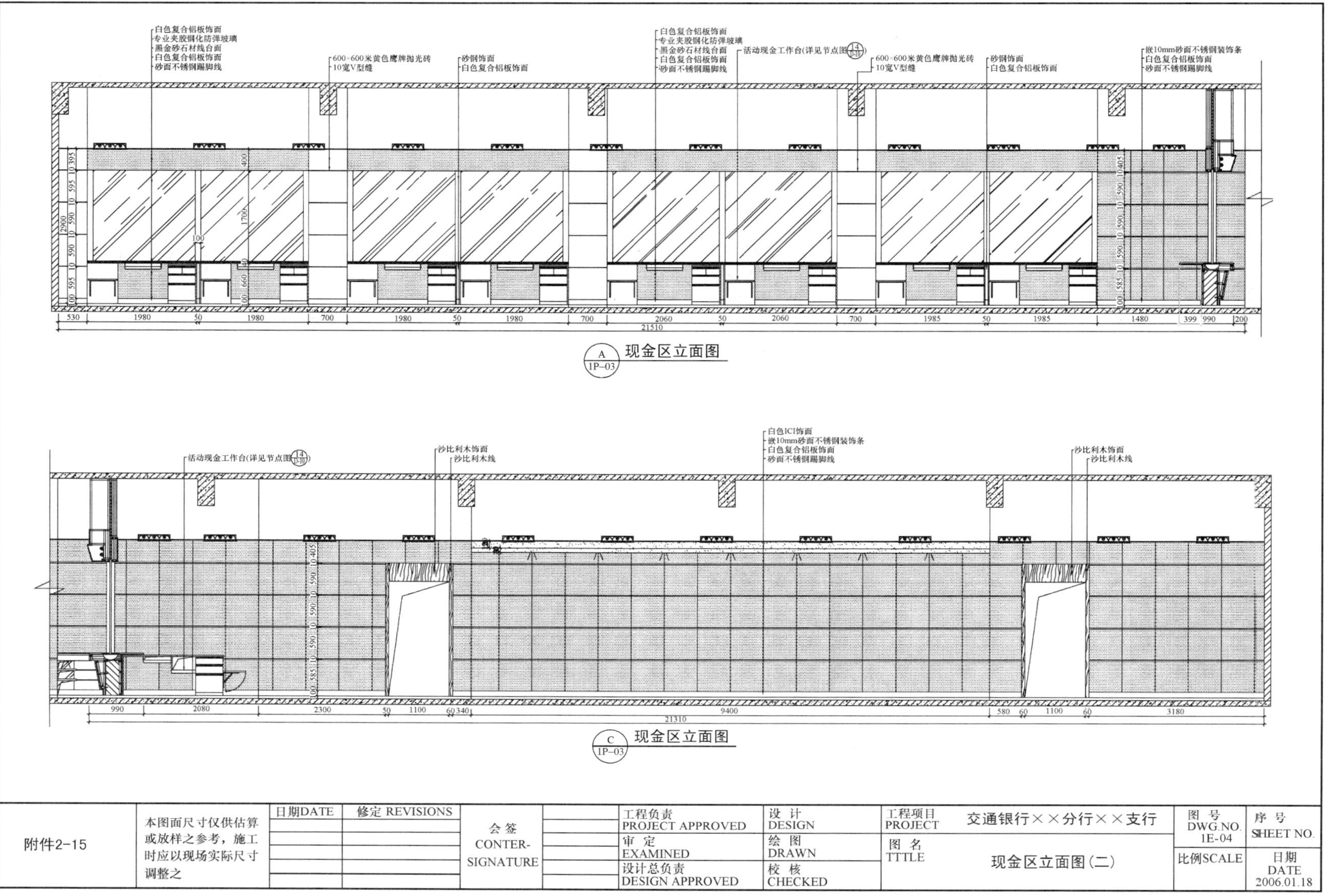

附件2-15	本图面尺寸仅供估算或放样之参考，施工时应以现场实际尺寸调整之	日期DATE	修定 REVISIONS	会签 CONTER-SIGNATURE	工程负责 PROJECT APPROVED 审定 EXAMINED 设计总负责 DESIGN APPROVED	设计 DESIGN 绘图 DRAWN 校核 CHECKED	工程项目 PROJECT: 交通银行××分行××支行 图名 TTTLE: 现金区立面图(二)	图号 DWG.NO. 1E-04 比例SCALE	序号 SHEET NO. 日期 DATE 2006.01.18

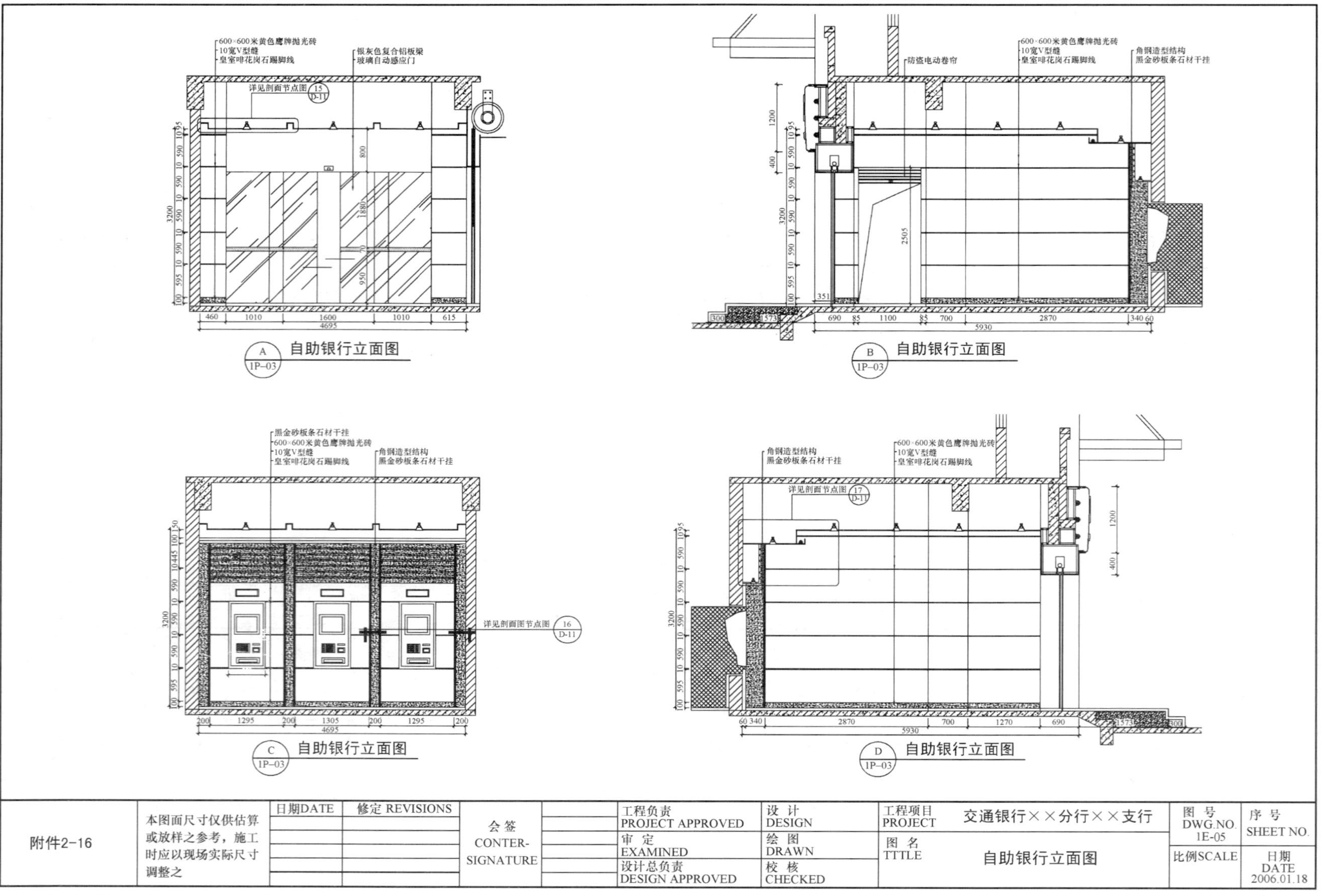

600×600米黄色鹰牌抛光砖
10宽V型缝
皇室啡花岗石踢脚线
银灰色复合铝板梁
玻璃自动感应门
详见剖面节点图 15 D-11
A 1P-03 自助银行立面图
防盗电动卷帘
角钢造型结构
黑金砂板条石材干挂
B 1P-03 自助银行立面图
黑金砂板条石材干挂
详见剖面图节点图 16 D-11
C 1P-03 自助银行立面图
详见剖面节点图 17 D-11
D 1P-03 自助银行立面图
附件2-16
本图面尺寸仅供估算或放样之参考，施工时应以现场实际尺寸调整之
日期DATE
修定 REVISIONS
会签 CONTER-SIGNATURE
工程负责 PROJECT APPROVED
审 定 EXAMINED
设计总负责 DESIGN APPROVED
设 计 DESIGN
绘 图 DRAWN
校 核 CHECKED
工程项目 PROJECT
交通银行××分行××支行
图 名 TTTLE
自助银行立面图
图 号 DWG.NO. 1E-05
序 号 SHEET NO.
比例SCALE
日期 DATE 2006.01.18

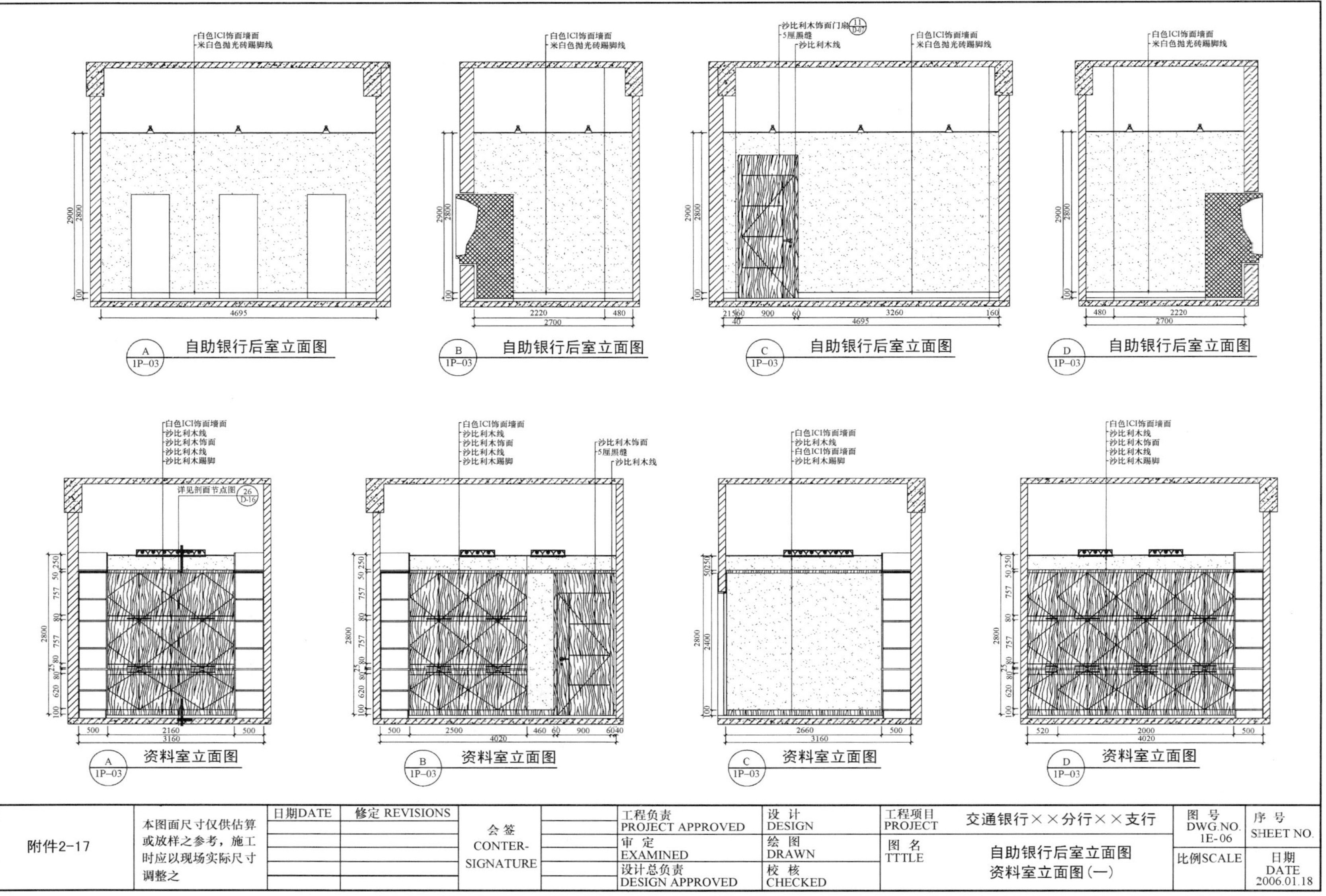

白色ICI饰面墙面
米白色抛光砖踢脚线
A 1P-03 自助银行后室立面图
B 1P-03 自助银行后室立面图
沙比利木饰面门扇
5厘凿缝
沙比利木线
C 1P-03 自助银行后室立面图
D 1P-03 自助银行后室立面图
白色ICI饰面墙面
沙比利木线
沙比利木饰面
沙比利木线
沙比利木踢脚
详见剖面节点图
A 1P-03 资料室立面图
B 1P-03 资料室立面图
C 1P-03 资料室立面图
D 1P-03 资料室立面图
附件2-17
本图面尺寸仅供估算或放样之参考，施工时应以现场实际尺寸调整之
日期DATE
修定 REVISIONS
会签 CONTER-SIGNATURE
工程负责 PROJECT APPROVED
审定 EXAMINED
设计总负责 DESIGN APPROVED
设计 DESIGN
绘图 DRAWN
校核 CHECKED
工程项目 PROJECT 交通银行××分行××支行
图名 TTTLE 自助银行后室立面图 资料室立面图(一)
图号 DWG.NO. 1E-06
序号 SHEET NO.
比例SCALE
日期 DATE 2006.01.18

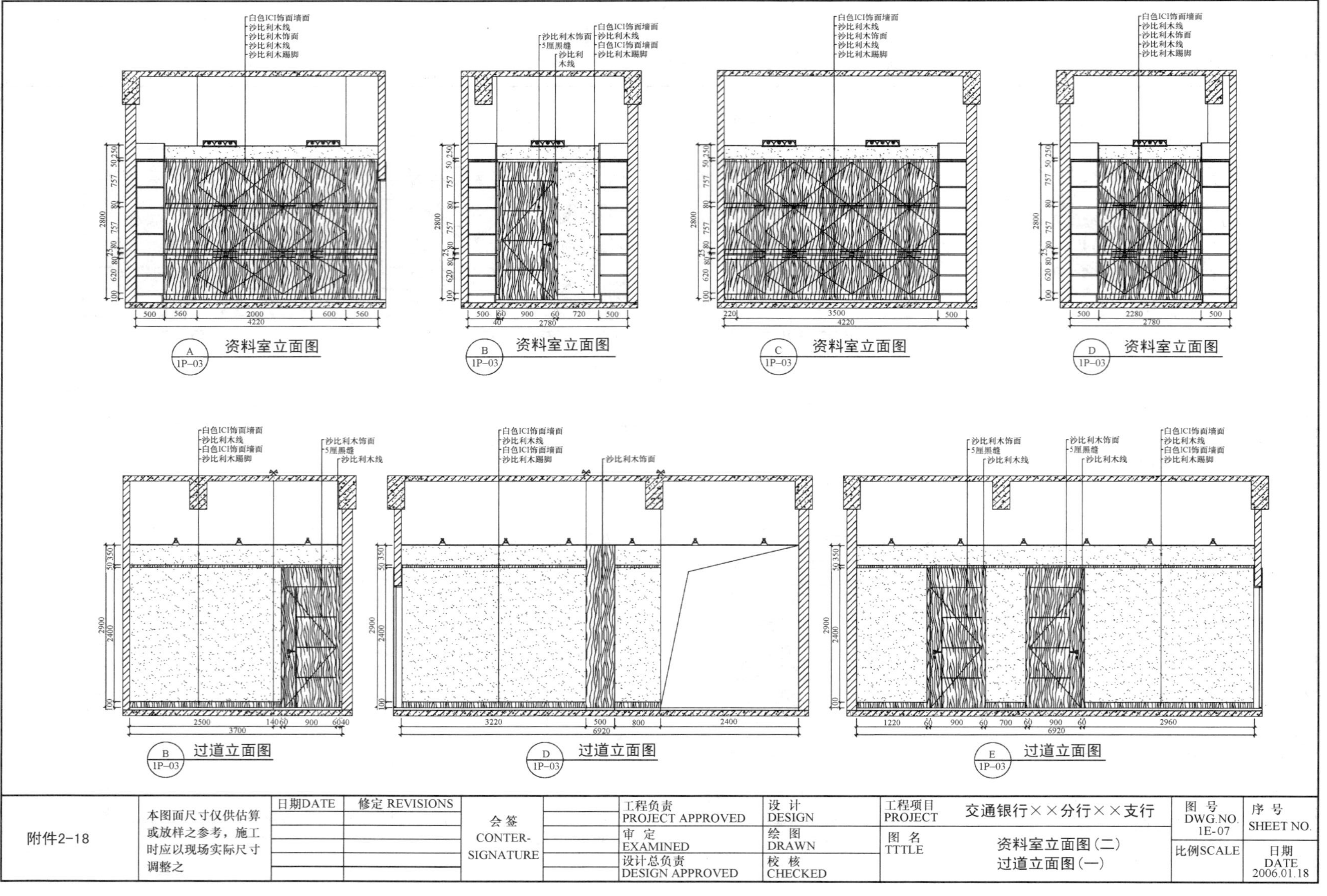
白色ICI饰面墙面
沙比利木线
沙比利木饰面
沙比利木线
沙比利木踢脚
资料室立面图
A
1P-03
沙比利木饰面
5厘黑缝
沙比利木线
白色ICI饰面墙面
沙比利木线
白色ICI饰面墙面
沙比利木踢脚
资料室立面图
B
1P-03
资料室立面图
C
1P-03
资料室立面图
D
1P-03
过道立面图
B
1P-03
沙比利木饰面
过道立面图
D
1P-03
过道立面图
E
1P-03
附件2-18
本图面尺寸仅供估算或放样之参考，施工时应以现场实际尺寸调整之
日期DATE
修定 REVISIONS
会签
CONTER-SIGNATURE
工程负责
PROJECT APPROVED
审 定
EXAMINED
设计总负责
DESIGN APPROVED
设 计
DESIGN
绘 图
DRAWN
校 核
CHECKED
工程项目
PROJECT
交通银行××分行××支行
图 名
TTTLE
资料室立面图(二)
过道立面图(一)
图 号
DWG.NO.
1E-07
序 号
SHEET NO.
比例SCALE
日期
DATE
2006.01.18

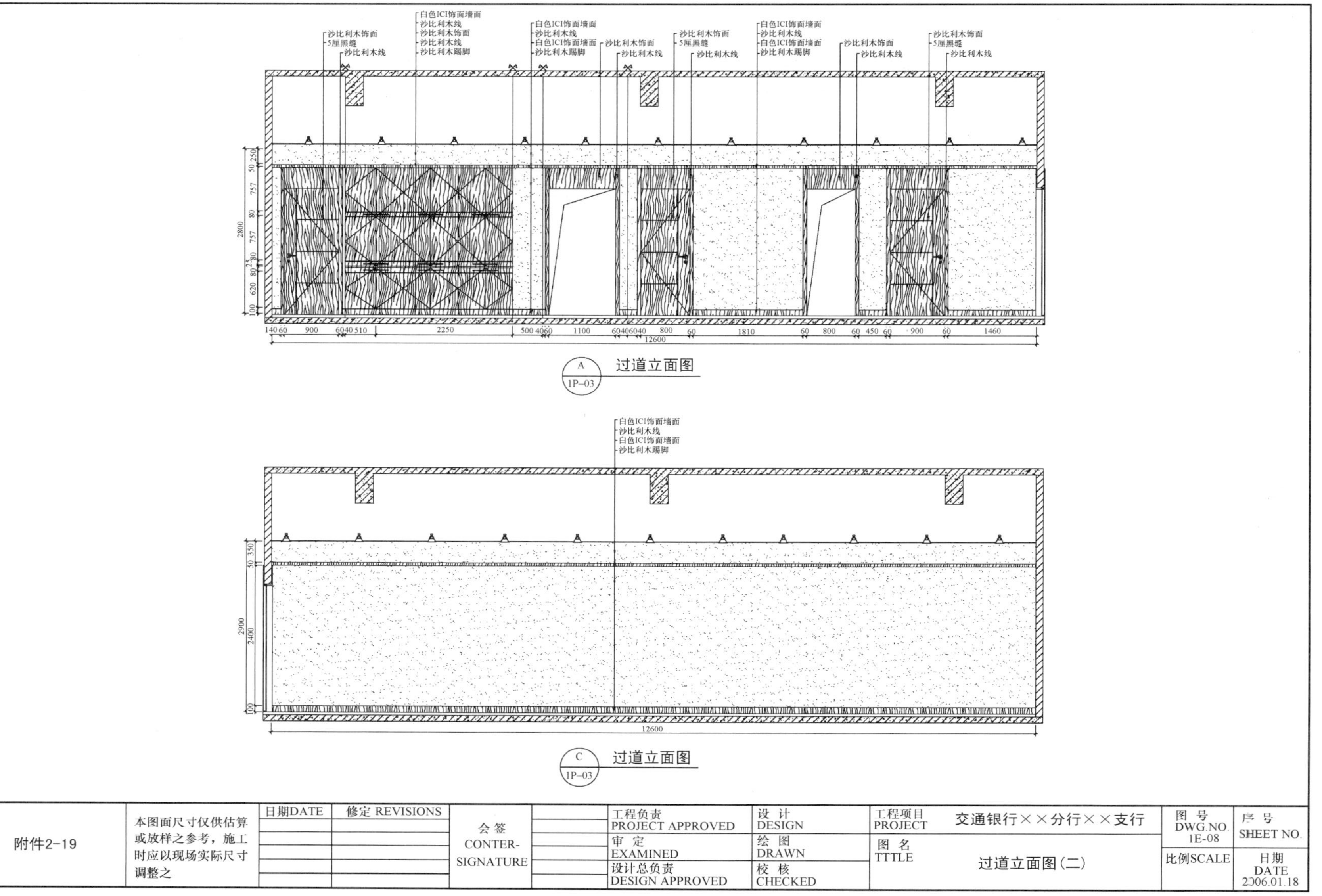

附件2-19

本图面尺寸仅供估算或放样之参考，施工时应以现场实际尺寸调整之	日期DATE	修定 REVISIONS	会签 CONTER-SIGNATURE	工程负责 PROJECT APPROVED	设计 DESIGN	工程项目 PROJECT	交通银行××分行××支行	图号 DWG.NO. 1E-08	序号 SHEET NO.
				审定 EXAMINED	绘图 DRAWN	图名 TTTLE	过道立面图(二)	比例SCALE	日期 DATE 2006.01.18
				设计总负责 DESIGN APPROVED	校核 CHECKED				

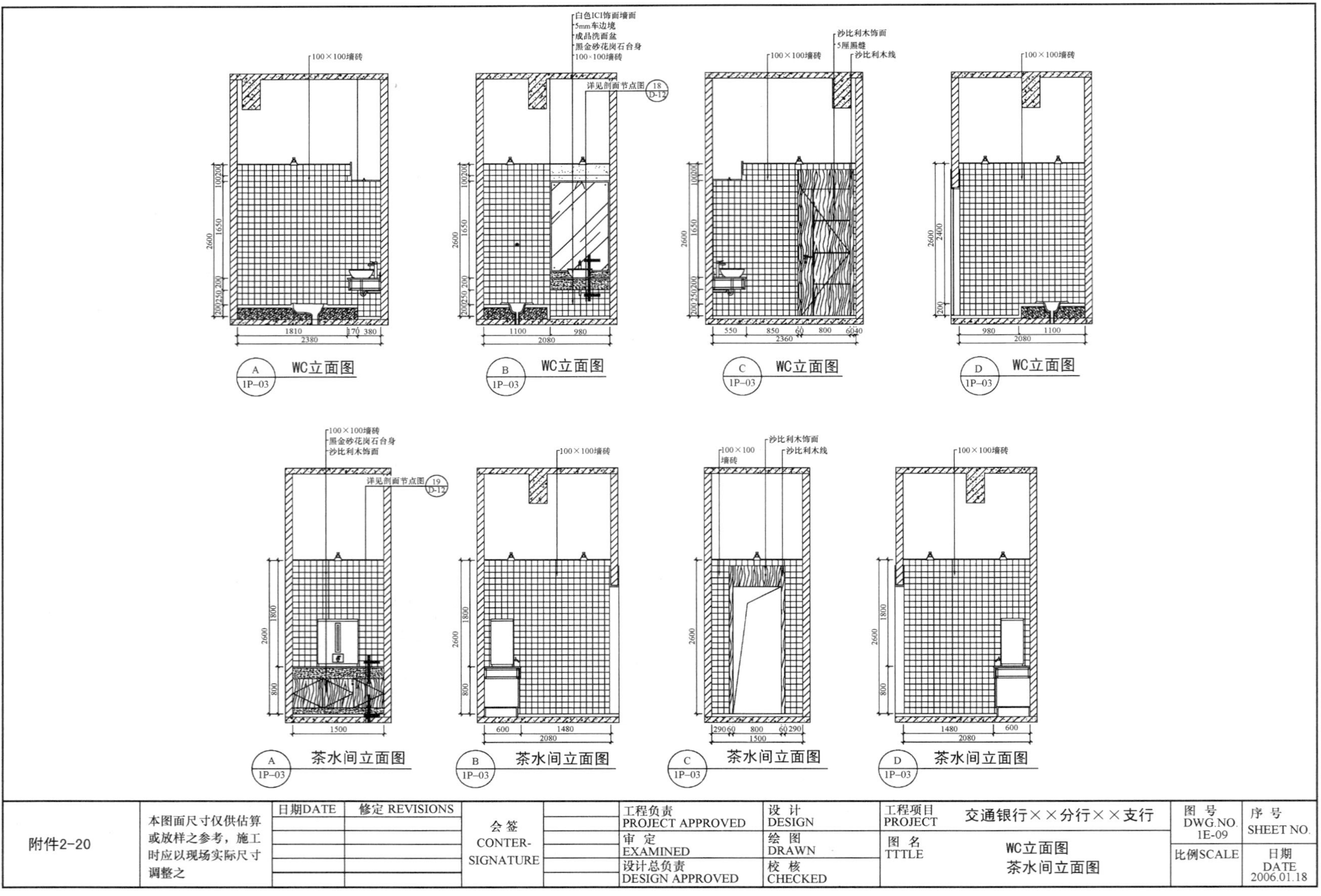
100×100墙砖
白色ICI饰面墙面
5mm车边境
成品洗面盆
黑金砂花岗石台身
100×100墙砖
详见剖面节点图 18 D-12
沙比利木饰面
5厘黑缝
沙比利木线
A 1P-03 WC立面图
B 1P-03 WC立面图
C 1P-03 WC立面图
D 1P-03 WC立面图
100×100墙砖
黑金砂花岗石台身
沙比利木饰面
详见剖面节点图 19 D-12
A 1P-03 茶水间立面图
B 1P-03 茶水间立面图
C 1P-03 茶水间立面图
D 1P-03 茶水间立面图
附件2-20
本图面尺寸仅供估算或放样之参考，施工时应以现场实际尺寸调整之
日期DATE
修定 REVISIONS
会签 CONTER-SIGNATURE
工程负责 PROJECT APPROVED
审定 EXAMINED
设计总负责 DESIGN APPROVED
设计 DESIGN
绘图 DRAWN
校核 CHECKED
工程项目 PROJECT 交通银行××分行××支行
图名 TTTLE WC立面图 茶水间立面图
图号 DWG.NO. 1E-09
序号 SHEET NO.
比例SCALE
日期 DATE 2006.01.18

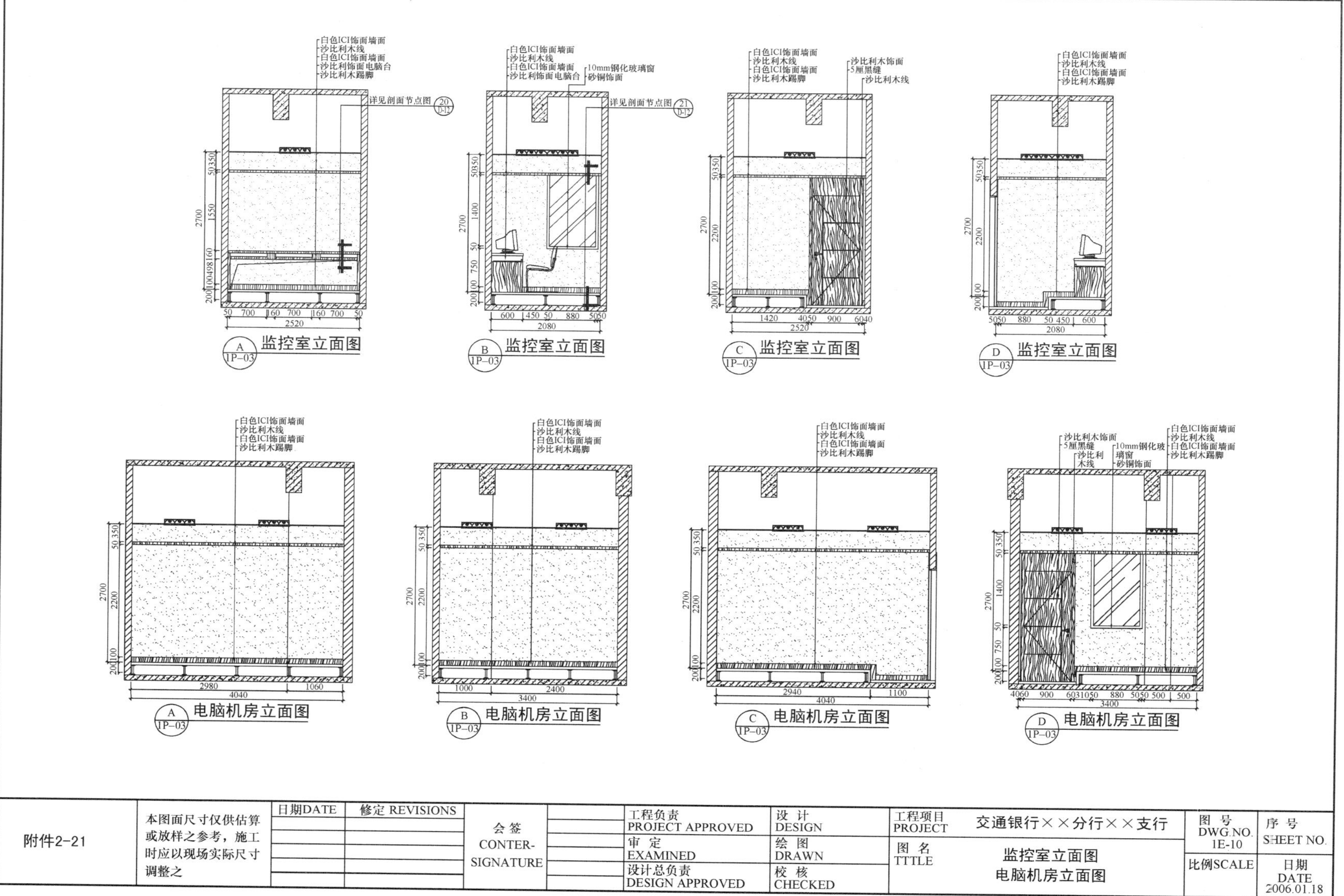
白色ICI饰面墙面
沙比利木线
白色ICI饰面墙面
沙比利饰面电脑台
沙比利木踢脚
详见剖面节点图
10mm钢化玻璃窗
砂铜饰面
沙比利木饰面
5厘黑缝
沙比利木线
A 1P-03 监控室立面图
B 1P-03 监控室立面图
C 1P-03 监控室立面图
D 1P-03 监控室立面图
A 1P-03 电脑机房立面图
B 1P-03 电脑机房立面图
C 1P-03 电脑机房立面图
D 1P-03 电脑机房立面图
附件2-21
本图面尺寸仅供估算或放样之参考，施工时应以现场实际尺寸调整之
日期DATE
修定 REVISIONS
会签 CONTER-SIGNATURE
工程负责 PROJECT APPROVED
审 定 EXAMINED
设计总负责 DESIGN APPROVED
设 计 DESIGN
绘 图 DRAWN
校 核 CHECKED
工程项目 PROJECT
交通银行××分行××支行
图 名 TTTLE
监控室立面图
电脑机房立面图
图 号 DWG.NO. 1E-10
序 号 SHEET NO.
比例SCALE
日期 DATE 2006.01.18

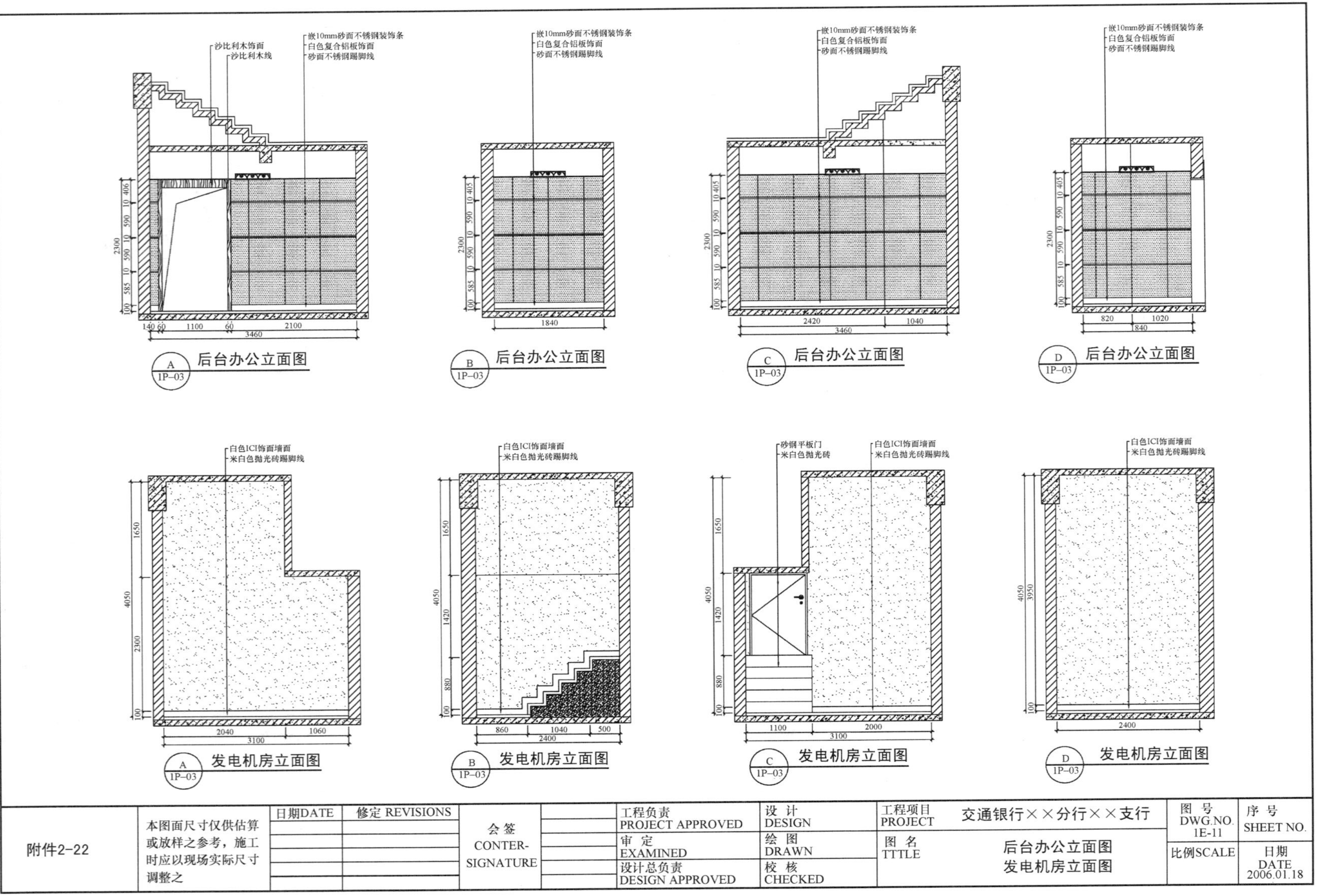
沙比利木饰面
沙比利木线
嵌10mm砂面不锈钢装饰条
白色复合铝板饰面
砂面不锈钢踢脚线
A 1P-03 后台办公立面图
B 1P-03 后台办公立面图
C 1P-03 后台办公立面图
D 1P-03 后台办公立面图
白色ICI饰面墙面
米白色抛光砖踢脚线
砂钢平板门
米白色抛光砖
A 1P-03 发电机房立面图
B 1P-03 发电机房立面图
C 1P-03 发电机房立面图
D 1P-03 发电机房立面图
附件2-22
本图面尺寸仅供估算或放样之参考，施工时应以现场实际尺寸调整之
日期DATE
修定 REVISIONS
会签 CONTER-SIGNATURE
工程负责 PROJECT APPROVED
审 定 EXAMINED
设计总负责 DESIGN APPROVED
设 计 DESIGN
绘 图 DRAWN
校 核 CHECKED
工程项目 PROJECT
交通银行××分行××支行
图 名 TTTLE
后台办公立面图
发电机房立面图
图 号 DWG.NO. 1E-11
序 号 SHEET NO.
比例SCALE
日期 DATE 2006.01.18

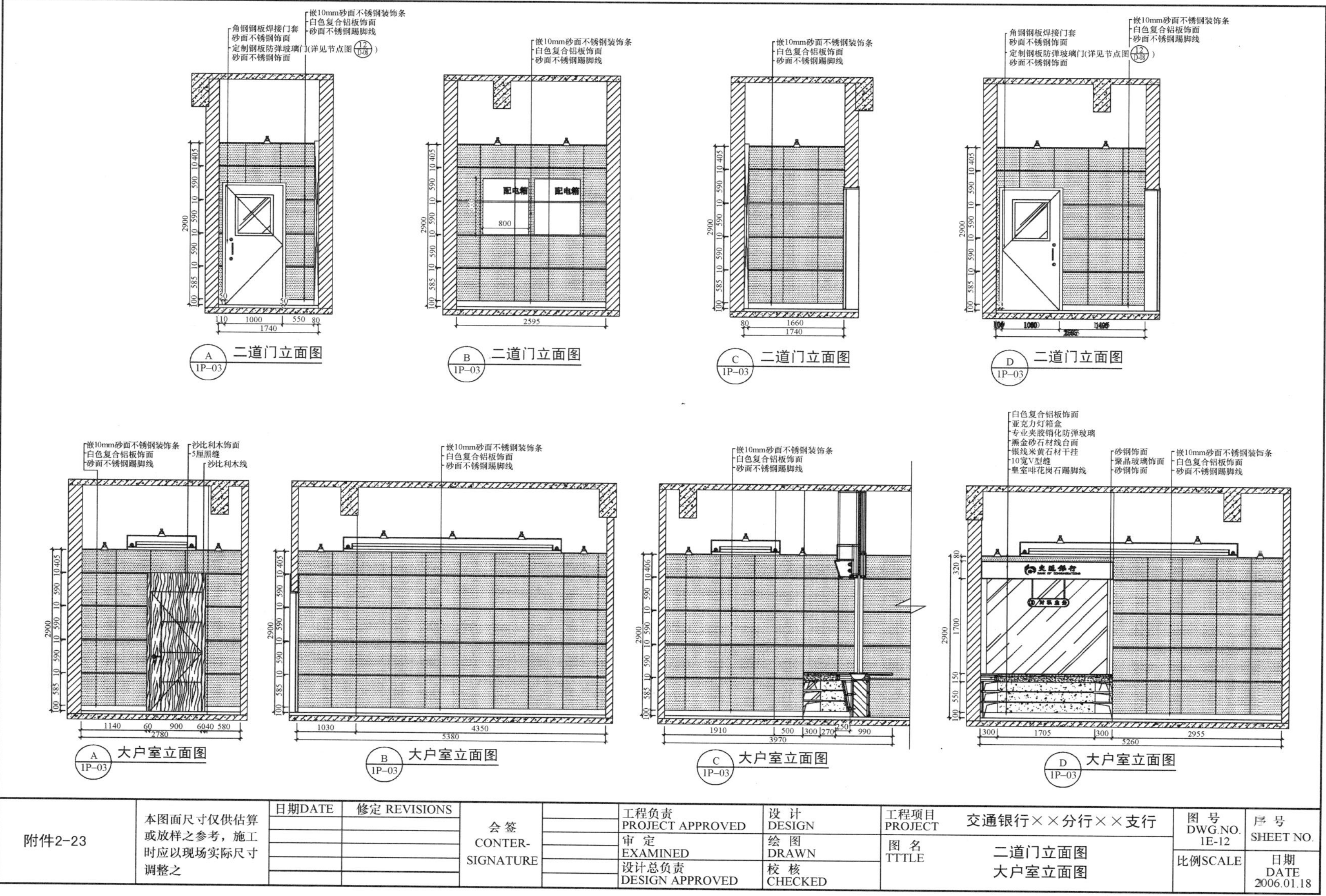

角钢钢板焊接门套
砂面不锈钢饰面
定制钢板防弹玻璃门(详见节点图 12/D-8)
砂面不锈钢饰面
嵌10mm砂面不锈钢装饰条
白色复合铝板饰面
砂面不锈钢踢脚线
配电箱
A 1P-03 二道门立面图
B 1P-03 二道门立面图
C 1P-03 二道门立面图
D 1P-03 二道门立面图
沙比利木饰面
5厘黑缝
沙比利木线
白色复合铝板饰面
亚克力灯箱盒
专业夹胶钢化防弹玻璃
黑金砂石材线台面
银线米黄石材干挂
10宽V型缝
皇室啡花岗石踢脚线
砂钢饰面
聚晶玻璃饰面
砂钢饰面
A 1P-03 大户室立面图
B 1P-03 大户室立面图
C 1P-03 大户室立面图
D 1P-03 大户室立面图
附件2-23
本图面尺寸仅供估算或放样之参考，施工时应以现场实际尺寸调整之
日期DATE
修定 REVISIONS
会签 CONTER-SIGNATURE
工程负责 PROJECT APPROVED
审定 EXAMINED
设计总负责 DESIGN APPROVED
设计 DESIGN
绘图 DRAWN
校核 CHECKED
工程项目 PROJECT
交通银行××分行××支行
图名 TTTLE
二道门立面图
大户室立面图
图号 DWG.NO. 1E-12
序号 SHEET NO.
比例SCALE
日期 DATE 2006.01.18

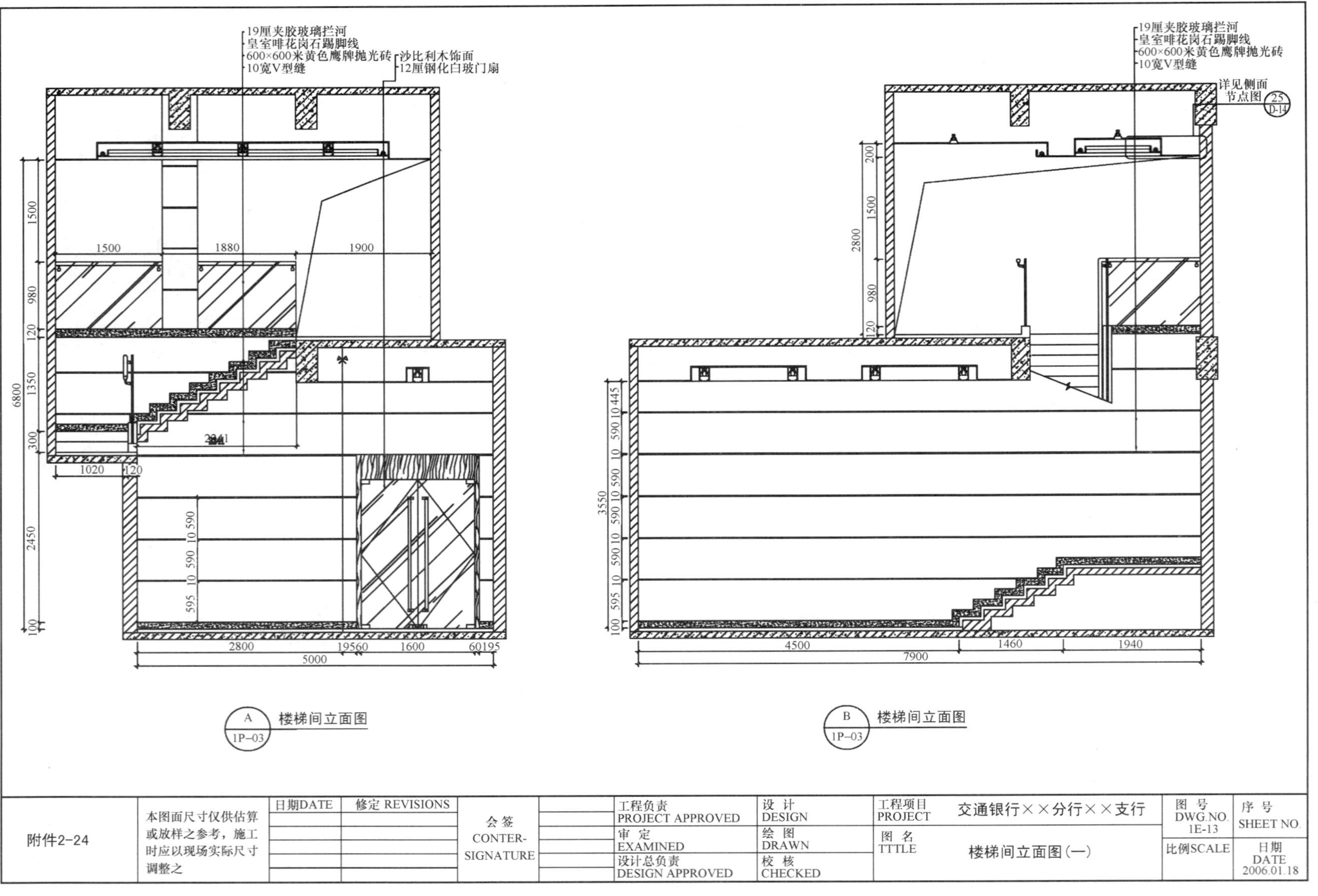

附件2-24	本图面尺寸仅供估算或放样之参考，施工时应以现场实际尺寸调整之	日期DATE	修定 REVISIONS	会签 CONTER-SIGNATURE		工程负责 PROJECT APPROVED 审定 EXAMINED 设计总负责 DESIGN APPROVED	设计 DESIGN 绘图 DRAWN 校核 CHECKED	工程项目 PROJECT: 交通银行××分行××支行 图名 TTTLE: 楼梯间立面图(一)	图号 DWG.NO. 1E-13 比例SCALE	序号 SHEET NO. 日期 DATE 2006.01.18

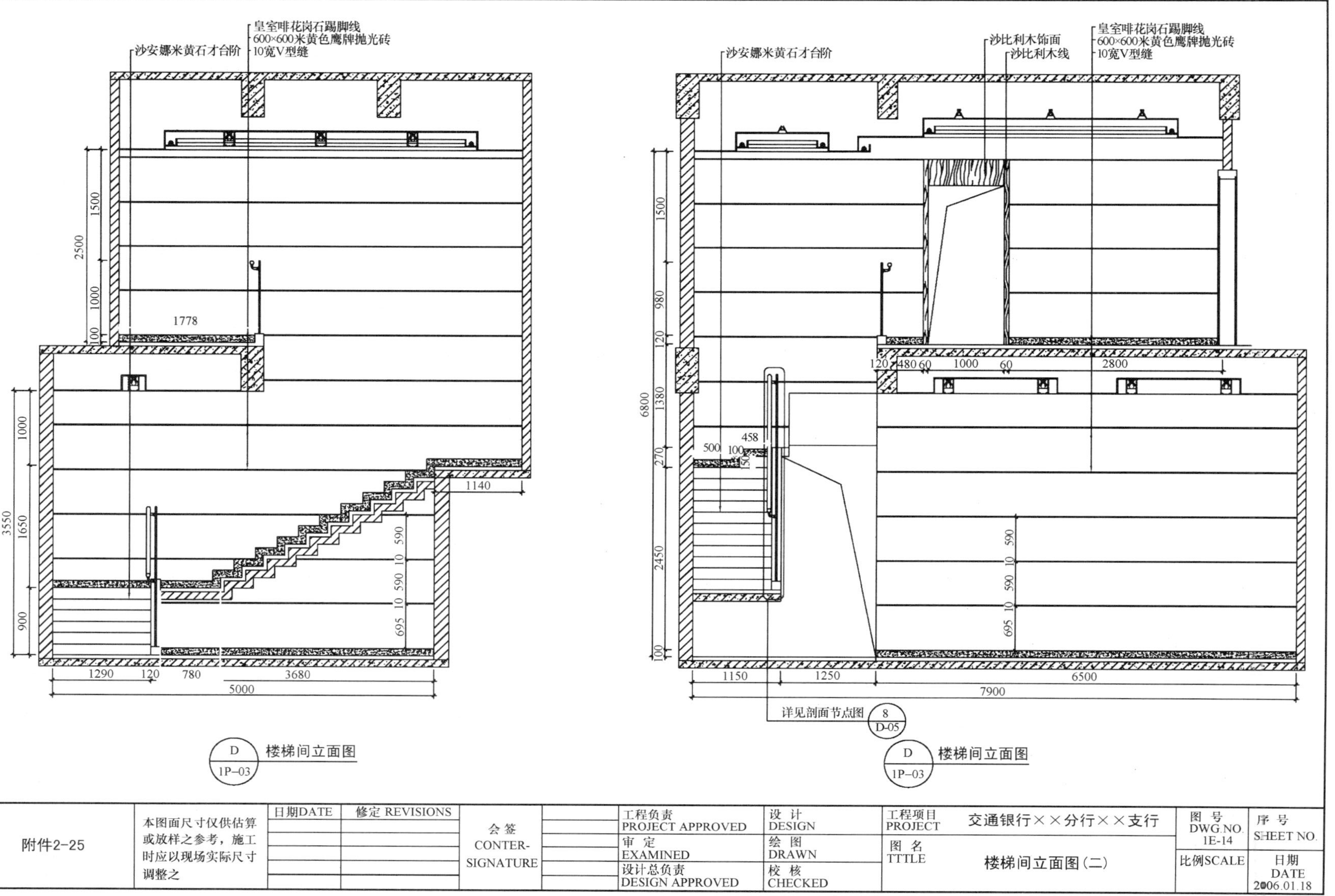

附件2-25	本图面尺寸仅供估算或放样之参考，施工时应以现场实际尺寸调整之	日期DATE	修定 REVISIONS	会签 CONTER-SIGNATURE	工程负责 PROJECT APPROVED	设计 DESIGN	工程项目 PROJECT	交通银行××分行××支行	图号 DWG.NO. 1E-14	序号 SHEET NO.
					审定 EXAMINED	绘图 DRAWN	图名 TTTLE	楼梯间立面图(二)	比例SCALE	日期 DATE 2006.01.18
					设计总负责 DESIGN APPROVED	校核 CHECKED				

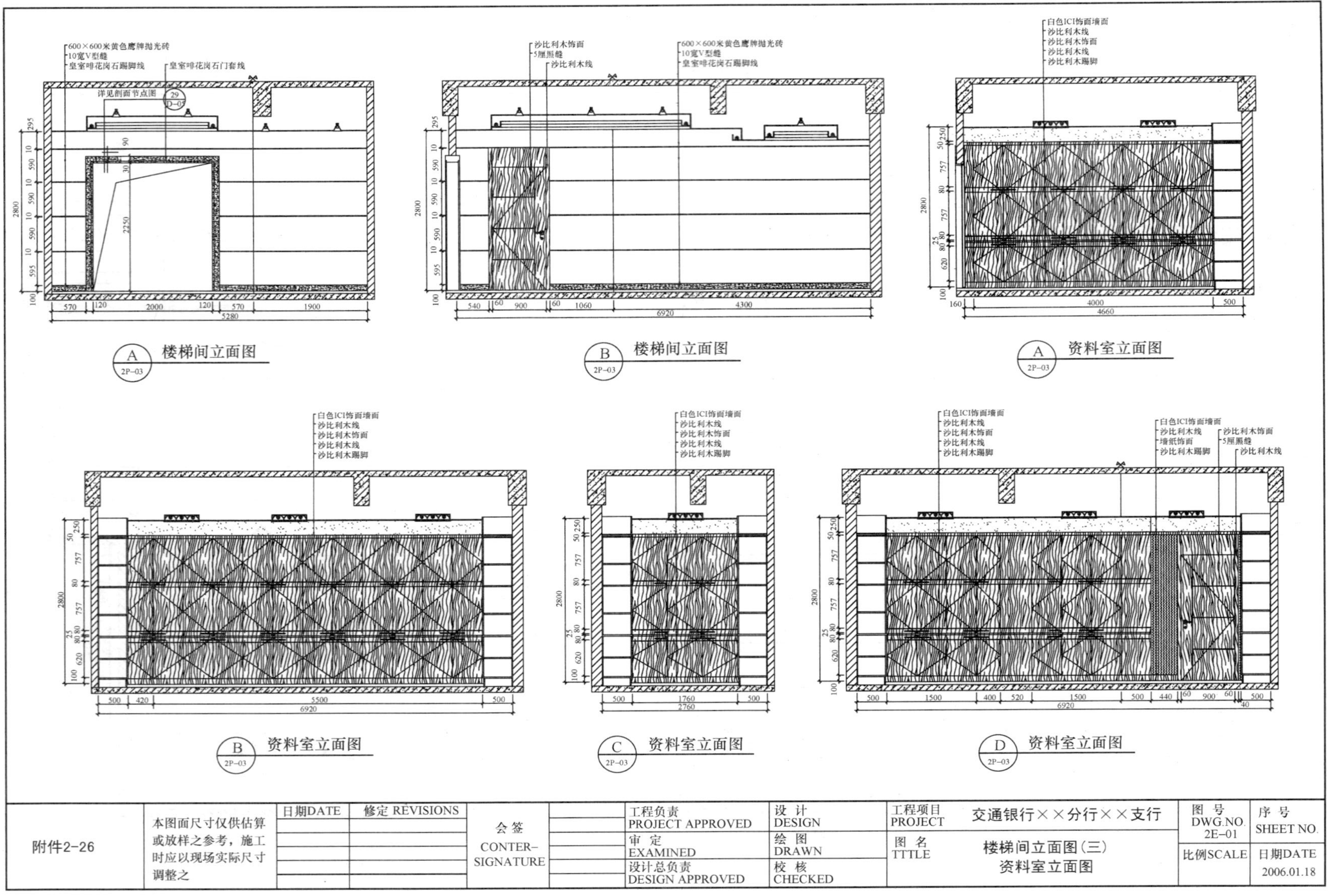

600×600米黄色鹰牌抛光砖
10宽V型缝
皇室啡花岗石踢脚线
皇室啡花岗石门套线
详见剖面节点图
A 2P-03 楼梯间立面图
沙比利木饰面
5厘凿缝
沙比利木线
B 2P-03 楼梯间立面图
白色ICI饰面墙面
沙比利木线
沙比利木饰面
沙比利木线
沙比利木踢脚
A 2P-03 资料室立面图
B 2P-03 资料室立面图
C 2P-03 资料室立面图
墙纸饰面
D 2P-03 资料室立面图
附件2-26
本图面尺寸仅供估算或放样之参考，施工时应以现场实际尺寸调整之
日期DATE
修定 REVISIONS
会签 CONTER-SIGNATURE
工程负责 PROJECT APPROVED
审定 EXAMINED
设计总负责 DESIGN APPROVED
设计 DESIGN
绘图 DRAWN
校核 CHECKED
工程项目 PROJECT
交通银行××分行××支行
图名 TTTLE
楼梯间立面图(三)
资料室立面图
图号 DWG.NO. 2E-01
序号 SHEET NO.
比例SCALE
日期DATE 2006.01.18

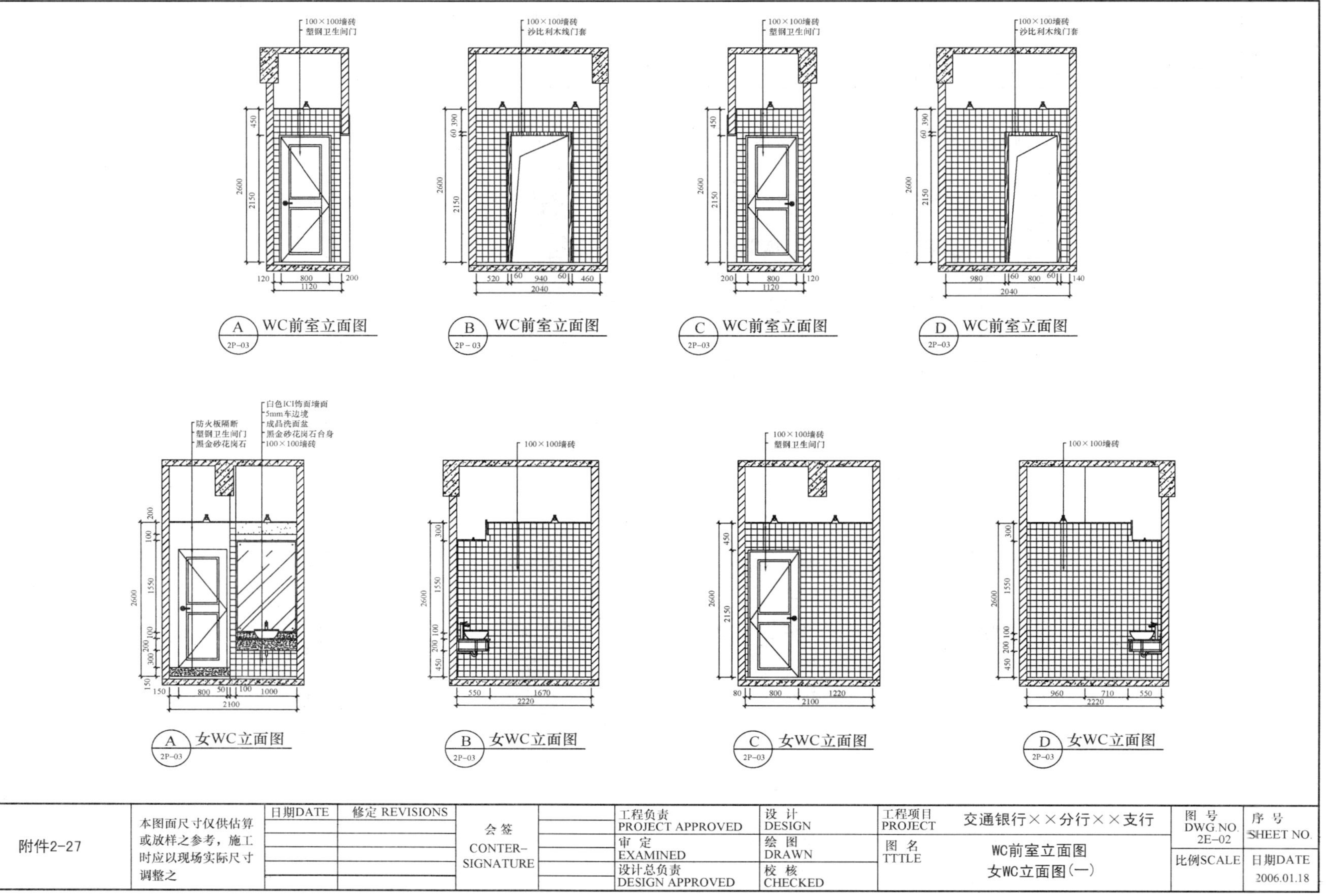
100×100墙砖
塑钢卫生间门
A WC前室立面图 2P-03
100×100墙砖
沙比利木线门套
B WC前室立面图 2P-03
100×100墙砖
塑钢卫生间门
C WC前室立面图 2P-03
100×100墙砖
沙比利木线门套
D WC前室立面图 2P-03
防火板隔断
塑钢卫生间门
黑金砂花岗石
白色ICI饰面墙面
5mm车边境
成品洗面盆
黑金砂花岗石台身
100×100墙砖
A 女WC立面图 2P-03
100×100墙砖
B 女WC立面图 2P-03
100×100墙砖
塑钢卫生间门
C 女WC立面图 2P-03
100×100墙砖
D 女WC立面图 2P-03
附件2-27
本图面尺寸仅供估算或放样之参考，施工时应以现场实际尺寸调整之
日期DATE
修定 REVISIONS
会签
CONTER-SIGNATURE
工程负责
PROJECT APPROVED
审 定
EXAMINED
设计总负责
DESIGN APPROVED
设 计
DESIGN
绘 图
DRAWN
校 核
CHECKED
工程项目
PROJECT
交通银行××分行××支行
图 名
TTTLE
WC前室立面图
女WC立面图(一)
图 号
DWG.NO.
2E-02
序 号
SHEET NO.
比例SCALE
日期DATE
2006.01.18

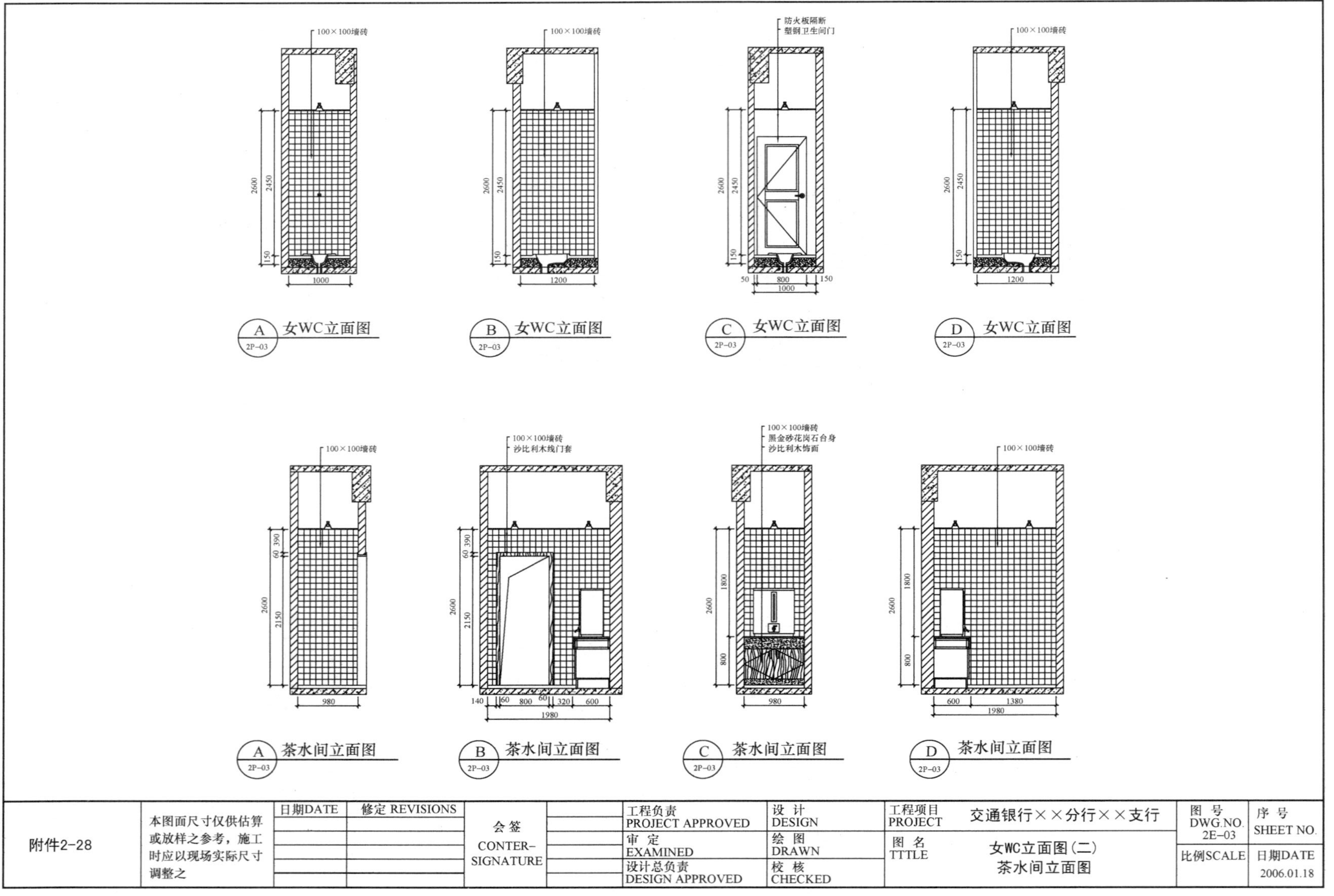
100×100墙砖
A 2P-03 女WC立面图
B 2P-03 女WC立面图
防火板隔断
塑钢卫生间门
C 2P-03 女WC立面图
D 2P-03 女WC立面图
A 2P-03 茶水间立面图
沙比利木线门套
B 2P-03 茶水间立面图
黑金砂花岗石台身
沙比利木饰面
C 2P-03 茶水间立面图
D 2P-03 茶水间立面图
附件2-28
本图面尺寸仅供估算或放样之参考，施工时应以现场实际尺寸调整之
日期DATE
修定 REVISIONS
会签 CONTER-SIGNATURE
工程负责 PROJECT APPROVED
审定 EXAMINED
设计总负责 DESIGN APPROVED
设计 DESIGN
绘图 DRAWN
校核 CHECKED
工程项目 PROJECT
交通银行××分行××支行
图名 TTTLE
女WC立面图(二)
茶水间立面图
图号 DWG.NO. 2E-03
序号 SHEET NO.
比例SCALE
日期DATE 2006.01.18

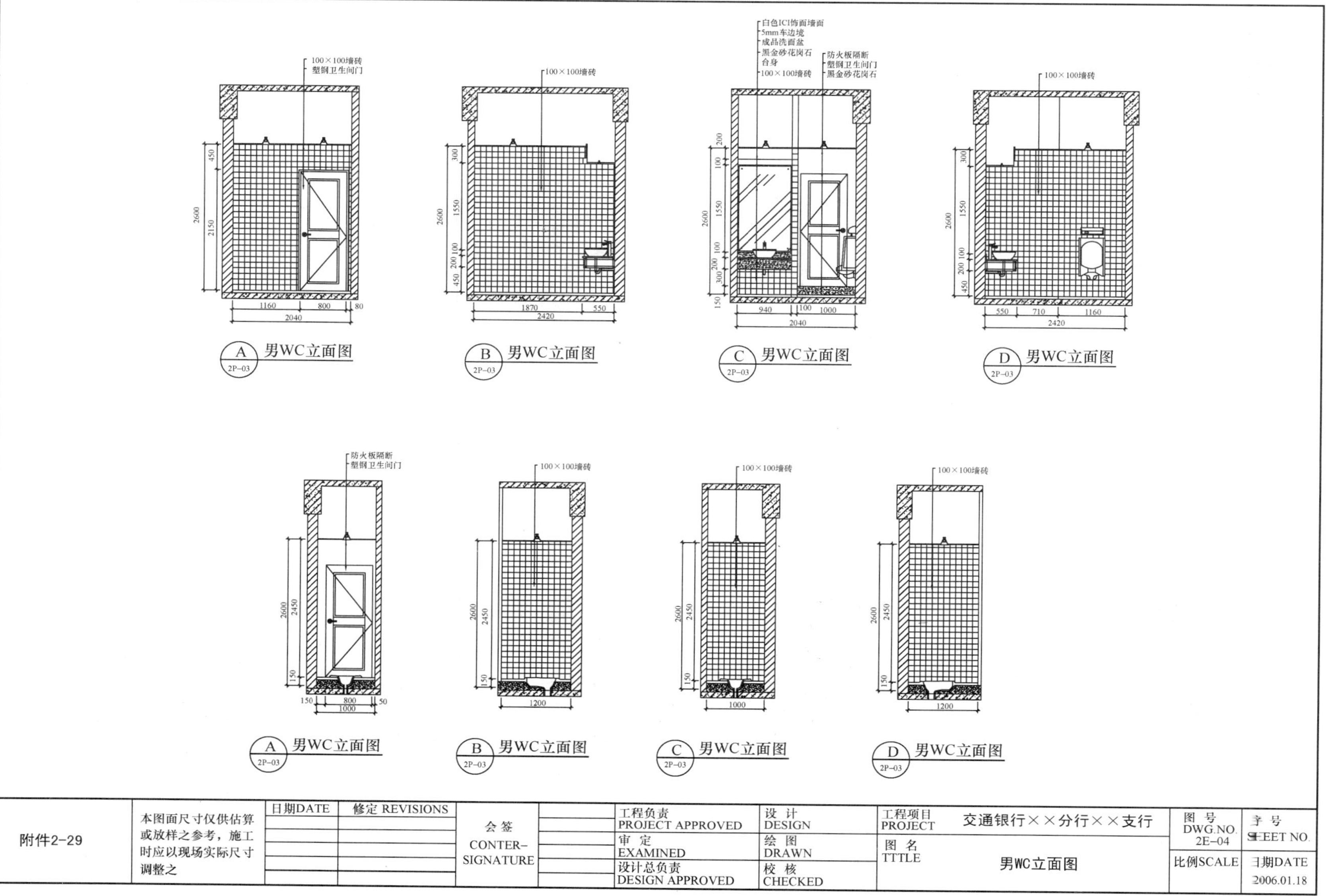

100×100墙砖
塑钢卫生间门
A 男WC立面图 2P-03
B 男WC立面图 2P-03
白色ICI饰面墙面
5mm车边境
成品洗面盆
黑金砂花岗石台身
防火板隔断
黑金砂花岗石
C 男WC立面图 2P-03
D 男WC立面图 2P-03
附件2-29
本图面尺寸仅供估算或放样之参考，施工时应以现场实际尺寸调整之
日期DATE
修定 REVISIONS
会签 CONTER-SIGNATURE
工程负责 PROJECT APPROVED
审定 EXAMINED
设计总负责 DESIGN APPROVED
设计 DESIGN
绘图 DRAWN
校核 CHECKED
工程项目 PROJECT
交通银行××分行××支行
图名 TITTLE
男WC立面图
图号 DWG.NO. 2E-04
比例SCALE
日期DATE 2006.01.18

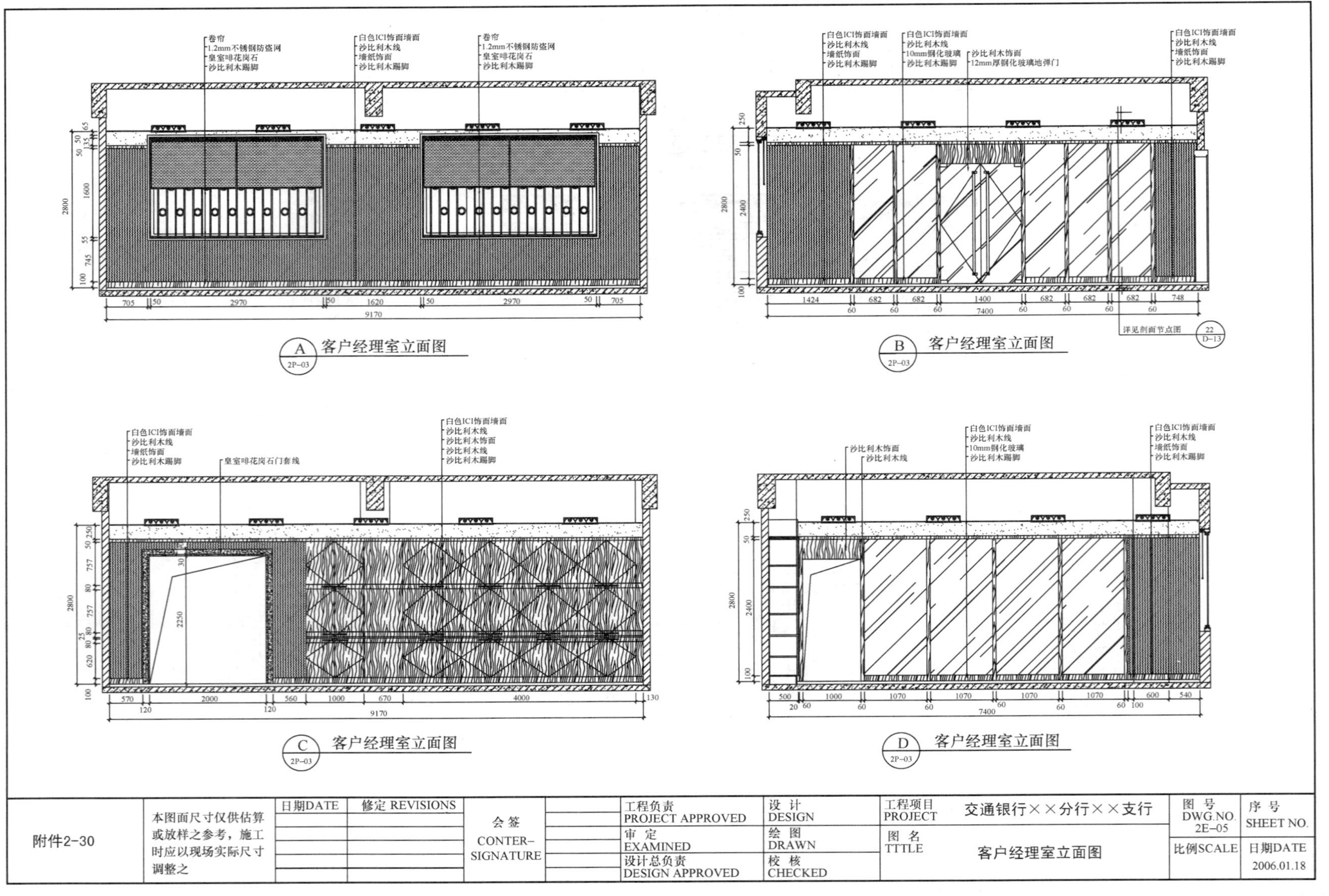

附件2-30	本图面尺寸仅供估算或放样之参考，施工时应以现场实际尺寸调整之	日期DATE	修定 REVISIONS	会签 CONTER-SIGNATURE	工程负责 PROJECT APPROVED	设计 DESIGN	工程项目 PROJECT	交通银行××分行××支行	图号 DWG.NO. 2E-05	序号 SHEET NO.
					审定 EXAMINED	绘图 DRAWN	图名 TTTLE	客户经理室立面图	比例SCALE	日期DATE 2006.01.18
					设计总负责 DESIGN APPROVED	校核 CHECKED				

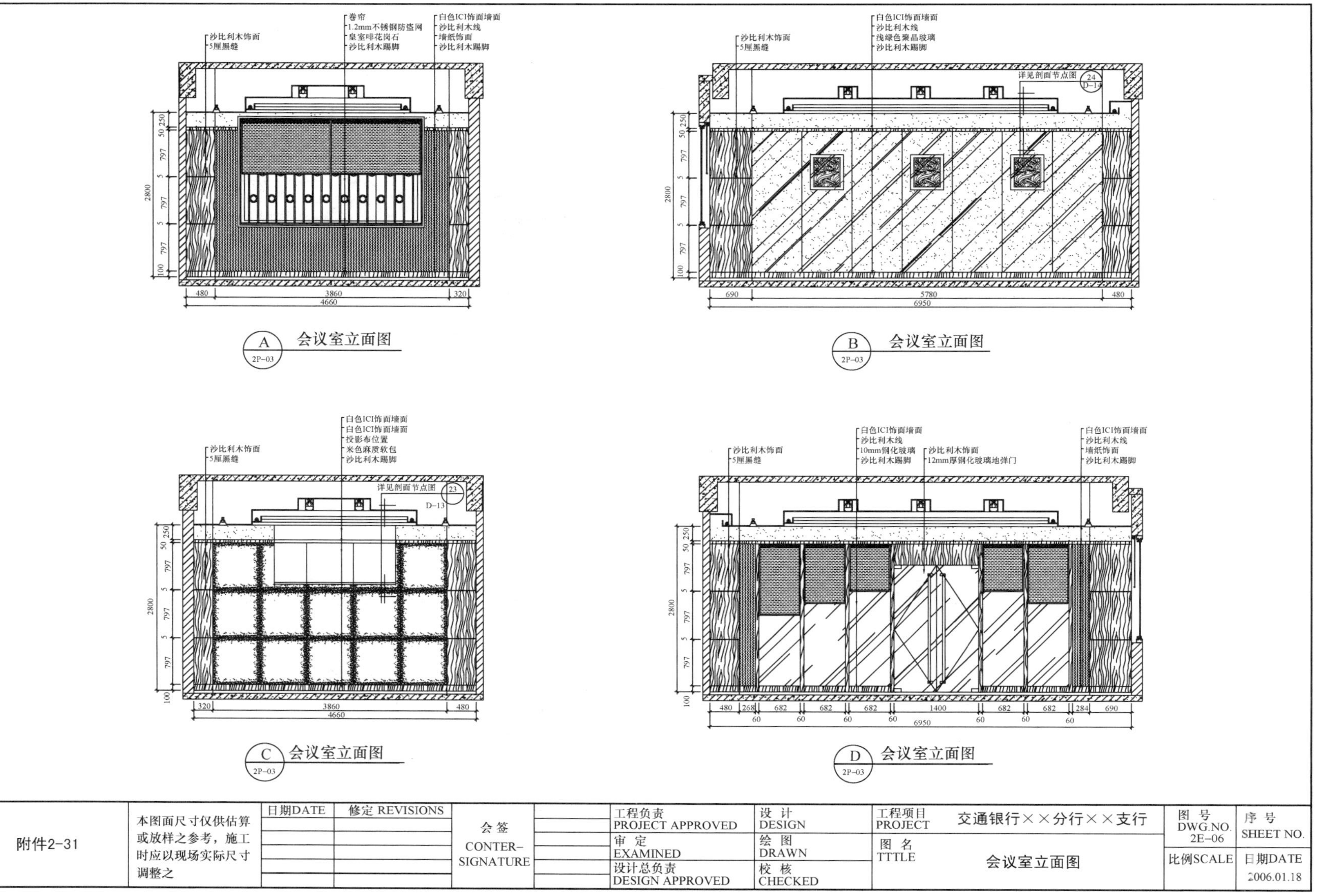

沙比利木饰面
5厘黑缝
卷帘
1.2mm不锈钢防盗网
皇室啡花岗石
沙比利木踢脚
白色ICI饰面墙面
沙比利木线
墙纸饰面
沙比利木踢脚
480
3860
320
4660
2800
A 2P-03 会议室立面图
白色ICI饰面墙面
沙比利木线
浅绿色聚晶玻璃
沙比利木踢脚
详见剖面节点图 24 D-14
690
5780
480
6950
B 2P-03 会议室立面图
白色ICI饰面墙面
白色ICI饰面墙面
投影布位置
米色麻质软包
沙比利木踢脚
详见剖面节点图 23 D-13
C 2P-03 会议室立面图
10mm钢化玻璃
沙比利木饰面
12mm厚钢化玻璃地弹门
D 2P-03 会议室立面图
附件2-31
本图面尺寸仅供估算或放样之参考，施工时应以现场实际尺寸调整之
日期DATE
修定 REVISIONS
会签 CONTER-SIGNATURE
工程负责 PROJECT APPROVED
审 定 EXAMINED
设计总负责 DESIGN APPROVED
设 计 DESIGN
绘 图 DRAWN
校 核 CHECKED
工程项目 PROJECT 交通银行××分行××支行
图 名 TTTLE 会议室立面图
图 号 DWG.NO. 2E-06
序 号 SHEET NO.
比例SCALE
日期DATE 2006.01.18

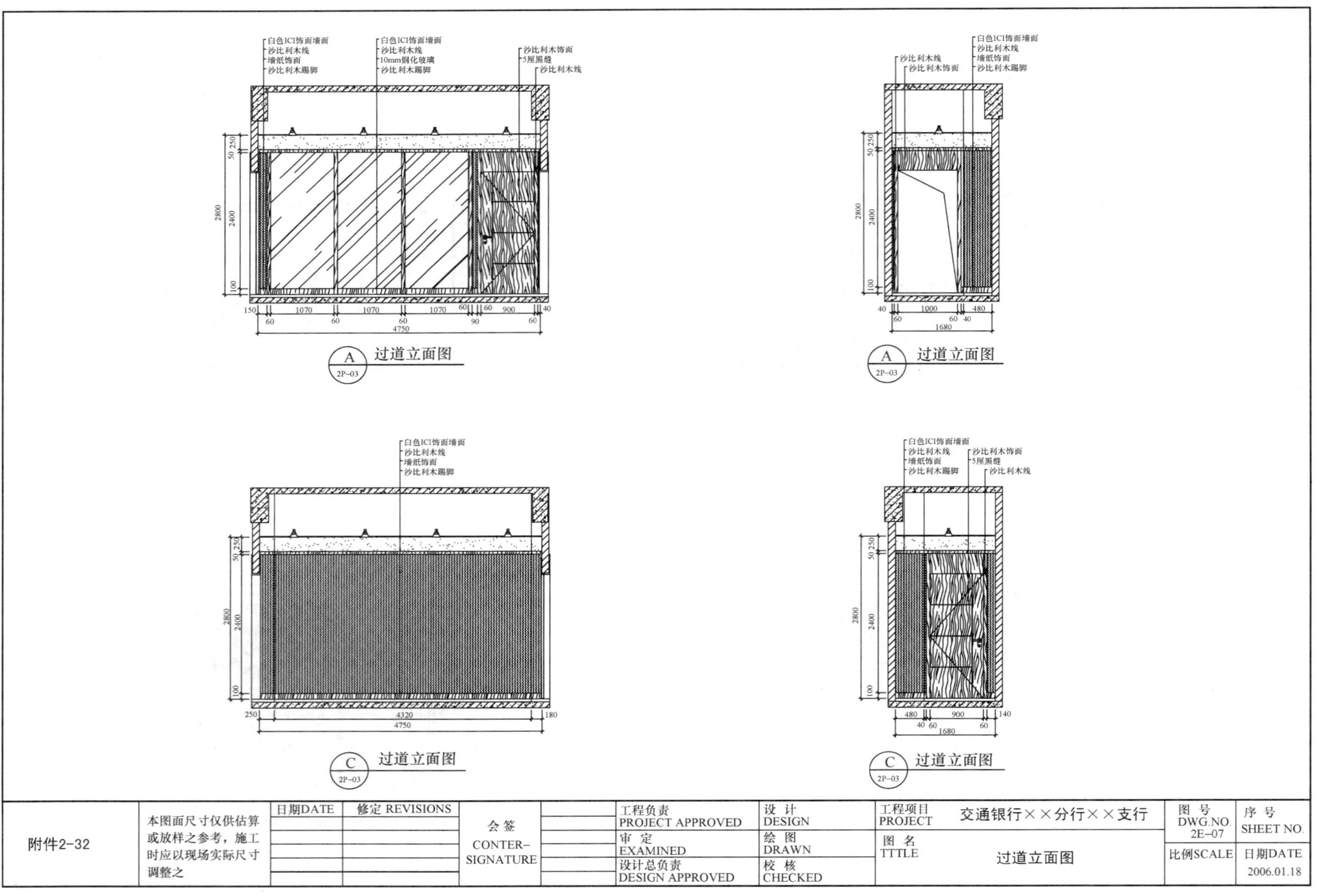
白色ICI饰面墙面
沙比利木线
墙纸饰面
沙比利木踢脚
10mm钢化玻璃
沙比利木饰面
5厘黑缝
过道立面图
2P-03
附件2-32
本图面尺寸仅供估算或放样之参考，施工时应以现场实际尺寸调整之
日期DATE
修定 REVISIONS
会签
CONTER-SIGNATURE
工程负责
PROJECT APPROVED
审 定
EXAMINED
设计总负责
DESIGN APPROVED
设 计
DESIGN
绘 图
DRAWN
校 核
CHECKED
工程项目
PROJECT
交通银行××分行××支行
图 名
TTTLE
过道立面图
图 号
DWG.NO.
2E-07
序 号
SHEET NO.
比例SCALE
日期DATE
2006.01.18

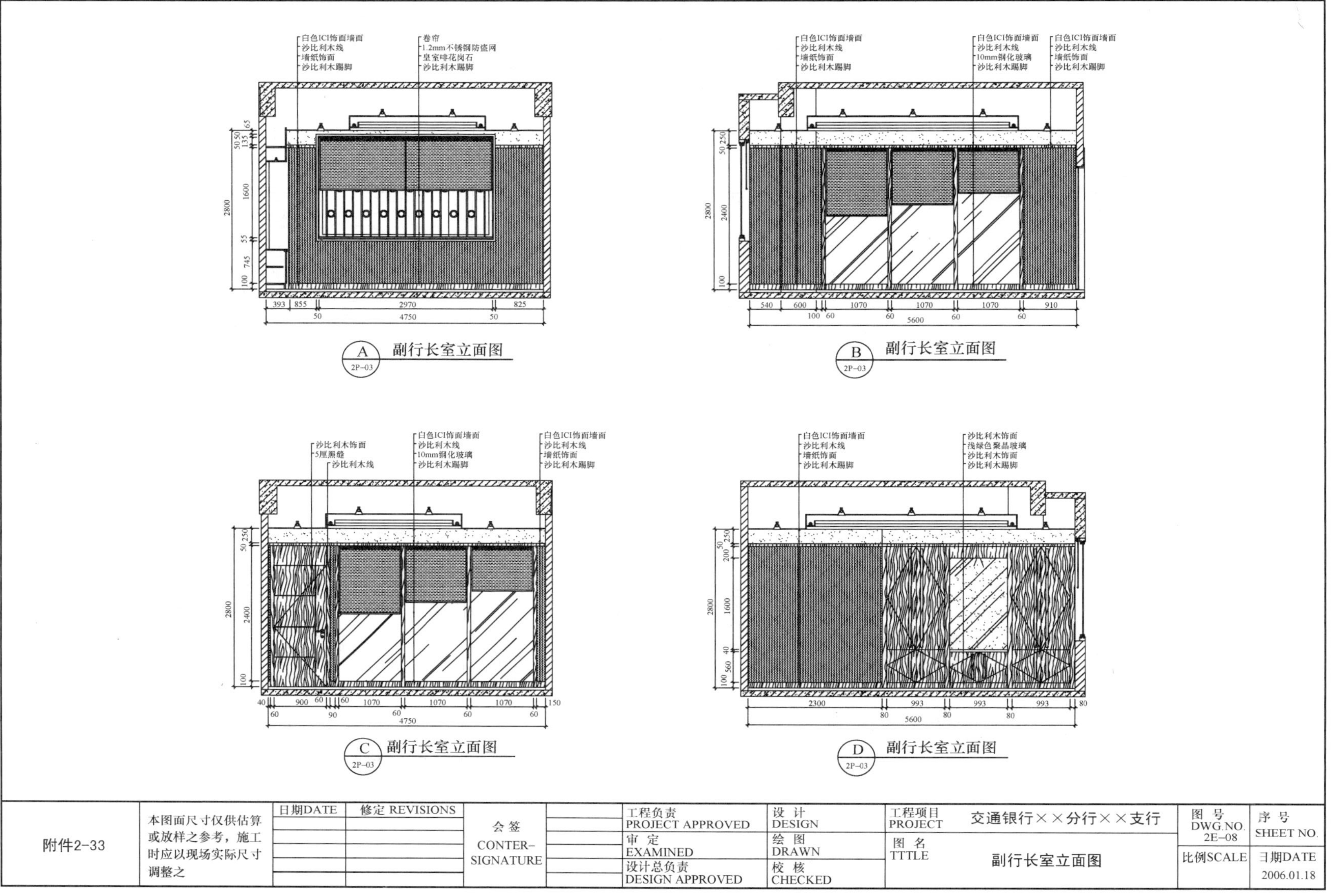

附件2-33	本图面尺寸仅供估算或放样之参考，施工时应以现场实际尺寸调整之	日期DATE / 修定 REVISIONS	会签 CONTER-SIGNATURE	工程负责 PROJECT APPROVED 审 定 EXAMINED 设计总负责 DESIGN APPROVED	设 计 DESIGN 绘 图 DRAWN 校 核 CHECKED	工程项目 PROJECT 交通银行××分行××支行 图 名 TTTLE 副行长室立面图	图 号 DWG.NO. 2E-08 比例SCALE	序 号 SHEET NO. 日期DATE 2006.01.18

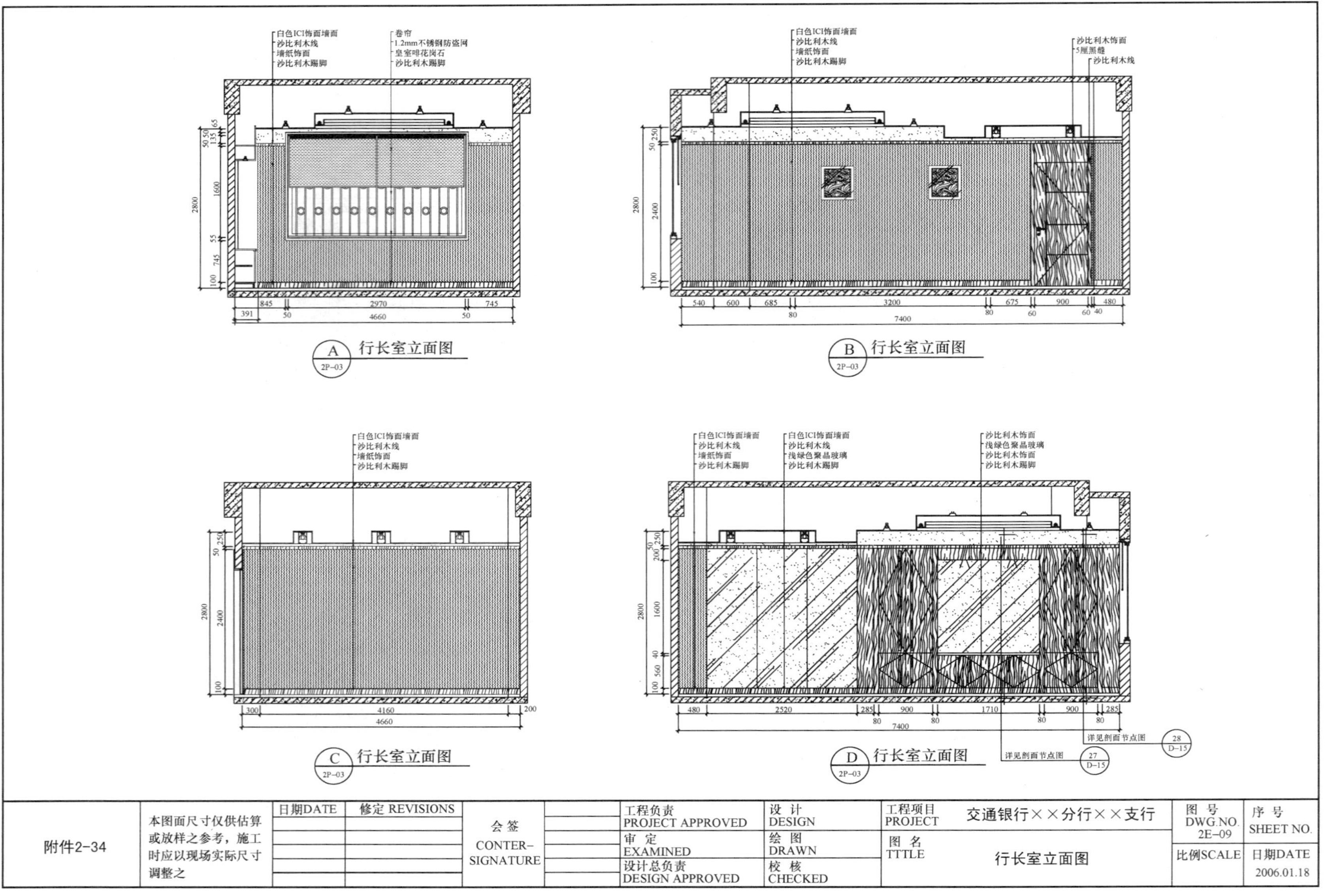

白色ICI饰面墙面
沙比利木线
墙纸饰面
沙比利木踢脚
卷帘
1.2mm不锈钢防盗网
皇室啡花岗石
沙比利木踢脚
A 行长室立面图 2P-03
沙比利木饰面
5厘黑缝
沙比利木线
B 行长室立面图 2P-03
C 行长室立面图 2P-03
浅绿色聚晶玻璃
D 行长室立面图 2P-03
详见剖面节点图 27 D-15
详见剖面节点图 28 D-15
附件2-34
本图面尺寸仅供估算或放样之参考，施工时应以现场实际尺寸调整之
日期DATE
修定 REVISIONS
会签 CONTER-SIGNATURE
工程负责 PROJECT APPROVED
审定 EXAMINED
设计总负责 DESIGN APPROVED
设计 DESIGN
绘图 DRAWN
校核 CHECKED
工程项目 PROJECT
交通银行××分行××支行
图名 TTTLE
行长室立面图
图号 DWG.NO. 2E-09
序号 SHEET NO.
比例SCALE
日期DATE 2006.01.18

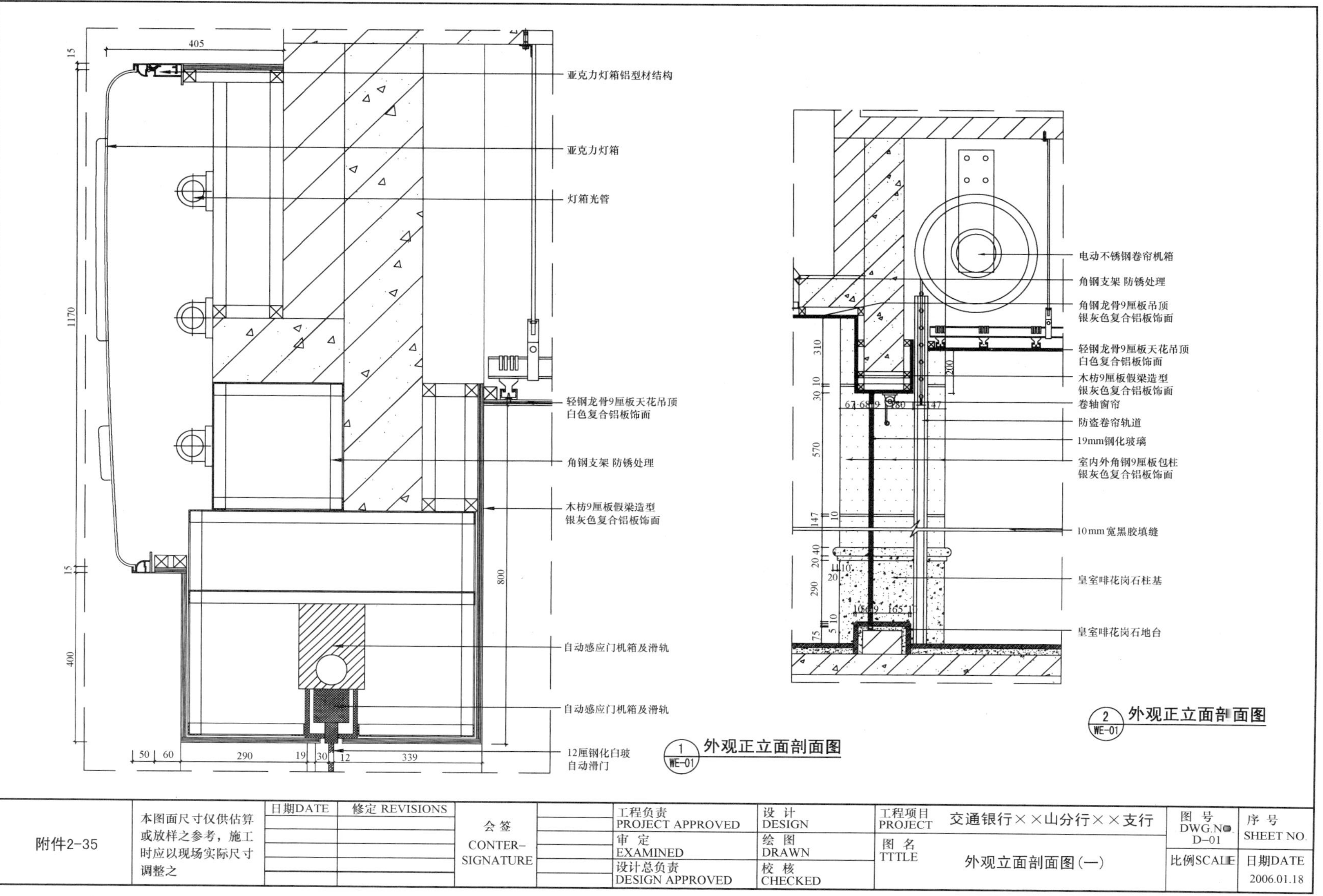

附件2-35	本图面尺寸仅供估算或放样之参考，施工时应以现场实际尺寸调整之	日期DATE	修定 REVISIONS	会签 CONTER-SIGNATURE	工程负责 PROJECT APPROVED	设计 DESIGN	工程项目 PROJECT	交通银行××山分行××支行	图号 DWG.NO. D-01	序号 SHEET NO.
					审定 EXAMINED	绘图 DRAWN	图名 TTTLE	外观立面剖面图（一）	比例SCALE	日期DATE 2006.01.18
					设计总负责 DESIGN APPROVED	校核 CHECKED				

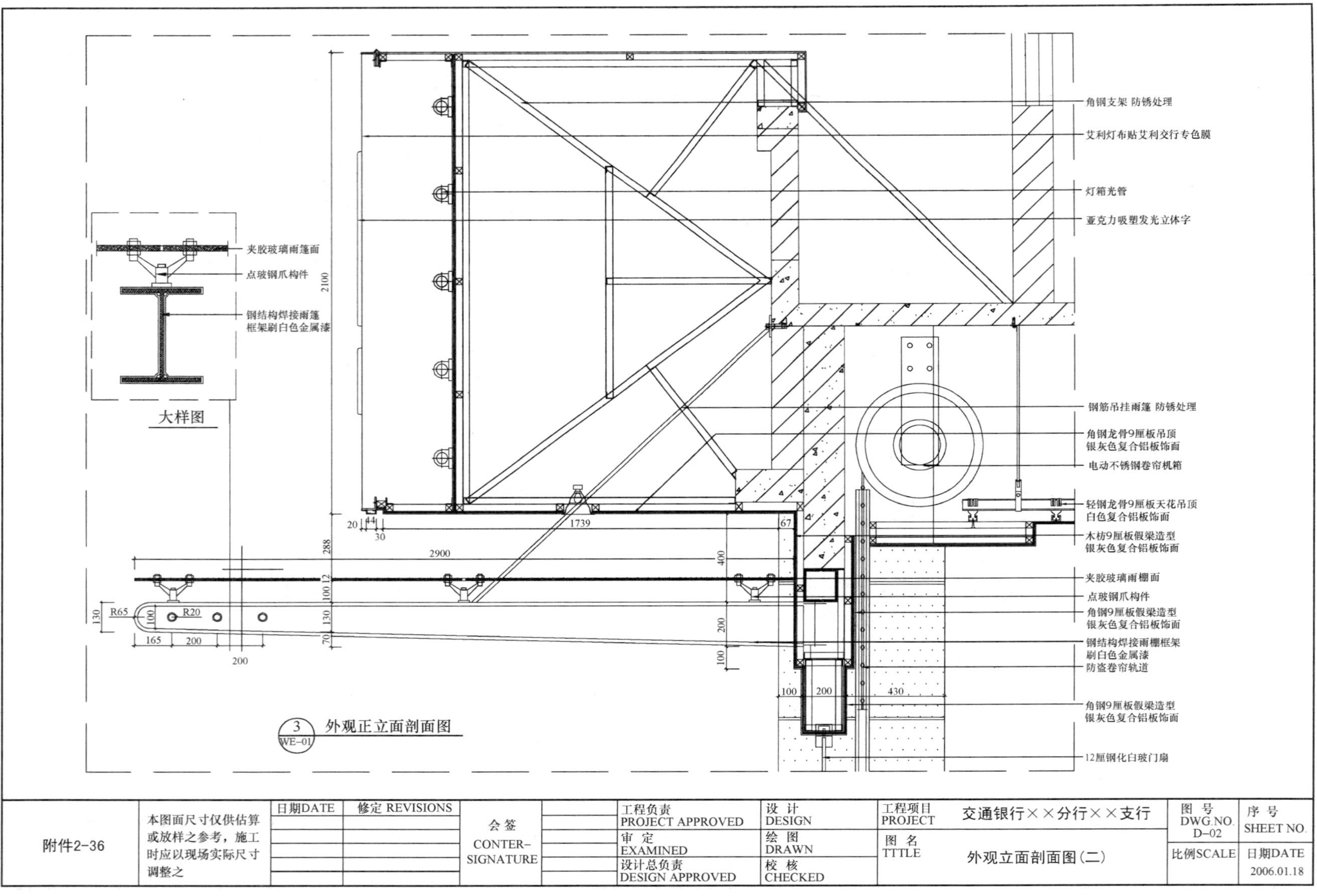
角钢支架 防锈处理
艾利灯布贴艾利交行专色膜
灯箱光管
亚克力吸塑发光立体字
钢筋吊挂雨篷 防锈处理
角钢龙骨9厘板吊顶
银灰色复合铝板饰面
电动不锈钢卷帘机箱
轻钢龙骨9厘板天花吊顶
白色复合铝板饰面
木枋9厘板假梁造型
银灰色复合铝板饰面
夹胶玻璃雨棚面
点玻钢爪构件
角钢9厘板假梁造型
银灰色复合铝板饰面
钢结构焊接雨棚框架
刷白色金属漆
防盗卷帘轨道
角钢9厘板假梁造型
银灰色复合铝板饰面
12厘钢化白玻门扇
夹胶玻璃雨篷面
点玻钢爪构件
钢结构焊接雨篷
框架刷白色金属漆
大样图
2100
1739
2900
288
12
100
130
70
400
200
100
67
20
44
30
430
R65
R20
165
200
3
WE-01
外观正立面剖面图
附件2-36
本图面尺寸仅供估算
或放样之参考，施工
时应以现场实际尺寸
调整之
日期DATE
修定 REVISIONS
会签
CONTER-
SIGNATURE
工程负责
PROJECT APPROVED
审 定
EXAMINED
设计总负责
DESIGN APPROVED
设 计
DESIGN
绘 图
DRAWN
校 核
CHECKED
工程项目
PROJECT
交通银行××分行××支行
图 名
TTTLE
外观立面剖面图(二)
图 号
DWG.NO.
D-02
序 号
SHEET NO.
比例SCALE
日期DATE
2006.01.18

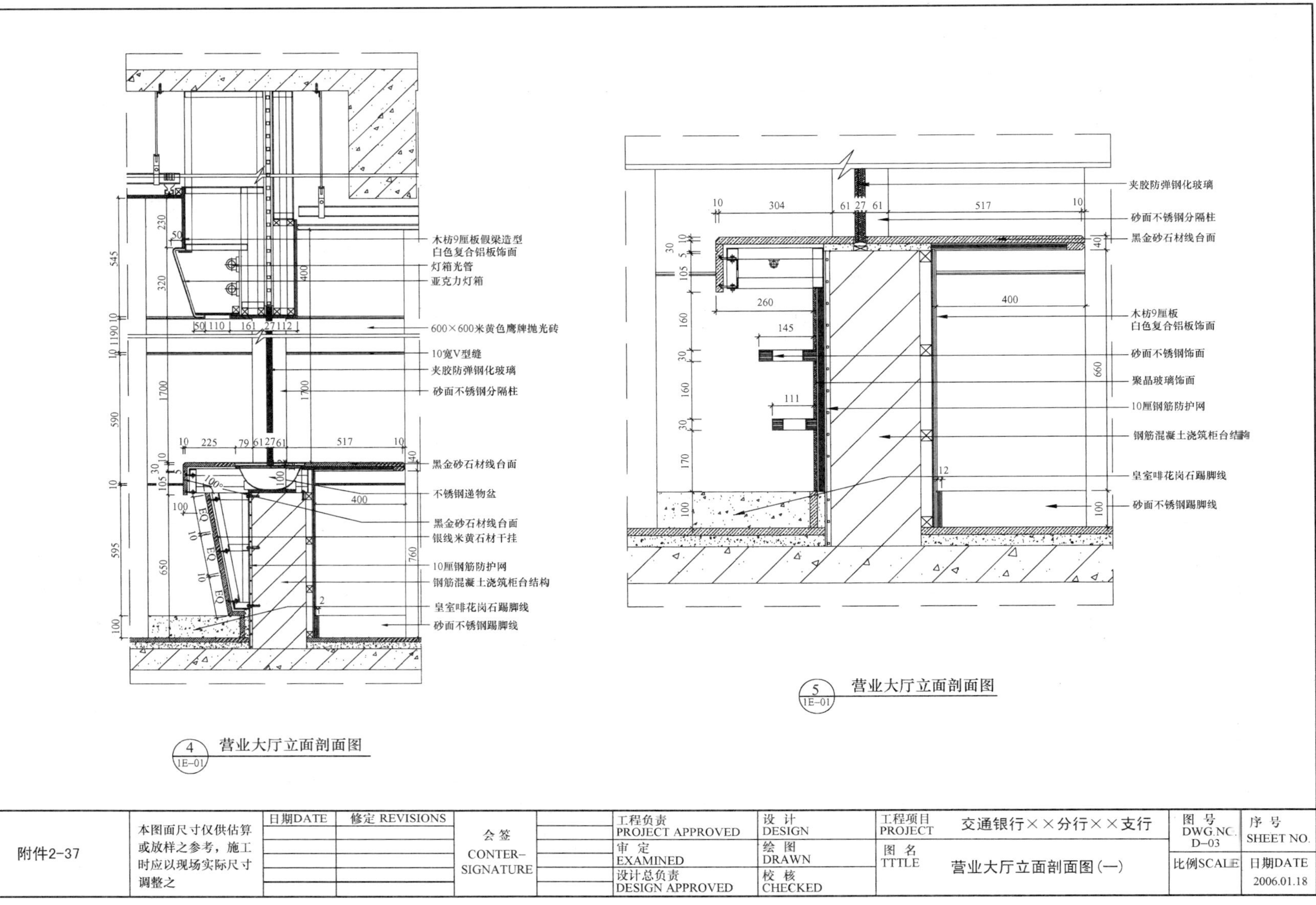

附件2-37	本图面尺寸仅供估算或放样之参考，施工时应以现场实际尺寸调整之	日期DATE	修定 REVISIONS	会签 CONTER-SIGNATURE	工程负责 PROJECT APPROVED	设计 DESIGN	工程项目 PROJECT	交通银行××分行××支行	图号 DWG.NC. D-03	序号 SHEET NO.
					审定 EXAMINED	绘图 DRAWN	图名 TTTLE	营业大厅立面剖面图(一)	比例SCALE	日期DATE 2006.01.18
					设计总负责 DESIGN APPROVED	校核 CHECKED				

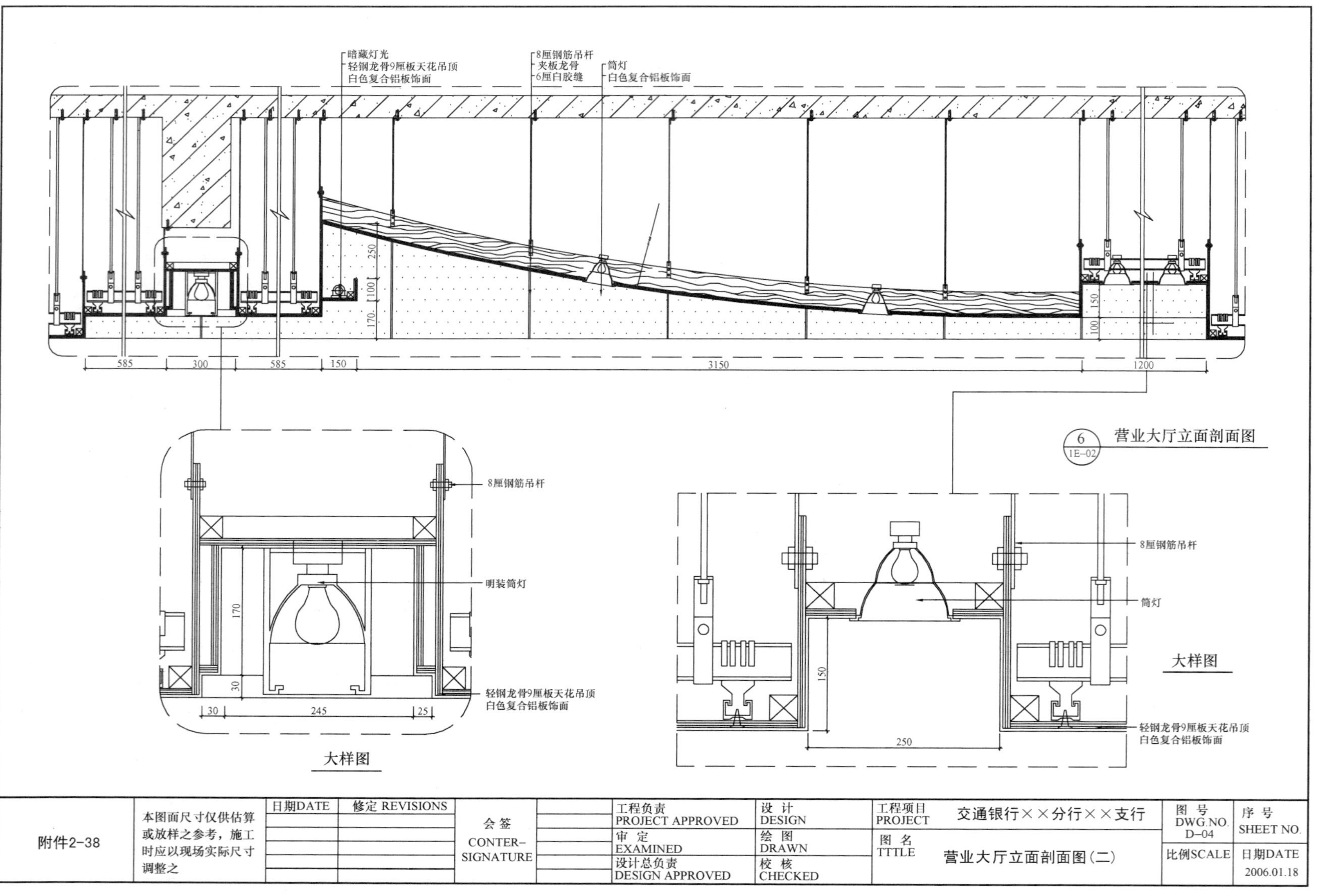

暗藏灯光
轻钢龙骨9厘板天花吊顶
白色复合铝板饰面
8厘钢筋吊杆
夹板龙骨
6厘白胶缝
筒灯
白色复合铝板饰面
585
300
585
150
3150
1200
250
100
170
150
100
6
1E-02
营业大厅立面剖面图
8厘钢筋吊杆
明装筒灯
轻钢龙骨9厘板天花吊顶
白色复合铝板饰面
170
30
30
245
25
大样图
8厘钢筋吊杆
筒灯
150
250
轻钢龙骨9厘板天花吊顶
白色复合铝板饰面
大样图
附件2-38
本图面尺寸仅供估算或放样之参考，施工时应以现场实际尺寸调整之
日期DATE
修定 REVISIONS
会签
CONTER-SIGNATURE
工程负责
PROJECT APPROVED
审 定
EXAMINED
设计总负责
DESIGN APPROVED
设 计
DESIGN
绘 图
DRAWN
校 核
CHECKED
工程项目
PROJECT
交通银行××分行××支行
图 名
TTTLE
营业大厅立面剖面图(二)
图 号
DWG.NO.
D-04
序 号
SHEET NO.
比例SCALE
日期DATE
2006.01.18

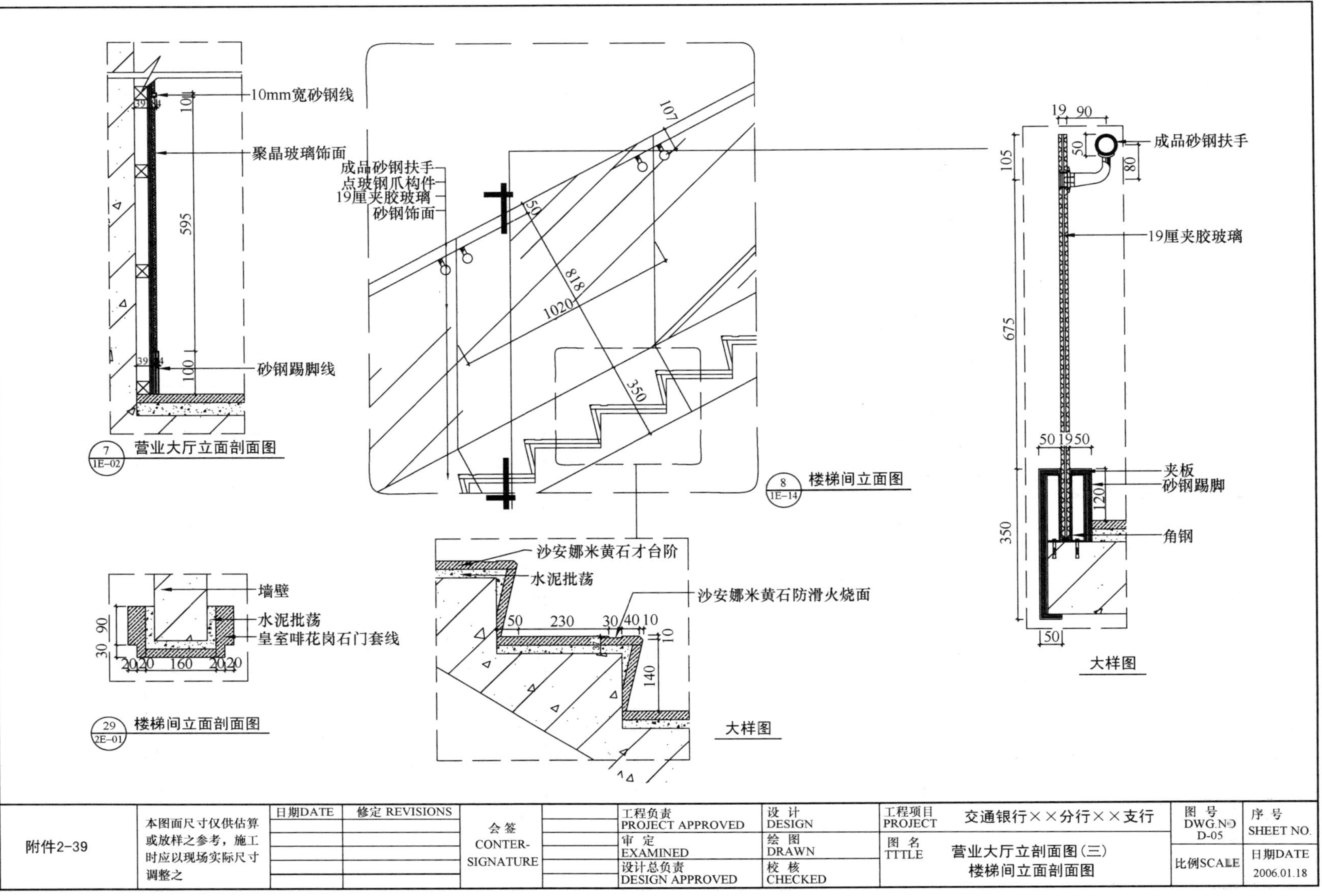
10mm宽砂钢线
聚晶玻璃饰面
砂钢踢脚线
595
100
10
39
7 1E-02 营业大厅立面剖面图
成品砂钢扶手
点玻钢爪构件
19厘夹胶玻璃
砂钢饰面
107
50
818
1020
350
8 1E-14 楼梯间立面图
墙壁
水泥批荡
皇室啡花岗石门套线
90
30
20 20 160 20 20
29 2E-01 楼梯间立面剖面图
沙安娜米黄石才台阶
水泥批荡
沙安娜米黄石防滑火烧面
50 230 30 40 10
10
140
大样图
成品砂钢扶手
19厘夹胶玻璃
夹板
砂钢踢脚
角钢
19 90
50
80
105
675
350
50 19 50
120
50
大样图
附件2-39
本图面尺寸仅供估算或放样之参考，施工时应以现场实际尺寸调整之
日期DATE
修定 REVISIONS
会签 CONTER-SIGNATURE
工程负责 PROJECT APPROVED
审定 EXAMINED
设计总负责 DESIGN APPROVED
设计 DESIGN
绘图 DRAWN
校核 CHECKED
工程项目 PROJECT
交通银行××分行××支行
图名 TTTLE
营业大厅立剖面图(三)
楼梯间立面剖面图
图号 DWG.NO D-05
比例SCALE
序号 SHEET NO.
日期DATE 2006.01.18

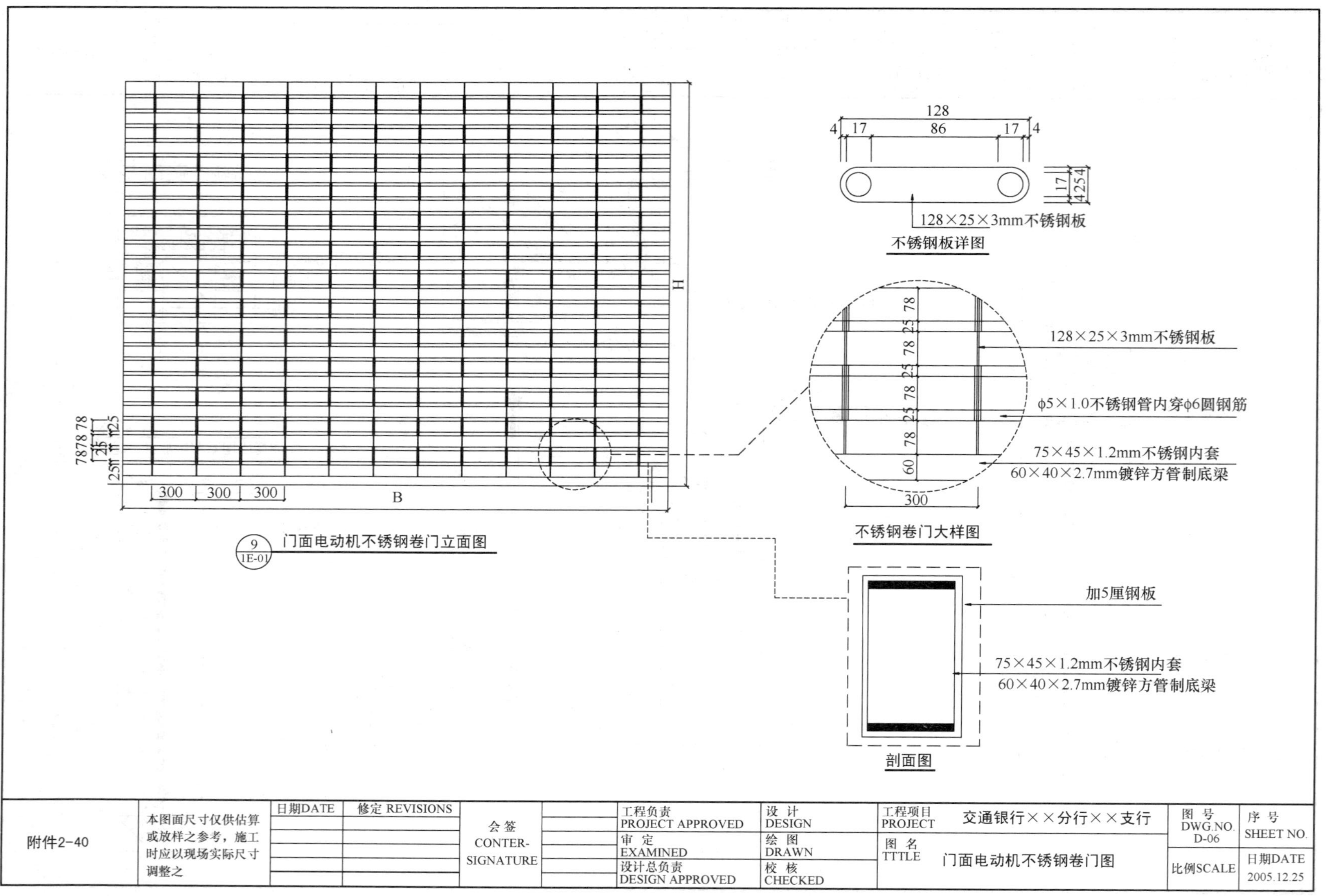
128
4
17
86
17
4
17
4254
128×25×3mm不锈钢板
不锈钢板详图
H
B
300
300
300
78 78 78
25 25 125
78 25 78 25 78 25 78 60
300
128×25×3mm不锈钢板
φ5×1.0不锈钢管内穿φ6圆钢筋
75×45×1.2mm不锈钢内套
60×40×2.7mm镀锌方管制底梁
不锈钢卷门大样图
9
1E-01
门面电动机不锈钢卷门立面图
加5厘钢板
75×45×1.2mm不锈钢内套
60×40×2.7mm镀锌方管制底梁
剖面图
附件2-40
本图面尺寸仅供估算或放样之参考，施工时应以现场实际尺寸调整之
日期DATE
修定 REVISIONS
会签 CONTER-SIGNATURE
工程负责 PROJECT APPROVED
审 定 EXAMINED
设计总负责 DESIGN APPROVED
设 计 DESIGN
绘 图 DRAWN
校 核 CHECKED
工程项目 PROJECT
交通银行××分行××支行
图 名 TTTLE
门面电动机不锈钢卷门图
图 号 DWG.NO.
D-06
序 号 SHEET NO.
比例SCALE
日期DATE
2005.12.25

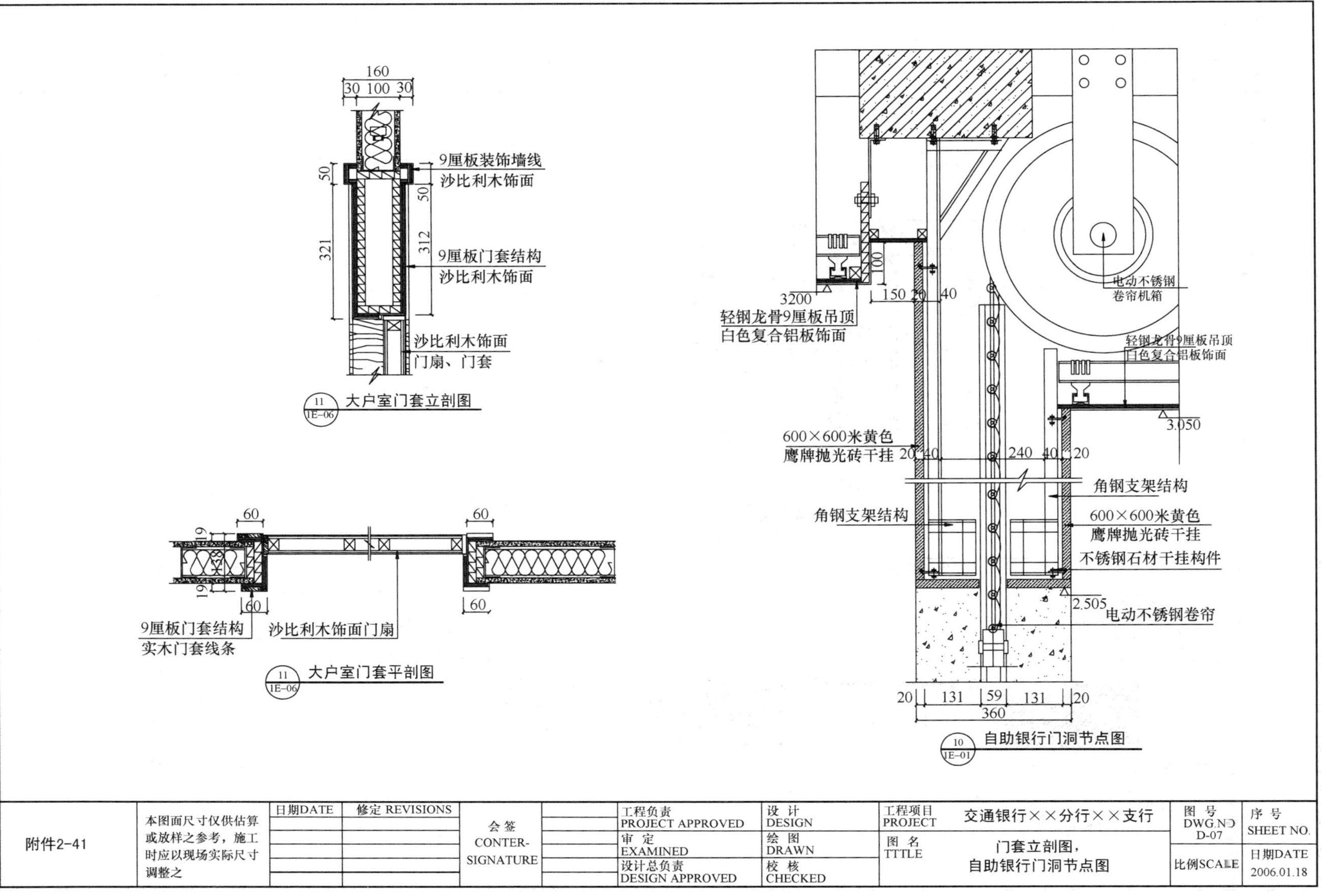
160
30 100 30
50
321
50
312
9厘板装饰墙线
沙比利木饰面
9厘板门套结构
沙比利木饰面
沙比利木饰面
门扇、门套
11
1E-06
大户室门套立剖图
60
60
19
19
60
60
9厘板门套结构
实木门套线条
沙比利木饰面门扇
11
1E-06
大户室门套平剖图
电动不锈钢
卷帘机箱
100
3200
150 20 40
轻钢龙骨9厘板吊顶
白色复合铝板饰面
轻钢龙骨9厘板吊顶
白色复合铝板饰面
3.050
600×600米黄色
鹰牌抛光砖干挂
20 40 240 40 20
角钢支架结构
角钢支架结构
600×600米黄色
鹰牌抛光砖干挂
不锈钢石材干挂构件
2.505
电动不锈钢卷帘
20 131 59 131 20
360
10
1E-01
自助银行门洞节点图
附件2-41
本图面尺寸仅供估算或放样之参考，施工时应以现场实际尺寸调整之
日期DATE
修定 REVISIONS
会签
CONTER-SIGNATURE
工程负责
PROJECT APPROVED
审 定
EXAMINED
设计总负责
DESIGN APPROVED
设 计
DESIGN
绘 图
DRAWN
校 核
CHECKED
工程项目
PROJECT
交通银行××分行××支行
图 名
TTTLE
门套立剖图，
自助银行门洞节点图
图 号
DWG.NO
D-07
序 号
SHEET NO.
比例SCALE
日期DATE
2006.01.18

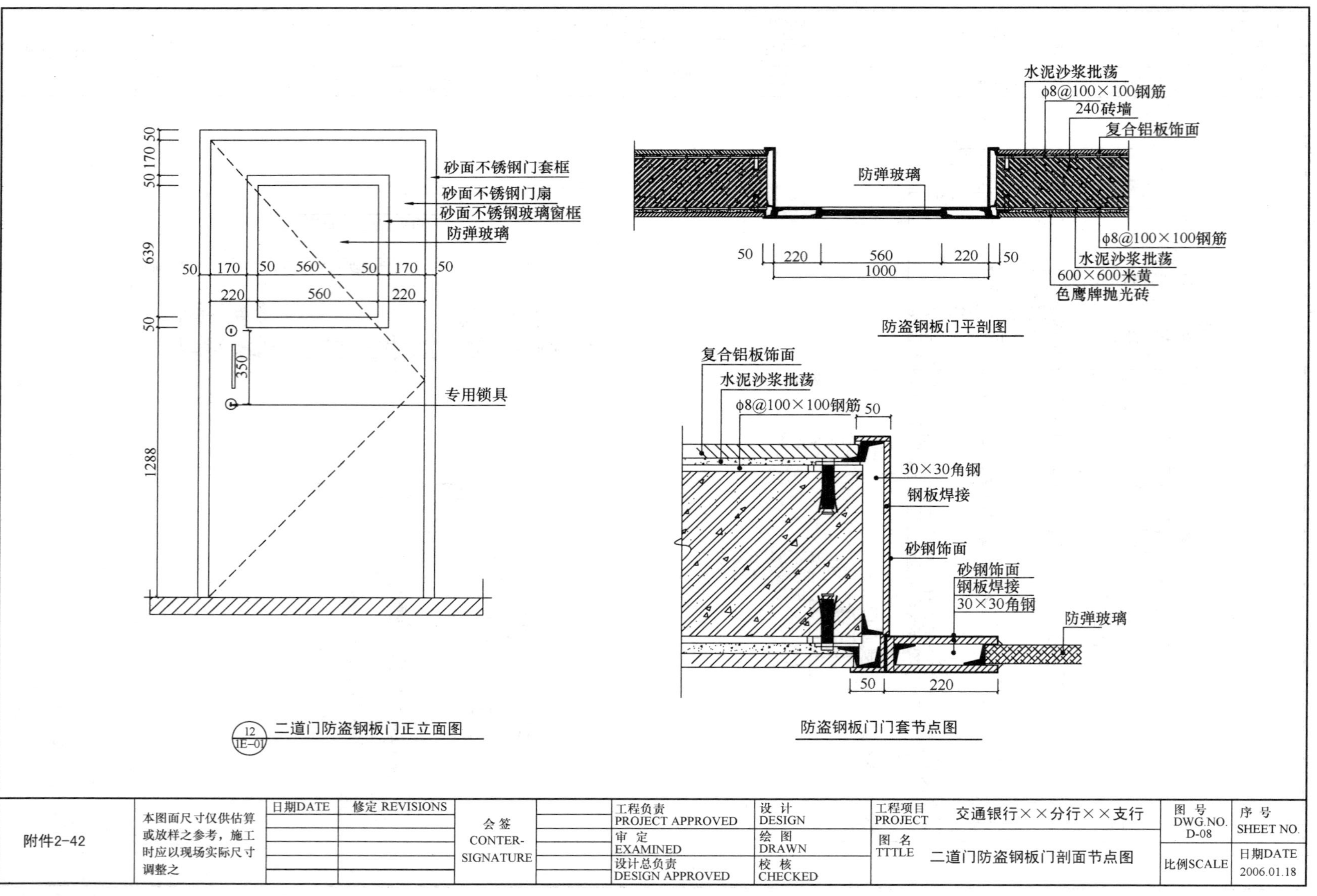

砂面不锈钢门套框
砂面不锈钢门扇
砂面不锈钢玻璃窗框
防弹玻璃
专用锁具
50 170 50 639 50 1288
50 170 50 560 50 170 50
220 560 220
350
12 IE-01 二道门防盗钢板门正立面图
水泥沙浆批荡
φ8@100×100钢筋
240砖墙
复合铝板饰面
防弹玻璃
φ8@100×100钢筋
水泥沙浆批荡
600×600米黄
色鹰牌抛光砖
50 220 560 220 50
1000
防盗钢板门平剖图
复合铝板饰面
水泥沙浆批荡
φ8@100×100钢筋
50
30×30角钢
钢板焊接
砂钢饰面
砂钢饰面
钢板焊接
30×30角钢
防弹玻璃
50 220
防盗钢板门门套节点图
附件2-42
本图面尺寸仅供估算或放样之参考，施工时应以现场实际尺寸调整之
日期DATE
修定 REVISIONS
会签 CONTER-SIGNATURE
工程负责 PROJECT APPROVED
审定 EXAMINED
设计总负责 DESIGN APPROVED
设计 DESIGN
绘图 DRAWN
校核 CHECKED
工程项目 PROJECT 交通银行××分行××支行
图名 TTTLE 二道门防盗钢板门剖面节点图
图号 DWG.NO. D-08
序号 SHEET NO.
比例SCALE
日期DATE 2006.01.18

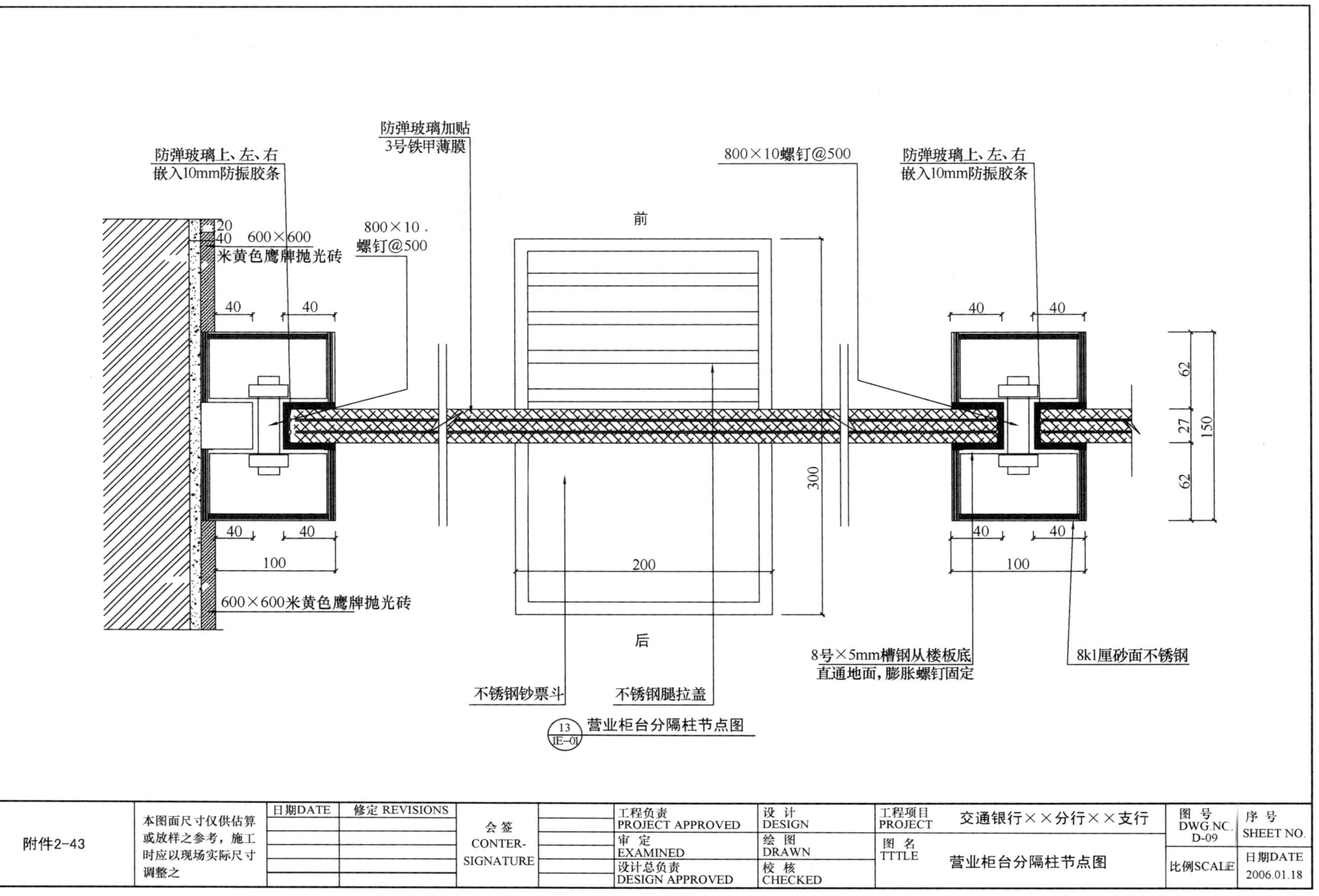
防弹玻璃上、左、右
嵌入10mm防振胶条
防弹玻璃加贴
3号铁甲薄膜
800×10螺钉@500
防弹玻璃上、左、右
嵌入10mm防振胶条
20
40
600×600
米黄色鹰牌抛光砖
800×10．
螺钉@500
前
40
40
40
40
62
27
150
62
300
40
40
100
200
40
40
100
600×600米黄色鹰牌抛光砖
后
8号×5mm槽钢从楼板底
直通地面，膨胀螺钉固定
8k1厘砂面不锈钢
不锈钢钞票斗
不锈钢腿拉盖
13
IE-01
营业柜台分隔柱节点图
附件2-43
本图面尺寸仅供估算或放样之参考，施工时应以现场实际尺寸调整之
日期DATE
修定 REVISIONS
会签
CONTER-SIGNATURE
工程负责
PROJECT APPROVED
审 定
EXAMINED
设计总负责
DESIGN APPROVED
设 计
DESIGN
绘 图
DRAWN
校 核
CHECKED
工程项目
PROJECT
交通银行××分行××支行
图 名
TTTLE
营业柜台分隔柱节点图
图 号
DWG.NC.
D-09
序 号
SHEET NO.
比例SCALE
日期DATE
2006.01.18

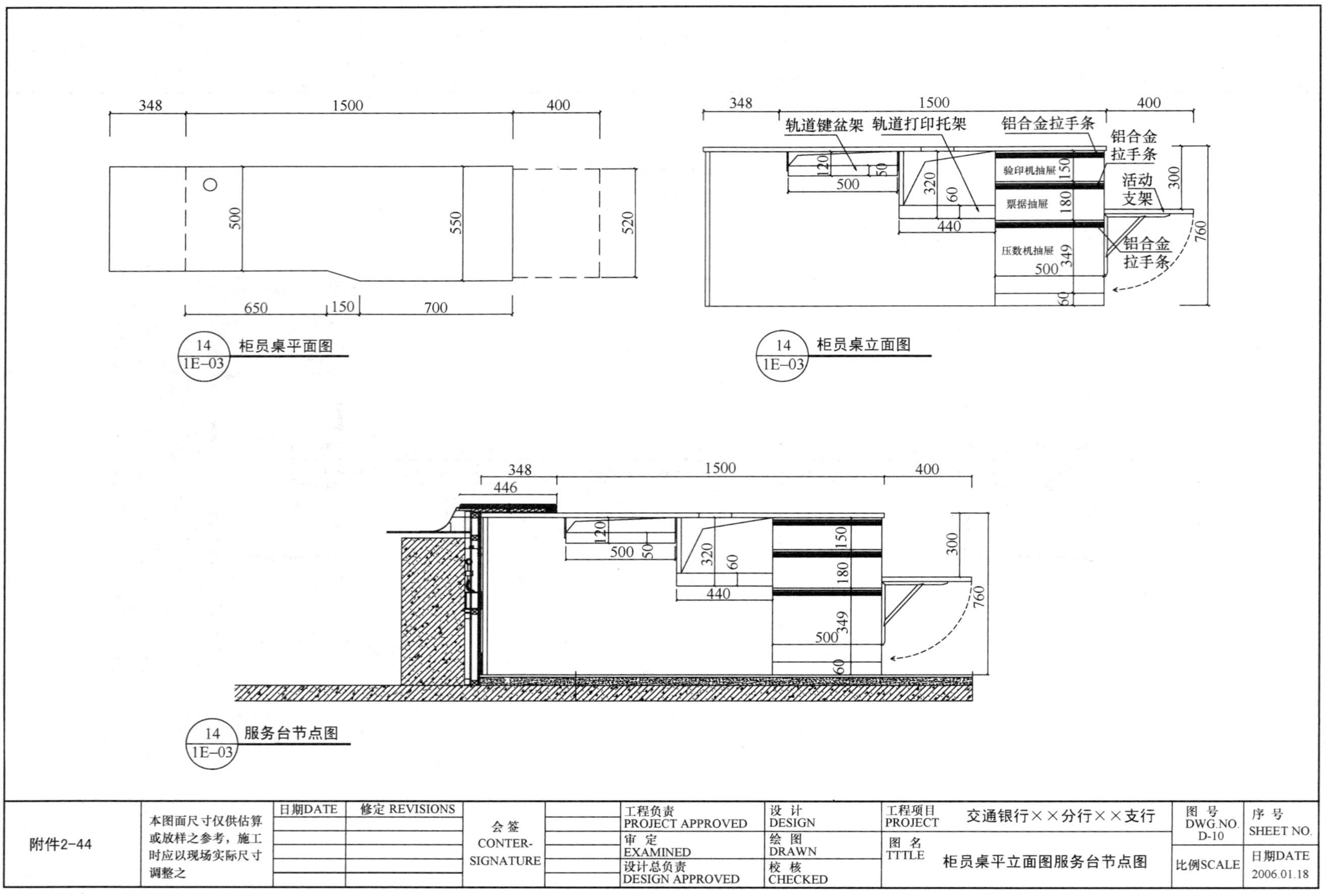
348
1500
400
500
550
520
650
150
700
14
1E-03
柜员桌平面图
轨道键盆架
轨道打印托架
铝合金拉手条
铝合金
拉手条
活动
支架
120
50
320
60
440
验印机抽屉
票据抽屉
压数机抽屉
180
349
300
760
柜员桌立面图
446
服务台节点图
附件2-44
本图面尺寸仅供估算或放样之参考，施工时应以现场实际尺寸调整之
日期DATE
修定 REVISIONS
会签 CONTER-SIGNATURE
工程负责 PROJECT APPROVED
审 定 EXAMINED
设计总负责 DESIGN APPROVED
设 计 DESIGN
绘 图 DRAWN
校 核 CHECKED
工程项目 PROJECT
交通银行××分行××支行
图 名 TTTLE
柜员桌平立面图服务台节点图
图 号 DWG.NO. D-10
比例SCALE
序 号 SHEET NO.
日期DATE 2006.01.18

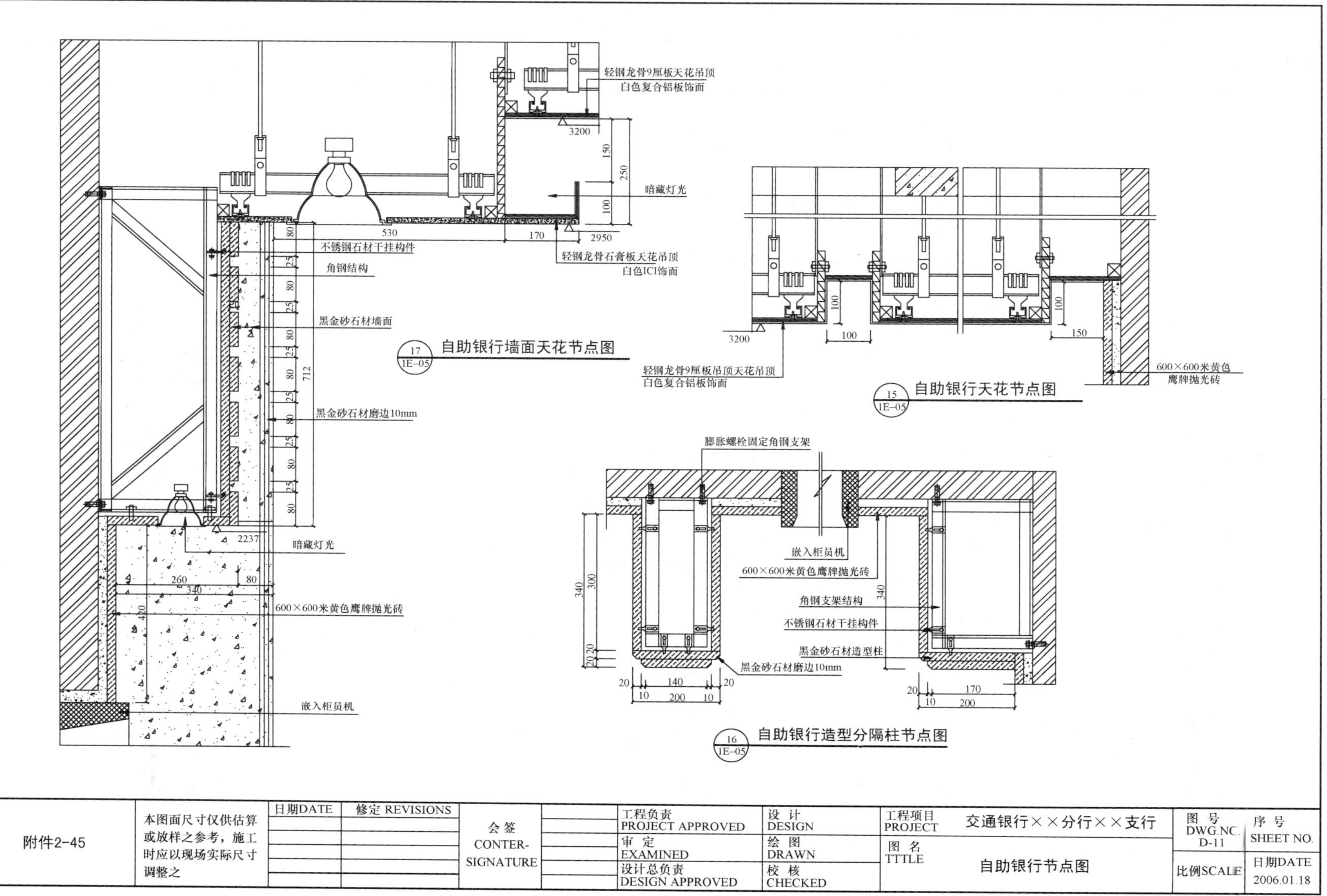

轻钢龙骨9厘板天花吊顶
白色复合铝板饰面
3200
150
250
100
暗藏灯光
530
170
2950
轻钢龙骨石膏板天花吊顶
白色ICI饰面
不锈钢石材干挂构件
角钢结构
黑金砂石材墙面
黑金砂石材磨边10mm
712
2237
暗藏灯光
260
340
80
420
600×600米黄色鹰牌抛光砖
嵌入柜员机
17
1E-05
自助银行墙面天花节点图
3200
100
100
100
150
轻钢龙骨9厘板吊顶天花吊顶
白色复合铝板饰面
600×600米黄色
鹰牌抛光砖
15
1E-05
自助银行天花节点图
膨胀螺栓固定角钢支架
嵌入柜员机
600×600米黄色鹰牌抛光砖
角钢支架结构
不锈钢石材干挂构件
黑金砂石材造型柱
黑金砂石材磨边10mm
340
300
340
20 20
20
140
20
10
200
10
20
170
10
200
16
1E-05
自助银行造型分隔柱节点图
附件2-45
本图面尺寸仅供估算或放样之参考，施工时应以现场实际尺寸调整之
日期DATE
修定 REVISIONS
会签
CONTER-
SIGNATURE
工程负责
PROJECT APPROVED
审 定
EXAMINED
设计总负责
DESIGN APPROVED
设 计
DESIGN
绘 图
DRAWN
校 核
CHECKED
工程项目
PROJECT
交通银行××分行××支行
图 名
TTTLE
自助银行节点图
图 号
DWG.NC.
D-11
序 号
SHEET NO.
比例SCALE
日期DATE
2006.01.18

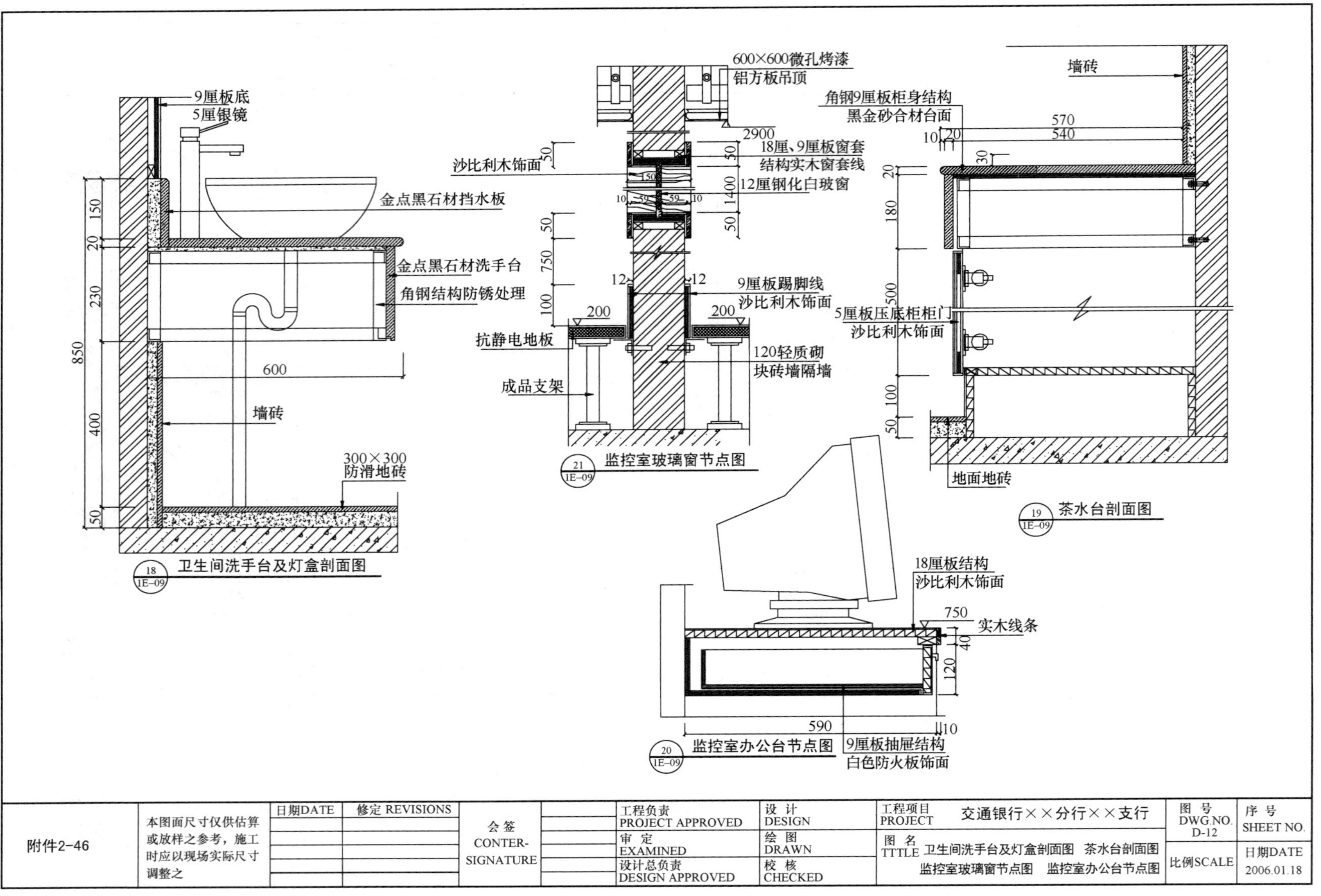

9厘板底
5厘银镜
金点黑石材挡水板
金点黑石材洗手台
角钢结构防锈处理
150
20
230
850
400
50
600
墙砖
300×300
防滑地砖
卫生间洗手台及灯盒剖面图
18
1E-09
600×600微孔烤漆
铝方板吊顶
2900
沙比利木饰面
18厘、9厘板窗套
结构实木窗套线
12厘钢化白玻窗
50
1400
50
10
59
59
10
750
100
12
12
9厘板踢脚线
沙比利木饰面
200
200
抗静电地板
120轻质砌
块砖墙隔墙
成品支架
监控室玻璃窗节点图
21
1E-09
墙砖
角钢9厘板柜身结构
黑金砂合材台面
570
540
10
20
30
180
500
100
50
5厘板压底柜柜门
沙比利木饰面
地面地砖
茶水台剖面图
19
1E-09
18厘板结构
沙比利木饰面
750
实木线条
40
120
590
10
监控室办公台节点图
20
1E-09
9厘板抽屉结构
白色防火板饰面
附件2-46
本图面尺寸仅供估算或放样之参考，施工时应以现场实际尺寸调整之
日期DATE
修定 REVISIONS
会签
CONTER-SIGNATURE
工程负责 PROJECT APPROVED
审 定 EXAMINED
设计总负责 DESIGN APPROVED
设 计 DESIGN
绘 图 DRAWN
校 核 CHECKED
工程项目 PROJECT
交通银行××分行××支行
图 名 TTTLE
卫生间洗手台及灯盒剖面图 茶水台剖面图
监控室玻璃窗节点图 监控室办公台节点图
图 号 DWG.NO.
D-12
序 号 SHEET NO.
比例SCALE
日期DATE
2006.01.18

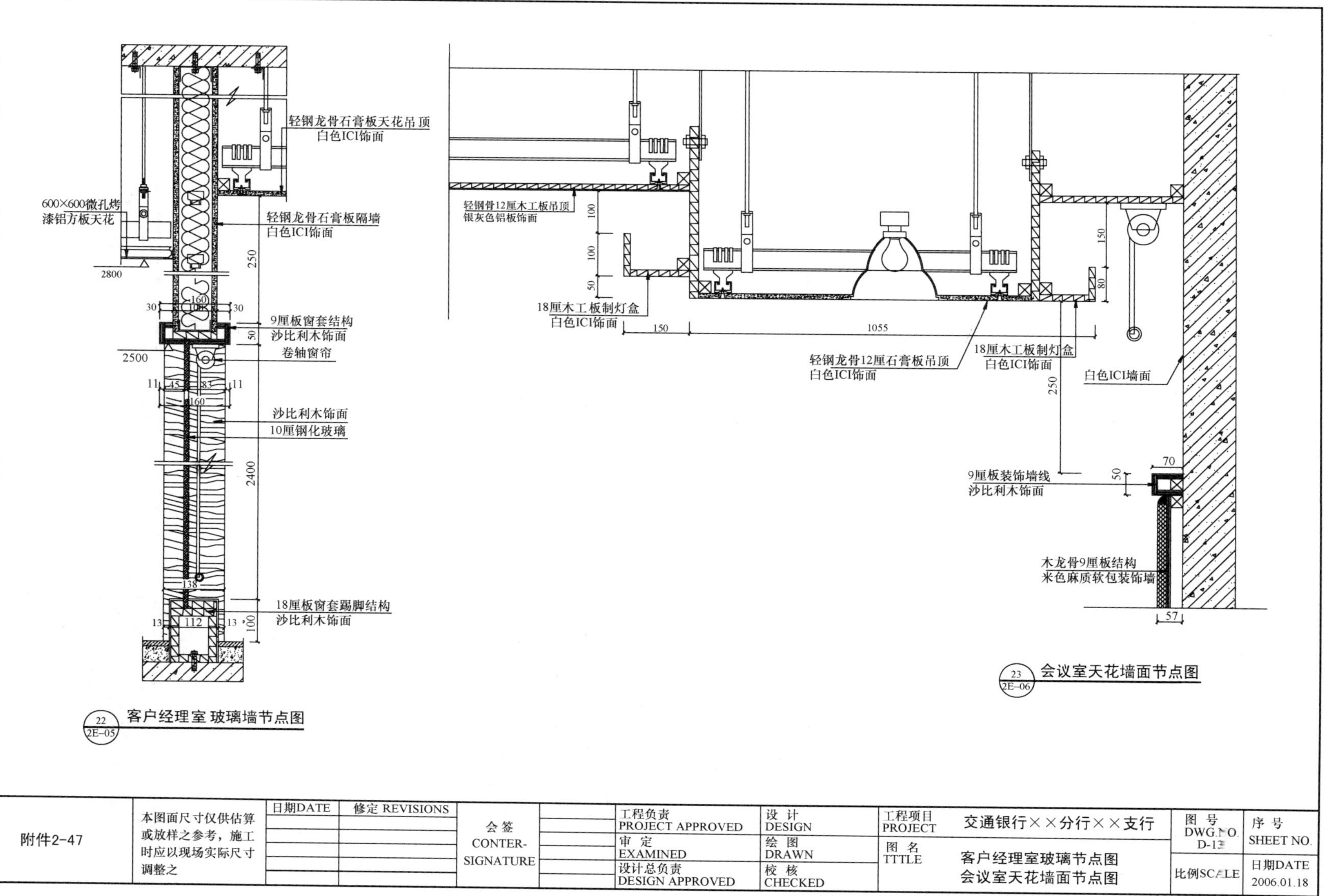

附件2-47	本图面尺寸仅供估算或放样之参考，施工时应以现场实际尺寸调整之	日期DATE	修定 REVISIONS	会签 CONTER-SIGNATURE		工程负责 PROJECT APPROVED	设 计 DESIGN	工程项目 PROJECT	交通银行××分行××支行	图 号 DWG.NO. D-13	序 号 SHEET NO.
						审 定 EXAMINED	绘 图 DRAWN	图 名 TTTLE	客户经理室玻璃节点图 会议室天花墙面节点图	比例SCALE	日期DATE 2006.01.18
						设计总负责 DESIGN APPROVED	校 核 CHECKED				

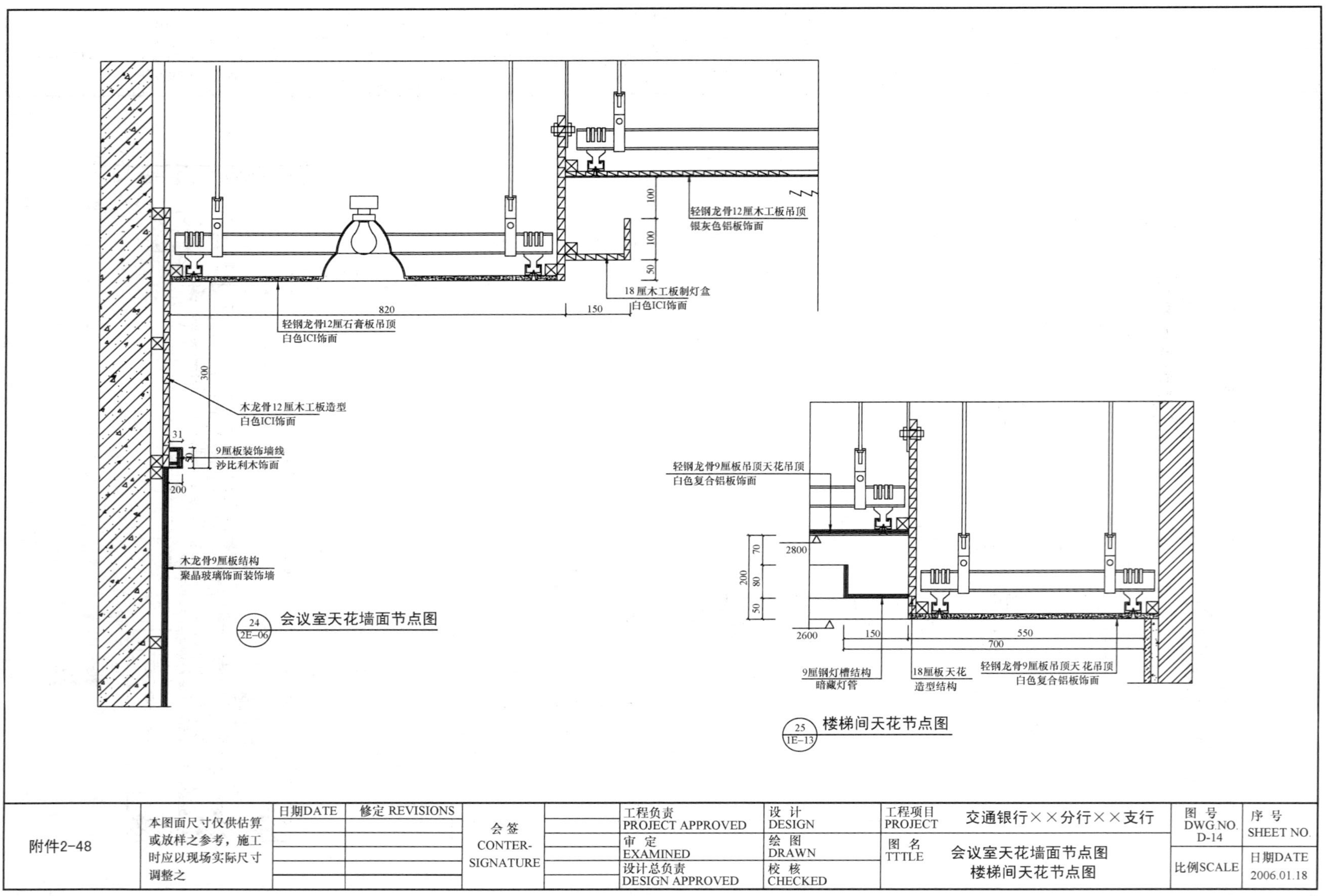

附件2-48	本图面尺寸仅供估算或放样之参考，施工时应以现场实际尺寸调整之	日期DATE	修定 REVISIONS	会签 CONTER-SIGNATURE		工程负责 PROJECT APPROVED	设计 DESIGN	工程项目 PROJECT	交通银行××分行××支行	图号 DWG.NO. D-14	序号 SHEET NO.
						审定 EXAMINED	绘图 DRAWN	图名 TTTLE	会议室天花墙面节点图 楼梯间天花节点图	比例SCALE	日期DATE 2006.01.18
						设计总负责 DESIGN APPROVED	校核 CHECKED				

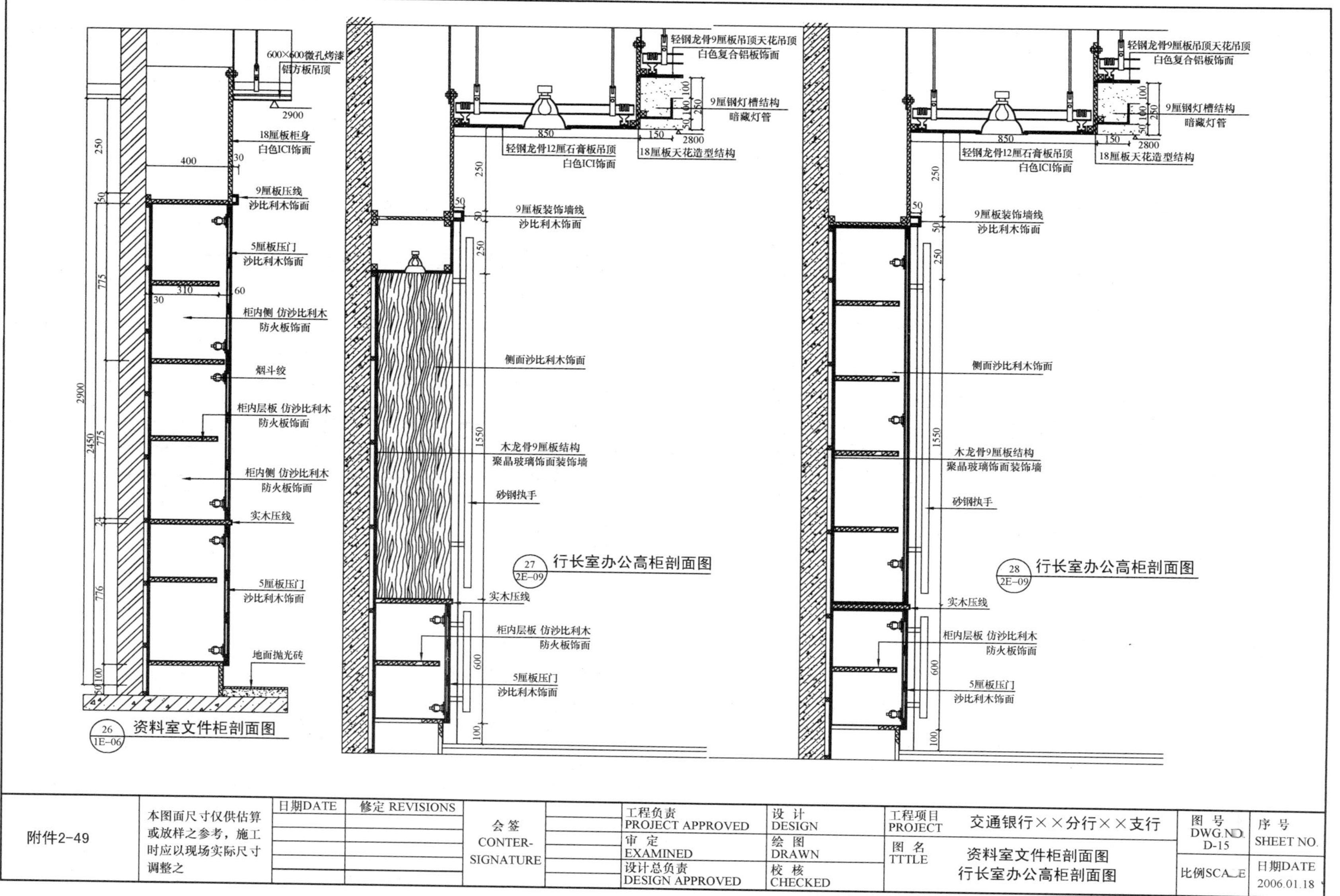
600×600微孔烤漆
铝方板吊顶
2900
18厘板柜身
白色ICI饰面
9厘板压线
沙比利木饰面
5厘板压门
沙比利木饰面
柜内侧 仿沙比利木
防火板饰面
烟斗铰
柜内层板 仿沙比利木
防火板饰面
柜内侧 仿沙比利木
防火板饰面
实木压线
5厘板压门
沙比利木饰面
地面抛光砖
26
1E-06
资料室文件柜剖面图
轻钢龙骨9厘板吊顶天花吊顶
白色复合铝板饰面
9厘钢灯槽结构
暗藏灯管
轻钢龙骨12厘石膏板吊顶
白色ICI饰面
18厘板天花造型结构
9厘板装饰墙线
沙比利木饰面
侧面沙比利木饰面
木龙骨9厘板结构
聚晶玻璃饰面装饰墙
砂钢执手
27
2E-09
行长室办公高柜剖面图
实木压线
柜内层板 仿沙比利木
防火板饰面
5厘板压门
沙比利木饰面
28
2E-09
行长室办公高柜剖面图
附件2-49
本图面尺寸仅供估算或放样之参考，施工时应以现场实际尺寸调整之
日期DATE
修定 REVISIONS
会签
CONTER-
SIGNATURE
工程负责
PROJECT APPROVED
审 定
EXAMINED
设计总负责
DESIGN APPROVED
设 计
DESIGN
绘 图
DRAWN
校 核
CHECKED
工程项目
PROJECT
交通银行××分行××支行
图 名
TTTLE
资料室文件柜剖面图
行长室办公高柜剖面图
图 号
DWG.NO.
D-15
序 号
SHEET NO.
比例SCALE
日期DATE
2006.01.18

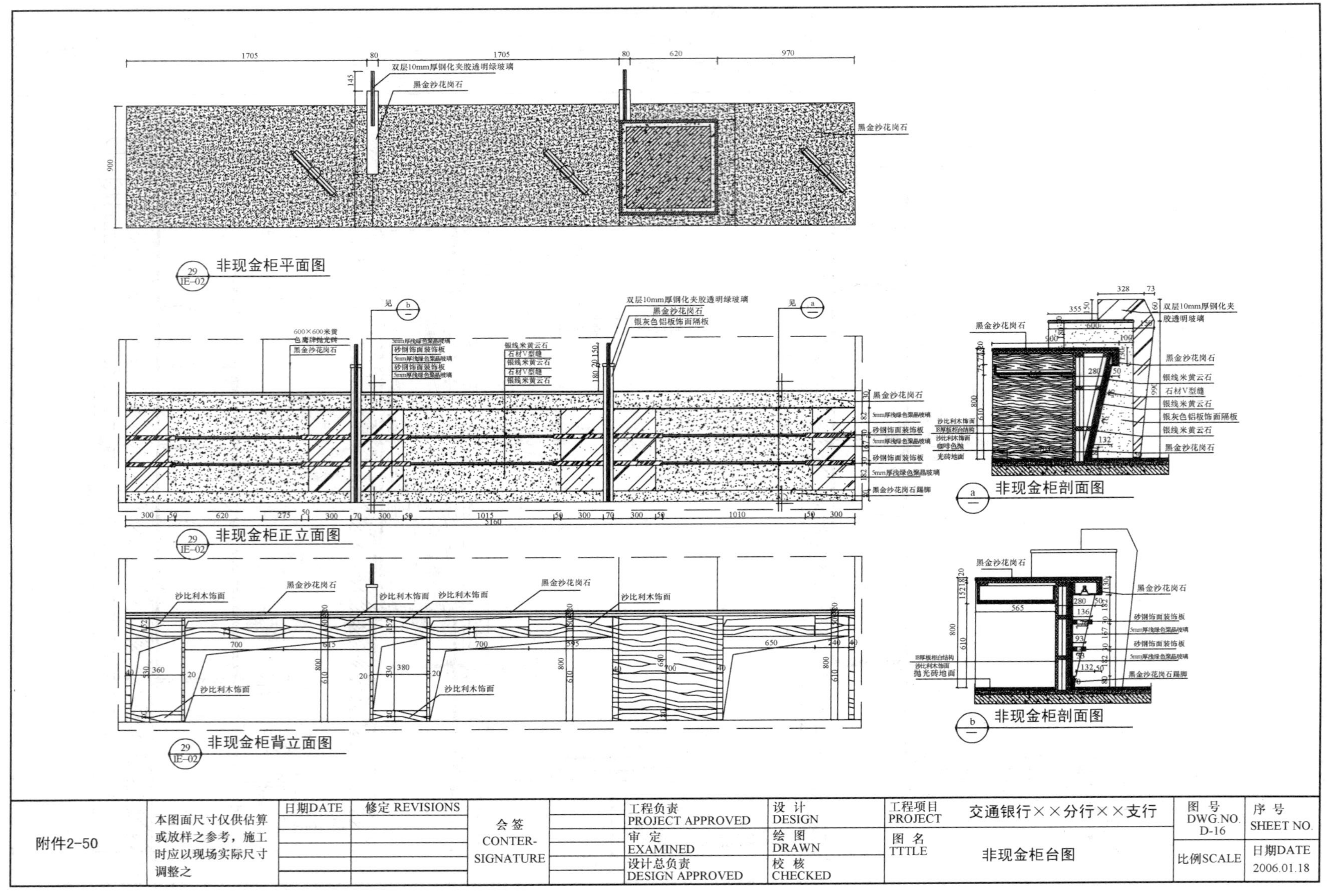

附件2-50	本图面尺寸仅供估算或放样之参考，施工时应以现场实际尺寸调整之	日期DATE	修定 REVISIONS	会签 CONTER-SIGNATURE	工程负责 PROJECT APPROVED 审定 EXAMINED 设计总负责 DESIGN APPROVED	设计 DESIGN 绘图 DRAWN 校核 CHECKED	工程项目 PROJECT 交通银行××分行××支行 图名 TTTLE 非现金柜台图	图号 DWG.NO. D-16 比例SCALE	序号 SHEET NO. 日期DATE 2006.01.18

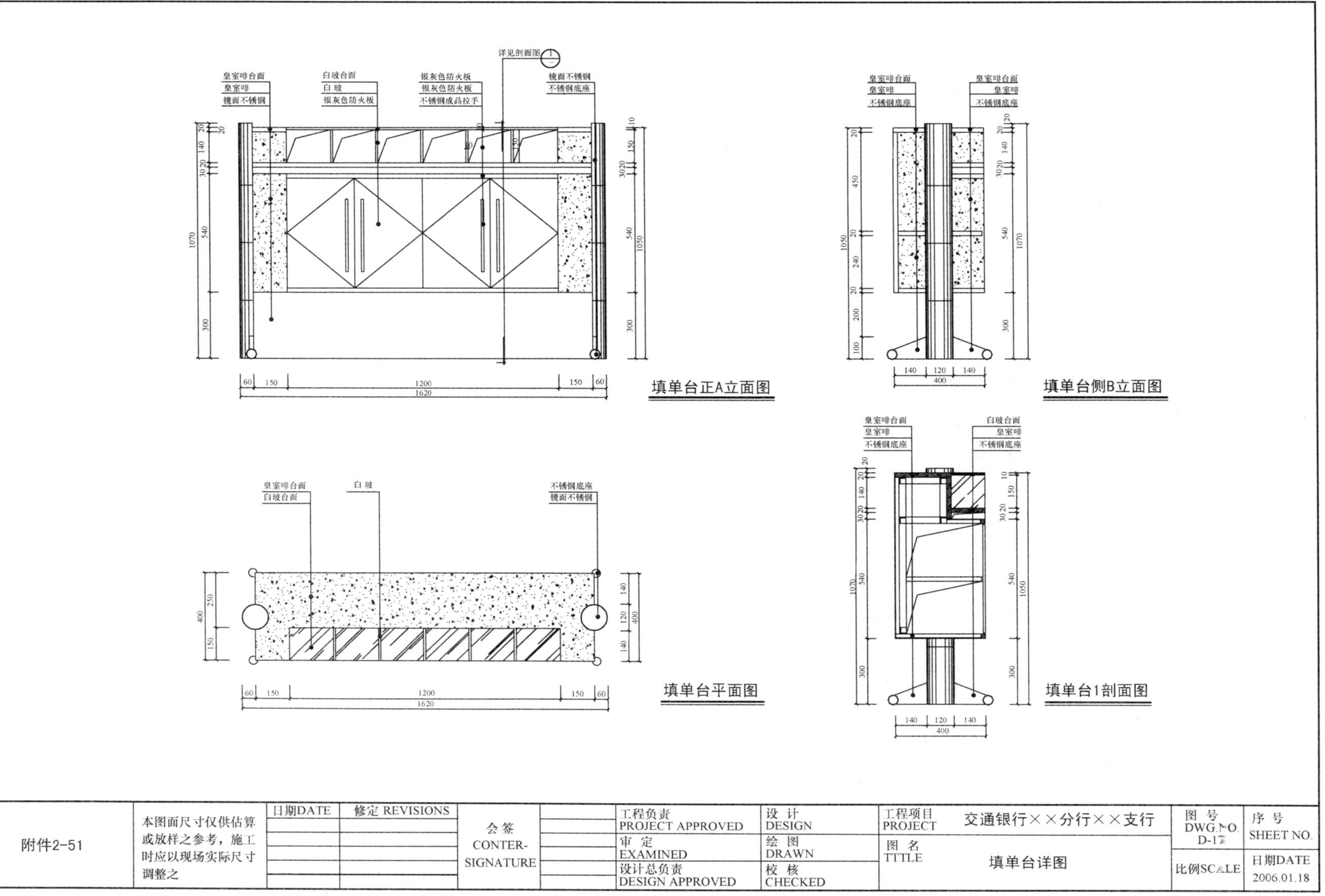

附件2-51	本图面尺寸仅供估算或放样之参考，施工时应以现场实际尺寸调整之	日期DATE	修定 REVISIONS	会签 CONTER-SIGNATURE		工程负责 PROJECT APPROVED	设计 DESIGN	工程项目 PROJECT	交通银行××分行××支行	图号 DWG.NO. D-17	序号 SHEET NO.
						审定 EXAMINED	绘图 DRAWN	图名 TTTLE	填单台详图	比例SCALE	日期DATE 2006.01.18
						设计总负责 DESIGN APPROVED	校核 CHECKED				

参 考 文 献

[1] (GB 50500—2008)建设工程工程量清单计价规范[S]. 北京：中国计划出版社，2008.
[2] 四川省装饰工程计价定额. 成都：四川科学技术出版社，2000.
[3] 张若美. 建筑装饰施工技术. 武汉理工大学出版社，2007.
[4] (06J505—1)外装修. 北京：中国计划出版社，2006.
[5] (J502—1～3)内装修. 北京：中国计划出版社，2007.
[6] 西南地区建筑标准设计通用图. 成都：西南地区建筑标准设计协作领导小组办公室，2001.
[7] 向才旺. 建筑装饰材料. 北京：中国建筑工业出版社，2004.
[8] 袁建新. 建筑装饰工程预算. 科学出版社，2006.
[9] 张华. 建筑装饰制图. 化学工业出版社，2007.